小家电维修从入门到精通

第4版

孙立群　刘艳萍 ◎ 编著

人 民 邮 电 出 版 社

北　京

图书在版编目（CIP）数据

小家电维修从入门到精通 / 孙立群，刘艳萍编著
. -- 4版. -- 北京 : 人民邮电出版社，2018.7（2020.3重印）
ISBN 978-7-115-47891-7

Ⅰ. ①小… Ⅱ. ①孙… ②刘… Ⅲ. ①日用电气器具
—维修 Ⅳ. ①TM925.07

中国版本图书馆CIP数据核字(2018)第032827号

内 容 提 要

这是一本帮助家电维修人员和电子技术爱好者快速掌握各种小家电维修技术的图书。本书分为“基础篇”和“精通篇”，循序渐进、由浅入深地介绍了常见小家电的工作原理、各种故障的检修方法、检修流程和维修技巧。

本书可供广大的家电维修人员和电子技术爱好者阅读、学习。

◆ 编　　著　孙立群　刘艳萍
责任编辑　黄汉兵
责任印制　彭志环
◆ 人民邮电出版社出版发行　　北京市丰台区成寿寺路 11 号
邮编　100164　　电子邮件　315@ptpress.com.cn
网址　http://www.ptpress.com.cn
北京九州迅驰传媒文化有限公司印刷
◆ 开本：787×1092　1/16
印张：21.5　　2018 年 7 月第 4 版
字数：537 千字　　2020 年 3 月北京第 4 次印刷

定价：69.00 元

读者服务热线：(010)81055493　印装质量热线：(010)81055316
反盗版热线：(010)81055315

前　言

当前，各种小型生活电器已成为人们生活中必不可少的工具，比如各种电炊具、饮水机、豆浆机、加湿器、吸油烟机等，这些功能强大的小家电极大地丰富和方便了人们的生活。但是，这些小家电使用频率高，极易发生故障。而它们本身的特性决定了一旦出现故障，消费者的第一选择是进行维修，而非更换。因此，无论是电子技术爱好者，还是专业的家电维修人员，都需要学习、掌握各种小家电的工作原理和维修方法。

基于上述考虑，我们编写了本书。书中内容涉及电饭煲、电子蒸炖煲、电压力锅、电炒锅、电饼铛、电烤炉、电磁炉、微波炉、饮水机、加湿器、豆浆机、米糊机、吸油烟机、电风扇、热水器、照明灯、充电器、足浴盆、按摩器等家庭常用的小家电。此外，由于现在电动车已普及到千家万户，其充电器、控制器故障率较高，损坏后电动车维修人员大多没有能力维修，而是将其转给家电维修人员维修，为此，本书还增加了这部分内容。本书于 2010 年 1 月（第 1 版）、2012 年 4 月（第 2 版）、2014 年 11 月（第 3 版）出版后受到广大读者好评，至今印刷十多次。几年的时间里，有许多热心读者打来电话，对本书给予了很高的评价，同时也指出一些不足。综合读者意见，现对第 3 版进行修订，提高本书的品质与实用性，以答谢读者。

小家电的电路结构一般来说相对比较简单，且原理和结构大同小异，往往学会了一两种典型小家电的维修方法，就能举一反三了解这一类小家电的维修方法和思路。因此，本书主要突出方法、思路、流程的介绍，通过典型的机型实例，引导读者学会某一类小家电的维修方法。

全书分为“基础篇”和“精通篇”。“基础篇”中，主要介绍维修小家电常用元器件识别与检测方法，小家电修理常用工具、仪器和检修方法；“精通篇”中，介绍了小家电的维修方法和技能，并给出大量维修实例。

要提醒读者的是，本书介绍的小家电品种较多，而各厂家的产品电路图纸制作标准并不统一，因此，为了与实际电路、厂家电路图相符，对于某些未使用国标的元器件代号，本书并未按国标统一。

本书力求做到深入浅出、点面结合、图文并茂、通俗易懂、好学实用。

参加本书编写的还有刘艳萍、付玲、孙昊、陈建华、张英剑、傅靖博、祁石、李瑞梅、孙立刚、陈志敏、孙立新、赵晓东、孙立杰、陈立新等，在此对他们表示衷心的感谢！

作　者

2018 年 1 月

目录

基础篇

精通篇

基 础 篇

第1章　小家电常用元器件识别与检测

第1节　小家电常用电子元器件识别与检测

小家电都是由大量的电子元器件构成的，要想成为一名合格的小家电产品维修人员，必须先了解这些元器件的作用、工作原理和检测方法，否则是无法胜任维修工作的。为此，本章对典型的电子元器件进行了详尽分类和简单分析，并详细介绍了使用万用表对它们进行检测的方法与技巧，这些无论是对于初学者，还是对于维修人员都是极为重要的。

小家电常用的电子元器件有电阻、电容、二极管、三极管、场效应管、晶闸管、电感、变压器、开关、继电器等。

一、电阻

1. 电阻的作用

电阻（电阻器的简称）的作用就是阻碍电流流过，它是一个耗能元件，电流经过它就产生热能。电阻在电路中通常起分压限流、温度检测、过压保护等作用。电阻可根据阻值能否变化而分为固定电阻、可变电阻和特种电阻三大类。特种电阻包括压敏电阻、热敏电阻、光敏电阻、排电阻等。电路中，电阻与电压、电流的关系是：$R=U/I$。其中，R 是电阻，U 是电压，I 是电流。

2. 命名方法

根据行业标准 SJ 153—1973《电阻器、电容器型号命名方法》的规定，电阻器产品的型号由 4 个部分组成，各部分的含义如下。

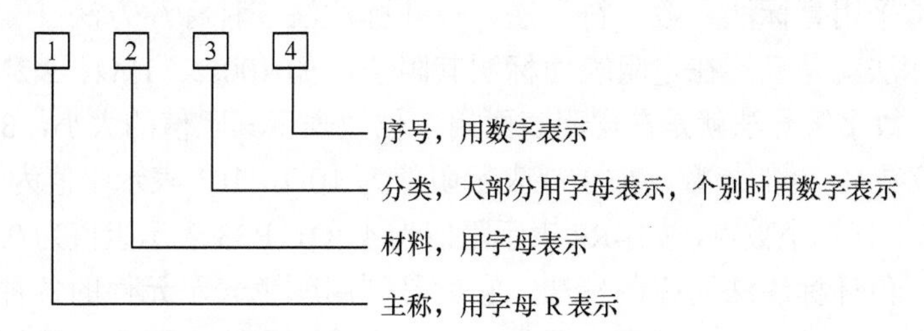

3．单位

电阻的单位是欧姆（Ω）。为了对不同阻值的电阻进行标注，还使用千欧（kΩ）、兆欧（MΩ）等单位。其换算关系为：1MΩ=1 000kΩ，1kΩ=1 000Ω。

4．固定电阻

顾名思义，固定电阻的阻值是不可变的而固定电阻根据作用不同又分为普通电阻和熔断电阻两类。

（1）普通电阻

根据材料的不同普通电阻可分为碳膜电阻、金属膜电阻、合成膜电阻、线绕电阻等。其中常用的是碳膜电阻和金属膜电阻。普通电阻在电路中通常用字母“R”表示，电路表示符号如图1-1所示，实物如图1-2所示。

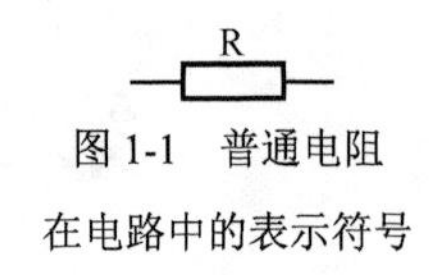

图1-1　普通电阻在电路中的表示符号

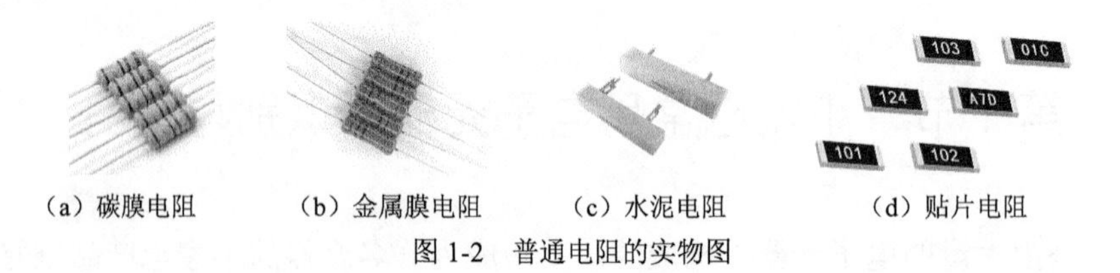

（a）碳膜电阻　（b）金属膜电阻　（c）水泥电阻　（d）贴片电阻

图1-2　普通电阻的实物图

（2）保险电阻

保险电阻既有过流保护的作用，又有电阻限流的作用。保险电阻通常安装在供电回路中，实现限流供电和过流保护的双重功能。当流过它的电流达到保护值时，它的阻值迅速增大到标称值的数十倍或熔断开路，切断供电回路，以免故障扩大，实现过流保护功能。因此，此类电阻过流损坏后，除了要检查过流的原因，还应采用同规格的电阻更换。常见的保险电阻实物外形和电路符号如图1-3所示。

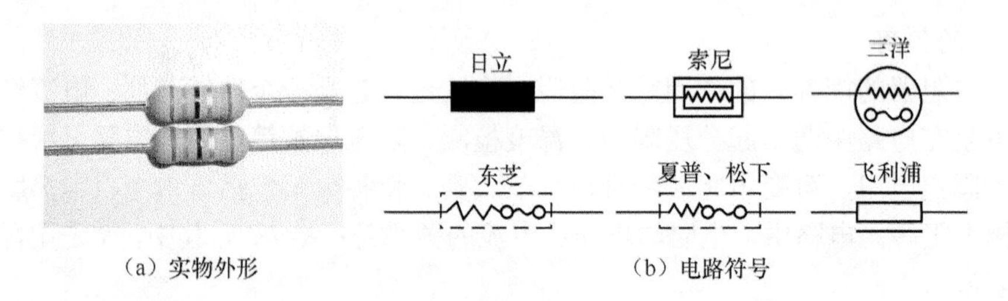

（a）实物外形　（b）电路符号

图1-3　常见的保险电阻

（3）阻值的标注

固定电阻通常采用直标法、数字符号法、色环标注法3种标注方法。

直标法：直标法就是直接在电阻表面标明其阻值，如100Ω、1kΩ、2.2MΩ等。

数字符号法：数字符号法就是在电阻表面用3位数表示其阻值的大小，3位数的前两位是有效数字，第三位数是10的指数，如100表示阻值为10Ω，101表示阻值为100Ω；当阻值小于10Ω时，用“R”代替小数点，如4R7表示阻值为4.7Ω，R33表示阻值为0.33Ω。

色环标注法：色环标注法简称色标法，它就是利用颜色表示元件的各种参数值，并直接标注在产品表面上的一种方法。通常金属膜电阻、小功率碳膜电阻采用该标注方法。

在色环中，紧靠电阻体引脚根部一端的色环为第 1 道色环，以后依次排列。各种颜色表示的数值如表 1-1 所示。

表 1-1　　**电阻表面色环与数字的对应关系**

颜　　色	数　　字	倍　乘　数	允许误差	颜　　色	数　　字	倍　乘　数	允许误差
银色	—	10^{-2}	±10%	黄色	4	10^4	—
金色	—	10^{-1}	±5%	绿色	5	10^5	±0.5%
黑色	0	10^0	—	蓝色	6	10^6	±0.2%
棕色	1	10^1	±1%	紫色	7	10^7	±0.1%
红色	2	10^2	±2%	灰色	8	10^8	—
橙色	3	10^3	—	白色	9	10^9	+5%~−20%

碳膜电阻多采用四色环标注阻值，第 1 道色环表示的是十位数，第 2 道色环表示个位数，第 3 道色环表示倍乘数的指数，第 4 道色环表示允许误差。

金属膜电阻多采用五色环标注阻值，第 1 道色环表示百位数，第 2 道色环表示十位数，第 3 道色环表示个位数，第 4 道色环表示倍乘数的指数，第 5 道色环表示允许误差。

根据表 1-1，图 1-4（a）中电阻表面的色环表示它的阻值为 220Ω，允许误差±5%；图 1-4（b）中电阻表面的色环表示它的阻值为 175Ω，允许误差±1%。

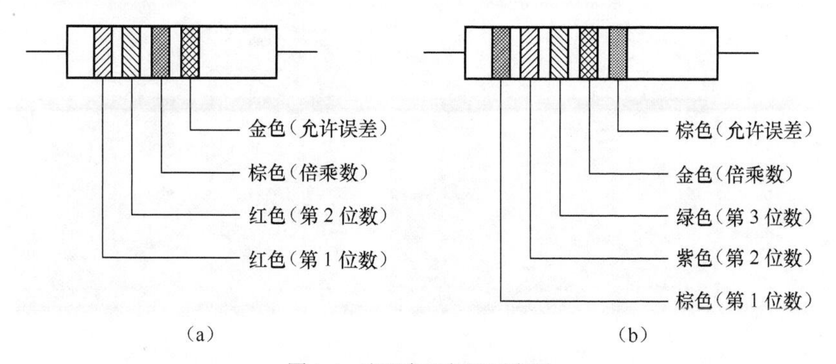

图 1-4　电阻色环标注示意图

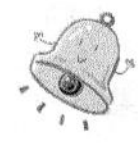

提示　部分保险电阻仅有 1 道色环，而不同颜色的色环代表不同的阻值和特性。比如，色环为黑色，说明它的阻值为 10Ω，并且在通过的电流达到 0.85A 时，1min 内它的阻值会迅速增大，并超过标称值的 50 倍；色环为红色，说明它的阻值为 2.2Ω，当通过它的电流达到 3.5A 时，2s 内阻值就会迅速超过标称值的 50 倍；色环为白色，说明它的阻值为 1Ω，并且在通过的电流达到 2.8A 时，10s 内它的阻值会迅速超过标称值的 400 倍。

（4）电阻的串联

如图 1-5（a）所示，一个电阻的一端接另一个电阻的一端，称为串联。串联后电阻的阻值为这两个电阻阻值之和，即 $R_1+R_2=R$。比如，R_1、R_2 是 2.2kΩ，那么 R 为 4.4kΩ。

（5）电阻的并联

如图 1-5（b）所示，两个电阻的两端并接，称为并联。并联后电阻的阻值为两个电阻阻值相乘再除以两阻值之和，即 $R=R_1\times R_2/(R_1+R_2)$。比如，$R_1$、$R_2$ 是 10kΩ，那么 R 为 5kΩ。

（6）固定电阻的检测

有的固定电阻开路或阻值增大后会出现表面有裂痕或颜色变黑的现象，所以通过直观检查就可以确认。若所怀疑电阻的外观正常，则需要用万用表对其进行检测，来判断它是否正常。用万用表测量电阻时，有在路测量和非在路测量两种方法。非在路测量就是将电阻从电路板上取下或悬空一个引脚后进行测量，根据测得阻值判断它是否正常的方法；在路测量就是在电路板上直接测量所怀疑电阻的阻值，判断它是否正常的方法。

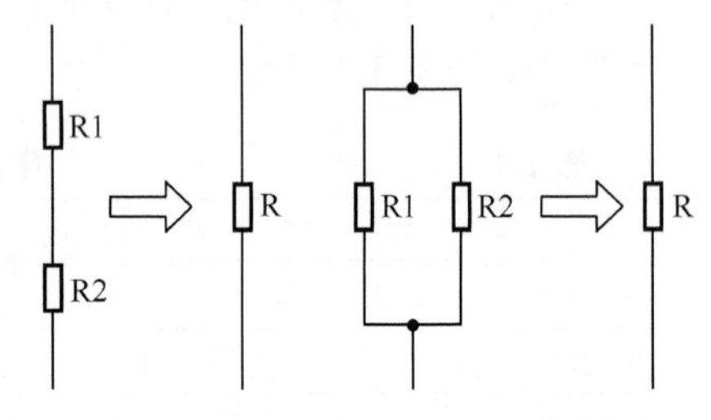

（a）电阻串联示意图　　（b）电阻并联示意图

图 1-5　电阻串/并联示意图

提 示　固定电阻损坏后主要会出现开路、阻值增大、阻值不稳定或引脚脱焊的现象。另外，测量前要根据被测电阻的估测值（电阻自身标注值或图纸上的数据）来选择万用表合适的量程。

① 非在路测量。如图 1-6（a）所示，将万用表的表笔接在被测电阻两端，若测量的阻值与标称值相同，说明该电阻正常；若阻值大于标称值，说明该电阻阻值增大或开路。固定电阻一般不会出现阻值变小的现象。

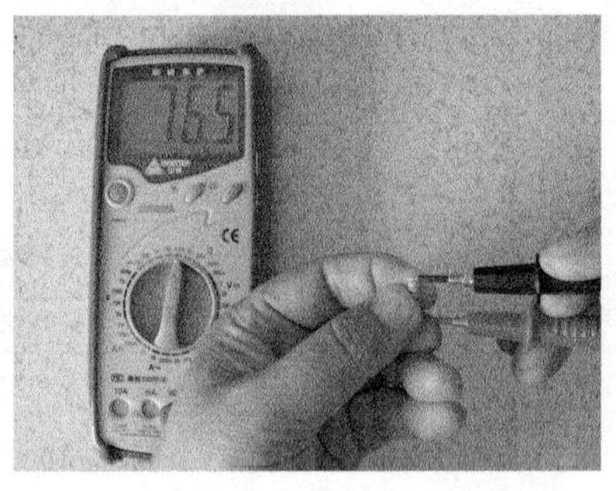

（a）正确方法　　（b）错误方法

图 1-6　固定电阻非在路测量示意图

注 意　参见图 1-6（b），测量大阻值电阻，尤其是阻值超过几十千欧的电阻时，不能用手同时接触被测电阻的两个引脚，以免人体的电阻与被测电阻并联，导致测量的数据低于正常值。另外，若被测电阻的引脚严重氧化，测量前要用刀片、锉刀等工具将氧化层清理干净。

② 在路测量。怀疑电路板上的小阻值电阻阻值增大或开路时，可采用指针万用表的 $R\times1$ 挡或数字万用表的 200Ω 挡在路测量。由于电路中可能还有三极管、二极管等其他元器件与被测电阻并联，所以检测的结果有时会小于该电阻的标称值，因此该方法仅用于初步检测。

如图 1-7（a）所示，将指针万用表置于 $R\times1$ 挡，测量彩电电路板开关电源部分的限流电阻，测得的阻值为 6.8Ω，若阻值过大，说明该电阻异常。如图 1-7（b）所示，将数字万用表置于 200Ω 挡，测得该电阻的阻值为 7.4Ω，若阻值过大，说明电阻异常。

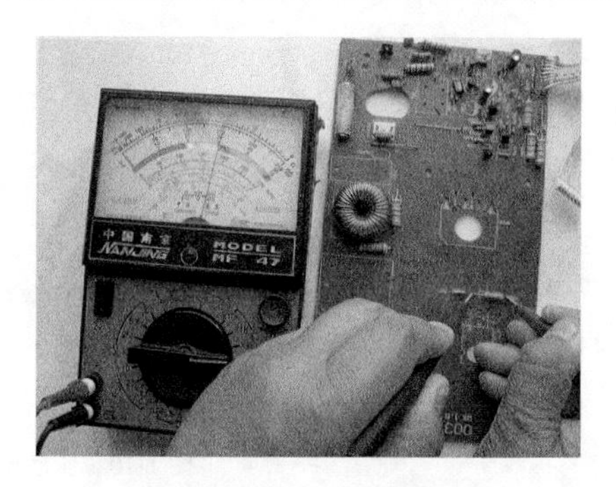

(a) 指针万用表测量

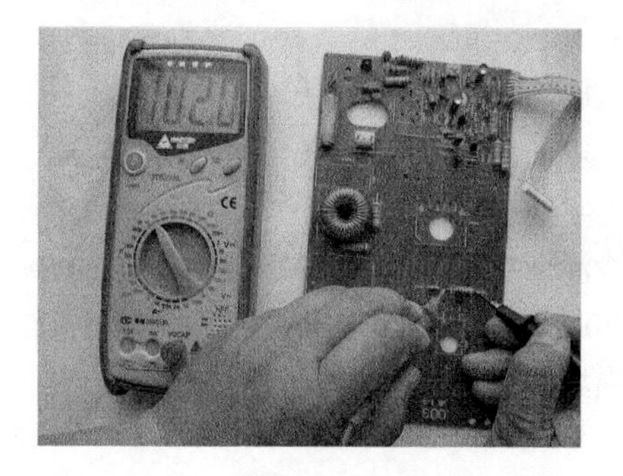

(b) 数字万用表测量

图 1-7　固定电阻在路测量示意图

提 示　部分数字万用表的 200Ω 挡测量小阻值电阻时，显示屏显示的数值会略高于标称值，这也是此类万用表的不足之处。

5. 可调电阻

可调电阻就是旋转它的滑动端时阻值会变化的电阻。可调电阻在电路中通常用 VR 或 RP 表示，常见的可调电阻实物和电路符号如图 1-8 所示。可调电阻多采用直标法和数字符号法进行阻值标注。

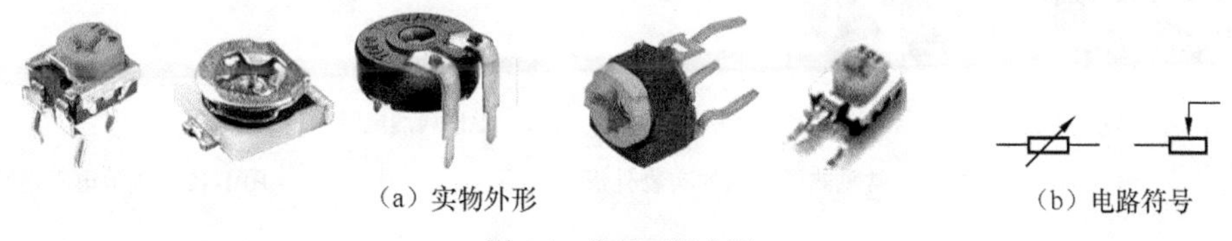

(a) 实物外形　　(b) 电路符号

图 1-8　常见可调电阻

如图 1-9 所示，首先测两个固定脚间的阻值，应等于标称值。再分别测固定脚与可调脚间的阻值，若可调脚到两个固定脚之间阻值之和等于标称值，说明该电阻正常；若阻值大于正常值或不稳定，说明该电阻异常或接触不良。

(a)

(b)

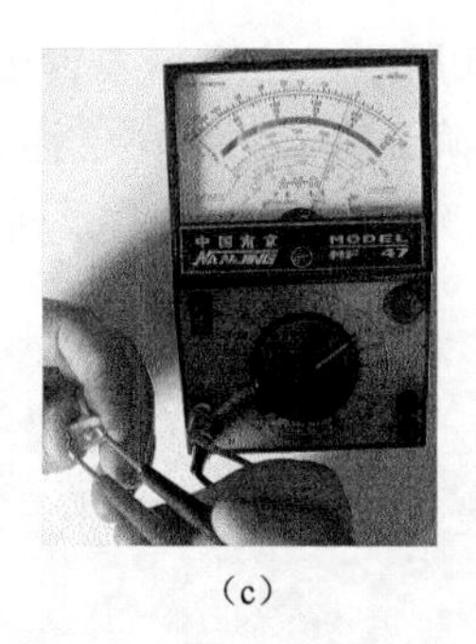

(c)

图 1-9　可调电阻检测示意图

提 示　可调电阻损坏后主要会出现开路、阻值增大、阻值变小、接触不良或引脚脱焊的现象。可调电阻氧化是接触不良和阻值不稳定的主要原因。

6. 压敏电阻

压敏电阻（VSR）是一种非线性元件，就是两端的压降超过标称值后阻值会急剧变小的电阻。电子产品采用此类电阻用于市电（220V，50Hz 的正弦交流电）过压保护。常见的压敏电阻实物外形和电路符号如图 1-10 所示。

检测压敏电阻时可用指针万用表的 R×10k 挡或数字万用表的 20M 电阻挡，测得的阻值应为无穷大；若阻值小，说明它已损坏。

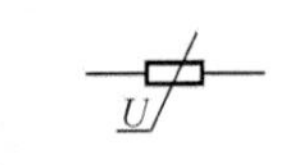

（a）实物外形　（b）电路符号

图 1-10　压敏电阻

7. 热敏电阻

（1）热敏电阻的识别

热敏电阻就是在不同温度下阻值会不同的电阻。热敏电阻有正温度系数热敏电阻和负温度系数热敏电阻两种。所谓的正温度系数热敏电阻就是它的阻值随温度升高而增大，负温度系数热敏电阻的阻值随温度升高而减小。正温度系数热敏电阻主要应用在 CRT 型彩电、彩显的消磁电路或电冰箱、饮水机的压缩机启动回路。负温度系数热敏电阻主要应用在电动车充电器的 300V 供电限流回路或电饭锅、饮水机、电磁炉、电热水器等温度检测电路中。常见的热敏电阻实物外形如图 1-11 所示，电路符号如图 1-12 所示。

（a）消磁电阻

（b）启动器

（c）限流电阻

（d）温度检测电阻

图 1-11　常见热敏电阻的实物外形

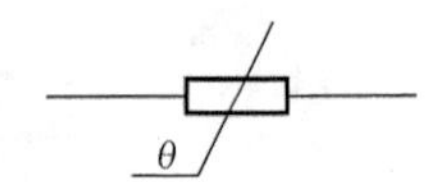

图 1-12　热敏电阻电路符号

（2）热敏电阻的检测

检测热敏电阻时不仅需要在室温状态下测量其阻值，而且还要在确认室温下阻值正常后为其加热，检测它的热敏性能是否正常。下面以 45Ω 的热敏电阻为例介绍正温度系数热敏电阻的检测方法。

如图 1-13 所示，将万用表置于 200Ω 挡，室温状态下，检测该电阻的阻值为 45Ω，否则说明它损坏；确认室温状态下的阻值正常后，用电烙铁为它加热后，再用 200k 挡检测它的阻值已增大为无穷大，说明它的正温度特性正常。否则，说明它的热敏性能下降，需要更换。

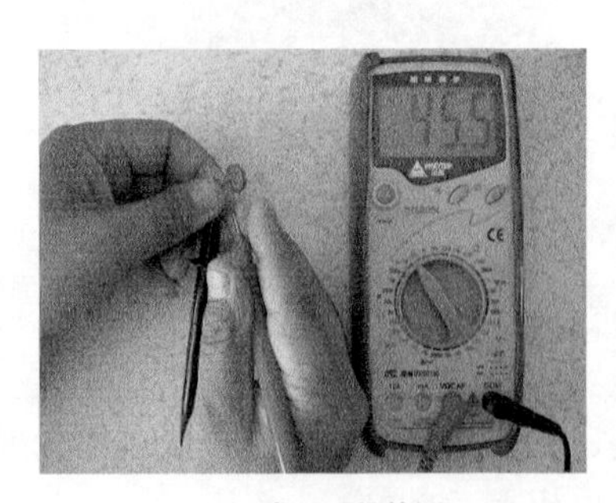

（a）常温下的检测

（b）加热

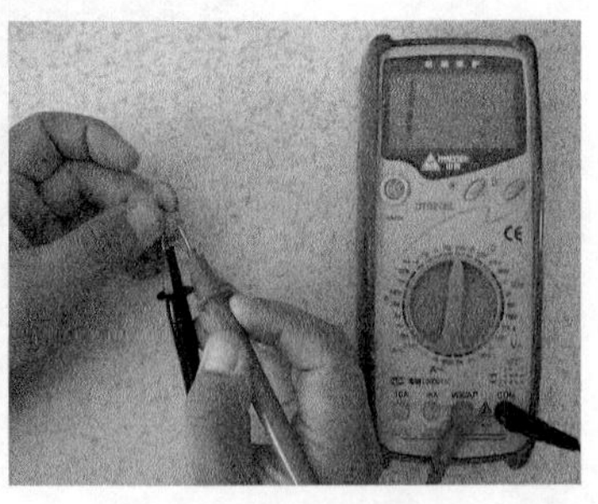

（c）加热后的检测

图 1-13　热敏电阻检测示意图

8. 光敏电阻

光敏电阻是应用半导体光电效应原理制成的一种元件，当光线照射到光敏电阻表面后，光敏电阻的阻值迅速减小。常见的光敏电阻实物外形和电路符号如图 1-14 所示。

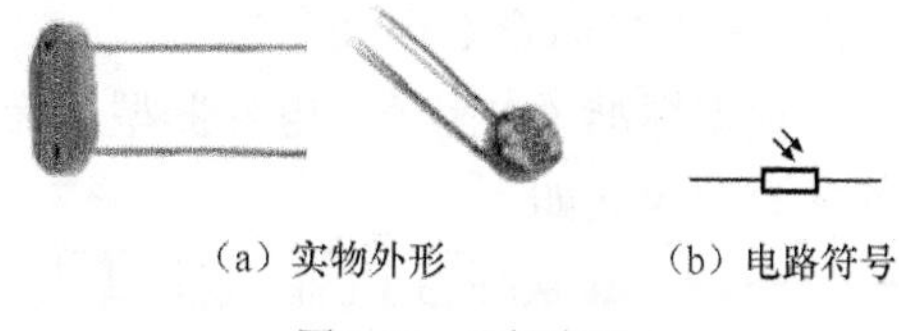
（a）实物外形　　（b）电路符号

图 1-14　光敏电阻

9. 排电阻

排电阻由多个阻值相同的电阻构成，它和集成电路一样，有单列和双列两种封装结构，所以也叫集成电阻。典型的单列排电阻实物外形和电路符号如图 1-15 所示。

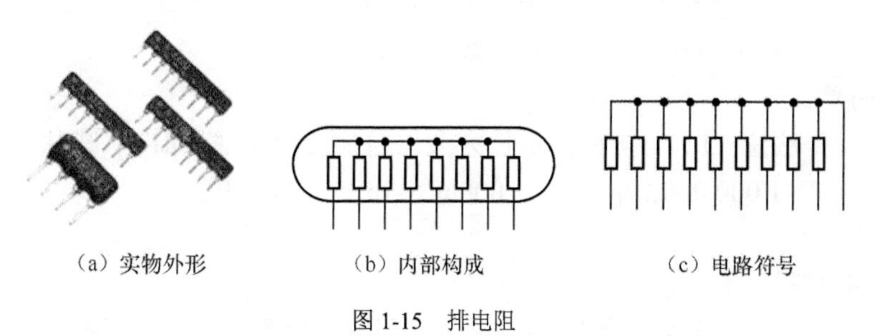
（a）实物外形　　（b）内部构成　　（c）电路符号

图 1-15　排电阻

10. 电阻的更换

电阻损坏后，最好采用相同阻值、功率的同类电阻更换。比如，正温度系数的热敏电阻损坏后必须采用同类、同阻值电阻更换，熔断电阻损坏应采用同规格的熔断电阻更换。而普通电阻的要求相对低一些，通常允许用大功率电阻更换小功率电阻，但不允许用小功率电阻更换大功率电阻。在手头没有阻值、功率合适的电阻更换时，可采用串联、并联的方法进行代换，比如需要更换的电阻为 1kΩ/0.25W，而手头只有 510Ω/0.25W 的电阻，可以将两只 510Ω/0.25W 的电阻串联后进行代换，当然也可以用两只 2.2kΩ/0.25W 电阻并联后代换。而熔断电阻具有过流保护功能，所以对功率要求比较严格，若 1Ω/1W 的熔断电阻损坏后，可用两只 0.47Ω/0.5W 的熔断电阻串联后更换，当然也可采用两只 2Ω/0.5W 的熔断电阻并联后更换。

方法与技巧　更换可调电阻时除了应采用同阻值、同规格的可调电阻更换之外，还应先将更换的可调电阻调到原电阻的位置或中间位置，这样安装后需要调整的范围较小。

二、电容

1. 电容的作用

电容（电容器的简称）的主要物理特征是储存电荷，就像蓄电池一样可以充电（charge）和放电（discharge）。电容在电路中通常用字母“C”表示，它在电路中的主要作用是滤波、耦合、延时等。

2. 电容的特性

与电阻相比，电容的特性相对复杂一点。它的主要特性是：电容两端的电压不能突变，就像一个水缸一样，要将它装满需要一段时间，要将它全部倒空也需要一段时间。电容的这个特性对以后我们分析电路很有用。在电路中电容有通交流、隔直流，通高频、阻低频的功能。

3. 电容的命名方法

根据标准《电阻器、电容器型号命名方法》的规定，电容器产品的型号由 4 个部分组成，各部分的含义如下：

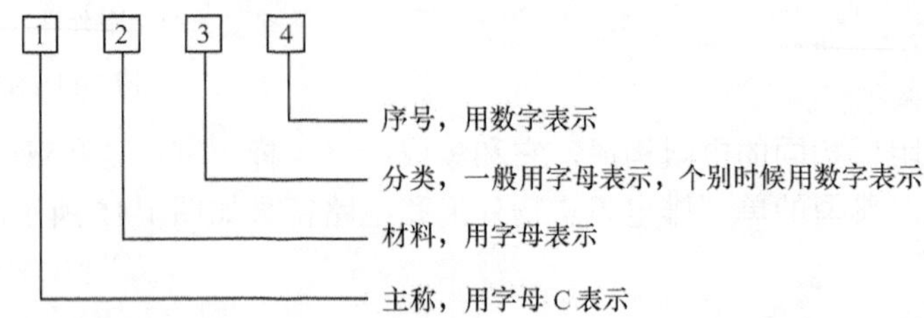

4. 电容的单位

电容的单位是法拉（F）。但 F 的单位太大，通常使用微法（μF）、皮法（pF）等单位。其换算关系为：1F=1 000 000μF，1μF=1 000nF，1nF＝1 000pF。

5. 电容的分类

（1）按构成材料分类

电容按采用的材料可分为电解电容、瓷片（陶瓷）电容、涤纶（聚酯）电容、钽电容等，其中钽电容特别稳定。电容在电路中的符号如图 1-16 所示，常见的电容实物外形如图 1-17 所示。

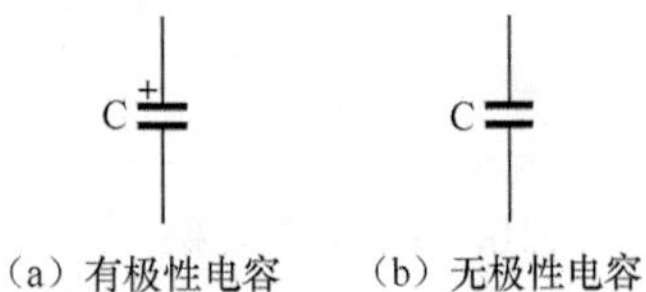

（a）有极性电容　（b）无极性电容

图 1-16　电容的电路符号

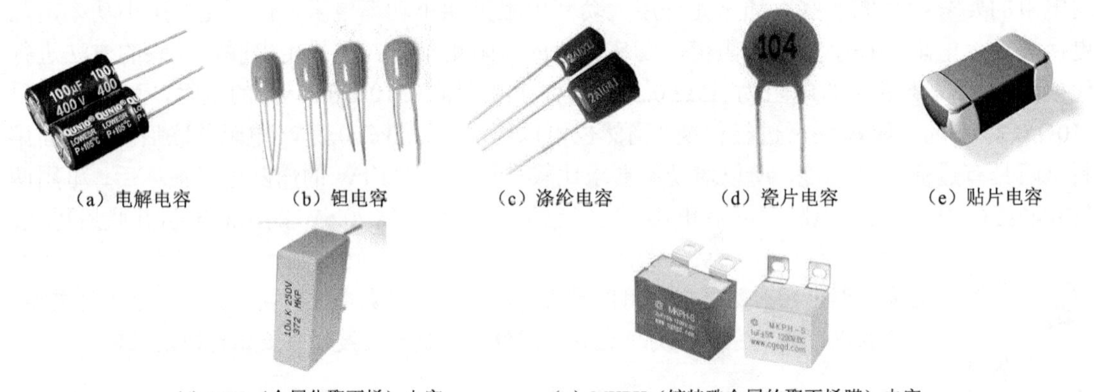

（a）电解电容　（b）钽电容　（c）涤纶电容　（d）瓷片电容　（e）贴片电容

（f）MKP（金属化聚丙烯）电容　（g）MKPH（镀特殊金属的聚丙烯膜）电容

图 1-17　常见电容实物外形

（2）按焊接方式分类

电容按焊接方式分为插入焊接式和贴面焊接式两种。

注意

贴片电容和贴片电阻的外形基本相同，维修时要注意，不要搞混。

（3）按有无极性分类

电容按有无极性可分为无极性电容和有极性电容两种。其中，图 1-17（a）所示的电解电容是有极性的，它的背面上有明显的正极或负极标志。在更换此类电容时应注意极性，若不小心接错极性，容易导致它过压损坏。而图 1-17 中的涤纶、瓷片电容通常是无极性电容。

（4）按结构分类

电容按结构可分为固定电容、半可变电容、可变电容。所谓的半可变电容和可变电容就是调节后，电容的容量会发生变化。半可变电容和可变电容仅应用在早期的收音机和扩音机等设备中，现在的小家电产品应用的主要是固定电容。

6. 容量的标注方法

电容通常采用直标法、数字标注法、色环标注法 3 种标注方法来标注容量。

（1）直标法

直标法就是直接在电容表面标明其容量的大小，电解电容多采用此类标注方法，如 2.2μF、10μF、100μF 等，有的厂家将 2.2μF 标注为 2μ2，省略了小数点，也有的厂家用“R”代替小数点，如 3R3 表示容量为 3.3μF，R22 表示容量为 0.22μF。另外，还有的厂家标注电解电容的容量时省略了单位，如将 560μF 的电解电容标注为 560。

（2）数字标注法

数字标注法就是在电容表面用 3 位数表示其容量的大小，瓷片电容、金属氧化物电容多采用此类标注方式。3 位数的前 2 位是有效数字，第 3 位数是 10 的指数。此类电容的单位是 pF，如 103 表示容量为 10 000pF；104 表示容量为 100 000pF，即 0.1μF。

（3）色环标注法

色环标注法就是利用 3 道或 4 道色环表示电容容量的大小，独石电容（多层陶瓷电容器）多采用此类标注方式。色环中，紧靠电容引脚一端的色环为第 1 道色环，以后依次为第 2 道色环、第 3 道色环。第 1 道色环、第 2 道色环是有效数字，而第 3 道色环是所加的“0”的个数。各色环颜色代表的数值与色环电阻一样，若电容表面标注的色环颜色依次为橙、橙、棕，表明该电容的容量为 330pF。另外，若某一道色环的宽度是标准色环的 2 倍或 3 倍，则说明采用了 2 道或 3 道该颜色的色环，如电容表面标注的色环颜色为(3 倍宽)红，表明该电容的容量为 2 200pF。

7. 电容的串联

一个电容的一端接另一个电容的一端，称为串联。串联后电容的容量为这两个电容容量相乘再除以它们之和，即 $C=C_1\times C_2/(C_1+C_2)$。

方法与技巧　两只有极性的电容逆向串联（也就是负极接负极或正极接正极）后，就会成为一只大容量的无极性电容。

注意　在串联电容时，要注意电容的耐压值，以免电容因耐压不足而过压损坏，导致电容击穿或爆裂。原则上，选用串联的电容耐压值应不低于原电容的耐压值。

8. 电容的并联

两个电容两端并接，称为并联。并联后电容的容量是这两个电容的容量之和，即 $C=C_1+C_2$。电容并联时，电容的耐压值应与原电容相同或高于原耐压值。

9. 电容的检测

电容的检测常采用代换法和仪器检测法。仪器检测法除了可以用数字万用表的电容挡或电容表测量被检电容的容量来判断它是否正常之外，当然也可采用指针型万用表的电阻挡检测该电容的阻值来判断它是否正常。

提示 因数字万用表的电容挡一般只能测量20μF以内的电容，所以超过20μF的电容应采用电容表、指针万用表检测或采用代换法检测。

（1）电容的放电

若被测电容中存储有电荷，应先将它存储的电荷释放掉，以免损坏万用表、电容表或电击伤人。通常采用两种方法为电容放电：一种是用万用表的表笔或螺丝刀的金属部位短接电容的两个引脚，将存储的电压直接放掉，如图1-18（a）所示，这样放电虽然时间短，但在电容存储电压较高时会产生较强的放电火花，并且可能会导致大容量的高压电容损坏；另一种是用电烙铁或100W白炽灯（灯泡）的插头与电容的引脚相接，利用电烙铁或白炽灯的内阻将电压释放，如图1-18（b）所示，这样可减小放电电流，但在电容存储电压较高时放电时间较长。

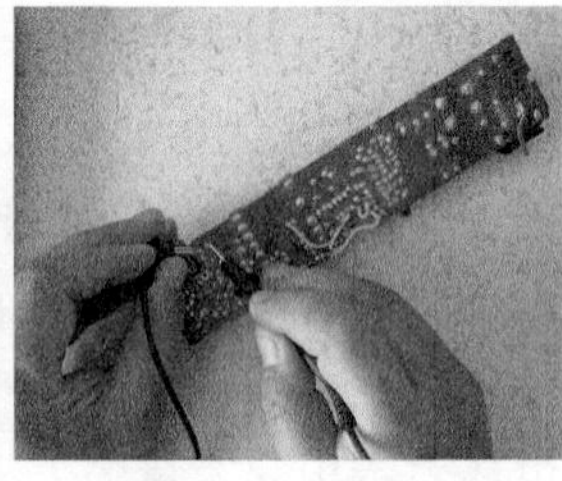

（a）高耐压电容放电

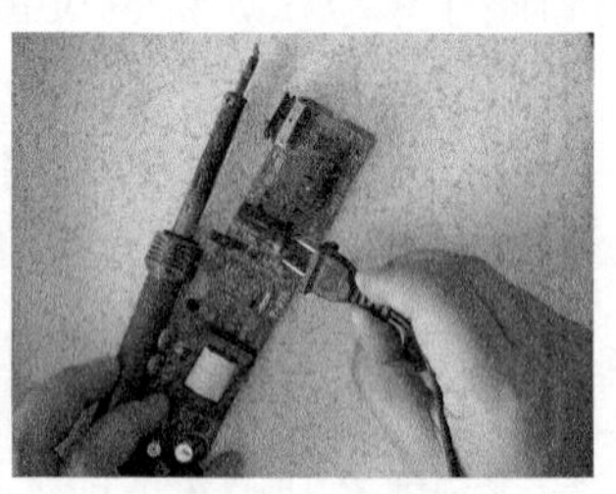

（b）低耐压电容放电

图1-18 电容放电示意图

（2）数字万用表检测电容

（a）早期数字万用表检测方法

早期的数字万用表电容挡的测量范围多为0～20μF或200μF，并且需要设置电容测量插孔，如图1-19（a）所示，测量电容时，需要测量电容时，将功能开关旋转到电容测量挡位，并将电容插入电容测量插孔后，屏幕上就会显示电容容量值，如图1-19所示。

（b）新型万用表测量电容

许多新型数字万用表不仅扩大了测量范围（0～2000μF，甚至更大），而且取消了电容测量插孔，测量时将功能开关旋转到合适的电容挡位，把表笔接在电容引脚上，就可以对电容的容量进行测量，如图1-19（b）所示。

（a）早期数字万用表检测电容

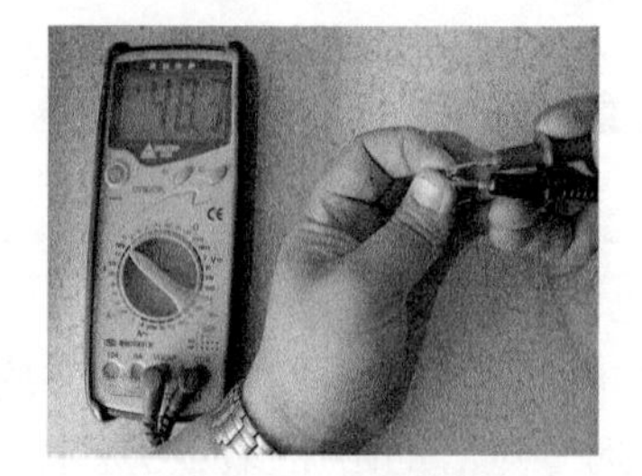

（b）新型数字万用表检测电容

图1-19 数字万用表测量电容

（3）指针万用表检测电容

采用指针万用表的电阻挡检测电容的方法如图1-20所示。

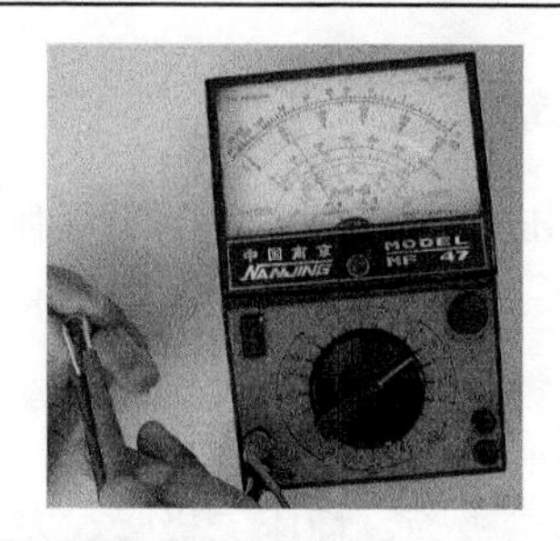

图 1-20　指针万用表检测电容示意图

采用电阻挡检测电容时，首先要根据电容的容量大小来选择万用表电阻挡的大小，然后将红、黑表笔分别接在电容的两个引脚上，通过表针的偏转角度来判断电容是否正常。若表针快速向右偏转，然后慢慢向左退回原位，一般来说电容是正常的。如果表针摆起后不再回转，说明电容器已经击穿。如果表针摆起后逐渐停留在某一位置，则说明该电容已经漏电；如果表针不能右摆，说明被测电容的容量较小或无容量。比如，测量 47μF 的电容时，首先选择 $R\times1k$ 挡，用两个表笔接电容的两个引脚后，表针因电容被充电而迅速向右偏转，随后电容因放电慢慢回到左侧“0”的位置，说明该电容正常，如图 1-20 所示。

方法与技巧　有些漏电的电容，用上述方法不易准确判断出好坏。当电容的耐压值大于万用表内电池电压值时，根据电解电容正向充电时漏电电流小、反向充电时漏电电流大的特点，可采用 $R\times10k$ 挡，为电容反向充电，观察表针停留位置是否稳定，即反向漏电电流是否恒定，由此判断电容是否正常，这种检测方法准确性较高。比如，黑表笔接电容的负极，红表笔接电容的正极时，表针迅速向右偏转，然后逐渐退至某个位置（多为 0 的位置）停住不动，则说明被测的电容正常；若表针停留在 50～200kΩ内的某一位置或停住后又逐渐慢慢向右移动，说明该电容已漏电。

10. 电容的更换

更换电容时要注意 3 个方面：第一个是类别，若损坏的是 0.33μF 的涤纶电容，维修时就不能用 0.33μF 的电解电容更换；第二个是容量，若损坏的是 4.7μF 的电容，维修时就不能用 2.2μF 的电容更换，也最好不要用容量太大的电容更换，不过，原则上电源滤波电容可以用容量大些的电容更换，这样不仅可排除故障，而且滤波效果会更好；第三个是耐压，若损坏的是耐压为 50V 的电容，维修时不要用耐压低的电容更换，否则轻则会导致更换的电容过压损坏，重则会导致其他元器件损坏。

维修时若没有相同的电容更换，也可以采用串联、并联的方法进行代换，如需要更换 47μF/25V 的电容，可用两只 100μF/16V 电容串联后代换，也可以用两只 22μF/25V 电容并联代换。

注意　电磁炉功率变换部分的高频谐振电容采用的是 MKPH 电容，此类电容具有高频特性好、过流和自愈能力强的优点，其最大的工作温度可达到 105℃，所以不能采用普通的电容更换，以免产生电磁炉加热不正常等故障，甚至产生 IGBT 功率管等器件损坏的故障。

三、晶体二极管

晶体二极管（diode）是最常见的半导体器件之一。晶体二极管有两个引脚，一个是正极（也称阳极 A），另一个是负极（也称阴极 K），所以被称为二极管。

1. 分类

根据作用的不同，二极管可分为普通二极管、开关二极管、快恢复/超快恢复二极管、肖特基二极管、变容二极管、稳压二极管、发光二极管、红外发光二极管等。根据材料的不同可分为硅二极管和锗二极管。

2. 特点

二极管的两极有正极、负极之分（或称阳极与阴极），并且导通电流只能从二极管的正极流向负极。严格地说，二极管是一个非线性器件，当二极管两端的电压加到一定的值时，二极管才开始导通，当电压大到一定程度时，电流就不再上升。

通常把二极管导通时的电压称为起始电压。不同材料构成的二极管起始电压也不同，一般来说，锗材料二极管的起始电压为 0.25V 左右，硅材料的二极管起始电压为 0.65V 左右。

普通二极管工作时需要加正偏电压，即二极管的正极接电源正极，二极管的负极接电源的负极；而稳压二极管等特殊二极管工作时需要加反偏电压，即二极管的正极接电源负极，二极管的负极接电源正极。

3. 普通二极管

（1）普通二极管的识别

普通二极管是利用二极管的单向导电性来工作的，有两个引脚，有白色或黑色竖条的一端为负极，如图 1-21 所示。常见的普通二极管有 1N4001～1N4007（1A）、1N5401～1N5408（3A）等。

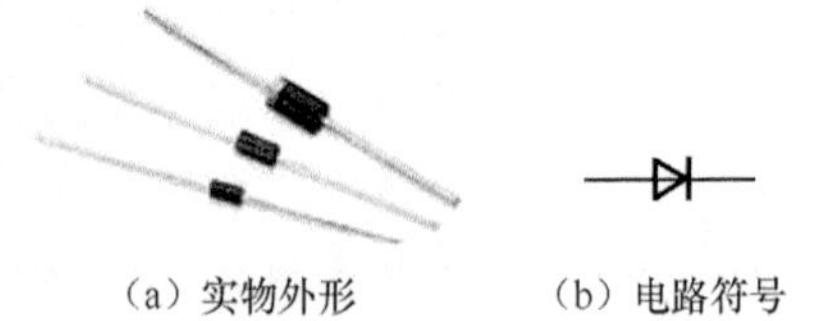

（a）实物外形　（b）电路符号

图 1-21　普通二极管

（2）普通二极管的检测

二极管是否正常可以用指针万用表的电阻挡或数字万用表的二极管挡进行检测。采用万用表测量二极管，有在路测量和非在路测量两种方法。非在路测量就是将被测二极管从电路板上取下或悬空一个引脚后进行测量，判断它是否正常的方法；在路测量就是在电路板上直接对它进行测量，判断它是否正常的方法。

① 指针万用表检测二极管。采用指针万用表测量二极管的正向电阻时，应将黑表笔接二极管的正极，红表笔接二极管的负极（有白色或黑色竖条的一端为负极），而调换表笔后就可以测量二极管的反向电阻。普通二极管正向电阻的阻值范围多为 3～8kΩ，反向电阻的阻值应为无穷大。

提示　二极管表面的负极标记不清晰时，也可以通过测量确认正、负极，先用红、黑色表笔任意测量二极管两个引脚间的阻值，测得阻值较小的一次检测中，黑表笔接的是正极。

非在路测量：将万用表置于 R×1k 挡，用黑表笔接二极管 1N4001 的正极、红表笔接它的负极，所测得正向电阻值为 6kΩ 左右，如图 1-22（a）所示；将万用表置于 R×10k 挡，调换表笔，测量它的反向电阻值应为无穷大，如图 1-22（b）所示。若正向电阻值过大或为无穷大，说明该二极管导通电阻大或开路；若反向电阻值过小或为 0，说明该二极管漏电或击穿。

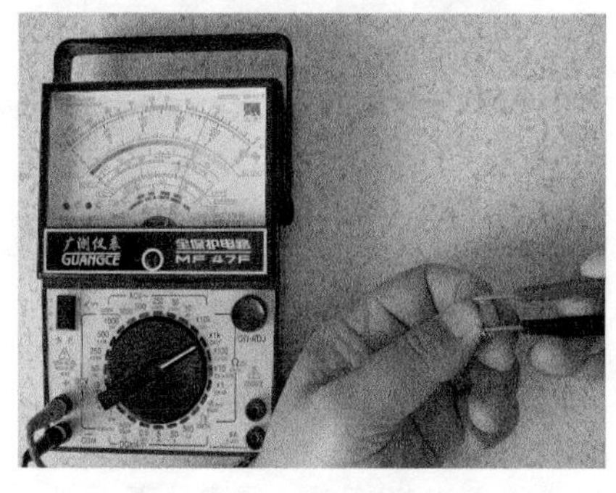

（a）正向电阻

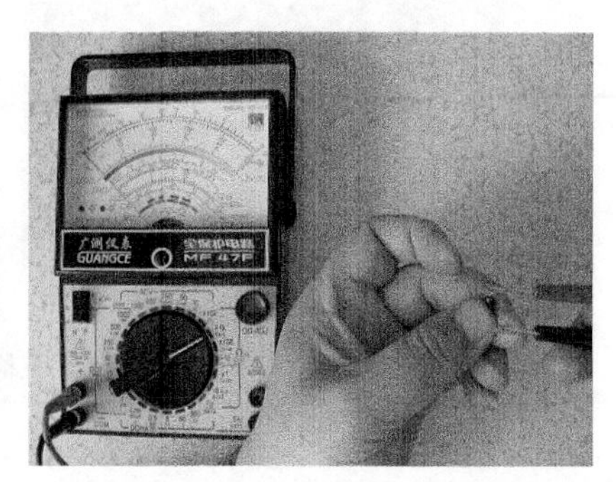

（b）反向电阻

图 1-22　指针万用表非在路测量普通二极管示意图

在路测量：采用指针万用表在路测量整流二极管是否正常时，应将万用表置于 $R\times1$ 挡，黑表笔接普通二极管正极、红表笔接负极时，所测的正向电阻值为 17Ω 左右，如图 1-23（a）；调换表笔所测它的反向电阻值应为无穷大，如图 1-23（b）所示。若正向电阻值过大，说明被测二极管导通电阻大或开路；若反向电阻值过小或为 0，说明该二极管漏电或击穿。

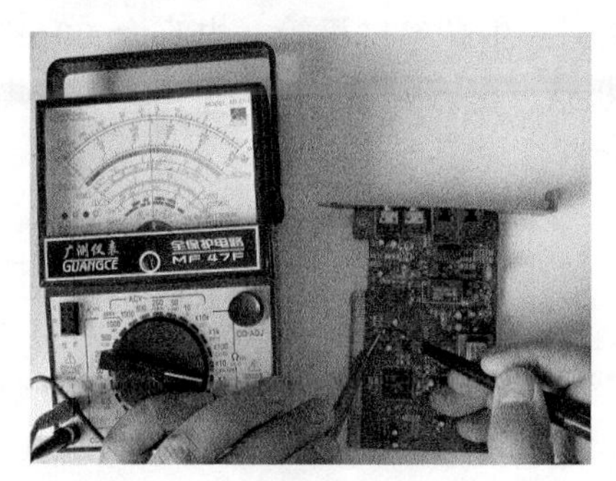

（a）正向电阻

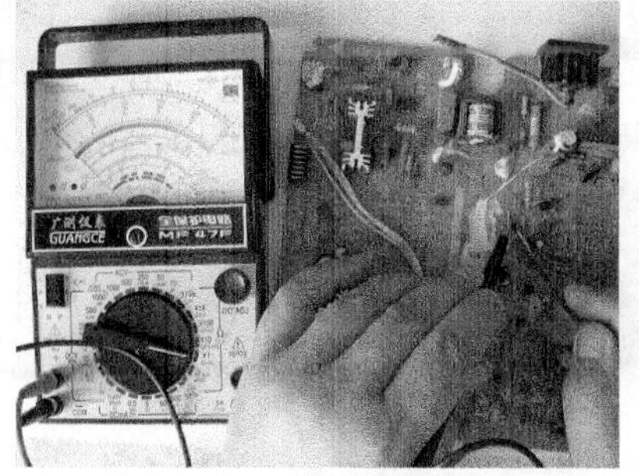

（b）反向电阻

图 1-23　指针万用表在路测量普通二极管示意图

注意　若被测二极管两端并联了小阻值元件，就会导致测量结果不准确，即测量数据低于标称值。因此，怀疑二极管漏电时，需要采用非在路测量法对其进行复测。

② 数字万用表检测二极管。采用数字万用表测量二极管的正向电阻时，应将红表笔接二极管的正极，黑表笔接二极管的负极（有白色或黑色竖条的一端为负极），而调换表笔后就可以测量二极管的反向导通压降值。采用数字万用表测量时也有在路测量和非在路测量两种方法，但无论哪种测量方法，都应将万用表置于二极管挡。

如图 1-24 所示，采用数字万用表测量二极管时，应将它置于二极管挡，红表笔接二极管的正极，黑表笔接二极管的负极，此时屏幕显示的导通压降值为 0.5～0.7，调换表笔后，数值为无穷大（有的数字万用表显示 1，有的显示“OL”），说明被测二极管正常，否则说明二极管损坏。

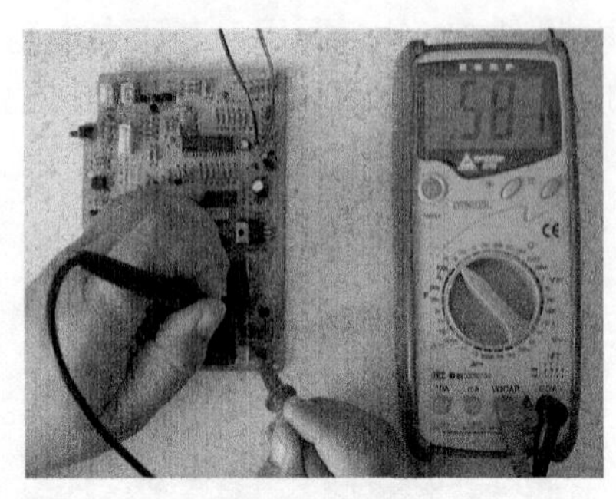

（a）正向导通压降的测量

（b）反向导通压降测量

图 1-24　数字万用表检测普通二极管示意图

提示　细心的读者会发现，在使用数字万用表检测二极管时，屏幕上显示的数值就是二极管 PN 结的导通压降。

4. 快恢复/超快恢复二极管

（1）快恢复/超快恢复二极管的识别

快恢复二极管（FRD）/超快恢复二极管（SRD）是一种新型的半导体器件，它具有反向恢复时间极短、开关性能好、正向电流大等优点。它包括小功率、中功率和大功率三大类。其中，小功率型二极管的外形和普通整流管相似；中功率二极管（电流为 20～30A）采用 TO-220 封装结构，如图 1-25 所示；大功率二极管（电流大于 30A）采用 TO-3P 封装结构；快恢复/超快恢复二极管电路符号如图 1-26 所示。

（a）单二极管　（b）双二极管

图 1-25　TO-220 封装结构的二极管

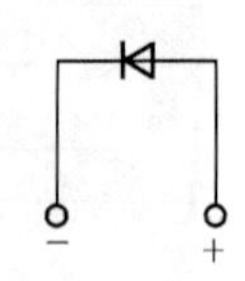

（a）单管

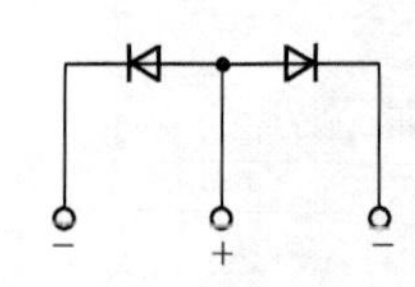

（b）双管（共阳极）

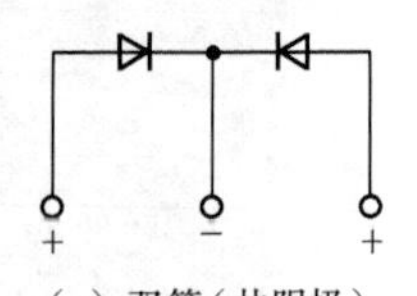

（c）双管（共阴极）

图 1-26　快恢复/超快恢复二极管的电路符号

提示　常见的共阴极超快恢复二极管有 MUR3040PT 等，常见的共阳极超快恢复二极管有 MUR16870A 等。

（2）快恢复/超快恢复二极管检测

单管快恢复二极管的检测和普通二极管基本相同，但正向电阻的阻值要小一些。通过图 1-26（b）、图 1-26（c）可以看出，双管快恢复二极管由两个二极管构成。用数字万用表测量图 1-26（b）所示的共阳极型快恢复二极管时，需要将万用表置于二极管挡，再将红表笔接在该二极管的中间脚上，黑表笔分别接在两侧的引脚上，显示屏显示的数值应在 0.5 以内，并且要一样；而黑表笔接中间脚，红表笔分别接两侧引脚时，显示屏显示的数值应该为无穷大，否则，说明该二极管损坏。而图 1-26（c）所示的共阴极快恢复二极管测量结果与图 1-26（b）所示的二极管正好相反。

5. 稳压二极管（简称稳压管）

（1）稳压管的识别

稳压管是利用二极管的反向击穿特性来工作的。稳压管常用于基准电压形成电路和保护电路。稳压管的电路符号和实物外形如图 1-27 所示。

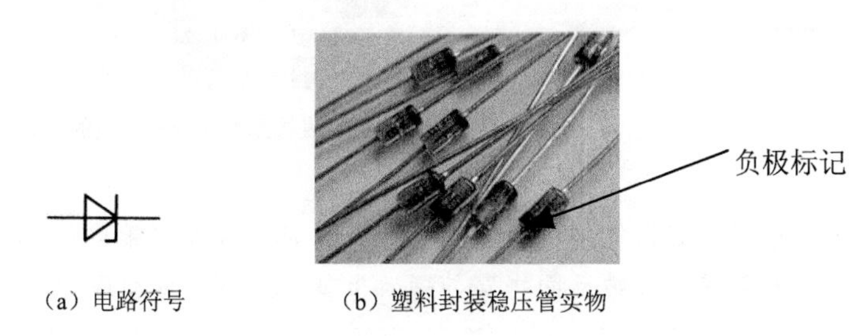

（a）电路符号　　（b）塑料封装稳压管实物

图 1-27 稳压管

（2）稳压管的标注

稳压管的稳压值多采用直标法、色环标注法两种标注方法。

① 直标法。直标法就是直接在稳压管表面上标明二极管的名称或者稳压管的击穿电压值（即稳压值），并通过一条白色或其他颜色的色环表示极性。

② 色环标注法。部分稳压管采用 2 道或 3 道色环标注法表示击穿电压值的大小，紧靠阴极引脚一端的色环为第 1 道色环，以后依次为第 2 道色环、第 3 道色环。各色环颜色代表的数值与色环电阻一样。

采用 2 道色环标注时，第 1 道色环表示十位上的数值，第 2 道色环表示个位上的数值，如稳压管所标注的色环的颜色依次为棕、绿色，则表明该稳压管的击穿电压值为 15V。

采用 3 道色环标注，并且第 2 道色环和第 3 道色环采用的颜色相同时，第 1 道色环表示个位上的数值，第 2 道色环、第 3 道色环共同表示十分位上的数值，即小数点后面第 1 位数值，如稳压管所标注的色环为绿、棕、棕，则表明该稳压管的击穿电压值为 5.1V。

采用 3 道色环标注，并且第 2 道色环和第 3 道色环采用的颜色不同时，第 1 道色环表示十位上的数值，第 2 道色环表示个位上的数值，第 3 道色环表示十分位上的数值，即小数点后面第 1 位数值，如稳压管所标注的色环为棕、红、蓝，则表明该稳压管的稳压值为 12.6V。

（3）稳压管的检测

稳压管损坏常见的故障现象是开路、击穿和稳压值不稳定。稳压管是否正常也可以用数字万用表和指针万用表进行检测。怀疑稳压管击穿或开路时，可采用在路测量法进行判断。而检测稳压管的稳压值时应采用指针万用表电阻挡测量或采用稳压电源结合万用表测量的方法。

① 指针万用表电阻挡测量。将万用表置于 $R\times10$k 挡，并将表针调零后，用红表笔接稳压管的正极，黑表笔接稳压管的负极，当表针摆到一定位置时，从万用表直流 10V 挡的刻度上读出其稳定数据。估测的数值为 10V 减去刻度上的数值，再乘以 1.5 即可。比如，测量 12.7V 稳压管时，表针停留在 1.5V 的位置，这样，（10V－1.5V）×1.5＝12.75V，说明被测稳压管的稳压值大约为 12.75V，如图 1-28 所示。

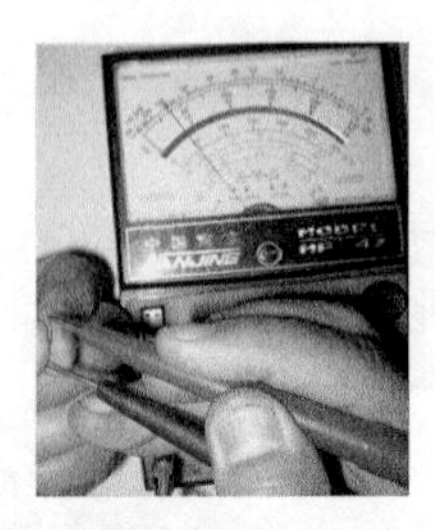

图 1-28　指针万用表检测稳压管稳压值的示意图

提示　若被测稳压管的稳压值高于万用表 $R\times10k$ 挡电池电压值（9V 或 15V），则被测的稳压管不能被反向击穿导通，也就无法测出该稳压管的反向电阻阻值。

② 使用稳压电源、万用表电压挡测量。如图 1-29（a）所示，将一只限流电阻的一端通过导线接在 0～35V 稳压电源的正极输出端子上，再将电阻的另一端接在稳压管的负极上，而稳压管的正极接在稳压电源的负极输出端上。接通稳压电源的电源开关后，旋转稳压电源的输出旋钮，使输出电压逐渐增大，测量稳压管两端的电压值，待稳压电源的输出电压在不断升高，而稳压管两端电压却保持稳定时，所测电压值就是该稳压管的稳压值。比如，将一只 1kΩ的电阻和一只稳压管串联后，接在稳压电源的直流电压输出端子上，打开稳压电源的开关，并调整旋钮使其输出电压为 15V 后，测稳压管两端电压时，显示屏显示的数值为 12.23，继续调整旋钮使电源输出电压升高，若万用表显示数据不变，仍为 12.23，则说明被测稳压管的稳压值是 12.23V，如图 1-29（b）所示。

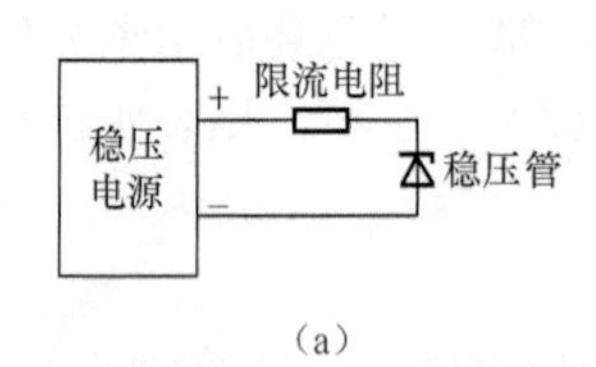

（a）

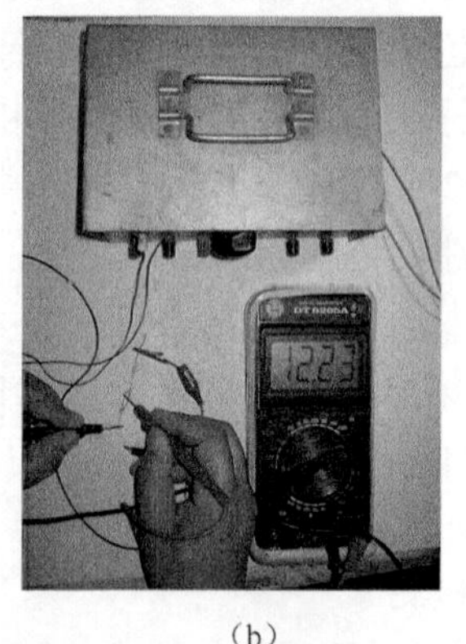

（b）

图 1-29　用稳压电源和万用表检测稳压管稳压值的示意图

6. 开关二极管

开关二极管也是利用其单向导电特性来实现开关控制功能的，它导通时相当于开关接通，截止时相当于开关断开，目前应用的开关二极管最常见的是 1N4148、1N4448。它的实物外形与图 1-27 所示的稳压管基本相同，而电路符号和普通二极管相同。

开关二极管的检测和快恢复二极管相同，不再介绍。

7. 发光二极管

（1）发光二极管的识别

发光二极管（LED）简称发光管，主要应用在电子产品中作电源或工作状态的指示灯。

按发光颜色，发光二极管一般分发红光、绿光、黄光等几种；按引脚，它有 2 脚和 3 脚两种，2 脚型发光二极管内仅有一个发光二极管，3 脚型发光二极管内有两个发光颜色不同的发光二极管，如图 1-30 所示。

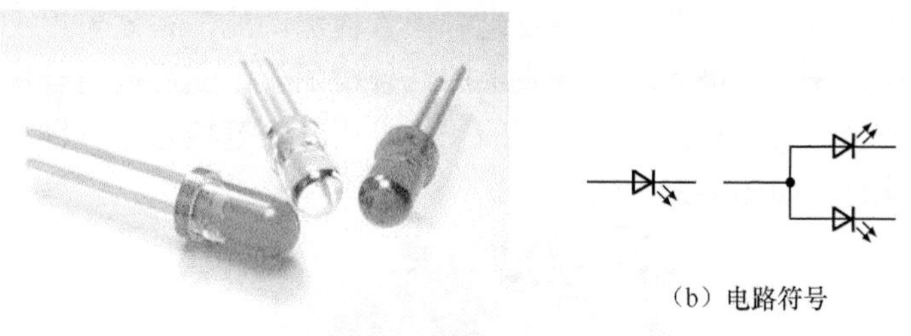

（b）电路符号

图 1-30　发光二极管

发光二极管的工作电流一般为几毫安至几十毫安，发光二极管的发光强度基本上与发光二极管的正向电流成线性关系。发光二极管只工作在正向偏置状态。正常情况下，发光二极管的正向导通电压为 1.5～3V，常见的发光二极管导通电压多为 1.8V 左右。

提 示　若流过发光二极管的导通电流太大，就有可能造成发光二极管过流损坏。在实际应用中，一般在发光二极管供电回路中串接一只限流电阻，以防止它过流损坏。

（2）发光二极管的检测

如图 1-31 所示，将数字万用表置于二极管挡，把红表笔放于发光二极管一端，黑表笔放于另一端，若测量时发光二极管能发光且显示屏显示的数值为 1.766 左右，调换表笔后数值为无穷大，说明被测发光二极管是正常的，否则该发光二极管已损坏。检测发光二极管时它能发光，则说明红表笔所接的引脚是正极，黑表笔接的引脚是负极。

8. 红外发光二极管

（1）红外发光二极管的识别

红外发光二极管是一种把电信号直接转换为红外光信号的发光二极管，虽然它采用砷化镓（GaAs）材料构成，但也具有半导体的 PN 结。红外发光二极管主要应用在红外遥控器内。常见的红外发光二极管如图 1-32 所示，它的电路符号和发光二极管相同。

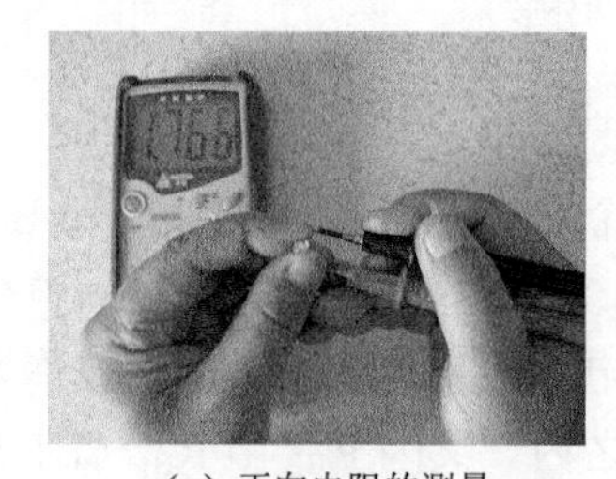

（a）正向电阻的测量

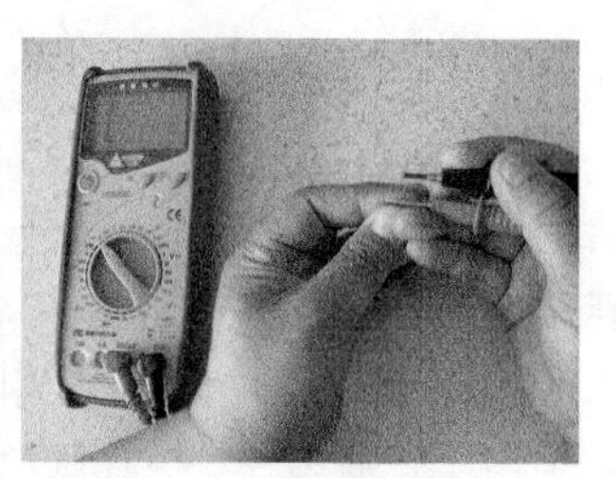

（b）反向电阻的测量

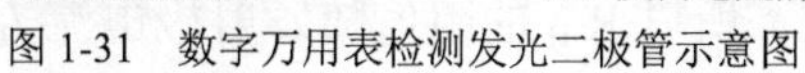

图 1-31　数字万用表检测发光二极管示意图

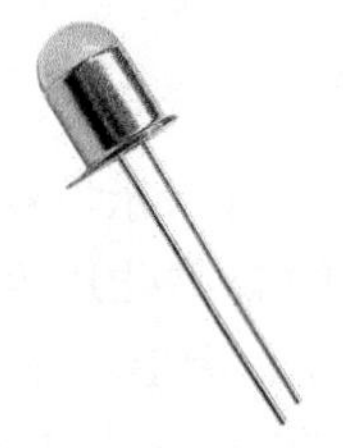

图 1-32　红外发光二极管

（2）红外发光二极管的检测

将万用表置于 R×1k 挡，用黑表笔接红外发光二极管的正极，红表笔接它的负极，所测得正向电阻的阻值应在 25kΩ 左右；调换表笔测量它的反向电阻，阻值应大于 500kΩ 或为无穷大。

若正向电阻的阻值过大或为无穷大，说明该红外发光二极管导通电阻大或开路；若反向电阻的阻值过小或为 0，说明它漏电或击穿。

目前，许多新型的万用表上具有红外发光二极管检测功能，将该表置于红外发光二极管检测挡位上，再将红外发光二极管对准表头上的红外检测管，随后把另一块 MF47 型万用表置于 $R\times1$ 挡，用黑表笔接红外发光二极管的正极，用红表笔接它的负极，正常时表头上的接收二极管会闪烁发光，如图 1-33 所示。

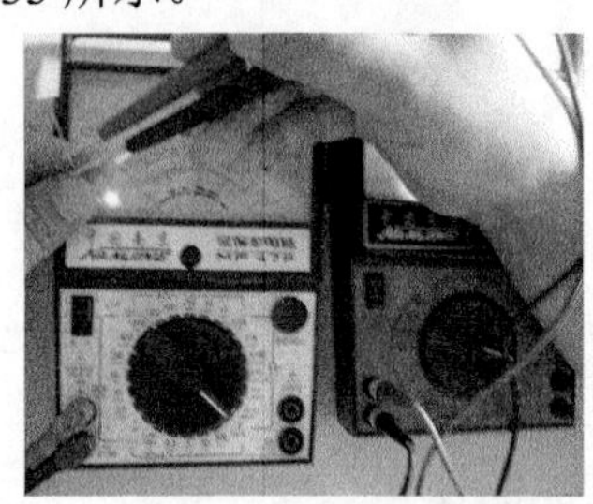

图 1-33　利用红外发光二极管检测功能检测

9．双基极二极管

双基极二极管也叫单结晶体管（UJT），它是一种有一个 PN 结和 3 个电极的半导体器件。

（1）双基极二极管的识别

由于双基极二极管具有负阻的电气性能，所以它和较少的元器件就可以构成阶梯波发生器、自激多谐振荡器、定时器等脉冲电路。它的构成与等效电路如图 1-34 所示，它的电路符号和常见实物外形如图 1-35 所示。

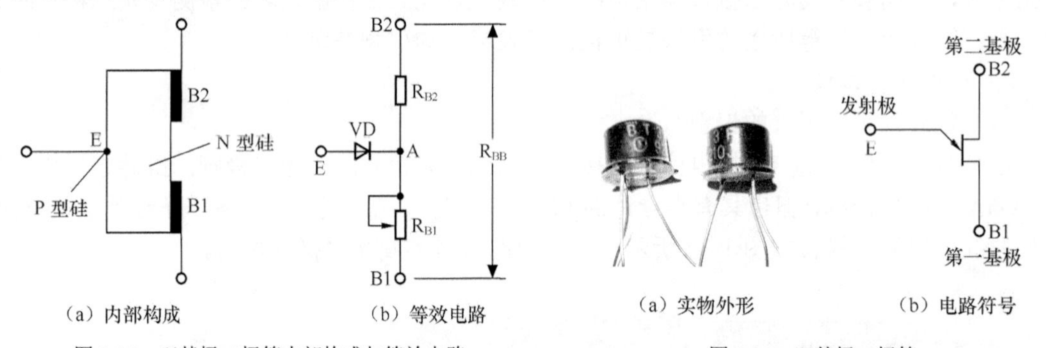

（a）内部构成　（b）等效电路

图 1-34　双基极二极管内部构成与等效电路

（a）实物外形　（b）电路符号

图 1-35　双基极二极管

如图 1-34 所示，双基极二极管有两个基极 B1、B2 和一个发射极 E。其中，B1 和 B2 与高电阻率的 N 型硅片相接，并且硅片的另一侧有一个 PN 结，在 P 型半导体上引出的电极就是发射极 E。因 B1、B2 之间的 N 型区域可以等效为一个纯电阻 R_{BB}，所以 R_{BB} 就被称为基区电阻。国产双基极二极管的 R_{BB} 的阻值范围多在 2～10kΩ 之内。又因 R_{BB} 由 R_{B1}（B1 与 E 间的阻值）和 R_{B2}（B2 与 E 间的阻值）构成，所以 R_{B1} 的阻值随发射极电流 I_E 而变化，就像一只可调电阻。

（2）双基极二极管的检测

如图 1-36 所示，将万用表置于 $R\times1k$ 挡，用黑表笔接双基极二极管 BT33F 的 E 极，红表笔接它的 B1 极时，测得的正向电阻的阻值为 20kΩ 左右；红表笔接它的 B2 极时，测得的正向电阻的阻值为 12kΩ 左右；将红表笔接发射极，黑表笔分别接两个基极，测得的反向电阻的阻值应为无穷大，而两个基极间的阻值约为 8.5kΩ。

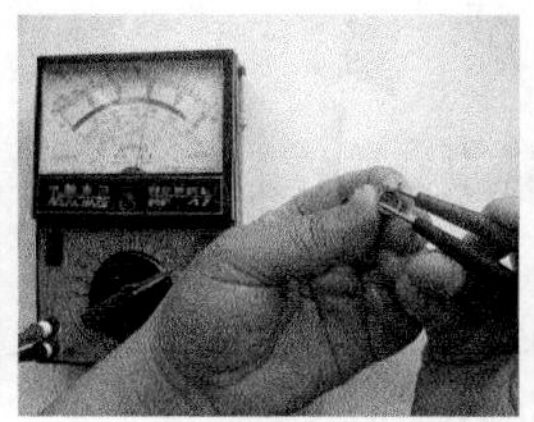

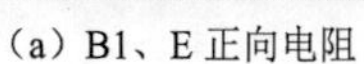

（a）B1、E 正向电阻　（b）B2、E 正向电阻　（c）反向电阻的测量　（d）B1、B2 正向电阻

图 1-36　万用表检测双基极二极管示意图

若正向电阻的阻值过大或为无穷大，说明该二极管导通电阻大或开路；若反向电阻的阻值过小或为 0，说明它漏电或击穿。

提示　BT31～BT33 等双基极二极管引脚的名称通过图 1-37 就可以识别。

10. 双向触发二极管

（1）双向触发二极管的识别

双向触发二极管(DIAC)是一种双向的交流半导体器件。它伴随双向晶闸管产生，具有性能优良、结构简单、成本低等优点。双向触发二极管的实物外形、结构、等效电路、电路符号和伏安特性如图 1-38 所示。

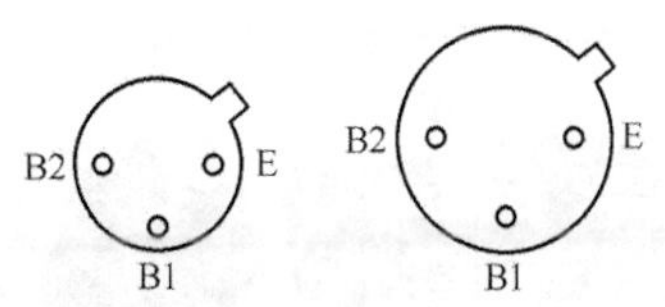

图 1-37　BT31～BT33 等双基极二极管的引脚布局示意图

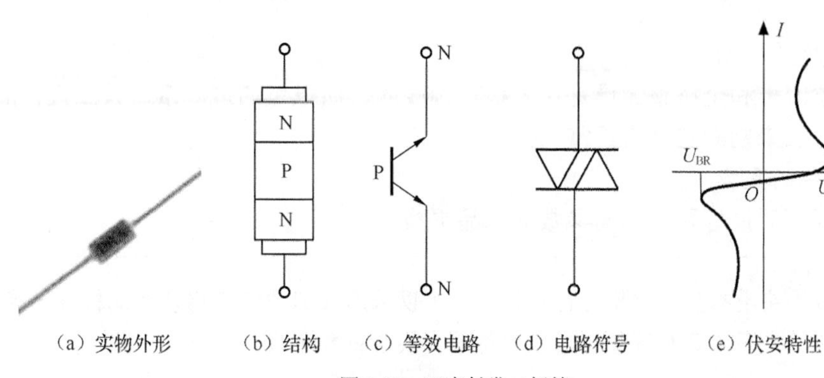

（a）实物外形　（b）结构　（c）等效电路　（d）电路符号　（e）伏安特性

图 1-38　双向触发二极管

如图 1-38（b）、（c）所示，双向触发二极管属于三层双端半导体器件，具有对称性质，可等效为基极开路、发射极与集电极对称的 NPN 型三极管。其正、反向伏安特性完全对称，当器件两端的电压 $U<U_{BO}$ 时，管子为高阻状态；当 $U>U_{BO}$ 时进入负阻区，当 $U>U_{BR}$ 时也会进入负阻区。

提示　U_{BO} 是正向转折电压，U_{BR} 是反向转折电压。转折电压的对称性用 ΔU_B 表示，$\Delta U_B \leqslant 2V$。

（2）双向触发二极管的检测

将指针万用表置于 $R\times1k$ 挡，测量双向触发二极管的正向、反向电阻的阻值都应为无穷大，若阻值过小或为 0，说明该二极管漏电或击穿。

11．二极管的更换

二极管损坏后最好采用相同种类、相同参数的二极管更换，若没有同型号的二极管，也应采用参数相近的二极管更换。比如双向触发二极管损坏后，必须采用相同型号的双向触发二极管更换；再比如，红外发光二极管损坏后必须用同型号的红外发光二极管更换；而市电整流电路的 1N4007 损坏后，可以用参数相近的 1N4004 更换。

注意　维修开关电源时，绝对不能用低频二极管更换高频二极管，如不能用 1N4007 更换 RU2。另外，在更换稳压管时必须采用稳压值和功率值相同的稳压管进行更换。

四、整流桥堆

1．整流桥堆的识别

整流桥堆由 2 只或 4 只二极管构成。常用的整流桥堆如图 1-39 所示，它们的电路符号如图 1-40 所示。

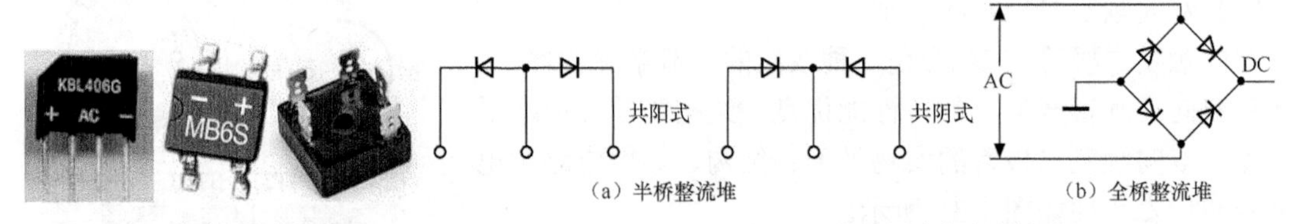

图 1-39　整流桥堆实物外形

图 1-40　整流桥堆的电路符号

2．整流桥堆的检测

由于半桥整流堆和全桥整流堆是由二极管构成的，所以可通过测量每只二极管的正、反向电阻阻值的方法来判断它是否正常。

3．整流桥堆的更换

整流桥堆损坏后最好采用相同参数的产品更换。

方法与技巧　若手头没有整流桥堆进行代换，也可以采用 2 只整流管组成整流桥堆代换半桥整流堆，用 4 只整流管组成整流桥堆代换全桥整流堆。

五、高压硅堆

1．高压硅堆的识别

高压硅堆俗称硅柱，它是一种硅高频、高压整流管。它由若干个整流管的管芯串联后构成，所以整流后的电压可达到几千伏到几十万伏。高压硅堆早期主要应用在黑白电视机的行输出变压器中，现在主要应用在微波炉等电子产品中。常见的高压硅堆如图 1-41 所示。

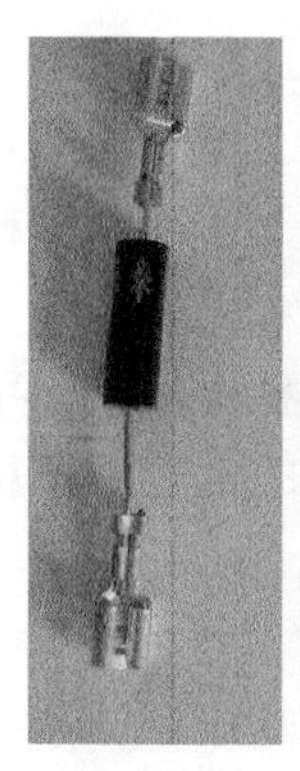
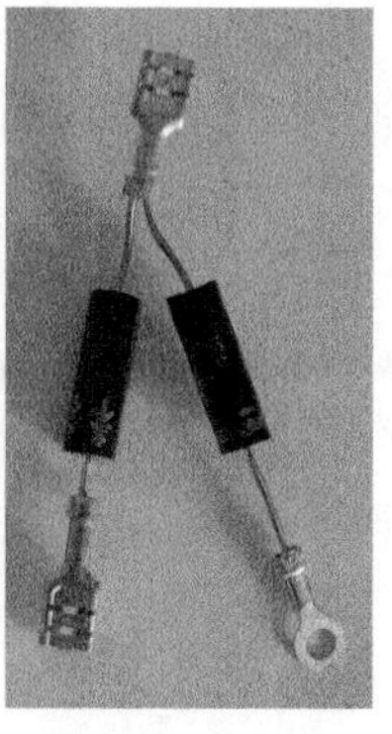

（a）单硅堆　　（b）双硅堆

图 1-41　高压硅堆的实物

2. 高压硅堆的检测与更换

高压硅堆反向电阻的阻值都应为无穷大，而正向电阻的阻值较大或为无穷大，下面以微波炉使用的高压硅堆为例介绍高压硅堆的检测方法。首先，将指针万用表置于 R×10k 挡，测量正向电阻时，有 150kΩ左右的阻值，而反向阻值为无穷大，如图 1-42 所示。若测量反向电阻时有阻值，则说明该高压硅堆损坏。

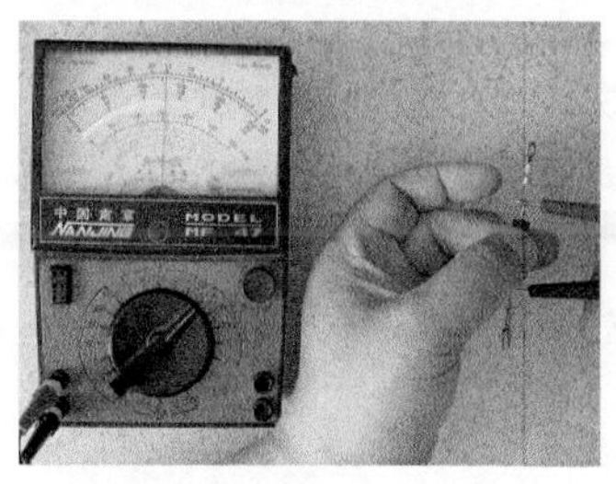

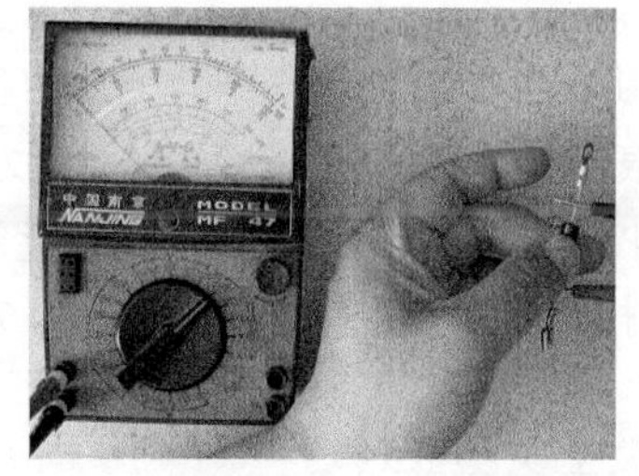

（a）正向阻值　　（b）反向阻值

图 1-42　高压硅堆的非在路测量

高压硅堆损坏后最好采用相同参数的产品更换。

六、三极管

三极管（transistor）也称晶体管或晶体三极管，是电子产品中应用最广泛的半导体器件之一。

1. 作用

三极管在电路中通常起放大与开关作用，放大器工作在三极管的线性区域，开关电路中的三极管工作在饱和区与截止区。通过设置三极管电路不同的参数及外围电路，可以构成多种多样的电路。三极管的 3 个电极分别为基极（base，简称为 b 或 B）、集电极（collector，简称为 c 或 C）与发射极（emitter，简称为 e 或 E）。常用的三极管实物外形如图 1-43 所示。

图 1-43　三极管的实物外形

2. 分类

三极管按构成的材料可分为硅三极管和锗三极管两种。目前，常用的是硅三极管；按结构不同可分为 NPN 型与 PNP 型；按功率可分为小功率三极管、中功率三极管和大功率三极管 3 种；按封装结构可分为塑料封装三极管和金属封装三极管两种，常用的是塑封三极管；按工作频率可分为低频三极管和高频三极管两种；按功能可分为普通三极管、达林顿三极管、带阻三极管、光敏三极管等多种，目前，常用的是普通三极管；按焊接方式可分为插入式焊接三极管和贴面式焊接三极管两类。

3. 普通三极管的检测

普通三极管由两个 PN 结构成，电路符号如图 1-44 所示。普通三极管的检测可以使用指针万用表的电阻挡，也可以使用数字万用表的二极管挡。

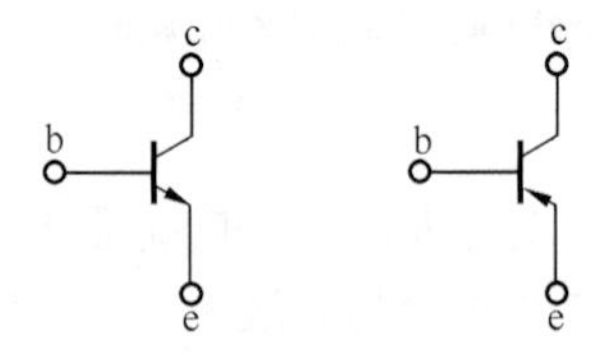

（a）NPN 型三极管　（b）PNP 型三极管

图 1-44　三极管的电路符号

提 示　如图 1-44 所示，为了和集电极相区别，三极管的发射极上画有箭头。箭头的方向代表发射结在正向电压下的电流方向。箭头向外的是 NPN 型三极管，箭头向内的是 PNP 型三极管。用万用表测量管子基极和发射极间 PN 结的正向压降时，可测得硅管的正向压降一般为 0.5～0.7V，锗管的正向压降多为 0.2～0.4V。

（1）三极管类型及基极判别

判断三极管是 NPN 型，还是 PNP 型，并且判断出哪个引脚是基极，对于普通三极管的识别和检测是极为重要的，判断时可采用数字万用表的二极管挡，也可以采用指针万用表的电阻挡。

① 数字万用表判别方法。首先假设三极管的第 1 个管脚为基极，用红表笔接三极管假设的基极，再用黑表笔分别接另两个脚，若测得的导通压降值都为 0.656、0.657 左右，说明假设的 1 脚的确是基极，并且该管为 NPN 型三极管，如图 1-45（a）所示。否则再次假设基极进行测量。

若黑表笔接第 1 个管脚，用红表笔接另外两个管脚，若显示屏显示的导通压降值为 0.676 和 0.631 左右，说明该管是 PNP 型三极管，并且假设的 1 脚就是基极，如图 1-45（b）所示。否则再次假设基极进行测量。

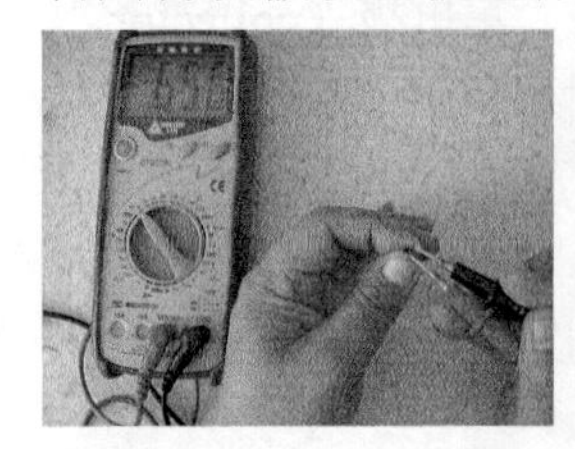
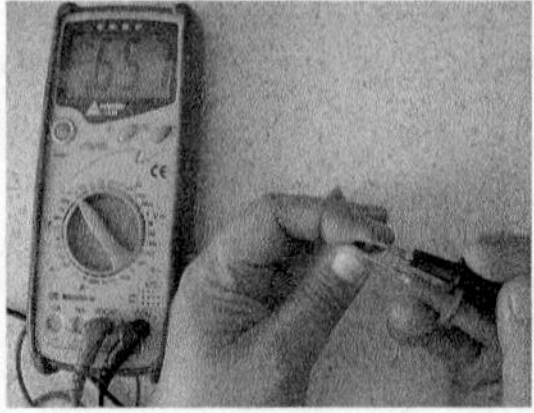

（a）NPN 型三极管

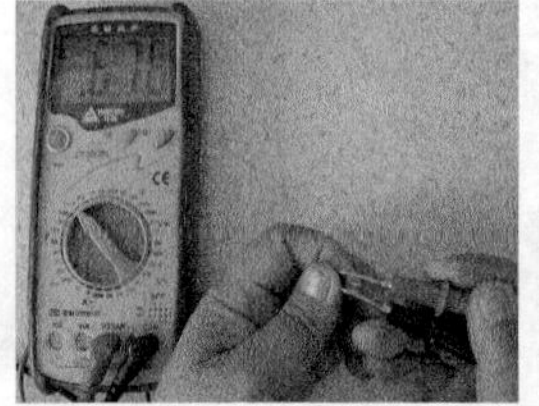
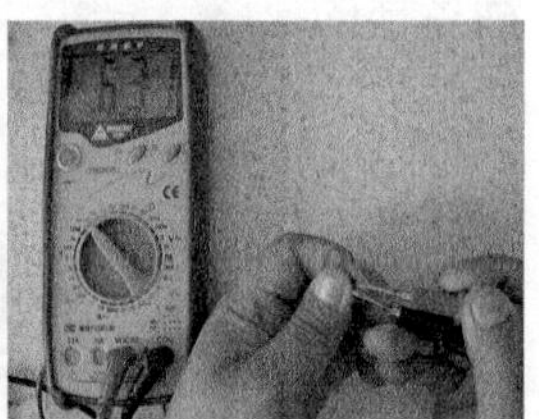

（b）PNP 型三极管

图 1-45　数字万用表判别三极管管型与管脚示意图

② 指针万用表判别方法。采用指针万用表判别管型和基极时，首先将万用表置于 $R\times1k$ 挡，黑表笔接假设的基极，红表笔接另两个引脚时表针指示的阻值为 10kΩ左右，则说明假设的基极正确，并且被判别的三极管是 NPN 型，如图 1-46（a）所示。红表笔接假设的基极、黑表笔接另两个引脚时表针指示的阻值为 10kΩ左右，则说明红表笔接的引脚是基极，并且被测量的三极管是 PNP 型，如图 1-46（b）所示。

（a）NPN 型三极管

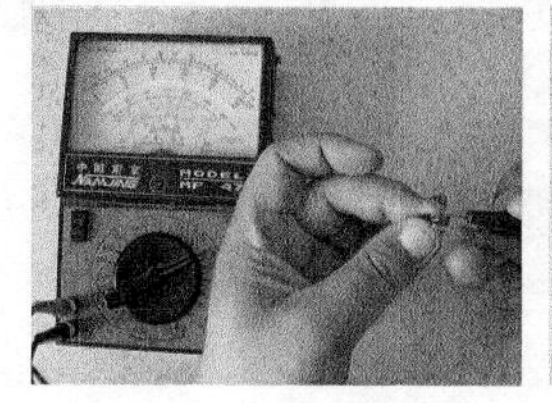
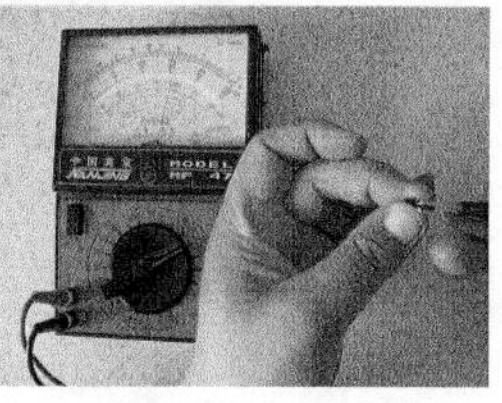

（b）PNP 型三极管

图 1-46　指针万用表判别三极管示意图

提示　日本产三极管（如 2SA966、2SC1815）的基极都在一侧，而国产三极管（如 3DA87、3DG12）的中间脚是基极。

（2）集电极、发射极判别（放大倍数检测）

实际应用三极管时，还需要判断哪个引脚是集电极，哪个引脚是发射极。用万用表通过测量 PN 结和三极管放大倍数 h_{FE} 就可以判别三极管的集电极、发射极。

① 通过 PN 结阻值判别的方法。如图 1-46 所示，采用指针万用表测量 PNP 型三极管 2SA1321 时，用红表笔接基极，黑表笔分别接另两个引脚，所测两个阻值也会一大一小。在阻值小的一次测量中，黑表笔所接的是集电极，剩下的引脚就是发射极。

② 通过 h_{FE} 判别的方法。如图 1-47 所示，万用表的面板上都有 NPN、PNP 型三极管 b、c、e 引脚插孔，所以检测三极管的 h_{FE} 时，首先要确认被测三极管是 NPN 型，还是 PNP 型，然后将它的 b、c、e 极 3 个引脚插入面板上相应的 b、c、e 插孔内，再将万用表置于 h_{FE} 挡，通过显示屏显示的数据就可以判断出三极管的 c、e 极。若数据较小或为 0，可能是假设的 c、e 极反了，再将 c、e 引脚调换后插入，此时数据较大，则说明插入的引脚就是正确的 c、e 极了。

（a）引脚不正确

（b）引脚正确

图 1-47　通过 h_{FE} 判别三极管集电极、发射极的示意图

提示　该方法不仅可识别出三极管的引脚，而且可确认三极管的放大倍数。图 1-47（b）所示的三极管放大倍数为 112。

（3）好坏的判断

用万用表检测三极管好坏时，可采用在路测量和非在路测量两种方法。

① 在路测量。如图 1-48 所示，将红表笔接三极管的 b 极，黑表笔接 e 极，测 be 结的正向导通压降时，显示屏显示的数字为 0.713 左右；调换表笔后检测时，屏幕显示溢出值 1，说明 be 结的反向导通压降值为无穷大。其次，将红表笔接三极管的 b 极，黑表笔接 c 极，测 bc 结的正向导通压降时，显示屏显示的数字为 0.713 左右；调换表笔检测时，屏幕显示的数字为

1，说明 bc 结的反向导通压降为无穷大。最后，测 ce 结的正向导通压降时，显示屏显示的数字为 1.374 左右；调换表笔后检测，屏幕显示溢出值 1，说明 ce 结的反向导通压降值为无穷大。

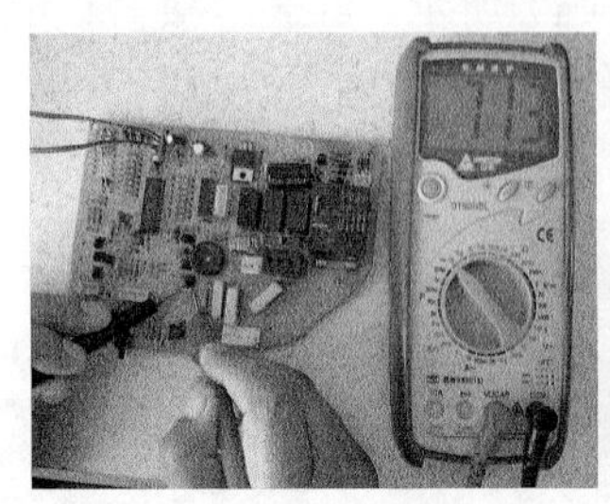
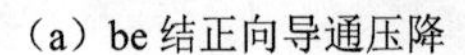

（a）be 结正向导通压降

（b）be 结反向导通压降

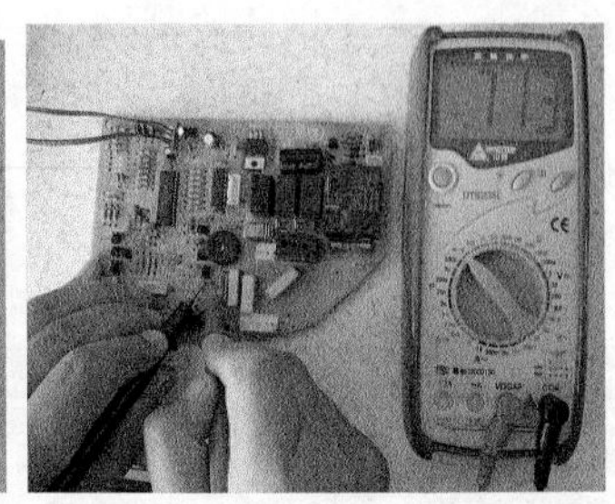

（c）bc 结正向导通压降

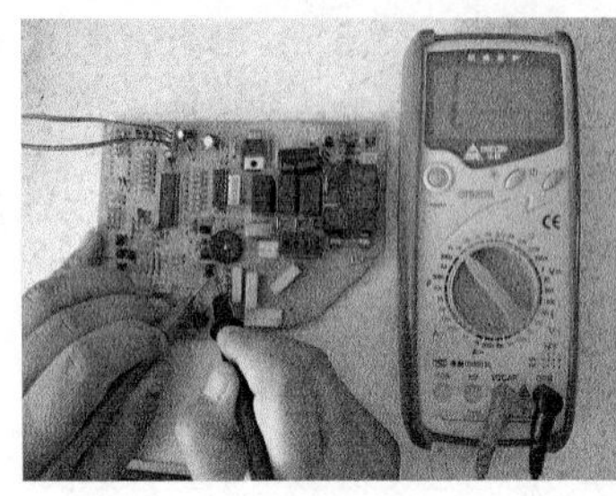

（d）bc 结反向导通压降

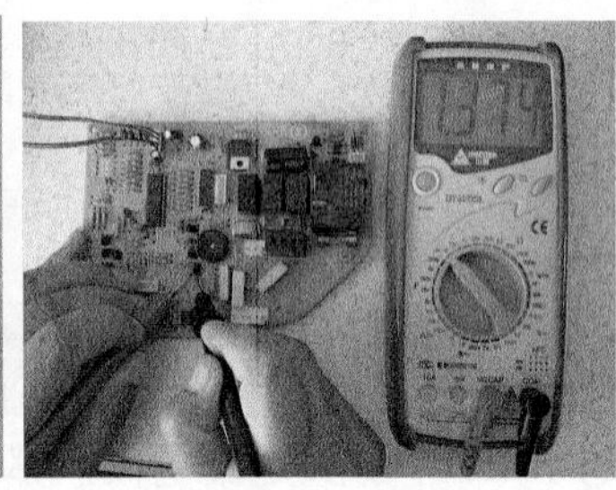

（e）ce 结正向导通压降

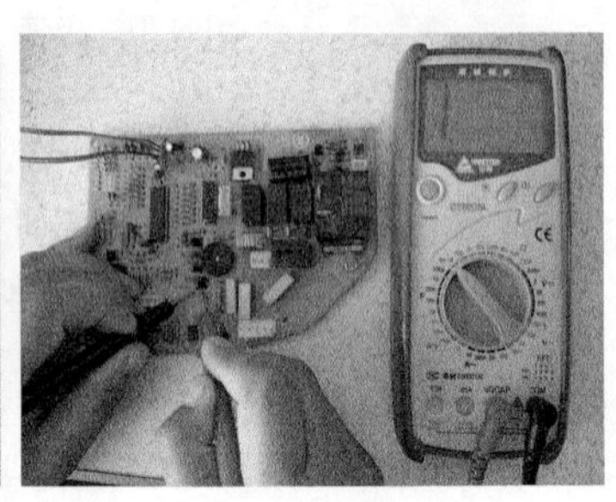

（f）ce 结反向导通压降

图 1-48　数字万用表在路检测 NPN 型三极管

若测得的数值偏离较大，则说明该三极管已坏或电路中有小阻值元器件与它并联，需要将该三极管从电路板上取下或引脚悬空后再测量，以免误判。

如图 1-49 所示，将指针万用表置于 *R*×1 挡，在测量 NPN 型三极管时，黑表笔接三极管的 b 极，红表笔分别接 c 极和 e 极，所测的正向电阻都应在 20Ω 以内；用红表笔接 b 极，黑表笔接 c 极和 e 极，无论表笔怎样连接，反向电阻都应该是无穷大；而 c、e 极间的正向电阻的阻值应大于 200Ω，反向电阻的阻值应为无穷大，否则说明该三极管已坏。

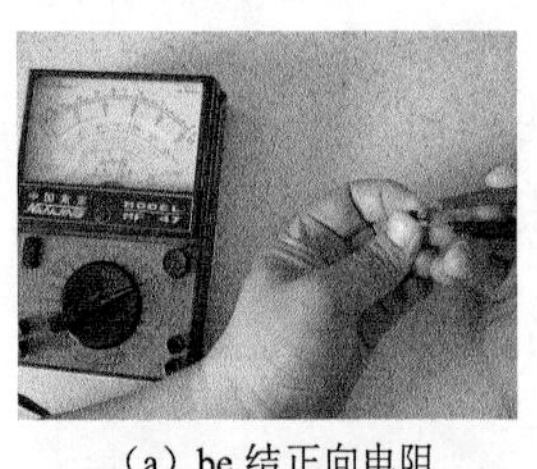

（a）be 结正向电阻

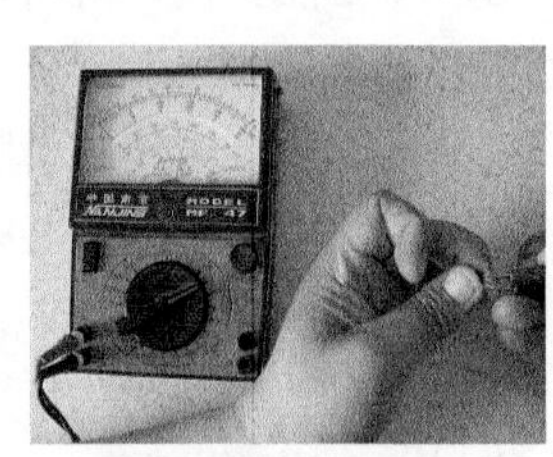

（b）bc 结正向电阻

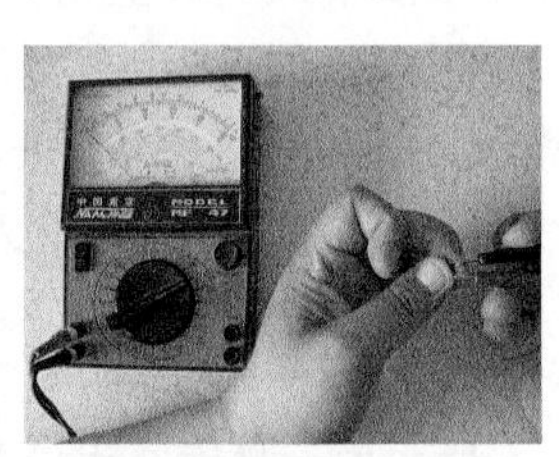

（c）bc 结反向电阻

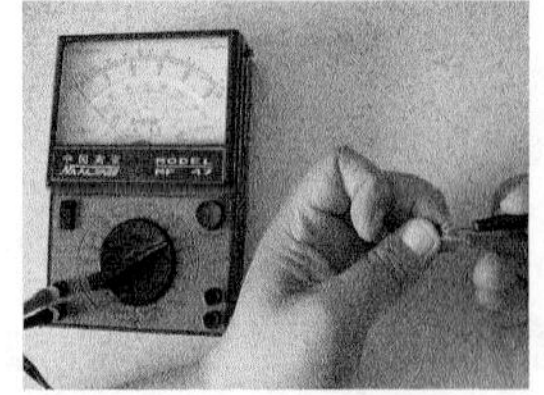

（d）be 结反向电阻

（e）c、e 极正向电阻

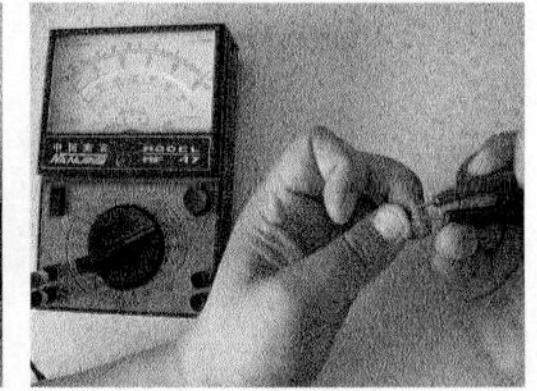

（f）c、e 极反向电阻

图 1-49　指针万用表在路判别三极管好坏的示意图

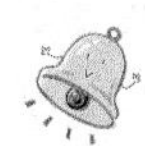

提示　PNP 型三极管的测量跟 NPN 型三极管相反，红表笔接在 b 极，黑表笔分别接 c 极和 e 极。

② 非在路测量。非在路测量 NPN 型三极管时，和在路测量的方法一样，但反向电阻的阻值必须是无穷大。

（4）估测穿透电流 I_{ceo}

利用指针万用表测量三极管的 c、e 极间电阻，可估测出该三极管穿透电流 I_{ceo} 的大小。下面以常见的 PNP 型三极管 2SA733P 和常见的 NPN 型三极管 2SD313 为例进行介绍。

① PNP 型三极管。如图 1-50 所示，将万用表置于 R×10k 挡，黑表笔接 e 极，红表笔接 c 极，阻值应为几十千欧到无穷大。如果阻值过小或表针缓慢向左移动，说明该管的穿透电流 I_{ceo} 较大。

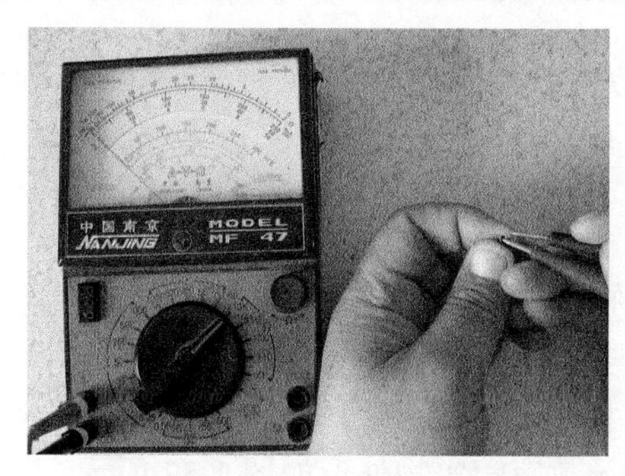

图 1-50　估测 PNP 型三极管穿透电流的示意图

提示　锗材料的 PNP 型三极管的穿透电流 I_{ceo} 比硅材料的 PNP 型三极管大许多。采用 R×1k 测量 c、e 极电阻时都会有阻值。

② NPN 型三极管。如图 1-51 所示，将万用表置于 R×10k 挡，红表笔接 e 极，黑表笔接 c 极，阻值应为几百千欧；调换表笔后，阻值应为无穷大。如果阻值过小或表针缓慢向左移动，说明该管的穿透电流 I_{ceo} 较大。

图 1-51　估测 NPN 型三极管穿透电流的示意图

七、场效应管

1. 场效应管的特点

场效应管的全称是场效应晶体管（Field Effect Transistor，简称为 FET）。它是一种外形与三极管相似的半导体器件。但它与三极管的控制特性却截然不同，三极管是电流控制型器件，通过控制基极电流来达到控制集电极电流或发射极电流的目的，即需要信号源提供一定的电流才能工作，所以它的输入阻抗较低；而场效应管则是电压控制型器件，它的输出电流决定于输入电压的大小，基本上不需要信号源提供电流，所以它的输入阻抗较高。此外，场效应管与三极管相比，具有开关速度快、高频特性好、热稳定性好、功率增益大及噪声小等优点，因此在电子产品中得到了广泛的应用。

2. 场效应管的分类

场效应管按其结构可分为结型场效应管和绝缘栅型场效应管两种，根据极性不同又分为N沟道场效应管和P沟道场效应管两种，按功率可分为小功率、中功率和大功率3种，按封装结构可分为塑料封装和金属封装两种，按焊接方式可分为直插焊接式和贴面焊接式两种，按栅极数量可分为单栅极场效应管和双栅极场效应管两种等。而绝缘栅型场效应管又分为耗尽型和增强型两种。

提示 绝缘栅型场效应管可以代换结型场效应管，但绝缘栅增强型场效应管不能用结型场效应管代换。

3. 场效应管的引脚功能

不管哪种场效应管，它都有栅极（gate，简称为G）、漏极（drain，简称为D）和源极（source，简称为S）3个电极。这3个电极所起的作用与三极管对应的b极、c极、e极有点类似。其中，G极对应b极，D极对应c极，S极对应e极。而N沟道型场效应管对应NPN型三极管，P沟道型场效应管对应PNP型三极管。常见的场效应管实物外形如图1-52所示，场效应管的电路符号如图1-53所示。

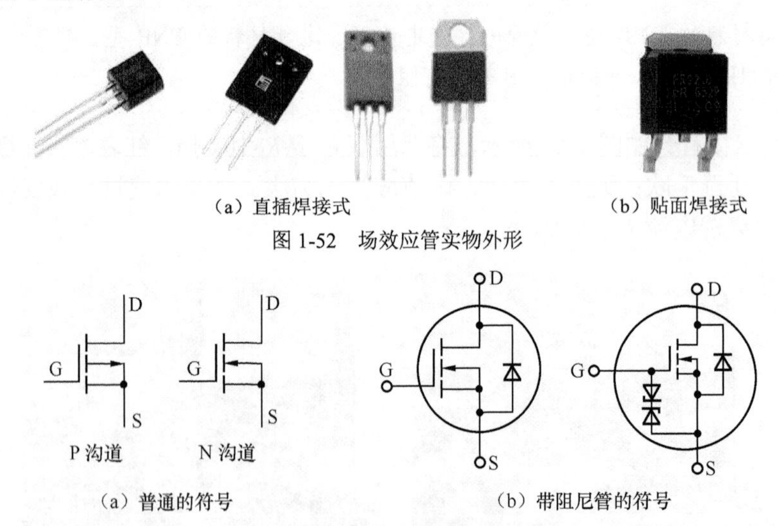

（a）直插焊接式　（b）贴面焊接式

图1-52　场效应管实物外形

（a）普通的符号　（b）带阻尼管的符号

图1-53　场效应管的电路符号

4. 大功率场效应管的检测

（1）引脚与管型的判断

将指针万用表置于R×1挡，测量场效应管任意两引脚之间的正、反向电阻值。其中一次测量中两引脚的电阻值为十几欧姆，这时黑表笔所接的引脚为S极（N沟道型场效应管）或D极（P沟道型场效应管），红表笔接的引脚是D极（N沟道型场效应管）或S极（P沟道型场效应管），而余下的引脚为G极。再将万用表置于R×10k挡，黑表笔接D极，红表笔接S极，阻值应大于

500kΩ，如图 1-54（a）所示。此时，红表笔所接引脚不动，黑表笔将 D、G 极短接后，再测 D、S 极，此时的阻值若迅速变小，说明该管被触发导通，并且该管为 N 沟道型场效应管，如图 1-54（b）所示。若经 D、G 极短接触发后，D、S 极间阻值为无穷大，说明该管没有被触发导通。将万用表再置于 R×10k 挡，红表笔接 D 极，黑表笔接 S 极，红表笔短接 D、G 极后，再测 D、S 极间电阻，若阻值迅速减小，说明该管被触发导通，并且该管为 P 沟道型场效应管，如图 1-54（c）所示。

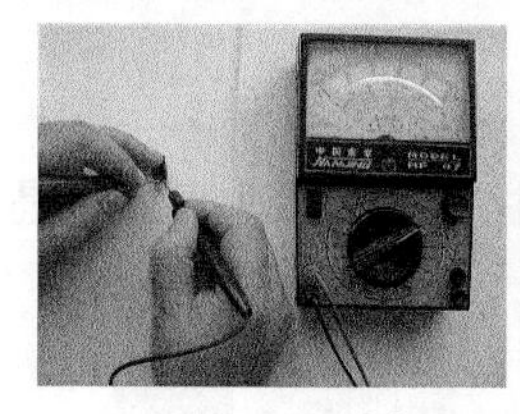
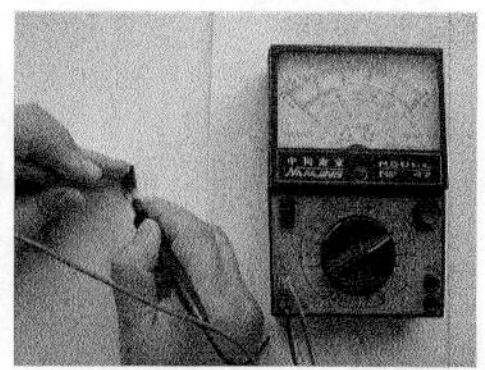

（a）D、S 极的判别

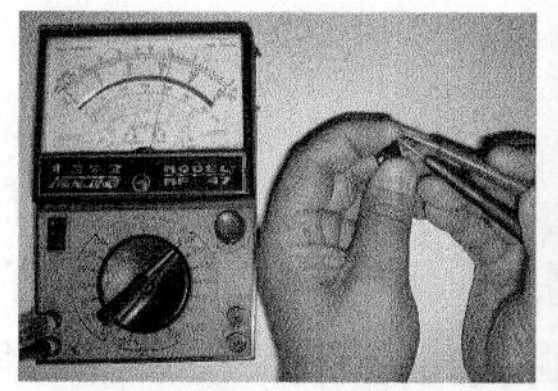

（b）N 沟道型场效应管的触发

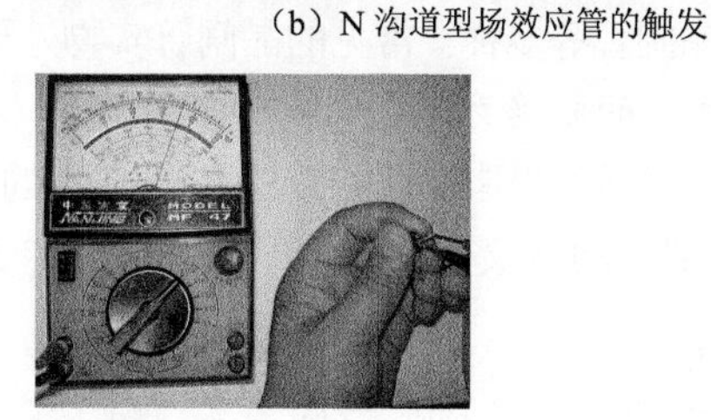

（c）P 沟道型场效应管的触发

图 1-54　大功率型场效应管的引脚和管型判别示意图

提 示　用表笔的金属部位将触发后的场效应管的 3 个脚短接，就可以使该管恢复截止。许多大功率场效应管的 D、S 极间并联了一只二极管，所以未触发时，测量 D、S 极间的正、反向电阻实际上是测量了该二极管的阻值。有的场效应管被触发后，D、S 极间的阻值会很小，甚至会近于 0。

（2）好坏的判别

指针万用表测量：用万用表 R×1k 挡或 R×10k 挡，测量场效应管任意两脚之间的正、反向电阻值。正常时，除 D 极与 S 极之间的正向电阻值较小外，其余各引脚之间（G 与 D 极、G 与 S 极）的正、反向电阻值均应为无穷大。若测得某两极之间的电阻值接近 0，则说明该管已击穿损坏。确认被测管子的阻值正常后，再按图 1-54 所示的方法对其进行触发，若能够触发导通，说明管子正常，否则说明它已损坏或性能下降。

数字万用表测量：如图 1-55 所示，将万用表置于二极管挡，测得 G、S 极或 G、D 极之间的正、反向电阻都应为无穷大，测量 D、S 极间正向导通压降值时为 0.5 左右，调换表笔后，反向导通压降值为无穷大。如果出现两次及两次以上导通压降值较小的情况，则说明该场效应管击穿。

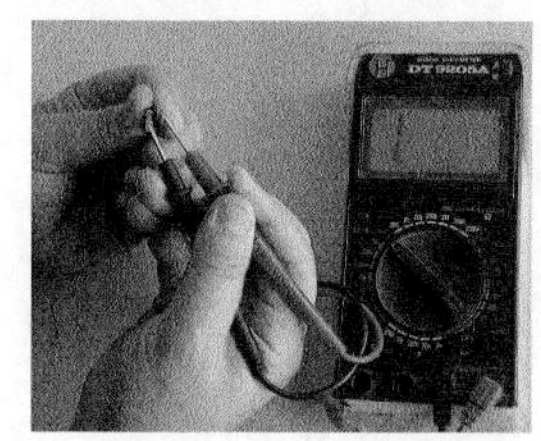

（a）G、D 极和 G、S 极间正、反向电阻

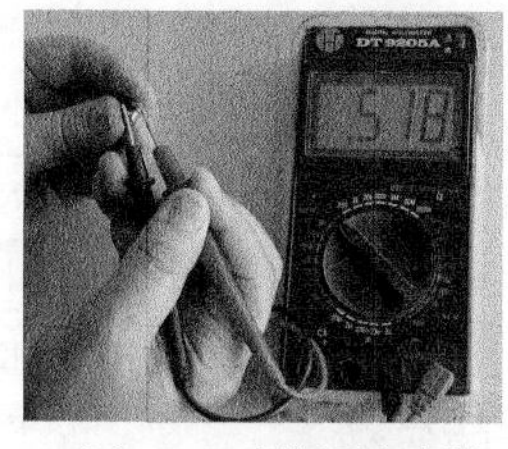

（b）D、S 极间正向电阻

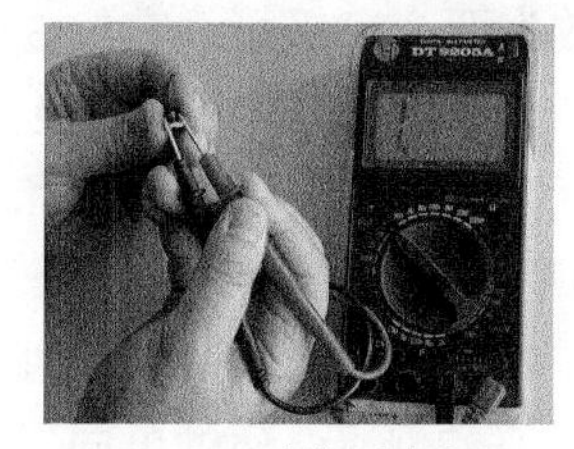

（c）D、S 极间反向电阻

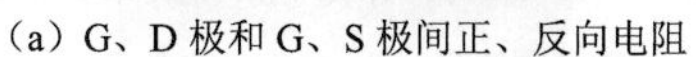

图 1-55　数字万用表检测 N 沟道型场效应管示意图

5. 场效应管的更换

维修中，场效应管的代换原则和三极管一样，也是要坚持“类别相同，特性相近”的原则。“类别相同”是指代换中应选相同品牌、相同型号的场效应管，即 N 沟道管换 N 沟道管，P 沟道管换 P 沟道管；“特性相近”是指代换中应选参数、外形及引脚相同或相近的场效应管代换。

八、晶闸管

1. 晶闸管的特点

晶闸管也称可控硅，是一种能够像闸门一样控制电流大小的半导体器件。因此，晶闸管主要是作为开关应用在供电回路或保护电路中。晶闸管有单向晶闸管(SCR)、双向晶闸管（TRIAC）、可关断晶闸管（GOT）、温控晶闸管、光控晶闸管和逆导晶闸管等多种。常见的晶闸管实物外形如图 1-56 所示。

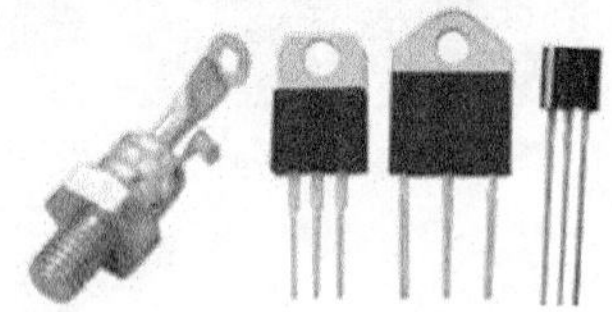

图 1-56　晶闸管实物外形

2. 晶闸管的命名方法

按国产晶闸管的型号命名方法，晶闸管的型号主要由 4 个部分组成，各部分的含义如下：

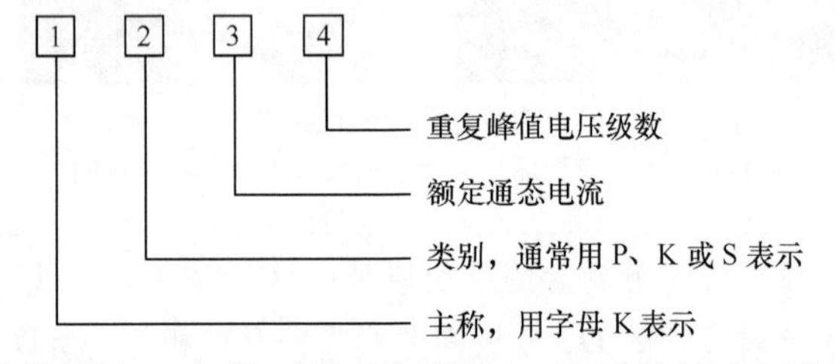

市场上的晶闸管种类繁多，产品不断更新换代，为了让读者更好地了解晶闸管的命名方法和特点，下面通过两个典型的晶闸管型号进行介绍。

KP1-2 型晶闸管，K 表示晶闸管，P 表示为普通反向阻断型，1 表示额定通态电流为 1A，2 表示重复峰值电压为 200V。

KS5-6 型晶闸管，K 表示晶闸管，S 表示为双向型（双向晶闸管），5 表示额定通态电流为 5A，6 表示重复峰值电压为 600V。

3. 单向晶闸管

单向晶闸管也叫单向可控硅，它的英文名称是 sicicon　controlled　rectifier，缩写为 SCR。因为单向晶闸管具有成本低、效率高、性能可靠等优点，所以被广泛应用在可控整流、交流调压、逆变电源、开关电源等电路中。

（1）单向晶闸管的构成

单向晶闸管由 PNPN 4 层半导体构成，而它等效为两个三极管，它的 3 个引脚功能分别是：G 为控制极，A 为阳极，K 为阴极。单向晶闸管的结构、等效电路和电路符号如图 1-57 所示。

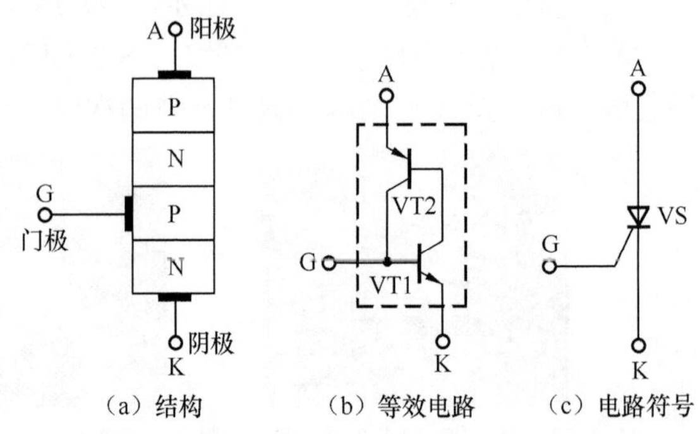

图 1-57　单向晶闸管的结构、等效电路和电路符号

（2）单向晶闸管的基本特性

如图 1-57 所示，通过单向晶闸管的等效电路可知，单向晶闸管由一只 NPN 型三极管

VT1 和一只 PNP 型三极管 VT2 组成，当单向晶闸管的 A 极和 K 极之间加上正极性电压，并且 G 极有触发电压输入时，它就可以导通。这是因为单向晶闸管 G 极输入的电压加到 VT1 的 b 极，使它导通，它的 c 极电位为低电平，致使 VT2 导通，此时 VT2 的 c 极输出的电压又加到 VT1 的 b 极，维持 VT1 的导通状态。因此，单向晶闸管导通后，即使 G 极不再输入导通电压，它也会维持导通状态。只有使 A 极输入的电压足够小或为 A、K 极间加反向电压，单向晶闸管才能关断。

（3）单向晶闸管的好坏及引脚判断

由于单向晶闸管的 G 极与 K 极之间仅有一个 PN 结，所以这两个引脚间具有单向导通特性。

检测时用数字万用表的 PN 结压降检测挡，任意测单向晶闸管两个管脚间的导通压降值，当显示屏显示 0.66 左右的电压值时，如图 1-58（a）所示，说明红表笔接的管脚为 G 极，黑表笔接的是 K 极，剩下的管脚为 A 极。若检测时始终为无穷大或数值过小，则说明被测管异常。

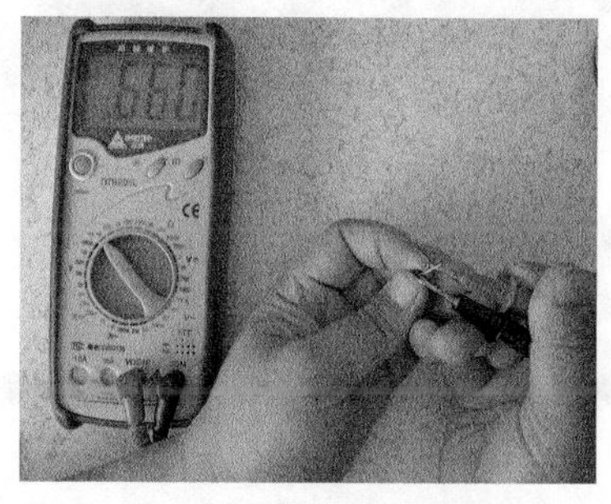

（a）数字万用表检测

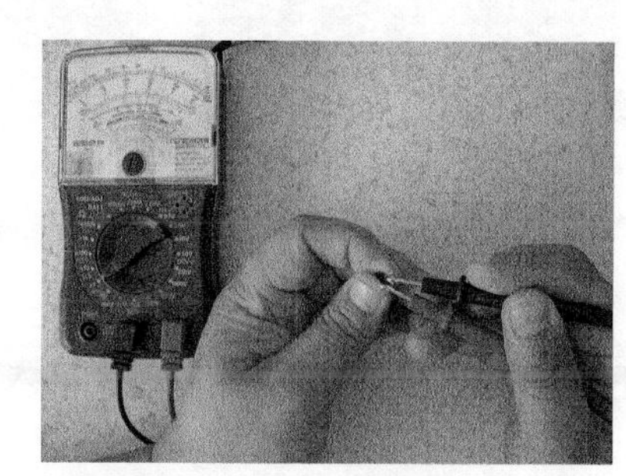

（b）指针万用表检测

图 1-58　检测单向晶闸管好坏示意图

采用将指针万用表检测时，应采用 $R\times1$ 挡检测 G、K 极间正向电阻，采用 $R\times10\text{k}$ 挡检测反向电阻。一般的单向晶闸管的 G、K 极间的正向电阻为 15Ω 左右，如图 1-58（b）所示。

（4）单向晶闸管的触发导通能力检测

如图 1-59 所示，将黑表笔接 K 极，红表笔接 A 极，显示的数值为 1，说明它处于截止状态，此时用红表笔瞬间短接 A、G 极，随后测 A、K 极之间的导通压降迅速变为 0.661 左右，说明晶闸管被触发导通并能够维持导通状态。否则，说明该晶闸管损坏。

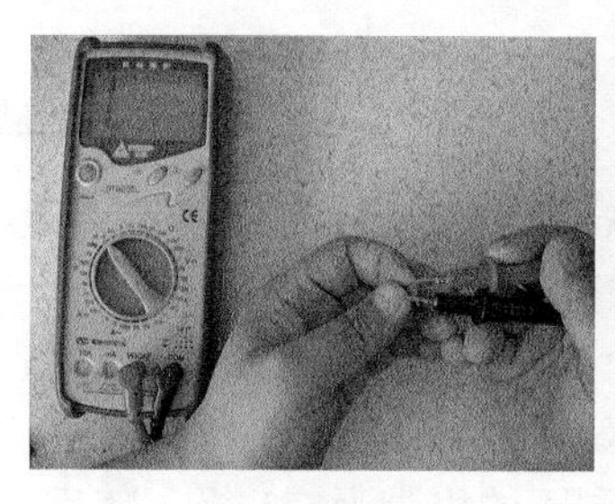

（a）触发前

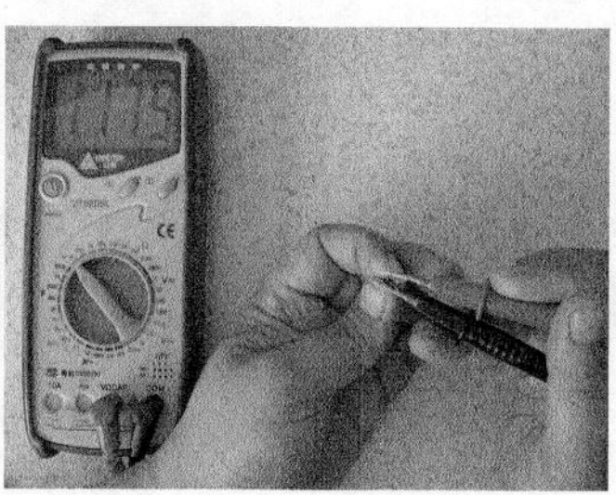

（b）触发

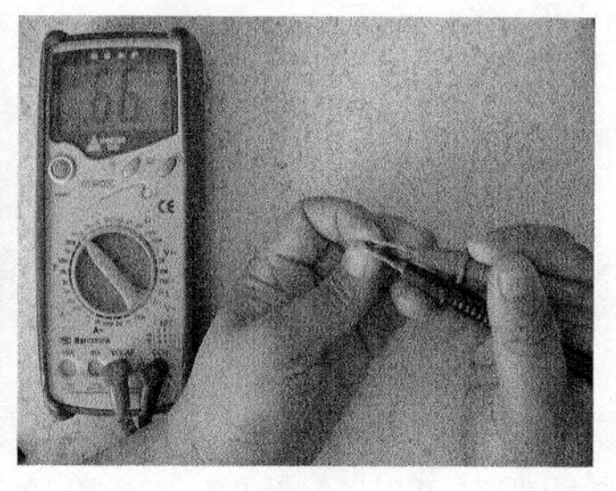

（c）触发后

图 1-59　数字万用表检测单向晶闸管的触发能力

提示 由于数字万用表的触发电流较小，所以一般情况下，数字万用表只能触发功率小的单向晶闸管导通，而很难触发功率大的晶闸管使其导通，通常功率大的晶闸管需要采用指针万用。

如图1-60所示，将指针式万用表置于*R*×1挡，将红表笔接K极，黑表笔接A极，阻值为无穷大，说明晶闸管截止，如图1-60（a）所示；此时用黑表笔瞬间短接A、G极，为G极提供触发电压，如图1-60（b）所示；随后测A、K极之间的阻值为20Ω左右，说明晶闸管被触发导通并能够维持导通状态。否则说明该晶闸管损坏。

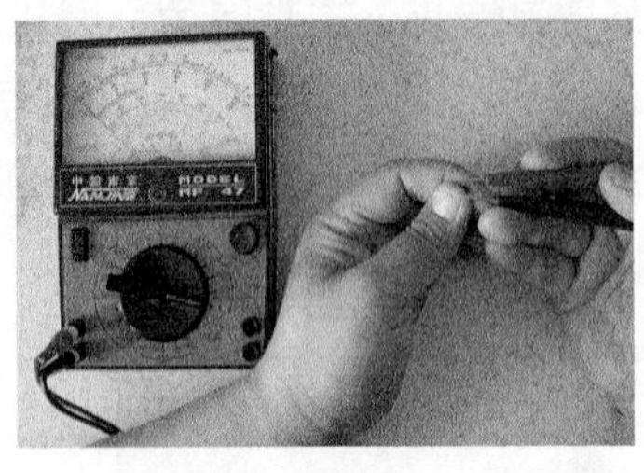

（a）触发前

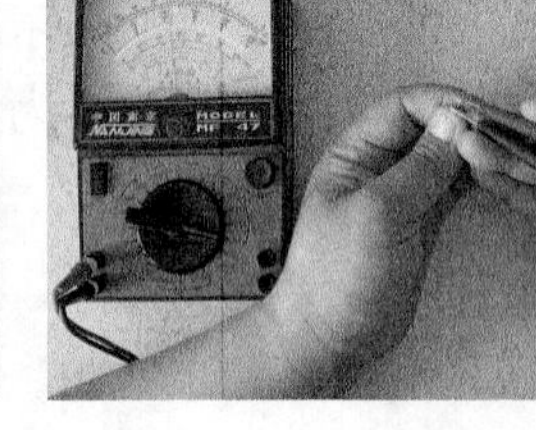

（b）触发

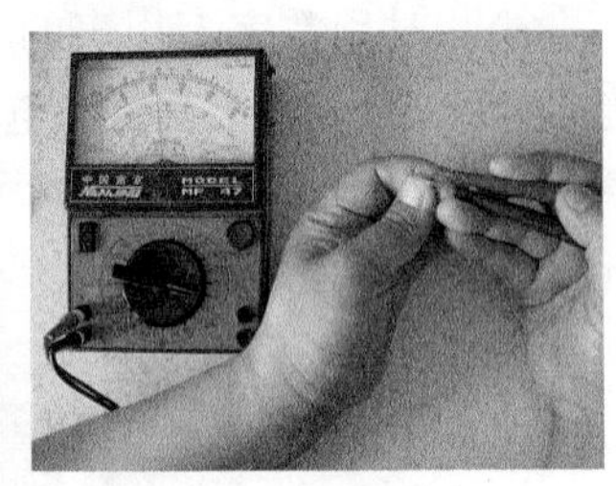

（c）触发后

图1-60　单向晶闸管的触发能力的测量

提示 由于单向晶闸管的触发电流较大，所以应采用*R*×1挡进行触发，而采用其他挡位时很难将其触发导通。

4．双向晶闸管

双向晶闸管也叫双向可控硅，它的英文缩写是TRIAC。由于双向晶闸管具有成本低、效率高、性能可靠等优点，所以被广泛应用在交流调压、电机调速、灯光控制等电路中。双向晶闸管的实物外形和单向晶闸管基本相同。

（1）双向晶闸管的构成

双向晶闸管是两个单向晶闸管反向并联构成的，所以它具有双向导通性能，即只要G极输入触发电流后，无论T1、T2间的电压方向如何，它都能够导通。它的等效电路和符号如图1-61所示。

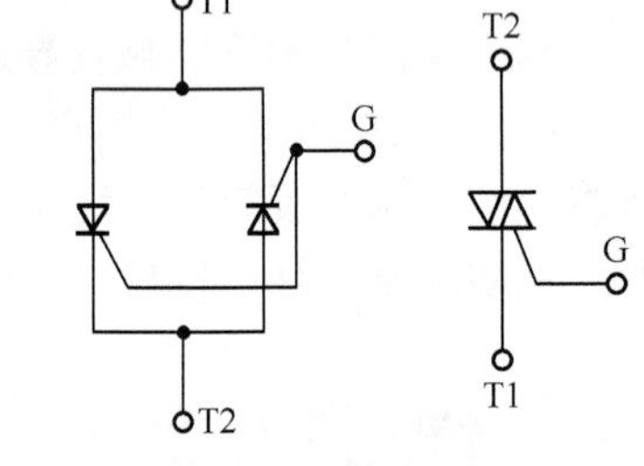

图1-61　双向晶闸管等效电路和符号

（2）引脚和触发导通能力的判断

提示 由于双向晶闸管的触发电流较大，所以应采用*R*×1挡进行触发，而采用其他挡位时很难将其触发导通。

如图1-62所示，将指针万用表置于*R*×1挡，任意测双向晶闸管两个引脚的阻值，当一组的阻值为几十欧时，说明这两个引脚为G极和T1极，剩下的引脚为T2极。随后，假设T1和G极中的任意一脚为T1极，将黑表笔接T1极，红表笔接T2极，此时的阻值应为无穷大，用表笔瞬间短接T2、G极，如果阻值由无穷大变为几十欧，说明晶闸管被触发并维持导通。调换表笔重复上述操作，结果相同时，说明假定的引脚正确。若调换表笔操作时，阻值仅能在瞬间显示几十欧，说明晶闸管不能维持导通，假定的 G 极实际为 T1 极，而假定的 T1 极为 G 极。

（a）T1、G 极间阻值

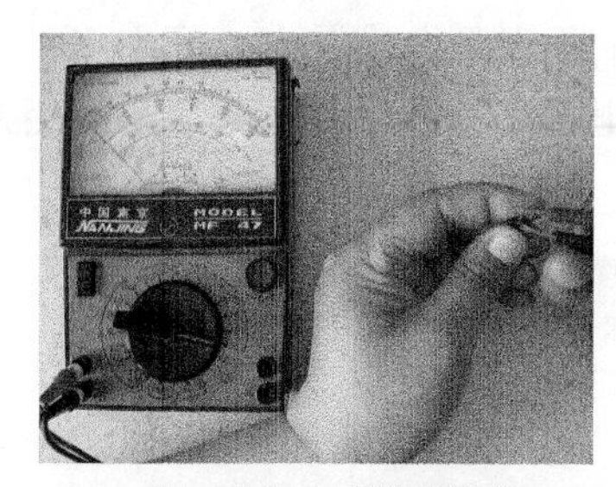

（b）T2 与 T1 极间的阻值

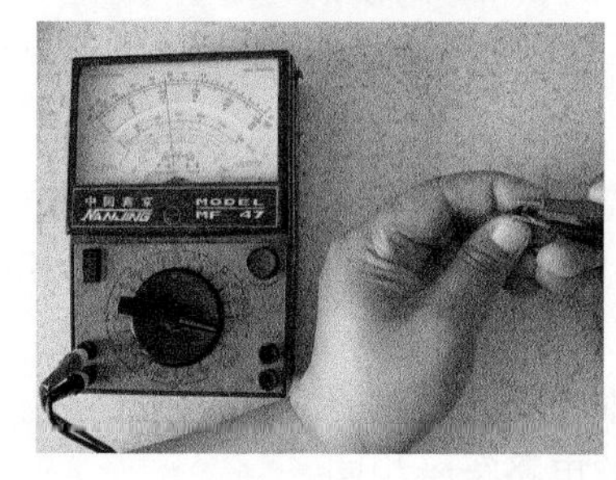

（c）触发

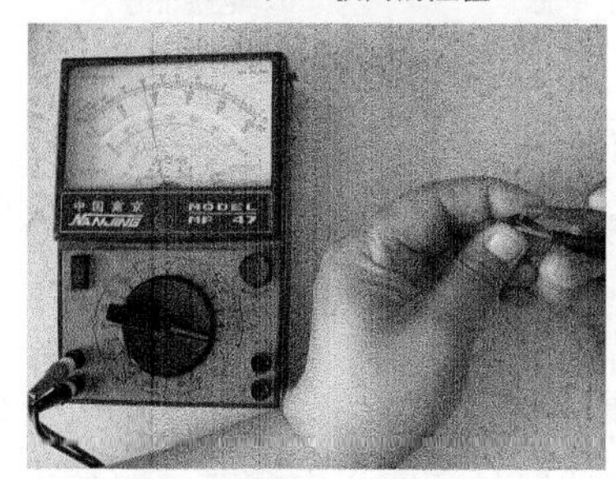

（d）导通后的 T1、T2 极间阻值

图 1-62　检测双向晶闸管好坏及触发导通能力的示意图

九、电感

电感线圈简称电感，它是一种电抗元件，将一根导线绕在磁芯上就构成一个电感，一个空心线圈也是一个电感。在电路中电感用字母“L”表示。它在电路里主要的作用是扼流、滤波、调谐、延时、耦合、补偿等。

1. 电感的特性

电感的主要物理特性是将电能转换为磁能，并储存起来。它是一个储存磁能的元件。电感在电路中的一些特殊性质与电容刚好相反。电感中的电流不能突变，这与电容两端的电压不能突变的原理相似。因此，在电路分析中常称电感和电容为“惯性元件”。

2. 电感的单位

电感的单位是亨（H），常用的单位有毫亨（mH）、微亨（μH），其换算关系是：1H=1 000mH，1mH=1 000 μH。

3. 小家电常用的电感

（1）空心电感

所谓的空心电感，就是导线在非磁导体上绕制而成的电感。这种电感的电感量小，无记忆，很难达到磁饱和，所以得到了广泛的应用。典型的空心电感实物外形和电路符号如图 1-63 所示。

提示　所谓磁饱和，就是周围磁场达到一定饱和度后，磁力不再增加，也就不能工作在线性区域了。

（2）铁氧体电感

铁氧体不是纯铁，是铁的氧化物，主要由四氧化三铁（Fe_3O_4）、三氧化二铁（Fe_2O_3）和其他一些材料构成，是一种磁导体。而铁氧体电感就是在铁氧体的上面或外面绕上导线构成的。这种电感的优点是电感量大、频率高、体积小、效率高，但也存在容易磁饱和的缺点。常见的铁氧体电感实物外形和电路符号如图 1-64 所示。

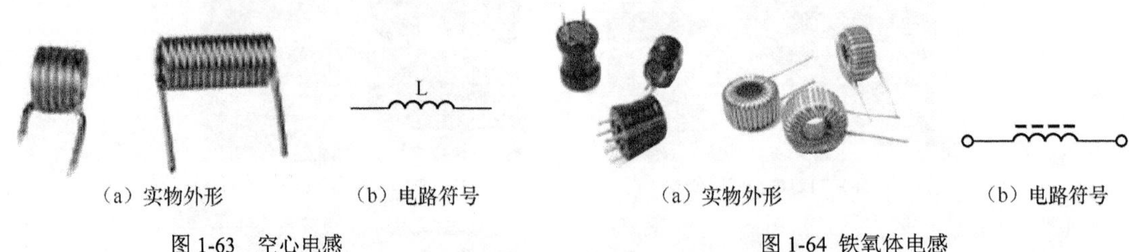

（a）实物外形　（b）电路符号

图 1-63　空心电感

（a）实物外形　（b）电路符号

图 1-64　铁氧体电感

（3）色环电感

色环电感的外形和普通电阻基本相同，它的电感量与色环电阻一样用色环来标记。色环电感的实物外形如图 1-65 所示，它的电路符号和空心电感或铁氧体电感的电路符号相同。

（4）贴片电感

贴片电感的外形和贴片电阻、贴片电容基本相同，常见的贴片电感的实物外形如图 1-66 所示，它的电路符号和空心电感或铁氧体电感的电路符号相同。

图 1-65　色环电感

图 1-66　贴片电感

4. 电感量的标注

电感量通常采用直标法、色环标注法、色点标注法 3 种标注方法进行标注。

（1）直标法

直标法就是直接在电感表面上标明其电感量的大小，如 2.2μH、3.9mH 等。

（2）色环标注法

色环标注法就是利用 3 道或 4 道色环表示电感的电感量大小，紧靠电感引脚一端的色环为第 1 道色环，以后依次为第 2 道色环、第 3 道色环、第 4 道色环。第 1 道色环、第 2 道色环是有效数字，而第 3 道色环是所加的“0”的个数，第 4 道色环是允许误差，各色环颜色代表的数值与色环电阻、色环电容一样。若电感表面标注的色环颜色依次为红、红、棕、金，表明该电感的电感量为 220μH，允许误差为± 5%，如图 1-67 所示。

（3）色点标注法

色点标注法就是利用 3 个或 4 个色点表示电感的电感量大小，与色环电感标注相似，但顺序相反，即紧靠电感引脚一端的色点为最后一个色点，如图 1-68 所示。

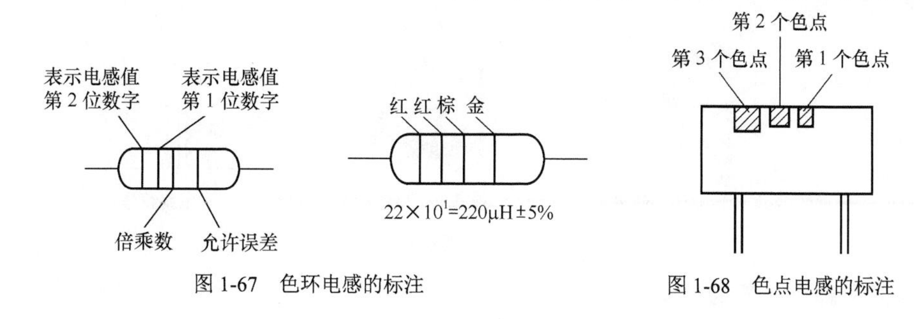

图 1-67　色环电感的标注

图 1-68　色点电感的标注

5. 电感的串联

一个电感的一端接另一个电感的一端，称为串联。串联后电感的电感量为各电感量的和，若电感 L1 和电感 L2 串联，则串联后的电感量 $L=L_1+L_2$。比如，L1、L2 都是 2.2μH 的电感，那么串联后的电感量 L 为 4.4μH。

6. 电感的并联

两个电感的两端并接，称为并联。并联后电感的电感量的倒数为各电感量倒数之和，若电感 L1 和 L2 并联，则 $L=L_1\times L_2/(L_1+L_2)$。比如，L1、L2 都是 10μH 的电感，那么并联后的电感量 L 为 5μH。

7. 电感的检测

电感的判别常采用代换法和仪器检测法。仪器检测法可以用电感测量仪器或万用表的电感挡（L）来判断电感是否正常，当然也可采用指针万用表的 $R\times1$ 挡或数字万用表的 200Ω 电阻挡或二极管挡检测电感的阻值来判断它是否正常。

如图 1-69 所示，先将万用表置于二极管挡，红、黑表笔接电感的两端，此时显示屏显示的一般为零点几欧到几十欧。若阻值过大，说明开路；若阻值偏小，说明匝间短路。

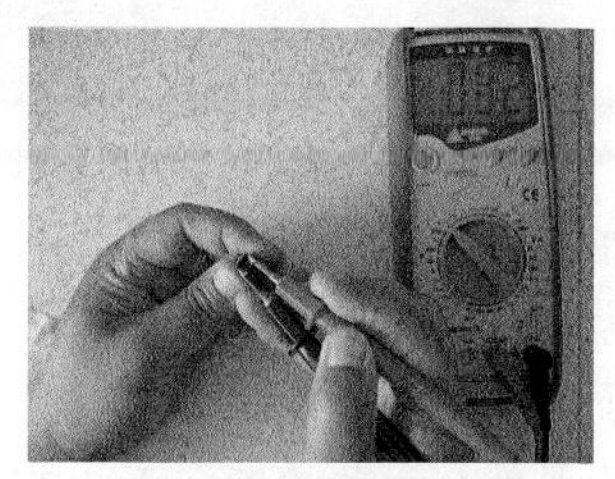

（a）非在路测量

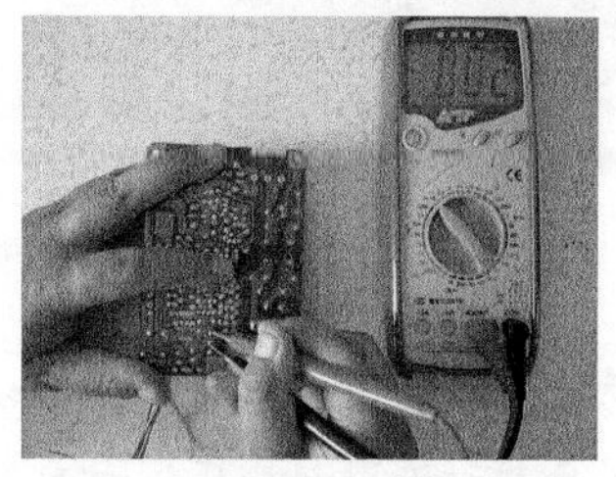

（b）在路测量

图 1-69　判断电感好坏的示意图

方法与技巧

在检测电路板上的电感时，可先采用在路测量法进行判断，若发现异常，再焊开一个引脚后进一步检测，判断它是否正常。

十、变压器

1. 变压器的识别

变压器是利用电磁感应原理，把一种交流电压转变成频率相同的另一种交流电压的器件。小家电中常用的变压器主要有工频电源变压器和开关变压器等，如图 1-70 所示。

（a）开关变压器的实物外形

（b）工频电源变压器的实物外形

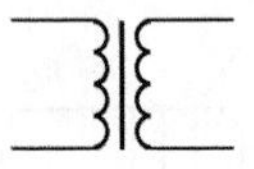
（c）电路符号

图 1-70　变压器

2. 工频电源变压器的检测

（1）绝缘性能的测试

将万用表置于 $R\times10$k 挡，分别测量初级绕组与各次级绕组、铁芯、静电屏蔽层间电阻的阻值，阻值都应为无穷大；若阻值过小，说明有漏电现象，这将导致变压器的绝缘性能差。

（2）线圈好坏的检测

下面以 12V 电源变压器为例介绍普通电源变压器的测量。因它的初级绕组电流小，漆包线的匝数多且线径细，使得它的直流电阻较大，所以采用 $R\times100$ 挡测量，阻值为 1.4kΩ，如图 1-71（a）所示。而次级绕组虽然输出电压低，但电流大，所以次级绕组的漆包线的线径较粗且匝数少，阻值较小，所以采用 $R\times1$ 挡测量，阻值为 5Ω，如图 1-71（b）所示。若初级绕组的阻值为无穷大，则说明初级绕组开路；若阻值小，则说明有短路现象。

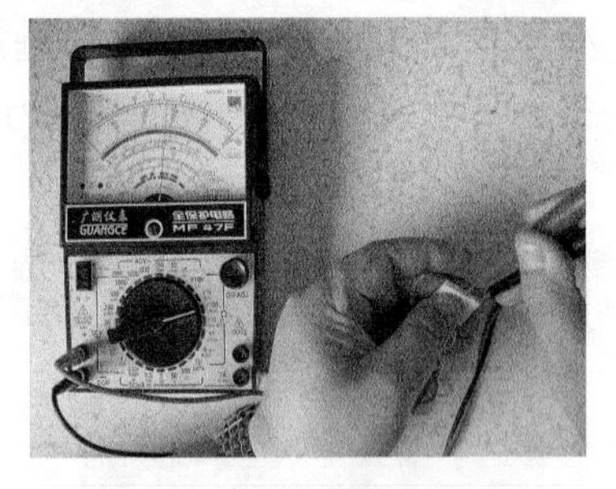
（a）初级绕组的阻值

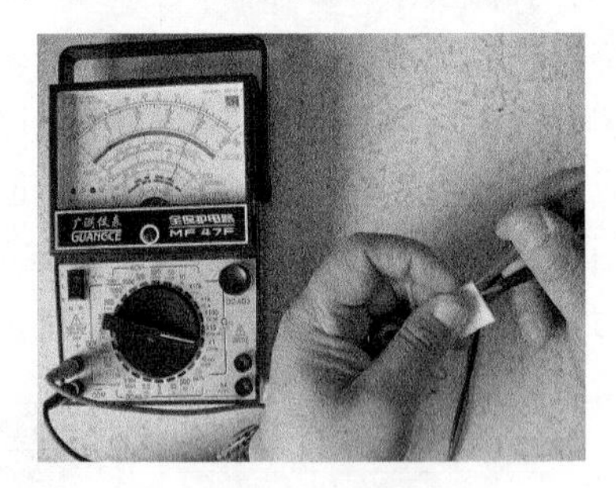
（b）次级绕组的阻值

图 1-71　电源变压器的测量

提示　许多电源变压器的初级绕组与接线端子之间安装了温度熔断器。一旦电源电压升高或负载过流引起变压器过热，该熔断器就会过热熔断，产生初级绕组开路的故障。此时可小心地拆开初级绕组，就可发现该熔断器。将其更换后就可修复变压器，应急修理时也可用导线短接。

（3）判别初、次级绕组

工频电源变压器初级绕组的引脚和次级绕组的引脚一般都是从它的两侧引出，并且初级绕组上多标有“220V”字样，次级绕组则标有额定输出电压值，如 6V、9V、12V、15V、24V 等，通过这些标记就可以识别出绕组的功能。但有的变压器没有标记或标记不清晰，则需要通过万用表的检测来判别变压器的初级、次级绕组。因工频电源变压器多为降压型变压器，所以它的初级绕组因输入电压高、电流小，漆包线的匝数多且线径细，使得它的直流电阻较大；而次级绕组虽然输出电压低，但电流大，所以次级绕组的漆包线的线径较粗且匝数少，使得阻值较小，如图 1-72 所示。这样，通过测量初、次级绕组的阻值就能够识别出不同的绕组。

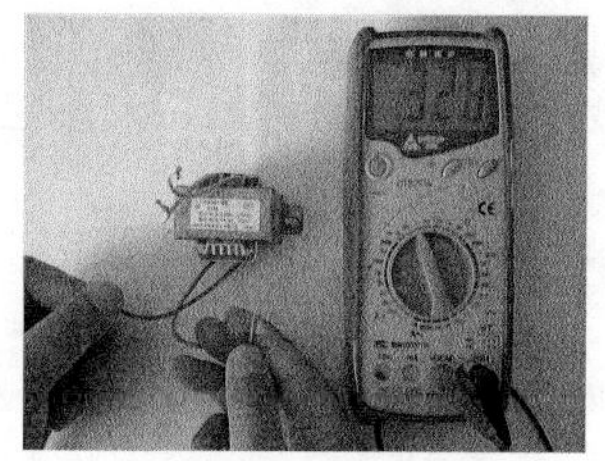

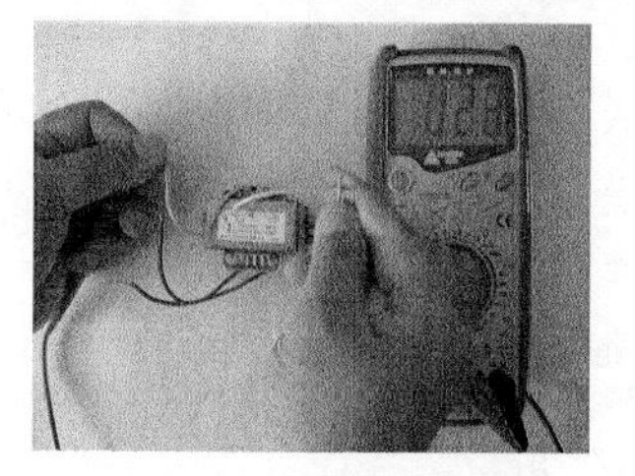

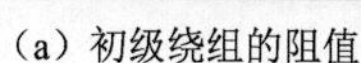

（a）初级绕组的阻值　　（b）次级绕组的阻值

图 1-72　检测工频电源变压器绕组阻值判断初、次级绕组示意图

（4）空载电流的检测

断开变压器所有的次级绕组，再将万用表置于交流 500mA 电流挡，表笔串入初级绕组回路中，为初级绕组输入 220V 工频电源电压，此时万用表测出的数值就是空载电流值。该值应低于变压器满载电流的 10%～20%。如果超出太多，说明变压器有短路性故障。

提 示

常见的电子设备电源变压器的正常空载电流应在 100mA 左右。

（5）空载电压的检测

如图 1-73 所示，为输出电压为 16V 的电源变压器的初级绕组输入 220V 的市电电压后，用万用表 20V 交流电压挡就可以测变压器次级绕组输出的空载电压值。

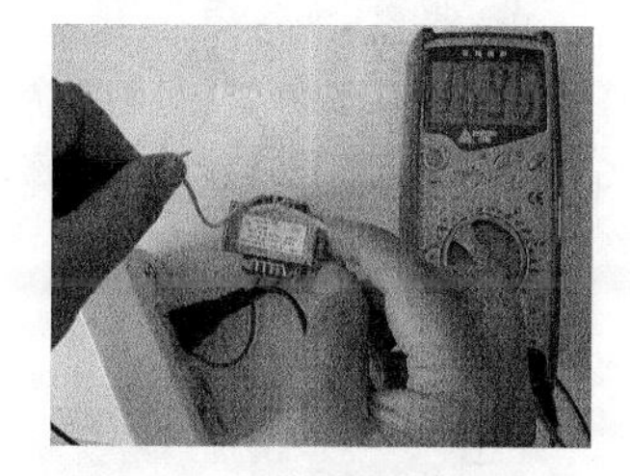

图 1-73　检测电源变压器次级绕组空载电压示意图

空载电压与标称值的允许误差范围一般为：高压绕组不超过±10%，低压绕组不超过±5%，带中心抽头的两组对称绕组应不超过±2%。

（6）温度检测

接好变压器的所有次级绕组，为初级绕组输入 220V 工频交流电压，一般小功率电源变压器允许温升为 40～50℃，如果所用绝缘材料质量较好，允许温升还要高一些。

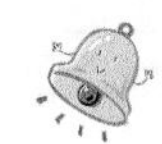

提 示

若通电不久，变压器的温度就快速升高，则说明绕组或负载短路。

3．开关变压器的检测

如图 1-74 所示，用万用表 200Ω 或二极管挡测开关变压器测每个绕组的阻值，正常时阻值较小。若阻值过大或无穷大，说明绕组开路；若阻值时大时小，说明绕组接触不良。

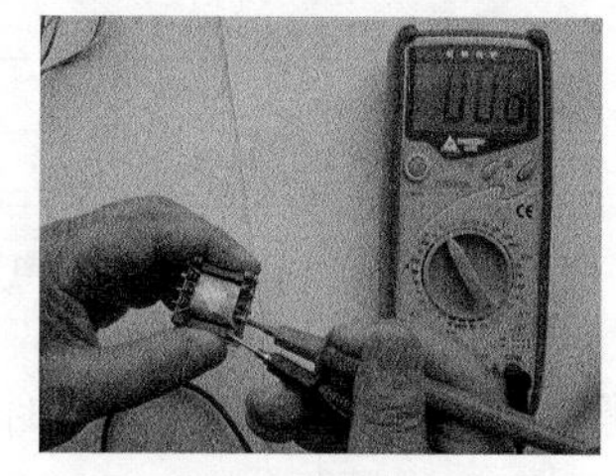

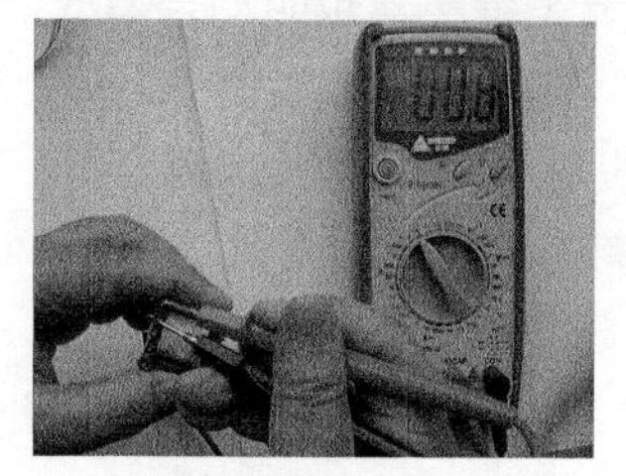

（a）初级绕组　　（b）次级绕组

图 1-74　开关变压器的检测示意图

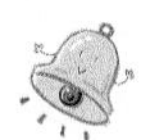

提示　开关变压器的故障率较低，但有时也会出现绕组匝间短路或绕组引脚根部漆包线开路的现象。

十一、继电器

1. 继电器的作用

继电器是一种控制器件，通常应用于自动控制电路中，由控制系统（又称输入回路）和被控制系统（又称输出回路）两部分构成。它实际上是用较小的电流、电压的电信号或热、声音、光照等非电信号去控制较大电流的一种“自动开关”。由于继电器具有成本低、结构简单等优点，所以广泛应用在工业控制、交通运输、家用电器等领域。

2. 继电器的分类

继电器按工作原理可分为电磁继电器、固态继电器（SSR）、时间继电器、温度继电器、压力继电器、风速继电器、加速度继电器、光继电器、声继电器等多种，按功率大小可分为大功率继电器、中功率继电器和小功率继电器等多种，按封装形式可分为密封型继电器和裸露式继电器两种。不过，在小家电中应用最广泛的是电磁继电器、干簧管、干簧继电器。

3. 电磁继电器

电磁继电器一般由线圈、铁芯、衔铁、触点簧片、外壳、引脚等构成。因内部的触点是否动作受线圈能否产生电磁场的控制，所以此类继电器叫电磁继电器。常见的电磁继电器如图1-75所示。

（a）普通型

（b）双控制型

（c）裸露型

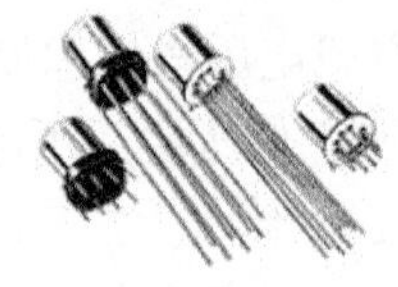

（d）小功率型

图1-75　电磁继电器实物外形

（1）分类

电磁继电器根据线圈的供电方式可以分为直流电磁继电器和交流电磁继电器两种，交流继电器的外壳上标有“AC”字符，而直流继电器的外壳上标有“DC”字符。电磁继电器根据触点的状态可分为常开型继电器、常闭型继电器和转换型继电器3种。3种电磁继电器的电路符号如图1-76所示。

线圈符号	触点符号	
KR	KR-1	动合触点（常开），称H型
	KR-2	动断触点（常闭），称D型
	KR-3	切换触点（转换），称Z型
KR1	KR1-1　KR1-2　KR1-3	
KR2	KR2-1　KR2-2	

图1-76　普通电磁继电器的电路符号

① 常开型。常开型继电器也叫动合型继电器，通常用“合”字的拼音字头H表示。此类继电器的线圈没有导通电流时，触点处于断开状态，当线圈通电后触点就闭合。

② 常闭型。常闭型继电器也叫动断型继电器，通常用“断”字的拼音字头D表示。此类继电器的线圈没有电流时，触点处于接通状态，通电后触点就断开。

③ 转换型。转换型继电器用“转”字的拼音字头Z表示。转换型继电器有3个一字排

开的触点，中间的触点是动触点，两侧的是静触点。此类继电器的线圈没有导通电流时，动触点与其中的一个触点接通，而与另一个断开；当线圈通电后触点移动，与原闭合的触点断开，与原断开的触点接通。

（2）电磁继电器的检测

下面以 JZC-8 型 12V 直流电磁继电器为例介绍继电器的检测方法，如图 1-77 所示。

① 未加电检测。将数字万用表置于 2k 挡，将两表笔分别接到继电器线圈的两引脚，检测线圈的阻值为 400Ω，若阻值与标称值基本相同，表明线圈良好；若阻值为∞，说明线圈开路；若阻值小，则说明线圈短路。但是，通过万用表检测线圈的阻值很难判断线圈是否匝间短路的。

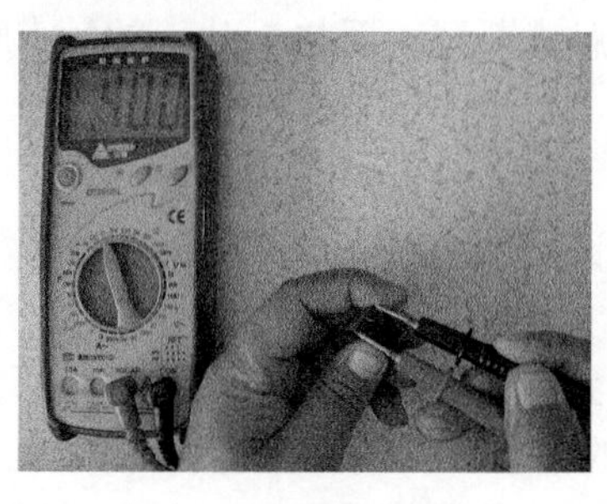

（a）线圈的检测

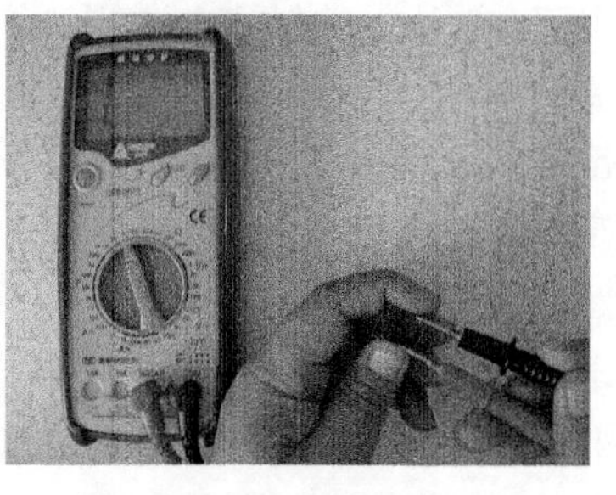

（b）常开触点的检测

图 1-77　电磁继电器的好坏判断示意图

提示　继电器的型号不一样，其线圈电阻的阻值也不一样，通过检测线圈的直流电阻，可初步判断继电器是否正常。

② 加电检测。参见图 1-78，用直流稳压电源为继电器的线圈供电，使衔铁动作，将常闭转为断开，而将常开转为闭合，再检测触点引脚的阻值，阻值正好与未加电时的检测结果相反，说明该继电器正常。否则，说明该继电器损坏。

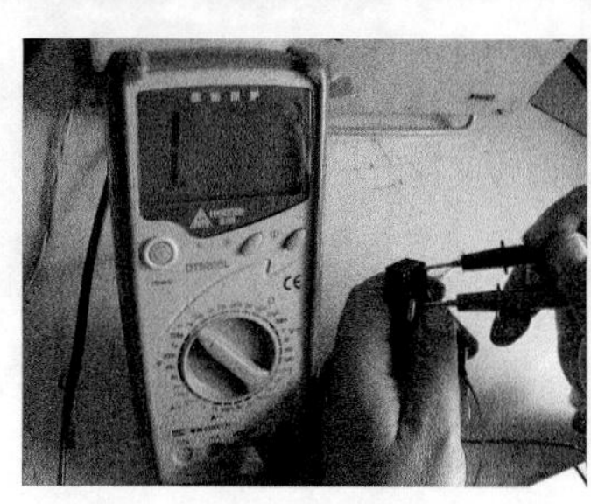

（a）常闭触点

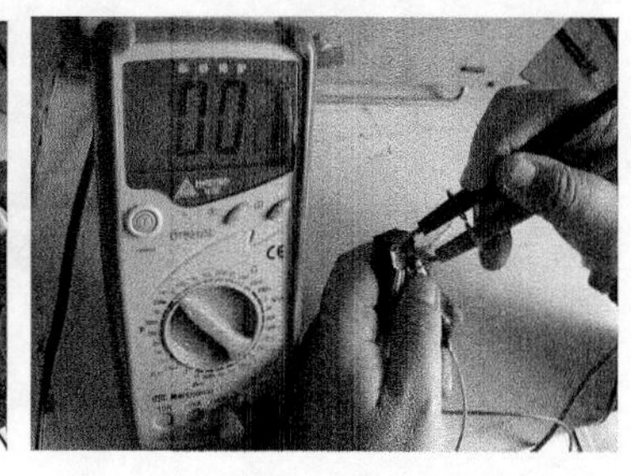

（b）常开触点

图 1-78　电磁继电器供电后检测示意图

4. 干簧管

干簧管是一种磁敏的特殊开关。典型的干簧管实物外形和电路符号如图 1-79 所示。

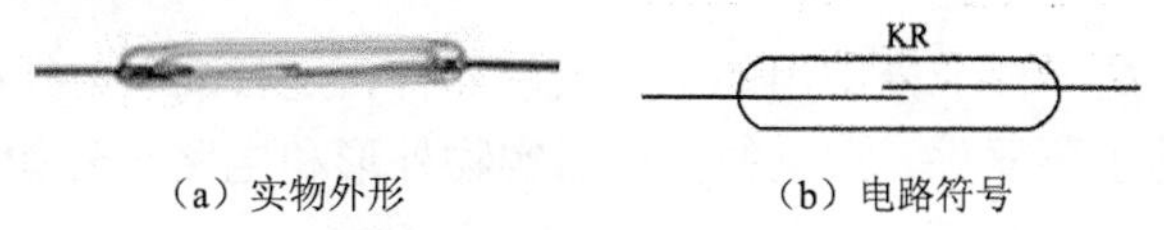

（a）实物外形　　（b）电路符号

图 1-79　典型的干簧管

（1）干簧管的构成

干簧管通常由2个或3个既导磁又导电的材料做成的簧片触点构成常开或常闭触点。这些触点被封装在充有惰性气体（如氮、氦等）或真空的玻璃管里，玻璃管内平行封装的簧片端部重叠，并留有一定间隙或相互接触。

（2）干簧管的分类

干簧管按触点形式分为常开型和转换型两种。常开型干簧管内的触点平时打开，只有干簧管靠近磁场被磁化时，触点才能吸合；而转换型干簧管在结构上有3个簧片，第1片由导电不导磁的材料做成，第2、第3片用既导电又导磁的材料做成，上中下依次是1、3、2。当它不接近磁场时，1、3片上的触点在弹力的作用下吸合；当它接近磁场时，2、3片被磁化，在电磁力作用下，3片上的触点与1片上的触点断开，而与2片上的触点吸合，从而形成了一个转换开关。

（3）干簧管的检测

检测干簧管可以用指针万用表电阻挡，也可以采用数字万用表的通断测量/二极管挡，下面以常开两端式干簧管为例进行介绍。

采用数字万用表检测干簧管时，应将它置于通断测量挡，并将它的两根表笔接在干簧管的两根引线上，未靠近磁铁时，万用表显示的数字为1，说明干簧管内的触点断开，如图1-80（a）所示；靠近磁铁后，显示屏显示数字为0，并且蜂鸣器鸣叫，说明干簧管内的触点受磁后闭合，如图1-80（b）所示。当脱离磁铁后，万用表的显示又回到1，说明干簧管的触点又断开。若干簧管的触点在受磁后仍旧不能吸合，说明触点开路；若未受磁时就吸合，则说明它内部的触点粘连。

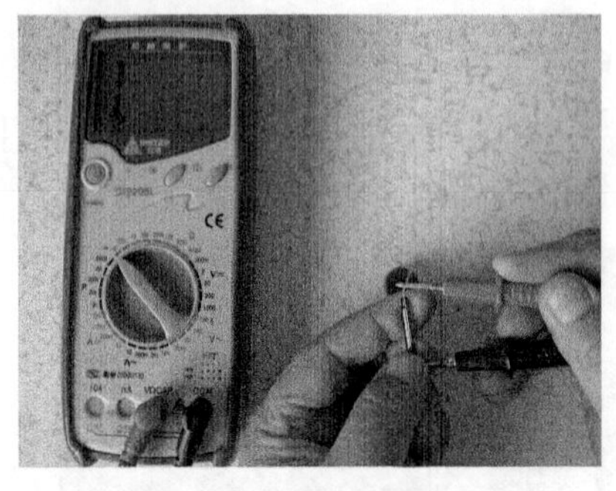

（a）未受磁

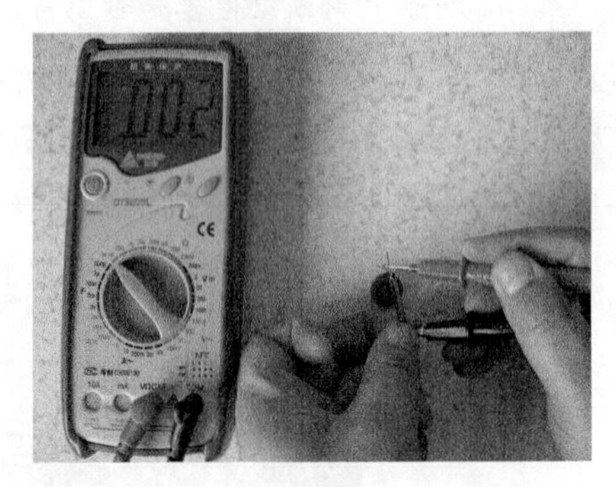

（b）受磁

图1-80　干簧管的检测示意图

5．继电器的更换

继电器损坏后必须采用相同规格的同类产品更换，否则不仅会给安装带来困难，而且可能会产生新的故障。

十二、扬声器

扬声器俗称喇叭，是一种十分常用的电声换能器件，是音响、电视机、收音机、放音机、复读机等电子产品中的主要器件。常见的扬声器实物外形和电路符号如图1-81所示。扬声器在电路中常用字母B或BL表示。

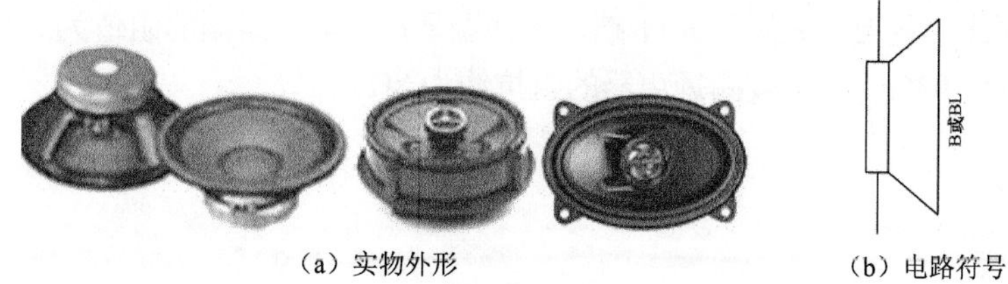

（a）实物外形　　（b）电路符号

图 1-81　扬声器

1. 扬声器的分类

扬声器按换能机理和结构分为动圈式（电动式）、电容式（静电式）、压电式（晶体或陶瓷）、电磁式（压簧式）、电离子式和气动式扬声器等，电动式扬声器具有电声性能好、结构牢固、成本低等优点，应用广泛；按声辐射材料分为纸盆式、号筒式、膜片式；按纸盆形状分为圆形、椭圆形、双纸盆和橡皮折环；按工作频率分为低音、中音、高音，有的还分成录音机专用、电视机专用、普通和高保真扬声器等；按音圈阻抗分为低阻抗和高阻抗扬声器；按效果分为直辐和环境声扬声器等。

2. 扬声器的构成

扬声器由黑色或白色的纸盆、磁铁（外磁铁或内磁铁）、铁芯、线圈、支架、防尘罩等构成，如图 1-82 所示。

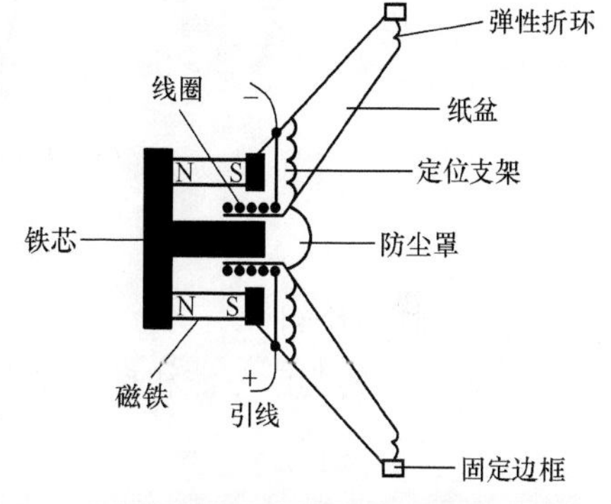

图 1-82　扬声器构成示意图

3. 扬声器的检测

（1）好坏的判断

如图 1-83 所示，将万用表置于 $R\times1$ 挡，用红表笔接音圈（线圈）的一个接线端子，用黑表笔点击另一个接线端子，若扬声器能够发出“咔咔”的声音，说明扬声器正常，否则说明扬声器的音圈或引线开路。

若手头没有万用表，也可以利用一节 5 号电池和一根导线判断扬声器的音圈是否正常，如图 1-84 所示。

图 1-83　用万用表测量扬声器示意图

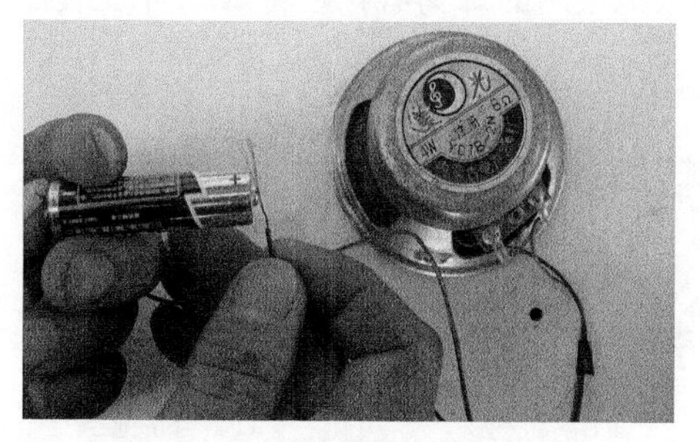

图 1-84　用电池检测扬声器示意图

注意　由于检测回路内没有限流电阻，所以采用该方法时不要长时间接触音圈端子，以免音圈过流损坏。

（2）阻抗估测

扬声器的铁芯背面通常有一个直接打印或贴上去的铭牌，该铭牌上一般都标有阻抗的大小，若铭牌脱落导致无法识别它的阻抗时，则需要使用万用表进行判别。

如图1-83所示，将万用表置于$R\times1$挡，表针调零后，测得线圈的阻值为6.1Ω，将该值乘以1.3得到的数值为7.93Ω，说明被测扬声器的阻抗约为8Ω。

十三、耳机

1. 耳机的识别

耳机也是一种十分常用的电声换能器件。它的构成和电动式扬声器基本相同，也是由磁铁、音圈、振动膜片和外壳构成。常见的耳机实物外形和电路符号如图1-85所示。

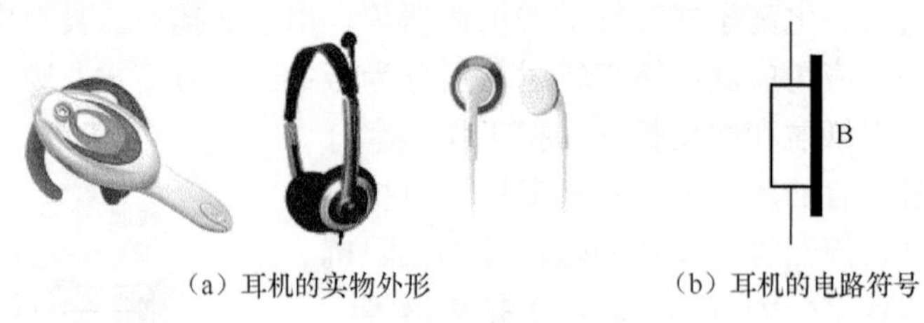

（a）耳机的实物外形　（b）耳机的电路符号

图1-85　耳机

2. 耳机的检测

耳机好坏的判断方法和扬声器基本相同。

十四、蜂鸣片/蜂鸣器

1. 蜂鸣片、蜂鸣器的识别

蜂鸣片是压电陶瓷蜂鸣片的简称，它也是一种电声转换器件。由于蜂鸣片具有体积小、成本低、重量轻、可靠性高、功耗低、声响度高（最高可达到120dB）的优点，所以广泛应用在电子计时器、电子手表、玩具、门铃、报警器、豆浆机等电子产品中。常见的蜂鸣片实物外形和电路符号如图1-86所示。蜂鸣片在电路中通常用字母B表示。

小家电采用的蜂鸣器就是将蜂鸣片安装在一个外壳内构成，它的实物外形与电路符号如图1-87所示。

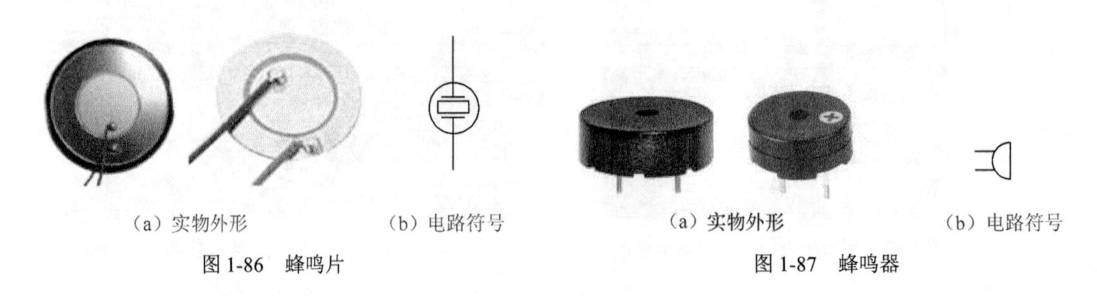

（a）实物外形　（b）电路符号

图1-86　蜂鸣片

（a）实物外形　（b）电路符号

图1-87　蜂鸣器

2. 蜂鸣片/蜂鸣器的检测

将指针万用表置于$R\times1$挡，用红表笔接在它的一个接线端子上，用黑表笔点击另一个接线端子，若蜂鸣器能够发出“咔咔”的声音，并且表针摆动，说明蜂鸣器正常；否则，说明蜂鸣器异常或引线开路，如图1-88所示。

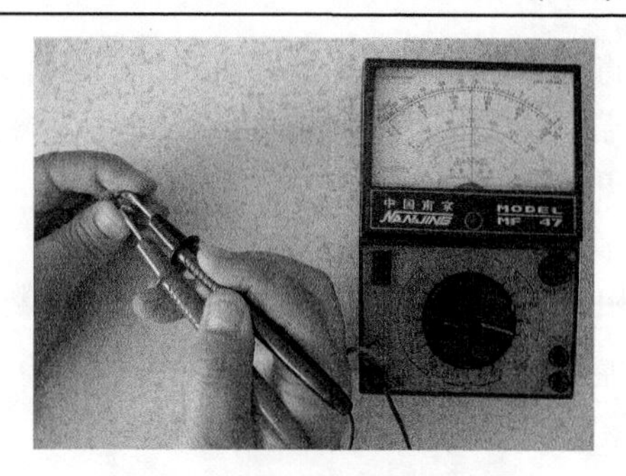

图 1-88　小家电用蜂鸣器的检测

提示　若手头没有指针万用表，也可以按图 1-84 所示的方法，采用 5 号电池进行检测。

十五、熔断器

熔断器俗称保险丝、保险管，它在电路中通常用 F、FU、FUSE 等表示，它的电路符号如图 1-89 所示。小家电应用的熔断器主要有普通过流熔断器和温度熔断器两种。

1. 普通熔断器

普通过流熔断器中最常用的是玻璃熔断器，它是由熔体、玻璃壳、金属帽构成的保护元件，如图 1-90 所示。普通过流熔断器根据额定电流的不同，有 0.5A、0.75A、1A、1.5A、2A、3A、5A、8A、10A 等几十种规格。

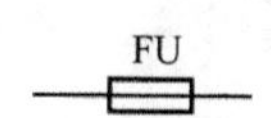

图 1-89　熔断器电路符号

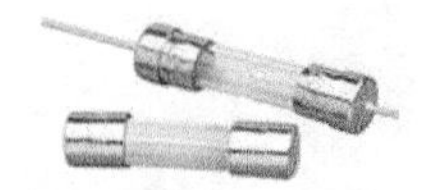

图 1-90　普通过流熔断器实物外形

2. 温度熔断器

温度熔断器也叫超温熔断器、过热熔断器或温度保险丝等，常见的温度熔断器如图 1-91 所示。温度熔断器早期主要应用在电饭锅内，现在还应用在变压器等产品内。

温度熔断器的作用就是当它检测到的温度达到标称值后，内部的熔体自动熔断，切断发热源的供电电路，使发热源停止工作，实现超温保护，它为一次性保护器件。

3. 熔断器的检测

如图 1-92（a）所示，将指针万用表置于 $R\times1$ 挡，将表笔接在熔断器的两端，测它的阻值。若阻值为 0，说明它正常；若阻值为无穷大，则说明它已开路。

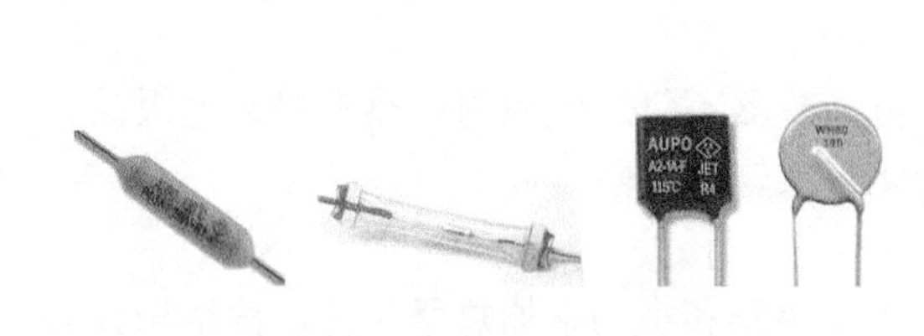

图 1-91　温度熔断器实物外形

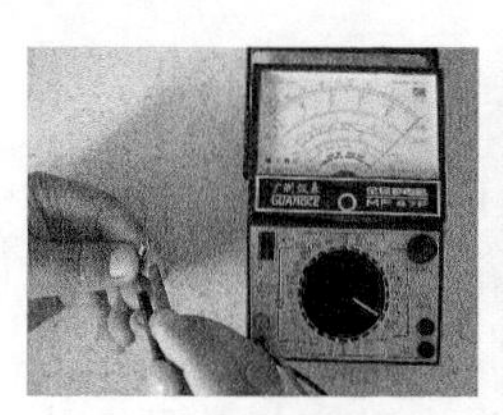

（a）普通过流熔断器

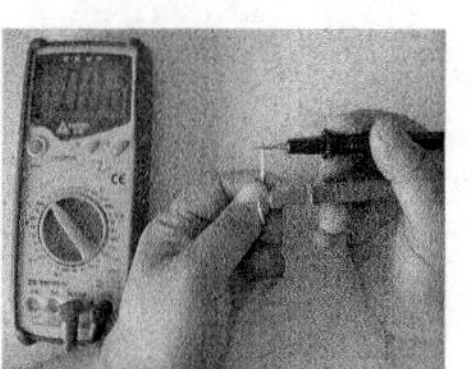

（b）温度熔断器

图 1-92　用万用表测量熔断器示意图

如图 1-92（b）所示，将数字万用表置于通断测量挡，两个表笔接在温度型熔断器（过热保护器）的两个引脚上，若数值较小且蜂鸣器鸣叫，说明该熔断器正常。若数值较大且蜂鸣器不能鸣叫，说明熔断器开路。

4. 熔断器的更换

熔断器损坏后最好采用相同规格的器件更换。另外，由于熔断器动作多是由于负载过载引起，所以必须确认负载是否正常。注意：不能用导线代替熔断器，以免扩大故障或引起火灾。

十六、开关

1. 识别与检测

早期小家电电路上的机械开关用 K 或 SB 表示，现在电路上多用 S 或 SX 表示。机械开关的实物外形和电路符号如图 1-93 所示。

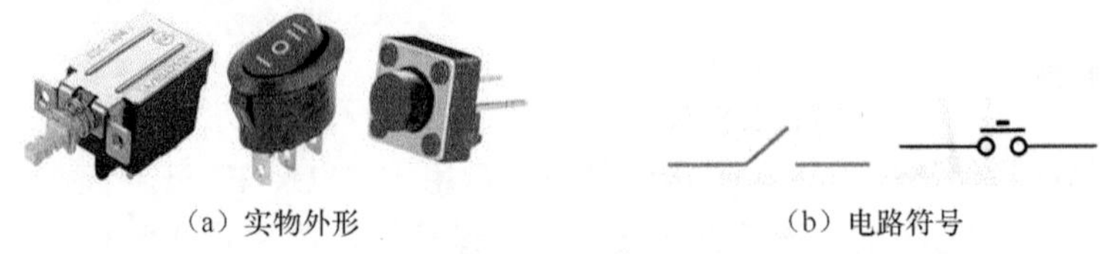

（a）实物外形　　（b）电路符号

图 1-93 机械开关

如图 1-94 所示，将数字万用表置于通断挡，表笔接在触点的引脚上，在未按压开关时，显示的数值是无穷大，说明触点断开；按压开关后使它的触点接通，蜂鸣器鸣叫且数值变为 0。否则，说明开关损坏。

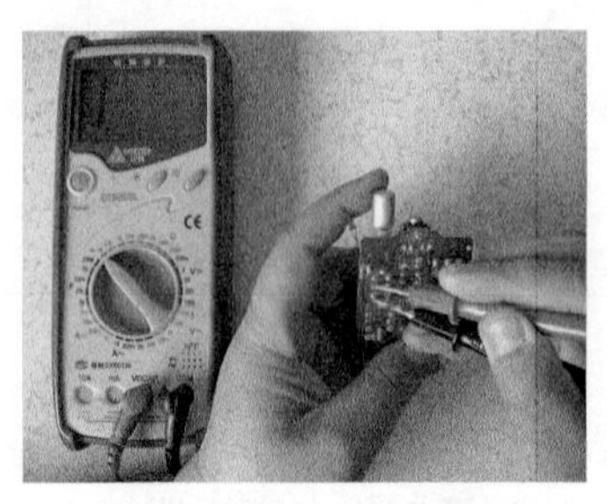

（a）未按开关时的测量　　（b）按开关时的测量

图 1-94　用万用表测量机械开关示意图

2. 开关的更换

开关损坏后最好采用相同规格的更换。另外，在更换开关时不仅要考虑体积的大小，还要考虑电流的大小，以免扩大故障或引起火灾。

十七、电加热器

电加热器就是在供电后开始发热的器件。电加热器不仅广泛应用在热水器、电饭锅、电炒锅、饮水机上，电冰箱、空调器还用它进行化霜或辅助加热。

1. 电加热器的识别

电加热器按功率分为大功率加热器、中功率加热器和小功率加热器 3 种，按结构分为电加热管、裸线式加热器和 PTC 加热器 3 种。常见的电加热器实物外形如图 1-95 所示。

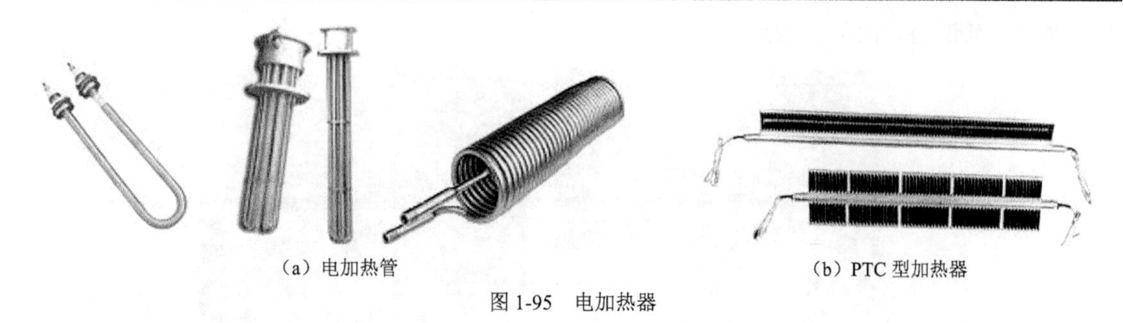

（a）电加热管　　（b）PTC 型加热器

图 1-95　电加热器

2. 电加热器的检测

检测电加热管和 PTC 加热器时，首先查看它的接头有无锈蚀和松动现象，若有，修复或更换；若正常，用万用表的电阻挡测它的接线端子间的阻值，若阻值为无穷大，则说明它已开路。而对于裸线式加热器，有的故障通过直观检查就可以发现，若直观检查正常，再用万用表进行检测。

下面以 1500W 加热管（或加热带）为例介绍加热器的检测方法。正常的 1500W 加热管的阻值为 35.4Ω 左右，如图 19-6（a）所示；用 200M 电阻挡测加热管供电端子对外壳的漏电阻值应为无穷大（显示 1），如图 19-6（b）所示。若加热管的导通阻值为无穷大，则说明加热管烧断；若导通阻值或大或小，说明内部接触不良；若漏电阻值不为无穷大，则说明加热管漏电。

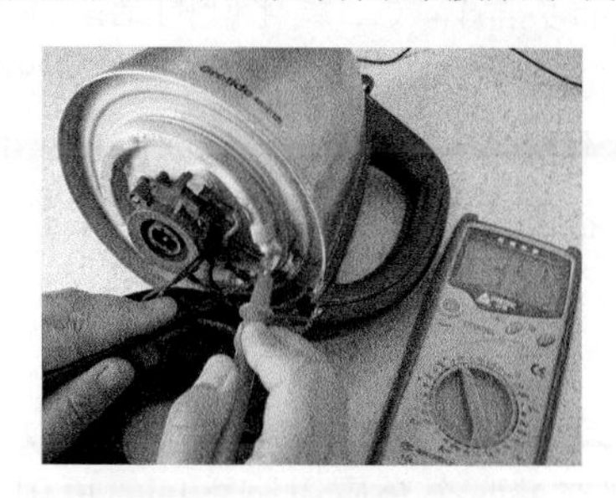

（a）通断的检测

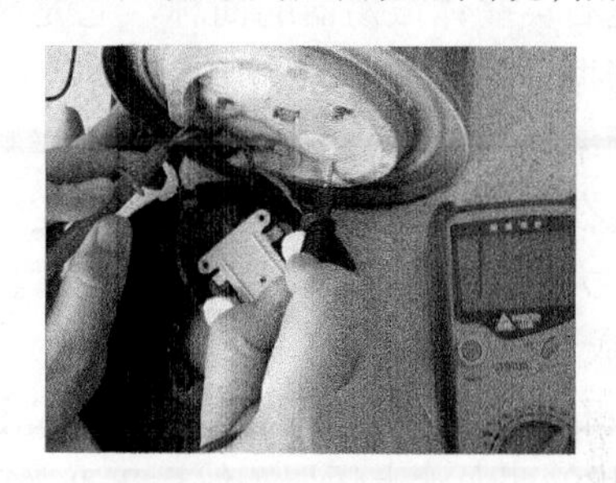

（b）绝缘性能的检测

图 1-96　用万用表检测分体式电水壶加热器示意图

十八、双金属片型温控器/过载保护器

为了控制加热温度，电热器具上都安装了温度控制器（简称温控器）。小家电常用的温控器主要是双金属片型温控器。双金属片型温控器也叫温控开关，它的作用主要是控制电加热器件的加热时间。常见的双金属片型温控器如图 1-97 所示。

图 1-97　典型双金属片型温控器实物外形

如图 1-98 所示，双金属片型温控器未受热时，用万用表的 $R\times1$ 挡测它的接线端子间的阻值，若阻值为无穷大，则说明它已开路；而当它检测的温度达到标称后阻值不为无穷大，

仍然为0，则说明它内部的触点粘连。

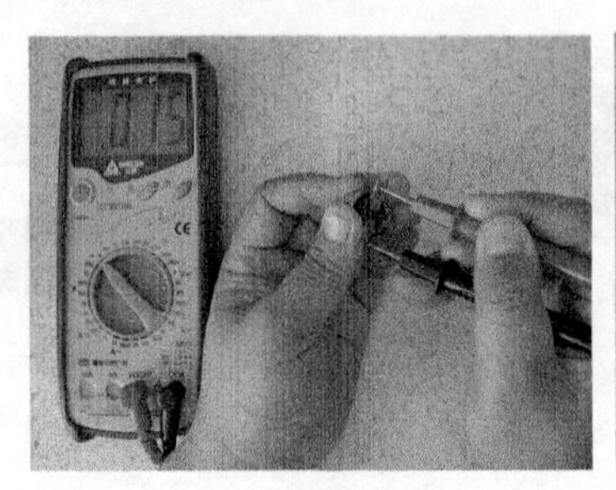

（a）触点接通

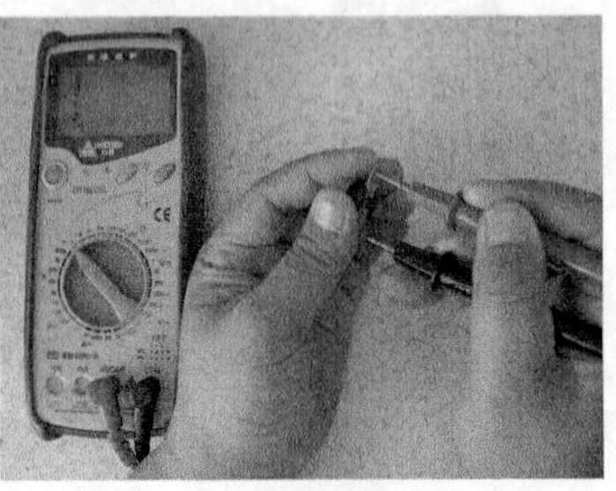

（b）触点断开

图1-98　用万用表检测双金属片型温控器好坏的示意图

第2节　小家电特殊器件的检测

一、晶振

晶振是石英晶体振荡器的简称，它是利用石英晶体（二氧化硅的结晶体）的压电效应制成的一种谐振器件。晶振是时钟电路中最重要的器件，它的作用是向被控电路提供基准频率，它的工作频率不稳定会造成相关设备工作频率不稳定，自然容易出现问题。由于制造工艺不断提高，现在晶振的频率偏差、温度稳定性、老化率、密封性等重要技术指标都得到大幅度的提高，大大降低了故障率，但在选用时仍要注意选择质量好的晶振。

1. 构成

把一块石英晶体按一种特殊工艺切成薄晶片（简称晶片，它可以是正方形、矩形或圆形等），在晶片的两面涂上银层，然后夹在（或焊在）两个金属引脚之间，再用金属、陶瓷等外壳密封就构成了晶振，如图1-99所示。

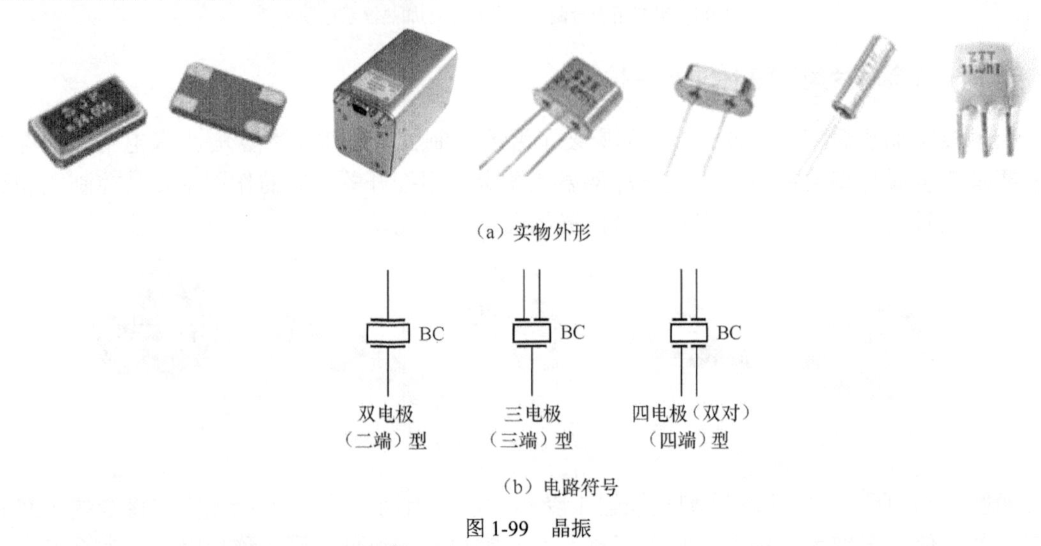

（a）实物外形

（b）电路符号

图1-99　晶振

2. 晶振的检测

（1）电阻测量法

如图 1-100 所示，将指针万用表置于 $R\times10$k 挡，用表笔接晶振的两个引脚来测量晶振的阻值。正常时该阻值应为无穷大；若阻值过小，说明晶振漏电或短路。

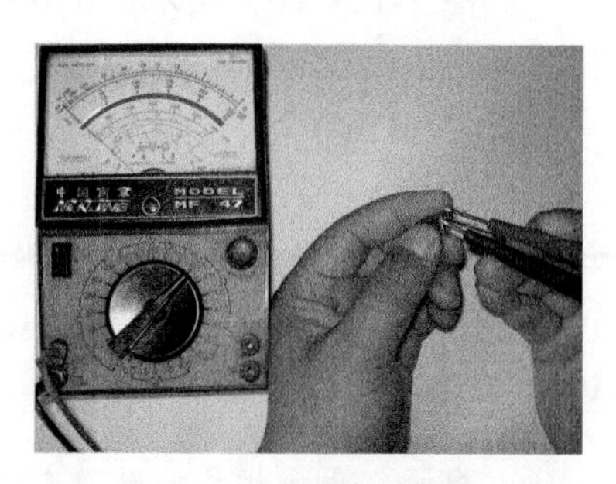

图 1-100　电阻法测量晶振的示意图

（2）电容测量法

晶振在结构上类似一只小电容，所以可用电容表测量晶振的容量，通过所测容量值来判断它是否正常。表 1-2 所示是常用晶振的容量参考值。

表 1-2　常用晶振的容量参考值

频　率	容量/pF（塑料或陶瓷封装）	容量/pF（金属封装）
400～503kHz	320～900	—
3.58MHz	56	3.8
4.4MHz	42	3.3
4.43MHz	40	3

提 示　由于以上两种检测方法都是估测，不能准确判断晶振是否正常，所以最可靠的方法还是采用正常的、同规格的晶振代换检查。

二、IGBT

IGBT 是英文 Insulated Gate Bipolar Transistor 的缩写，译为绝缘栅双极晶体管。

1. IGBT 的构成和特点

IGBT 由场效应管和大功率双极型三极管构成，IGBT 将场效应管的优点与大功率双极型三极管的大电流低导通电阻特性集于一体，是极佳的高速高压半导体功率器件。它具有的特点：一是电流密度大，是场效应管的数十倍；二是输入阻抗高，栅极驱动功率极小，驱动电路简单；三是低导通电阻，在给定芯片尺寸和 BV_{CEO} 下，其导通电阻 $R_{CE(on)}$ 不大于场效应管 $R_{DS(on)}$ 的 10%；四是击穿电压高，安全工作区大，在瞬态功率较高时不容易损坏；五是开关速度快，关断时间短。耐压为 1～1.8kV 的 IGBT 的关断时间约为 1.2μs，而耐压为 600V 的 IGBT 的关断时间约为 0.2μs，仅为双极型三极管的 10%，接近于功率型场效应管。IGBT 的开关频率达到了 100kHz，而开关损耗仅为双极型三极管的 30%。因此，IGBT 克服了功率型场效应管在高压大电流下出现的导通电阻大、发热严重、输出功率下降的严重弊病。因此，IGBT 被广泛应用在电磁炉内做功率逆变的开关器件。它的实物外形和电路符号如图 1-101 所示。

（a）实物外形

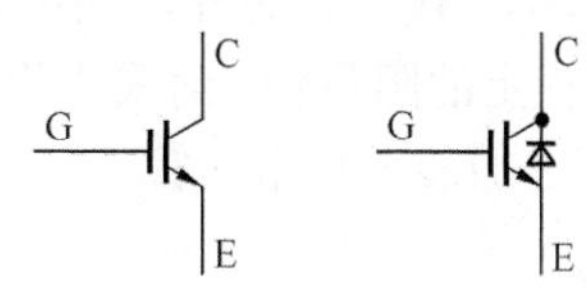

没有阻尼二极管　有阻尼二极管

（b）电路符号

图 1-101　IGBT

如图 1-101（b）所示，IGBT 的 G 极和场效应管一样，是栅极或控制极；C 极和普通三极管一样，是集电极；E 极是发射极。

2. IGBT 的主要参数

IGBT 的主要参数和大功率三极管基本相同，有 BV_{CEO}、P_{CM}、I_{CM} 和 β。其中，BV_{CEO} 是最高反压，它表示 IGBT 的 C 极与 E 极之间的最高反向击穿电压；I_{CM} 是最大电流，它表示 IGBT 的 C 极最大输出电流；P_{CM} 是最大耗散功率，它表示 IGBT 的 C 极最大耗散功率；β 是 IGBT 的放大倍数。

提示 电磁炉的功率逆变管应选取 $BV_{CEO} \geqslant 1\,000$V、$I_{CM} \geqslant 7$A、$P_{CM} \geqslant 100$W、$\beta \geqslant 40$ 的 IGBT。

3. IGBT 的检测

下面以常见的 GT40Q321 为例进行介绍。由于 GT40Q321 内置阻尼管，所以测量它的 C、E 极间的正向导通压降为 0.464V，如图 1-102（a）所示；C、E 极间的反向导通压降或其他极间的正、反向导通压降都为无穷大，如图 1-102（b）所示。检测不含阻尼管的 IGBT 时，它的 3 个极间电阻均应为无穷大，否则说明它已损坏。

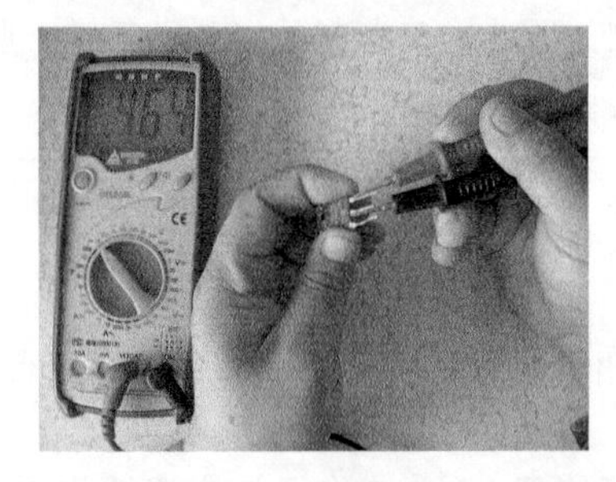

（a）红笔接 E 极、黑笔接 C 极的导通压降

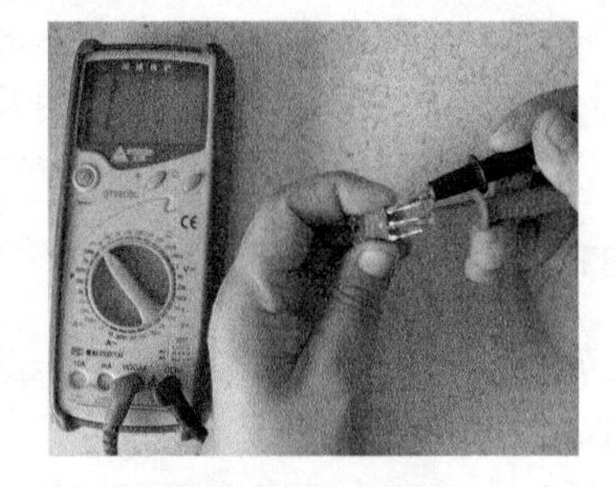

（b）其他极间的导通压降

图 1-102 IGBT 的检测示意图

提示 部分资料介绍 N 沟道型场效应管和大功率双极型三极管构成的 IGBT 也可采用和 N 沟道型场效应管一样的触发导通方法进行测试，实际验证该方法行不通。

4. IGBT 的更换

维修中，IGBT 的代换和三极管一样，也是要坚持“类别相同，特性相近”的原则。“类别相同”是指代换中应选相同结构的 IGBT 更换；“特性相近”是指代换中应选参数、外形及引脚相同或相近的 IGBT 代换。另外，采用有二极管（阻尼管）的 IGBT 代换没有阻尼管的 IGBT 时应拆除电路板上的阻尼管，而采用没用阻尼管的 IGBT 代换有阻尼管的 IGBT 时应在它的 C、E 极的引脚上加装一只阻尼管。

三、电流互感器

1. 电流互感器的识别

电流互感器的作用是可以把数值较大的初级电流通过一定的变比转换为数值较小的次级

电流，用来进行保护、测量等。如变比为 20:1 的电流互感器，可以把实际为 20A 的电流转变为 1A 的检测电流。

图 1-103　电流互感器实物外形

电流互感器的结构较为简单，由相互绝缘的初级绕组、次级绕组、铁芯及构架、接线端子（引脚）等构成，如图 1-103 所示。其工作原理与变压器基本相同，初级绕组的匝数（N_1）较少，直接串联于市电供电回路中，次级绕组的匝数（N_2）较多，与检测电路串联形成闭合回路。初级绕组通过电流时，次级绕组产生按比例减小的电流。该电流通过检测电路形成检测信号。

注意　电流互感器运行时，次级回路不能开路，否则初级回路的电流会成为励磁电流，将导致磁通和次级回路电压大大超过正常值而危及人身及设备安全。因此，电流互感器次级回路中不允许接熔断器，也不允许在运行时未经旁路就拆卸电流表及继电器等装置。

2. 电流互感器的检测与更换

采用指针万用表测量电磁炉电流互感器时，先将万用表置于 $R\times1$ 挡，再测量它的初级、次级绕组阻值即可，如图 1-104 所示。若阻值差异过大，则说明电流互感器异常。

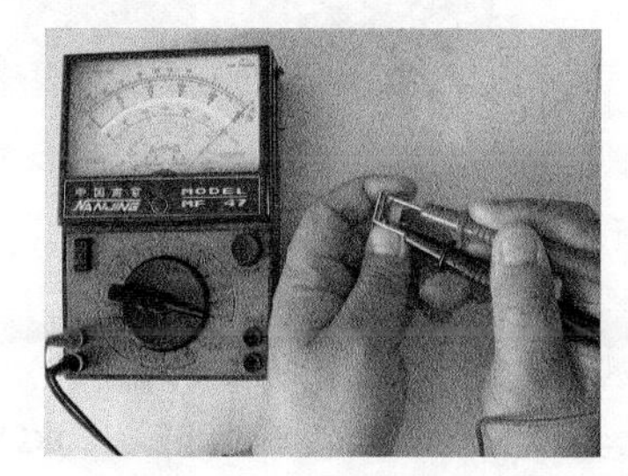

（a）初级绕组

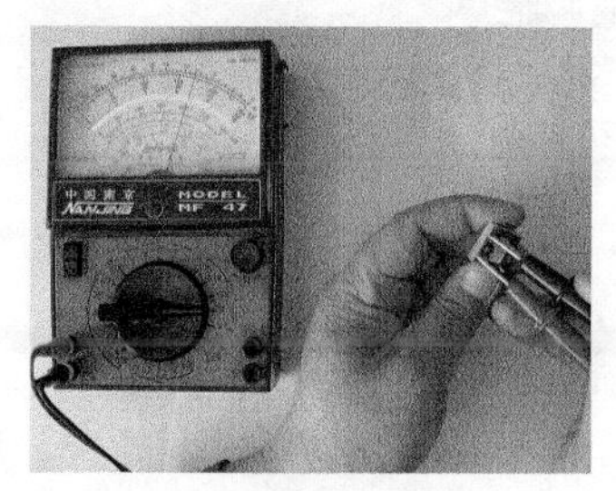

（b）次级绕组

图 1-104　电磁炉电流互感器的非在路测量

电流互感器损坏后，必须采用相同规格的同类产品更换，否则可能会扩大故障。

四、光电耦合器

1. 光耦合器的识别

光耦合器又称光电耦合器或光耦，它属于较新型的电子产品，已经广泛应用在各种控制电路中。常见的光耦合器有 4 脚直插和 6 脚两种，它们的典型实物外形和电路符号如图 1-105 所示。

（a）实物外形

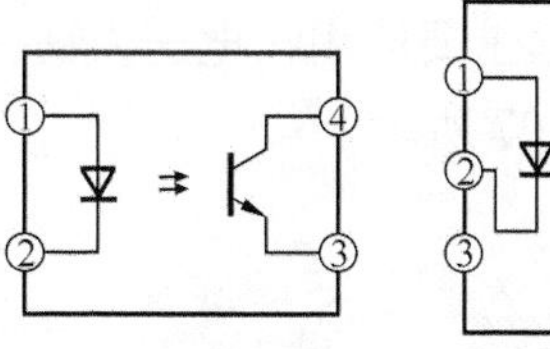

（b）电路符号

图 1-105　光耦合器

光耦合器通常由一只发光二极管和一只光敏三极管构成。当发光二极管流过导通电流后开始发光，光敏三极管受到光照后导通，这样通过控制发光二极管导通电流的大小，改变其发光的强弱就可以控制光敏三极管的输出电流，所以它属于一种具有隔离传输性能的器件。

2. 光耦合器的检测

（1）引脚、穿透电流的检测

由于发光二极管具有二极管的单向导通特性，所以测量时只要发现两个引脚有导通压降值，则说明这一侧是发光二极管，并且红色表笔接的引脚是①脚，另一侧为光敏三极管的引脚。

一般情况下，发光二极管的正向导通压降为 1.048V 左右，如图 1-106（a）所示；调换表笔后显示的数值为 1，说明它的反向导通压降值为无穷大，如图 1-106（b）所示。而光敏三极管 C、E 极间的正、反向导通压降值都应为无穷大。若光发光二极管的正向导通压降值大，说明它的导通性能下降；若发光二极管的反向导通压降小或光敏三极管的 C、E 极间的导通压降值小，说明发光二极管或光敏三极管漏电。

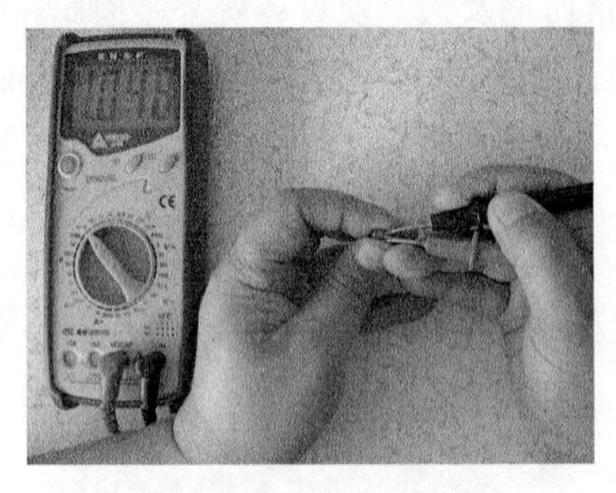

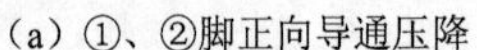
（a）①、②脚正向导通压降

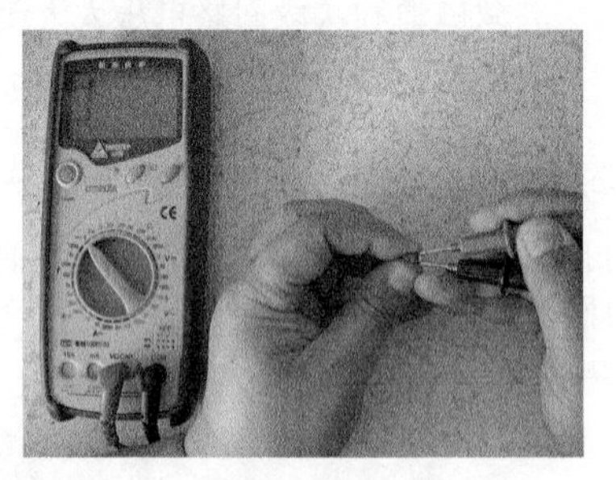

（b）①、②脚反向及其他引脚正、反向导通压降

图 1-106　光耦合器引脚判断和穿透电流检测示意图

提示　数据由 4 脚的光电耦合器 PC123 上测得，实际测量的是导通压降，而非阻值。若采用指针万用表 R×1k 测量时，发光二极管的正向电阻阻值为 20kΩ左右，它的反向电阻阻值及光敏三极管的正、反向电阻阻值均为无穷大。

（2）光电效应的检测

怀疑检测光耦合器的光电效应是否正常时，可以采用代换的方法进行判断。

五、定时器

定时器是一种控制用电设备通电时间长短的时间控制器件。定时器按结构可分为发条机械式定时器、电动机驱动机械式定时器和电子定时器 3 种。

1. 发条机械式定时器

发条机械式定时器主要应用在电压力锅、消毒柜、电烤箱等小家电产品上。常见的发条机械式定时器如图 1-107 所示。

图 1-107　发条机械式定时器实物外形

如图 1-108 所示，旋转定时器上的旋钮后，用数字万用表的二极管挡测量触点端子阻值。

若阻值始终为 0，说明定时器的触点粘连；若阻值始终为无穷大，说明定时器的触点不能吸合；若阻值时大时小，说明接触不良。

2. 电动机驱动机械式定时器

电动机驱动机械式定时器主要应用在微波炉、洗碗机、电冰箱的化霜电路上。常见的电动机驱动机械式定时器如图 1-109 所示。

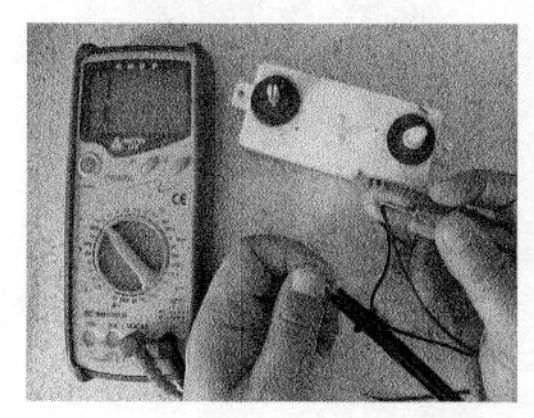
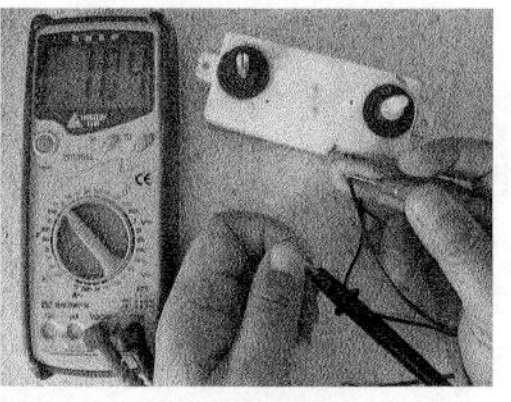

图 1-108　发条机械式定时器的检测

图 1-109　电动机驱动机械式定时器实物外形

对电动机驱动机械式定时器进行检测时，需要为电动机的线圈供电。待电动机旋转后，就可以测量触点是否正常了。

提 示　洗衣机的洗涤定时器在工作时，其触点是交替接通、断开的。这与其他定时器是不同的。

六、电磁阀

电磁阀是一种流体控制器件，通常应用于自动控制电路中，由控制系统（又称输入回路）和被控制系统（阀门）两部分构成。它实际上是用较小的电流、电压的电信号去控制流体管路通断的一种“自动开关”。由于电磁阀具有成本低、体积小、开关速度快、接线简单、功耗低、性价比高、经济实用等显著特点而被普遍运用于自控领域的各个环节。

1. 电磁阀的识别

电磁阀的阀体部分被封闭在密封管内，由滑阀芯、滑阀套、弹簧底座等组成。电磁阀的电磁部件由固定铁芯、动铁芯、线圈等部件组成，电磁线圈被直接安装在阀体上。这样阀体部分和电磁部分就构成一个简洁、紧凑的组件。常见的电磁阀如图 1-110 所示。

2. 电磁阀的检测

各种电磁阀的检测方法是一样的，下面以海尔洗衣机的进水电磁阀为例进行介绍。

如图 1-111 所示，将数字万用表置于 20k 挡，两个表笔接在线圈的引脚上，显示屏显示的数值为 4.68，说明它的阻值为 4.68kΩ；若阻值为无穷大，说明线圈开路；如阻值过小，说明线圈短路。另外，为进水电磁阀的线圈通电、断电，若不能听到阀芯吸合、释放所发出的“咔嗒”声音，则说明该电磁阀的线圈损坏或阀芯未工作。

图 1-110　小家电使用的电磁阀

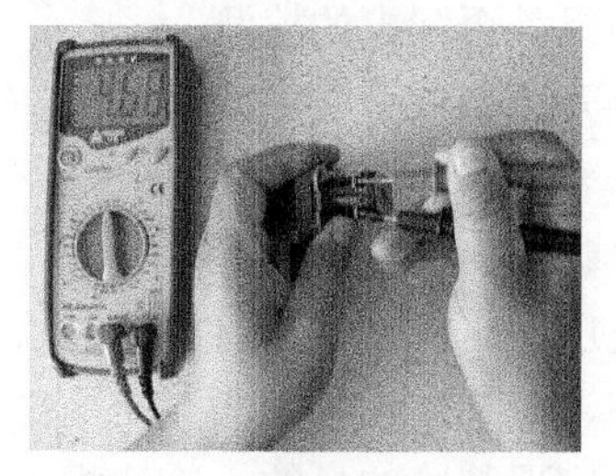

图 1-111　检测电磁阀线圈示意图

七、电机

电动机通常简称为电机，俗称马达，在电路中用字母 M（旧标准用 D）表示。它的作用就是将电能转换为机械能。许多小家电产品都使用了电机做动力源。

图 1-112　电风扇电机实物外形

1. 风扇电机

风扇电机采用的是单相异步电机，如图 1-112 所示。由于风扇电机仅正向运转，所以它的副绕组的匝数仅为主绕组的 20%～40%，该电机也采用电容运转式，在它的副绕组回路中串联了运转电容。

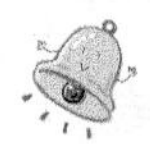

提示　电容运转式 PSC（PSC 是 Permanent Split Condenser 的英文缩写）就是在电机的副绕组的回路中串联一只无极性的运转电容。由于它具有启动功能，所以许多资料也称其为启动电容。

2. 电机的检测

电机的检测方法基本相同，下面以吸油烟机电机为例进行介绍。

（1）绕组通断的检测

如图 1-113 所示，将指针万用表置于 $R\times10$ 挡，两个表笔分别接绕组的两个接线端子，表盘上指示的数值就是该绕组的阻值。若阻值为无穷大，则说明它已开路；若阻值过小，说明绕组短路。

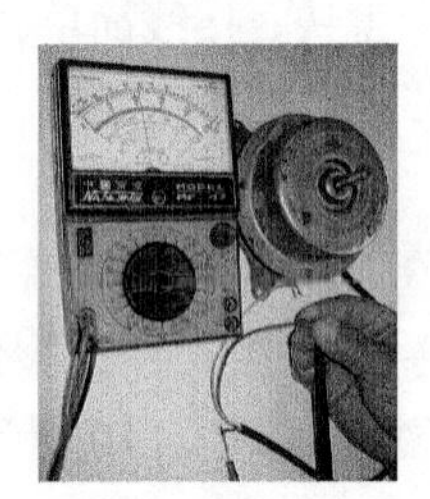

（a）运行绕组

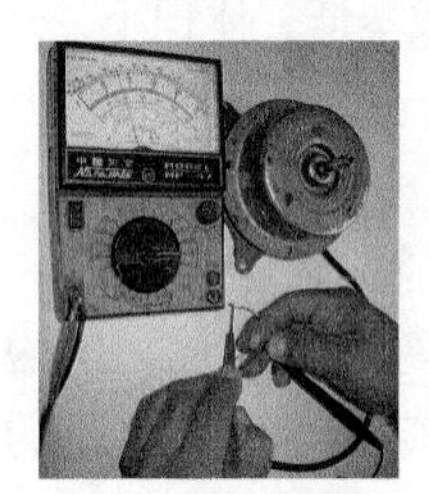

（b）启动绕组

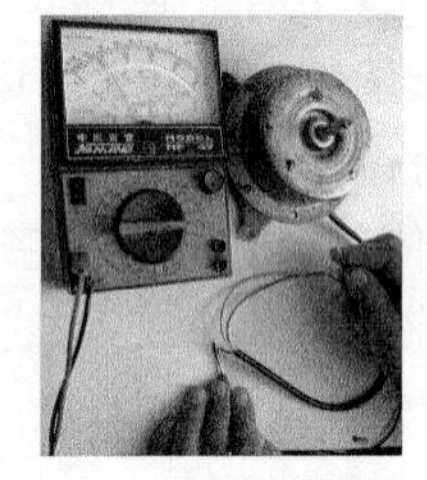

（c）运行+启动绕组

图 1-113　吸油烟机电机绕组通断的检测示意图

提示　检测电机时，首先查看它的接头有无锈蚀和松动现象。若有，修复或更换；若正常，再进行阻值的检测。另外，绕组短路后，不仅电机会出现转动无力、噪声大等异常现象，而且电机外壳的表面会发热，甚至会发出焦味。

（2）绕组是否漏电的检测

将数字万用表置于 200MΩ 挡或指针万用表置于 $R\times10k$ 挡，一个表笔接电机的绕组引出线，另一个表笔接在电机的外壳上，正常时阻值应为无穷大，否则说明它已漏电。

3. 压缩机电机的检测

冷饮机压缩机的作用是将电能转换为机械能，推动制冷剂在制冷系统内循环流动并重复工作在气态、液态。在这个相互转换过程中，制冷剂通过蒸发器不断地吸收热量，并通过冷凝器散热，实现制冷的目的。冷饮机采用的压缩机如图 1-114 所示。

（1）压缩机电机绕组的识别

压缩机外壳的侧面有一个三接线端子，分别是公用端子 C、启动端子 S、运行端子 M。压缩机电机绕组端子实物外形与绕组电路符号如图 1-115 所示。

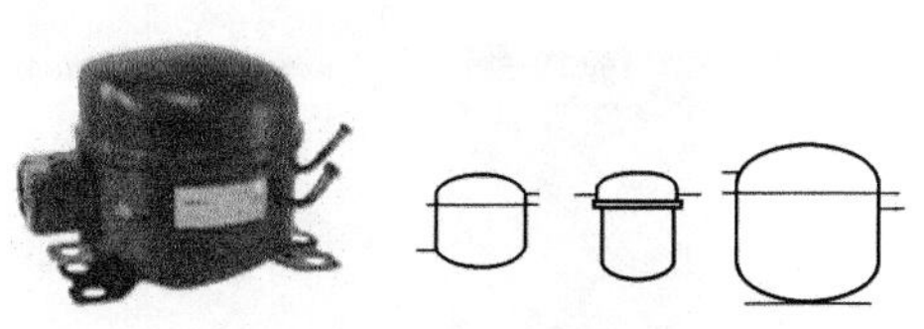

（a）实物外形　　（b）电路符号

图 1-114　压缩机

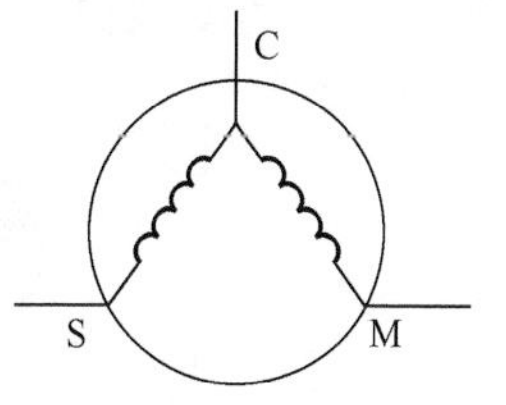

（a）压缩机电机绕组引出端子　　（b）绕组电路符号

图 1-115　压缩机

因压缩机运行绕组（又称主绕组，用 CM 或 CR 表示）所用漆包线线径粗，故电阻值较小；启动绕组（又称副绕组，用 CS 表示）所用漆包线线径细，故电阻阻值大，又因运行绕组与启动绕组串联在一起，所以运行端子与启动端子之间阻值等于运行绕组与启动绕组的阻值之和，即 $R_{MS}=R_{CM}+R_{CS}$。

（2）绕组阻值的检测

参见图 1-116（a）～图 1-116（c），将数字万用表置于 200Ω 挡，用万用表电阻挡测外壳接线柱间阻值（绕组的阻值）来判断，正常时启动绕组 CS、运行绕组 MC 的阻值之和等于 MS 间的阻值。若阻值为无穷大或过大，说明绕组开路；若阻值偏小，说明绕组匝间短路。若采用指针万用表测量，应采用 R×1 挡。

（3）绝缘电阻的检测

参见图 1-116（d），将数字万用表置于 20MΩ 挡，测压缩机绕组接线柱与外壳间的电阻，正常时阻值应为无穷大，否则说明有漏电现象。采用指针万用表测量时，应采用 R×10k 挡。

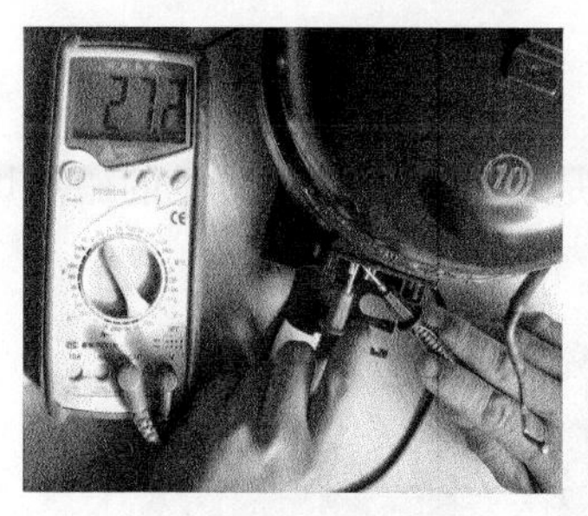

（a）启动绕组阻值

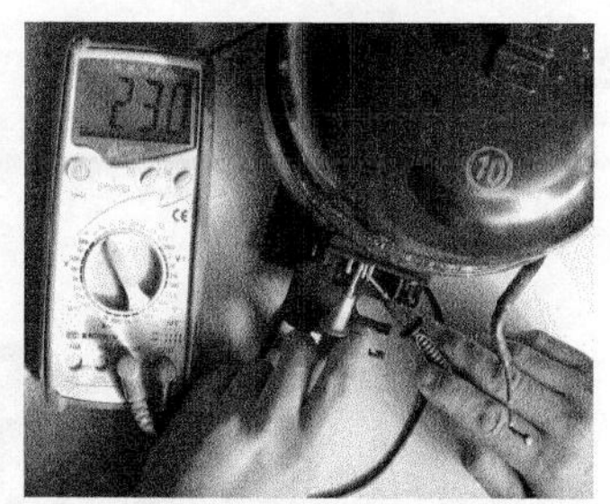

（b）运行绕组阻值

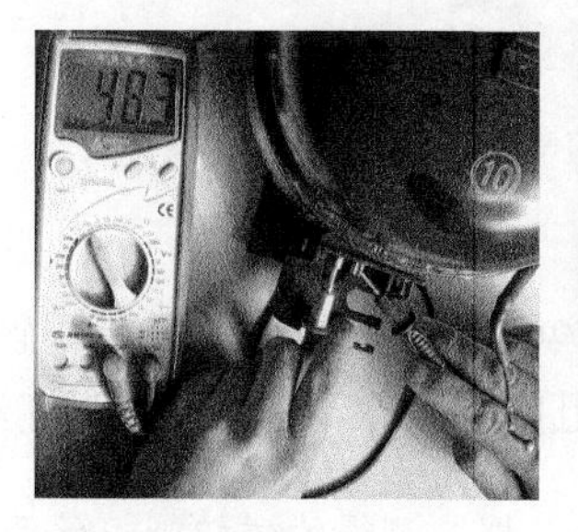

（c）运作+启动绕组阻值

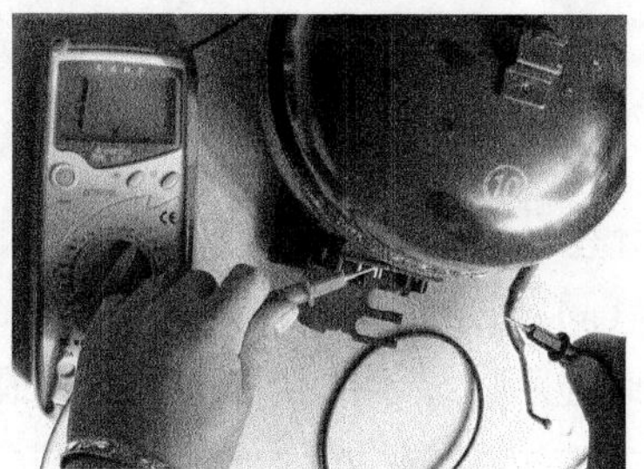

（d）压缩机绝缘性能的检测

图 1-116　压缩机检测示意图

八、重锤启动器

重锤启动器是启动压缩机运转的器件。重锤启动器的实物外形如图 1-117（a）所示。它在压缩机上的安装位置如图 1-117（b）所示。

（a）实物外形

（b）安装位置

图 1-117　重锤启动器

如图 1-118 所示，将万用表置于二极管/通断测量挡，在启动器正置时，把两个表笔接在它的两个引线上，数值近于 0 且蜂鸣器鸣叫，否则说明启动器开路或触点接触不良；将启动器倒置后不仅应听到重锤下坠发出的响声，而且接线端子间的数值应为无穷大，否则说明启动器短路。

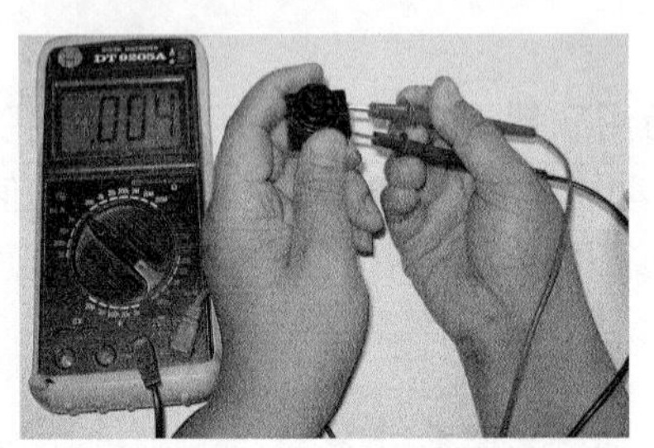

（a）接通状态

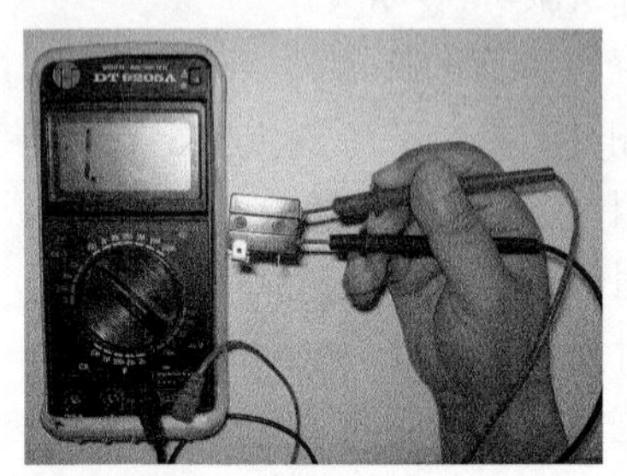

（b）断开状态

图 1-118　重锤启动器的检测示意图

九、磁控管

磁控管也称微波发生器、磁控微波管，是一种电子管。常见的微波炉磁控管如图 1-119 所示。

图 1-119　常见的微波炉磁控管

1．磁控管灯丝的检测

如图 1-120（a）所示，将数字万用表置于 200Ω 挡，用两个表笔测磁控管灯丝两个引脚间的阻值。正常时显示屏显示的数值为 0.6；若阻值过大或无穷大，说明灯丝性能不良或开路。

提示　若采用指针万用表测量，应采用 $R\times1$ 挡，测得的磁控管灯丝两个引脚间的阻值应低于 1Ω。

2. 绝缘性能的检测

如图 1-120（b）所示，将数字万用表置于 200MΩ 挡，分别测磁控管灯丝引脚、天线与外壳间的电阻。正常时阻值应为无穷大，否则说明有漏电现象。

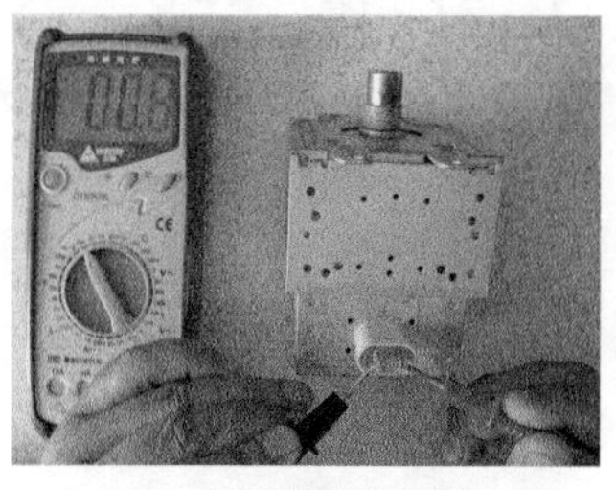

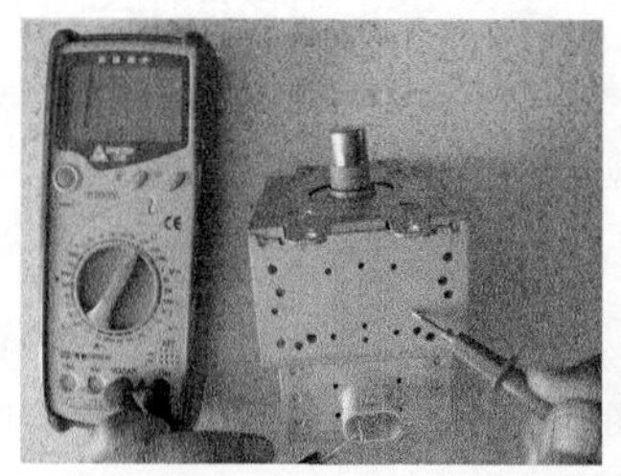

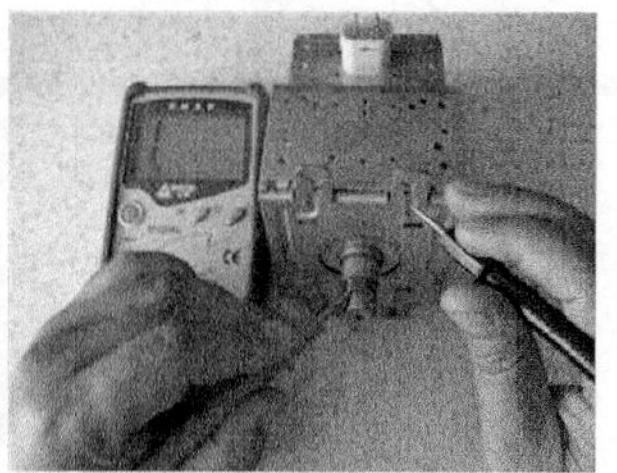

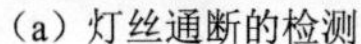

（a）灯丝通断的检测　　（b）绝缘性能的检测

图 1-120　磁控管灯丝的检测示意图

提 示　若采用指针万用表测量，应置于 $R\times10k$ 挡。以上测量只能估测磁控管是否正常，若磁控管性能不良时，最好采用代换法进行判断。磁控管损坏后，应检查高压熔断器、高压电容、高压二极管和高压变压器是否正常。

十、传感器

传感器（transducer/sensor）是一种能够探测和感受外界的信号、物理条件（如光、热、湿度）或化学组成（如烟雾）的装置或器件。它是实现自动检测和自动控制的基础。

传感器按用途可分为压敏和力敏传感器、位置传感器、液面传感器、能耗传感器、速度传感器、加速度传感器、射线辐射传感器、湿敏传感器、热敏传感器、磁敏传感器、气敏传感器、真空度传感器、生物传感器等。目前，小家电采用的传感器主要是热敏传感器、光敏传感器、湿敏传感器、磁敏传感器、气敏传感器等。

1. 气敏传感器

气敏传感器除了应用在抽油烟机内，实现厨房油烟的自动检测外，还广泛应用在矿山、石油、机械、化工等领域，实现火灾、爆炸、空气污染等事故的检测、报警和控制。常见的气敏传感器实物外形如图 1-121 所示。

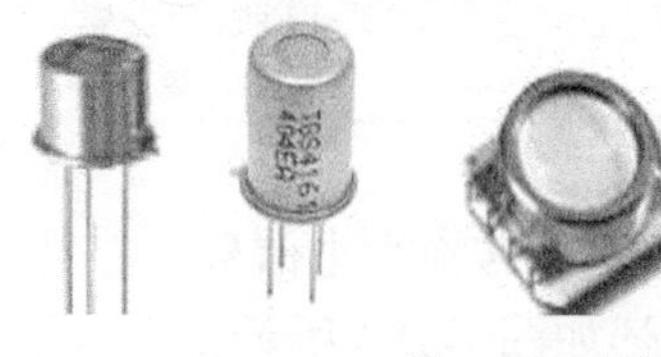

图 1-121　气敏传感器

（1）构成

气敏传感器由气敏电阻体、不锈钢网罩（过滤器）、螺旋状加热器、塑料底座和引脚构成，如图 1-122（a）所示。气敏传感器的电路符号如图 1-122（b）所示。其中，A－a 两个脚内部短接，是气敏电阻的一个引出端；B－b 两个脚内部短接，是气敏电阻的另一个引出端；H－h 两个脚是加热器供电端。

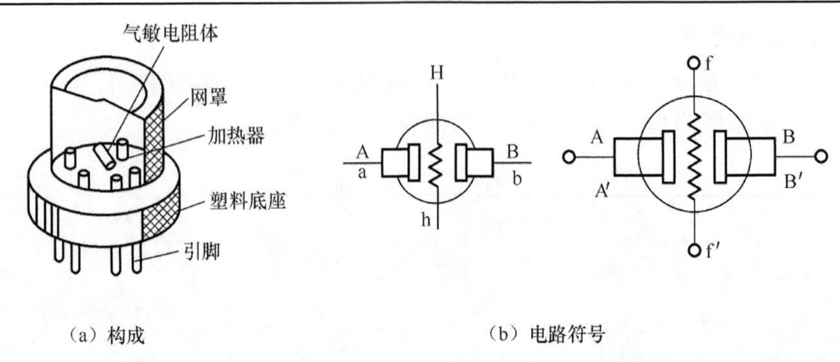

图 1-122　气敏传感器的构成和电路符号

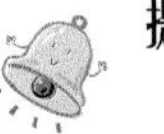

提示　许多资料将H、h脚标注为F、f。

（2）气敏传感器的检测

用万用表的 $R\times1$ 或 $R\times10$ 挡测量气敏传感器加热器的两个引脚间阻值，若阻值为无穷大，说明加热器开路。

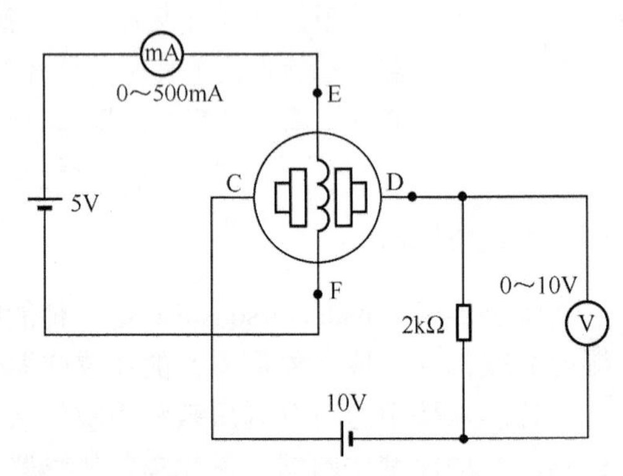

图 1-123　气敏传感器内气敏电阻的检测示意图

如图 1-123 所示，检测气敏电阻时最好采用两块万用表。其中，一块万用表置于 500mA 直流电流挡后，将两个表笔串接在加热器的供电回路中；另一块万用表置于 10V 直流电压挡，黑表笔接地，红表笔接在气敏传感器的输出端上。为气敏传感器供电后，若电压表的表针会反向偏转，并在几秒钟后返回到0的位置，然后逐渐上升到一个稳定值，同时电流表指示的电流在 150mA 内，则说明气敏电阻已完成预热，此时将吸入口内的香烟烟雾对准气敏传感器的网罩吐出，电压表的数值应该发生变化，否则说明网罩或气敏传感器异常。检查网罩正常后，就可确认气敏传感器内部的气敏电阻异常。

提示　采用一块万用表测量气敏传感器时，将吸入口内的香烟对准气敏传感器的网罩吐出后，若气敏传感器的输出端电压有变化，则说明它正常。

2. 热电偶传感器

热电偶是一种特殊的传感器，它能够将热信号转换为电信号，并且有一定的带载能力。常见的热电偶传感器如图 1-124 所示。

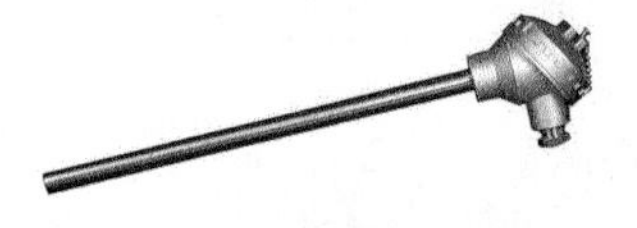

图 1-124　热电偶传感器实物外形

用万用表的二极管挡测量热电偶的两个引脚间阻值，应为 0 且蜂鸣器鸣叫，否则说明它异常。

十一、LED 数码管

LED 数码显示器件是由 LED 构成的数字、图形显示器件，主要用于仪器仪表、数控设备、家用电器等电气产品的功能或数字显示。常见的 LED 数码显示器件如图 1-125 所示。

（a）一位

（b）双位

（c）普通显示屏

图 1-125　LED 数码显示器件实物外形

1. LED 数码管的构成

LED 数码管有共阳极和共阴极两种，如图 1-126（a）所示。所谓的共阳极就是 8 个 LED 二极管的正极连接在一起，如图 1-126（b）所示；所谓的共阴极就是将 8 个 LED 的负极连接在一起，如图 1-126（c）所示。

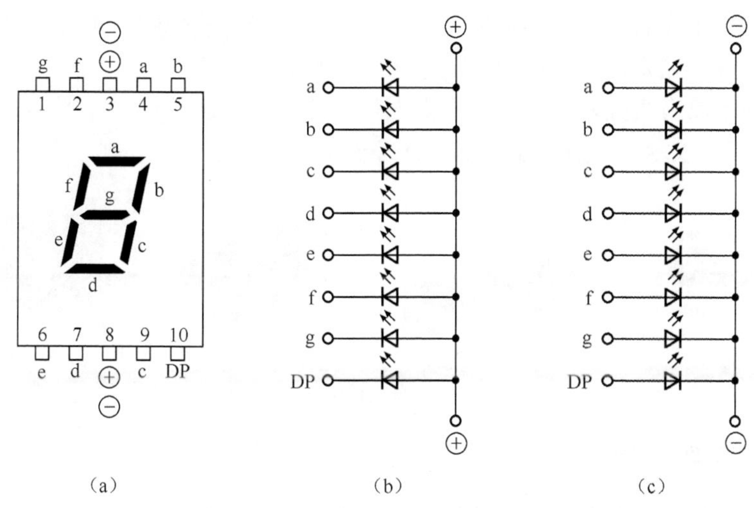

（a）　（b）　（c）

图 1-126　一位 LED 数码管构成示意图

a～g 脚是 7 个笔段的驱动信号输入端，DP 脚是小数点驱动信号输入端，③、⑧脚的内部相接，是公共阳极或公共阴极。

2. LED 数码管的工作原理

对于共阳极 LED 数码管，它的③、⑧脚是供电端，接电源；它的 a～g 脚是激励信号输入端，接在激励电路输出端上。当 a～g 脚内的哪个脚或多个脚输入低电平信号，则相应笔段的 LED 发光。

对于共阴极 LED 数码管，它的③、⑧脚是接地端，直接接地；它的 a～g 脚也是激励信号输入端，接在激励电路输出端上，当 a～g 脚内的哪个脚或多个脚输入高电平信号，则相应笔段的 LED 发光，该笔段被点亮。

3. LED 数码显示器件的检测

图 1-127　数字万用表检测数码管示意图

如图 1-127 所示，将数字万用表置于二极管挡，把红表笔接在 LED 正极一端，黑表笔接在负极一端，若万用表的显示屏显示 1.588 左右的数值，并且数码管相应的笔段发光，说明被测数码管笔段内的 LED 正常，否则该笔段内的 LED 已损坏。

第 3 节　小家电常用集成电路的识别与检测

集成电路也称为集成块、芯片，它的英文全称是 integrated circuit，缩写为 IC。集成电路是采用一定的工艺，把一个电路中所需的三极管、二极管、电阻、电容、电感等元器件及布线互连在一起，制作在一小块或几小块陶瓷、玻璃或半导体晶片上，然后封装在一起，能够完成一定电路功能的微型电子器件或部件。集成电路具有体积小、重量轻、引脚少、寿命长、可靠性高、成本低、性能好等优点，同时还便于大规模生产。因此，它不但广泛应用在工业、农业、家用电器等领域，而且广泛应用在军事、科学、教育、通信、交通、金融等领域。用集成电路装配的电子设备，不仅装配密度比三极管、二极管装配的电子设备提高了几十倍至几千倍，而且设备的稳定工作时间也得到了大大提高。

典型的集成电路有直插双列、单列和贴面焊接等多种封装结构，如图 1-128 所示。它在电路中多用字母 IC 表示，也有用字母 N、Q 等表示的。

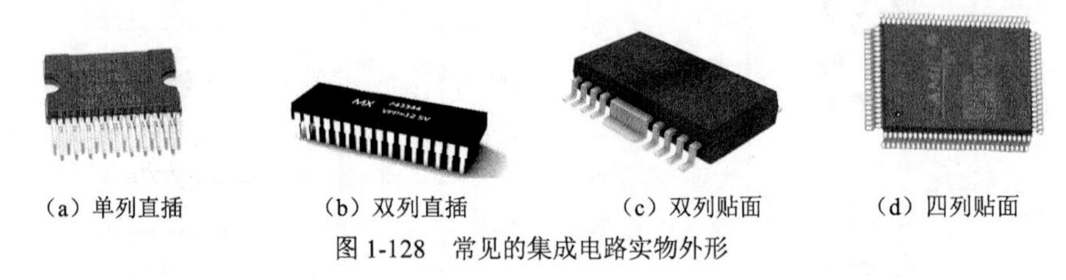

（a）单列直插　（b）双列直插　（c）双列贴面　（d）四列贴面

图 1-128　常见的集成电路实物外形

一、三端不可调稳压器

三端不可调稳压器是目前应用最广泛的稳压器。常见的三端不可调稳压器实物外形与引脚功能如图 1-129 所示。

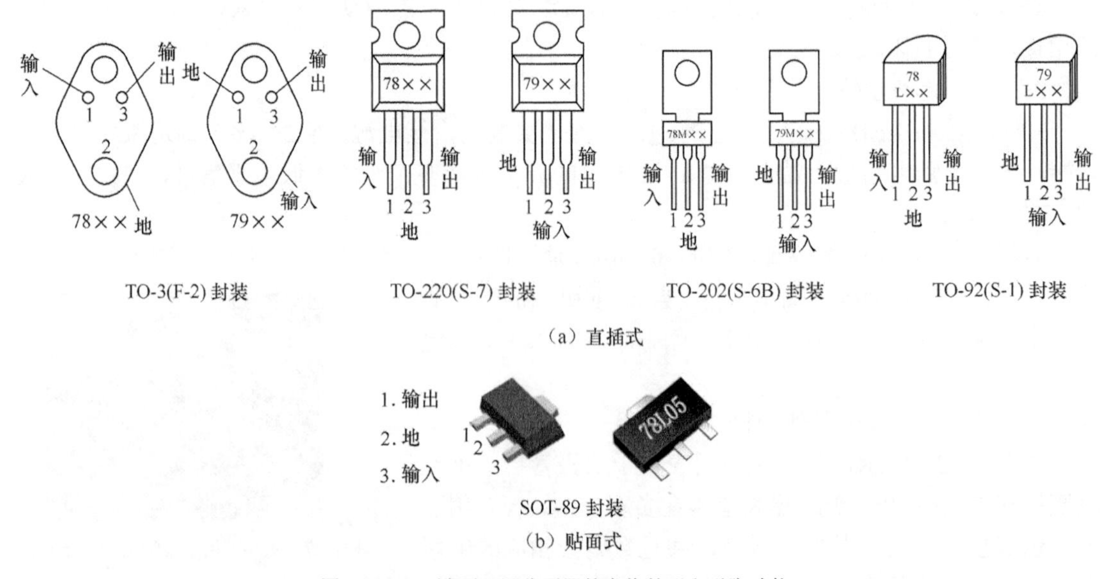

图 1-129　三端不可调稳压器的实物外形和引脚功能

提示　三端不可调稳压器主要有 78××系列和 79××系列两大类。其中，78××系列稳压器输出的是正电压，而 79××系列稳压器输出的是负电压。三端不可调稳压器中主要的产品有美国 NC 公司的 LM78××/79××、美国摩托罗拉公司的 MC78××/79××、美国仙童公司的 μA78××/79××、东芝公司的 TA78××/79××、日立公司的 HA78××/79××、日电公司的 μPC78××/79××、韩国三星公司的 KA78××/79××，以及意法联合生产的 L78××/79××等。其中，××代表电压数值，比如，7812 代表的是输出电压为 12V 的稳压器，7905 代表的是输出电压为−5V 的稳压器。

1. 三端不可调稳压器的分类

（1）按输出电压分类

三端不可调稳压器按输出电压可分为 10 种，以 78××系列稳压器为例介绍，包括 7805（5V）、7806（6V）、7808（8V）、7809（9V）、7810（10V）、7812（12V）、7815（15V）、7818（18V）、7820（20V）、7824（24V）。

（2）按输出电流分类

三端不可调稳压器按输出电流可分为多种，电流大小与型号内的字母有关，稳压器最大输出电流与字母的对应关系如表 1-3 所示。

表 1-3　稳压器最大输出电流与字母的对应关系

字母	L	N	M	无字母	T	H	P
最大输出电流/A	0.1	0.3	0.5	1.5	3	5	10

参见表 1-3，常见的 78L05 就是最大电流为 100mA 的 5V 稳压器，而常见的 AN7812 就是最大电流为 1.5A 的 12V 稳压器。

2. 三端不可调稳压器的检测

检测三端不可调稳压器时，可采用电阻测量法和电压测量法两种方法。而实际测量中，一般都采用电压测量法。下面以三端稳压器 KA7812 为例进行介绍，测量过程如图 1-130 所示。

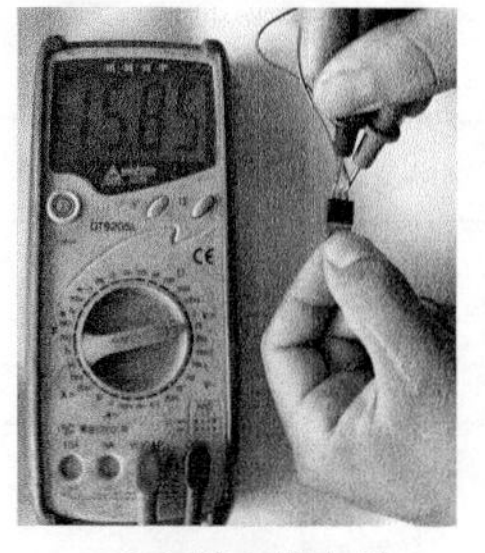

（a）输入端电压

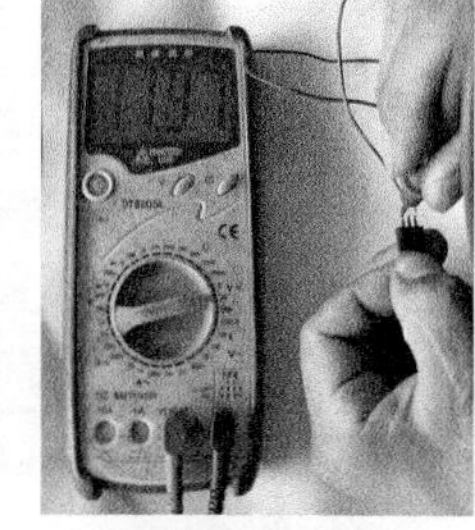

（b）输出端电压

图 1-130　三端稳压器 7812 的测量示意图

将 KA7812 的供电端和接地端通过导线接在稳压电源的正、负极输出端子上，将稳压电源调在 16V 直流电压输出挡上，测 KA7812 的供电端与接地端之间的电压为 15.85V，测输出端与接地端间的电压为 11.97V，说明该稳压器正常。若输入端电压正常，而输出端电压异常，则为稳压器异常。

提示　若稳压器空载电压正常，而接上负载时，输出电压下降，说明负载过流或稳压器带载能力差，这种情况对于缺乏经验的人员最好采用代换法进行判断，以免误判。

二、LM358/LM324/LM339/LM393

LM358、LM324、LM339、LM393 等芯片的构成和工作原理基本相同，下面以双电压运算放大器 LM358 为例介绍它们的检测方法。

1．识别

LM358 内设 2 个完全相同的运算放大器及运算补偿电路，采用差分输入方式。它有 DIP－8 双列直插 8 脚和 SOP－8(SMP)双列扁平两种封装形式。它的外形和内部构成如图 1-131 所示，它的引脚功能如表 1-4 所示。

（a）外形示意图

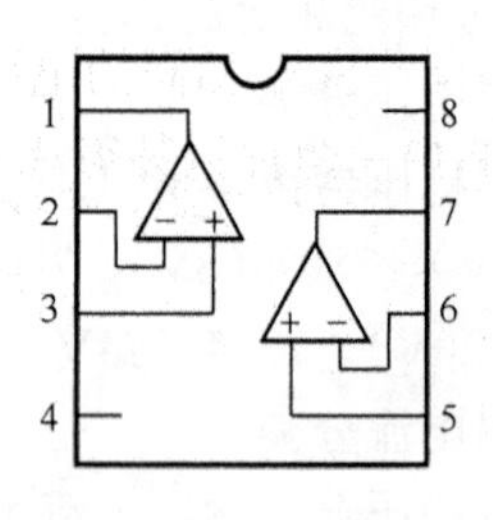

（b）构成方框图

图 1-131　LM358

表 1-4　LM358 的引脚功能

脚号	脚名	功能
①	OUT 1	运算放大器 1 输出
②	Inputs1（－）	运算放大器 1 反相输入端
③	Inputs1（+）	运算放大器 1 同相输入端
④	GND	接地
⑤	Inputs2（+）	运算放大器 2 同相输入端
⑥	Inputs2（－）	运算放大器 2 反相输入端
⑦	OUT 2	运算放大器 2 输出
⑧	Vcc	供电

2．检测

（1）运算放大器的检测

由于 LM358 是由 2 个相同的运算放大器构成的，所以它的两个运算放大器的相同功能引脚对地正、反向导通压降值基本相同，下面以①、②、③脚内的运算放大器为例介绍放大器的测试方法，如图 1-132 所示。

（2）供电端子对地导通压降值的检测

LM358 的供电端⑧脚和接地端④脚间的正、反向导通压降值如图 1-133 所示。

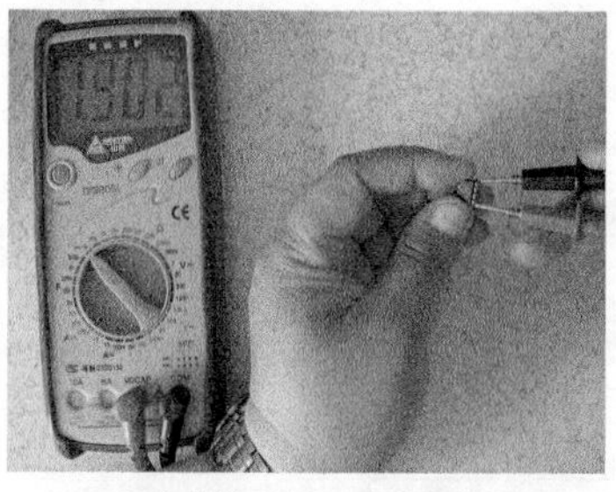

（a）红表笔接①脚、黑表笔接④脚

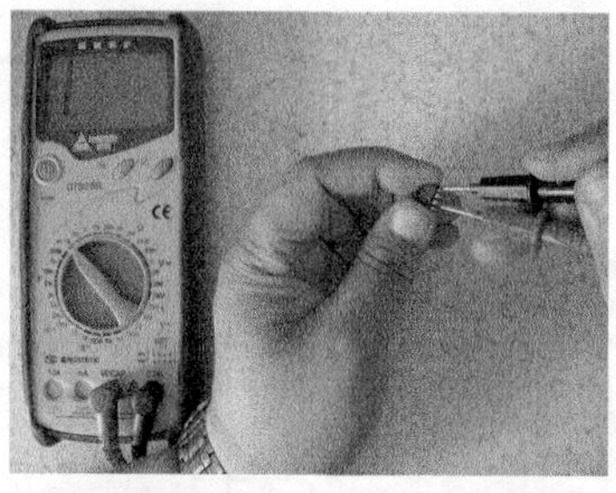

（b）红表笔接②脚、黑表笔接④脚

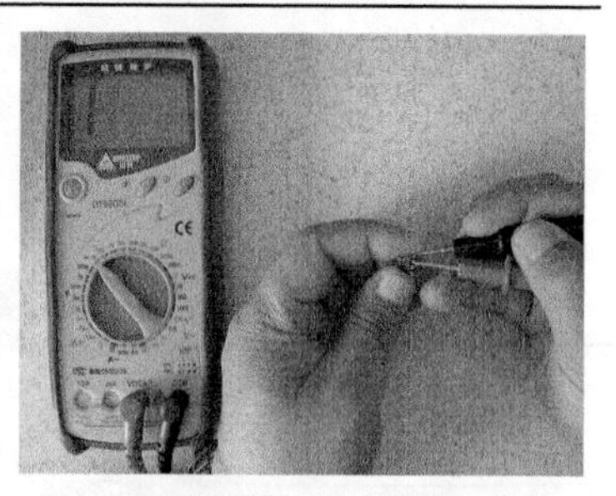

（c）红表笔接③脚、黑表笔接④脚

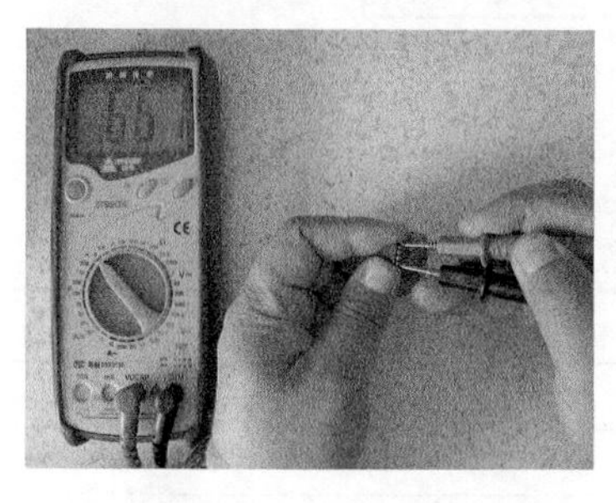

（d）黑表笔接①脚、红表笔接④脚

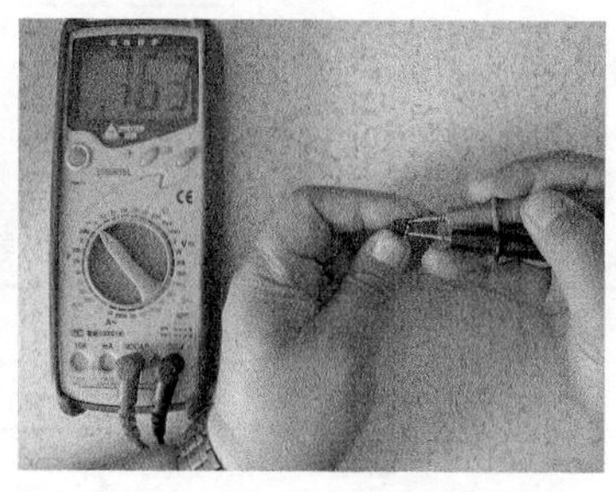

（e）黑表笔接②脚、红表笔接④脚

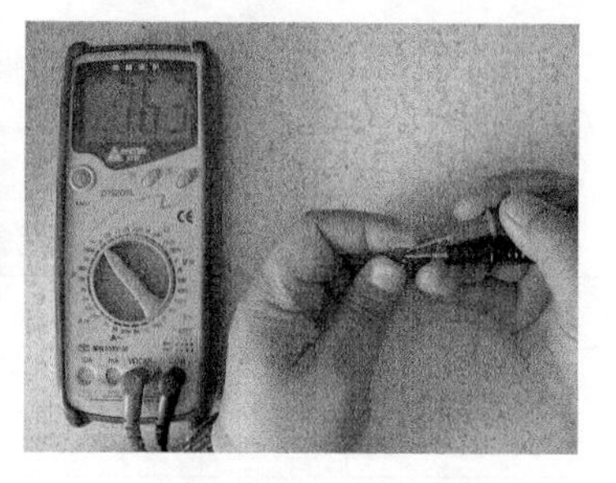

（f）黑表笔接③脚、红表笔接④脚

图 1-132　万用表二极管挡测量 LM358 的运算放大器

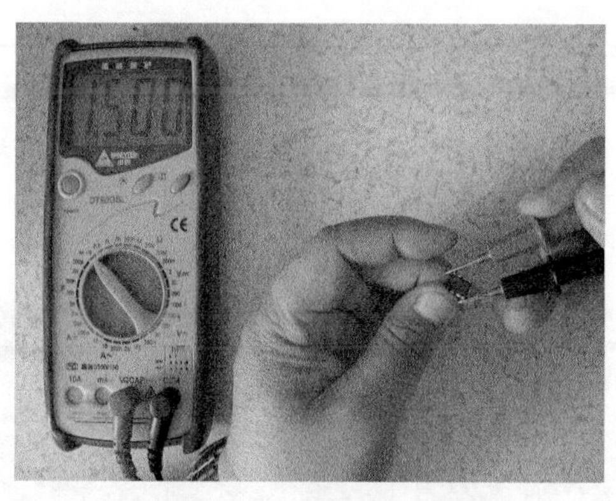

（a）黑表笔接④脚、红表笔接⑧脚

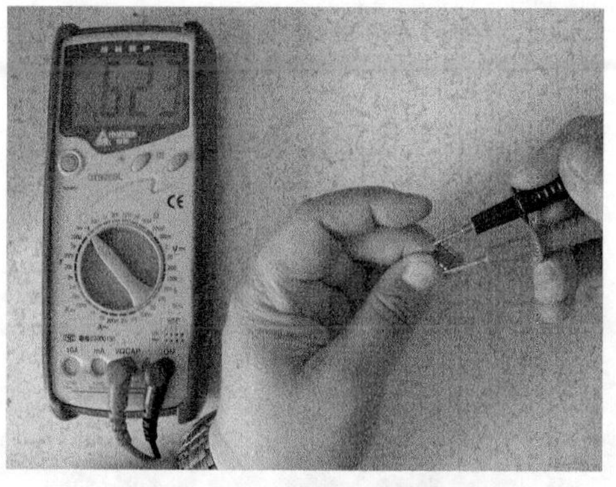

（b）黑表笔接⑧脚、红表笔接④脚

图 1-133　LM358 的供电端子对地测量

三、电源芯片 VIPer12A

1. VIPer12A 的识别

VIPer12A 是意法半导体公司（ST）开发的低功耗离线式电源集成电路，它广泛应用在电磁炉、电热水瓶、微波炉等小家电的开关电源电路中。VIPer12A 内部由控制芯片和场效应管二次集成为电源厚膜电路，控制芯片内含电流型 PWM 控制电路，60kHz 振荡器、误差放大器、保护电路等，如图 1-134 所示，它的引脚功能和参考电压如表 1-5 所示。

（a）实物外形

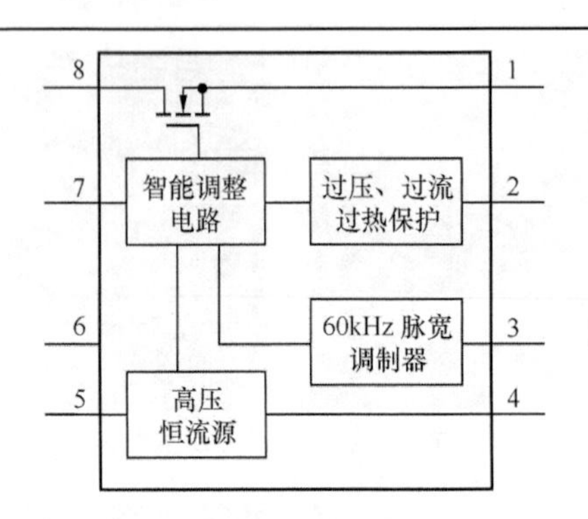

（b）内部构成方框图

图 1-134　VIPer12A

表 1-5　　电源模块 VIPer12A 的引脚功能和参考数据

脚　号	脚　名	功　能	电压/V
①、②	SOURCE	场效应型开关管的 S 极	0
③	FB	误差放大信号输入端	0.5
④	VDD	供电/供电异常检测	16.3
⑤～⑧	DRAIN	开关管 D 极和高压恒流源供电	309
说明：该数据是在采用它构成的并联型开关电源上测得，若采用它构成的串联型开关电源时①、②脚电压为 18V，这样它的④脚电压为 40V 左右			

2．测量

使用数字万用表非在路测量 VIPer12A 时，首先将万用表置于二极管挡（PN 结测量挡），测量方法与步骤如图 1-135 所示。

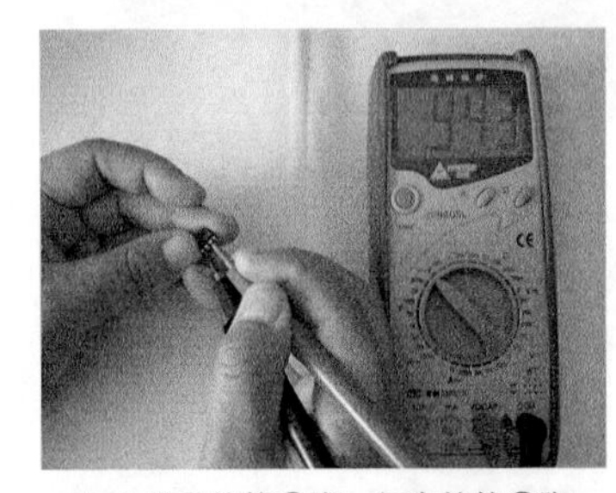
（a）黑表笔接①脚、红表笔接③脚

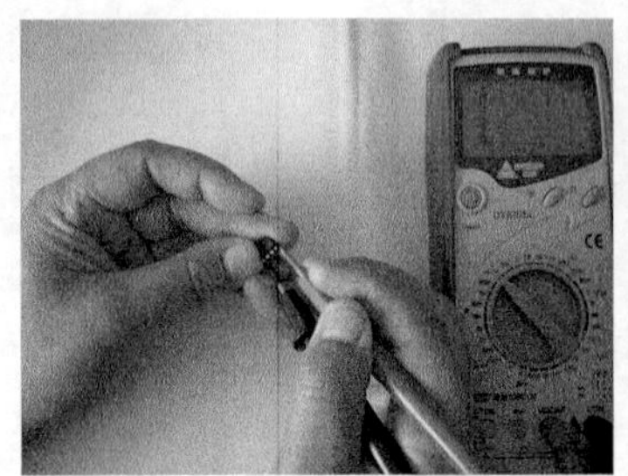
（b）黑表笔接①脚、红表笔接④脚

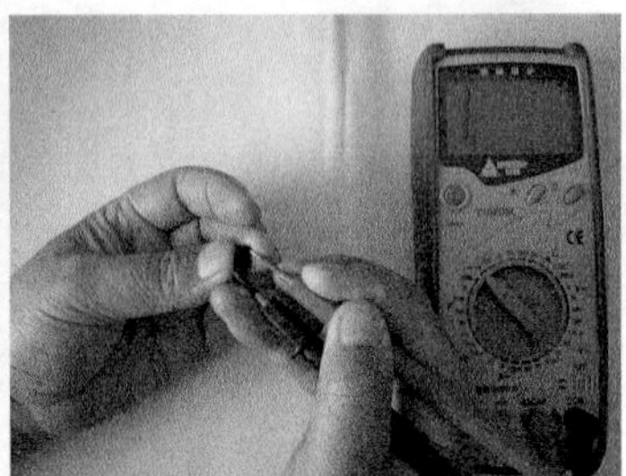
（c）黑表笔接①脚、红表笔接⑤脚

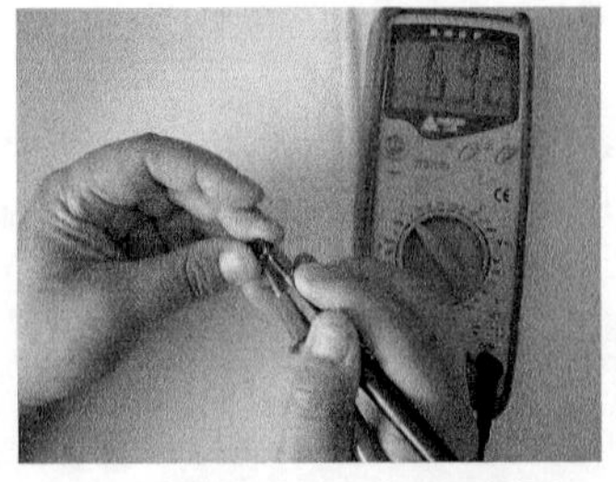
（d）红表笔接①脚、黑表笔接③脚

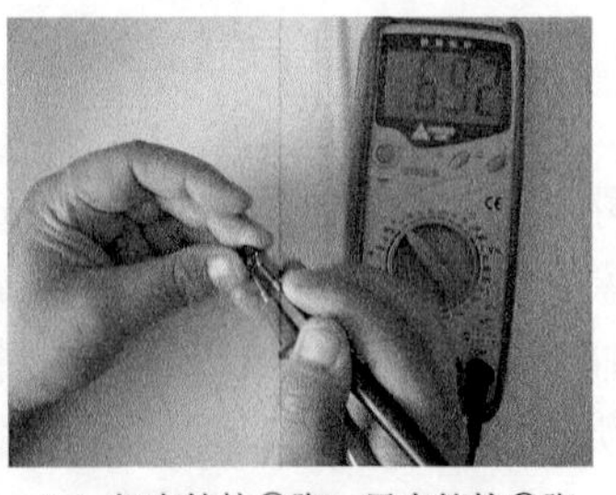
（e）红表笔接①脚、黑表笔接④脚

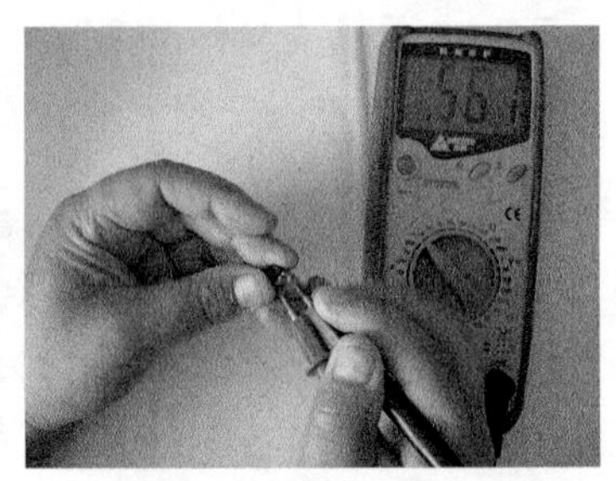
（f）红表笔接①脚、黑表笔接⑤脚

图 1-135　VIPer12A 的测量

四、集成电路的检测与代换

1. 集成电路的检测

判断集成电路是否正常通常采用直观检查法、电压检测法、电阻检测法、波形检测法、代换法。

（1）直观检测法

部分电源控制芯片、驱动块损坏时表面会出现裂痕，所以通过查看就可判断它已损坏。

（2）电压检测法

电压检测法就是通过检测被怀疑芯片的各脚对地电压的数据，和正常的电压数据比较后，判断该芯片是否正常。

注意　测量集成电路引脚电压时需要注意以下几点。

① 由于集成电路的引脚间距较小，所以测量时表笔不要将引脚短路，以免导致集成电路损坏。

② 不能采用内阻低的万用表测量。若采用内阻低的万用表测量集成电路的振荡器端子电压，会导致振荡器产生的振荡脉冲的频率发生变化，可能会导致集成电路不能正常工作，甚至会发生故障。

③ 测量过程中，表笔要与引脚接触良好，否则不仅会导致所测的数据不准确，而且可能会导致集成电路工作失常，甚至会发生故障。

④ 测量的数据与资料上介绍的数据有差别时，不要轻易判断集成电路损坏。这是因为使用的万用表不同，测量数据会有所不同，并且进行信号处理的集成电路在有无信号时数据也会有所不同。因此，要在经过仔细分析，并且确认它外接的元器件正常之后，才能判断该集成电路损坏。

（3）电阻检测法

电阻检测法就是通过检测被怀疑芯片的各脚对地电阻的数值，和正常的数值比较后，判断该芯片是否正常。电阻检测法有在路测量和非在路测量两种。

注意　在路测量时若数据有差别，也不要轻易判断集成电路损坏。这是因为使用的万用表不同，或使用的电阻挡位不同，都会导致测量数据不同；应用该集成电路的电路结构不同，也会导致测量的数据不同。

（4）代换检测法

代换检测法就是采用正常的芯片代换所怀疑的芯片，若故障消失，说明怀疑的芯片损坏；若故障依旧，说明芯片正常。注意在代换时首先要确认它的供电是否正常，以免再次损坏。

提示　采用代换检测法判断集成电路时，最好安装集成电路插座，这样在确认原集成电路无故障时，可将判断用的集成电路退货，而粘上焊锡后是不能退货的。另外，必须要保证代换的集成电路是正常的，否则会产生误判的现象，甚至会扩大故障范围。

---

2. 集成电路的更换

维修中，集成电路的代换应选用相同品牌、相同型号的集成电路，仅部分集成电路可采用其他型号的仿制品更换。

注意　拆卸或更换集成电路的时候不要急躁，不能乱拔、乱撬，以免损坏引脚。而安装时要注意集成电路的引脚顺序，不要将集成电路安反了，否则可能会导致集成电路损坏。

提示　集成电路的引脚顺序有一定的规律，如果某引脚附近有小圆坑、色点或缺角，则这个引脚是①脚。而有的集成电路商标向上摆放，左侧有一个缺口时，缺口左下的第1个引脚就是①脚。

第4节　系统控制（单片机控制）电路基础知识

小家电产品采用的系统控制电路实际上是一种单片机控制电路。该电路主要由微处理器（CPU或MCU）、存储器、功能操作键和操作显示电路等构成，如图1-136所示。部分小家电产品的系统控制电路还设置了遥控电路。

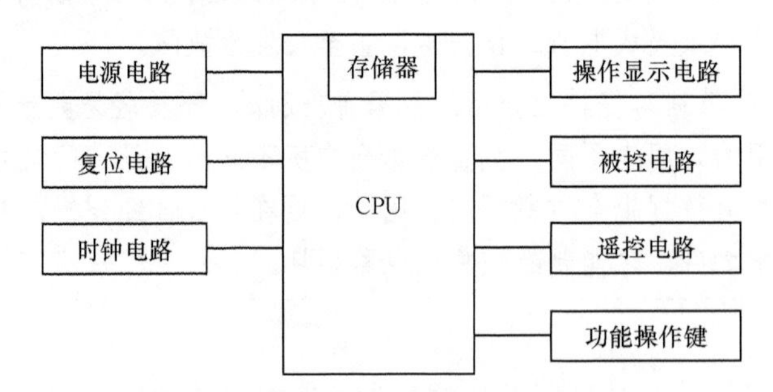

图1-136　小家电应用的典型系统控制电路

一、单元电路的作用

1. 微处理器

微处理器（Central Processing Unit，简称CPU）是电脑型小家电产品的信息处理和控制指挥中心，它主要由控制器、运算器及寄存器构成。

（1）控制器

控制器按照设置的程序，逐条读取存储器内的命令。每读取一条命令，首先分析这条命令的含义，然后根据不同的含义向CPU各有关电路发出命令，控制各部位电路的工作状态。只有执行完一条命令后，才能读取下一条命令，直至读取完毕。

（2）运算器

运算器（ALU）的功能：一是完成加、减、乘、除的算术运算，二是完成与、或、异或的逻辑运算，三是完成信息传递。在运算电路中，参与运算的数据是从存储器内取出的，运算后的结果还要存储到存储器内。运算器的运算和存储数据的操作都是通过控制器的控制来实现的。

（3）寄存器

寄存器可分为通用寄存器（累加器）和专用寄存器两大类。通用寄存器用于存放 CPU 在处理过程中的必要信息。专用寄存器包括指令寄存器（IR）、标志寄存器（F）、程序寄存器（PC）。其中 IR 用来存放待译码的指令，F 用于存放运算结果的特征值，（PC）用来指示程序运行的位置。

2. 存储器

存储器就是存放程序和数据的信息库。向存储器存入数据称为写入，从存储器内取出数据为读取，而为存储器执行读或写的操作称为访问。

存储器有只读存储器（Read Only Memory，简称 ROM）和随机读取存储器（Random Access Memory，简称 RAM）两种。其中，ROM 最大的特点是信息可长久保存，它内部的信息是采用存储器读写器等专用设备固化的。而 RAM 存放的数据在断电后会丢失，所以只用于 CPU 工作时的信息暂存。

由于小家电产品的信息、数据较单一，所以存储器都集成在 CPU 内部。而彩电、彩显功能较多，所以需要采用容量大的存储器，所以它们的存储器几乎都是单独设置的。

二、基本工作条件

和彩电的系统控制电路一样，小家电的系统控制电路若想正常工作，也必须满足供电、复位信号和时钟信号正常的 3 个基本工作条件。

1. 供电

由电源电路输出的 5V 电压送到 CPU 供电端，为 CPU 内部电路供电。大部分 CPU 能够在 4.5～5.3V 供电区间正常工作。

2. 复位信号

CPU 的复位方式有低电平复位和高电平复位两种。采用低电平复位方式的复位端有 0V→5V 的复位信号输入，采用高电平复位方式的复位端有一个 5V→0V 的复位信号输入。下面以常见的低电平复位电路为例介绍复位原理。

开机瞬间 5V 电源电压在滤波电容的作用下是从 0 逐渐升高到 5V 的，使复位电路输出的复位信号也从低电平到高电平。当低电平复位信号加到 CPU 后，它内部的控制器、寄存器、存储器等电路开始复位；当复位信号为高电平后，CPU 复位结束，开始正常工作。

提示　部分小家电产品的低电平复位信号是从电阻和电容组成的 RC 积分电路获得的，复位时间的长短取决于 RC 时间常数的大小。也有的小家电产品为了提高复位的精确性，由三端复位芯片或其他芯片构成的复位电路为 CPU 提供复位信号。

3. 时钟信号

小家电产品的系统时钟振荡器与彩电一样，也是由 CPU 内的振荡器与外接的振荡晶体通过振荡产生正常的时钟脉冲，作为系统控制电路之间的通信信号。

三、控制及显示电路

1. 控制电路

控制电路有两种：一种是面板上的功能操作键，通过这些按键可实现开关机、调整烹饪模式和加热温度调整等；另一种是来自电流检测电路、保护电路的信号，通过对这些信号的识别完成电流自动调整和保护性关机控制，以免小家电损坏。

显示电路是通过指示灯或显示屏（数码显示管或LCD显示屏）对工作状态或保护状态进行显示，不仅方便用户的使用，而且还便于故障的检修。

提示 目前，许多资料将保护性关机故障称为开机复位，这是错误的，因为开机复位指的是CPU内电路在开机瞬间进行的清零复位过程。

2. 典型故障

若CPU的3个基本工作条件电路异常，CPU不能工作，会产生整机不工作、电源指示灯亮或不亮的故障。电源指示灯是否发光取决于其供电或控制方式。另外，电源电路、时钟振荡电路异常还会产生工作紊乱的故障。

操作键开路会产生不能开机或某些功能失效的故障，而按键接触不良会产生工作状态有时正常有时异常的故障。

提示 部分小家电的操作按键不需要通过解码电路而直接连接到CPU的端口上，此类小家电的操作键漏电或击穿后有时会产生CPU不能工作的故障。

四、故障检测

怀疑供电异常时可采用电压法进行判断。怀疑复位电路异常时通常采用电阻、电容检测法对所采用的元器件进行判断。怀疑时钟振荡电路异常时，最好采用代换法对晶振、移相电容进行判断。怀疑按键接触不良时用数字万用表的二极管挡在路测量就可方便地测出。

方法与技巧 由于复位时间极短，所以通过测电压的方法很难判断CPU是否输入了复位信号。而一般维修人员又没有示波器，为此可通过简单易行的模拟法进行判断。对于采用低电平复位方式的复位电路，在确认复位端子供电电压为高电平后，可通过100Ω电阻将CPU的复位端子对地瞬间短接，若CPU能够正常工作，说明复位电路异常；对于采用高电平复位方式的复位电路，确认复位端子的电压为低电平后，可通过100Ω电阻将CPU的复位端子对5V电源瞬间短接，若CPU能够正常工作，说明复位电路异常。

第2章　小家电修理常用检修工具、仪器和检修方法

第1节　常用的检修工具和仪器

一、常用工具

1. 螺丝刀

维修人员一般需要准备大、中、小3种规格的十字和一字带磁螺丝刀（也叫改锥），这样在维修时，能松动和紧固各种圆头或平头机械和电气螺钉。而采用电动螺丝刀效率会更高。普通螺丝刀实物外形如图2-1（a）所示，电动螺丝刀实物外形如图2-1（b）所示。

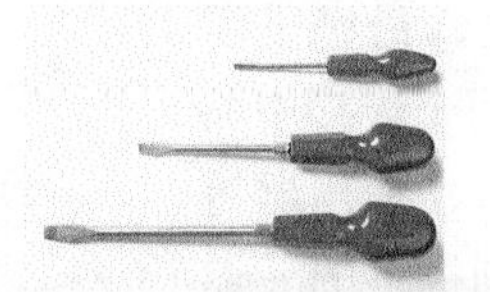

（a）普通螺丝刀

（b）电动螺丝刀

图2-1　螺丝刀

2. 尖嘴钳、偏嘴钳、克丝钳

尖嘴钳采用尖嘴结构，便于夹捏，所以它主要用于夹持与安装较小的垫片和弯制较小的导线等；偏嘴钳（也叫斜口钳、偏口钳）可以用来剪切导线；克丝钳（也叫钢丝钳）用来剪断钢丝等。它们的实物外形如图2-2（a）、(b)、(c）所示。

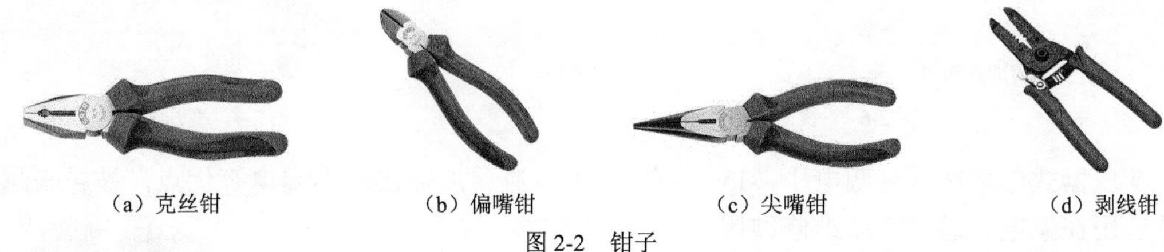

（a）克丝钳　（b）偏嘴钳　（c）尖嘴钳　（d）剥线钳

图2-2　钳子

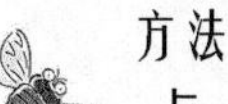

方法与技巧　对于一些难以拆卸的螺钉，采用偏嘴钳进行拆卸比较方便。

3. 剥线钳

剥线钳也叫拔丝钳，它主要用来剥去导线的塑料皮。它具有0.5mm、0.8mm、1mm等不同的剥线刃口，以胜任不同线径导线的剥皮工作。它的实物外形如图2-2（d）所示。

4. 镊子

镊子主要用来在焊接或拆卸时夹取元器件。常见的镊子如图 2-3 所示。

5. 毛刷

毛刷主要用于清扫小家电内的灰尘。毛刷的实物外形如图 2-4 所示。

图 2-3 镊子

图 2-4 毛刷

6. 酒精、天那水（香蕉水）

电路板（尤其是操作板）受潮或被水蒸气、油烟腐蚀后，通常需要用酒精或天那水清洗。常见的酒精和天那水实物外形如图 2-5 所示。

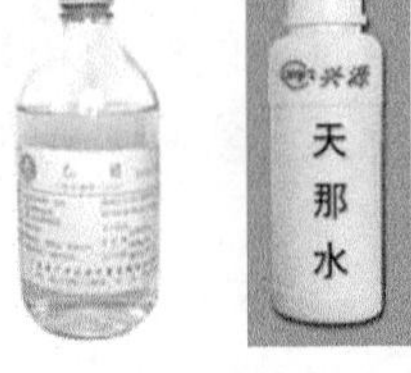

（a）酒精 （b）天那水

图 2-5 酒精和天那水

7. 电烙铁

电烙铁是用于焊接的专用工具，有内加热和外加热两种。它的电功率通常在 10～300W 之间。而小家电维修最好采用 25W、50W 两种规格的电烙铁。25W 电烙铁通常用于焊接电路板上的一般元器件，50W 电烙铁则用于焊接功率管、变压器等大功率器件。如果有条件的话，在焊接主板、控制板上的元器件时也可使用变压器式电烙铁。普通电烙铁实物外形如图 2-6 所示，变压器式电烙铁实物外形如图 2-7 所示。

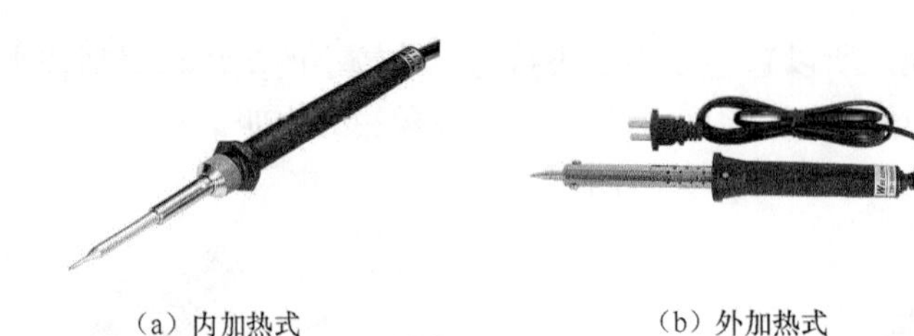

（a）内加热式 （b）外加热式

图 2-6 普通电烙铁

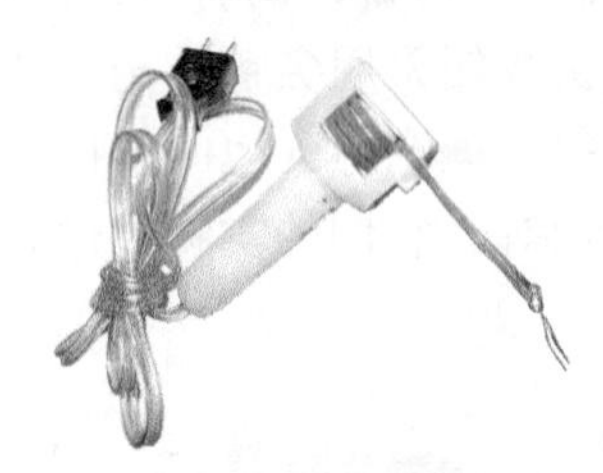

图 2-7 变压器式电烙铁

变压器式电烙铁具有低电压（1V 左右）、大电流、加热快、不漏电等优点，被越来越广泛地应用在家电、通信产品维修领域。

8. 松香

松香是用于辅助焊接的辅料。为了避免焊接新的元器件或导线时出现虚焊的现象，需将它们的引脚或接头部位蘸上松香，再镀上焊锡进行焊接。塑料盒装的松香实物外形如图 2-8 所示。

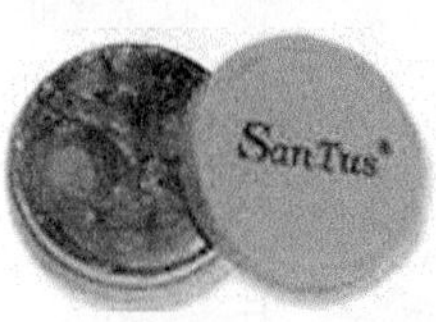

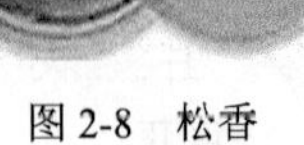

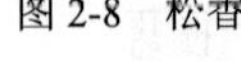

图 2-8 松香

注意

焊接时不能用过多的松香，否则不仅会浪费，而且会弄脏电路板。

9. 焊锡

焊锡是用于焊接的材料。焊锡的实物外形如图 2-9 所示。目前生产的焊锡丝都已经内置了松香，所以焊接时不必再使用松香。

注意　焊接时的焊点大小要合适，过大浪费材料，过小容易脱焊，并且焊点要圆滑，不能有毛刺。另外，焊接时间也不要过长，以免烫坏焊接的元器件或电路板。

10. 吸锡器

吸锡器是专门用来吸取电路板上焊锡的工具。当需要拆卸集成电路、开关变压器、开关管等元器件时，由于其引脚较多或焊锡较多，所以需要先用电烙铁将所要拆卸元器件引脚上的焊锡熔化后，再用吸锡器将焊锡吸掉。吸锡器的实物外形如图 2-10 所示。

图 2-9　焊锡

图 2-10　吸锡器

11. 热风枪

部分小家电采用了大量的贴片元器件，这种元器件需要用热风枪才能方便地取下。热风枪的主要部件是电热丝和气泵。热风枪的实物外形和内部构成如图 2-11 所示。

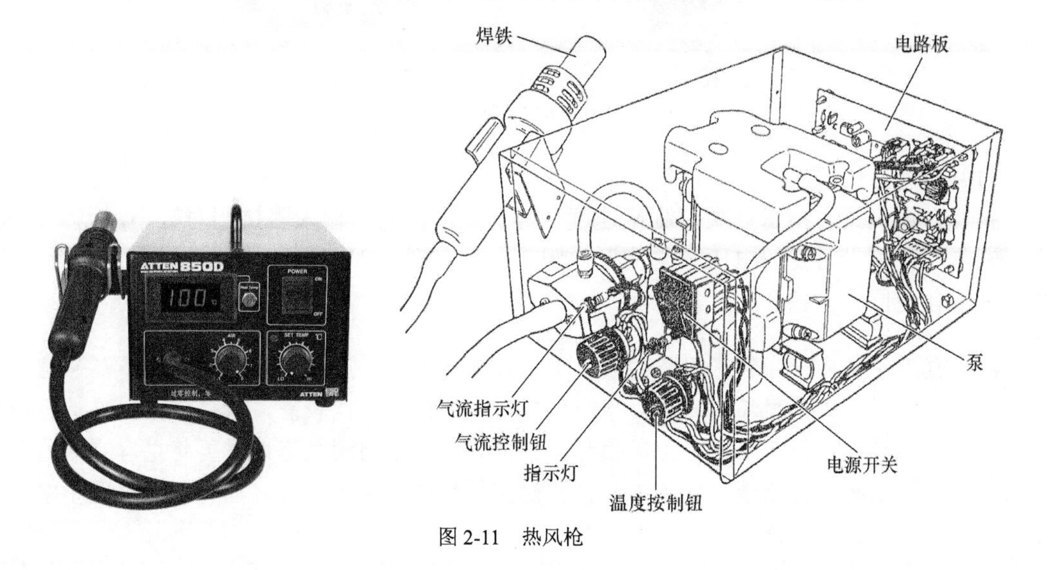

图 2-11　热风枪

12. 导热硅脂

导热硅脂是填充大功率元器件与散热片之间的空隙并传导热量的一种材料，它在低温下多为白色凝固状，高温下则呈黏稠状液态。常见的导热硅脂有瓶装和管装两种，如图 2-12 所示。

13. 壁纸刀

壁纸刀主要用于切割线路板或导线。常见的壁纸刀实物外形如图 2-13 所示。

14. AB 胶（哥俩好胶）

AB 胶主要用于外壳、线路板的粘接。常见的 AB 胶实物外形如图 2-14 所示。

图 2-12　导热硅脂

图 2-13　壁纸刀

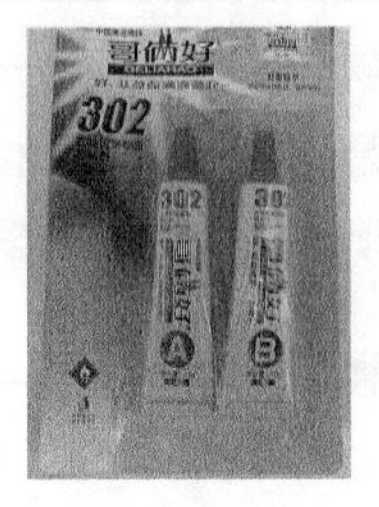

图 2-14　AB 胶

二、常用仪器

小家电维修常用的仪器有万用表、稳压电源、示波器等。

1. *万用表*

常见的万用表有指针万用表和数字万用表两种，它们的实物外形如图 2-15 所示。

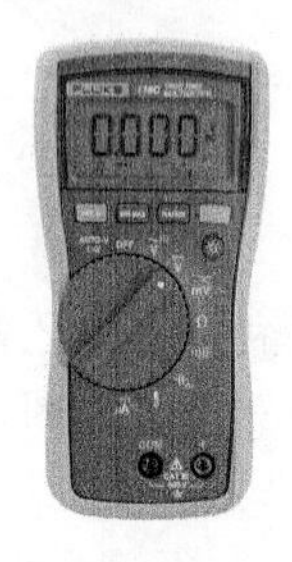

（a）数字万用表

（b）指针万用表

图 2-15　万用表

（1）指针万用表

指针万用表具有指示直观、测量速度快等优点，但它的输入阻抗相对较小，测量误差较大，通常用于测量可变的电压、电流及电阻值，并可通过观察表针的摆动情况来判断电压、电流的变化范围。

注意　一是由于指针万用表的表头由机械零件构成，所以使用时尽可能不要碰撞、震动，以免损坏；二是由于指针万用表的保护性能较差，所以使用时要选择好挡位，以免因用错挡位而损坏；三是采用电阻挡测电容时需要将电容存储的电荷放掉后再测量，以免万用表被过压损坏；测试完毕后，应将万用表置于空挡或最大交流挡。

（2）数字万用表

数字万用表具有输入阻抗高、误差小、读数准确、直观等优点，但显示速度较慢，一般用于测量电压、电流值。另外，有的数字万用表具有“直通鸣叫”功能，测线路通断比较直观方便。

注意　对于没有自动关机功能的数字万用表，在使用完毕后必须关闭电源。

2. 隔离变压器

由于部分小家电为了降低成本和简化电路结构，采用了热地接地方式，即接地点与市电相通，这样在检测过程中不仅容易触电，而且容易导致示波器等仪器损坏，因此，维修时最好通过隔离变压器为小家电供电。常见的隔离变压器如图 2-16 所示。

图 2-16　隔离变压器

3. 直流稳压电源

为了便于维修，小家电维修人员还需要准备直流稳压电源，目前的直流稳压电源型号较多，但功能基本一致。通常维修小家电时采用直流电压在 0～50V 可调的直流稳压电源即可。典型的直流稳压电源如图 2-17 所示。

图 2-17　直流稳压电源

由于直流稳压电源可为被维修的小家电电路提供工作电源，所以在接入前应先了解它们的供电值，然后调节好稳压电源的输出电压再连接到相应的供电滤波电容两端，以免小家电被过高的电压损坏。如检修微处理器电路（单片机）时应将稳压器的输出电压调在 5V，维修振荡器、同步控制等电路时应将稳压电源的输出电压调整在 15V 左右。

为小家电电路板供电时要先接电源负极线，后接电源正极线，拆下电源接口时要先拆电源正极线，后拆电源负极线。

注意　直流稳压电源插口不可改动，以避免接触不良，正（红）、负（黑）极不能接反，用后要切断电源，插口中不能跌落或掉进金属和水，以免短路。

4. 示波器

示波器能够观察和测量各种信号的波形。由于小家电内有许多电路工作在脉冲状态，所以很多点的工作电压为交流电压，用万用表往往无法准确地测量，而示波器可直观地反映信号的波形，还能定量地测量出电信号的各种参数，如频率、周期、幅度、直流电位等，帮助我们分析、判断故障部位所在。目前，电气维修常用示波器的工作频率为 20MHz 左右。典型的双踪示波器如图 2-18 所示。

（1）注意事项

为了安全、可靠地使用示波器，测试时维修人员应该注意一些事项。

① 对于采用热接地方式的小家电（如电磁炉），需要通过隔离变压器为该电器供电或通过直流稳压电源为被测电路供电后才能测试，否则会导致示波器损坏。

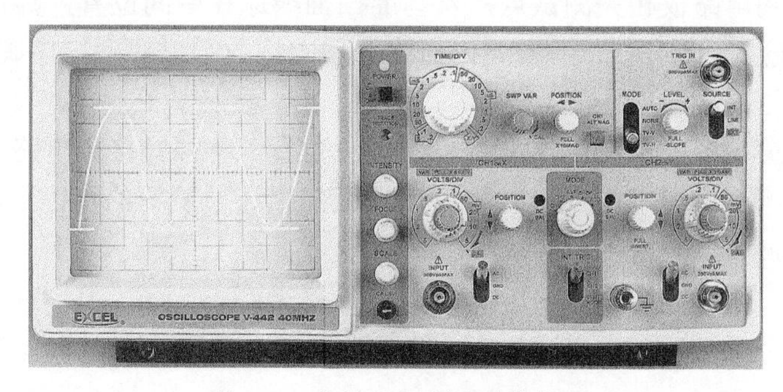

图 2-18　典型双踪示波器实物外形

② 测试前，应先估算被测信号幅度的大小，若不明确，应将示波器的幅度扫描调节旋钮（VOLTS/DIV）置于最大挡，以避免因电压过大而损坏示波器。

③ 示波器工作时，周围不要放大功率的变压器，以免测出的波形出现重影或噪波干扰。

④ 示波器可作为高内阻的电流、电压表使用。部分小家电产品中的时钟振荡器、锯齿波形成电路等很多电路都是高内阻电路，若使用一般万用表测电压，由于万用表的内阻较低，测量结果会不准确，而且可能会影响被测电路的正常工作，甚至会导致部分元器件损坏。但由于示波器的输入阻抗较高，可使用示波器的直流输入方式，先将示波器输入接地，确定好示波器的零基线，就能方便准确地测出被测信号的直流电压了。

⑤ 在测量小信号波形时，由于被测信号较弱，示波器上显示的波形不易同步，这时可仔细调节示波器上的触发电平旋钮，使被测信号稳定同步，必要时可配合调节扫描微调旋钮。

提示 调节扫描微调旋钮会使屏幕上显示的频率读数发生变化，给计算频率造成一定困难。一般情况下，应将此旋钮顺时针旋转到底，使之位于校正位置（CAL）。

（2）示波器在维修工作中的应用

被测信号的幅度值：被测信号的幅度值等于被测信号在垂直方向所占的格数（DIV）与幅度扫描调节旋钮（VOLTS/DIV）挡位的乘积，用公式表示：幅度值=幅度扫描调节旋钮的挡位×被测信号所占的格数（上下格数）。如被测信号的波形如图 2-19 所示，幅度扫描调节旋钮置于 2V/DIV，测试探头置于 1:1，由图中看出，该波形的峰-峰值在垂直方向上占 4 格，根据上式可知该信号的幅度值为：2V/DIV× 4DIV=8V。若测试探头置于 10:1，则被测信号的幅度值应乘以 10，即为 80V。

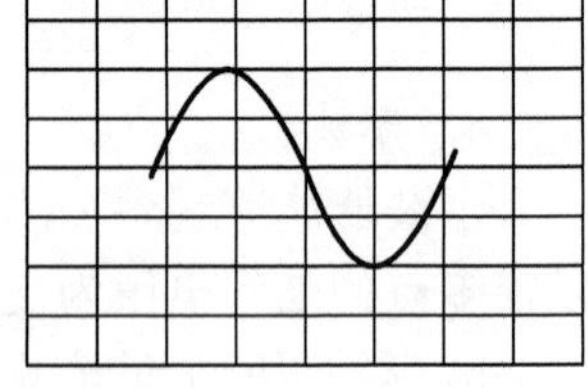
图 2-19 被测正弦波

被测信号的周期和频率：示波器上所显示波形的周期和频率，用波形在 x 轴上所占的格数（DIV）来表示。被测信号一个完整的波形所占的格数与扫描时间开关的挡位的乘积，就是该波形的周期（T），周期的倒数就是频率（f），用公式表示就是：T=扫描时间选择开关的挡位×被测信号一个周期在水平方向上所占的格数，频率 $f=1/T$。在图 2-19 中，被测信号在一个周期内占用 4DIV，若扫描时间选择开关的挡位置于 0.5ms/DIV，则被测信号的周期为：0.5ms/DIV×4DIV=2ms，频率为：$f=1/T=1/2$ ms=500Hz。

直流电压的测量：首先，调节面板控制旋钮，使显示屏显示一条亮线（扫描基线），并上下调整，使此亮线与水平中心刻度线重合，作为参考电压；其次，将输入耦合开关置于“DC”位置，再将探针接到电路板相关测试点，若基准扫描线原在中间位置，则正电压输入后，扫描线上移，负电压输入后，扫描线下移，扫描线偏移的格数乘以幅度扫描调节旋钮的挡位数，即可计算出被测信号的直流电压值。

交流电压的测量：将输入耦合开关置于“AC”位置，将探针接到电路板相关测试点，从屏幕上读出波形峰-峰间所占的格数，将它乘以幅度扫描调节旋钮的挡位数，即可计算出被测信号的交流电压峰-峰值。

三、必用备件

维修小家电时，一些像脱焊、接插件接触不良的简单故障比较容易判断并修复，但对一些由电阻、电容、三极管、集成电路等电子元器件损坏引发的故障，就需要代换或更换后才能排除，所以要对常用的元器件和易损元器件有一定数量的备份，这样不仅可以节省检修时间，而且便于对一些故障的诊断。但所准备的元器件一定要保证质量，否则可能会使维修工作误入歧途。准备备件时可按使用率的高低来准备，对于常用的元器件（如熔断器、电容、电阻、三极管、电位器等易损件）可多备，而蜂鸣器、晶振、电机等不常用的元器件可少备。维修人员在日常维修中要多积累经验，掌握哪些元器件或集成电路是通用的，以便维修时代用。

第 2 节　电子元器件的更换方法

一、电阻、电容、二极管、三极管的拆卸

由于电阻、电容、二极管的引脚只有 2 个，而三极管的引脚也只有 3 个，所以通常采用直接拆卸的方法，即一只手持电烙铁对需要拆卸元器件的一个引脚进行加热，用另一只手向外拔出该脚，然后再拆卸余下的引脚即可，如图 2-20 所示。

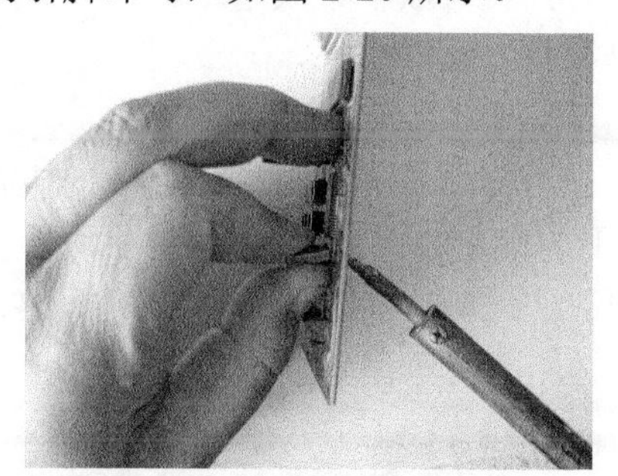

图 2-20　拆卸电容示意图

方法与技巧　为了防止烫伤，拆卸元件时也可以用镊子或尖嘴钳子拔出引脚。另外，由于小家电用于固定功率管、整流桥堆引脚的焊锡较多，所以拆卸时采用吸锡法和悬空法更容易些。

二、集成电路的更换

1. 拆卸

拆卸集成电路通常有吸锡法、悬空法两种。

（1）吸锡法

吸锡法可用吸锡器和吸锡绳（类似屏蔽线）将集成电路引脚上的焊锡吸掉，以便于拆卸集成电路。

如图 2-21 所示，采用吸锡器吸锡时，先用 30W 的电烙铁将集成电路引脚上的锡熔化，再用吸锡器将锡吸掉，随后用镊子或一字螺丝刀将集成电路取下。

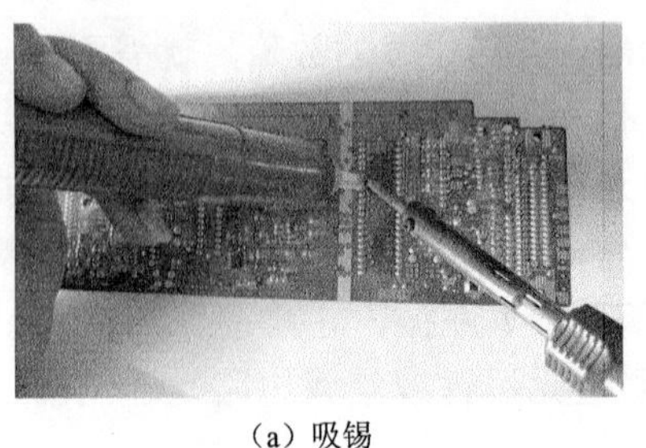

（a）吸锡

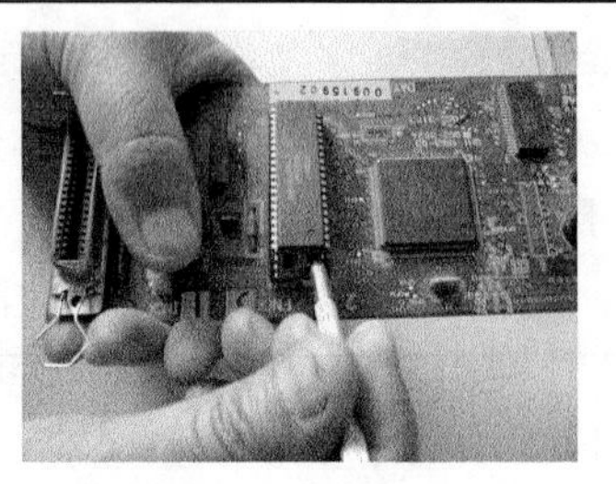

（b）取出

图 2-21　吸锡器拆卸集成电路示意图

注意　撬集成电路时，若有的引脚不能被顺利“拔”出，说明该引脚上的焊锡没有完全被吸净，需要吸净后再撬，以免损坏引脚。

方法与技巧　三极管、开关变压器、整流堆引脚的焊锡较多，所以拆卸时采用吸锡法和悬空法更容易些。

采用吸锡绳吸锡时，先将吸锡绳放到焊点上，再用 30W 的电烙铁将集成电路引脚的锡熔化，当焊锡吸附到吸锡绳上时，就可取下集成电路。若手头没有吸锡绳，也可用话筒线内的屏蔽线代替，但在吸锡前需要将它蘸好松香。

（2）悬空法

如图 2-22 所示，采用悬空法吸锡时，先用 30W 的电烙铁将集成电路引脚上的锡熔化，随后用 9 号针头或专用的套管插到集成电路的引脚上并旋转，将集成电路的引脚与焊锡和线路板隔离，随后用镊子或一字螺丝刀将集成电路取下。采用该方法时也可以先将针头插到集成电路引脚上，再用电烙铁将焊锡熔化。

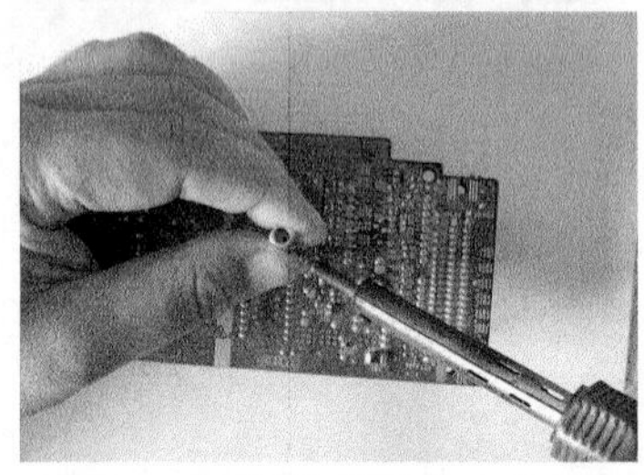

图 2-22　针头拆卸集成电路示意图

（3）吹锡法

采用吹锡法时，先用 30W 的电烙铁将集成电路引脚上的锡熔化，再用洗耳（一种小型带气管的橡皮球，常用于钟表维修）将集成电路引脚上的锡吹散，使引脚与线路板脱离。

（4）热风枪熔锡法

热风枪熔锡法主要是用于拆卸扁平焊接方式的元器件，采用热风枪拆卸时，使用热风枪应的注意事项如下。

一是根据所焊元件的大小，选择不同的喷嘴。

二是正确调节温度和风力调节旋钮，使温度和风力适当。如吹焊电阻、电容、晶体管等小元件时温度一般调到 2～3 挡，风速调到 1～2 挡；吹焊集成电路时，温度一般调到 3～5

挡，风速调到 2～3 挡。但由于热风枪品牌众多，拆焊的元器件耐热情况也各不相同，所以热风枪的温度和风速的调节可根据个人的习惯，并视具体情况而定。

三是将喷嘴对准所拆元件，等焊锡熔化后再用镊子取下元件，如图 2-23 所示。

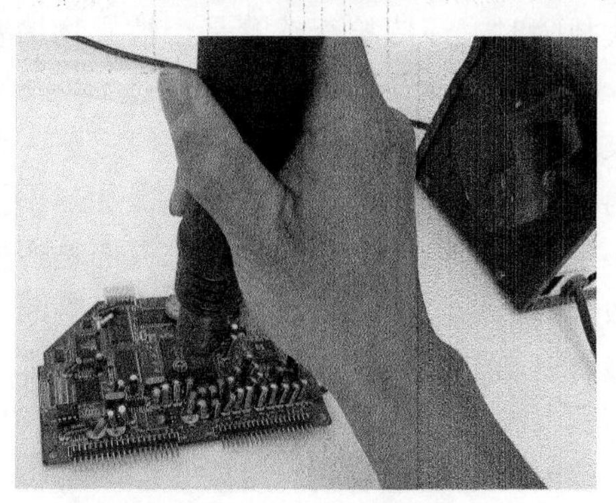

图 2-23 热风枪拆卸集成电路示意图

2. 安装

安装元件前，先将焊孔里的焊锡清除干净，将更换的元件插装好，用接地良好的电烙铁迅速焊接好各引脚即可。

注意 安装元件时不能搞错引脚方向。焊接时的速度要快，以免因焊接时间过长，引起晶体管、芯片等元件过热损坏，更换芯片等元件后，需要待温度降到一定程度才能通电，以免损坏。

第 3 节 小家电修理常用的方法和注意事项

本节介绍了小家电常用的检修方法，合理、熟练掌握这些检修方法，是快速、安全排除故障的基础。

一、询问检查法

询问检查法是检修电磁炉控制系统最基本的方法。实际上，该方法也最容易被初学者和维修人员忽略，他们接到故障机后不向用户进行耐心的询问，就开始大刀阔斧地进行拆卸，而有时不仅不能快速排除故障，还惹得用户不高兴，所以在维修前，仔细地向用户询问故障特征、故障的形成是很重要的，对于许多检修工作可事半功倍。

二、直观检查法

直观检查法是检修小家电的最基本方法。它是通过一听、二看、三摸、四闻来判断故障部位的方法，维修中可通过该方法对故障部位进行判断。

1. 听

听就是通过耳朵听来发现故障部位和故障原因的检修方法。比如，检修臭氧消毒柜时若有“啪啪”的放电声，说明臭氧发生器基本正常，若没有，则说明臭氧发生器没有工作；检修电磁炉时若听到“啪啪”的放电声，应检查功率管、线盘是否对地放电；检修吸油烟机时，若机械噪声过大，应检查风扇电机是否旋转不畅；检修吊扇时若噪声大，还应检查扇叶是否松动；检修吸尘器噪声大故障时，还应检查软管是否被异物堵塞。

2. 看

看就是通过观察来发现故障部位和故障原因的检修方法。检修小家电不通电故障时，首先通过查看熔断器是否熔断判断故障部位；检修电饭煲加热不正常故障时，可查看加热盘是否变形；检修电源电路不工作时，查看电源变压器的表面是否变色，判断它是否匝间短路；检修微波炉内有异味的故障时，通过查看炉内是否打火，判断故障部位；检修电脑板有异味故障时，查看电容、三极管是否炸裂判断故障部位；对于大部分接触不良故障，通过查看元器件的引脚，尤其是连接器（接插件）是否接触不良或脱焊、电路板是否断裂就可找到故障部位；检修饮水机漏水故障时，通过查看就可以发现故障部位。

3. 摸

摸就是通过用手摸来发现故障部位和故障原因的检修方法。

通过摸元器件表面的温度来判断它工作是否正常，比如，在检修电水壶、电饭锅等小家电的故障时，通过摸加热器是否发热，判断它是否正常；再比如，检修电风扇运转不正常或不能运转的故障时，若摸机头电机部位发热，多为电机或运转电容异常。

通过摸某个元器件、连接器是否牢固，判断它的引脚是否脱焊或接触不良，比如，在检修风扇噪音大故障时，通过摸扇叶、电机是否松动，就可以确认故障部位；再比如，在检修电饭锅断续加热故障时，通过摸加热盘、总成开关接线是否正常，来确认故障部位。

注意　由于部分小家电主板的接地属于热地方式，所以采用该方法时要注意安全，不要发生触电事故。

4. 闻

闻就是通过鼻子闻来发现故障部位和故障原因的检修方法。比如检修电磁炉不工作的故障，若闻到有异常的气味，说明电磁炉内的电阻或电容损坏，也可能是三极管或芯片损坏；而检修吸油烟机电机运转不正常的故障时，若闻到焦味，就可检查电机是否匝间短路。

三、电压测量法

电压测量法是最常用的检修方法之一，就是通过测怀疑点电压是否正常来判断故障部位和故障原因的方法。比如在检修电磁炉整机不工作故障时，可通过测电源电路的输出电压判断故障部位；检修电磁炉加热慢故障时，可通过测功率调整电压来判断功率调整电路是否正常；检修吸油烟机照明灯不亮故障时，测照明灯两端有 220V 市电电压，则说明照明灯异常；检修电脑控制型小家电整机不工作故障时，测电源电路输出 5V 电压正常时，则检查微处理器电路，若 5V 电压过低或没有，则检查电源电路；检修电饭锅、电水壶等不加热故障，怀疑电源线异常时，可将电源线插入市电插座内，测另一端有无 220V 市电电压输出，若没有则说明电源线损坏。

四、电阻测量法

1. 作用

电阻测量法是最主要的检修方法之一。该方法就是通过检测怀疑的线路、元器件的阻值是否正常，来判断故障部位和故障原因的方法。比如在检修电磁炉熔断器熔断故障时，可通过测量功率管 3 个极间的阻值，判断它是否击穿；检修电磁炉屡次损坏功率管故障时，通过电阻法测量功率管驱动电路、振荡电路等对地电阻是否正常，以免功率管再次损坏；检修微波炉高压熔断器熔断故障时，应检查高压电容、高压整流管是否击穿；检查电烤箱、电饭锅不加热故障时，测量加热器两端的阻值，若阻值过大或无穷大，则说明加热器损坏；检修饮水机不加热故障时，可通过测量温控器和过热保护器的通断，来判断它们是否正常。

方法与技巧　在检测线路、熔断器等是否断路时，可采用万用表通断测量挡（有的数字万用表该功能附加在二极管挡上）进行测量。若万用表发出鸣叫声，说明线路正常；若没有鸣叫声，说明线路已断；若鸣叫声时有时无，说明线路接触不良。

注意　使用电阻测量法测量元器件时，必须在断电的情况下进行，否则容易导致万用表损坏。另外，饮水机、电饭锅、电风扇、电热水器等小家电的过热保护器动作，必须要检查温控器和供电电路（采用继电器或晶闸管供电方式）是否正常，以免过热保护器再次损坏或扩大故障范围。

2. 分类

电阻测量法有在路测量和非在路测量两种。在路测量法就是在线路上或电路板上直接检测元器件的阻值，而非在路测量就是单独检测该元器件阻值的检测方法。

方法与技巧　在路测量时通常采用 $R\times1$ 挡（指针型万用表）或电阻挡、通断/二极管挡（数字万用表）进行。

注意　在路测量电阻的方法必须在断电后使用，并且被测元件、器件不能有并联的小阻值元件，否则会导致检测的数据误差较大。

五、温度法

温度法就是通过摸一些元器件的表面，感知该元器件的温度是否过高，来判断故障原因和故障部位的一种方法。有一定维修经验后，这种方法判断电磁炉的功率管、整流桥堆工作是否正常时比较好用。通电不久若它们出现温度过高的现象，说明它们存在功耗大或过流现象。而在检修冷热型饮水机时，在检修不制冷故障时，待压缩机运转后，摸冷凝器的温度较低，则说明制冷系统异常。而在检修饮水机不制冷故障时，压缩机不能正常运转且表面的温度较高，则说明启动器、压缩机异常或制冷系统堵塞。

提示 采用温度法时应注意安全，以免触电。另外，温度法对检测热敏电阻是否正常比较好用。若负温度系数热敏电阻加热后它的阻值不能减小到正常值，或将它放到电冰箱内快速降温后阻值不能增大到正常值，都说明被测电阻损坏。

六、代换法

代换法就是用同规格正常的元器件代换不易判断好坏的元器件以查找故障的方法。在小家电维修时主要是采用代换法判断电容、稳压管、集成电路、感性元器件（变压器、电感等）是否正常，对于性能差的三极管也可采用该方法进行判断。当然，维修时也可采用整体代换的方法来判断故障部位。比如，怀疑操作显示板异常引起电磁炉不能正常工作时，也可整体代换，代换后电磁炉能正常工作，说明被代换的操作显示板异常。

七、开路法

开路法就是通过脱开某个元器件判断故障部位的方法。比如，在维修电源输出电压低故障时，若断开负载后，输出电压恢复正常，多为负载异常导致电源输出电压低；若仍低，则说明电源电路异常。检修微波炉熔断器熔断故障时也可使用此方法，当断开电机的供电后，短路或过流现象消失，则说明电机异常。

注意 有的负载异常引起电源输出电压低时，会导致电源的功率型元器件温度升高，若不升高，在断开负载后电源输出电压恢复到正常或接近正常，多为电源内阻大，引起电源带载能力差。维修时要注意区别，不要误判。

八、清洗法

部分小家电的工作环境造成了它易进水或受油烟、尘土污染，使操作电路板、主板因受潮而产生整机不工作、工作紊乱或部分控制功能失效等故障；而微波炉炉腔过脏，容易产生打火等故障。因此清洗法对于小家电，尤其是厨房电器的维修是十分重要的方法。清洗电路板时应采用无水酒精或天那水，清洗微波炉炉腔可采用洗涤灵等，清洗后烘干或晾干即可通电试机。

九、短路法

短路法就是将小家电某部分线路或某个元器件短路来对故障部位进行判断的一种方法。比如，在检修电机不转故障时，短接电机驱动管的 c、e 极后，若电机能够旋转，则说明电机驱动电路异常；检修部分按键不受控故障时，短接该按键两个引脚的焊点后若故障消失，则说明该按键损坏；在检修加热器始终加热或电机始终旋转故障时，若短接驱动管的 b、e 极后，电机停止转动或加热器停止加热，说明驱动电路或微处理器电路异常；而怀疑线路板断裂时也可以采用短路法进行判断。

十、应急修理法

应急修理法就是通过取消某部分线路或某个元器件进行修理的一种方法。比如，在检修压敏电阻短路引起的熔断器熔断故障时，因市电电压正常时压敏电阻无作用，并且大部分家电产品也未安装它，所以维修时若手头没有该元件，可不安装它，并更换熔断器即可排除故障；维修电磁炉的浪涌保护电路异常引起的不加热故障时，可通过取消该电路来排除故障；维修电饭锅的保温温控器损坏引起糊饭故障时，可取消该温控器，电饭锅可正常煮饭。

提示　对于部分应急修理后的小家电待日后有更换的元器件时要及时更换，以免出现新故障。由于许多用户不使用电饭锅的保温功能，所以取消保温温控器的电饭锅也可以不安装该温控器。

第3章　蒸炒类电炊具故障分析与检修

第1节　电饭煲故障分析与检修

电饭煲也叫电饭锅，它不仅能煮出香甜、可口的米饭，而且可以完成蒸、煮、炖、煨等多种烹饪操作，若配用电饭煲火力调节器，还能扩展电饭煲的用途，例如慢火煲粥、熬汤等。电饭煲的最大特点是煮饭无须人员照料看管，饭熟自动保温，具有操作方便、无污染、清洁卫生、省时省力、安全可靠等优点。常见的电饭煲如图3-1所示。

图3-1　典型电饭煲实物外形

提示　本节主要介绍用万用表检修机械控制型、电脑控制型、模糊控制型3种电饭煲的检修方法。机械控制型电饭煲采用了机械器件控制它加热、保温，电脑控制型电饭煲的控制系统采用了单片机控制电路，而模糊控制型电饭煲是在电脑控制型电饭煲的基础上采用了模糊控制技术。

一、机械控制型电饭煲

1. 构成

常见的机械控制型电饭煲由内锅、加热盘（电热板）、磁性温控器ST1、总成开关、双金属片型温控器ST2、插座、外壳等构成，构成示意图和电气原理图如图3-2所示。

（1）磁性温控器

磁钢磁性温控器也叫磁钢限温器，俗称磁钢，主要应用在电饭煲内。它的作用是控制电饭煲煮饭时间的长短。常见的磁性温控器的实物外形如图3-3所示。磁性温控器由感温磁铁、弹簧、永久磁钢、拉杆、内外套等构成，它和总成开关构成的供电控制系统如图3-4所示。

（2）双金属片型温控器

双金属片型温控器由双金属片、触点、压簧、瓷米、瓷珠、调整螺钉、支架等构成，如图 3-5 所示。

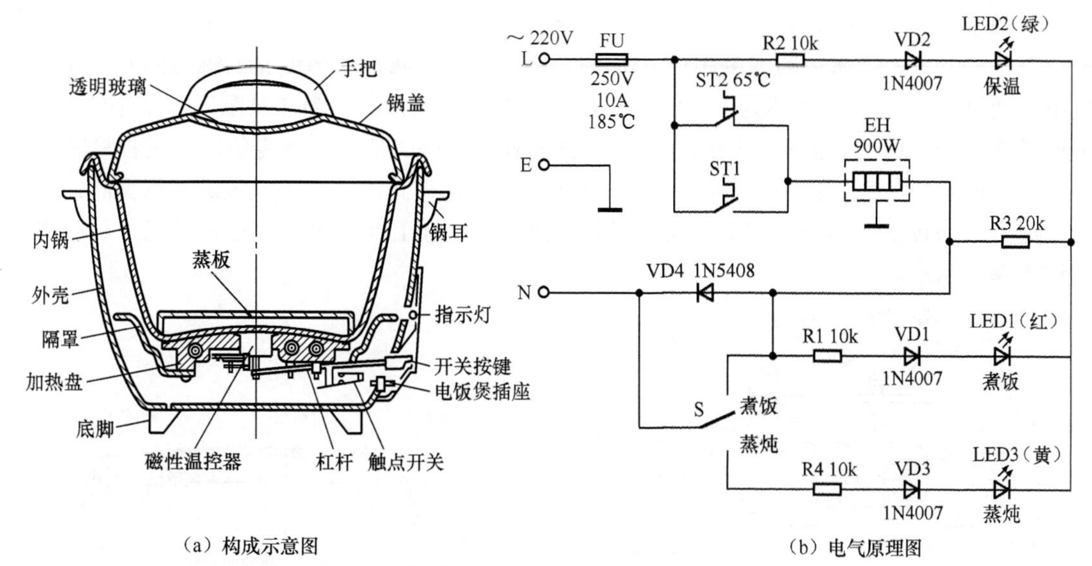

（a）构成示意图　　（b）电气原理图

图 3-2　典型机械控制型电饭煲构成、电气原理图

图 3-3　典型磁性温控器实物示意图

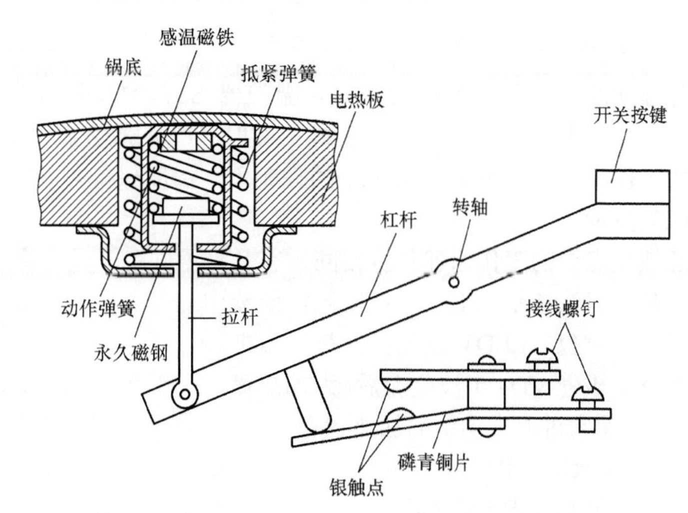

图 3-4　磁性温控器、总成开关构成的供电控制系统示意图

提示　双金属片温控器动作的温度点是可以调整的。通过调整它上面的校准螺钉，可以预先改变作用在触点上的压力，从而改变双金属片动作的温度点。

（3）加热盘

加热盘也叫发热盘、电热盘，多采用管状电加热管浇铸铝合金制成，如图 3-6 所示。

2. 工作原理

（1）煮饭

将功能选择开关 S 拨到“煮饭”的位置，再按下总成开关的按键，磁性温控器 ST1 内的永久磁钢在杠杆的作用下克服动作弹簧推力，上移与感温磁铁吸合，银触点在磷青铜片的作用下闭合，220V 市电电压第一路经温度熔断器 FU、保温温控器 ST2 与 ST1 的触点、加热盘 EH、开关 S 构成煮饭回路为 EH 供电，EH 开始加热煮饭；第二路经 R1、VD1、LED1、R3、EH、ST2 构成回路使 LED1 发光，表明电饭煲处于煮饭状态。随着 EH 加热的不断进行，锅内温度逐渐升高，当米饭的温度超过 65℃时，ST2 的双金属片变形使它的触点断开，此时市电电压通过 ST1 的触点继续为 EH 供电，使加热温度继续升高。当加热温度升至 103℃时，饭已煮熟，ST1 内的感温磁铁的磁性消失，磁铁在动作弹簧的作用下复位，通过杠杆将触点断开，不再复位，切断 EH 的供电回路，EH 因无供电而停止工作，电饭煲进入保温状态，同时市电电压通过 R2、VD2、R3 构成的回路为保温指示灯 LED2 供电，使它发光，表明电饭煲进入保温状态。

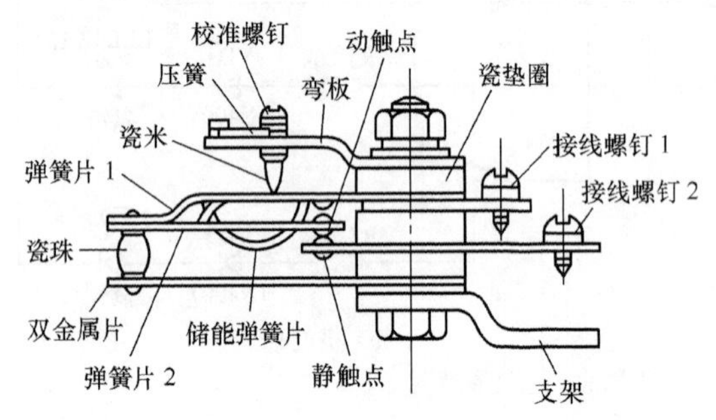

图 3-5　双金属片型温控器的构成示意图

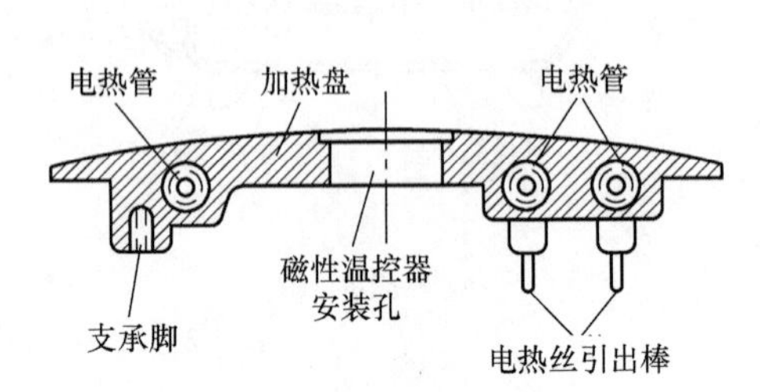

图 3-6　加热盘的构成示意图

保温期间，当温度低于 65℃时，温控器 ST2 的双金属片变形，使触点接通，为加热盘 EH 供电，EH 开始加热；当温度达到 65℃时 ST2 的双金属片变形使触点断开，EH 因无供电而停止工作。这样，电饭煲在 ST2 的控制下，温度保持在 65℃左右。

（2）蒸炖

蒸炖与煮饭的工作原理基本相同，有几点不同：一是，将功能开关 S 拨到“蒸炖”的位置；二是，煮饭指示灯 LED1 不发光，而蒸炖指示灯（黄色）LED3 发光；三是，市电电压通过二极管 VD4 半波整流后，为加热盘 EH 供电，使它进入半功率的加热状态。

3. 常见故障检修

（1）不加热且指示灯不亮

不加热且指示灯不亮，说明温度熔断器 FU、功能选择开关 S 异常。该故障检修流程如图 3-7 所示。

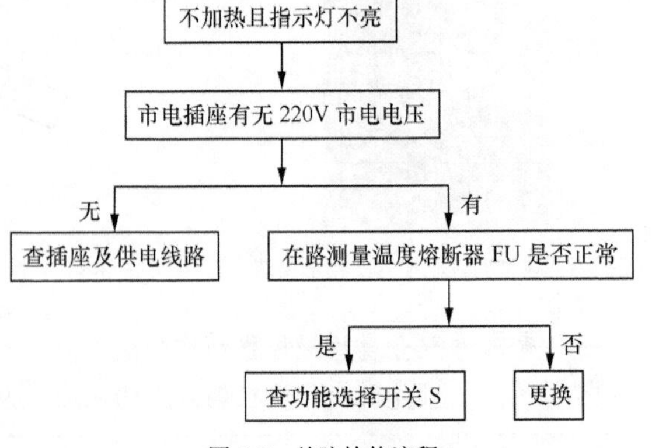

图 3-7　故障检修流程

（2）不加热，指示灯亮

不加热，但指示灯亮，说明加热盘异常。断电后，用指针万用表 $R\times10$ 挡或数字万用表 100Ω 挡检查加热盘 EH 的阻值，若阻值为无穷大，说明开路，需要更换。

（3）不能蒸炖

不能蒸炖的故障原因多是整流管 VD4 异常。

维修时，用数字万用表的二极管挡测量其正、反向导通压降，若导通压降值均为无穷大，说明该整流管已开路，更换即可排除故障。

（4）保温功能失效

保温功能失效的故障原因主要是保温温控器 ST2 异常，修复或更换即可排除故障。

（5）加热正常，指示灯不亮

加热正常，说明电饭煲工作基本正常，保温指示灯 LED2 不亮，说明指示灯电路中的限流电阻 R2 异常。由于 LED2 工作时间长，R2 的功耗较大，原电阻功率较小，所以容易损坏。维修时，应更换功率为 2W 的 20kΩ 电阻。

（6）做饭不熟或夹生

做饭不熟或夹生故障的主要原因：1）磁钢温控器 ST1 内的磁铁性能下降，2）加热盘 EH 或内锅变形。

检查 EH、内锅正常后，更换磁钢即可。若 EH 轻微变形，可通过打磨校正后使用；若变形严重，则需要更换。而内锅变形，多可通过校正来排除故障。

二、电脑控制型电饭煲

1. 构成

常见的电脑控制型电饭煲与机械控制型电饭煲相比，就是取消了磁性温控器、总成开关、双金属片温控器等机械控制器件，而增加了控制电路、温度传感器、操作电路，如图 3-8 所示。

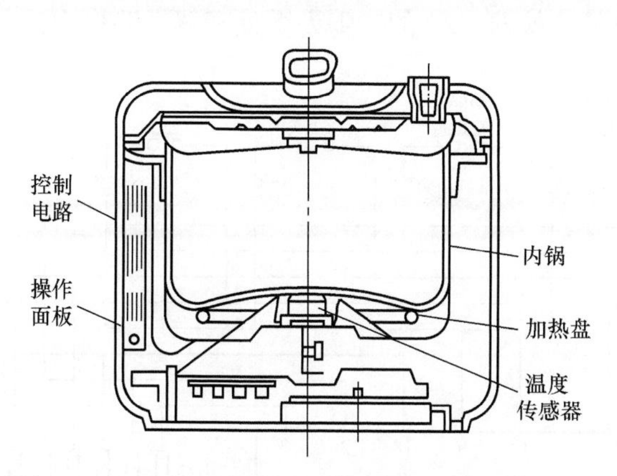

图 3-8　典型电脑控制型电饭煲构成示意图

提 示　由于采用了电脑控制方式，所以此类电饭煲具有热效率高、保温性能好等优点，但也存在成本高、维修难度大等缺点。

2. 南极星 CFX840-B70T 型电饭煲

南极星 CFX840-B70T 型电饭煲的电路由电源电路和控制电路两大部分构成。其中，电源电路以变压器 T、三端稳压器 U6 为核心构成，如图 3-9 所示；而控制电路以微处理器 U1 为核心构成，如图 3-10 所示。

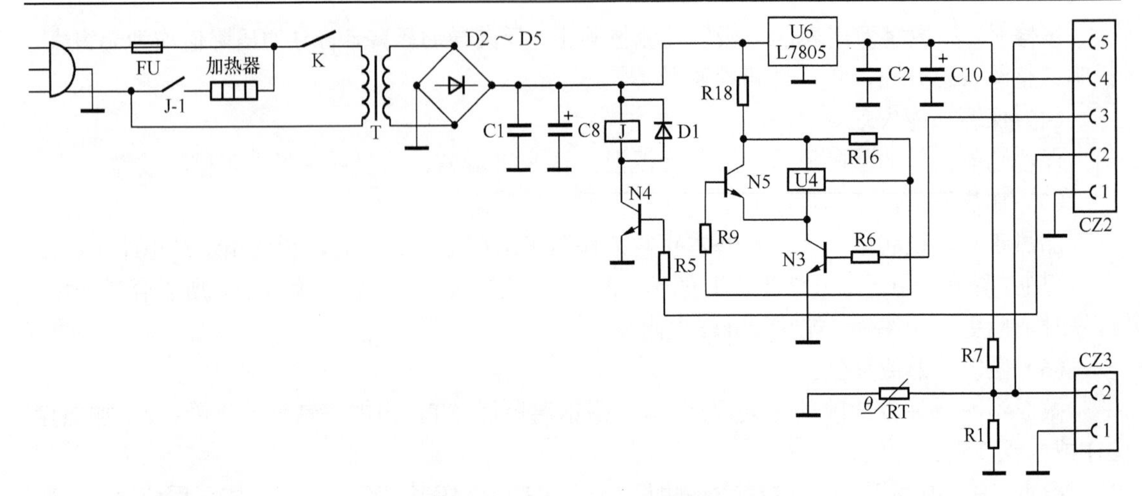

图 3-9　南极星 CFX840-B70T 型电饭煲电源电路

（1）工作原理

1）电源电路

如图 3-9 所示，220V 市电电压经熔断器 FU 和锅底开关 K 加到电源变压器 T 的初级绕组上，通过 T 降压，它的次级绕组输出 12V 左右的（与市电高低有关）交流电压。该电压经 D2～D5 进行桥式整流，再通过 C1、C8 滤波产生 12V 直流电压。该电压分为两路输出：一路为继电器 J 的驱动电路供电；另一路经三端稳压器 U6（L7805）稳压产生 5V 直流电压，经 C2、C10 滤波后，再经连接器 CZ2 的④脚为微处理器电路供电。

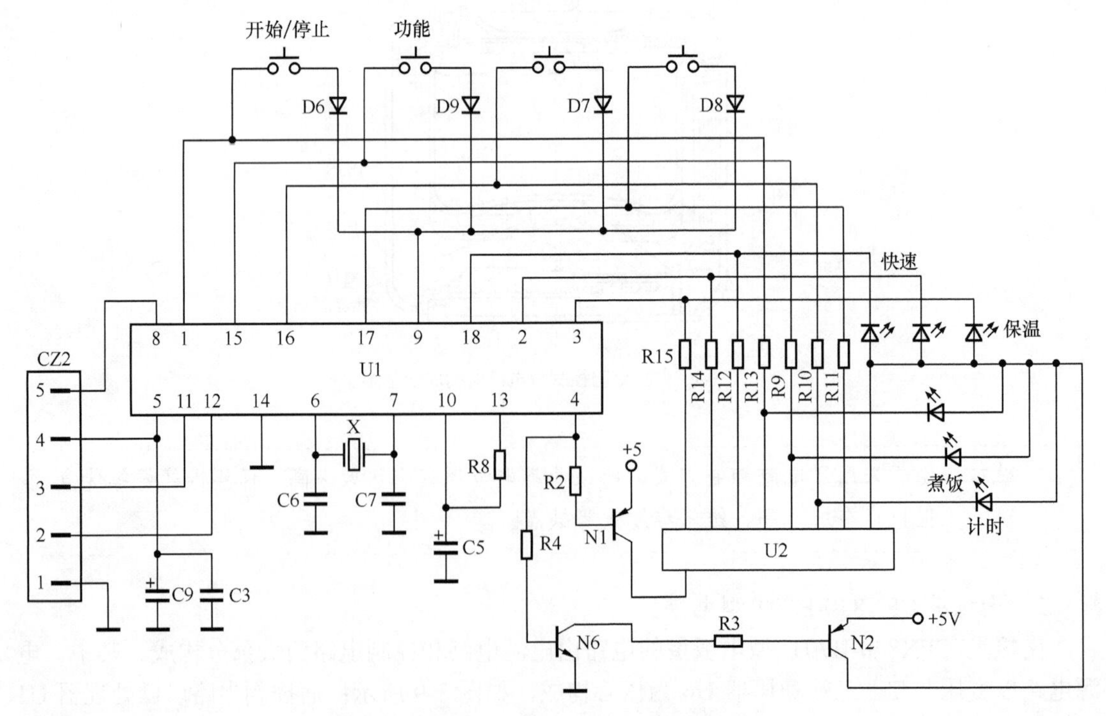

图 3-10　南极星 CFX840-B70T 型电饭锅控制电路

2）微处理器基本工作条件电路

该机的微处理器基本工作条件电路由供电电路、复位电路和时钟振荡电路构成。电路见图 3-10。

5V 供电：插好电饭煲的电源线，待电源电路工作后，由其输出的 5V 电压经电容 C3、C9 滤波后，加到微处理器 U1 的供电端⑤脚，为 U1 供电。

复位电路：开机瞬间 U1 的⑬脚输出的电压通过 R8 对 C5 充电，在 C5 两端形成一个由 0 逐渐升高到 5V 的复位信号。当复位信号为低电平时，通过 U1 ⑩脚使 U1 内的存储器、寄存器等电路进行复位；当复位信号为高电平时，U1 内的存储器、寄存器等复位结束后开始正常工作。

时钟振荡电路：微处理器 U1 得到供电后，它内部的振荡器与⑥、⑦脚外接的晶振 X 和移相电容 C6、C7 通过振荡产生 4MHz 的时钟信号。该信号经分频后协调各部位的工作，并作为 U1 输出各种控制信号的基准脉冲源。U1 在保温状态下的引脚电压数据如表 3-1 所示。

表 3-1　　微处理器 U1 引脚电压值

脚号	①	②	③	④	⑤	⑥	⑦	⑧	⑨	⑩	⑪	⑫	⑬	⑭	⑮	⑯	⑰	⑱
电压/V	3	3	3	2.4	5.0	2.4	0.2	3.6	0	2.3	0	0	3.4	0	2.9	3	3	3

3）煮饭、保温电路

当按下煮饭功能选择键 SFUNC 后，此信号被微处理器 U1 检测到后对其进行编码，由 U1 输出串行数据信号、时钟信号，经 8 位移位寄存器 U2 处理后，U2 依次输出相应的低电平位选信号，使煮饭指示灯、保温指示灯、计时指示灯、快速指示灯中相应的灯点亮。由于各个功能控制过程相同，下面以煮饭控制为例进行介绍。

在选择好煮饭方式或定时时间后，按下开始/停止键 START，此输入信号被微处理器 U1 识别后，控制煮饭指示灯发光，表明电饭煲进入煮饭状态，同时从⑫脚输出高电平信号。该信号经连接器 CZ2 的②脚进入电源电路板，再经 R5 限流，使放大管 N4 导通，为继电器 J 的线圈提供驱动电流，于是 J 内的常开触点 J-1 闭合，加热器得到供电后发热，开始煮饭。当煮饭的温度升至 103℃左右时，温度传感器（负温度系数热敏电阻）RT 的阻值减小到需要值，通过 CZ2 的⑤脚使 U1 的⑧脚电位下降到设置值。U1 将⑧脚输入的电压与内部存储的温度/电压数据比较后，判断饭已煮熟，便使⑫脚输出低电平信号，N4 截止，继电器 J 内的触点释放。若米饭未被食用，则进入保温状态。保温期间，电饭煲在 RT、U1、N4、J 的控制下，温度保持在 65℃左右，同时控制保温指示灯发光，表明电饭煲工作在保温状态。

4）过热保护电路

过热保护电路由温度型熔断器 FU 构成。当驱动管 N4 的 ce 结击穿或继电器 J 的触点粘连导致加热盘加热时间过长，使加热盘温度升高，当温度超过 150℃时 FU 熔断，切断供电回路，避免加热盘和相关器件过热损坏，实现了过热保护。

（2）常见故障检修

1）不加热且指示灯不亮故障

不加热且指示灯不亮，说明微处理器未工作。该故障的主要原因：1）电源电路异常，2）加热盘或其供电电路异常，导致加热盘过热，使熔断器 FU 熔断，3）微处理器电路异常。该故障检修流程如图 3-11 所示。

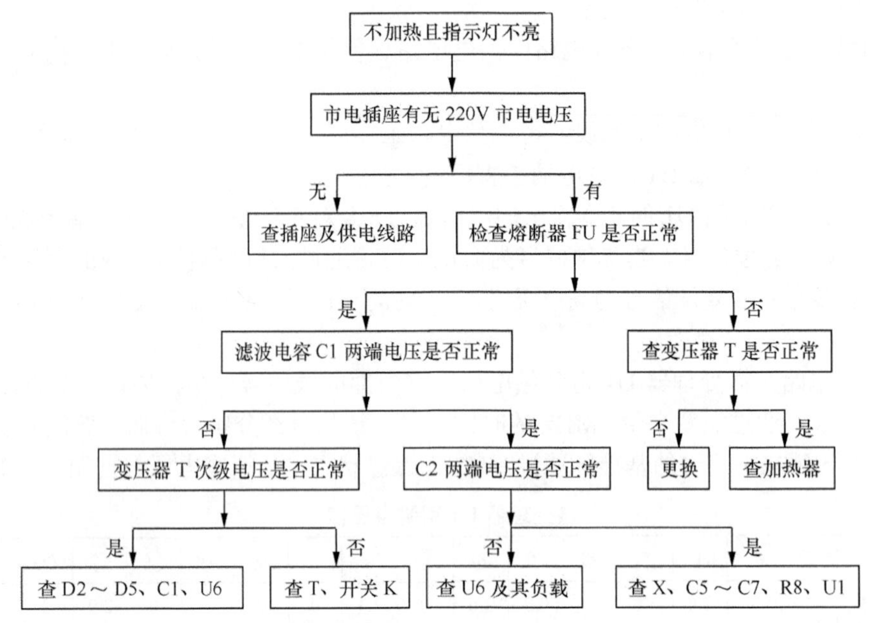

图 3-11　不加热且指示灯不亮故障检修流程

2）煮饭时显示正常，但不加热故障

煮饭时显示正常，但不加热，说明加热器或其供电电路异常。该故障的主要原因：1）加热器开路，2）继电器 J 及其驱动电路异常，3）微处理器 U1 损坏等。该故障检修流程如图 3-12 所示。

3）操作、显示都正常，但米饭煮糊故障

操作、显示都正常，但米饭煮煳说明煮饭时间过长，导致温度过高。该故障的主要原因：①继电器 J 常开触点 J-1 粘死，②放大管 N4 的 ce 结击穿短路，③CZ2 或温度传感器 RT 损坏，④微处理器 U1 异常。该故障检修流程如图 3-13 所示。

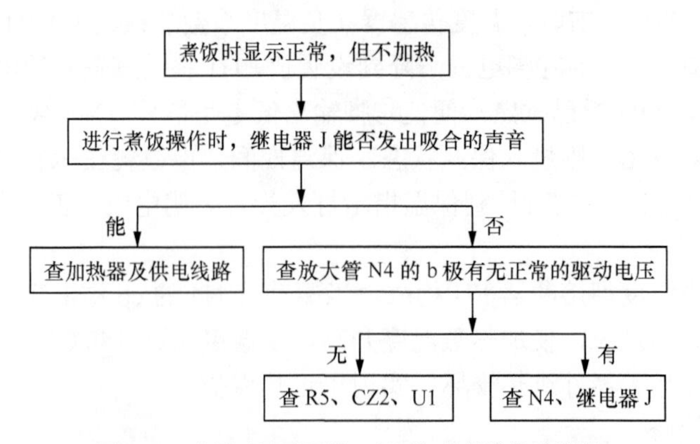

图 3-12　煮饭时显示正常，但不加热故障检修流程

4）能煮饭，但米饭不熟故障

能煮饭，但米饭不熟说明煮饭时间不足，导致加热温度过低。该故障的主要原因：①放

大管 N4 的热稳定性能差，②温度传感器 RT 损坏或 R7 阻值增大，③继电器 J 异常，④加热器异常，⑤微处理器 U1 异常。该故障检修流程如图 3-14 所示。

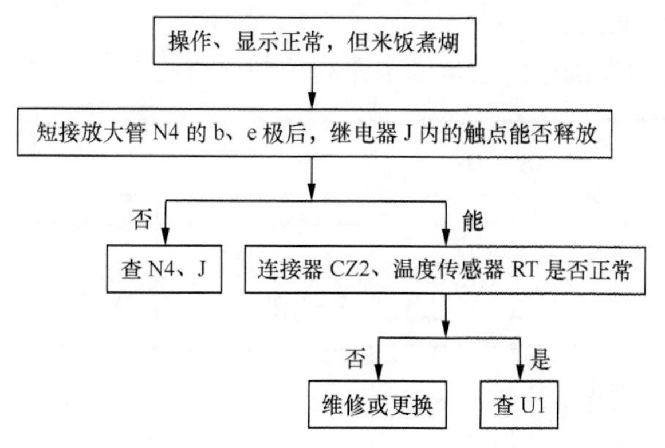

图 3-13　操作、显示正常，但米饭煮煳故障检修流程

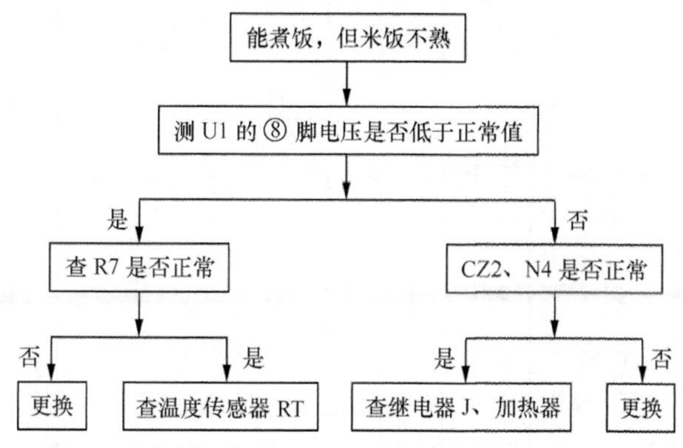

图 3-14　能煮饭，但米饭不熟故障检修流程

5）按某功能键无效故障

按某功能键无效的故障多是该功能键开关接触不良。

维修时，拆出电脑控制板，按压该开关的同时，用万用表的 $R\times1$ 挡测量它引脚间的阻值，看阻值能否在 0 与无穷大间变化，若不能，说明该开关异常，更换即可排除故障。

三、模糊控制型电饭煲

1. 特点

模糊控制型电饭煲采用已固化程序的微处理器，通过双重温度传感器检测和模糊逻辑控制，能统筹控制煮饭时的吸水、加热、沸腾、焖饭、二次加热、保温等过程，并相应控制煮饭的功率、时间和温度，可以煮出色、香、味、质俱佳的米饭，而且可以完成容易溢锅的煮粥、煲汤、蒸炖、煮奶等工作。经该电饭煲做出的食物不仅维生素、蛋白质、微量元素以及营养成分不会被氧化而流失，比普通电饭煲的营养保存率高出 20%，而且食物颗粒完整饱满、柔软、香滑有弹性，营养更丰富。

模糊控制型电饭煲的结构与传统电饭煲基本相同，也是由外壳、外锅、内锅、盖板、面盖、加热盘、温度传感器、控制面板、电脑板等部件组成的。此类电饭煲一般在锅底和锅盖上设置了两个传感器。其中锅底传感器检测水温及内锅的温度变化率等；锅盖传感器则用于检测室内温度和水蒸气的温度，可以判别出电饭锅煮饭时所处的工序阶段，尤其可有效判别在焖饭工序中米饭的温度。

2. 三源模糊控制型电饭煲

三源模糊控制型电饭煲的电路由电源电路和控制电路两大部分构成，如图 3-15 所示。

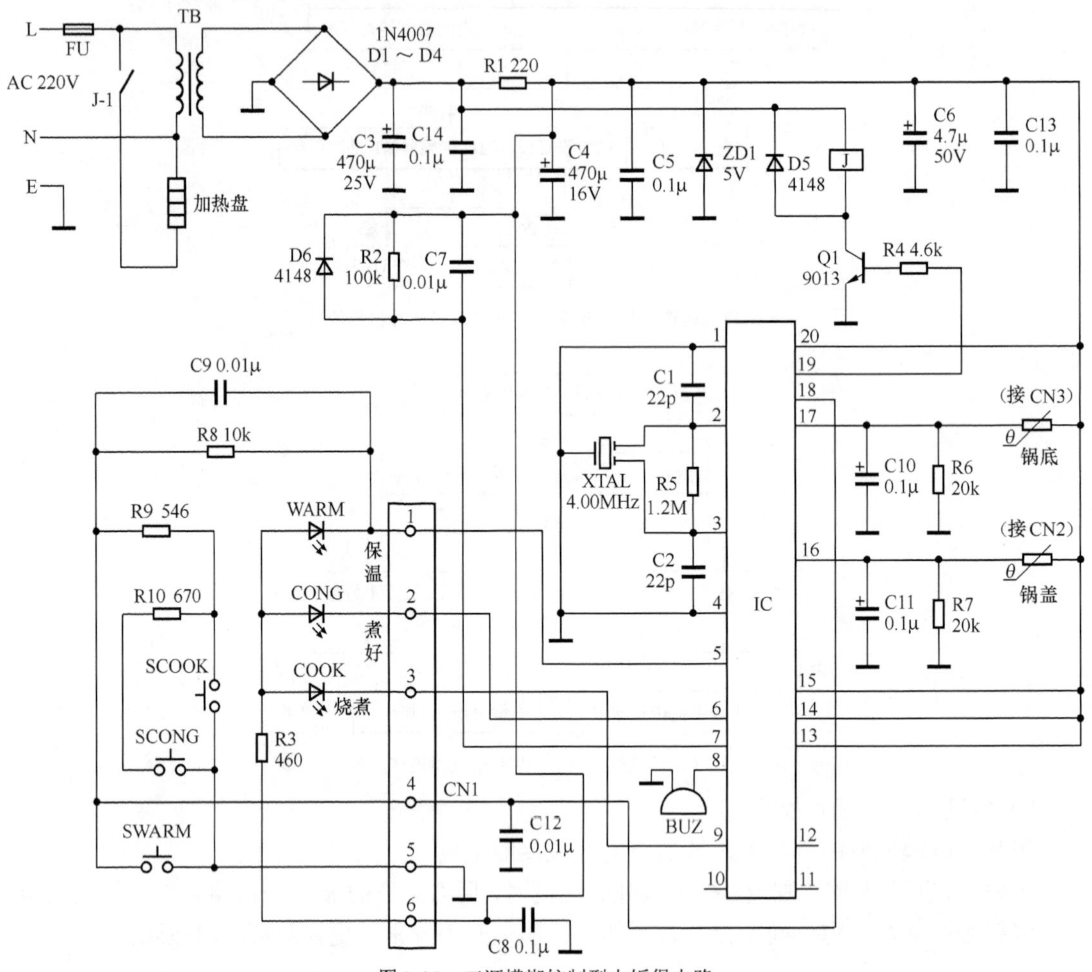

图 3-15　三源模糊控制型电饭煲电路

（1）工作原理

1）电源电路

如图 3-15 所示，220V 市电电压经熔断器 FU 输入到电源电路，再经电源变压器 TB 降压，从它的次级绕组输出 12V 左右的（与市电高低有关）交流电压。该电压经 D1～D4 进行桥式整流，再通过 C3、C14 滤波产生 12V 直流电压。该电压分为两路输出：一路为继电器 J 的驱动电路供电；另一路经 R1 限流，再经 5V 稳压管 ZD1 稳压产生 5V 直流电压，经 C6、C13 滤波后，为微处理器电路供电。

2）微处理器基本工作条件电路

如图 3-15 所示，该机的微处理器基本工作条件电路由供电电路、复位电路和时钟振荡电路构成。

5V 供电：插好电饭煲的电源线，待电源电路工作后，由其输出的 5V 电压经电容滤波后，加到微处理器 IC 的供电端⑬～⑮脚、⑳脚，为 IC 供电。

复位电路：5V 电压通过 R2 对 IC 的⑦脚外接电容（图中未画出）充电，充电使 IC 的复位信号端⑦脚输入低电平复位信号时，IC 内的存储器、寄存器等电路开始复位；当 IC 的⑦脚输入高电平电压，使 IC 复位结束后开始正常工作。

时钟振荡电路：微处理器 IC 得到供电后，它内部的振荡器与②、③脚外接的晶振 XTAL 和移相电容 C1、C2 通过振荡产生 4MHz 的时钟信号。该信号经分频后协调 IC 各部位的工作，并作为 IC 输出各种控制信号的基准脉冲源。IC 在保温状态下的引脚电压数据如表 3-2 所示。

表 3-2　微处理器 IC 引脚电压值

脚号	①	②	③	④	⑤	⑥	⑦	⑧	⑨	⑩～⑫	⑬～⑮	⑯	⑰	⑱	⑲	⑳
电压/V	0	2.5	2.48	0	0	0	5	0	5	悬空	5	2.3	4.7	0	5	5

3）控制电路

由于各个功能控制过程相同，下面以煮饭控制为例进行介绍。

当锅内放入米和水后，在未加热时，连接器 CN2、CN3 所接的温度传感器（负温度系数热敏电阻）阻值较大，使微处理器 IC 的⑯、⑰脚输入的电压较低，IC 判断锅内温度低，并且无水蒸气，此时按下煮饭/蒸炖键 SCOOK，IC 的⑤脚电压发生变化，该变化被 IC 识别后，IC 控制烧煮指示灯发光，表明电饭煲进入煮饭状态，同时从⑲脚输出高电平信号。该信号经 R4 限流，使放大管 Q1 导通，为继电器 J 的线圈提供驱动电流，于是 J 内的常开触点闭合，加热盘得到供电后发热，开始煮饭。当锅内的水温达到 35℃左右时，IC 的⑲脚输出低电平控制信号，使继电器 J 内的触点释放，电饭煲进入大米吸水保温状态，锅内的水温随着大米吸水而逐渐下降，降到设定值后，温度值被 IC 检测后判断大米吸水时间到，则控制⑲脚再次输出高电平信号，使加热盘再次进入加热状态。当水温达到 100℃，CN2 所接温度传感器的阻值减小。IC 的⑲脚周期性输出高电平、低电平控制信号，使水维持沸腾状态。经过 20min 左右的保沸时间后，IC 的⑲脚输出低电平，使加热盘停止加热，电饭煲进入焖饭状态。进入焖饭状态后，米饭基本煮熟，但米粒上会残留一些水分，尤其是顶层的米饭更严重。因此，在焖饭达到一定时间后，IC 的⑲脚再次输出高电平信号，使加热盘加热，使多余的水分蒸发；随着水分的蒸发，锅盖的温度升高，被 CN2 所接温度传感器检测后，其阻值大幅度减小，IC⑯脚电压升高，此变化被 IC 检测后，判断饭已煮熟，使⑲脚输出低电平信号，煮饭结束，同时控制煮好指示灯发光，提醒用户米饭可以食用。若米饭未被食用，则进入保温状态。保温期间，电饭锅在 CN3 所接温度传感器、IC、Q1、J 的控制下，温度保持在 65℃左右，同时控制保温指示灯发光，表明它工作在保温状态。

4）过热保护电路

过热保护电路由温度型熔断器 FU 构成。当放大管 Q1 的 ce 结击穿或继电器 J 的触点粘连导致加热盘加热时间过长，使加热盘温度升高，当温度超过 150℃时 FU 熔断，切断供电回路，避免加热盘和相关器件过热损坏，实现了过热保护。

（2）常见故障检修

1）不加热且指示灯不亮故障

不加热且指示灯不亮，说明微处理器未工作。该故障的主要原因：①电源电路异常，②加热盘或其供电电路异常，使加热盘过热，导致熔断器 FU 熔断，③微处理器电路异常。该故障检修流程如图 3-16 所示。

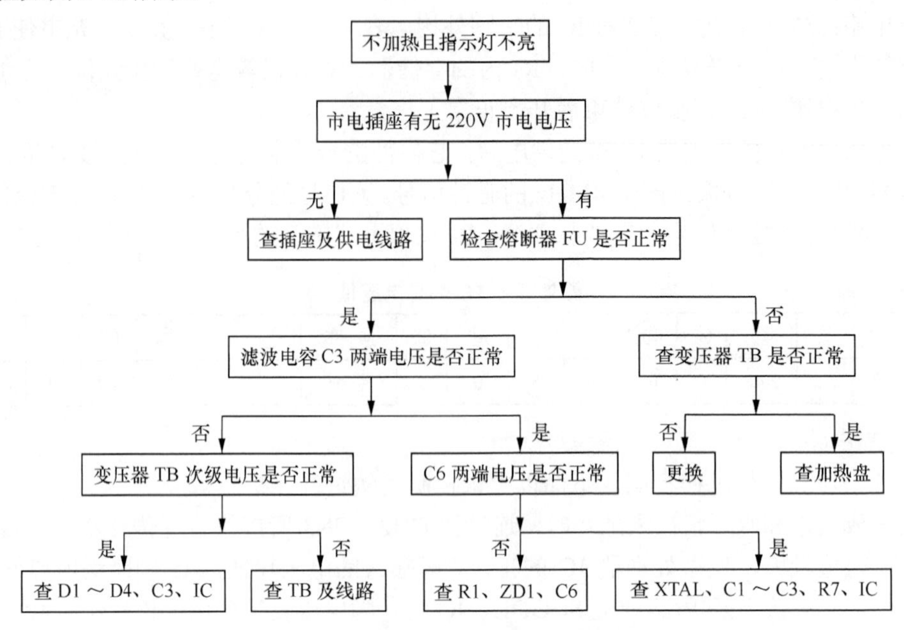

图 3-16　不加热且指示灯不亮故障检修流程

2）煮饭时显示正常，但不加热故障

煮饭时显示正常，但不加热，说明加热盘或其供电电路异常。该故障的主要原因：①加热盘开路，②继电器 J 及其驱动电路异常，③CN2、CN3 所接的温度传感器开路或电容 C10、C11 击穿，④微处理器 IC 等损坏。该故障检修流程如图 3-17 所示。

3）操作、显示都正常，但米饭煮煳故障

操作、显示都正常，但米饭煮煳说明煮饭时间过长，导致温度过高。该故障的主要原因：①继电器 J 常开触点粘连，②放大管 Q1 的 c、e 极击穿短路，③温度传感器或电容 C10、C11 损坏，④微处理器 IC 异常。该故障检修流程如图 3-18 所示。

4）能煮饭，但米饭不熟故障

能煮饭，但米饭不熟，说明煮饭时间不足，导致加热温度过低。该故障的主要原因：①放大管 Q1 的热稳定性能差，②温度传感器异常或 R6、R7 阻值增大，③微处理器 IC 异常。该故障检修流程如图 3-19 所示。

3. 美的 MB-YCB 系列模糊控制型电饭煲

美的 MB-YCB 系列模糊控制型电饭煲有 MB-YC B30B、MB-YCB40B、MB-YCB50B 3 种型号，它们的电路构成相同，都是由电源电路和控制电路两大部分构成的，如图 3-20 和图 3-21 所示。

（1）工作原理

1）电源电路

如图 3-20 所示，220V 市电电压经熔断器 Ft 输入到电源电路，再经 C1 滤波后，加到电源变压器 T 的初级绕组，从它的次级绕组输出 9V 左右的（与市电高低有关）交流电压，该电压经 D1～D4 构成的整流桥堆进行整流，通过 C2、C3 滤波产生 12V 左右的直流电压。该电压分为两路输出：一路为继电器 K 的线圈供电；另一路经三端稳压器 U1（7805）稳压产生 5V 直流电压，经连接器 CN2 的④脚为微处理器电路供电。

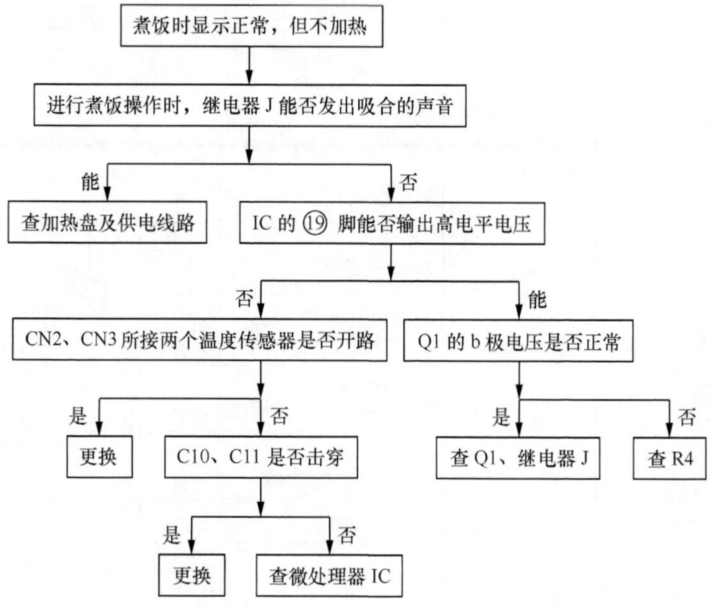

图 3-17　煮饭时显示正常，但不加热故障检修流程

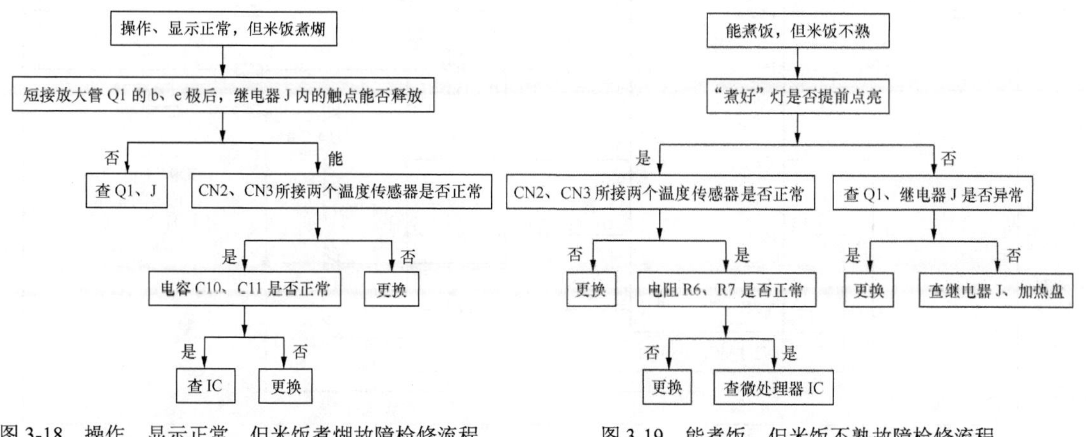

图 3-18　操作、显示正常，但米饭煮煳故障检修流程　　图 3-19　能煮饭，但米饭不熟故障检修流程

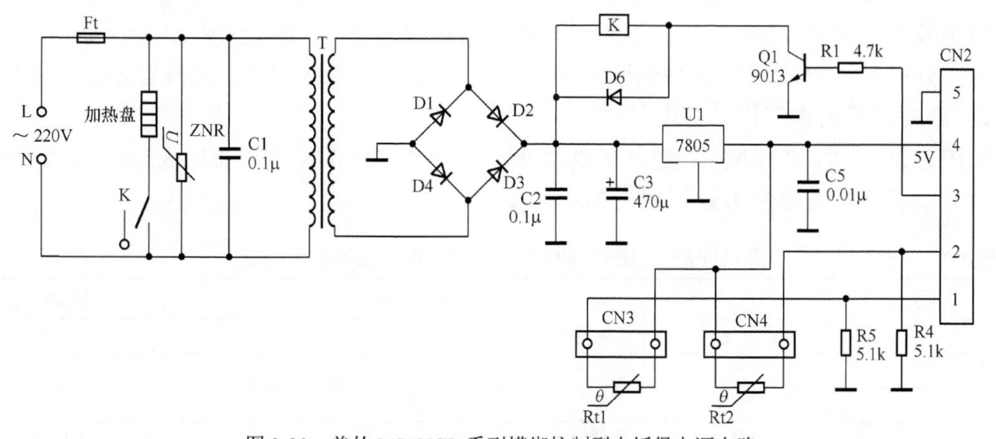

图 3-20　美的 MB-YCB 系列模糊控制型电饭煲电源电路

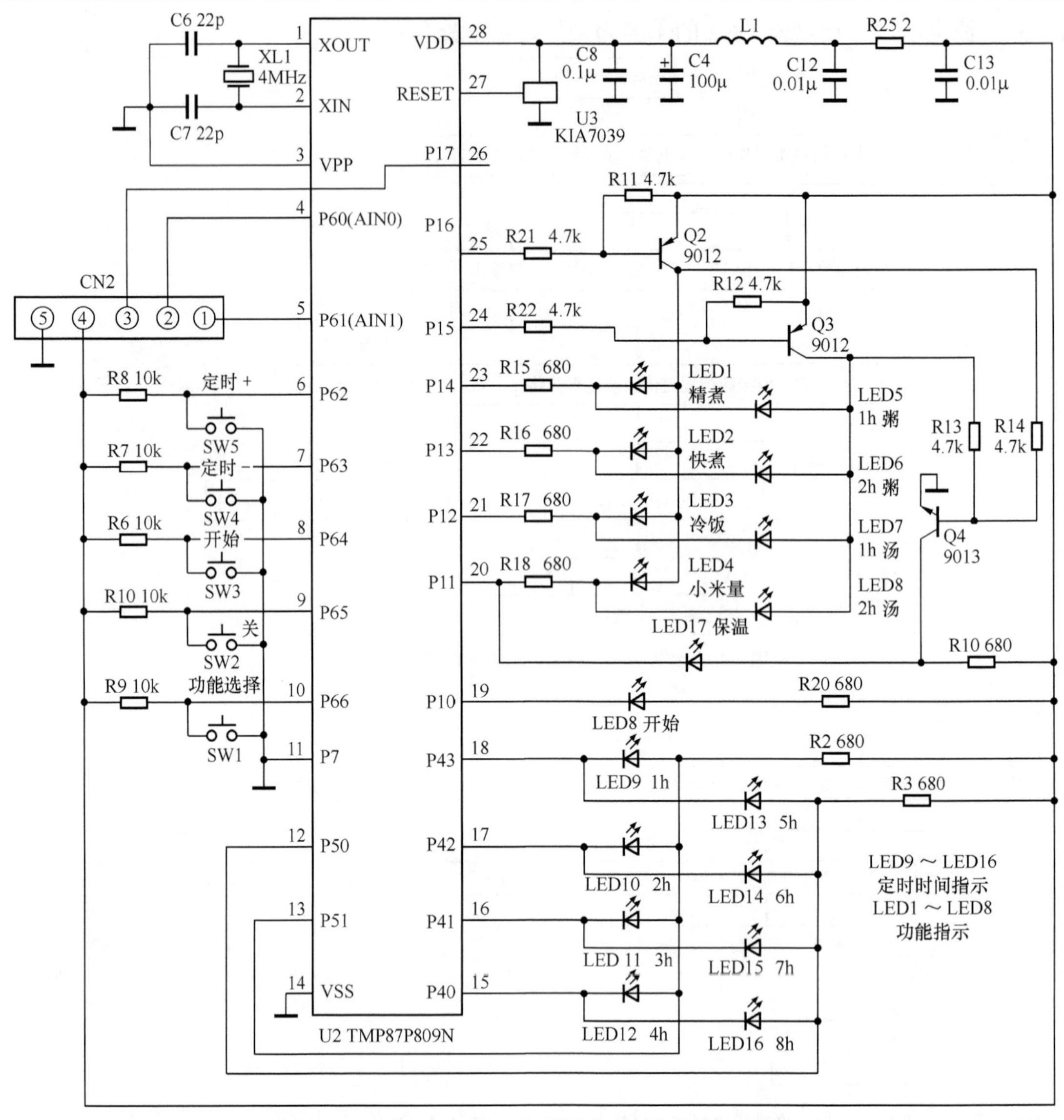

图 3-21　美的 MB-YCB 系列模糊控制型电饭煲控制电路

市电输入回路的 ZNR 是压敏电阻，它的作用是防止市电电压过高损坏变压器 T 等元器件。市电升高时，ZNR 击穿，使熔断器 Ft 熔断，切断市电输入回路，实现市电过压保护。

2）微处理器基本工作条件电路

如图 3-21 所示，该机的控制电路是以微处理器 TMP87P809N 为核心构成的。TMP87P809N 的引脚功能和引脚维修参考数据如表 3-3 所示。

表 3-3　　微处理器 TMP87P809N 的引脚功能和维修参考数据

脚　　号	脚　　名	功　　能	电压/V
①	X OUT	晶振输出	2.75
②	X IN	晶振输入	2.56
③	VPP	接地	0
④	P60（AIN0）	温度检测信号 2 输入	0.45

续表

脚　　号	脚　　名	功　　能	电压/V
⑤	P61（AIN1）	温度检测信号 1 输入	0.45
⑥～⑩	P62～P66	操作键信号输入	5.04
⑪	P7	接地	0
⑫，⑬	P50，P51	接指示灯（发光二极管）供电检测	3.9
⑭	VSS	接地	0
⑮	P40	4h 指示灯控制信号输出	4.15
⑯	P41	3h 指示灯控制信号输出	4.15
⑰	P42	2h 指示灯控制信号输出	4.08
⑱	P43	1h 指示灯控制信号输出	4.22
⑲	P10	开始指示灯控制信号输出	0.26～5
⑳	P11	小米量/保温指示灯控制信号输出	5
㉑	P12	冷饭/1h 汤指示灯控制信号输出	5
㉒	P13	快煮/2h 粥指示灯控制信号输出	5
㉓	P14	精煮/1h 粥指示灯控制信号输出	0.27
㉔	P15	指示灯供电控制信号输出	5
㉕	P16	指示灯供电控制信号输出	0
㉖	P17	电热盘供电控制信号输出	0
㉗	RESET	低电平复位信号输入	5
㉘	VDD	5V 供电	5

5V 供电：插好电饭煲的电源线，待电源电路工作后，由其输出的 5V 电压经 R25 限流，再经 C12、L1、C4、C8 组成的 π 型滤波器滤波后，加到微处理器 U2（TMP87P809N）供电端㉘脚，为它供电。

复位电路：复位信号由专用复位芯片 U3（KIA7039）提供。开机瞬间，由于电源在滤波电容的作用下是逐渐升高到 5V 的，当该电压低于设置值时（多为 3.6V），U3 的输出端输出一个低电平的复位信号。该信号加到 U2 的㉗脚，U2 内的存储器、寄存器等电路清零复位。随着电源电压不断升高，U3 输出高电平信号，加到 U2 的㉗脚后，U2 内部电路复位结束，开始工作。

时钟振荡电路：微处理器 U2 得到供电后，它内部的振荡器与①、②脚外接的晶振 XL1 和移相电容 C6、C7 通过振荡产生 4MHz 的时钟信号。该信号经分频后协调各部位的工作，并作为 U2 输出各种控制信号的基准脉冲源。

3）加热控制电路

由于各个功能控制过程相同，下面以煮饭控制为例进行介绍。

当锅内放入米和水后，在未加热时，温度传感器（负温度系数热敏电阻）Rt1、Rt2 的阻值较大，为微处理器 U2 的④、⑤脚输入的电压较低，U2 判断锅内温度低，并且无水蒸气，此时通过功能键选择煮饭功能，并按下开始键，在⑧脚输入低电平，此信号被 U2 识别后，U2 控制快煮和开始指示灯发光，表明电饭煲进入煮饭状态，同时从㉖脚输出高电平信号。该信号经连接器 CN2 的③脚输入到电源电路（见图 3-20），再经 R1 限流，使放大管 Q1 导通，为继电器 K 的线圈提供驱动电流，于是 K 内的常开触点闭合，加热盘得到供电，开始加热。当水温达到 100℃时，传感器 Rt1 的阻值减小到设置值，使 U2 的⑤脚输入的电压增大到设置值，被 U2 识别后控制它的㉖脚周期性输出高、低电平控制信号，使水维持沸腾状态。经过

20min 左右的保沸时间后，U2 的㉖脚输出低电平，使加热盘停止加热，电饭煲进入焖饭状态。进入焖饭状态后，米饭基本煮熟，但米粒上会残留一些水分，尤其是顶层的米饭更严重。因此，在焖饭达到一定时间后，U2 的㉖脚再次输出高电平信号，使加热盘开始加热，使多余的水分进行蒸发；随着水分的蒸发，锅盖的温度升高，使传感器 Rt2 的阻值大幅度减小，为 U2 的④脚提供的电压增大到设置值，被 U2 检测后，判断饭已煮熟，使㉖脚输出低电平信号，煮饭结束，同时控制煮饭指示灯熄灭，提醒用户米饭可以食用。若米饭未被食用，则进入保温状态。保温期间，U2 控制保温指示灯 LED17 发光，表明该机进入保温状态，同时加热盘在 Rt1、U2、Q1、K 的控制下，温度保持在 65℃左右。

4）过热保护电路

过热保护电路由温度型熔断器 Ft 构成。当驱动管 Q1 的 ce 结击穿或继电器 K 的触点粘连导致加热盘加热时间过长，使加热盘温度升高，当温度超过 150℃时 Ft 熔断，切断供电回路，避免加热盘和相关器件过热损坏，实现了过热保护。

（2）常见故障检修

1）不加热且指示灯不亮故障

不加热且指示灯不亮，说明微处理器未工作。该故障的主要原因：①电源电路未工作，②加热盘或其供电电路异常，导致加热盘过热，使熔断器 Ft 熔断，③微处理器电路异常。该故障检修流程如图 3-22 所示。

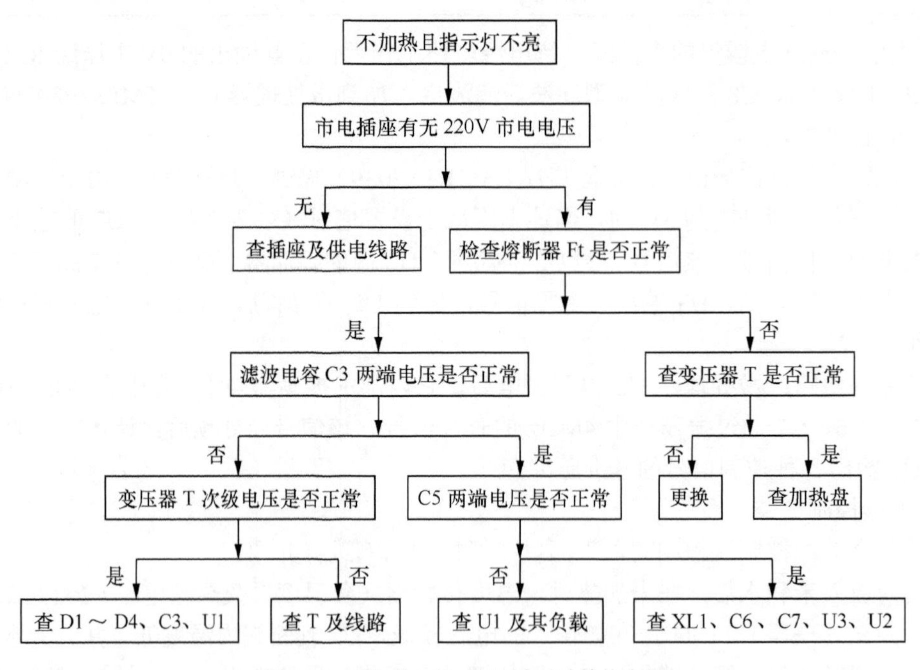

图 3-22　不加热且指示灯不亮故障检修流程

2）煮饭时显示正常，但不加热故障

煮饭时显示正常，但不加热，说明加热盘或其供电电路异常。该故障的主要原因：①加热盘开路，②继电器 K 及其驱动电路异常，③热敏电阻 Rt1、Rt2 或连接器 CN2 开路，④4 微处理器 U2 损坏。该故障检修流程如图 3-23 所示。

3）操作、显示都正常，但米饭煮糊故障

操作、显示都正常，但米饭煮糊说明煮饭时间过长，导致温度过高。该故障的主要原因：①继电器 K 的触点粘连，②放大管 Q1 的 c、e 极击穿短路，③温度传感器 Rt1、Rt2 损坏，④微处理器 U2 异常。该故障检修流程如图 3-24 所示。

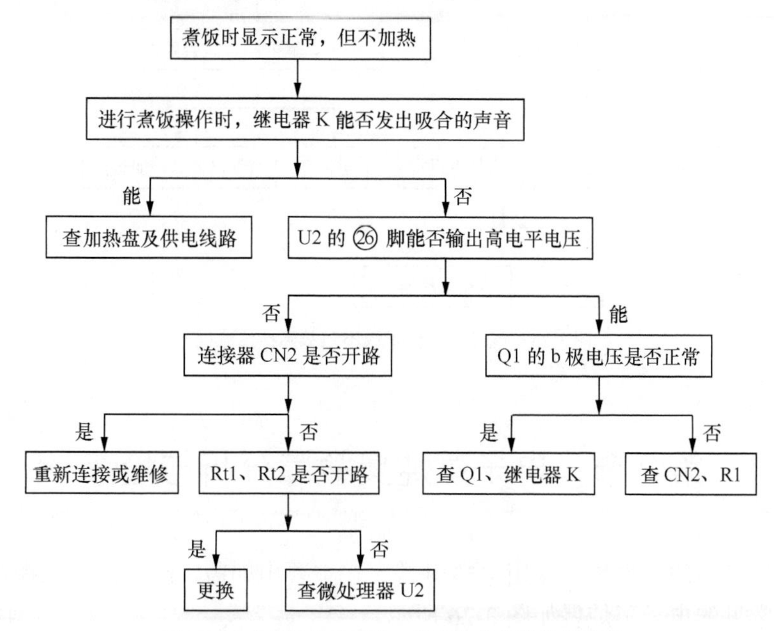

图 3-23　煮饭时显示正常，但不加热故障检修流程

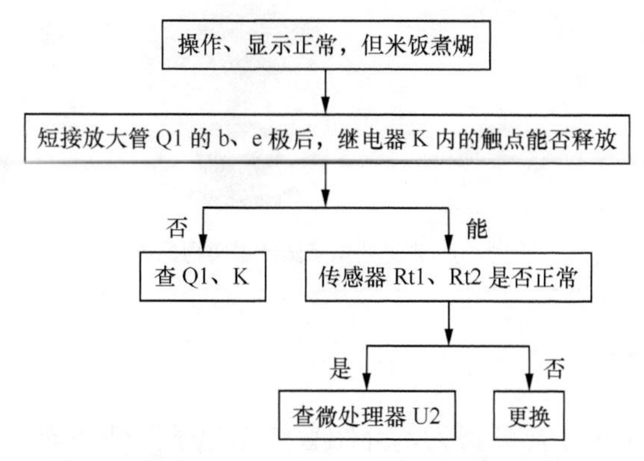

图 3-24　操作、显示正常，但米饭煮糊故障检修流程

4）能煮饭，但米饭不熟故障

能煮饭，但米饭不熟，说明煮饭时间不足，导致加热温度过低。该故障的主要原因：①放大管 Q1 的热稳定性能差，②温度传感器 Rt1、Rt2 或 R4、R5 阻值增大，③微处理器 U2 异常。该故障检修流程如图 3-25 所示。

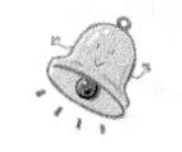

提 示

R4、R5 在图 3-26 中，它们是 Rt2、Rt1 的分压电阻。

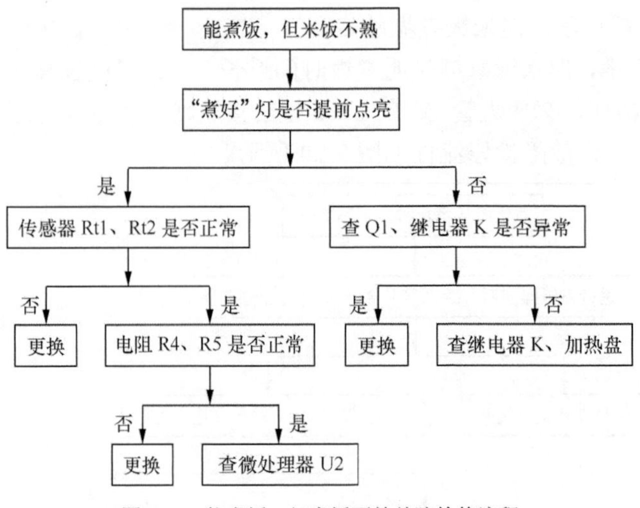

图3-25　能煮饭，但米饭不熟故障检修流程

第2节　电子蒸炖煲故障分析与检修

电子蒸炖煲是炖肉类理想的家用电热厨具，它主要由锅盖、陶瓷炖盅、锅体、加热器和底座等组成。常见的电子蒸炖煲如图3-26所示。

图3-26　常见的电子蒸炖煲实物外形

一、普通型电子蒸炖煲

下面以万宝DZ-15型电子蒸炖煲为例介绍普通型电子蒸炖煲的工作原理。该机的电气系统由加热器、继电器、测水电极、放大电路、振荡器、蜂鸣器等构成，如图3-27所示。

1. 工作原理

（1）电源电路

220V市电电压经熔断器FU加到电源变压器T的初级绕组上，通过它的降压，从次级绕组输出12V左右的（与市电高低有关）交流电压。该电压经VD1～VD4进行桥式整流，再通过C1滤波产生12V直流电压。12V电压不仅为继电器K1的驱动电路供电，而且为测水和报警电路供电。

（2）加热电路

锅内无水时，测水电极P1、P2不接通，控制管VT1截止，使放大管VT2导通。VT2导通后，一路使继电器 K1 的线圈有电流流过，线圈产生的磁场使常闭触点 K1-1 释放，加热器 EH 不加热；另一路使 VT3 导通，从而使 VT4、VT5、C3、C4 等组成的蜂鸣器驱动电路开始工作，为蜂鸣器 HA 提供驱动信号，使 HA 鸣叫，提醒用户蒸炖煲锅内无水，需要加水。当锅内有水后，P1、P2 接通，12V 电压通过 R1、R2 分压限流使 VT1 导通，致使 VT2 截止。VT2 截止使继电器 K1 的线圈断电，它内部的触点 K1-1 闭合，从而使 EH 得到供电开始加热，使指示灯 HL 发光，表明它工作在加热状态，同时使 VT3 截止，蜂鸣器 HA 不能鸣叫。

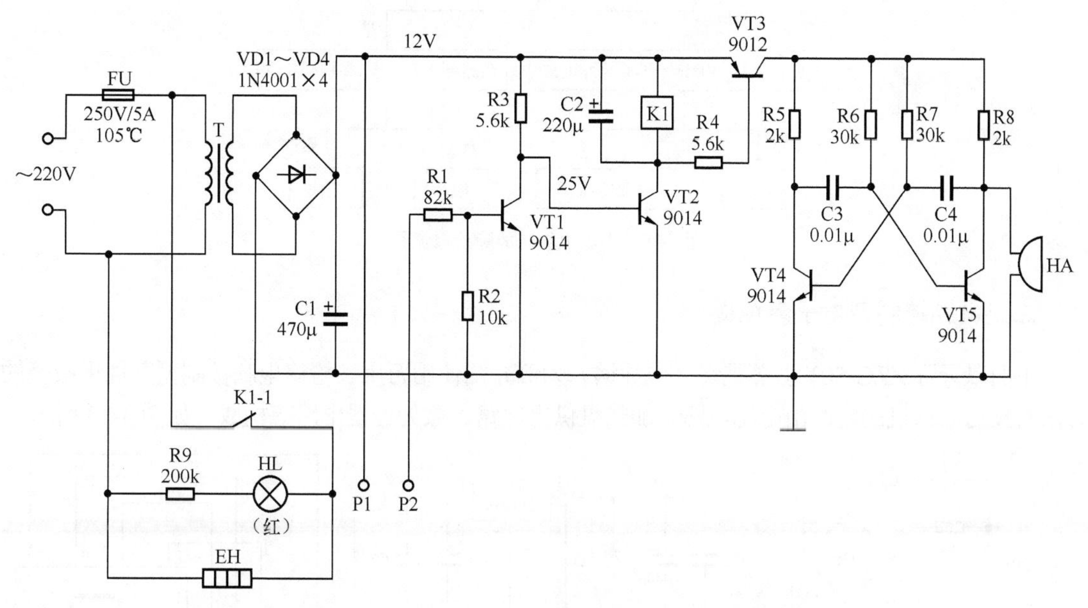

图 3-27　万宝 DZ-15 型电子蒸炖煲的电气系统原理图

2. 常见故障检修

（1）不加热

不加热说明测水电路、加热器或其供电系统异常。该故障的检修流程如图 3-28 所示。

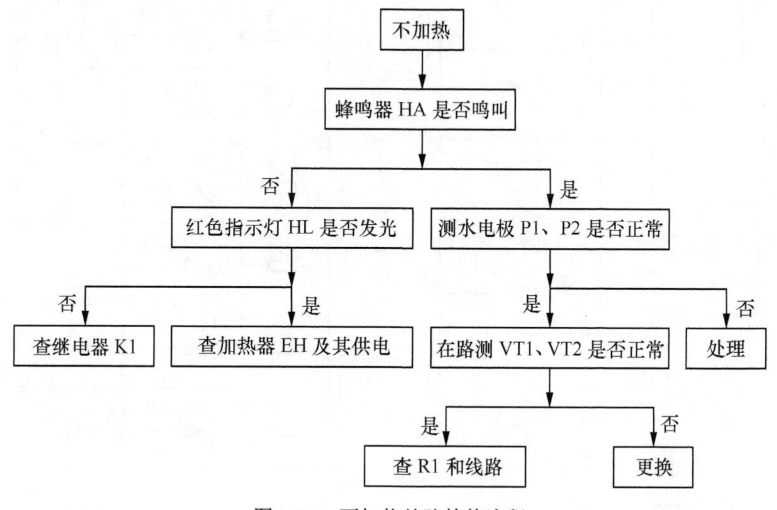

图 3-28　不加热故障检修流程

（2）无水时也加热

无水时也加热，说明测水电路、电源电路异常。该故障的检修流程如图 3-29 所示。

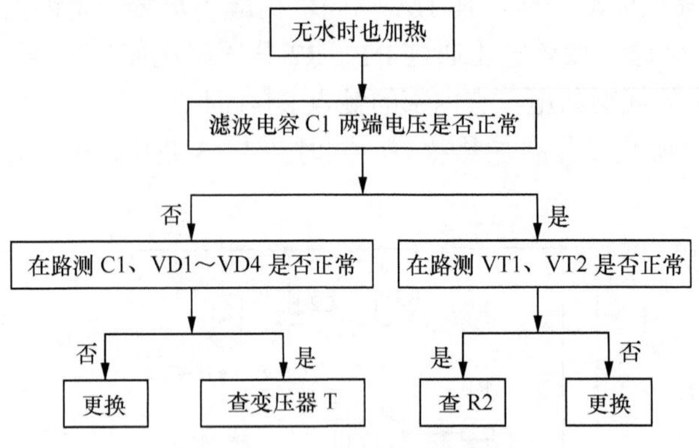

图 3-29　无水也加热故障检修流程

二、电脑控制型电子蒸炖煲

下面以天际 ZZG-50T 型蒸炖煲（电炖锅）为例介绍使用万用表检修电脑控制型蒸炖煲故障的方法与技巧。该机的电路由电源电路、加热盘供电电路、微处理器电路等构成，如图 3-30 所示。

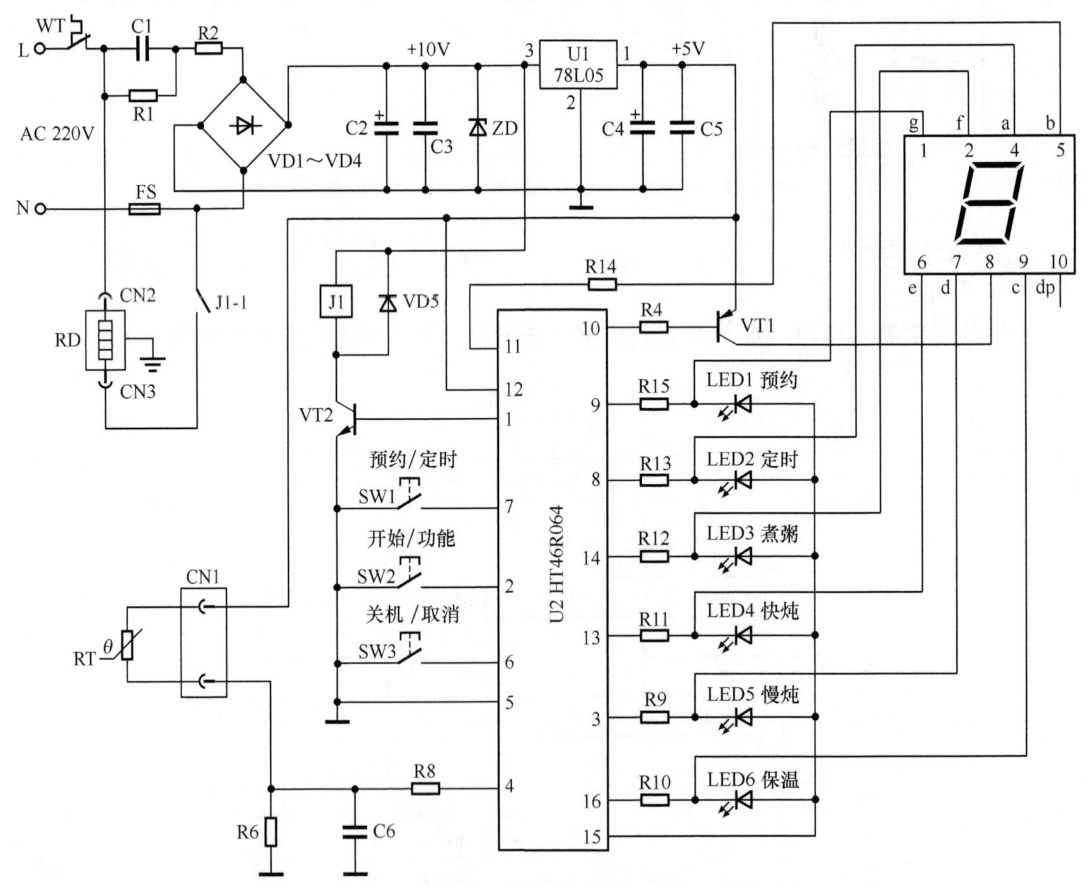

图 3-30　天际 ZZG-50T 型电脑控制型蒸炖煲电路

1．电源电路

该机输入的 220V 市电电压一路通过继电器的触点 J1-1 为加热盘 RD 供电，另一路经 C1 降压，R2 限流、再经 D1～D4 进行桥式整流，利用 C2、C3 滤波，ZD 稳压产生 10V 直流电压。该电压不仅为继电器 J1 的线圈供电，而且经三端稳压器 U1 稳压输出 5V 电压，利用 C4、C5 滤波后，为温度采样电路和微处理器电路供电。

2．微处理器电路

微处理器电路由微处理器 U2（HT46R064）、操作键、指示灯、显示屏等构成。HT46R064 的引脚功能和待机时的引脚电压参考数据如表 3-4 所示。

表 3-4　　微处理器 IC 引脚电压值

引脚	功能	电压/V
①	加热盘供电控制信号输出	0
②	开始/功能操作信号输入	4.8
③	慢炖指示灯/数码管 d 驱动信号输出	2.8
④	温度检测信号输入	0.5
⑤	接地	0
⑥	关机/取消控制信号输入	4.8
⑦	预约/定时控制信号输入	4.8
⑧	定时指示灯/数码管 a 驱动信号输出	4.8
⑨	预约指示灯/数码管 g 驱动信号输出	2.8
⑩	数码管供电控制信号输出	2.8
⑪	数码管 b 驱动信号输出	2.8
⑫	5V 供电	5
⑬	快炖指示灯/数码管 e 驱动信号输出	1
⑭	煮粥指示灯/数码管 f 驱动信号输出	1.8
⑮	指示灯供电输出	1.1
⑯	保温指示灯/数码管 c 驱动信号输出	2.8

（1）微处理器工作条件电路

该机的微处理器基本工作条件电路由供电电路、复位电路和时钟振荡电路构成。

当电源电路工作后，由其输出的 5V 电压经电容 C4、C5 滤波后，加到微处理器 U2（HT46R064）的⑫脚，为它供电。U2 获得供电后，它内部的复位电路产生一个复位信号，使 U2 内的存储器、寄存器等电路复位后，开始工作。同时，U2 内部的振荡器产生时钟信号。该信号经分频后协调各部位的工作，并作为 U2 输出各种控制信号的基准脉冲源。

（2）操作键电路

微处理器 U2 的①、②、⑥、⑦脚外接的是操作键，按下每个按键时，U2 的相应引脚输入一个低电平的操作信号，被 U2 识别后控制信号使该机进入相应的工作状态。

（3）显示屏、指示灯电路

U2 的③、⑧～⑩、⑭～⑯脚外接指示灯和数码管显示屏。需要指示灯显示工作状态时，U2 的③、⑧、⑨、⑬、⑭、⑯脚输出驱动信号，使相应的指示灯闪烁发光 6s 后，输出低电平，指示灯发光变为长亮。

若需要显示屏显示时，U2的⑩脚输出低电平驱动信号，该信号经R4限流，再经Q1倒相放大，从它c极输出的电压加到数码管的⑧脚，为数码管内的笔段发光二极管供电，需要相应的笔段发光时，U2的③、⑧、⑨、⑬、⑭、⑯脚相应的引脚就会输出低电平驱动信号，使该笔段发光。

3. 加热控制电路

加热控制电路由微处理器U2（HT46R064）、温度传感器（负温度系数热敏电阻）RT、继电器J1等构成。由于煮粥、快炖、慢炖的控制过程相同，下面以煮粥控制为例进行介绍。

通过开始/功能键SW1选择煮粥功能时，预约到时或再次按下SW1键，被微处理器U2识别后，从⑭脚输出低电平控制信号使煮粥指示灯LED3发光，表明电饭锅工作在煮粥状态，同时从①脚输出高电平信号。该信号经Q2倒相放大，为继电器J1的线圈供电，使J1内的触点J1-1闭合，为加热盘RD供电，RD发热，开始煮粥。随着加热地不断进行，锅内温度逐渐升高，当煮粥温度升至设置值后，温度传感器RT的阻值减小到需要值，5V电压通过RT、R6取样后，产生的取样电压经C6滤波，再经R8输入到U2的④脚，U2将该电压与内部固化的温度/电压数据比较后，判断粥已煮熟，控制①脚输出低电平信号，Q2截止，J1的线圈失去供电，触点J1-1断开，RD停止加热，同时⑭输出高电平控制信号使煮粥指示灯LED3熄灭，自动进入保温状态。此时，U2的⑯脚输出低电平信号，使LED6发光，表明该机进入保温状态。保温期间，锅内的温度逐渐下降，当温度低于设置值时，保温传感器RT的阻值增大到需要值，为U2的④脚提供的电压升高，U2将该电压与内部固化的温度/电压数据比较后，判断锅内温度低于保温值，于是控制①脚输出高电平，重复以上过程，开始加热。随着加热地不断进行，达到温度后，RT的阻值减小到需要值，为U2的④脚提供的电压升高到设置值，于是U2的①脚再次输出低电平信号，加热盘RD停止加热。这样，在RT、U2的控制下，继电器J1的触点J1-1间断性闭合，使RD间断性地加热，确保米粥的温度保持在65℃左右，实现保温控制。

4. 过热保护电路

过热保护电路由温控器WT和超温熔断器FS构成。当继电器J1的触点J1-1粘连，或驱动管Q2的ce结击穿或微处理器U2工作异常，使加热盘RD加热时间过长，导致加热温度升高并达到WT的设置温度后，它内部的触点断开，切断RD的供电回路，RD停止加热，实现过热保护。

当WT内的触点粘连，不能实现过热保护功能，使加热器RD继续加热，导致加热温度达到FS的标称值后它熔断，切断市电输入回路，RD停止加热，以免RD等器件过热损坏，实现过热保护。

5. 常见故障检修

（1）不加热、指示灯不亮

该故障是由于供电线路、电源电路、微处理器电路异常所致。该故障的检修流程如图3-31所示。

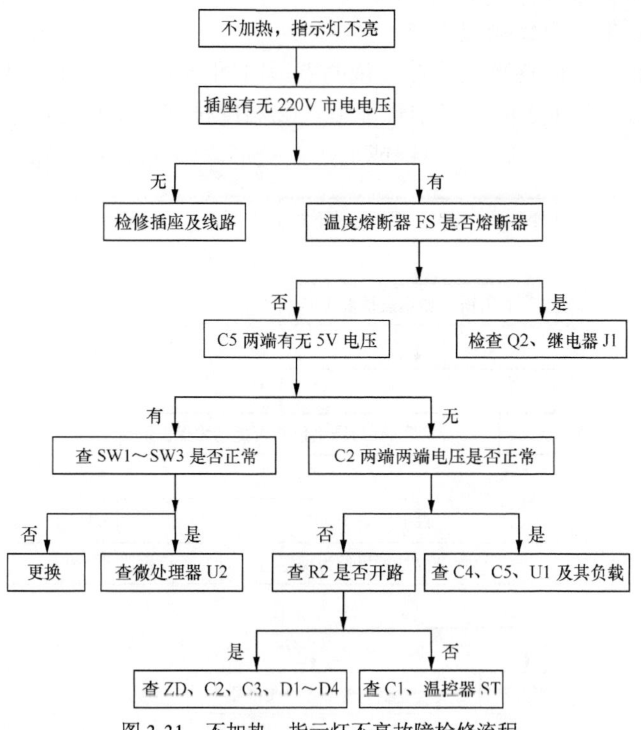

图 3-31　不加热、指示灯不亮故障检修流程

注意　若更换后的 FS 再次熔断，应依次检查温度传感器 RT、微处理器 U2。

（2）不加热、但指示灯亮

该故障主要是由于加热盘、加热盘供电电路、微处理器电路异常所致。该故障的检修流程如图 3-32 所示。

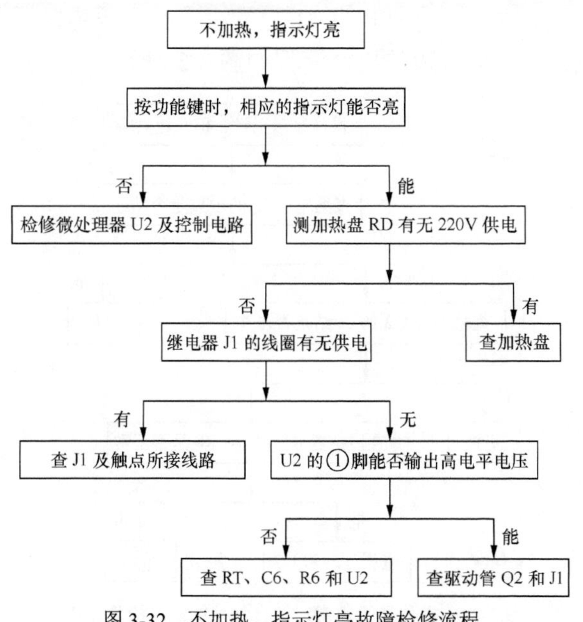

图 3-32　不加热、指示灯亮故障检修流程

（3）操作显示正常，但食物炖不熟

操作、显示都正常，但食物炖不熟，说明煮饭时间不足，导致加热温度过低所致。该故障主要的原因：①放大管 Q2 的热稳定性能差，②温度传感器 RT 及其阻抗信号/电压信号变换电路异常，③继电器 J1 异常，④内锅或加热盘变形。该故障的检修流程如图 3-33 所示。

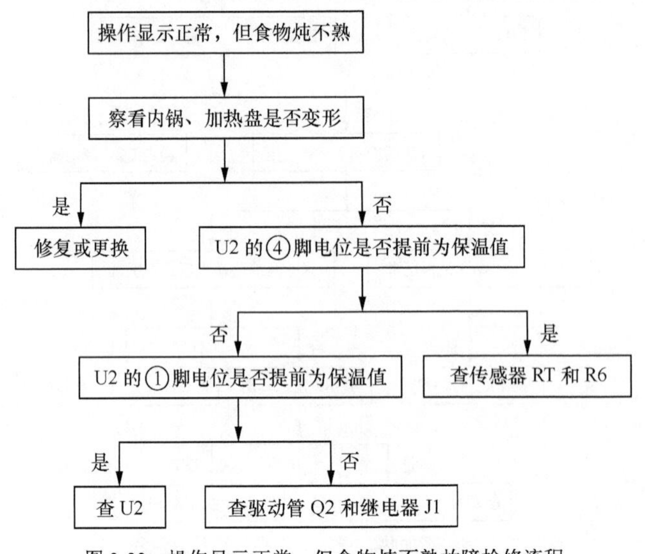

图 3-33　操作显示正常，但食物炖不熟故障检修流程

注意　加热盘变形，必须要检查继电器 J1 的触点 J1-1 能否断开，并且还要检查温度传感器 RT 及其阻抗信号/电压信号变换电路是否正常，以免加热盘再次过热损坏。

（4）操作显示正常，但食物炖糊

操作、显示都正常，但食物炖糊，说明煮饭时间过长，导致加热温度过高所致。该故障的主要原因：①放大管 Q2 异常，②继电器 J1 异常，③温度传感器 RT 或 R8 阻值增大、C6 漏电，④微处理器 U2 异常。该故障的检修流程如图 3-34 所示。

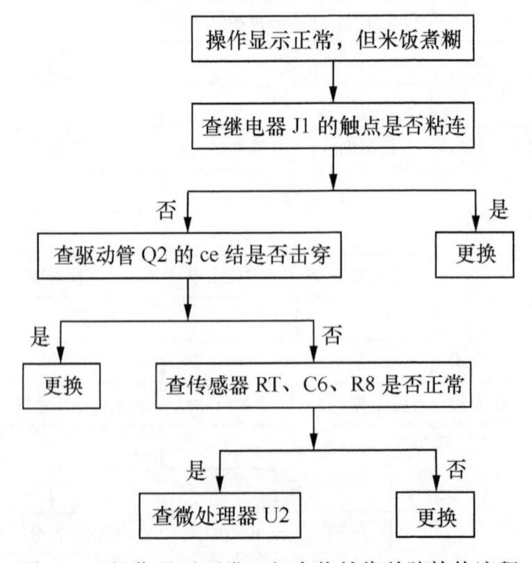

图 3-34　操作显示正常，但食物炖糊故障检修流程

第 3 节　电压力锅故障分析与检修

电压力锅又集压力锅和电饭煲的优点于一身，它与电饭煲相比，增加了高压高温功能，具有升温快、效率高、省电、保温好的优点。因此，电压力锅煮出的饭松软可口，尤其是熬骨汤、煮粥、炖肉类效果较好。常见的电压力锅如图 3-35 所示。

图 3-35　常见的电压力锅实物外形

一、家宝 YWB55 型电压力锅

家宝 YWB55 型电压力锅的电气系统由温控器、加热器、指示灯、继电器等构成，如图 3-36 所示。

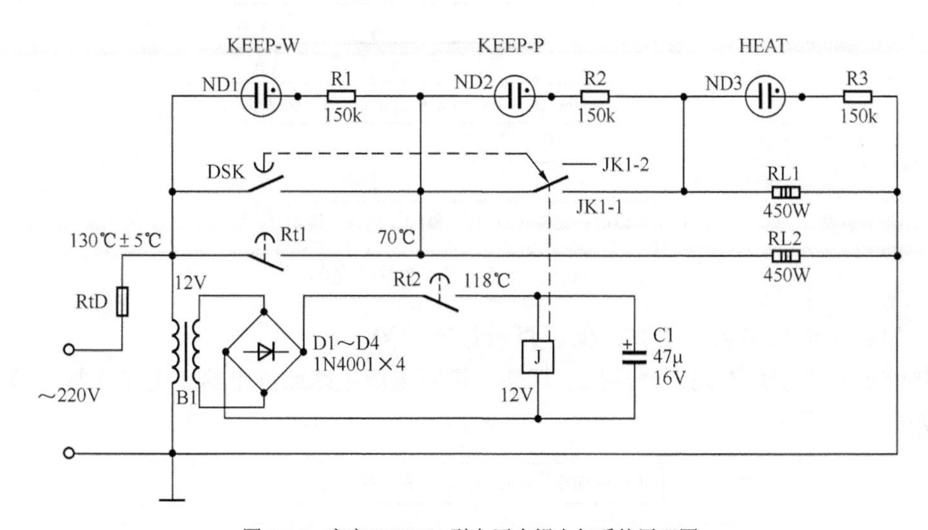

图 3-36　家宝 YWB55 型电压力锅电气系统原理图

1. 工作原理

接入电源初期，因温控器 Rt2 的触点闭合，所以市电电压通过温度熔断器 RtD 输入后，利用 12V 变压器 B1 降压，再通过 D1～D4 桥式整流、C1 滤波产生 12V 直流电压。该电压加到 12V 继电器 J 的线圈后，它的触点 JK1-1 接通，将定时器 DSK 短接。此时，市电电压通过 DSK、JK1-1 不仅为主加热器 RL1 和保温加热器 RL2 供电，使它们开始加热，而且通过 R3 限流使加热指示灯 ND3 发光，表明电压力锅进入加热状态。随着 RL1、RL2 的不断加热，锅内温度升高，当温度达到 118℃时 Rt2 动作使它的触点断开，J 的线圈断电，触点 JK1-1 断开，不仅使 ND3 熄灭、RL1 停止加热，而且解除对 DSK 的短接控制，DSK 开始工作。DSK 工作后，市电通过 DSK 的触点继续为 RL2 供电，使它继续加热，电压力锅进入保压状态，同时市电电压通过 ND2、R2、RL1 构成的回路使 ND2 发光，表明电压力锅进入保压状态。这个回路中的电流较小，所以 RL1 几乎不发热。

当 DSK 倒计时结束后，DSK 的触点断开，ND2 熄灭，RL2 停止加热，保压结束。同时，市电电压通过指示灯 ND1、R1、RL2 构成的回路使 ND1 发光，表明该电压力锅进入保温状态。保温期间，当温度低于 70℃时，温控器 Rt1 的触点闭合，加热器 RL2 开始加热，当温度达到 70℃时 Rt1 内的触点释放，RL2 停止加热。这样，压力锅在 Rt1 的控制下，温度保持在 70℃。

2. 常见故障检修

（1）不加热且指示灯不亮故障

不加热且指示灯不亮，说明该电压力锅没有市电输入或温度熔断器 RtD 熔断。该故障检修流程如图 3-37 所示。

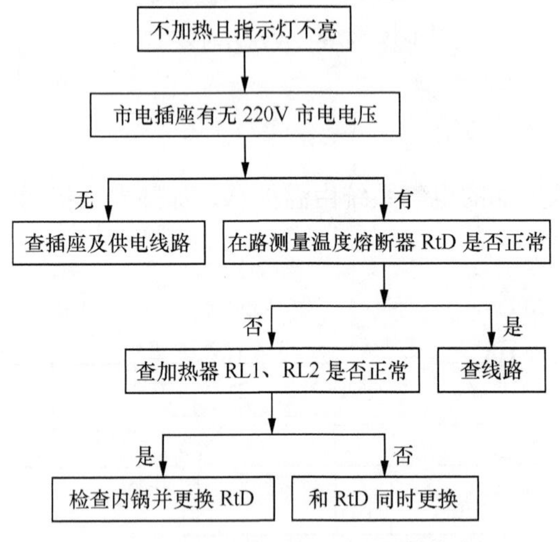

图 3-37　不加热且指示灯不亮故障检修流程

（2）加热时加热指示灯不亮，保压指示灯亮故障

加热时加热指示灯不亮，保压指示灯亮，说明电源电路或继电器 J 工作异常。该故障检修流程如图 3-38 所示。

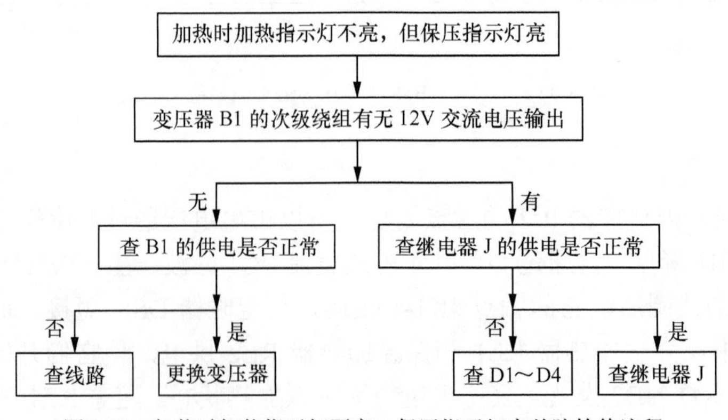

图 3-38　加热时加热指示灯不亮，保压指示灯亮故障检修流程

提示　继电器 J 的触点不能闭合时，指示灯 ND2 发光是由于市电电压通过保温温控器 Rt1、R2 和 RL1 构成的回路所致。

（3）不能保压

不能保压，说明保压定时器、加热器异常。该故障检修流程如图 3-39 所示。

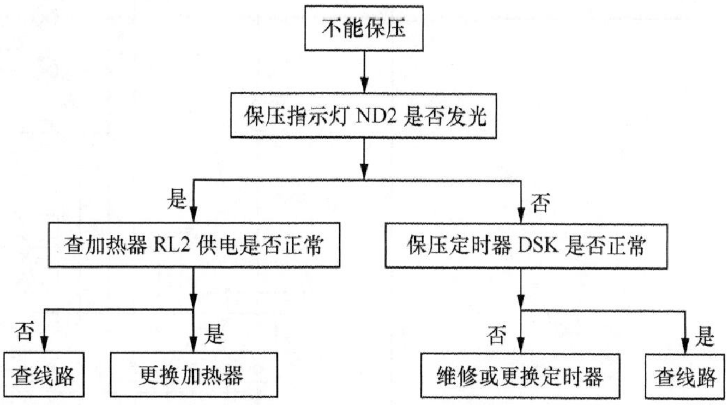

不能保压 → 保压指示灯 ND2 是否发光
- 是 → 查加热器 RL2 供电是否正常
  - 否 → 查线路
  - 是 → 更换加热器
- 否 → 保压定时器 DSK 是否正常
  - 否 → 维修或更换定时器
  - 是 → 查线路

图 3-39　不能保压故障检修流程

二、电脑控制型电压力锅

下面以苏泊尔 CYSB60YD2-110 型电压力锅为例介绍电脑控制型电压力锅故障的方法与技巧。该电路由电源电路、微处理器电路、加热盘及其供电电路构成，如图 3-40 所示。

1. 电源电路

插好电源线，220V 市电电压经熔断器 BX 输入后，不仅通过继电器为加热盘供电，而且通过 R1、C1 降压，再通过 D1～D4 桥式整流，利用 R3 限压后，一路通过 R5、R4 分压产生的取样电压经 C2 滤波，再经 R7 加到微处理器 IC 的⑥脚，为它提供市电过零检测信号；另一路通过 R6 限流，D5 稳压，C3、C4 滤波产生 12V 直流电压。该电压不仅为继电器 J 的驱动电路供电，而且通过 78L05 稳压产生 5V 电压，经 C5、C6 滤波后不仅为微处理器 IC 和温度检测等电路供电，而且通过 R23 限流使指示灯 S13 发光，表明 5V 电源已工作。

电容 C1 两端并联的 R2 是 C1 的阻尼电阻。

2. 微处理器电路

（1）基本工作条件电路

该机的微处理器基本工作条件电路由供电电路、复位电路和时钟振荡电路构成。

当电源电路工作后，由其输出的 5V 电压经电容 C5、C6、C10～C12 滤波后，加到微处理器 IC（CY506DZ-V1）的供电端⑩、⑪脚为它供电。IC 得到供电后，它内部的振荡器与⑫、⑬脚外接的晶振 G 通过振荡产生时钟信号。该信号经分频后协调各部位的工作，并作为 IC 输出各种控制信号的基准脉冲源。开机瞬间 IC 内部的复位电路产生复位信号使它内部存储器、寄存器等电路复位，当复位信号为高电平后复位结束，开始工作。

（2）操作显示电路

该机的操作显示电路由菜单操作键和指示灯 S1～S12 构成。

通过按压菜单键就可选择用户所需要的功能，需要的功能被确定后，微处理器 IC 通过①～④脚、⑮～⑱脚输出指示灯控制信号，控制相应的指示灯发光，表明该压力锅的工作状态。

（3）蜂鸣器电路

该机的蜂鸣器电路由蜂鸣器 F、放大管 BG2、微处理器 IC 等构成。

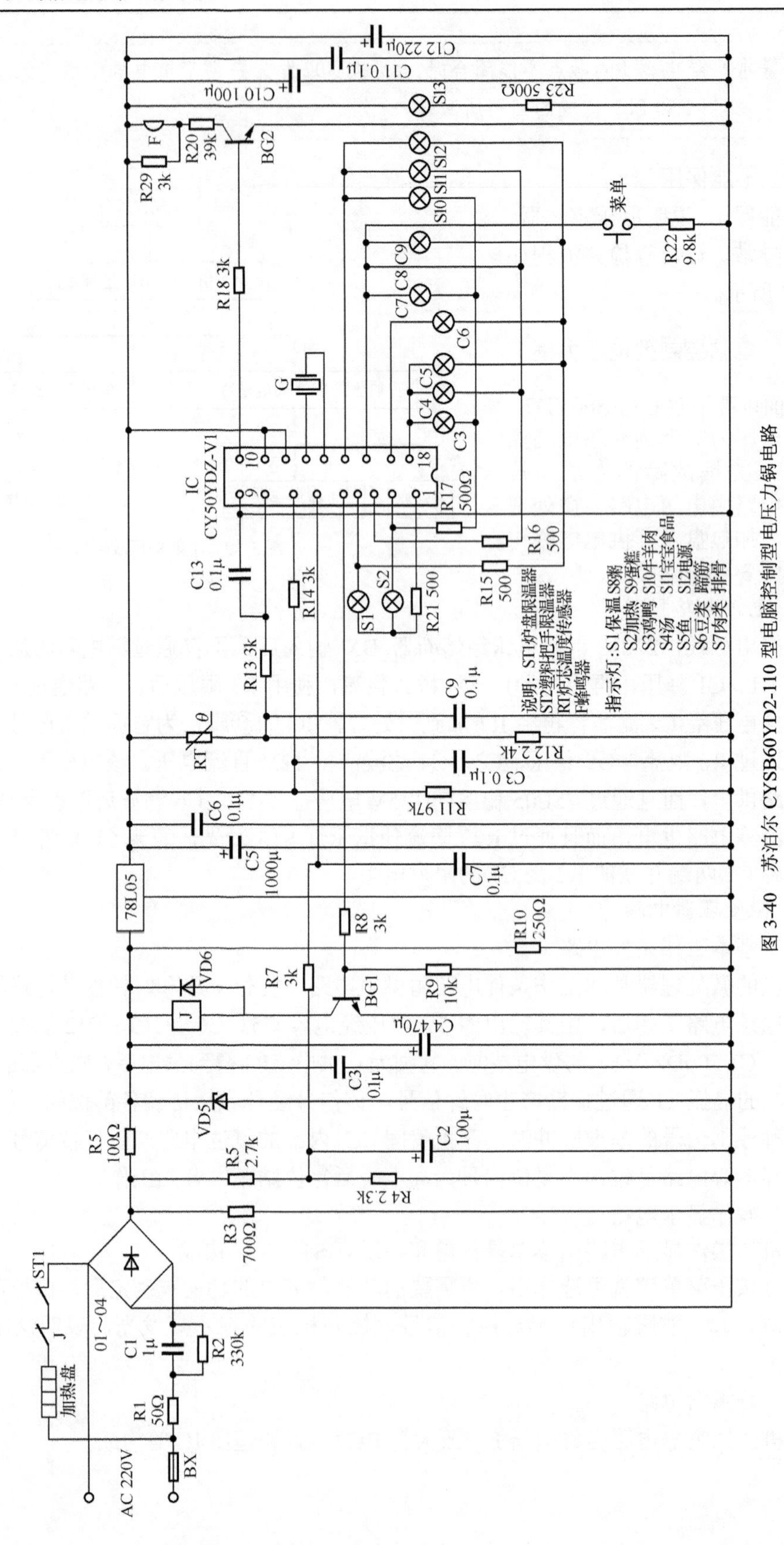

图 3-40 苏泊尔 CYSB60YD2-110 型电脑控制型电压力锅电路

当进行功能操作时，IC⑩脚输出的脉冲信号经 R18 限流，BG2 倒相放大后，通过 R20 驱动蜂鸣器 F 发出声音，表明该操作功能已被微处理器接受，并且控制有效。当加热等功能结束后，IC 也会输出驱动信号使 F 鸣叫，提醒用户加热等功能结束。

3. 加热电路

加热电路由微处理器 IC、继电器 J、温度传感器（负温度系数热敏电阻）RT、加热盘为核心构成。

当按下菜单键，被微处理器 IC 识别后，IC1 就会选择加热、粥、保温等功能，确定需要的功能后，IC 第一路输出驱动信号使蜂鸣器 F 鸣叫，提醒用户操作有效；第二路控制相应的指示灯发光，表明该机的工作状态；第三路从内部存储器调出该状态的温度值所对应的电压值，以便实现自动控制。下面以煮粥为例进行介绍。

选择煮粥功能时，被微处理器 IC 识别后，不仅通过②、⑯脚输出控制信号使煮粥指示灯 S8 发光，表明它工作在加热状态，而且从⑤脚输出的高电平信号经 R5 限流，再经放大管 BG1 倒相放大，为继电器 J 的线圈供电，使 J 内的触点闭合，加热盘得到供电后发热，开始煮粥。当煮粥的温度升至需要温度并持续一定时间后，温度传感器 RT 的阻值减小到需要值，5V 电压通过 RT 和 R12 取样的电压增大到设置值。该电压经 C9 滤波后，通过 R13 加到 IC 的⑧脚，IC 将⑧脚输入的电压与内部存储的该电压对应的温度值比较后，判断粥已煮熟，输出三路控制信号：第一路控制⑩脚输出低电平信号，BG1 截止，J 内的触点释放，加热盘停止加热；第二路控制加热指示灯 S8 熄灭；第三路输出驱动信号使蜂鸣器 F 鸣叫，提醒用户粥已煮熟。若粥未被食用，自动进入保温状态，此时，不仅保温指示灯 S1 发光，表明它进入保温状态，而且 J 在 RT、IC 的控制下间断性的为加热盘供电，使米饭的温度保持在 65℃左右。

4. 过热保护电路

过热保护电路由过热保护器 ST1 构成。当驱动管 BG1 的 ce 结击穿或继电器 J 的触点粘连导致加热盘加热时间过长，使加热盘温度升高，当温度超过 150℃时 ST1 内的触点断开，切断供电回路，避免加热盘和相关器件过热损坏，实现了过热保护。

5. 常见故障检修

（1）不加热，指示灯 S13 不亮

不加热，指示灯 S13 不亮，说明供电线路、电源电路、微处理器异常。该故障的检修流程如图 3-41 所示。

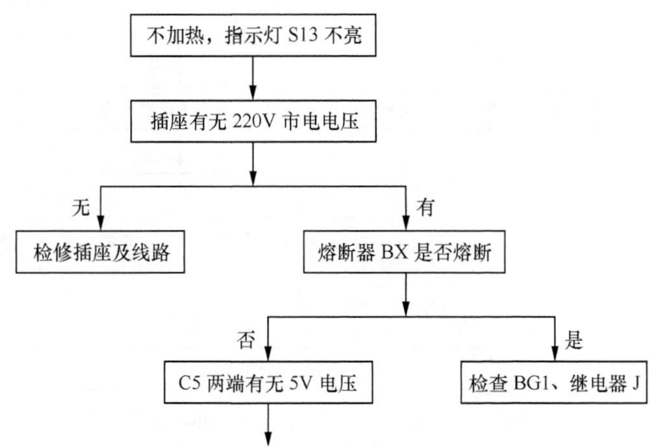

图 3-41　不加热、指示灯 S13 不亮故障检修流程

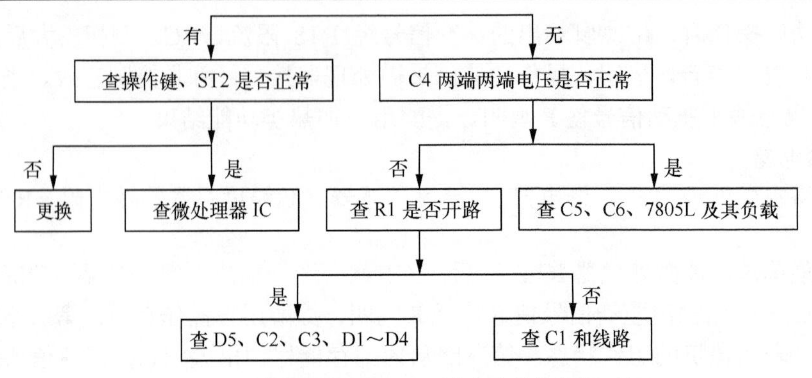

图3-41　不加热、指示灯S13不亮故障检修流程（续）

（2）指示灯亮，但加热盘不加热

该故障的主要原因：①加热盘或供电电路异常，②温度检测电路异常，③CPU电路异常。该故障的检修流程如图3-42所示。

（3）操作显示正常，但米饭煮不熟

操作、显示都正常，但米饭煮不熟，说明煮饭时间不足，导致加热温度过低所致。该故障的主要原因：①放大管BG1的热稳定性能差，②温度传感器RT或R12阻值增大，③继电器J异常，④内锅或加热盘变形。该故障的检修流程如图3-43所示。

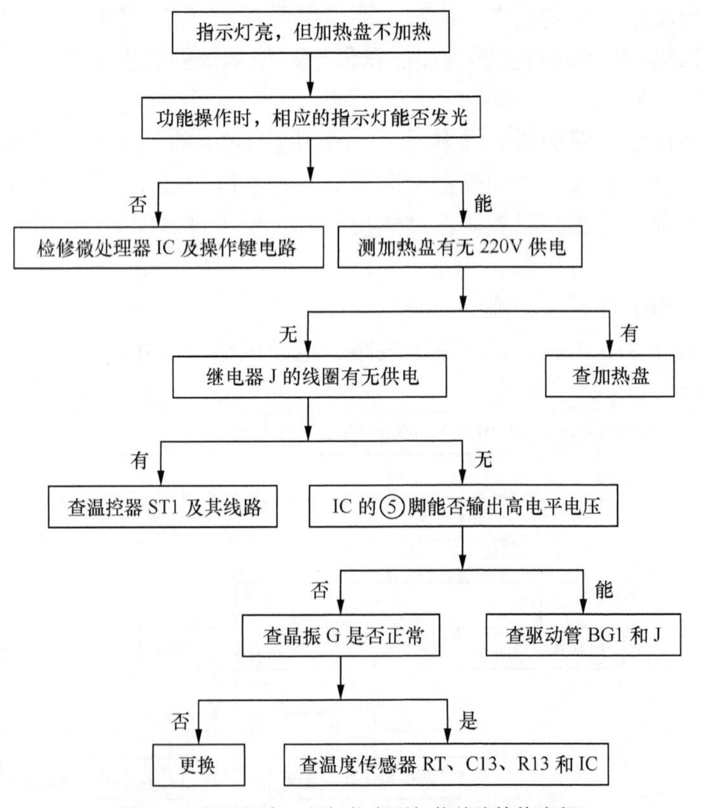

图3-42　指示灯亮，但加热盘不加热故障检修流程

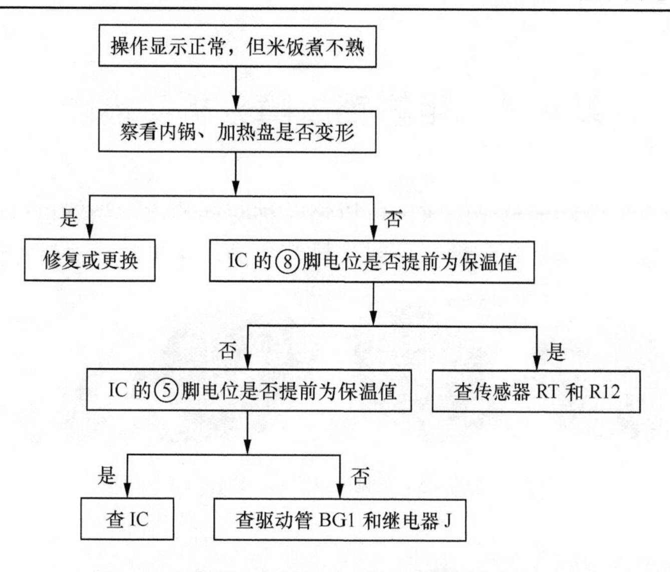

图 3-43　操作显示正常，但米饭煮不熟故障检修流程

注意　加热盘变形，必须要检查继电器 J 的触点是否不能断开，并且还要检查温度传感器 RT 和温控器 ST1 是否正常，以免加热盘再次过热损坏。

（4）操作显示正常，但米饭煮糊

操作、显示都正常，但米饭煮糊，说明煮饭时间过长，导致加热温度过高所致。该故障的主要原因：①继电器 J 的触点粘连或其驱动管 BG1 的 ce 结击穿，②温度传感器 RT、R13 阻值增大或 C13 漏电，③微处理器 IC 异常。该故障的检修流程如图 3-44 所示。

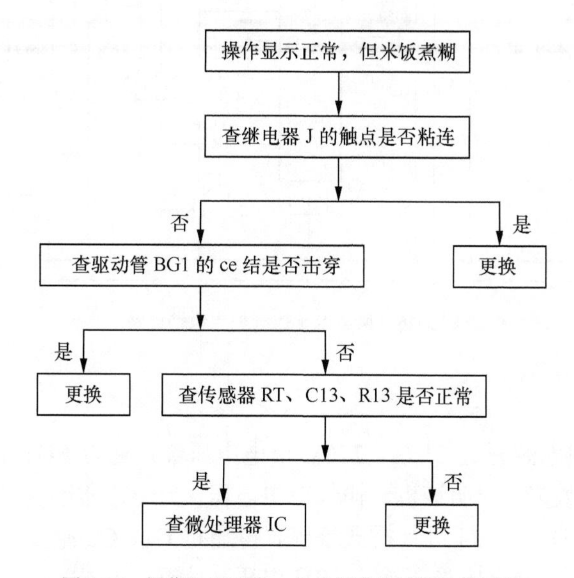

图 3-44　操作显示正常，但米饭煮糊故障检修流程

第 4 节　电饼铛故障分析与检修

电饼铛其实最重要的功能就是烙饼，可以烙各种花样的饼，当然也可以用它做面包或披萨，也有少部分人拿它来烤鱿鱼和做烤鱼或牛排等食品。常见的电饼铛如图 3-45 所示。

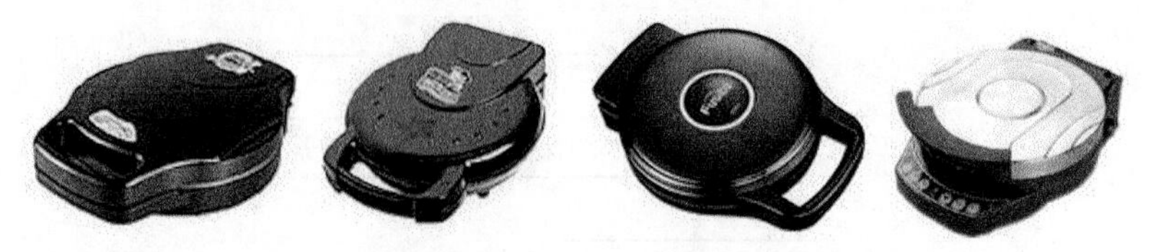

图 3-45　常见的电饼铛实物外形

一、电子控制型电饼铛

典型的电子控制型电饼铛由控制芯片、继电器、加热器、指示灯等构成，如图 3-46 所示。

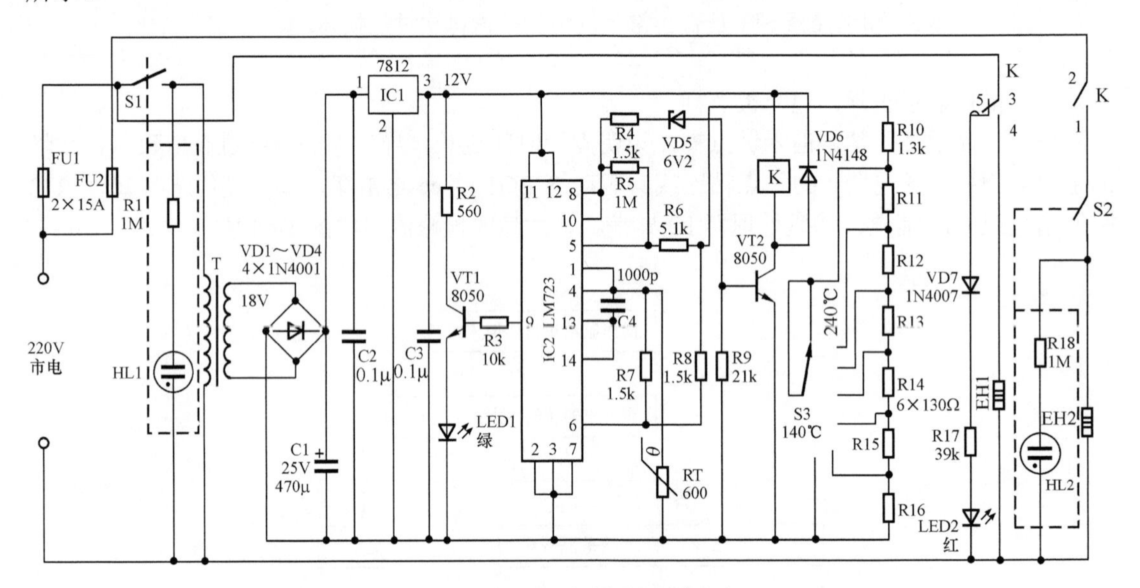

图 3-46　典型电子控制型电饼铛电路

1. 工作原理

（1）电源电路

插好电源线并接通电源开关 S1 后，220V 市电电压经熔断器 FU1 输入，一路经限流电阻 R1 限流使指示灯 HL1 发光，表明该机已输入市电电压；另一路通过变压器 T 降压输出 18V 交流电压，该电压通过 VD1～VD4 进行桥式整流，再通过 C1、C2 滤波产生 22V 左右的直流电压。22V 电压经三端稳压器 IC1 稳压输出 12V 电压，为负载供电。

（2）加热控制电路

当控制芯片 IC2（LM723）得到供电后，从它的⑧～⑩脚输出高电平控制电压。⑨脚输出的高电平控制信号通过 R3 限流使 VT1 导通，由 VT1 的 e 极输出的电压使绿色发光二极管 LED1 发光，表明该机处于加热状态。同时，⑧、⑩脚输出的高电平电压通过 R4 限流，稳压管 VD5 稳压后使激励管 VT2 导通，继电器 K 的线圈流过导通电流，使它内部的两路触点 1、2 和 3、4 接通。此时，市电电压为加热器 EH1、EH2（在 S2 接通的情况下）供电，使它们开始加热。若 S2 被断开，仅 EH1 加热。EH2 加热期间，通过指示灯 HL2 发光来指示。

当 IC2 的⑧、⑩脚输出低电平控制信号后，继电器 K 内的触点 1、2 断开，同时触点 3、4 也断开，但触点 3、5 接通，不仅切断了加热器 EH1、EH2 的供电回路，使 EH1、EH2 停止加热，而且接通了指示灯 LED2 的供电回路，使 LED2 发光，表明该机进入保温状态。

（3）温度设置电路

温度设置由机械选择开关 S3 和芯片 IC2 共同完成。将 S3 置于不同的位置，为 IC2 的⑤脚提供的电压也不同。⑤脚输入的电压越高，IC2 的⑧、⑩脚输出的高电平时间越长，加热器加热时间越长，加热温度就越高。

（4）自动温度控制电路

自动温度控制由温度传感器（负温度系数热敏电阻）RT 和芯片 IC2 共同完成。RT 的阻值随温度升高而减小，使 IC2 的④脚电位降低。这样，IC2 对④脚电位与⑤脚电位进行比较后，就可以判断电饼铛的温度，一旦检测到④脚电位低于⑤脚电位后，判断温度符合要求，控制⑧、⑩脚输出低电平信号，使加热器停止加热，实现温度的自动控制。

2. 常见故障检修

（1）加热器 EH1、EH2 都不加热

加热器 EH1、EH2 都不加热说明熔断器 FU1 熔断或继电器控制电路异常。该故障的检修流程如图 3-47 所示。

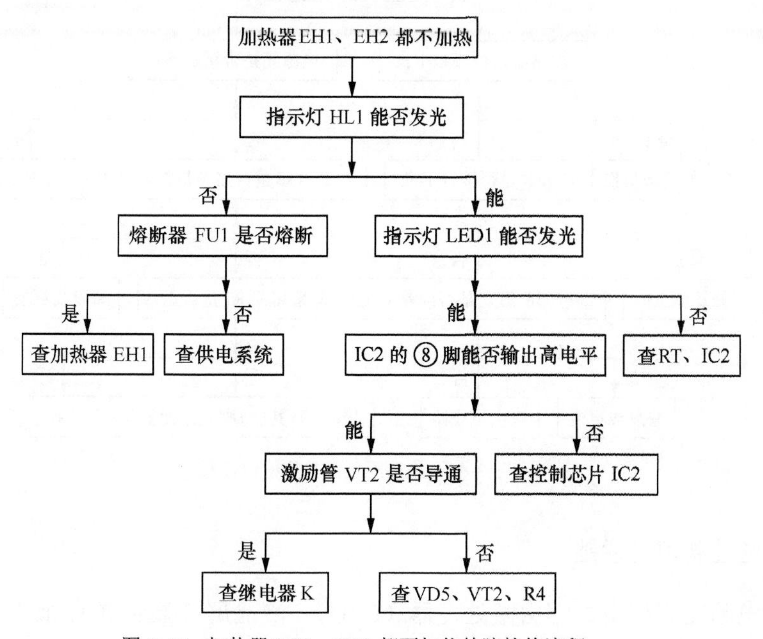

图 3-47　加热器 EH1、EH2 都不加热故障检修流程

（2）加热器EH2不能加热

加热器EH2不加热说明熔断器FU2熔断、EH2或其供电电路异常。该故障的检修流程如图3-48所示。

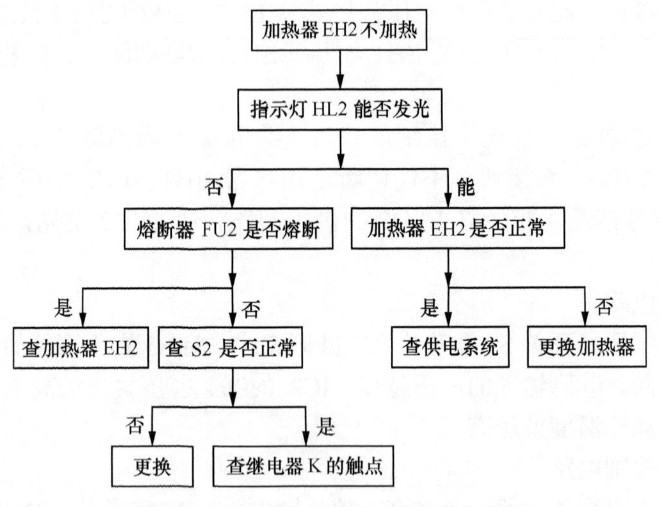

图3-48 加热器EH2不加热故障检修流程

（3）加热不正常

加热不正常，说明温控器、加热器或线路接触不良。该故障的检修流程如图3-49所示。

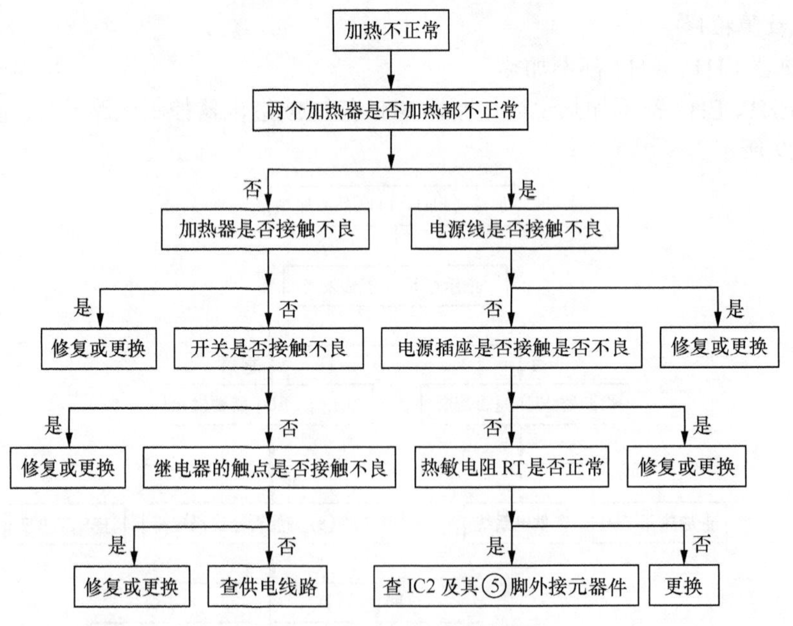

图3-49 加热不正常故障检修流程

二、电脑控制型电饼铛

典型的电脑控制型电饼铛由微处理器（CPU）、液晶屏（显示屏）、操作键、继电器、加热器、指示灯等构成，如图 3-50 所示。

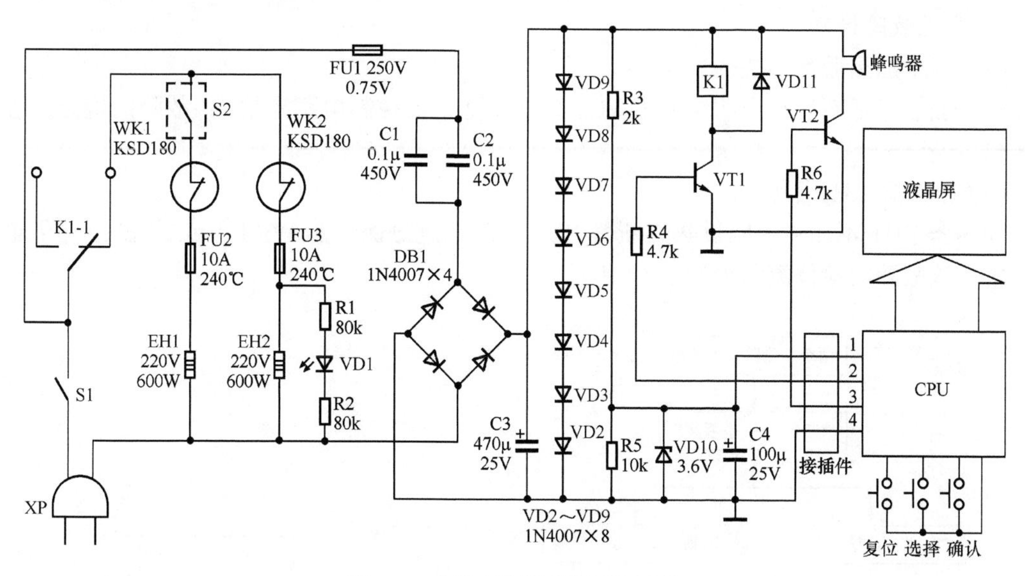

图 3-50　典型电脑控制型电饼铛电路

1. 工作原理

（1）电源电路

插好电源线并接通电源开关 S1 后，220V 市电电压经熔断器 FU1 输入后，通过电容 C1、C2 降压，再通过 4 只 1N4007 构成的整流桥堆 DB1 进行桥式整流，利用二极管 VD2～VD9 钳位，C3 滤波产生 5.6V 直流电压。该电压不仅为继电器 K1 和蜂鸣器供电，而且通过 R3 限流，VD10 稳压产生 3.6V 直流电压，经 C4 滤波后为 CPU 供电。

（2）加热控制电路

3.6V 电压通过连接器（接插件）的①脚为 CPU 供电后，CPU 开始工作，控制该机进入 5min 预热状态，并控制液晶屏显示 5min 倒计时。预热结束后，CPU 输出的蜂鸣器驱动信号通过接插件的③脚输入到蜂鸣器驱动电路，再通过 R6 限流、VT2 反相放大，驱动蜂鸣器发出提示音，提醒用户向电饼铛内放置食物，并选择加热模式。用户设置的信息被 CPU 检测后，CPU 输出加热控制信号。该信号通过接插件的②脚输入，再经 R4 限流使 VT1 导通，继电器 K1 的线圈流过导通电流，使它内部的常开触点接通。此时，市电电压为加热器 EH1（在 S2 接通的情况下）、EH2 供电，使它们开始加热，同时还通过 R1、R2 限流，使指示灯 VD1 发光，表明电饼铛处于加热状态。

加热结束后，CPU 输出停止加热信号，该信号使继电器 K1 内的触点断开，切断加热器 EH1、EH2 的供电回路，EH1、EH2 停止加热，同时 CPU 输出蜂鸣器驱动信号，使蜂鸣器鸣叫，提醒用户加热结束。

（3）过热保护电路

过热保护电路由过热保护器 WK1 和 WK2，以及过热熔断器 FU2、FU3 构成。若继电器 K1 的触点粘连等原因引起加热器加热时间过长，使加热器温度升高，当温度达到 180℃时过热保护器内的触点断开，切断供电回路，避免加热器过热损坏，实现了过热保护。在过热保护器也失效时，加热器的温度会再次升高，当温度达到 240℃时，过热熔断器熔断，确保加热器不会过热损坏。

2. 常见故障检修

（1）两个加热器都不加热

两个加热器都不加热说明熔断器 FU1 熔断或继电器控制电路异常。该故障的检修流程如图 3-51 所示。

（2）加热器 EH1 不加热

加热器 EH1 不加热说明过热熔断器 FU2 熔断、过热保护器 WK1 开路或 EH1 的供电电路异常。该故障的检修流程如图 3-52 所示。

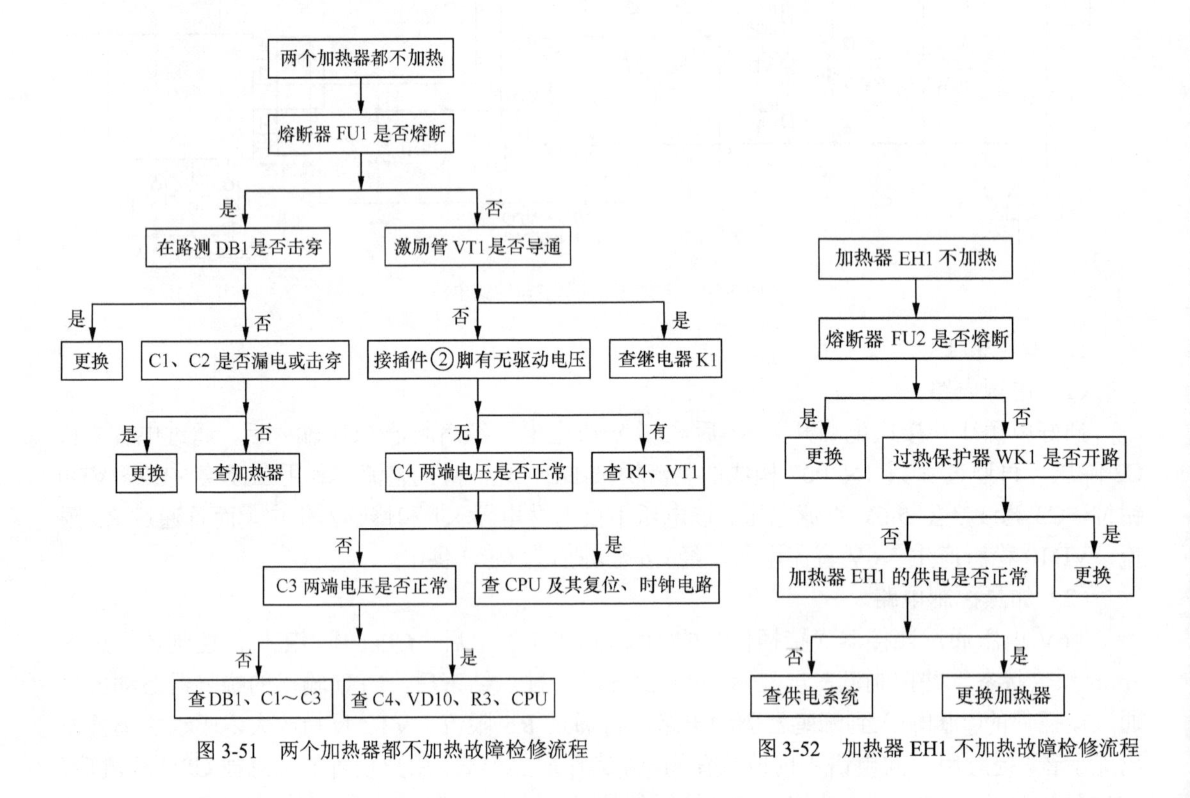

图 3-51 两个加热器都不加热故障检修流程

图 3-52 加热器 EH1 不加热故障检修流程

第 5 节 电烤炉/箱故障分析与检修

电烤炉也叫电烤箱，由它烤制食物不仅加热速度快，烘烤时间短，操作简便，安全可靠，而且烤出的食物味美可口，越来越受到消费者的青睐。常见的电烤炉如图 3-53 所示。

图 3-53 常见的电烤炉实物外形

一、工作原理

典型的机械控制型电烤炉/电炒锅由温控器 ST、加热器、指示灯等构成，如图 3-54 所示。

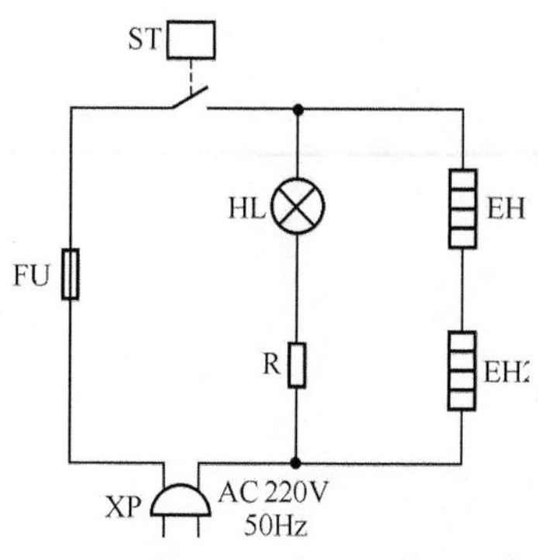

图 3-54　典型机械控制型电烤炉电路

插好电源线并调节温控器 ST 的旋钮设置温度后，220V 市电电压经熔断器 FU 和 ST 输入，不仅为加热器 EH1、EH2 供电，使它们加热，而且经 R 限流使指示灯 HL 发光，表明它工作在加热状态。当加热温度达到 ST 的设置值后，ST 的双金属片动作，使它的触点断开，加热器停止加热。当温度下降到某一值时，ST 的双金属片复位，触点闭合，再次接通电源。如此反复，使电烤炉的温度控制在一定范围内，起到温度调整和控制的作用。

二、常见故障检修

（1）不加热

不加热说明加热器或其供电系统异常。该故障的检修流程如图 3-55 所示。

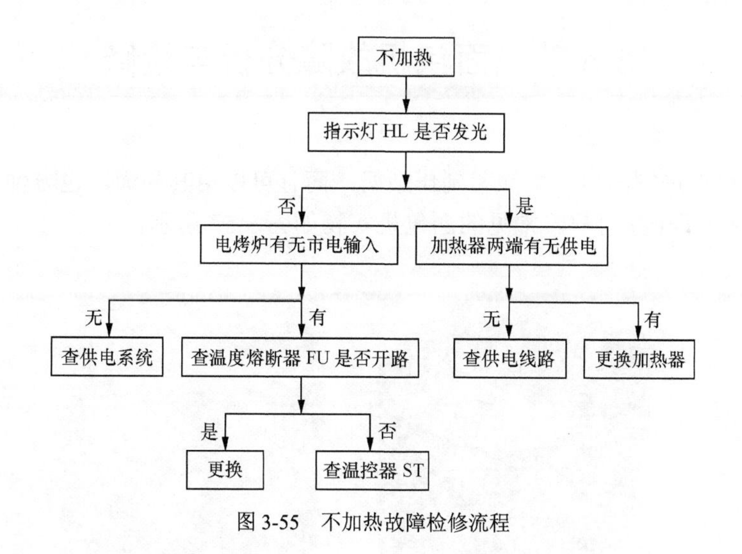

图 3-55　不加热故障检修流程

注意　温度熔断器 FU 熔断后，必须要检查温控器 ST 的触点是否粘连，以免导致更换后的温度熔断器再次损坏。

（2）加热不正常

加热不正常，说明温控器、加热器或线路接触不良。该故障的检修流程如图 3-56 所示。

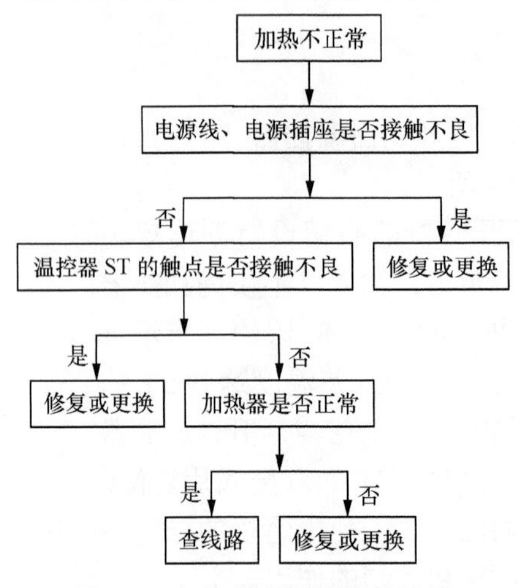

图 3-56　加热不正常故障检修流程

提示　若一个加热器损坏，会产生加热温度低的故障。通过测量加热管的阻值就可以确认。

第 6 节　面包机故障分析与检修

面包机不仅可以烤制面包、蛋糕和制作酸奶，而且可以用其和面，也方便了制作中式餐点，因此快速走进了千家万户。常见的面包机实物如图 3-57 所示。

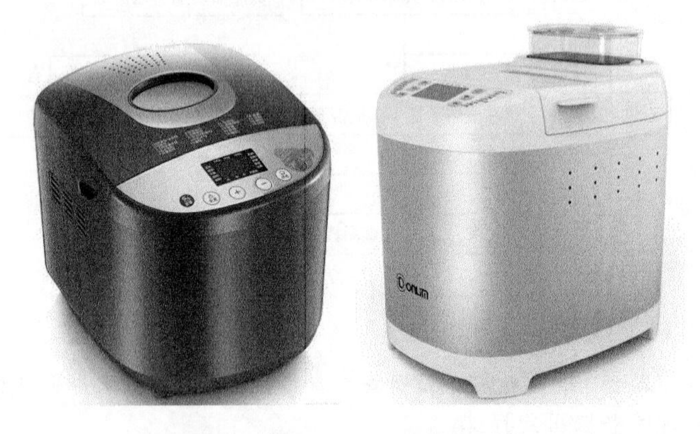

图 3-57　常见的面包机实物外形

一、面包机的构成

面包机由上盖、搅拌棒、面包桶、显示屏、控制面板、机身、烤箱体、加热管、控制板、功率板等构成，如图 3-58 所示。加热管在烤箱体内侧底部，如图 3-59 所示。控制板在控制面板里面，如图 3-60（a）所示；功率板在机身内部，如图 3-60（b）所示。

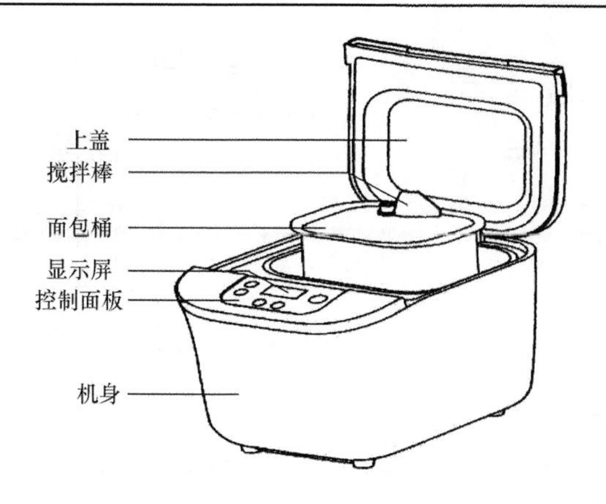

图 3-58　常见的面包机实物构成

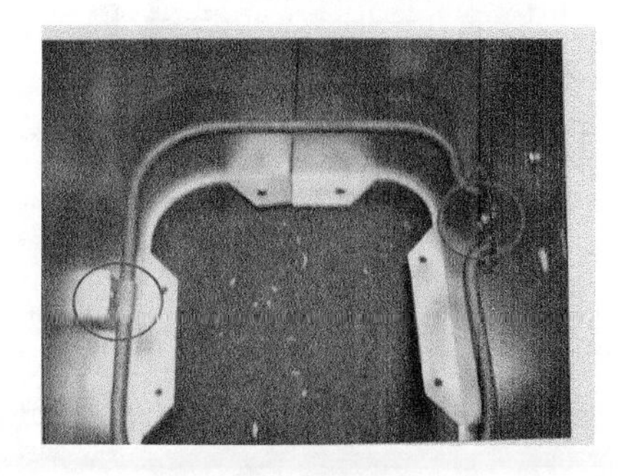

图 3-59　常见的面包机加热管位置

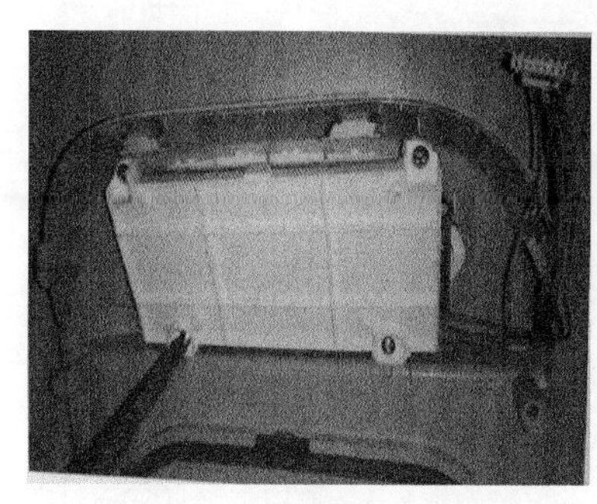

（a）控制板位置

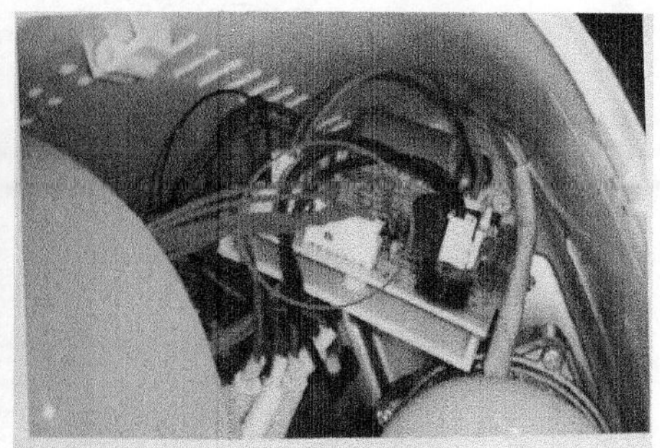

（b）功率板位置

图 3-60　典型面包机电路板位置

二、工作原理

下面以美的 AHS10BD-PV（ASC1000）型面包机电路为例介绍面包机的工作原理。美的 AHS10BD-PV（ASC1000）型面包机电路由控制系统、显示电路、电源电路、搅拌电路、加热电路等构成。其中，电源电路、加热电路、搅拌电路见图 3-61，控制系统、显示电路见图 3-62。

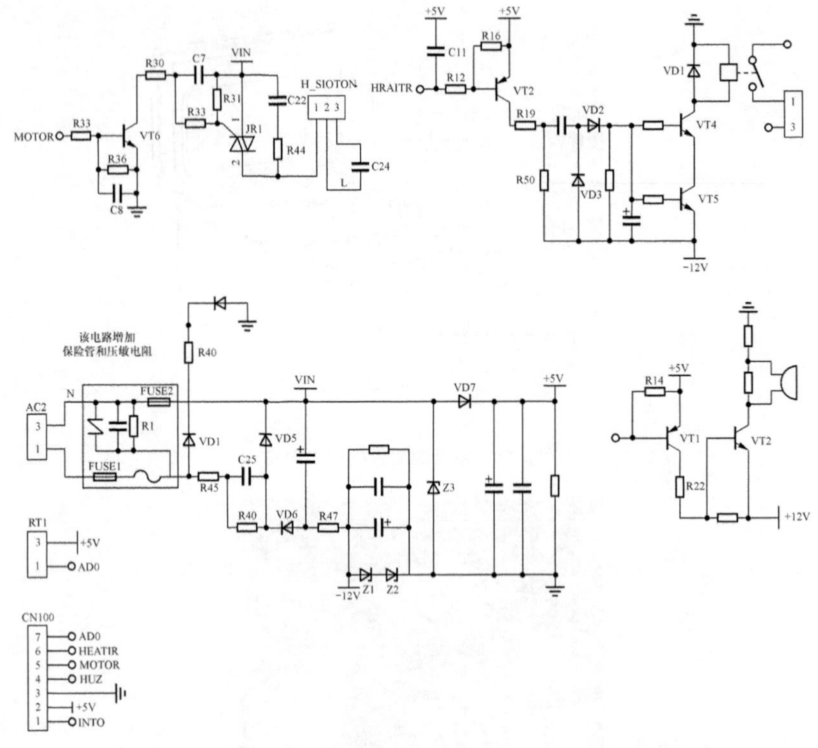

图 3-61　美的 AHS10BD-PV（ASC1000）型面包机功率电路

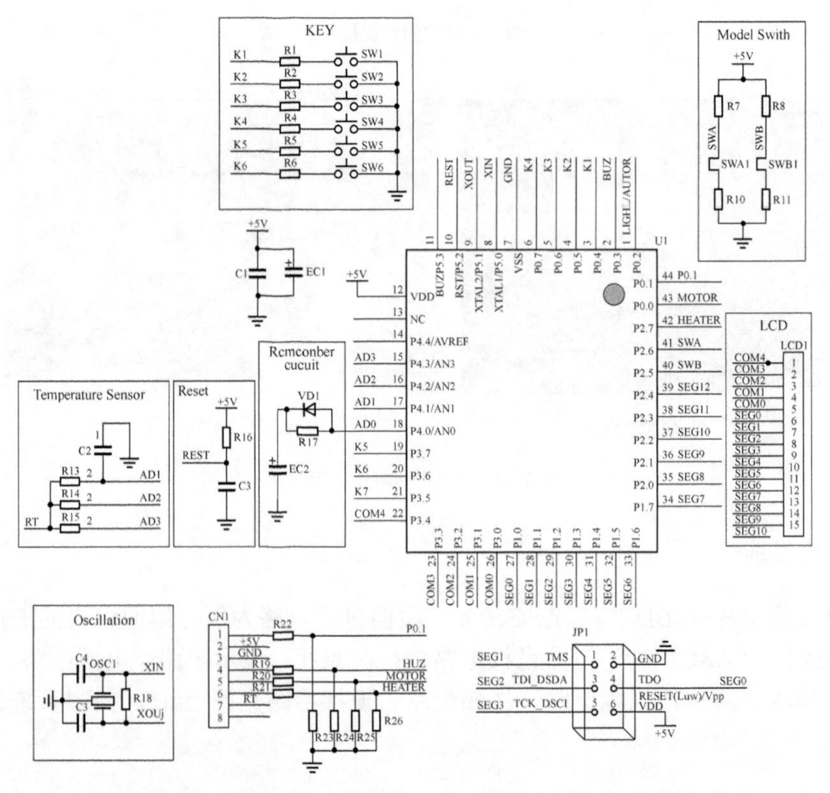

图 3-62　美的 AHS10BD-PV（ASC1000）型面包机控制电路

1. 电源电路

参见图 3-61，插好电源线，220V 市电电压经熔丝管 FUSE1 和 10A 的热熔断器 FUSE2、FUSE3 输入后，第一路为加热、搅拌电路供电；第二路送给市电过零检测电路；第三路通过 R45、C25 降压，再通过 D5、D6 整流，EC4 滤波获得 VIN 电压。VIN 电压一方面经 Z3 稳压，EC6、C26 滤波产生+5V 电压，为微处理器电路、显示电路、电机驱动、温度检测等供电；另一方面经 R47 限流，EC5、C8 滤波，Z1、Z2 稳压产生-12V 电压，为蜂鸣器、继电器驱动电路供电。C25 两端的 R46 在断电后，可将 C25 存储的电压放掉，以便下次通电时确保电源电路快速进入工作状态。

高频滤波电容 C23 不仅可滤除市电电网中高频干扰脉冲，以免电网中的干扰脉冲影响电磁炉正常工作，同时还可以阻止面包机产生的高频脉冲窜入电网中，影响其他用电设备的正常工作。C23 两端的 R1 在断电后，可将 C23 存储的电压放掉，以便下次通电时再次实现滤波功能。

压敏电阻 ZR1 用于过压保护。当市电升高或有雷电窜入，导致 ZR1 两端的峰值电压达到 470V 时，它击穿短路，使熔丝管 FUSE1 过流熔断，切断市电输入回路，避免了后面的元器件过压损坏。

2. 过零检测电路

参见图 3-61、图 3-62，整流管 D9 输出的 50Hz 脉动直流电压经 R40、R22、R23 分压限流后，产生基准信号 INT0。该信号加到的微处理器 U1 的㊹脚，被 U1 识别后，输出的触发信号确保双向晶闸管 TR1 在市电的过零处导通，避免了 TR1 可能在导通瞬间因功耗大损坏。

3. 微处理器电路

微处理器电路由单片机 U1 为核心构成。U1 的引脚功能如表 3-5 所示。

表 3-5　　单片机 U1 的引脚功能

脚位	脚名	功能	脚位	脚名	功能
①	LIGHT/AUTOR	光源自动控制	㉓	COM3	LCD 串行数据信号 3 输出
②	BUZ	蜂鸣器驱动信号输出	㉔	COM2	LCD 串行数据信号 2 输出
③	K1	操作信号 1 输入	㉕	COM1	LCD 串行数据信号 1 输出
④	K2	操作信号 2 输入	㉖	COM1	显示屏串行数据信号 1 输出
⑤	K3	操作信号 3 输入	㉗	SEG0	显示屏段信号 0 输出
⑥	K4	操作信号 4 输入	㉘	SEG1	显示屏段信号 1 输出
⑦	GND	接地	㉙	SEG2	显示屏段信号 2 输出
⑧	XIN	振荡器输入	㉚	SEG3	显示屏段信号 3 输出
⑨	XOUT	振荡器输出	㉛	SEG4	显示屏段信号 4 输出
⑩	REST	复位信号输入	㉜	SEG5	显示屏段信号 5 输出
⑪	BUZ	蜂鸣器驱动输出，未用	㉝	SEG6	显示屏段信号 6 输出
⑫	VDD	5V 供电	㉞	SEG7	显示屏段信号 7 输出
⑬	NC	空脚	㉟	SEG8	显示屏段信号 8 输出
⑭	VREF	基准电压，未用	㊱	SEG9	显示屏段信号 9 输出
⑮	AD3	温度检测信号 3 输入	㊲	SEG10	显示屏段信号 10 输出
⑯	AD2	温度检测信号 2 输入	㊳	SEG11	显示屏段信号 12 输出

续表

脚位	脚名	功能	脚位	脚名	功能
⑰	AD1	温度检测信号 1 输入	㊴	SEG12	显示屏段信号 0 输出
⑱	AD0	记忆电路	㊵	SWB	模式控制信号 B 输入
⑲	K5	操作信号 5 输入	㊶	SWA	模式控制信号 A 输入
⑳	K6	操作信号 6 输入	㊷	HEATER	加热控制信号输出
㉑	K7	操作信号 7 输入	㊸	MOTOR	搅拌控制信号输出
㉒	COM4	LCD 串行数据信号 4 输出	㊹	P0.1	过零检测信号输入

（1）CPU 基本工作条件电路

当电源电路工作后，由其输出的+5V 加到微处理器 U1 的供电端⑫脚，为它供电。同时，+5V 电压经 R10、C3 积分产生一个由低到高的复位信号，该信号加到 U1 的⑩脚后，U1 内部的存储器、寄存器等电路复位后开始工作。U1 内部的振荡器与⑧、⑨脚外接的晶振 OSC1 和移相电容 C4、C5 通过振荡产生时钟信号，该信号经分频后协调各部位的工作。

（2）操作显示电路

参见图 3-61，该机的操作显示电路由功能操作键 SW1～SW6、微处理器 U1 和 LCD 显示屏构成。

通过功能操作键进行操作时，产生的操作信号经 R1~R6 限流后，从 U1 的③~⑥、⑲、⑳脚输入，被 U1 识别出用户的操作信息，控制相关电路进入相应的操作状态。同时，U1 从㉒~㉖脚输出显示屏串行数据信号，从㉗~㊴脚输出显示屏段信号，控制显示屏显示功能、时间等信息。

（3）蜂鸣器电路

参见图 3-61、图 3-62，该机的蜂鸣器电路由微处理器 U1、蜂鸣器 BUZ1、放大管 Q1 及 Q3 等构成。

当进行功能操作时，U1 的②脚输出的驱动信号经 R19 限流，再经 CN1 的④脚输出到功率板，利用 Q1 倒相放大，再利用 R27 加到 Q3 的 b 极，利用 Q3 倒相放大后，驱动蜂鸣器 BUZ1 发出声音，表明该操作功能已被 U1 接收，并且控制有效。另外，当搅拌、加热等功能结束后，U1 也会输出驱动信号使 BUZ1 鸣叫，提醒用户搅拌、加热等功能结束。

4. 搅拌电路

参见图 3-61、图 3-62，该机搅拌电路由搅拌电机、双向晶闸管（俗称双向可控硅）TR1、放大管 Q6 和微处理器 U1 等构成。

需要搅拌时，U1 的㊸脚输出的触发信号经 R25、R26 分压限流，C6 滤波，利用 Q6 倒相放大，通过 R30、R31、C7 触发双向晶闸管 TR1 导通，为搅拌电动机供电。它得电后，在运行电容（俗称启动电容）C24（3.5μF）的配合下开始运转，通过传送带带动搅拌系统完成面粉、水、鸡蛋等食物的搅拌。

TR1 两端并联的 R44 和 C22 构成吸收回路，以免 TR1 被过高的感应电压损坏。

5. 发酵、加热、保温电路

该机发酵、加热、保温电路由加热管、继电器 REL1、温度传感器（负温度系数热敏电阻）RT、微处理器 U1 为核心构成。电路见图 3-61、图 3-62。

当搅拌结束后进入自动加热发酵程序。此时，微处理器 U1㊷脚输出的驱动信号经 R21

限流，通过连接器 CN1 的 6 脚进入功率板，经 R13 加到放大管 Q2 的 b 极，经其倒相放大后，从它 c 极输出的电压信号经 R39 限流、C18 耦合、利用 D2 整流、C19 滤波后产生直流驱动电压。该电压经 R20、R19 使放大器 Q4、Q5 导通，接通继电器 REL1 线圈的供电回路，使 REL1 内的触点闭合，为加热管供电，加热管得到供电后发热，使桶内温度逐渐升高。当温度升至 36℃左右后，温度传感器 RT 的阻值减小到需要值，+5V 通过 RT 与 R13~R15 降压后，为 U1 的⑮~⑰脚提供的电压升高到设置值，U1 将⑮~⑰脚输入的电压与内部存储的对应温度值进行比较后，U1 的㊷脚停止输出驱动信号，加热管停止发热，开始发酵。发酵结束后，自动进入烤制程序，此时 U1 的㊷脚再次输出驱动信号，REL1 的触点闭合，加热管再次进入加热状态，进行烤制。随着温度的不断升高，面包逐渐被烤熟，被 RT 检测后，输出信号给 U1，被 U1 识别后输出两路控制信号：一路控制㊷脚停止输出加热信号，REL1 内的触点释放，加热管停止加热，进入保温状态；另一路输出驱动信号使蜂鸣器 BUZ1 鸣叫，提醒用户面包烤熟结束。

若面包未被取出，则桶内温度随着时间的延长而降低，当温度下降到设置值后，RT 的阻值增大到设置值，使 U1 的⑮~⑰脚输入的电压减小到设置值，U1 将该电压与内部存储的对应温度值进行比较后，判断桶内的温度低于保温值后，控制㊷脚输出加热信号。这样，在 RT、U1 的控制下，桶内的温度被控制在一定范围内，实现保温功能。

提示　该型面包机具有烧色（面包表皮颜色）设置功能。烤制面包时，通过面板上的“烧色”键，可以选择烤制面包的颜色为浅、中、深。因此，微处理器 U1 需要设置⑮~⑰脚 3 个端子，通过检测输入的电压值，来判断桶内的温度，进而确认面包表皮的颜色是否满足用户的需要。

6. 过热保护电路

过热保护由热熔断器 FUSE2、FUSE3 完成。当继电器 REL1 的触点粘连，引起加热温度升高并超过 172℃时，FUSE2 或 FUSE3 熔断，切断市电输入回路，避免加热管和相关器件过热损坏，实现了过热保护。

三、故障代码

为了便于生产和维修，该机设置了故障自诊功能。当该机的控制电路中的某一器件发生故障时，被微处理器 U1 检测后，通过显示屏显示故障代码。故障代码与故障原因的关系如表 3-6 所示。

表 3-6　故障代码与故障原因

故障代码	含义	故障原因
E:E0	温度传感器开路	温传感器 RT 及其阻抗/电压信号变换电路异常
E:E1	温度传感器短路	温传感器 RT 及其阻抗/电压信号变换电路异常
H:HH	面包机发酵过热	温传感器 RT 及其阻抗/电压信号变换电路异常
H:HH	面包机发酵温度低	温传感器 RT 及其阻抗/电压信号变换电路异常

四、常见故障检修流程

（1）不工作，LCD 显示屏不亮

不工作、LCD 显示屏不亮，说明供电线路、电源电路、微处理器电路、加热电路、热保护电路异常。该故障的检修流程如图 3-63 所示。

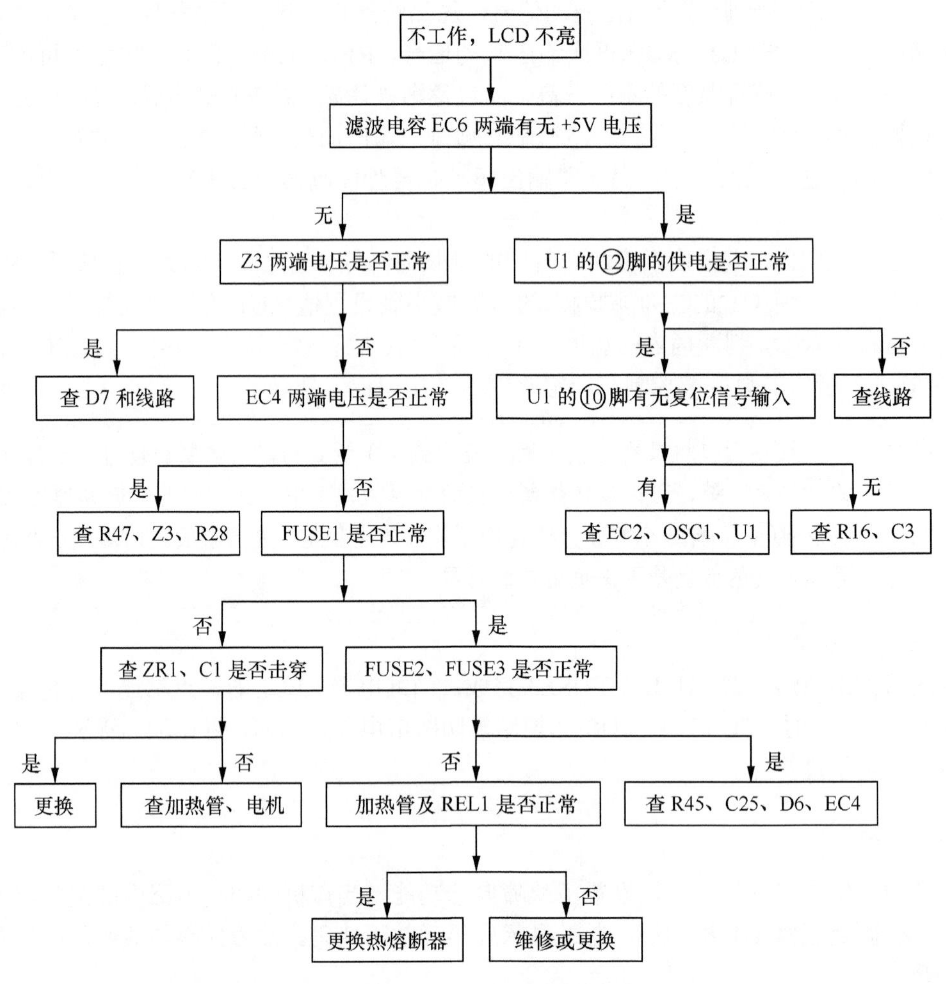

图 3-63　不工作，LCD 显示屏不亮故障检修流程

（2）LCD 显示正常，但不能搅拌

LCD 显示正常，但不能搅拌，说明搅拌拨片、传送带、市电过零检测电路、搅拌电动机或其供电电路异常。该故障的检修流程如图 3-64 所示。

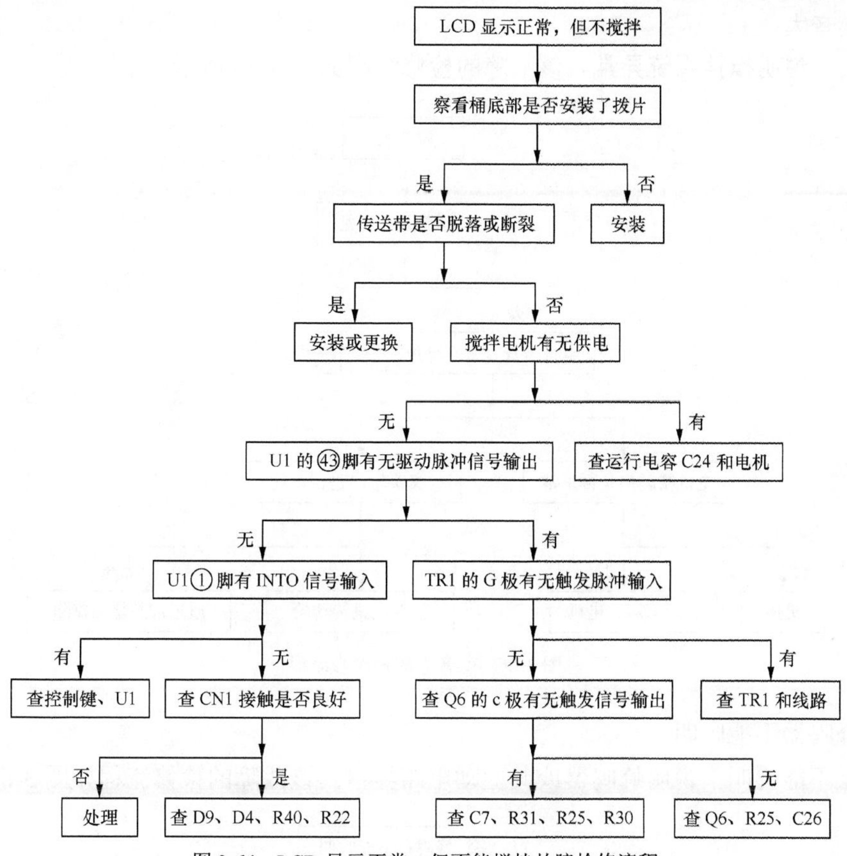

图 3-64　LCD 显示正常，但不能搅拌故障检修流程

（3）LCD 显示正常，但不加热

LCD 显示正常，但不加热，说明加热管或其供电系统异常。该故障的检修流程如图 3-65 所示。

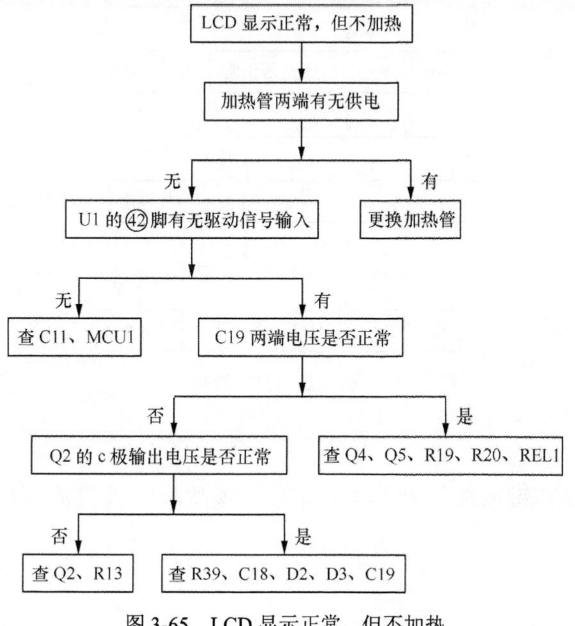

图 3-65　LCD 显示正常，但不加热

（4）噪音大

噪音大，说明搅拌系统异常。该故障的检修流程如图3-66所示。

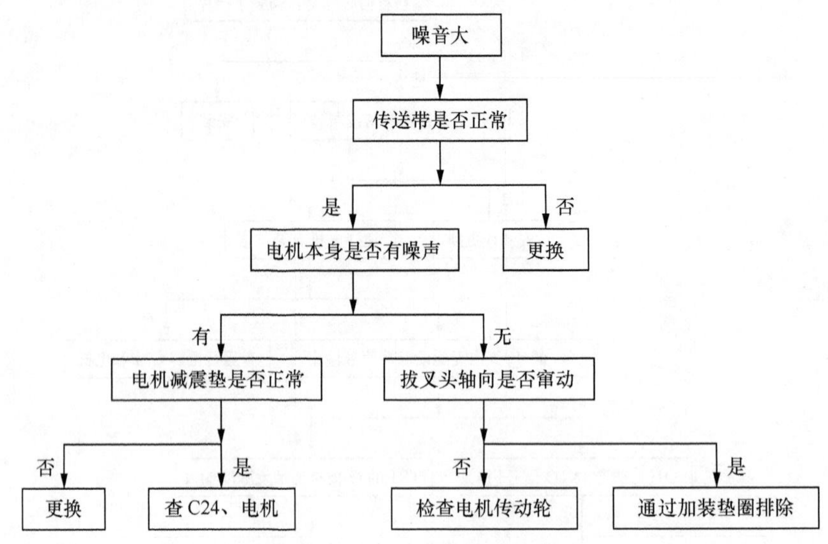

图3-66　噪音大故障检修流程

（5）蜂鸣器不能鸣叫

蜂鸣器不能鸣叫，说明蜂鸣器或其驱动电路异常。该故障的检修流程如图3-67所示。

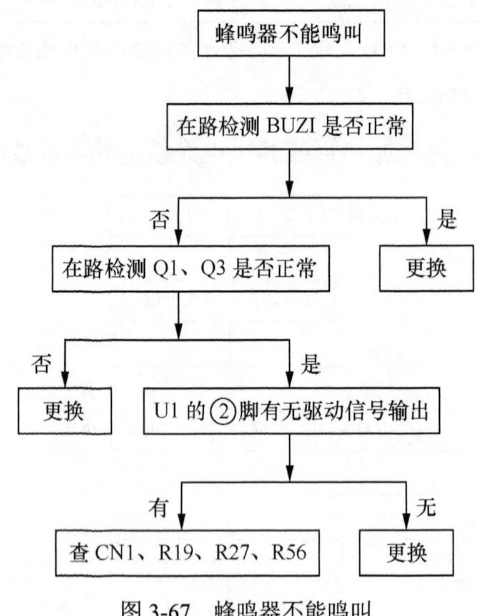

图3-67　蜂鸣器不能鸣叫

（6）操作异常

操作异常，说明操作键或微处理器U1异常。该故障的检修流程如图3-68所示。

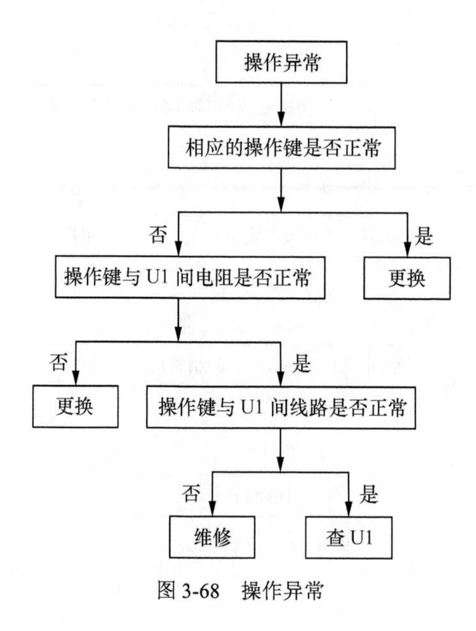

图 3-68　操作异常

（7）显示故障代码

显示故障代码，说明温度传感器或其阻抗-电压信号变换短路异常，该故障的检修流程如图 3-69 所示。

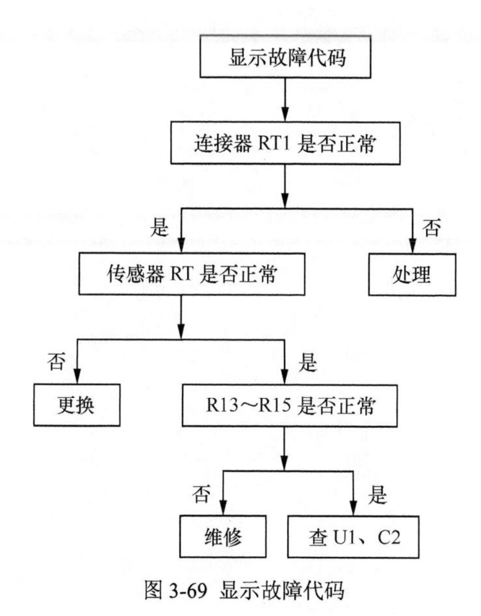

图 3-69 显示故障代码

（8）LCD 显示异常

LCD 显示异常，说明 LCD 或其驱动短路异常。该故障的检修流程如图 3-70 所示。

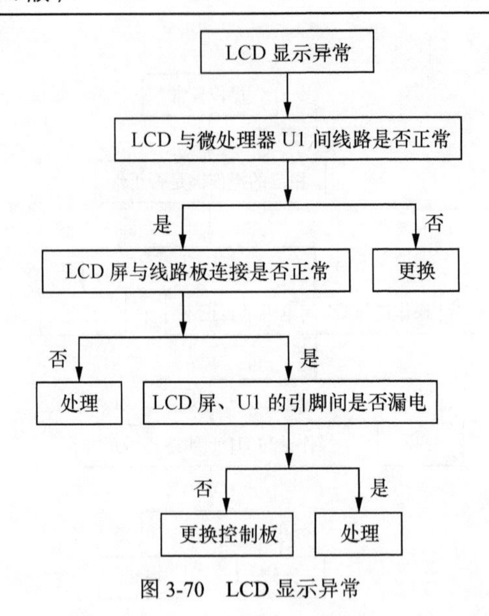

图 3-70　LCD 显示异常

第 4 章　吸油烟机故障分析与检修

吸油烟机又称抽油烟机、排油烟机，还称脱排抽油烟机等。它可直接吸走烹饪时产生的油烟、水蒸气等污染物，其排污率达 90%以上，还可将分解的污油收集在集油杯中，便于清洗，且有美化厨房等优点，是家庭厨房排污不可缺少的设备。常见的吸油烟机如图 4-1 所示。

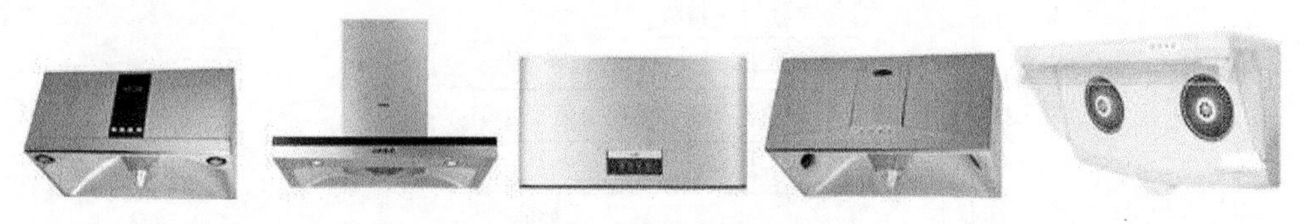

图 4-1　常见的吸油烟机

第 1 节　机械控制型吸油烟机故障分析与检修

机械控制型吸油烟机根据有无油烟监控功能分为普通机械控制型和监控机械控制型两种。

一、普通吸油烟机

典型的普通吸油烟机的控制系统采用了琴键开关，如图 4-2 所示。

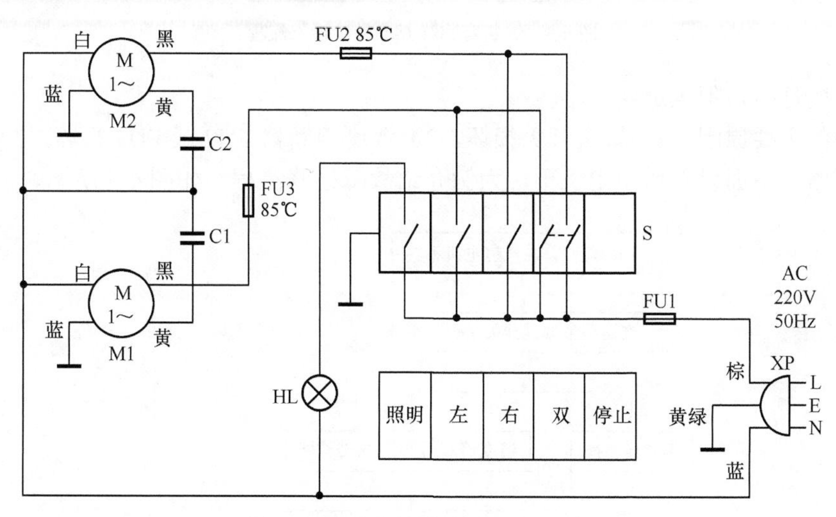

图 4-2　普通吸油烟机电气系统原理图

1. 工作原理

将电源插头插入 220V 插座，按下琴键开关（组合开关）S 内的照明灯按键，照明灯 HL

的供电回路被接通，HL开始发光；按下左风道键或右风道键，左风道电机M1或右风道电机M2在启动电容的配合下运转，开始吸油烟，进行排污；当按下双风道按键时，左风道电机M1和右风道电机M2同时抽油烟排污；当按下停止键后，各按键自动复位，照明灯熄灭、电机停转，整机停止工作。

2. 常见故障检修

（1）熔断器FU1熔断

该故障的主要原因：1）自身损坏，2）照明灯HL或电机M1、M2漏电，使其过流熔断。该故障检修流程如图4-3所示。

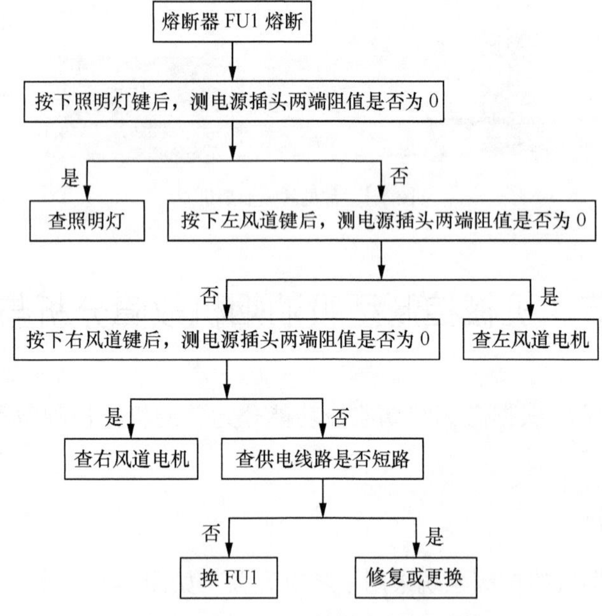

图4-3　熔断器FU1熔断故障检修流程

（2）照明灯亮，但风道电机不转

该故障的主要原因：1）琴键开关损坏，2）温度熔断器FU2或FU3损坏，3）电机及其供电线路开路。下面以左风道电机不转为例介绍故障检修流程，如图4-4所示。

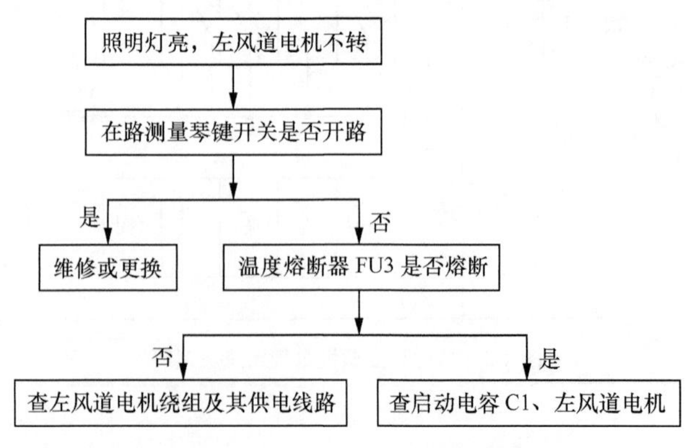

图4-4　照明灯亮，左风道电机不转故障检修流程

（3）电机不转，有“嗡嗡”声

该故障的主要原因：1）启动电容损坏，2）电机异常。下面以左风道电机不转，有“嗡嗡”声为例介绍该故障检修流程，如图 4-5 所示。

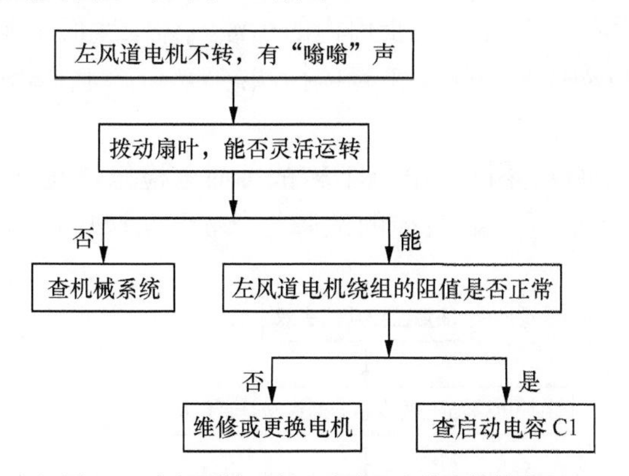

图 4-5　电机不转，有“嗡嗡”声故障检修流程

提 示

电机绕组短路时，通常会发出焦味并且电机的表面温度较高，甚至烫手。

（4）电机的转速慢

该故障的主要原因：1）启动电容（运转电容）C1 或 C2 的容量不足，2）电机轴承异常。

维修时，先用手拨动电机的扇叶，若不能灵活转动，说明电机的轴承等机械系统异常；若转动灵活，则检查启动电容。

二、监控普通型吸油烟机

在普通吸油烟机的基础上加装气敏监控电路和报警元件后，吸油烟机就变成监控机械控制型的了，如图 4-6 所示。

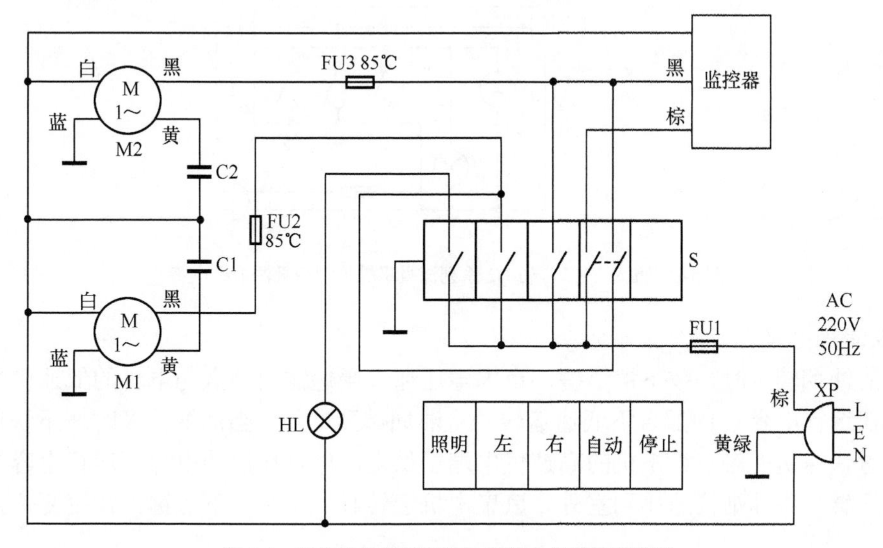

图 4-6　监控机械控制型吸油烟机电气系统原理图

1. 工作原理

这种吸油烟机除了具有手动开关之外，还有监控功能。按下自动按键，进入自动监控状态。当厨房内的污浊气体浓度达到响应值时，监控器发出声光报警，左、右风道电机自动工作，将厨房内的污浊气体排出室外；当厨房内的污浊气体浓度低于响应值时，再工作几分钟后，左、右风道电机便自动停止工作，恢复监控状态。

2. 常见故障检修

此类吸油烟机出现熔断器熔断、电机不转故障时，检修流程和普通吸油烟机的检修基本相同，下面仅介绍不能进行油烟监控的故障检修流程，如图 4-7 所示。

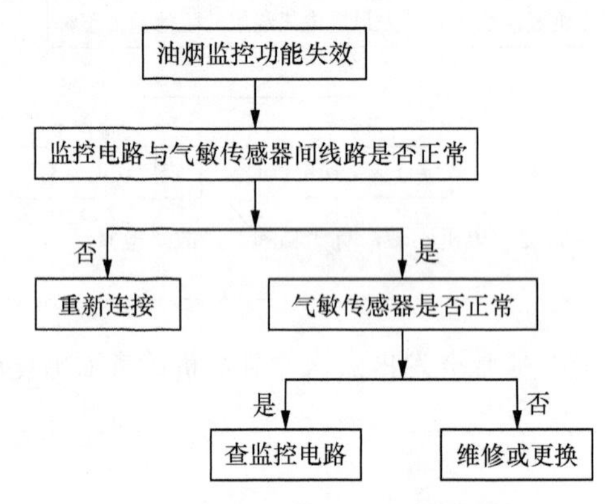

图 4-7　监控功能失效故障检修流程

三、深吸机型吸油烟机

深吸型吸油烟机采用了可变速风扇电机。图 4-8 是方太 CXW-150-B2 系列深吸机械控制型吸油烟机电路。该电路由可变速风扇电机、运行电容、熔断器 FU 照明灯、以及按键开关为核心构成。

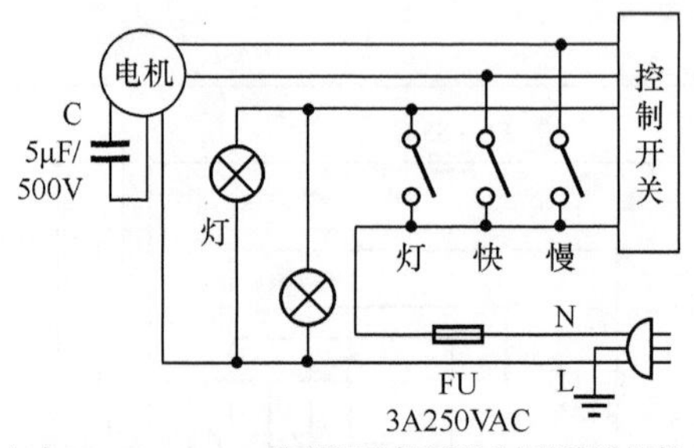

图 4-8　方太 CXW-150-B2 系列深吸机械控制型吸油烟机电路

1. 吸油烟电路

厨房的油烟较少时，按下慢速键，市电电压通过慢速键的触点为电机的低速供电端子供电，电机在运行电容 C 的配合下低速运转，将油烟排到室外。当油烟较多时按下快速键，市电电压通过快速键的触点为电机的高速供电端子供电，电机在启动电容（运行电容）C 的配合下高速运转，将油烟快速排到室外。风扇电机运转时，再按一下该键，该键复位，风扇电机停止。

2. 照明灯电路

按下照明灯按键，照明灯的供电回路被接通，照明灯开始发光。

3. 过流保护电路

FU 是熔断器，当照明灯、电机或运行电容发生短路产生大电流时，FU 过流熔断，实现过流保护。

4. 常见故障检修

该吸油烟机的常见故障包括：（1）风扇不转、照明灯不亮；（2）电机不运转，但照明灯亮；（3）低速运行正常，但不能高速运行。其中，前两个故障与普通吸油烟机一样，不同的是第三个故障。该故障的主要原因：1）快速控制开关异常，2）运行电容 C 故障，3）电机异常。

按下快速键，用万用表的交流电压挡测量电机的高速运行端子有无供电，若有，检查运行电容 C 和电机；若没有，检查快速开关。

提示　运行电容 C 容量不足时，会导致电机能低速运转，但不能高速运转的故障。而电机能高速运转，但不能低速运转时，则不需要检查启动电容。

第 2 节　电子控制型吸油烟机故障分析与检修

电子控制型吸油烟机的控制系统采用电子元器件构成。下面以老板 CPT11B 型、海尔 CXW-130-D12 型吸油烟机为例进行介绍。

一、老板 CPT11B 型吸油烟机

1. 工作原理

（1）电路构成

该机的控制电路以四运算放大器 LM324（A1～A4）和气敏传感器 BA 为核心构成，如图 4-9 所示。其中，A1 和气敏传感器 BA 组成油烟检测电路，A2 为蜂鸣器驱动电路，A3 为油烟控制电路，A4 为防误动作电路，KA 为风扇控制继电器。气敏传感器 BA 的①、②脚之间的加热丝工作时通电并保持一定温度。

BA 输出端产生的电压 U_B 随环境油烟浓度的变化而变化，当环境油烟浓度升高时，U_B 随之升高，反之则降低。这样由气敏传感器 BA 将环境油烟浓度的变化转化为相应的电信号。

（2）控制过程

无油烟时，A1 的⑩脚电位低于⑨脚电位，则 A1 的⑧脚输出低电平电压。该电压第一路使红色发光二极管 LED2 熄灭，使绿色发光二极管 LED1 点亮，表明厨房内的油烟浓度较低，无须排烟；第二路使 A2 的⑫脚电位低于⑬脚电位，致使 A2 的⑭脚输出低电平信号，蜂鸣器不鸣叫；第三路使 A3 的⑤脚电位低于⑥脚电位，A3 的⑦脚输出低电平信号，使激励管 VT 截止，继电器 KA 内的触点不能吸合，电机不能旋转。当油烟浓度超标时，U_B 增大，通过可调电阻 RP 使 A1 的⑩脚电位高于⑨脚电位，于是 A1 的⑧脚输出高电平电压。该电压第一路

使 LED1 熄灭，LED2 点亮，表明厨房油烟浓度超标；第二路使 A2 的⑫脚电位高于⑬脚电位，致使 A2 的⑭脚输出高电平电压，蜂鸣器开始鸣叫，提醒用户厨房油烟超标；第三路通过 VD3 为 C1 充电，使 A3 的⑤脚电位迅速高于⑥脚电位，致使 A3 的⑦脚输出高电平激励信号。该信号通过 R11 与 R13 分压限流后使激励管 VT 导通，为 KA 的线圈提供激励电流，使它内部的触点闭合，电机开始旋转，将油烟排出室外。随着油烟的减少，A1 的⑩脚电位又转为低电平，VD3 截止，C1 经 R7、A1 的⑧脚内部电路放电。由于 R7 的阻值较大，放电时间常数增大，放电时间较长，使 A3 的⑤脚电位在一定时间内仍高于⑥脚电位，A3 的⑦脚仍输出高电平电压，保证电机能在 A1 的⑧脚输出低电平后继续运转一段时间，将油烟彻底排净，直至 A3 的⑤脚电位低于⑥脚电位，A3 输出低电平信号后，电机停转。

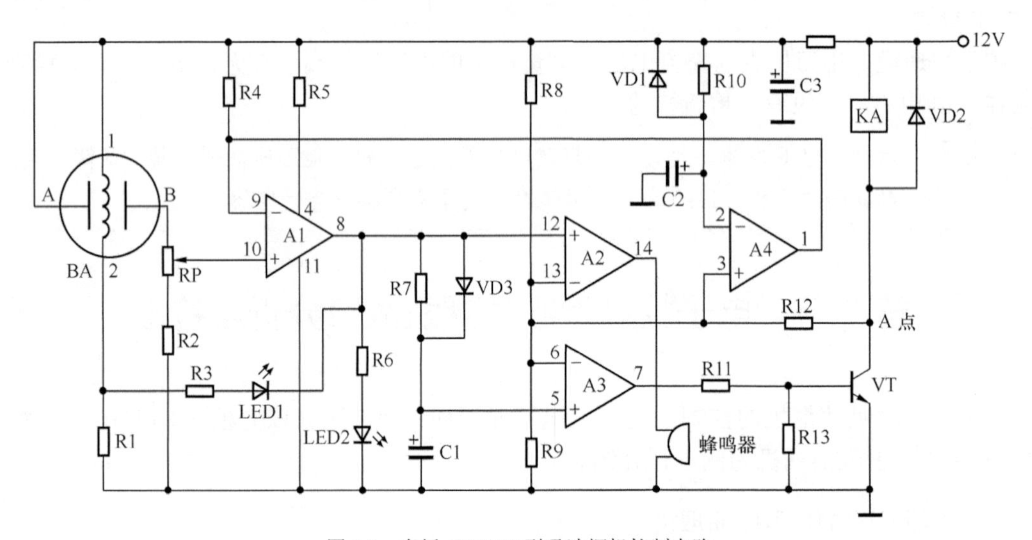

图 4-9 老板 CPT11B 型吸油烟机控制电路

提 示 RP 是可调电阻，调节它可改变检测灵敏度。另外，激励管 VT 的 c 极与 A2、A3 反相输入端接的 R12 的作用是加速 A2、A3 翻转。当 A3 的⑦脚输出的电压由低向高变化时，VT 的 c 极电压下降，通过 R12 反馈使 A2 的⑬脚、A3 的⑥脚的电位迅速下降，从而使 A2、A3 快速翻转。

（3）防误动作电路

接通电源时，为了防止气敏传感器 BA 工作不稳定，误为 A1 的⑩脚提供高电平信号，使 A1 输出高电平的控制信号，引起电机运转和蜂鸣器鸣叫，该机设置了由 A4、C2 等元器件构成的防误动作电路。

由于 C2 容量较大，R10 数值很大，通电瞬间 A4 的②脚电位低于③脚电位，从而使 A4 的①脚输出高电平，为 A1 的⑨脚提供的电压超过⑩脚的电压，使 A1 的⑧脚在开机瞬间输出低电平信号。随着充电的不断进行，A4 的②脚电位超过③脚电位，于是 A4 的①脚输出低电平信号，使该机进入气敏检测状态。

R10 两端并联的 VD1 是泄放二极管，它的作用是该机断电后，为 C2 两端存储的电压提供快速泄放的通道，以便下次通电时该电路迅速进入防误动作状态。

2. 常见故障检修

电机不转，有“嗡嗡”声的故障检修流程和机械控制型吸油烟机是一样的，这里不再介绍，下面介绍误动作和不能排烟的故障检修流程。

（1）误动作

误动作故障是指厨房内无烟的情况下，电机也会运转，该故障的有 3 种表现：一是仅电机运转，二是电机运转的同时蜂鸣器鸣叫，三是电机运转的同时红色指示灯发光。该故障检修流程如图 4-10 所示。

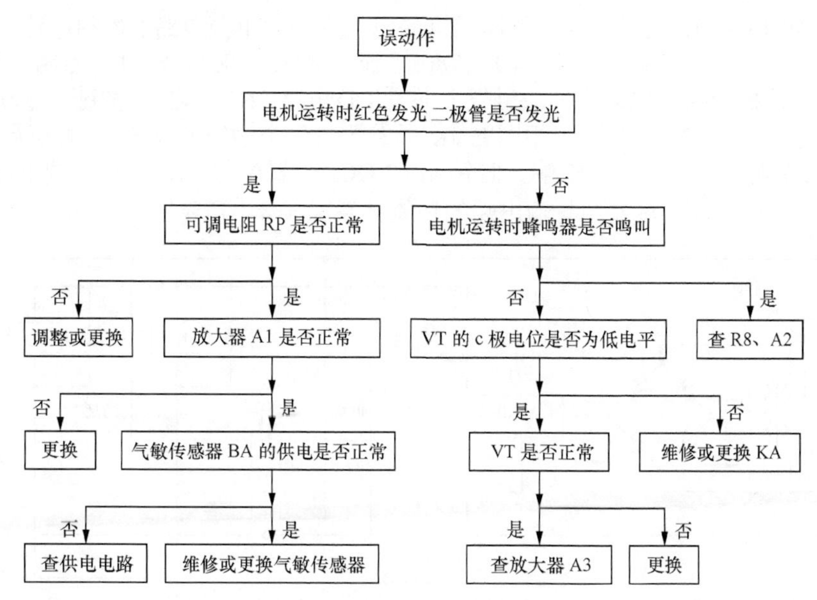

图 4-10　误动作故障检修流程

（2）不能排烟

不能排烟故障是指厨房内烟的浓度较高时，电机也不能运转，该故障有两种情况：一种是电机不转，但蜂鸣器鸣叫；另一种是电机不转，蜂鸣器不鸣叫，且红色指示灯也不亮。该故障检修流程如图 4-11 所示。

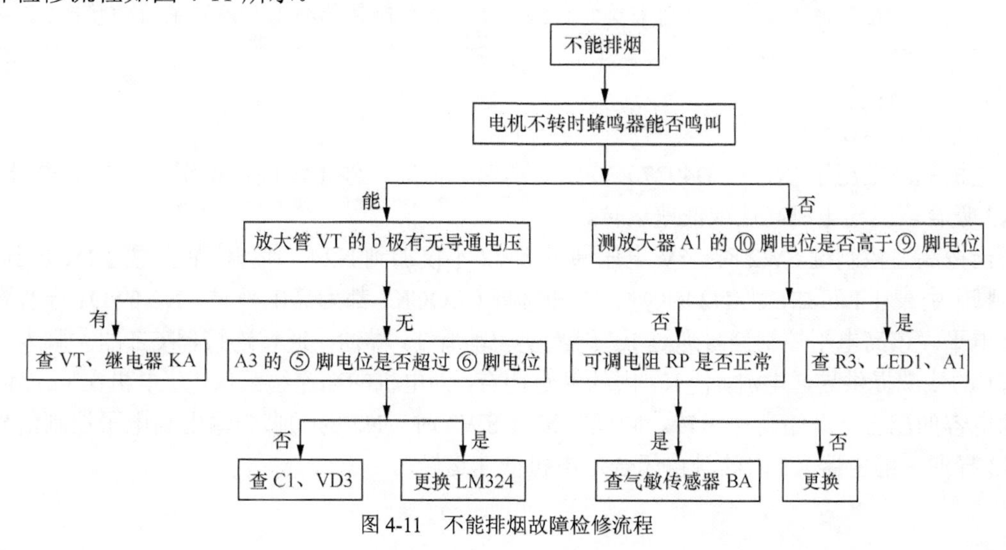

图 4-11　不能排烟故障检修流程

提示 有些吸油烟机在使用较长时间后，BA 的表面被油污污染，导致检测灵敏度下降，用中性洗洁精清洗并晾干后，通常可恢复使用；若仍然不能使用，则需要更换。

二、海尔 CXW-130-D12 型吸油烟机

1. 电路构成

海尔 CXW-130-D12 电子控制型吸油烟机的电气系统由电源电路、控制电路两部分构成。电源电路由变压器 T、三端 5V 稳压器 KA7805、继电器 K1～K3、电机、照明灯等构成，如图 4-12 所示。该机的控制电路由两块触发器芯片 CD4027（N1、N2）、按键、驱动管等构成，如图 4-13 所示。CD4027 内含两个相同的 JK 触发器，每个触发器有 5 个输入端，如图 4-14 所示。5 个输入端分别是 J 端、K 端、时钟端 CLOCK、置位端 SET、复位端 RESET，另外还有两个输出端 Q、$\overline{Q}$。输入端与输出端的逻辑关系如表 4-1 所示。

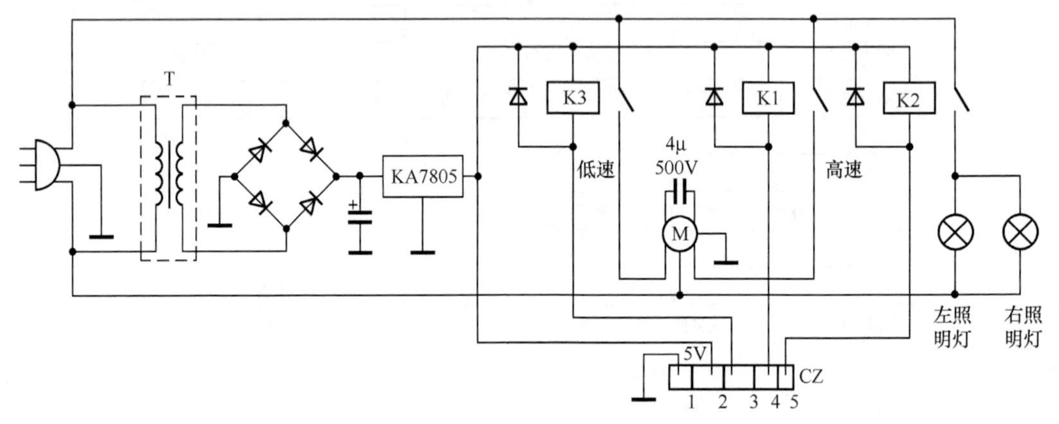

图 4-12 海尔 CXW-130-D12 型吸油烟机电源电路

提示 该芯片只有在时钟信号 CLOCK 为上升沿时，控制才能有效。输出端的 A 状态是在时钟脉冲上升沿到来前的状态，B 状态是时钟脉冲上升沿到来后的状态。

2. 工作原理

（1）电机驱动控制

电机驱动采用了 N2（CD4027）分别对高速、低速、停止键进行识别，控制继电器 K1 或 K3 吸合，驱动电机高速或低速运转。

当按高速控制键 SW2 时，5V 电压通过 SW2 不仅加到 N2 的⑩脚，而且通过 D1 加到 N2 的⑬脚。由表 4-1 可知，当 N2 的⑩脚 J1 和⑬脚 CLOCK1 都为高电平时，N2 的 Q1 端⑮脚输出高电平。该高电平控制信号通过 R5 限流使驱动管 T1 导通，通过连接器 CZ 的④脚为继电器 K1 的线圈提供导通电流，使 K1 内的触点闭合，为电机的高速绕组供电，电机在 4μF/400V 启动电容的配合下开始高速运转。同理，按键 SW3 时，N2 的①脚会输出高电平控制信号，使 T3 导通，继电器 K3 内的触点闭合，电机低速运转。

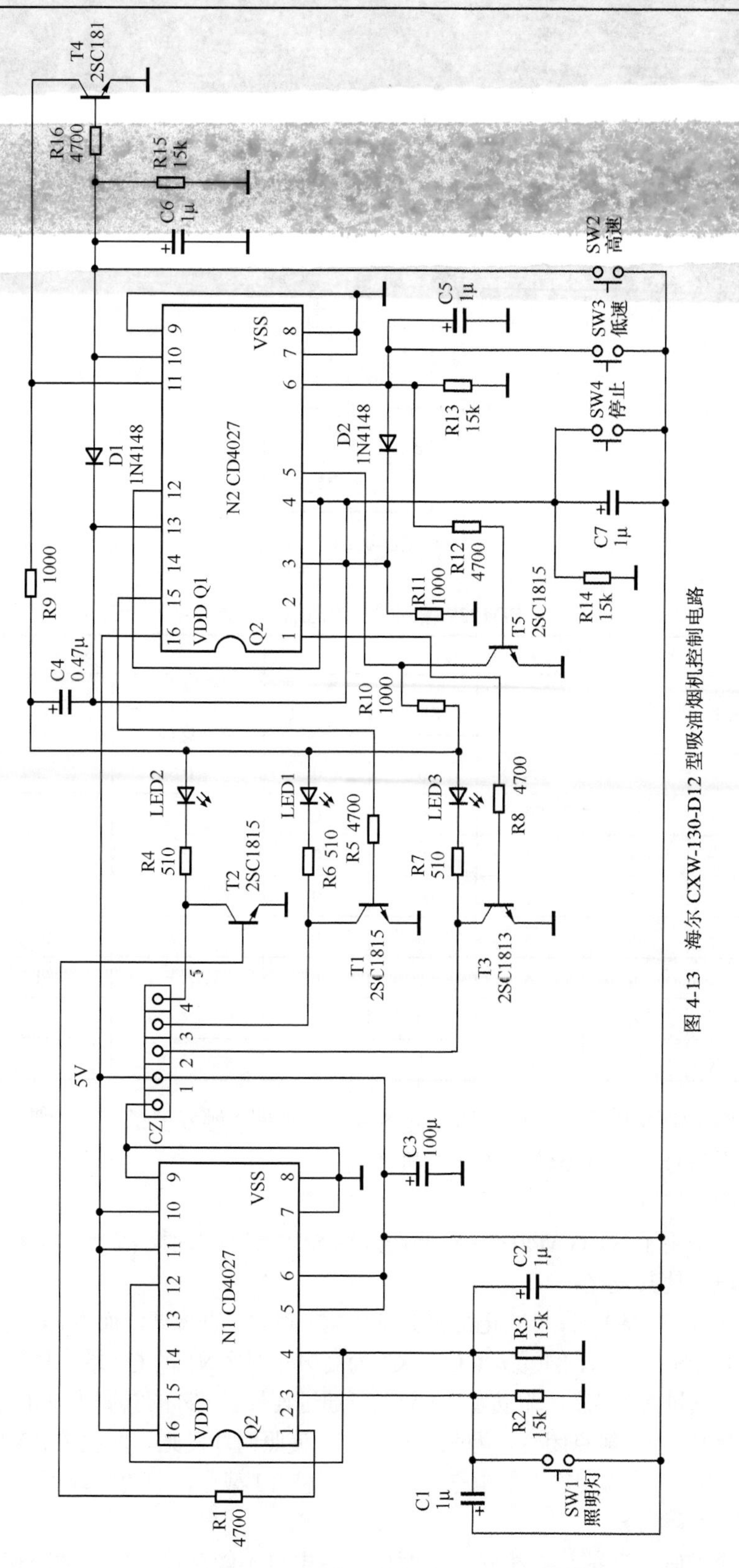

图 4-13　海尔 CXW-130-D12 型吸油烟机控制电路

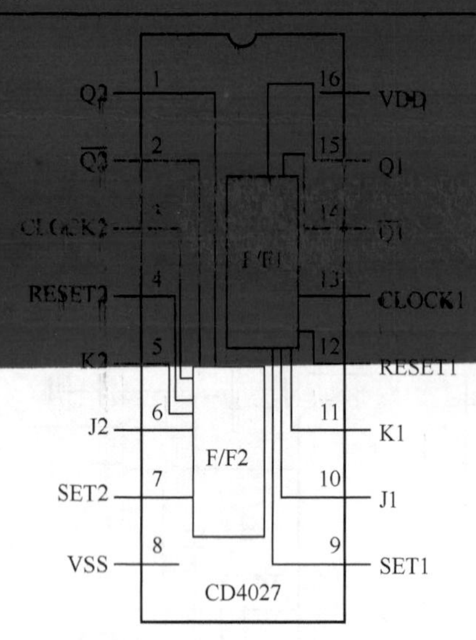

图4-14　CD4027内部构成方框图

表4-1　　CD4027输入端、输出端的逻辑关系

编号	输入端					输出端		
	CLOCK	J	K	SET	RESET	A	B	
						Q	Q	$\overline{Q}$
1	↑	1	×	0	0	0	1	0
2	↑	×	0	0	0	1	1	0
3	↑	0	×	0	0	0	0	1
4	↑	×	1	0	0	1	0	1
5	↓	×	×	0	0	×	不变	不变
6	×	×	×	1	0	×	1	0
7	×	×	×	0	1	×	0	1
8	×	×	×	1	1	×	1	1

当按下停止键SW4时，5V电压通过SW4加到两个触发器的④、⑫脚，使N2的①、⑮脚输出低电平信号，电机停转，实现关机控制。

（2）照明灯控制

电机驱动采用了N1（CD4027）对照明灯键SW1进行识别，控制继电器K2的触点闭合，为照明灯供电，使其发光。

当按照明灯键SW1时，5V电压通过SW1加到N1的③脚，而N1的⑤、⑥脚接5V供电。由表4-1可知，当N1的③脚CLOCK2为高电平时，N1的Q2端①脚输出高电平。该高电平控制信号通过R1限流使驱动管T2导通，通过连接器CZ的⑤脚为继电器K2的线圈提供导通电流，使K2内的触点闭合，为照明灯供电，使照明灯发光。再次按SW1为N1的③脚提供高电平后，N1的①脚会输出低电平控制信号，使T2截止，照明灯熄灭，实现照明灯控制。

3. 常见故障检修

由于每个控制原理都基本相同，下面仅介绍电机不能高速运转的故障检修流程。该故障检修流程如图 4-15 所示。

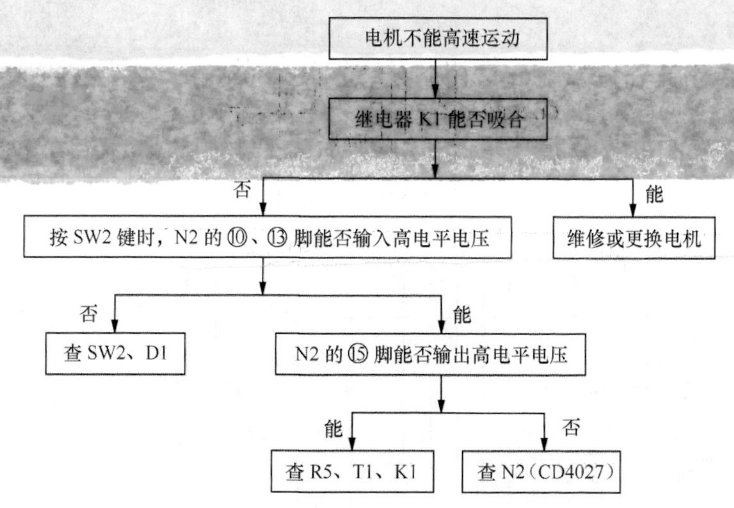

图 4-15　电机不能高速运转故障检修流程

第 3 节　电脑控制型吸油烟机故障分析与检修

电脑控制型吸油烟机的控制系统采用了微处理器等元器件构成。下面以拓力牌、华帝牌电脑控制型吸油烟机为例进行介绍。

一、拓力吸油烟机

该机的控制电路由 CPU（CMS-001）、数码管、4MHz 晶振、继电器等构成，如图 4-16 所示。

1. 电源电路

该机通上市电电压后，220V 市电电压一路通过继电器为电机（图中未画出）供电；另一路通过电源变压器 T1 降压产生 9V 左右的（与市电高低有关）交流电压，该电压经 VD1～VD4 构成的整流桥堆进行整流，通过 C1 滤波产生 12V 电压。该 12V 电压不仅为继电器 K1～K3 的线圈供电，而且通过三端稳压器 7805 稳压产生 5V 直流电压，为 CPU 和蜂鸣器供电。

2. 微处理器基本工作条件电路

该机的电源电路输出的 5V 电压经电容 C3、C4 滤波后，加到微处理器（CMS-001）的供电端⑫脚，为它供电。CMS-001 得到供电后，它⑪脚外的复位电路为⑪脚提供复位信号，使 CMS-001 内的存储器、寄存器等电路复位后开始工作。同时，CMS-001 内部的振荡器与⑬、⑭脚外接的晶振通过振荡产生 4MHz 的时钟信号。该信号经分频后协调各部位的工作，并作为 CMS-001 输出各种控制信号的基准脉冲源。

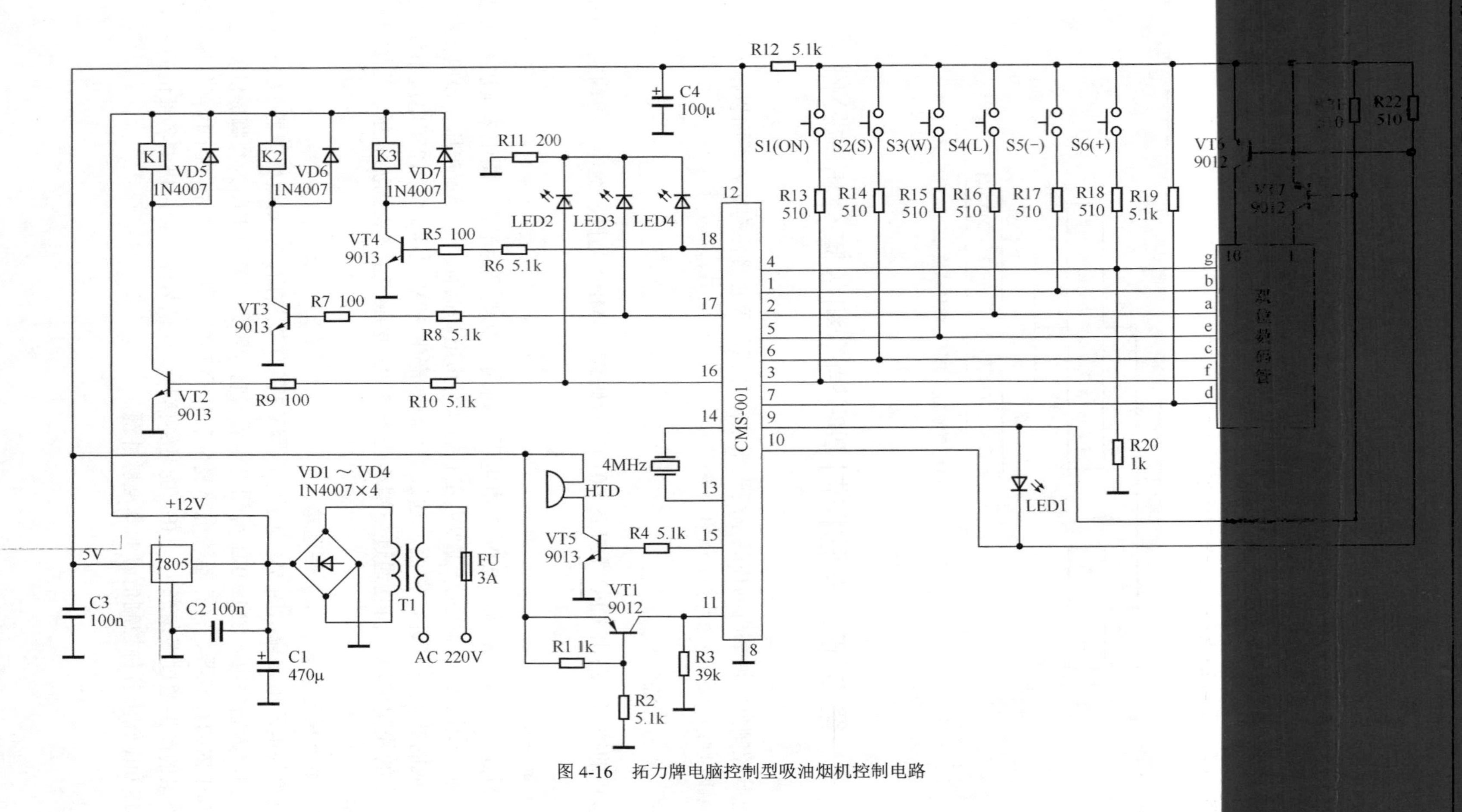

图 4-16　拓力牌电脑控制型吸油烟机控制电路

3. 操作控制

(1) 按键及显示

按键 S1～S6 是操作键，按压按键时，微处理器 CSM-001 的①～⑥脚输入控制信号，被 CSM-001 识别后，进行用户需要的控制。其中，S1 是开关机键，按 S1 被 CMS-001 识别后，由 CMS-001 的⑨、⑩脚输出控制信号使指示灯 LED1 发光，表明 CMS-001 处于时间预置状态，再通过 S5、S6 键设置时间，CMS-001 接收到该信息后，通过①～⑦脚输出笔段驱动信号，通过⑨、⑩脚输出个位、十位选通信号，经 VT6、VT7 放大后为数码管供电，从而使数码管显示出设置的时间。

(2) 蜂鸣器控制

微处理器 CSM-001 的⑮脚是蜂鸣器驱动信号输出端。每次进行操作时，它的⑮脚输出蜂鸣器驱动信号。该信号通过 R4 限流，再经 VT5 倒相放大，驱动蜂鸣器 HTD 鸣叫，提醒用户吸油烟机已收到操作信号，并且此次控制有效。

4. 照明灯控制

该机照明灯控制电路由微处理器 CMS-001、照明灯（图中未画出）、操作键 S4、继电器 K3 及其驱动电路构成。

按键 S4 是照明灯操作键，CMS-001 的⑱脚是双稳态输出端口，按一次 S4 键，CMS-001 的⑱脚输出高电平电压，不仅使照明灯指示灯 LED4 发光，而且通过 R6、R5 限流使激励管 VT4 导通，为继电器 K3 的线圈提供导通电流，使 K3 内的触点闭合，为照明灯供电，使其发光。照明灯发光期间，按 S4 后 CMS-001 的⑱脚电位变为低电平，不仅使 LED4 熄灭，而且使 K3 内的触点释放，照明灯熄灭。

二极管 VD7 是泄放二极管，它的作用是在 VT4 截止瞬间，将 K3 的线圈产生的尖峰电压泄放到 12V 电源，以免 VT4 过压损坏。

5. 电机供电及风速调整

该机电机供电及风速控制电路由微处理器 CMS-001、电机（采用的是电容运行电机，图中未画出）、操作键、继电器 K1 和 K2 及其驱动电路构成。

按键 S2、S3 是电机风速操作键，S2、S3 键具有互锁功能。按 S2 使 CMS-001 的⑯脚输出高电平控制信号，⑰脚输出低电平控制信号。⑰脚为低电平时 VT3 截止，继电器 K2 不能为电机的低速端子供电。而⑯脚输出的高电平控制电压不仅使 LED2 发光，表明电机工作在高速运转状态，而且通过 R9、R10 限流，使 VT2 导通，为继电器 K1 的线圈提供导通电流，使它内部的触点闭合，为电机的高速端子供电，电机在运行电容的配合下高速运转。按 S3 使 CMS-001 的⑯脚输出低电平控制信号，⑰脚输出高电平控制信号。⑯脚为低电平控制信号时不仅 LED2 熄灭，而且使 VT2 截止，继电器 K1 不能为电机的高速端子供电。而⑰脚输出的高电平控制电压使 LED3 发光，表明电机工作在低速运转状态，而且使继电器 K2 的触点闭合，为电机的低速端子供电，电机在运行电容的配合下低速运转。

VD5、VD6 是泄放二极管，它们的作用是在 VT2、VT3 截止瞬间，将 K1、K2 的线圈产生的尖峰电压泄放到 12V 电源，以免 VT2、VT3 过压损坏。

6. 常见故障检修

(1) 按开机键，吸油烟机无反应

按开机键，吸油烟机无反应的故障原因：1）供电异常，2）电机损坏或照明灯短路使熔断器FU过流熔断，3）12V、5V电源异常，4）微处理器（CPU）电路异常。该故障的检修流程如图4-17所示。

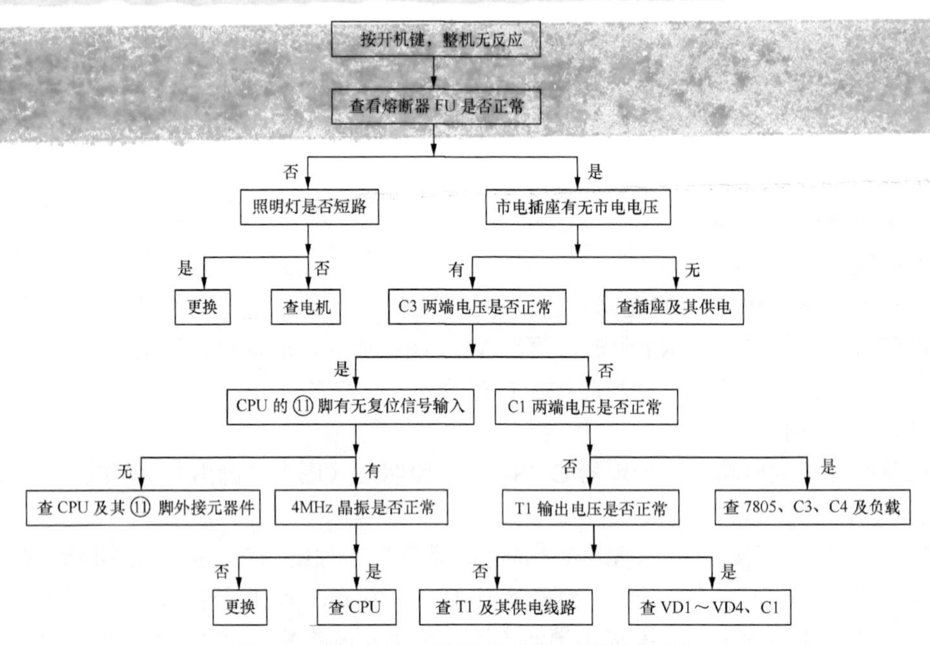

图4-17　按开机键，吸油烟机无反应故障检修流程

（2）电机转，但照明灯不亮

电机转，但照明灯不亮的故障原因主要是照明灯、微处理器（CPU）CMS-001、继电器K3或其驱动电路异常。该故障检修流程如图4-18所示。

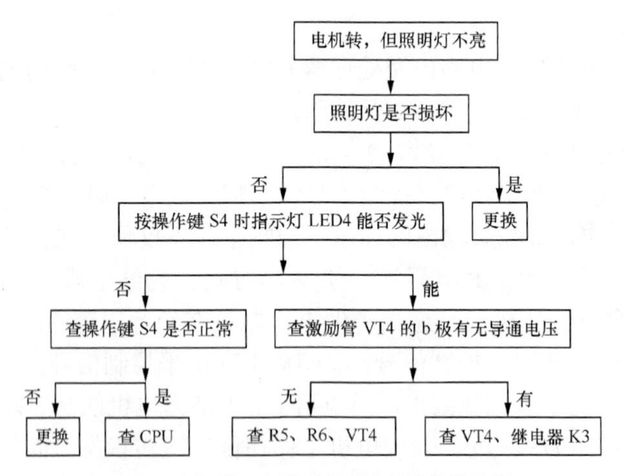

图4-18　电机转，但照明灯不亮故障检修流程

（3）照明灯亮，电机不转

照明灯亮，电机不转的故障原因主要是微处理器（CPU）CMS-001、运行电容、风速操作键、电机异常。该故障检修流程如图4-19所示。

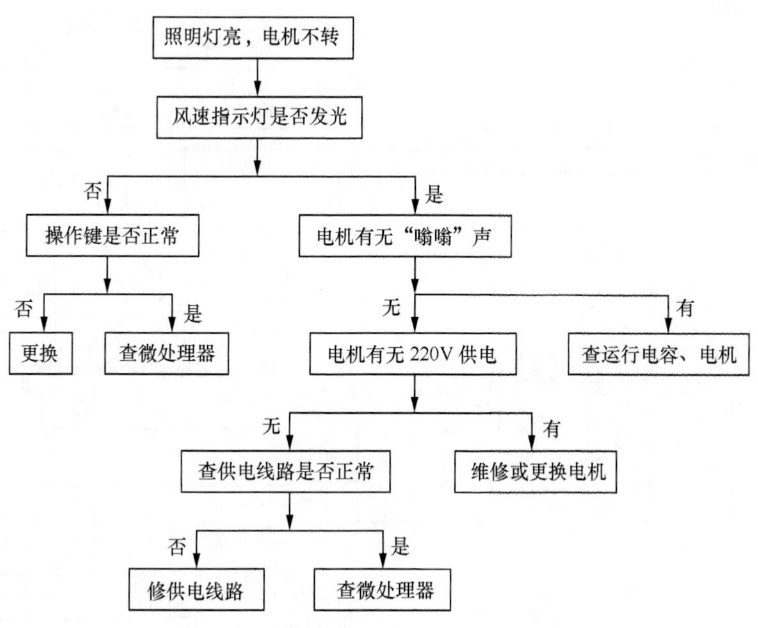

图 4-19　照明灯亮、电机不转故障检修流程

（4）通电后电机就高速运转

通电后电机就高速运转说明继电器 K1 内的触点粘连、驱动管 VT2 的 c、e 极击穿或微处理器（CPU）CMS-001 异常。该故障检修流程如图 4-20 所示。

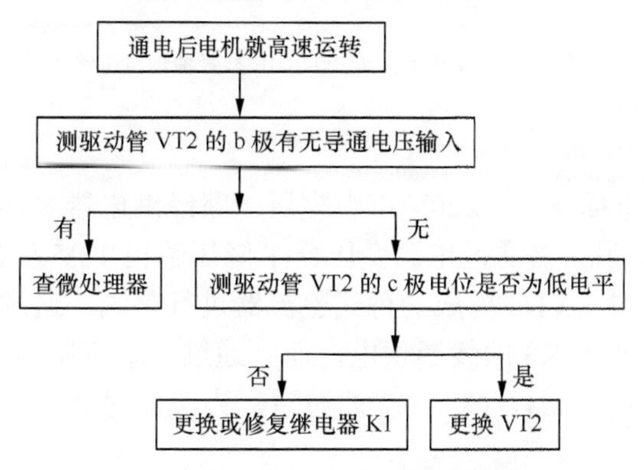

图 4-20　通电后电机就高速运转故障检修流程

二、华帝吸油烟机

华帝 CXW-200-204E 型吸油烟机电路由电源电路、微处理器电路、风扇电机及其供电电路、照明灯及其供电电路构成，如图 4-21 所示。

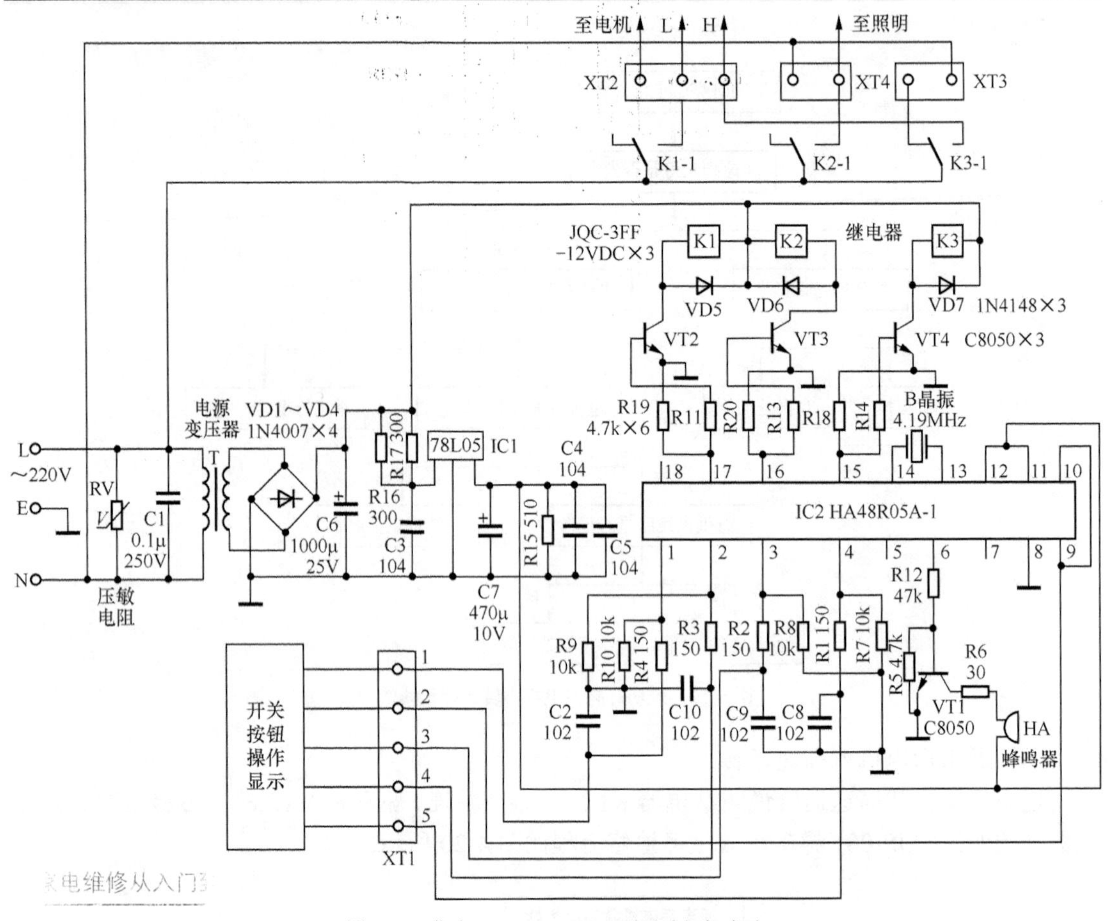

图 4-21 华帝 CXW-200-204E 型吸油烟机电路

1. 电源电路

将电源插头插入市电插座后，220V 市电电压一路经继电器 K1～K3 为风扇电机、照明灯（图中未画出）供电；另一路通过电源变压器 T 降压输出 12V 左右的（与市电高低有关）交流电压。该电压经 VD1～VD4 构成的桥式整流器进行整流，通过 C6 滤波产生 12V 直流电压。12V 电压不仅为 K1～K3 的线圈供电，而且通过三端稳压器 IC1（78L05）稳压产生 5V 直流电压。5V 电压通过 C4、C5、C7 滤波后，为微处理器 IC2（HA48R05A-1）、蜂鸣器供电。

RV 是压敏电阻，市电电压正常、没有雷电时 RV 相当于开路，不影响电路的工作；一旦市电电压升高或有雷电时，它的峰值电压超过 470V 后 RV 击穿，使空气开关跳闸或熔断器熔断，以免电源变压器、风扇电机、照明灯等元器件过压损坏，实现市电过压保护。

2. 微处理器电路

（1）微处理器工作条件

供电：5V 电压经电容 C7、C5 滤波后加到微处理器 IC2（HA48R05A-1）的供电端⑫脚为它供电。

时钟振荡：IC2 得到供电后，它内部的振荡器与⑬、⑭脚外接的晶振 B 通过振荡产生

4.19MHz 的时钟信号，该信号经分频后协调各部位的工作，并作为 IC2 输出各种控制信号的基准脉冲源。

复位：5V 电压还作为复位信号加到 IC2 的⑪脚，使它内部的存储器、寄存器等电路复位后开始工作。

（2）按键及显示

微处理器 IC2 的①～④、⑨脚外接操作键和指示灯电路，按压操作键时，IC2 的①～④、⑨脚输入控制信号，被它识别后，就可以控制该机进入用户需要的工作状态。

（3）蜂鸣器电路

微处理器 IC2 的⑥是蜂鸣器驱动信号输出端。每次进行操作时，它的⑥脚就会输出蜂鸣器驱动信号。该信号通过 R12 限流，再经 VT1 倒相放大，驱动蜂鸣器 HA 鸣叫，提醒用户吸油烟机已收到操作信号，并且此次控制有效。

3. 照明灯电路

该机照明灯电路由微处理器 IC2、照明灯操作键、继电器 K2 及其驱动电路、照明灯（图中未画出）构成。

按照明灯控制键被 IC2 识别后，它的⑯脚输出高电平电压。该电压经 R13 限流使激励管 VT3 导通，为继电器 K2 的线圈供电，使 K2 内的触点闭合，接通照明灯的供电回路，使其发光。照明灯发光期间，按照明灯键后 IC2 的⑯脚电位变为低电平，使 K2 内的触点释放，照明灯熄灭。

二极管 VD6 是保护 VT2 而设置的钳位二极管，它的作用是在 VT2 截止瞬间，将 K2 的线圈产生的尖峰电压泄放到 12V 电源，以免 VT2 过压损坏，实现过压保护。

4. 电机电路

该机电机电路由微处理器 IC2，电机风速操作键，继电器 K1、K3 及其驱动电路、电机（采用的是电容运行电机，在图中未画出）构成。电机风速操作键具有互锁功能。

按高风速操作键被 IC2 识别后，它的⑰脚输出低电平控制信号，⑮脚输出高电平控制信号。⑰脚为低电平时 VT2 截止，继电器 K1 不能为电机的低速端子供电。而⑮脚输出的高电平控制电压通过 R14 限流，使 VT4 导通，为继电器 K3 的线圈提供导通电流，使它内部的触点闭合，为电机的高速端子供电，电机在运行电容的配合下高速运转。

按低风速操作键被 IC2 识别后，它的⑰脚输出高电平控制信号，⑮脚输出低电平控制信号。⑮脚为低电平时 VT4 截止，继电器 K3 不能为电机的高速端子供电。而⑰脚输出的高电平控制电压通过 R11 限流，使 VT2 导通，为继电器 K1 的线圈提供导通电流，使它内部的触点闭合，为电机的低速端子供电，电机在运行电容的配合下低速运转。

二极管 VD5、VD7 是钳位二极管，它的作用是在 VT2、VT4 截止瞬间，将 K1、K3 的线圈产生的最高电压钳位到 12.5V，以免 VT2、VT4 过压损坏。

5. 常见故障检修

（1）用户家的空气开关跳闸

该故障是由于压敏电阻 RV、高频滤波电容 C1 击穿，或电机、照明灯短路所致。该故障的检修流程如图 4-22 所示。

（2）不排烟，也没有显示

该故障说明供电线路、电源电路、微处理器电路异常。该故障的检修流程如图 4-23 所示。

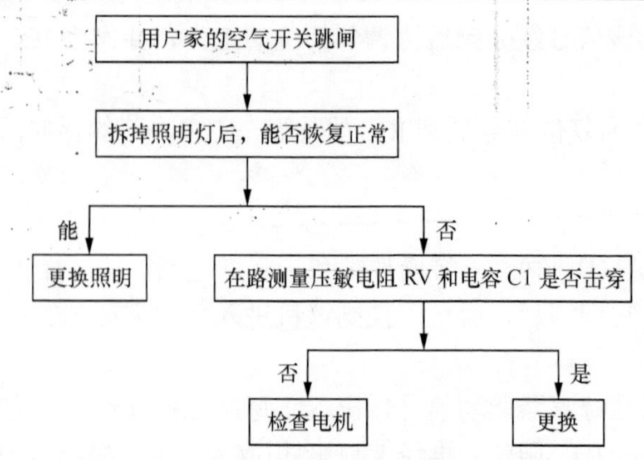

图 4-22 用户家的空气开关跳闸故障检修流程

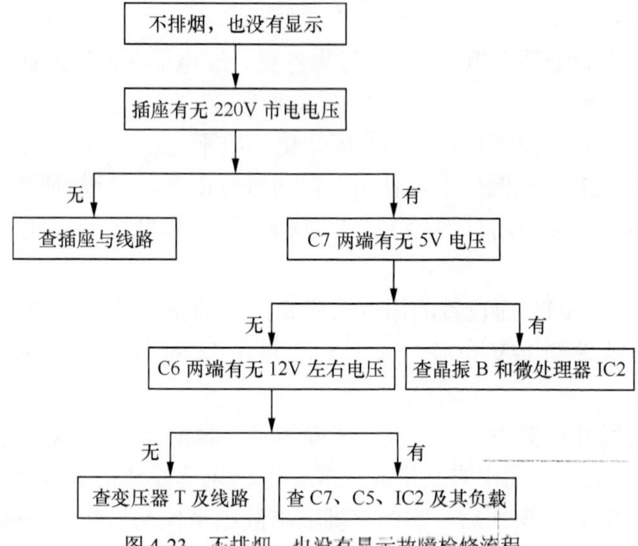

图 4-23 不排烟，也没有显示故障检修流程

（3）电机不运转，但照明灯亮

电机不运转，但照明灯亮，说明操作键、电机、运转电容（启动电容）、继电器或微处理器异常。该故障的检修流程如图 4-24 所示。

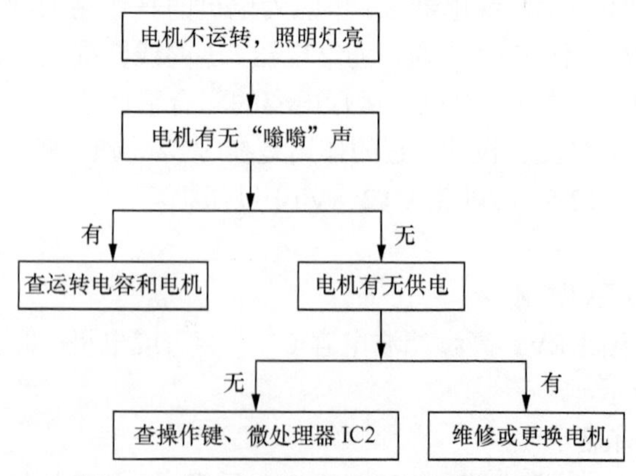

图 4-24 电机不运转，照明灯亮故障检修流程

（4）电机不能低速运转

如果电机仅不能低速运转，说明继电器 K1、低速控制键、微处理器 IC2 异常。该故障的检修流程如图 4-25 所示。

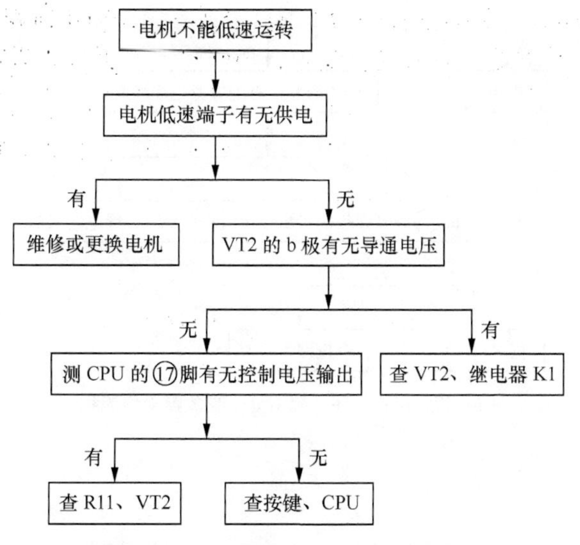

图 4-25　电机不能低速运转故障检修流程

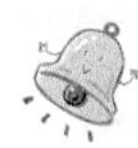

提示　电机不能高速运转故障的检修方法相同，只是所检查的元器件不同。

（5）通电后电机就高速运转

该故障主要是由于继电器 K3 的触点粘连，放大管 VT4 的 ce 结击穿、高速操作键漏电、微处理器异常所致。该故障的检修流程如图 4-26 所示。

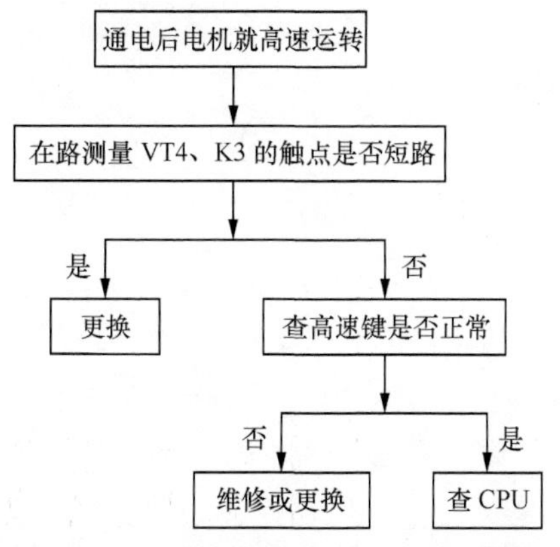

图 4-26　通电后电机就高速运转故障检修流程

（6）电机运转，但照明灯不亮

电机运转，照明灯不亮，说明照明灯或其供电电路异常。该故障的检修流程如图 4-27 所示。

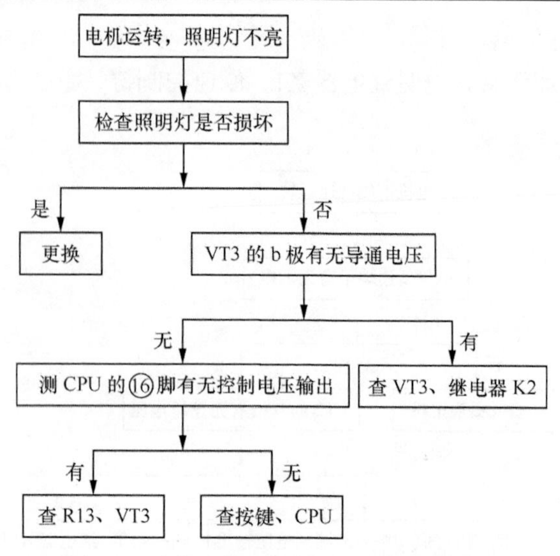

图4-27　电机运转，照明灯不亮故障检修流程

第 5 章　风扇类电器故障分析与检修

风扇根据使用、安装方式的不同可分为台扇、落地扇、吊顶扇、排气扇、壁扇等。

第 1 节　落地式、台式电风扇故障分析与检修

常见的落地式、台式电风扇如图 5-1 所示。

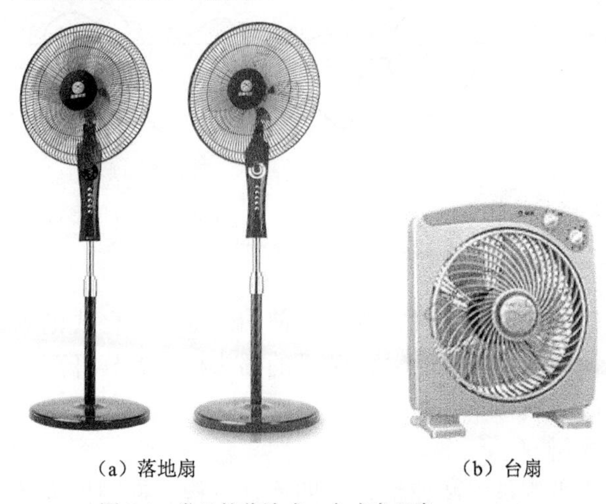

（a）落地扇　　（b）台扇

图 5-1　常见的落地式、台式电风扇

一、机械系统

电风扇的机械系统主要由电机、扇叶、网罩、摇头机构等构成。电机在第 1 章已作介绍，下面介绍扇叶、网罩、支撑机构、摇头机构等。

1. 扇叶

扇叶是电风扇机械系统最重要的部件之一，它是电机的负载，只有它旋转后才能加速空气的流动。

扇叶由叶架、叶片、叶罩构成，如图 5-2 所示。叶架多由铝合金压铸或合成塑料注塑而成，它的作用是固定扇叶，并将其安装在电机转轴上。叶片多采用合成塑料注塑而成或采用 1.2～1.5mm 厚的铝板分片冲压而成。叶片与叶架通常铆合在一起。为了确保扇叶平稳运行，避免产生噪声和振动，要对铆合前的扇叶进行称重分组，要求同组扇叶的叶片形状和重量相同，常见的扇叶有狭掌形、阔掌形、阔刀形 3 种，如图 5-3 所示。

提示　目前，新型电风扇的扇叶和叶架多采用一体结构，为合成塑料注塑而成，不仅降低了噪声，而且降低了成本和简化了安装程序。

2. 网罩

为了防止高速旋转的扇叶与其他物品相碰，影响电风扇工作或损坏扇叶，同时也为了防止旋转的扇叶伤人，需要在扇叶的外面安装网罩。网罩通常由前后两部分构成，通常是由 1～1.5mm 的钢丝点焊在扁钢丝或圆钢丝上，制成带有骨架的辐射形或螺旋形，最后用螺钉或锁紧螺母将前后两个网罩固定在一起。为了防止生锈，网罩的表面需要喷塑或镀铬。

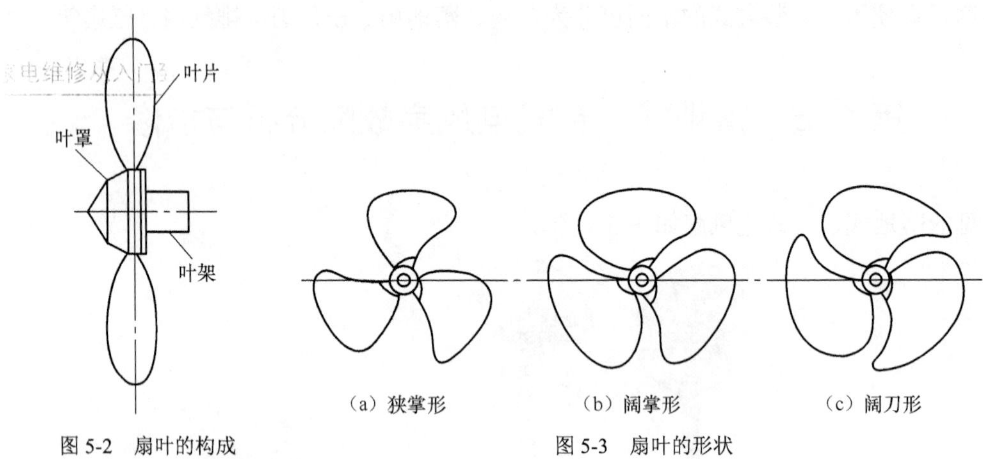

图 5-2　扇叶的构成

图 5-3　扇叶的形状

3. 摇头机构

为了扩大送风范围，改变送风方向，目前的落地式、台式电风扇设置了摇头机构。该机构位于电机的后部，通常由电机驱动。常见的摇头机构有杠杆离合式和按拔式两种。而目前应用最多的是杠杆离合式。

（1）杠杆离合式

杠杆离合式摇头机构是由减速机构、四连杆机构、控制机构及过载保护机构构成的，如图 5-4 所示。

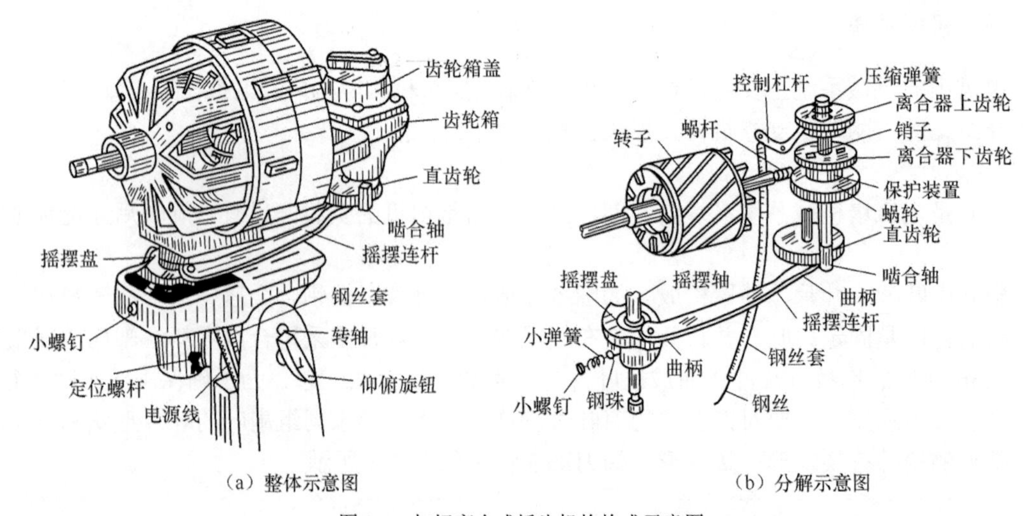

图 5-4　杠杆离合式摇头机构构成示意图

① 减速机构。如图 5-4（b）所示，减速机构由蜗杆、蜗轮、啮合轴、直齿轮构成。其中，蜗杆由电机轴的后端制成，它与齿轮箱内的蜗轮（斜齿轮）啮合，构成第一级减速机构。而啮合轴与直齿轮构成第二级减速机构。这样，通过这两级减速机构将电机的高转速降低到摇头机构能够使用的低转速，此时的转速为不足 10r/min。

② 四连杆机构。如图 5-4（b）所示，四连杆机构由直齿轮、曲柄、摇摆连杆、摇摆盘构成。低速旋转的直齿轮，通过曲柄带动摇摆连杆做来回的往复运动，从而拉动摇摆盘来回摆动。

③ 控制机构。如图 5-4（b）所示，控制机构由离合器齿轮（上、下齿轮）、压缩弹簧、杠杆、钢丝等构成。钢丝的一端固定在控制杠杆上，另一端固定在控制旋钮下面的偏心柱上。

将摇头控制旋钮旋至停止位置，偏心柱反向转动，钢丝被拉紧，通过控制杠杆使离合器的上、下齿轮分离，同时啮合轴上的销子也与离合器上齿内壁的凹槽脱离。此时，虽然蜗轮仍然在旋转，电风扇也不会摇头。将摇头控制旋钮旋至摇头位置，偏心柱正向转动，使钢丝松脱，控制杠杆抬起，在压缩弹簧的作用下，离合器的上、下齿轮开始啮合，同时啮合轴上的销子嵌入离合器上齿内壁的凹槽内。这样，当蜗轮旋转后，就可以通过离合器齿轮带动啮合轴转动，最终通过四连杆机构使电风扇摇头。

④ 过载保护机构。为了防止电风扇在摇头时受阻或电机异常导致摇头机构损坏，设置了摇头过载保护机构。该机构安装在离合器下齿轮与蜗轮之间。它由弹簧片、钢珠、离合器下齿轮的 U 形槽构成，如图 5-5 所示。

当电风扇在摇头过程中意外受阻，因蜗轮转而离合器下齿轮不能转动，使钢珠推动弹簧片张开，钢珠从离合器下齿轮外圆上的 U 形槽中滚出，随蜗轮一起转动，每转半圈两颗钢珠就会落回 U 形槽一下，从而发出周期性的“嘀嘀”声，提醒用户电风扇在摇头过程中受阻。

（2）按拔式

按拔式摇头机构主要由减速机构、四连杆机构、控制机构及过载保护机构构成，如图 5-6 所示。其中，减速机构、四连杆机构与杠杆离合器式摇头机构相同，仅摇头控制和保护机构不同，下面分别对它们进行介绍。

提示　目前，新型电风扇的摇头都采用单片机控制，从而使摇头机构不仅简单，而且故障率低。

① 摇头控制机构。如图 5-6 所示，此类摇头控制机构比杠杆离合器式简单，该机构的啮合轴的下端与直齿轮啮合，上端通过螺钉固定控制按钮，中间有一段细孔，内有两颗钢珠。

按压摇头按钮后，啮合轴向下移动，使两颗钢珠滚入蜗轮的两个 U 形槽内，让啮合轴与蜗轮啮合，电风扇能够摇头。当拔出摇头按钮后，啮合轴向上移动，使两个钢珠脱离 U 形槽，啮合轴与蜗轮脱离，电风扇停止摇头。

② 过载保护机构。当电风扇在摇头过程中意外受阻，因蜗轮转而啮合轴与直齿轮不能转动，使钢珠被压入啮合轴内，随蜗轮一起转动，每转半圈两颗钢珠就会弹回 U 形槽一次，从

而发出周期性的“滴滴”声，提醒用户电风扇在摇头过程中受阻。

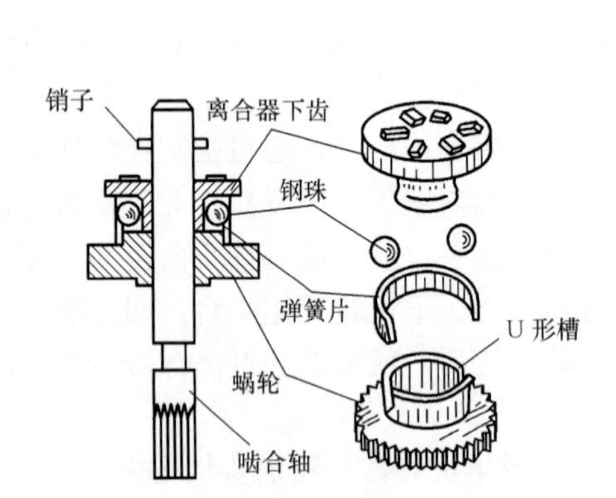

图 5-5　过载保护机构构成示意图

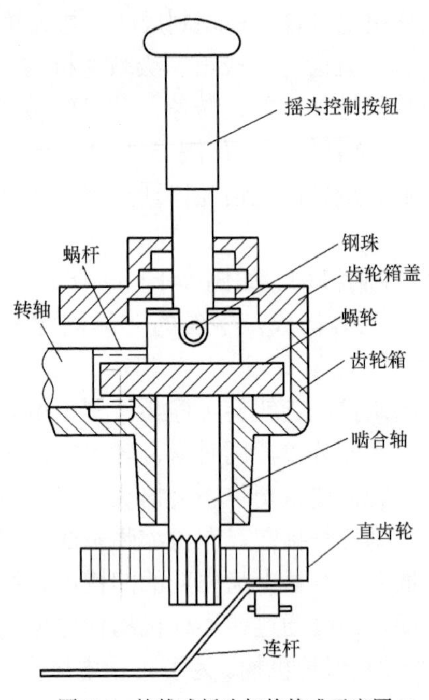

图 5-6　按拔式摇头机构构成示意图

4．连接机构

连接机构不仅将电风扇的机头（扇头）与底座连接，而且还装有电气系统的元器件。该系统通常由连接头和底座两部分构成。

（1）连接头

如图 5-7 所示，连接头的前端有一个插孔，电风扇的摇摆轴就插在这个孔内，侧壁上的顶丝用来锁紧摇摆轴。而有的摇摆轴较长，在露出连接头插孔的一段轴杆上有销钉孔，将销钉插入销钉孔，就可以锁定摇摆轴。为了保证电风扇能够灵活摆头，在扇头和连接头间还放置了钢珠。连接头的下端通过螺栓固定在底座上。

图 5-7　连接头外形示意图

（2）电风扇支撑机构

落地扇的支撑机构主要由控制盒、立柱和底盘 3 个部分构成。

早期电风扇的支撑机构比较复杂，新型电风扇多采用电脑控制方式，并且电机的重量也越来越轻，所以控制盒、底盘多采用合成塑料注塑而成，大大降低了生产成本。

二、调速系统

目前的电风扇都具有多风挡速度调整功能，调速方式主要有电抗器调速、电机绕组抽头调速、电容分压调速等多种。电抗器调速方式已淘汰，下面介绍其他两种调速方式。

1．电机绕组抽头调速方式

（1）构成

为了简化电路结构、降低成本，许多电风扇采用了电机绕组抽头的方式进行调速。此类电机的特点是在普通电机的磁极上安装了一个调速绕组，它与原绕组连接后引出多个抽头，通过为不同的抽头供电，就可以实现电机转速的调整。

提示　实际上，该调速方式的工作原理和电抗器调速原理是一样的，只不过是供电电压未通过电抗器的绕组，而是直接加到电机的调速绕组上。

（2）典型调速电路

典型的电机绕组抽头调速电路如图 5-8、图 5-9 所示。其中，电容运转电机的绕组抽头调速方法通常有 L 形和 T 形两种。而 L 形接法又分为 L1 和 L2 两种。

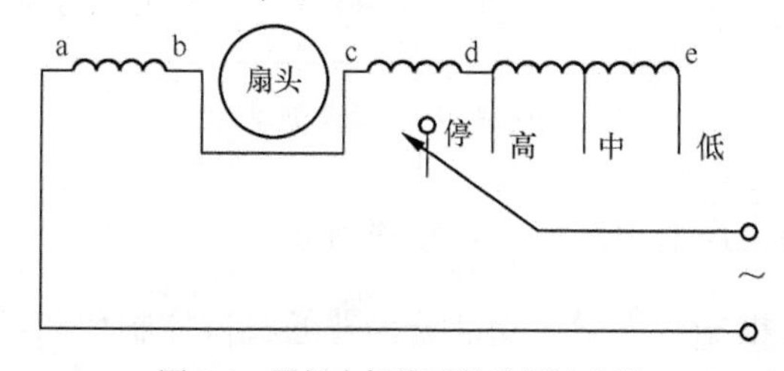

图 5-8　罩极电机绕组抽头调速电路

L1 形接法主要应用在 110V 电机上，它的特点是调速绕组与主绕组共同嵌放在同一个槽内，两者在空间同相位。L2 形接法广泛应用在 220V 电机上，是目前应用最多的一种方式，它的特点是调速绕组与副绕组共同嵌放在铁芯的同一个槽内，两者在空间同相位。

T 形接法的特点是调速绕组接在主、副绕组之外，它与主绕组在空间同相位。由于调速时，流过调速绕组的电流始终是电机的总电流，所以需要用较粗的漆包线绕制。

2. 电容分压调速方式

将不同容量的电容串联在电机供电回路中，就可以实现电机转速的调整。串联小容量电容时，电机绕组得到的电压低，电机转速低；串联大容量电容时，电机绕组得到的电压高，电机转速高。典型的 3 挡电容调速电路如图 5-10 所示。

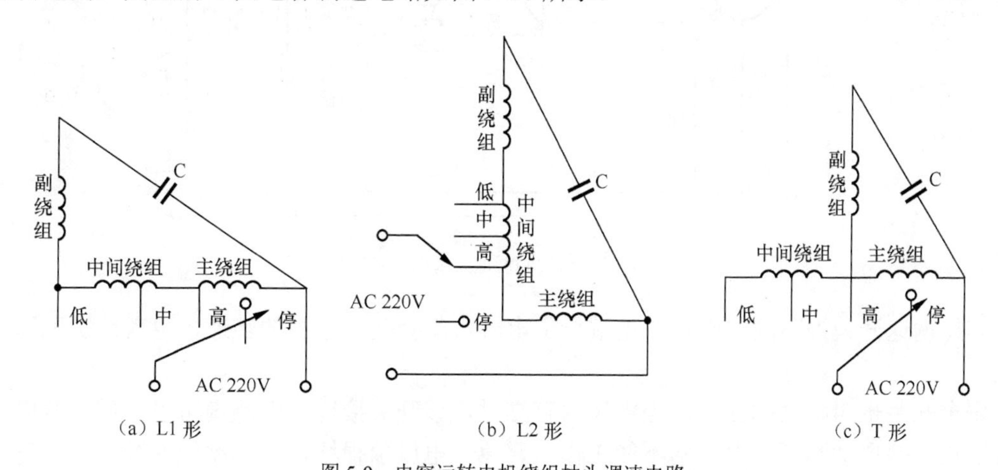

图 5-9　电容运转电机绕组抽头调速电路

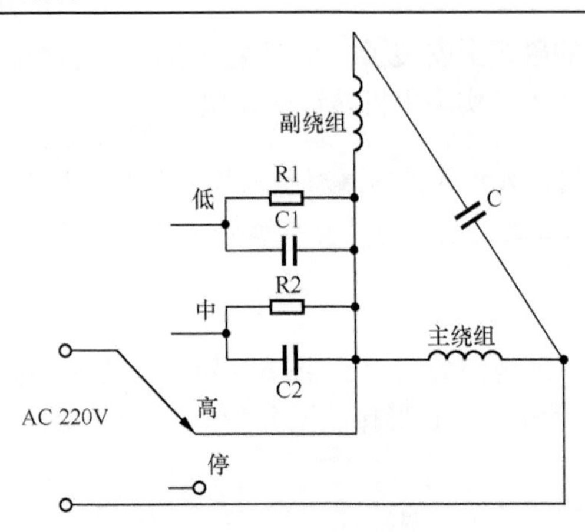

图 5-10　典型 3 挡电容调速电路

三、典型机械控制型电风扇电路分析与故障检修

机械控制型电风扇又根据有无导风功能分为普通机械控制型和导风机械控制型两种。

1. 普通机械控制型

典型的普通机械控制型电风扇的控制系统采用了定时器和调速开关，如图 5-11 所示。

（1）工作原理

将电源插头插入 220V 插座，旋转定时器旋钮设置定时时间后，市电电压第一路通过电阻限流，使电源指示灯发光，表明该机已有市电电压输入；第二路通过调速开关使转速指示灯发光，表明电风扇电机的转速；第三路通过调速开关为电机相应转速的绕组供电，电机绕组在电容（运行电容）的配合下产生磁场，使电机的转子开始旋转，带动扇叶转动。

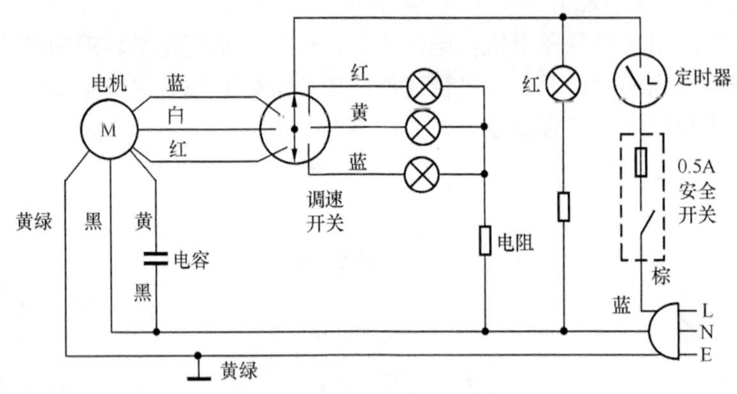

图 5-11　普通机械控制型电风扇电气系统原理图

切换调速开关为不同的电机供电端子供电时，就会改变电机的转速，也就是实现风速的调整。

安全开关也叫防跌倒开关，当电风扇直立时，该开关接通，电风扇可以工作；若电风扇跌倒，该开关自动断开，电风扇不能工作，避免了电风扇损坏，实现跌倒保护。

（2）常见故障检修

1）电机不转，电源指示灯不亮

电机不转，电源指示灯不亮故障的原因：①安全开关、定时器开路，②电机损坏使 0.5A

熔断器过流熔断，③线路开路。该故障检修流程如图 5-12 所示。

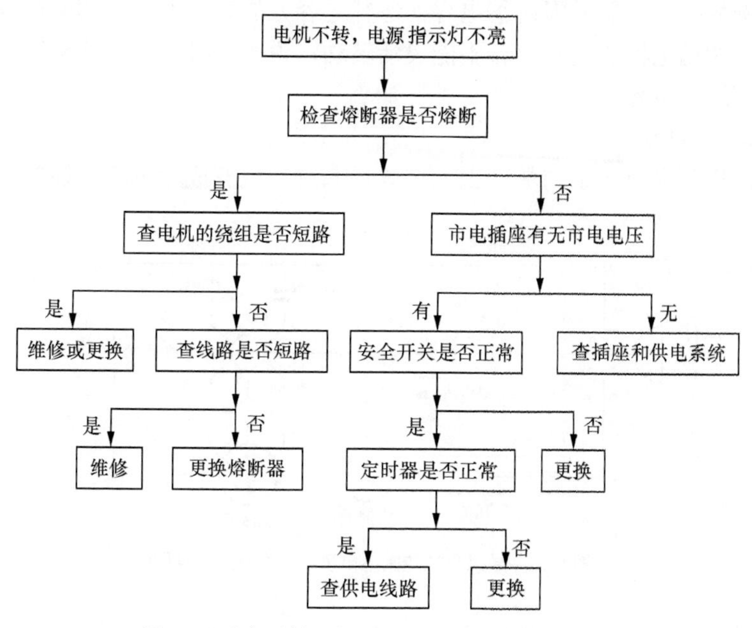

图 5-12　电机不转，电源指示灯不亮故障检修流程

2）电机不转，电源指示灯亮

电机不转，电源指示灯亮故障的主要原因：①调速开关损坏，②电机绕组或其供电异常。该故障检修流程如图 5-13 所示。

3）电机不转，有“嗡嗡”声

电机不转，有“嗡嗡”声故障的主要原因：①电容（运行电容）损坏，②电机异常。该故障检修流程如图 5-14 所示。

提示

电机绕组短路时，通常会发出焦味并且电机的表面温度较高，甚至烫手。

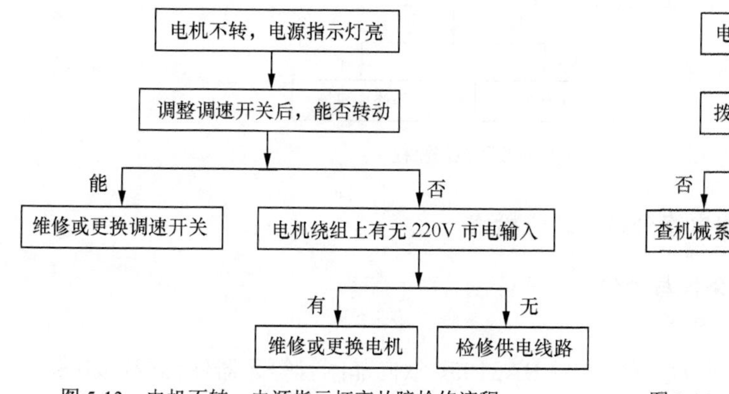

图 5-13　电机不转，电源指示灯亮故障检修流程

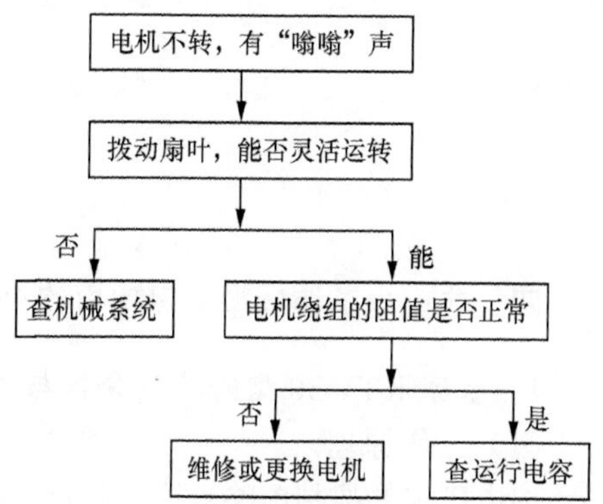

图 5-14　电机不转，有“嗡嗡”声故障检修流程

4）电机的转速慢

电机转速慢故障的主要原因：①电容（运行电容）的容量不足，②电机轴承异常。

首先，用手拨动电机的扇叶，若不能灵活转动，说明电机的轴承等机械系统异常；若转动灵活，则检查运行电容。

2. 导风机械控制型

在普通机械控制型电风扇的基础上加装导风系统，就变成导风机械控制型电风扇了，如图 5-15 所示。

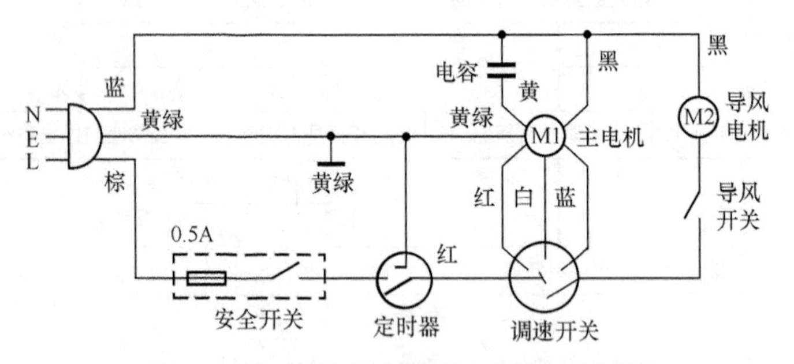

图 5-15　导风机械控制型电风扇电系统气原理图

（1）工作原理

按下导风开关后，市电电压通过该开关的触点为导风电机供电，导风电机旋转，带动导风扇叶摆动，实现大角度、多方向送风的导风功能。

（2）常见故障检修

此类电风扇故障检修流程和普通电风扇基本相同，下面仅介绍无导风功能故障的检修流程，如图 5-16 所示。

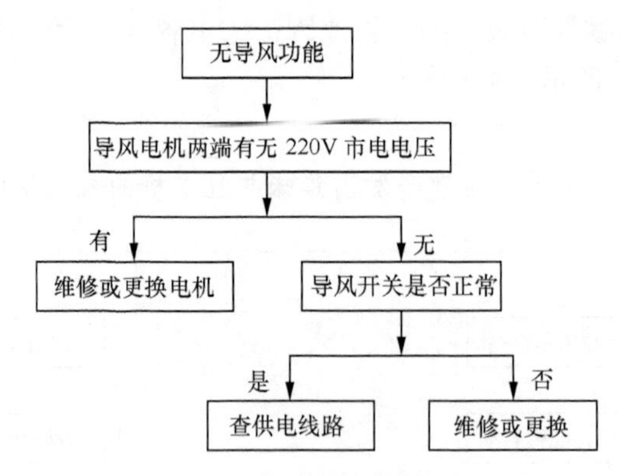

图 5-16　无导风功能故障检修流程

四、典型电脑控制型电风扇电路分析与故障检修

1. 长城 KTY-30 型转叶扇分析与检修

（1）工作原理

该电风扇的控制电路由控制芯片（单片机）BA3105、双向晶闸管等元器件构成，如图 5-17 所示。

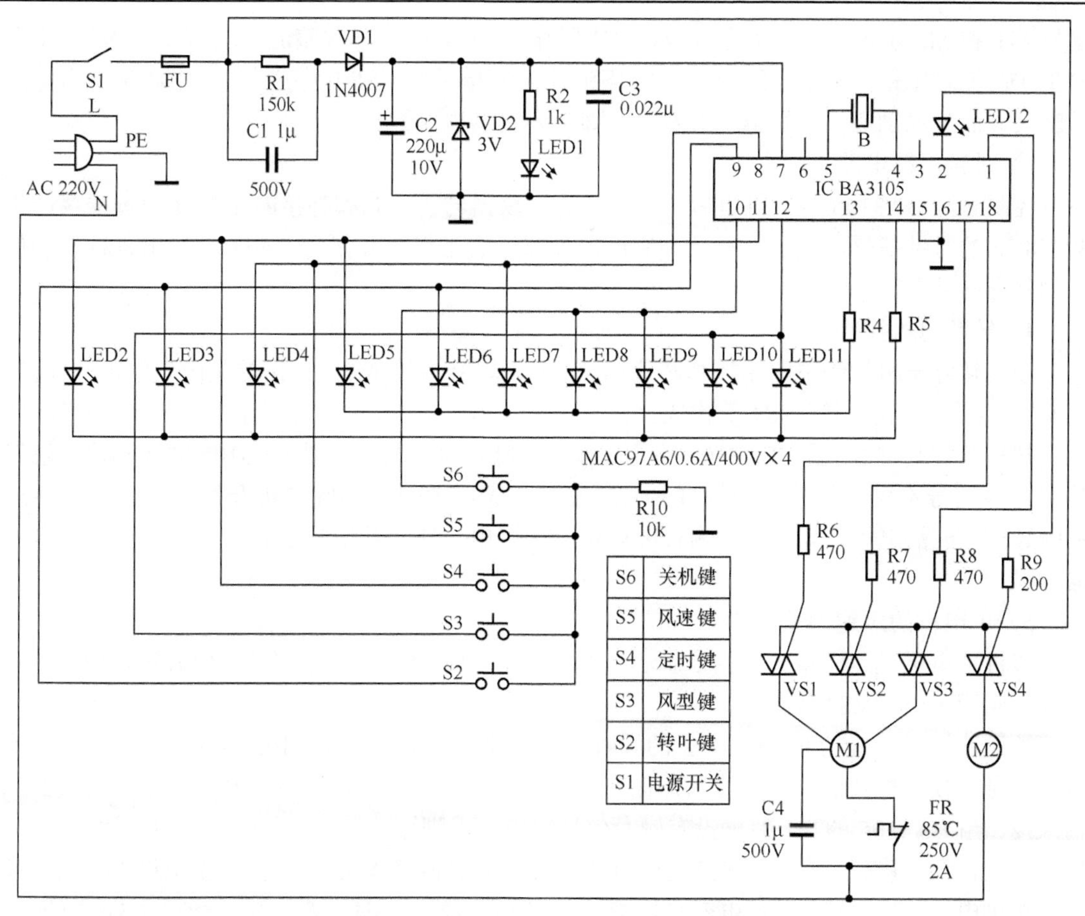

图 5-17　长城 KTY-30 型转叶扇控制电路

1）控制芯片的引脚功能

控制芯片 BA3105 的引脚功能如表 5-1 所示。

表 5-1　控制芯片 BA3105 的引脚功能

脚号	脚名	功　能	脚号	脚名	功　能
①	L	弱风速控制信号输出	⑩	POWER	开关机信号输入/指示灯控制信号输出
②	S	转叶（导风）电机控制信号输出	⑪	TIMER	定时控制信号输入/指示灯控制信号输出
③	BUZ	蜂鸣器驱动信号输出（未用，悬空）	⑫	MODE	风型控制信号输入/指示灯控制信号输出
④	X1	外接 32768Hz 晶振	⑬	C1	输入键扫描信号/指示灯控制信号输出
⑤	X2	外接 32768Hz 晶振	⑭	C2	输入键扫描信号/指示灯控制信号输出
⑥	NC	空脚	⑮	VSS	接地
⑦	VDD	供电	⑯	ACC	累计定时效果（接地）
⑧	SPEED	风速调整信号输入/指示灯控制信号输出	⑰	H	强风控制信号输出
⑨	SWING	转叶控制信号输入/指示灯控制信号输出	⑱	M	中风控制信号输出

2）电源电路

接通电源开关 S1 后，220V 市电电压经熔断器 FU 进入电路板，一方面经双向晶闸管为电机 M1 和 M2 供电；另一方面经 R1、C1 降压，利用 VD1 半波整流，C2 滤波、VD2 稳压产生 3V 直流电压。该电压不仅通过 R2 限流使电源指示灯 LED1 发光，表明电风扇有市电电压输入，而且加到微处理器 BA3105 的⑦脚，为它供电。

3）时钟振荡电路

控制芯片 BA3105 得到供电后，它内部的振荡器与④、⑤脚外接的晶振 B 通过振荡产生 32768Hz 的时钟信号。该信号经分频后协调各部位的工作，并作为 BA3105 输出各种控制信号的基准脉冲源。

4）转叶电机控制

该机转叶电机控制电路由控制芯片 BA3105、转叶电机 M2（采用的是同步电机）、转叶控制键 S2 和双向晶闸管 VS4 等构成。

按转叶控制键 S2 后，BA3105 的⑨脚输入转叶控制信号，于是 BA3105 的②脚输出触发信号，该信号不仅使转叶指示灯 LED12 发光，表明该机的转叶电机开始工作，而且通过 R9 触发双向晶闸管 VS4 导通，为转叶电机 M2 供电，使转叶电机运转，实现大角度、多方向送风。

5）主电机的风速调整

该机主电机风速调整电路由控制芯片 BA3105、主电机 M1（采用的是电容运行电机）和双向晶闸管 VS1～VS3 等构成。

按风速操作键 S5 后，BA3105 的⑧脚输入风速调整信号，BA3105 的①、⑱、⑰脚依次触发信号，使电机按弱、中、强风速循环运转，同时控制相应的指示灯发光，指示电机的当前风速。当 BA3105 的⑰、⑱脚没有触发信号输出，①脚输出触发信号时，双向晶闸管 VS1、VS2 截止，而①脚输出的触发信号通过 R8 触发双向晶闸管 VS3 导通，为主电机 M1 的低风速抽头供电，于是 M1 在运行电容 C4 的配合下低速运转。同理，若按 S5 键使 BA3105 的①、⑱脚没有触发信号输出，而⑰脚输出触发信号时 VS1 导通，为 M1 的高速抽头供电，于是 M1 在 C4 的配合下高速运转。而 BA3105 的①、⑰脚没有触发信号输出，⑱脚输出触发信号时 VS2 导通，M1 会中速运转。

6）过热保护

主电机 M1 的供电回路串联了一只过热保护器 FR。当 M1 运行电流正常时，FR 为接通状态，M1 正常工作。当 M1 因供电异常、运行电容 C4 异常等原因引起工作电流过大或工作温度升高，使 M1 的外壳温度达到 85℃时，M1 外壳上安装的 FR 过热熔断，切断 M1 的供电回路，M1 停止工作，以免 M1 过热损坏。

7）风型控制

控制芯片 BA3105 的⑫脚为风型调整信号输入端。当按压面板上的风型键 S3 后，使 BA3105 的⑫脚输入风型控制信号，就可以改变电风扇的工作模式。依次按压 S3 键时，会控制电风扇轮流工作在正常风、自然风、睡眠风 3 种模式。同时，BA3105 还会控制相应的风型指示灯发光，提醒用户该机工作的风型。

8）定时控制

控制芯片 BA3105 的⑪脚为定时控制信号输入端。当按压面板上的定时键 S4 后，使 BA3105 的⑪脚输入定时控制信号，就可以设置定时的时间。每按压一次 S4 键，定时时间会递增 30min。同时，BA3105 还会控制相应的定时指示灯发光，提醒用户该机的定时时间。

提示　累计定时功能还受⑯脚电位的控制，只有⑯脚接地后，累计定时功能才有效。

（2）常见故障检修

1）电机不转，电源指示灯不亮

电机不转，电源指示灯不亮故障的原因：① 供电异常，② 电机 M1、M2 损坏使熔断器 FU 过流熔断，③ 3V 电源异常。该故障检修流程如图 5-18 所示。

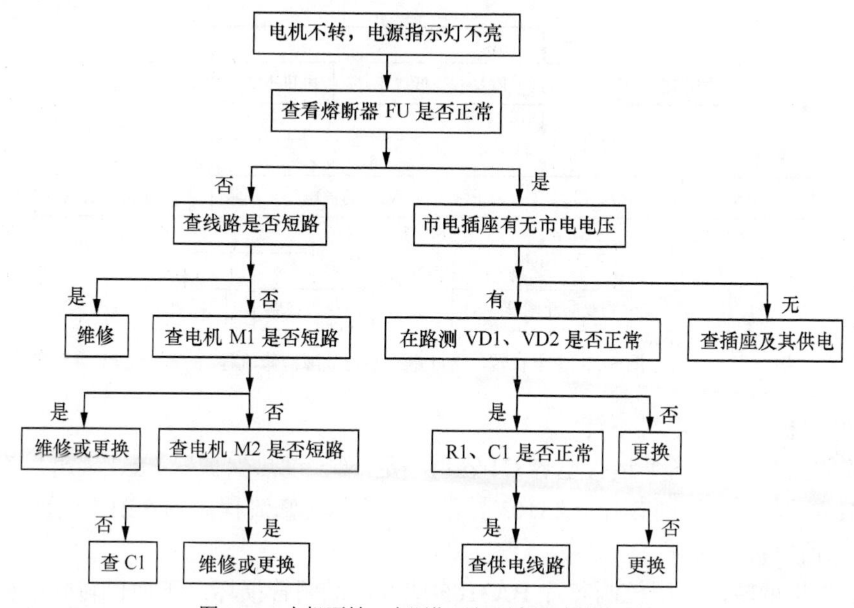

图 5-18　电机不转，电源指示灯不亮故障检修流程

2）电机不转，电源指示灯亮

电机不转，电源指示灯亮的故障原因主要是控制芯片 BA3105、时钟振荡电路、操作键异常。该故障检修流程如图 5-19 所示。

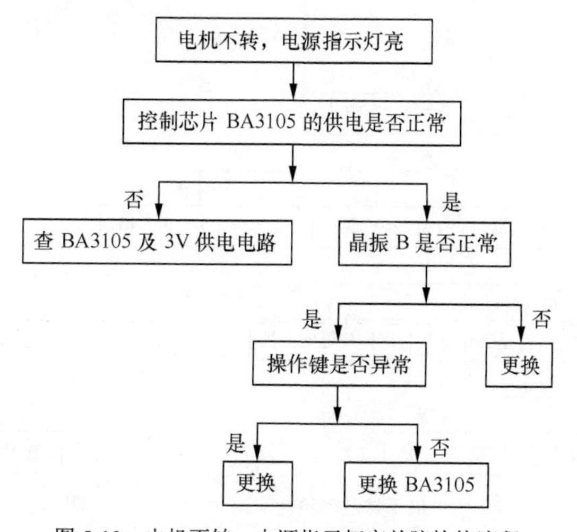

图 5-19　电机不转，电源指示灯亮故障检修流程

3）主电机转，转叶电机不转

主电机转，转叶电机不转故障的主要原因：① 双向晶闸管 VS4 异常，② 电阻 R9、按键 S2 异常，③ 电机 M2 异常，④ 控制芯片 BA3105 异常。该故障检修流程如图 5-20 所示。

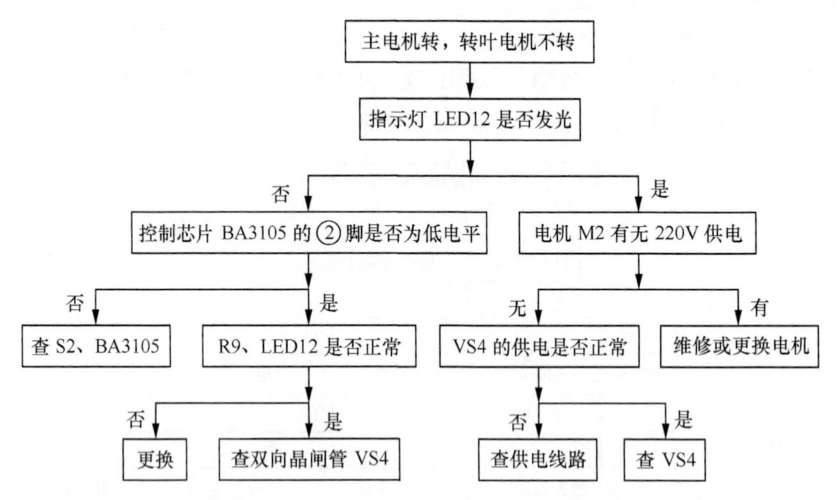

图 5-20 主电机转，转叶电机不转故障检修流程

4）转叶电机转，主电机不转

该故障的主要原因：① 运行电容 C4 容量不足，② 过热保护器 FR、风速开关 S5 异常，③ 电机 M1 异常，④ 控制芯片 BA3105 异常。该故障检修流程如图 5-21 所示。

5）通电后电机就转

通电后电机就转，说明控制芯片 BA3105 或双向晶闸管损坏。下面以转叶电机为例进行介绍，检修流程如图 5-22 所示。

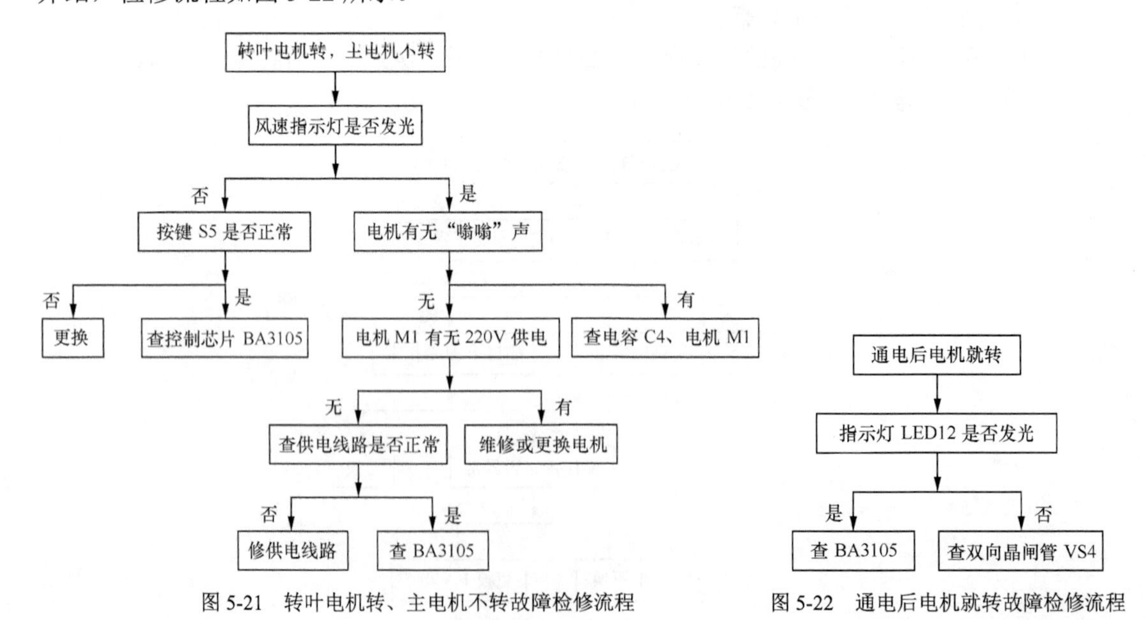

图 5-21 转叶电机转、主电机不转故障检修流程

图 5-22 通电后电机就转故障检修流程

2. 蓝宝石 FS-35B 遥控型电风扇分析与检修

（1）主控电路工作原理

该电风扇的主控电路由微处理器（单片机）IC3（BA82068A4L）、双向晶闸管等元器件构成，如图 5-23 所示。

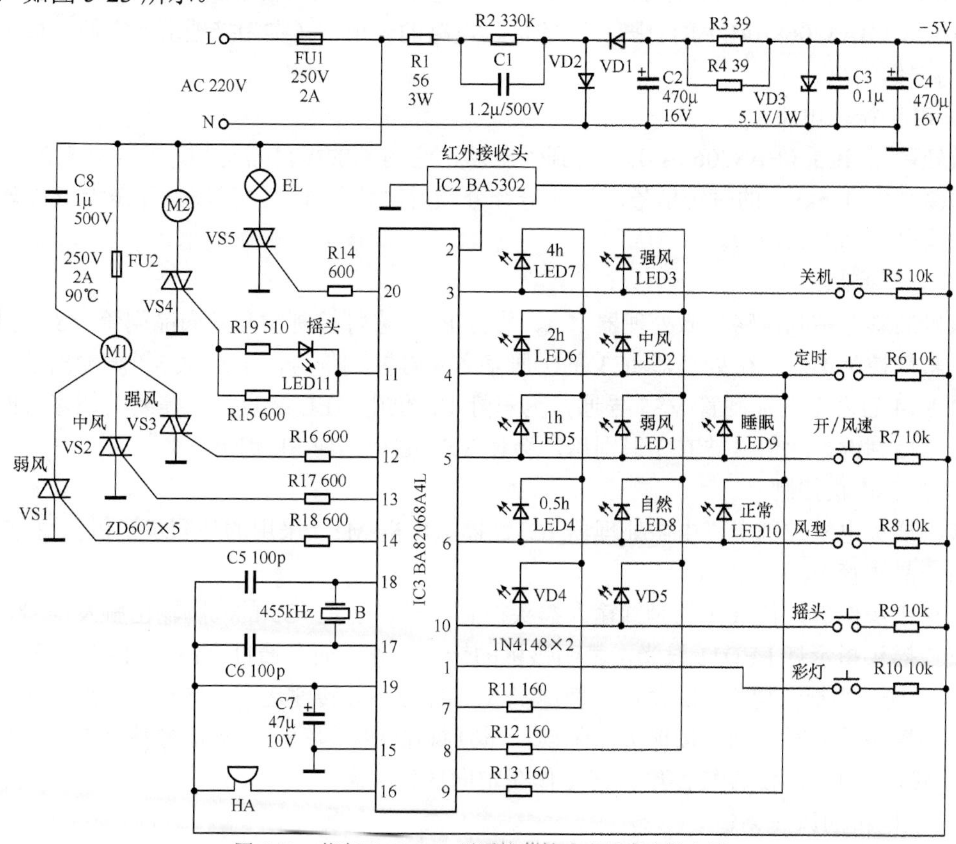

图 5-23　蓝宝石 FS-35B 型遥控落地式电风扇主控电路

1）微处理器的引脚功能

微处理器 IC3（BA82068A4L）的引脚功能如表 5-2 所示。

表 5-2　　　微处理器 BA82608A4L 的引脚功能

脚号	功　能	脚号	功　能
①	彩灯控制信号输入	⑪	摇头电机驱动信号输出
②	遥控信号输入	⑫	强风控制信号输出
③	关机信号输入/指示灯控制信号输出	⑬	中风控制信号输出
④	定时控制信号输入/指示灯控制信号输出	⑭	弱风控制信号输出
⑤	开机、风速调整信号输入/指示灯控制信号输出	⑮	供电（该机接地）
⑥	风型控制信号输入/指示灯控制信号输出	⑯	蜂鸣器驱动信号输出
⑦	输入键扫描信号/指示灯控制信号输出	⑰	外接 455kHz 晶振
⑧	输入键扫描信号/指示灯控制信号输出	⑱	外接 455kHz 晶振
⑨	输入键扫描信号/指示灯控制信号输出	⑲	接地（该机接－5V 供电）
⑩	摇头控制信号输入	⑳	彩灯驱动信号输出

2）电源电路

将电源线插入市电插座后，220V 市电电压经熔断器 FU1 进入电路板，一方面经双向晶闸管为电机 M1 和彩灯 EL 供电；另一方面经 R1、R2、C1 降压，利用 VD1 半波整流，C2 滤波，R3 和 R4 限流，VD3 稳压产生－5V 直流电压。该电压通过 C3、C4 滤波后，加到微处理器 IC3（BA82068A4L）的⑲脚和遥控接收电路的供电端（实为接地端，它们的供电端接地），为它们供电。

3）时钟振荡电路

微处理器 IC3（BA82068A4L）得到供电后，它内部的振荡器与⑰、⑱脚外接的晶振 B 通过振荡产生 455kHz 的时钟信号。该信号经分频后协调各部位的工作，并作为 IC3 输出各种控制信号的基准脉冲源。

4）彩灯控制

该机的彩灯控制电路由微处理器 IC3、彩灯 EL、彩灯控制键和双向晶闸管 VS5 等构成。

按彩灯控制键后，微处理器 IC3 的①脚输入彩灯控制信号，于是 IC3⑳脚输出的触发信号通过 R14 触发双向晶闸管 VS5 导通，为彩灯 EL 供电，EL 被点亮。需要关闭彩灯时，则再按彩灯控制键，此信号被 IC3 识别后，会使 VS5 截止，使 EL 熄灭。

5）摇头电机控制

该机摇头电机控制电路由微处理器 IC3、摇头电机 M2（采用的是同步电机）、摇头控制键和双向晶闸管 VS4 等构成。

按摇头操作键，使 IC3 的⑩脚输入摇头控制信号，于是 IC3 的⑪脚输出触发信号，该信号不仅使摇头指示灯 LED11 发光，表明该机的转扇工作，而且通过 R15、R19 触发双向晶闸管 VS4 导通，为摇头电机 M2 供电，使电机 M2 以 5r/min 转速运转，实现大角度、多方向送风。关闭摇头功能时，则再按摇头控制键，在⑩脚输入控制信号，此信号被 IC3 识别后，会使 VS4 截止，电机 M2 停转，电风扇工作在定向送风状态。

6）主电机的风速调整

该机主电机风速调整电路由微处理器 IC3、主电机 M1（采用的是电容运行电机）和双向晶闸管 VS1～VS3 等构成。

按风速操作键，使 IC3 的⑧脚输入风速调整信号，IC3 的⑭、⑬、⑫脚依次输出触发信号，使电机按弱、中、强风速循环运转，同时控制相应的指示灯发光，指示电机的当前风速。当 IC3 的⑫、⑬脚没有触发信号输出，⑭脚有触发信号输出时，双向晶闸管 VS3、VS2 截止，而⑭脚输出的触发信号通过 R18 触发双向晶闸管 VS1 导通，为主电机 M1 的低风速抽头供电，于是 M1 在运行电容 C8 的配合下低速运转。同理，若按风速键使 IC3 的⑭、⑬脚没有触发信号输出，而⑫脚有触发信号输出时 VS3 导通，为 M1 的高速抽头供电，于是 M1 在 C8 的配合下高速运转。若 IC3 的⑭、⑫脚没有触发信号输出，而⑬脚有触发信号输出时，VS2 导通，M1 会中速运转。

7）过热保护

主电机 M1 的供电回路串联了一只温度熔断器 FU2。当 M1 运行电流正常时，FU2 为接通状态，M1 正常工作。当 M1 因供电异常、运行电容 C8 异常等原因引起工作电流过大或工作温度升高，使 M1 的外壳温度达到 90℃时，FU2 过热熔断，切断 M1 的供电回路，M1 停止工作，以免 M1 过热损坏。

8）风型控制

微处理器 IC3 的⑥脚为风型调整信号输入端。当按压面板上的风型键后，使 IC3 的⑥脚输入风型控制信号，就可以改变电风扇的工作模式。依次按压该键时，会控制转叶扇轮流工作在正常风、自然风、睡眠风 3 种模式。同时，IC3 还会控制相应的风型指示灯发光，提醒用户该机工作的风类。

9）蜂鸣器控制

微处理器 IC3 的⑯脚是蜂鸣器驱动信号输出端。每次进行操作时，IC3 的⑯脚输出蜂鸣器驱动信号，驱动蜂鸣器 HA 鸣叫一声，提醒用户电风扇已收到操作信号，并且此次控制有效。

10）定时控制

微处理器 IC3 的④脚为定时控制信号输入端。当按压面板上的定时键时，IC3 的④脚输入定时控制信号，就可以设置定时的时间。每按压一次定时键，定时时间会递增 30min。同时，IC3 还会控制相应的定时指示灯发光，提醒用户该机的定时时间。当全部定时指示灯都点亮后，表示该机的定时时间为 7.5h。

（2）遥控电路工作原理

该电风扇的遥控电路由编码芯片 IC1（BA5104）、红外发射管 LED 等元器件构成，如图 5-24 所示。

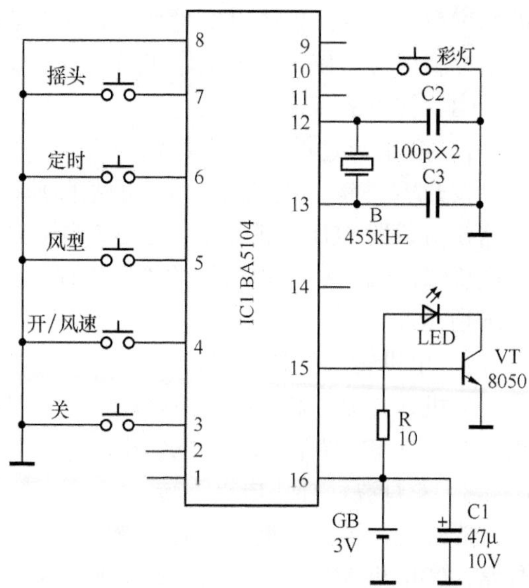

图 5-24 蓝宝石 FS-35B 型遥控落地式电风扇遥控电路

1）编码芯片的引脚功能

编码芯片 BA5104 的引脚功能如表 5-3 所示。

表 5-3 编码芯片 BA5104 的引脚功能

脚号	功能	脚号	功能
①	用户编码输入	⑨	悬空
②	用户编码输入	⑩	彩灯控制信号输入
③	关机信号输入	⑪	悬空
④	开机/风速调整信号输入	⑫	外接 455kHz 晶振
⑤	风型控制信号输入	⑬	外接 455kHz 晶振
⑥	定时控制信号输入	⑭	悬空
⑦	摇头控制信号输入	⑮	编码信号输出
⑧	接地	⑯	供电

说明：①、②脚悬空时，则需要主控电路上的 VD4、VD5 负极不接供电。

2）遥控发射原理

如图 5-24 所示，3V 电压加到 IC1（BA5104）供电端⑯脚，为它供电，IC1 获得供电后，

⑫、⑬脚内部的振荡器与外接晶振 B，以及移相电容 C2、C3 通过振荡产生 455kHz 时钟脉冲，通过分频产生 38kHz 载波脉冲信号。当按动遥控器上的功能键时，IC1 对操作功能键进行识别和编码，该编码以调幅形式调制在 38kHz 载波上，后从⑮脚输出，经三极管 VT 放大，利用红外发射管 LED 以红外信号的形式发射出去。

3）遥控接收电路

如图 5-23 所示，遥控接收电路以遥控接收电路 IC2（BA5302）和微处理器 IC3（BA82068A4L）为核心构成。

遥控器发射来的红外信号经过 IC2 选频、放大、解调后，输出符合 IC3 内解码电路要求的脉宽数据信号。再经 IC3 解码后，IC3 就可以识别出用户的操作信息，再通过相应的端子输出控制信号，使电风扇工作在用户所需要的状态。

（3）常见故障检修

1）按开/风速键，电风扇无反应

按开/风速键，电风扇无反应的故障原因：①供电异常，②电机 M1、M2 损坏或彩灯 EL 短路使熔断器 FU1 过流熔断，③−5V 电源异常，④微处理器电路异常。该故障可根据有无−5V 供电检修，无−5V 供电故障的检修流程如图 5-25 所示，−5V 供电正常故障的检修流程如图 5-26 所示。

2）电机转，但彩灯不亮

电机转，但彩灯不亮的故障原因：①双向晶闸管 VS5 异常，②电阻 R14、彩灯操作键异常，③彩灯 EL 异常，④微处理器 IC3 异常。该故障检修流程如图 5-27 所示。

3）彩灯亮，摇头电机不转

彩灯亮，摇头电机不转的故障原因：①双向晶闸管 VS4 异常，②电阻 R15、摇头操作键异常，③电机 M2 异常，④微处理器 IC3 异常。该故障检修流程如图 5-28 所示。

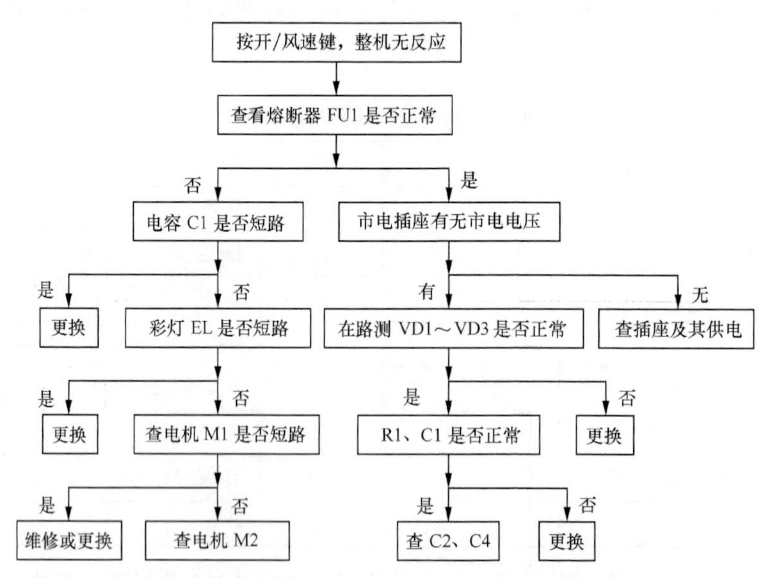

图 5-25　按开/风速键，电风扇无反应故障检修流程（一）

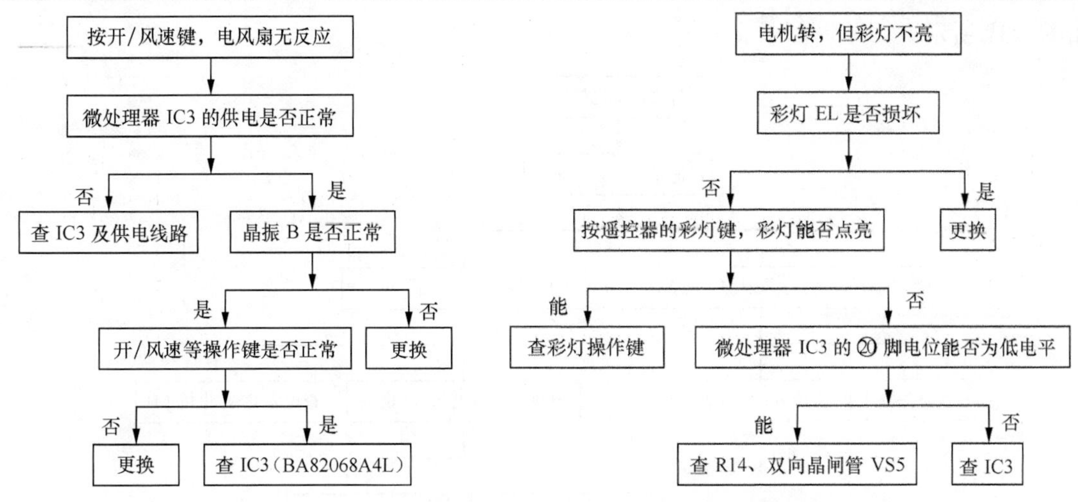

图 5-26　按开/风速键，电风扇无反应故障检修流程（二）

图 5-27　电机转，但彩灯不亮故障检修流程

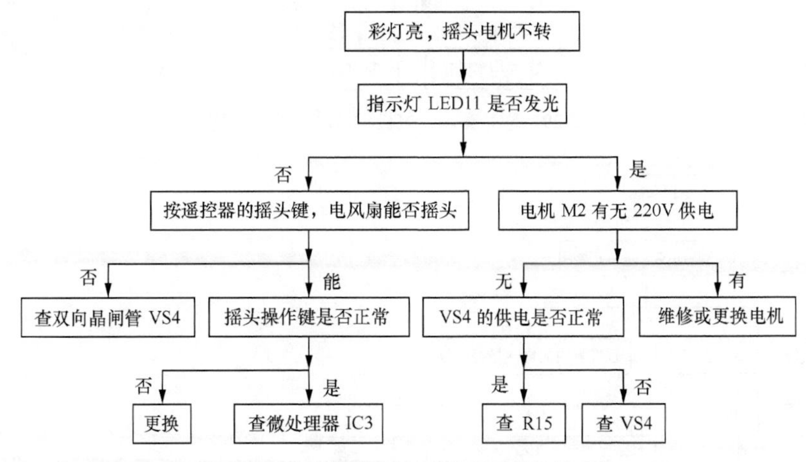

图 5-28　彩灯亮，摇头电机不转故障检修流程

4）彩灯亮，主电机不转

彩灯亮，主电机不转的故障原因：①运行电容 C8 异常，②温度熔断器 FU2、开/风速操作键异常，③电机 M1 异常，④微处理器 IC3 异常。该故障检修流程如图 5-29 所示。

5）遥控功能失效

遥控器功能失效，说明遥控器、红外接收头 IC2 或微处理器 IC3 异常。该故障检修流程如图 5-30 所示。

提示　若遥控器出现有时能正常遥控、有时不正常遥控的故障时，主要检查遥控器内的元器件引脚有无脱焊。若有脱焊，检查补焊后就可以排除故障；若无脱焊，多为晶振 B 内部接触不良。不过，有时元器件引脚脱焊和 B 内部接触不良也可能同时发生。

6）通电后主电机就高速运转

通电后主电机就高速运转，说明双向晶闸管 VS3 或微处理器 IC3 异常。该故障检修流程如图 5-31 所示。

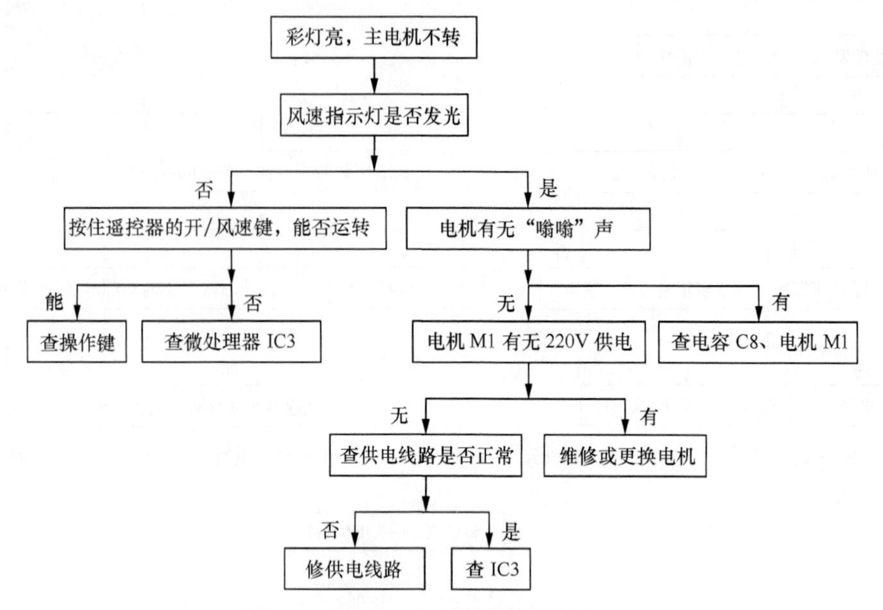

图 5-29　彩灯亮，主电机不转故障检修流程

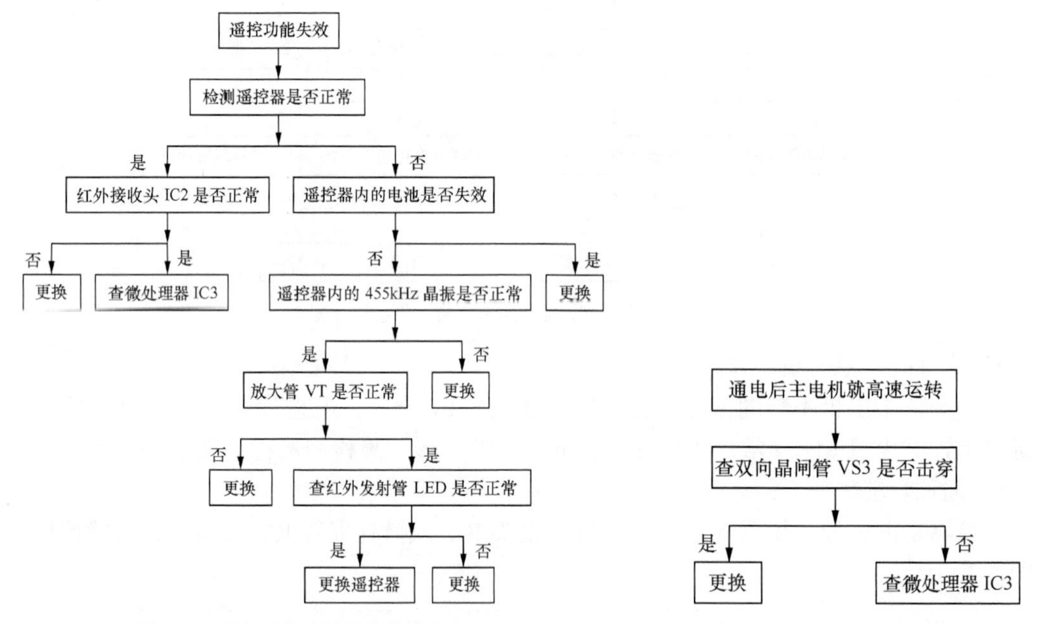

图 5-30　遥控功能失效故障检修流程

图 5-31　通电后主电机就高速运转故障检修流程

3. 海尔 FTD30-2 遥控型电风扇分析与检修

该机的控制电路由电源电路、微处理器 IC1（PT2124）、时基芯片 IC2（NE555）、双向晶闸管 VS1～VS3、电机等元器件构成，如图 5-32 所示。该电路工作原理和故障检修与前面介绍的遥控型电风扇基本相同，下面仅介绍模拟自然风电路工作原理与故障检修流程。

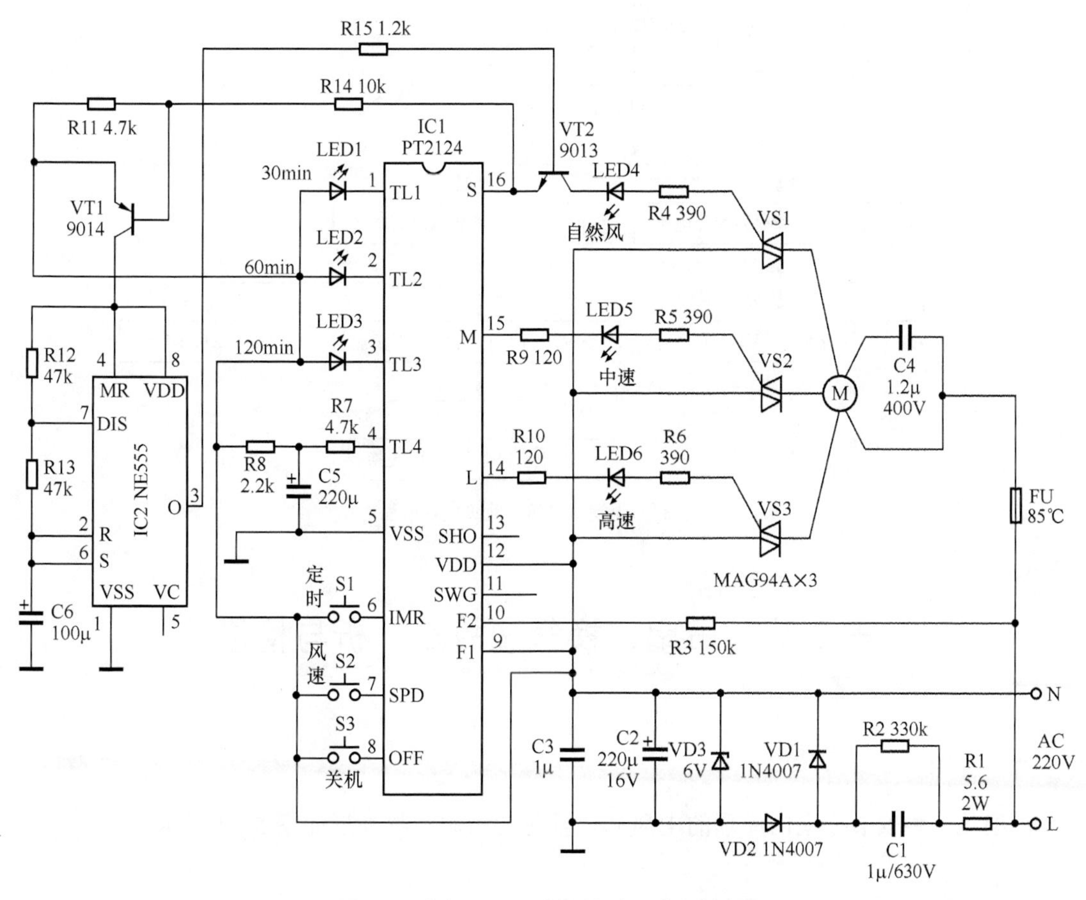

图 5-32　海尔 FTD30-2 型遥控电风扇控制电路

（1）模拟自然风原理

模拟自然风控制电路以时基芯片 NE555 为核心构成。用户选择模拟自然风时，微处理器 IC1 的⑯脚输出低电平控制信号，使 VT1 导通，由它 c 极输出的电压不仅加到 IC2 的供电端⑧脚和复位端④脚，而且通过 R12、R13 对 C6 充电。C6 两端电压不足 4V 时，IC2 的③脚输出高电平控制电压。该电压通过 R15 使 VT2 导通，它的 c 极电位为低电平，不仅使自然风指示灯 LED4 发光，而且使晶闸管 VS1 导通，为电机的低速供电端子供电，使电机低速运转。7s 后，C6 两端电压达到 4V，IC2 的③脚输出低电平控制电压使 VT2 截止，VS1 截止，电机停转。同时，C6 通过 R13 和 IC2 ⑦脚的内部电路放电，约 3.5s 后 C6 两端电压降到 2V 时，IC2 的③脚再次输出高电平控制电压，使电机再次运转。重复以上过程，电机时转时停，实现自然风控制。

（2）常见故障检修

下面介绍无模拟自然风故障的检修方法。该故障的检修流程如图 5-33 所示。

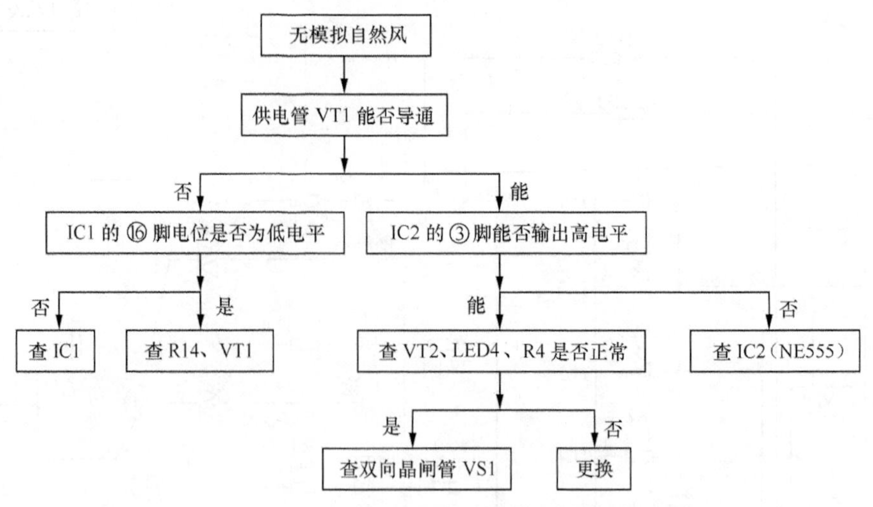

图 5-33　无模拟自然风故障检修流程

第 2 节　吊扇、换气扇故障分析与检修

一、吊扇

吊扇是一种安装在室内屋顶的电风扇。常见的吊扇实物外形如图 5-34 所示。

图 5-34　常见的吊扇实物外形

1. 构成

吊扇主要由机头、吊杆、扇叶、胶轮、开口销等构成，如图 5-35 所示。

2. 电气原理

吊扇的电气系统构成比落地扇简单得多，典型的吊扇电气系统主要由电机、运行电容、调速开关、电抗器构成，如图 5-36 所示。

由于该吊扇有 5 个速度挡位，所以它的 5 个接点与电抗器的抽头一一对应，第 6 个接点悬空。当速度开关接通 0 点时，电机因没有市电电压输入而停止工作；当速度开关接通 1 点时，电机绕组得到全部电压，转速达到最高；当开关接通 5 点时，电机绕组得到的电压最低，转速降到最低。

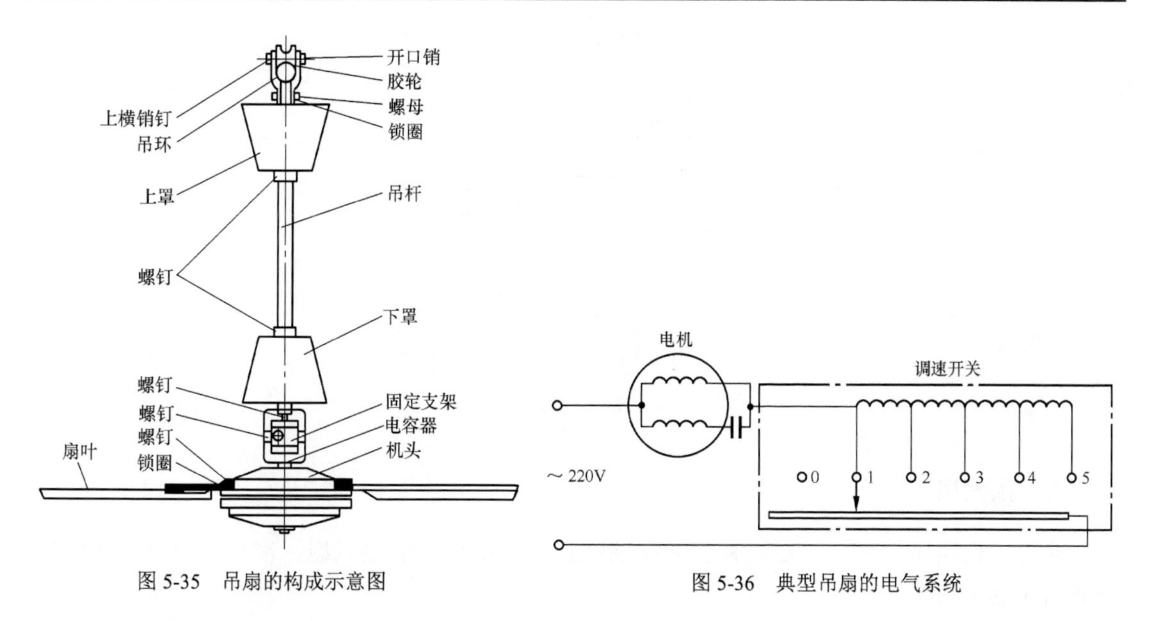

图 5-35　吊扇的构成示意图

图 5-36　典型吊扇的电气系统

3. 常见故障检修

（1）通电后吊扇不转

通电后吊扇不转的故障原因：一是调速开关开路，二是运行电容开路，三是电机损坏。该故障检修流程如图 5-37 所示。

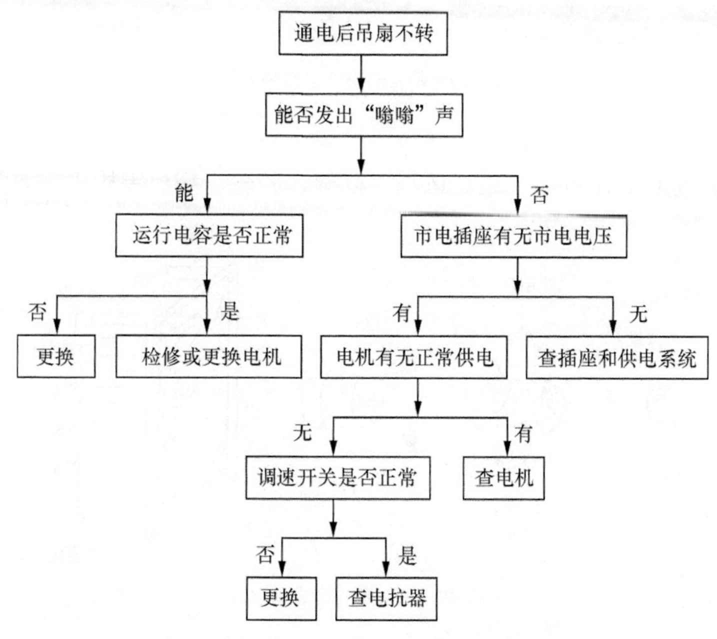

图 5-37　通电后吊扇不转故障检修流程

（2）噪声大

噪声大的故障原因：1）悬吊装置松动，2）扇叶松动，3）电机轴承缺油、异常。该故障检修流程如图 5-38 所示。

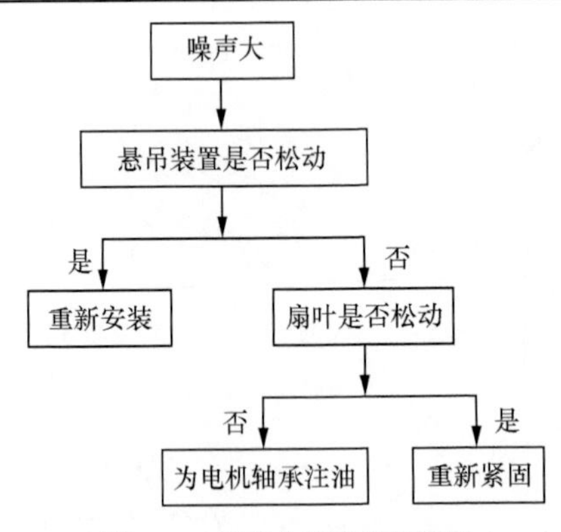

图 5-38　噪声大故障检修流程

二、换气扇

换气扇也叫排气扇，它是一种安装在墙壁孔内或窗户上的电风扇。常见的换气扇实物外形如图 5-39 所示。

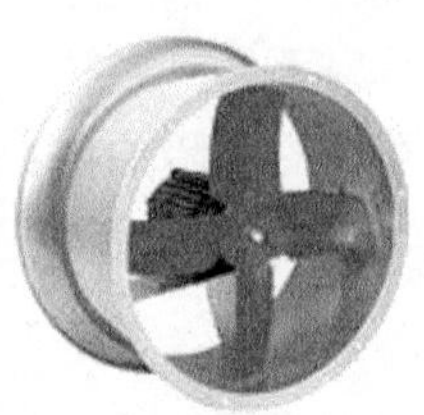
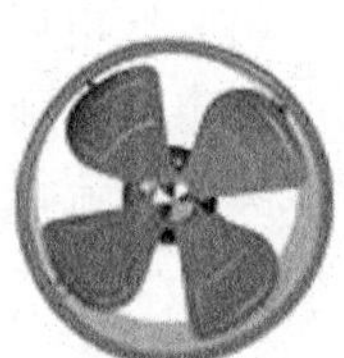

图 5-39　常见的换气扇实物外形

1. 构成

换气扇主要由电机、扇叶、气道、风罩、框架、胶轮、翻板等构成，如图 5-40 所示。

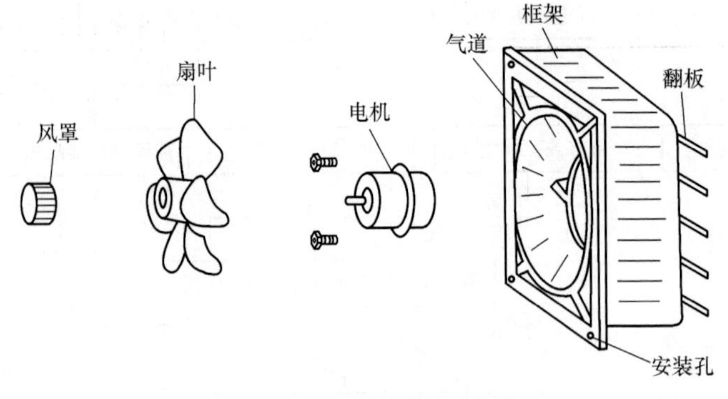

图 5-40　换气扇的构成示意图

2. 常见故障检修

换气扇的常见故障和吊扇基本相同，因换气扇没有调速系统，所以检修更简单，不再介绍。

第 6 章　消毒柜故障分析与检修

电子消毒柜又称电子消毒碗柜、电子食具消毒柜和电子消毒橱柜。它是一种用于食具消毒、烘干、存放和保洁的新型家用电器，广泛应用于家庭、招待所、宾馆、食堂、幼儿园、饮食行业和医疗卫生部门对食具、餐具和其他器具的消毒。常见的消毒柜如图 6-1 所示。

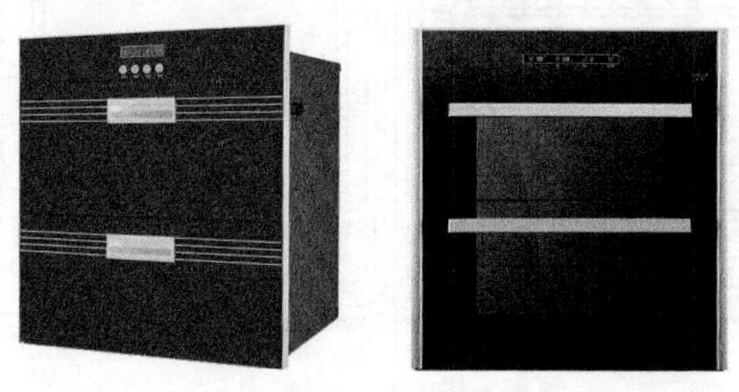

图 6-1　常见的消毒柜实物外形

第 1 节　消毒柜的分类和构成

一、分类

消毒柜按消毒方式可分为高温消毒柜和臭氧消毒柜两种，按使用温度可分为高温消毒柜和低温消毒柜两种，按外形结构可分为立式消毒柜和卧式消毒柜两种，按控制方法可分为机械控制型消毒柜和电脑控制型消毒柜。

提示　高温电子消毒柜又称为远红外高温电子消毒柜，具有消毒速度快、消毒彻底、无高电压、无残毒、无污染、使用安全等优点，是目前使用最多的一种电子消毒柜。低温电子消毒柜采用臭氧发生器对空气放电产生臭氧，用它来杀灭病毒和细菌，具有灭菌效率高、不烫手、耗电少等优点，尤其适用于对不宜用高温消毒的餐具消毒。

二、构成

1. 高温消毒柜的构成

高温消毒柜由箱体、碗架、电热管（远红外石英加热管）、温控器、箱门、指示灯、内壳、外壳等构成，如图 6-2 所示。

2. 低温消毒柜的构成

低温消毒柜由箱体、鼓风机、远红外加热管、餐具网架、臭氧发生器、定时器、箱门、指示灯等构成，如图 6-3 所示。

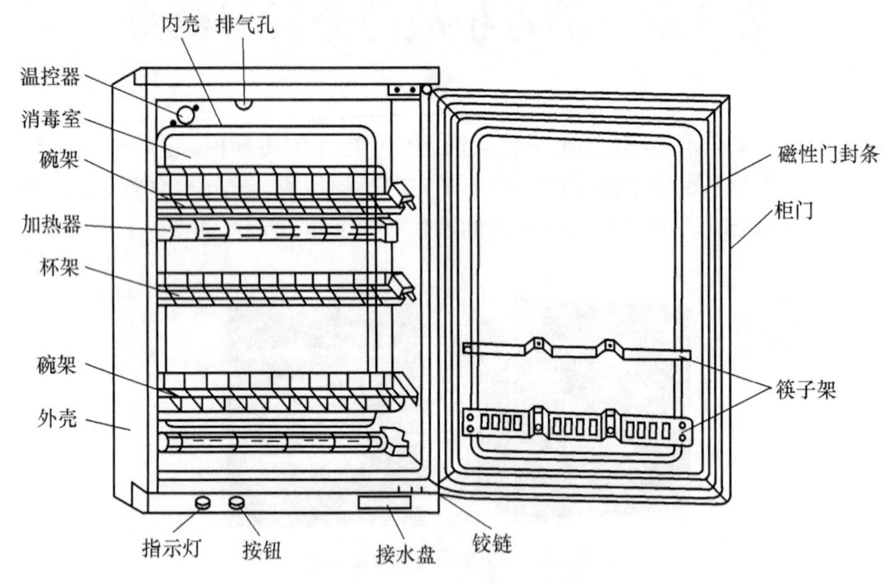

图 6-2　高温消毒柜构成示意图

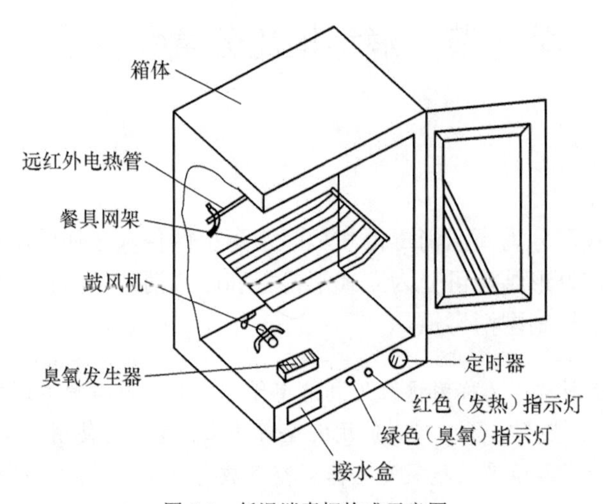

图 6-3　低温消毒柜构成示意图

第 2 节　机械控制型消毒柜

下面以康宝 ZTP80A-2 型消毒柜为例介绍机械控制型消毒柜。该消毒柜是立式上、下室结构，上室采用臭氧方式消毒，下室采用远红外方式消毒。而该机的电路由电加热电路、臭氧发生电路、指示电路等构成，如图 6-4 所示。

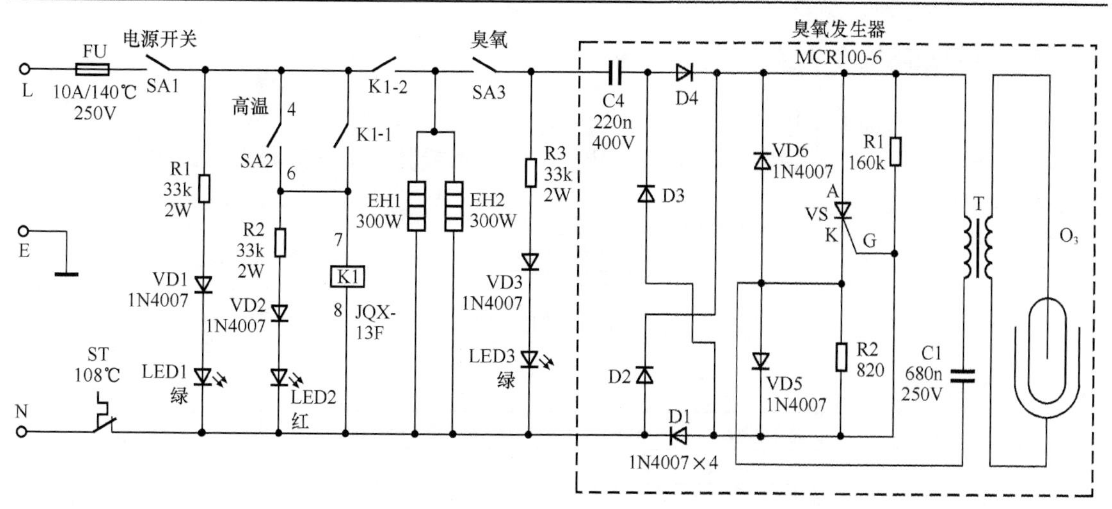

图 6-4　康宝 ZTP80A-2 型消毒柜电路

一、高温消毒电路

接通电源开关 SA1 后，220V 市电电压通过熔断器 FU 输入后，不仅通过 R1 限流、VD1 半波整流，使绿色发光二极管 LED1 发光，表明消毒柜有市电电压输入，而且还为上、下室消毒柜供电。当按下高温消毒开关 SA2 后，市电电压一路通过 SA2、R2、VD2 限流、整流，使高温消毒红色发光二极管 LED2 发光，表明该机进入高温消毒状态；另一路为继电器 K1 的线圈供电，使它内部的两对触点 K1-1、K1-2 闭合。触点 K1-1 接通后为 K1 的线圈供电，K1-2 闭合后，市电电压为远红外加热管 EH1、EH2 供电，EH1、EH2 开始发热，为下室进行高温消毒。当温度升高到 108℃时，温控器 ST 的触点断开，使 LED1、LED2 熄灭，EH1、EH2 停止加热，消毒结束。当下室的温度低于 108℃后，ST 的触点再次吸合，但由于 SA2 没有被按下，高温消毒电路也不能工作。

二、臭氧消毒电路

在继电器 K1 的触点闭合期间，接通臭氧消毒开关 SA3 后，220V 市电电压一路通过 R3 限流、VD3 半波整流，使 LED3 发光，表明该机处于臭氧消毒状态；另一路通过 C4 降压，再通过 D1～D4 组成的桥式整流电路整流产生脉动直流电压。该电压不仅加到单向晶闸管 VS 的阳极，而且通过升压变压器 T 的初级绕组、升压电容 C1 和 VD5 构成的回路为 C1 充电。在 C1 两端建立电压的同时，充电电流还使 T 的初级绕组产生上正、下负的电动势，经其变压后它的次级绕组相应产生上正、下负的电动势。C1 充电结束后，通过 R1 为 VS 的 G 极提供触发电压，使 VS 导通。此时，C1 存储的电压通过 VS 放电，使 T 的初级绕组产生下正、上负的电动势，于是 T 的次级绕组感应出下正、上负的电动势。这样，通过 C1 的充、放电，就会使 T 的次级绕组产生 3kV 左右的脉冲高压，为臭氧放电管供电。这种间歇式的脉冲高压使臭氧放电管产生放电火花，激发周围空气中的氧气电离，从而产生臭氧，为上室进行臭氧消毒。臭氧放电管工作时，能看到电火花，并可以听到“哒哒”的电击声，闻到带腥味的臭氧气味。

由于臭氧消毒电路的供电受继电器 K1 的触点 K1-2 控制，所以高温消毒电路停止工作时，臭氧消毒电路也会停止工作。

三、常见故障检修

（1）上、下室都不工作

上、下室都不工作，说明供电电路、开关、继电器或其控制电路异常。该故障的检修流程如图 6-5 所示。

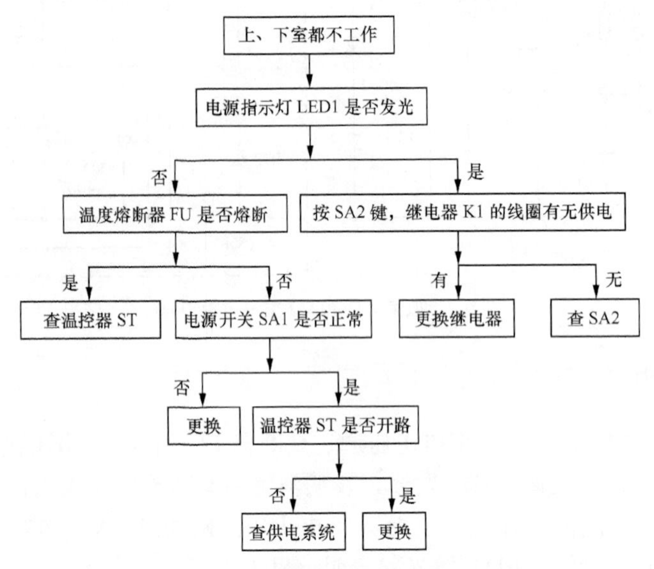

图 6-5　上、下室都不工作故障检修流程

（2）不能臭氧消毒

不能臭氧消毒，说明臭氧放电管或其供电系统异常。该故障的检修流程如图 6-6 所示。

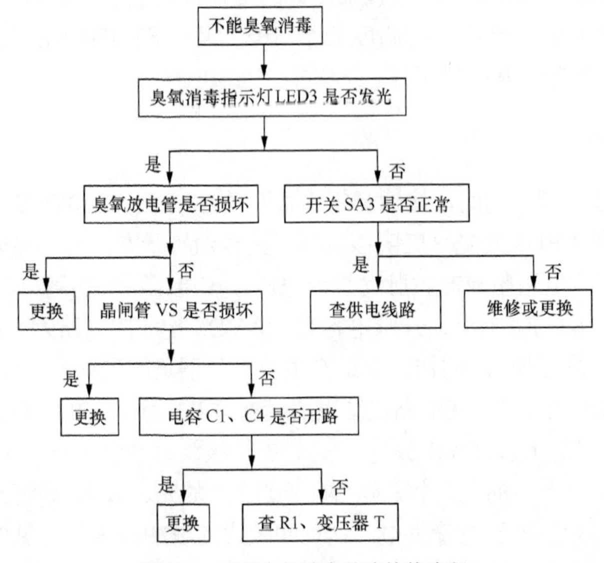

图 6-6　不能臭氧消毒故障检修流程

提示　降压电容 C4 损坏有时是由于晶闸管 VS、电容 C1 损坏所致，所以还需要对这些元器件进行检查，以免再次损坏。

（3）臭氧消毒效果差

臭氧消毒效果差，说明臭氧放电管老化或其供电电压低。该故障的检修流程如图 6-7 所示。

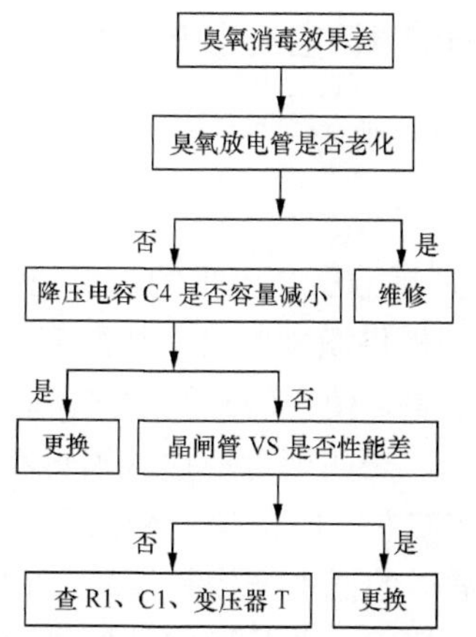

图 6-7　臭氧消毒效果差故障检修流程

（4）高温消毒时温度低、加热时间长

该故障多因一根远红外加热管损坏，导致加热功率不足引起。

怀疑远红外加热管异常时，通过测量它有无供电或阻值是否正常就可以确认。

第 3 节　电脑控制型消毒柜

下面以万宝 YTD-180C 型消毒柜为例介绍电脑控制型消毒柜。该机的电路由远红外加热管、臭氧放电管、单片机、显示屏、指示灯等构成，如图 6-8 所示。

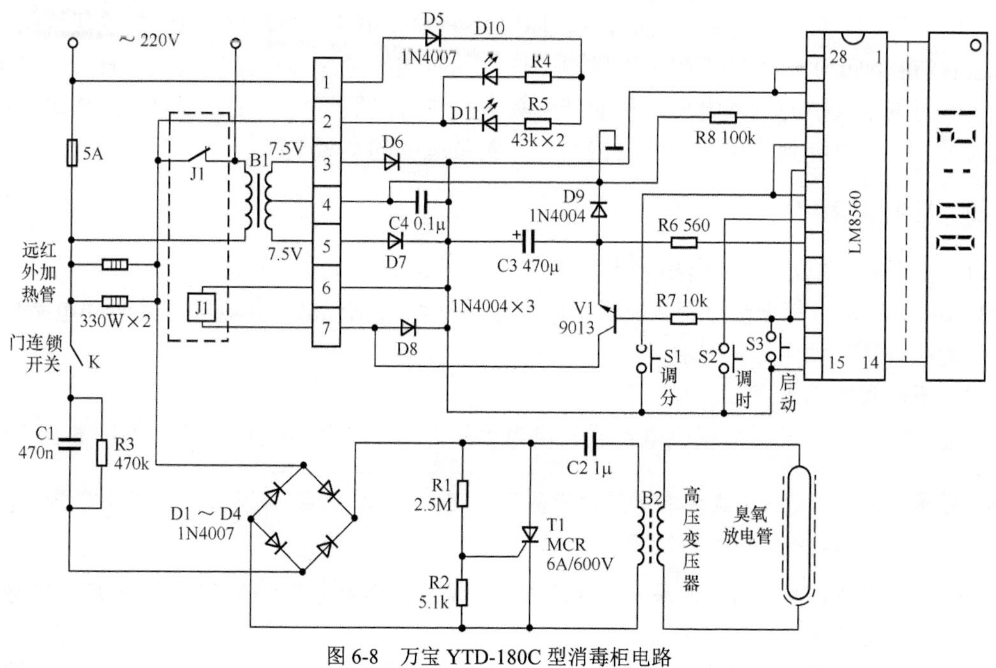

图 6-8　万宝 YTD-180C 型消毒柜电路

一、电源电路

该机输入的220V市电电压经变压器B1降压，产生7.5V交流电压，该电压通过D6、D7全波整流、C3滤波产生10V左右的直流电压，不仅为继电器J1的线圈供电，而且加到LM8560的㉗、㉘脚，为它供电。

二、高温消毒控制电路

按启动键S3，被LM8560识别后输出高电平的消毒控制信号。该信号通过R7限流使驱动管V1导通，为继电器J1的线圈提供激励电流，从而使它内部的两对触点吸合。此时，市电电压不仅为两根远红外加热管供电，使它们开始发热，而且通过D5半波整流，R4、R5限流，使发光二极管D10、D11发光，表明消毒柜进入消毒状态。随着不断加热，消毒柜内的温度逐渐升高，当温度升高到125℃左右时，该信号由温度传感器检测并送给LM8560进行识别，LM8560识别后输出停止消毒的低电平控制信号，V1截止，继电器J1的线圈断电，触点释放，指示灯D10、D11同时熄灭，并且远红外加热管停止加热，消毒结束。

三、臭氧消毒控制电路

在继电器J1的触点吸合期间，关闭消毒柜的门使连锁开关K的触点接通后，220V市电电压通过R3、C1降压产生15V左右的交流电压，再通过D1～D4组成的桥式整流电路整流产生脉动直流电压。该电压不仅加到单向晶闸管T1的阳极，而且通过升压电容C2、升压变压器B2的初级绕组构成充电回路为C2充电，在C2两端建立左正、右负的电压，同时充电电流还使B2的初级绕组产生上正、下负的电动势，使B2的次级绕组相应产生上正、下负的电动势。C2充电结束后，通过R1、R2分压为T1的G极提供触发电压，使T1导通。T1导通后，C2存储的电压通过T1放电，使B2的初级产生下正、上负的电动势，于是B2的次级绕组产生下正、上负的电动势。这样，通过C2不断地充电、放电，就使B2的次级绕组产生2kV左右的脉冲高压，为臭氧放电管供电。这种间歇式的脉冲高压使臭氧放电管产生放电火花，激发周围空气中的氧气电离，从而产生臭氧，进行臭氧消毒。臭氧放电管工作时，能看到电火花，并可以听到“哒哒”的电击声，闻到带腥味的臭氧气味。

四、常见故障检修

（1）高温、臭氧消毒都无法进行

高温、臭氧消毒都无法进行，说明供电电路、开关、LM8560、继电器或其驱动电路异常。该故障的检修流程如图6-9所示。

（2）不能臭氧消毒

不能臭氧消毒，说明臭氧放电管或其供电系统异常。该故障的检修流程如图6-10所示。

提示 降压电容C1损坏有时是由于晶闸管T1、电容C2损坏所致，所以还需要对它们进行检查，以免再次损坏。

另外，臭氧消毒效果差主要是由于臭氧放电管老化或C1、C2容量不足，T1性能差所致。

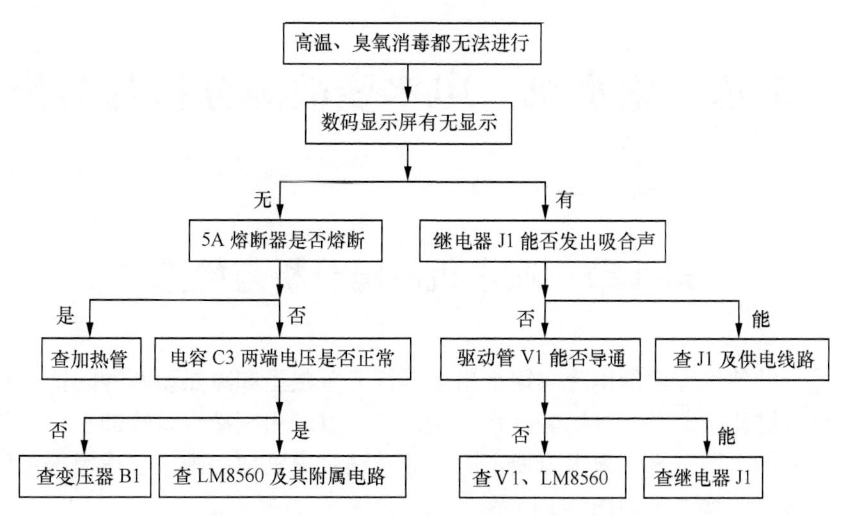

图 6-9　高温、臭氧消毒都无法进行故障检修流程

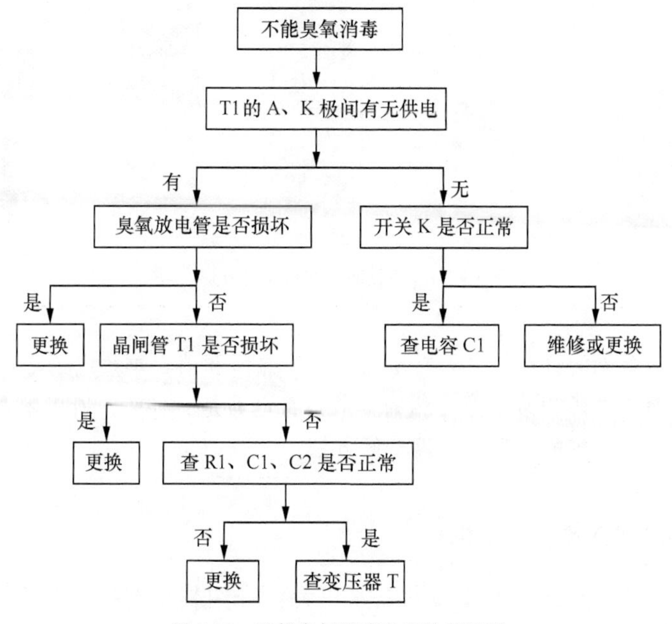

图 6-10　不能臭氧消毒故障检修流程

（3）高温消毒时温度低、加热时间长

该故障多因一根远红外加热管损坏，导致加热功率不足引起。

维修时，可通过测量远红外加热管的供电或其阻值来确认。

第 7 章　饮水机、电水壶故障分析与检修

第 1 节　饮水机故障分析与检修

饮水机是一种使用方便的电冷热饮水用器具，有单热型和冷热型两种。饮水机可以利用过滤器对水进行过滤、消毒，可以烧开水保温，还可以利用制冷设备冷却水，一年四季都可以使用，给人们的生活带来了很大方便，除了非常适合家庭使用外，也适用于工厂、金融、事业单位等。常见的饮水机如图 7-1 所示。

图 7-1　常见的饮水机实物外形

提示　目前，常见的饮水机主要有单热型、冷热型和消毒单热或消毒冷热型 3 种。饮水机的消毒电路和第 6 章介绍的臭氧消毒电路是一样的，所以本章仅介绍单热型、冷热型饮水机的原理和故障检修方法。

一、制冷剂制冷式冷热型饮水机

下面以安吉尔 YLR-5-28L-B 型冷热饮水机为例介绍制冷剂制冷式饮水机的工作原理和故障检修方法。

1．工作原理

安吉尔 YLR-5-28L-B 型冷热饮水机的电气系统由加热控制和制冷控制两部分构成，如图 7-2 所示。

（1）加热电路

插好电源线后，市电电压通过 R1、LED1、D1 构成的回路使 LED1 发黄色光，表明已输入市电电压。需要加热时，按下开关 K1，220V 市电电压一路经温控器 KSD1、加热器 RL、热保护器 KSD2、熔断器 RD2 构成回路，为 RL 供电，使它开始加热；另一路通过 D2 半波整流，R2 限流，使指示灯 LED2 发红色光，表明该机处于加热状态。随着加热地不断进行，水温逐渐升高，当水温达到 89℃后，KSD1 的触点断开，RL 因失去供电而停止加热，LED2

失去供电而熄灭，进入保温状态。而当水温下降到某一值时，KSD1 的双金属片复位，触点闭合，再次接通电源，如此反复，使饮水机的温度控制在一定范围内。

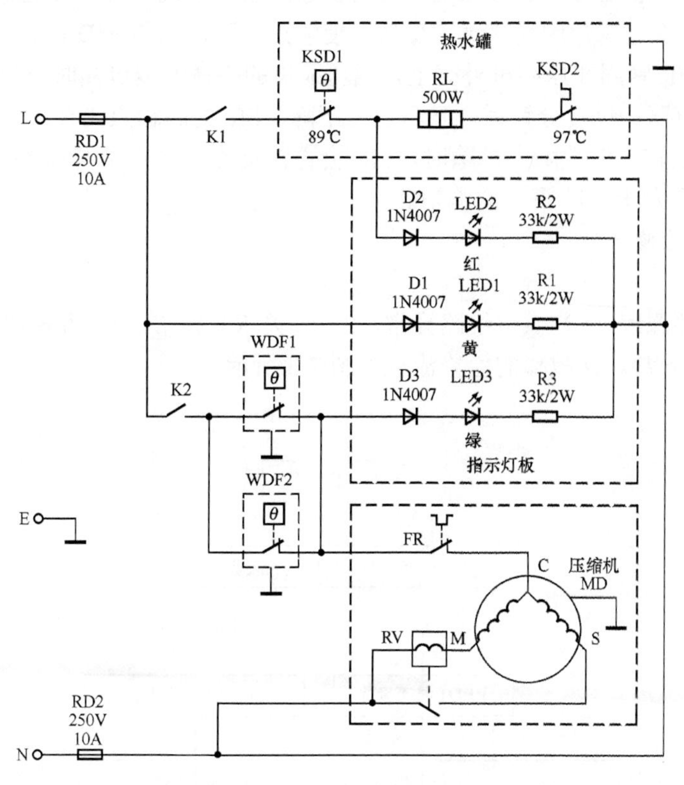

图 7-2　安吉尔 YLR-5-28L-B 型冷热饮水机的电气系统原理图

当水罐内无水或温控器 KSD1 异常，使水罐的温度超过 97℃后，水罐表面上的过热保护器 KSD2 的触点断开，切断加热器供电，以免加热器烧断或产生其他故障，实现过热保护。

当 ST2 的触点粘连等原因使保护功能失效后，加热温度会继续升高，当温度达到 RD1、RD2 的标称值后，RD1 或 RD2 过热熔断，彻底切断整机的供电回路，实现过热保护。

（2）制冷电路

如图 7-2 所示，制冷电路由开关 K2、冰水温控器 WDF1、冷藏式温控器 WDF2、重锤启动器 RV、过载保护器 FR、压缩机电机 MD、指示灯 LED3 等构成。

接通制冷开关 K2 后，市电电压通过 D3 整流和电阻限流后使指示灯 LED3 发光，表明该机进入制冷状态，同时压缩机电机 MD 在重锤启动器 RV 的配合下启动运转。当压缩机正常运转后，RV 的触点断开，完成启动过程，制冷系统开始制冷。随着制冷的不断进行，冷水罐和冷藏室的温度都在逐步下降，当冷水的温度达到 5℃，冰水温控器 WDF1 内的触点断开；当冷藏室的温度达到 2℃时，冷藏室温控器 WDF2 的触点断开。WDF1 和 WDF2 的触点断开后，MD 因失去供电而停转，饮水机进入保温状态。随着保温时间的延长，冷水罐和冷藏室的温度都在逐步升高，当冷水的温度升高到 10℃，WDF1 内的触点吸合，或冷藏室的温度升高到 8℃时，WDF2 的触点闭合，由于 WDF1 和 WDF2 的触点是并联的，所以无论哪个闭合，MD 都会再次运转，饮水机进入下一轮制冷状态。

正常时，过载保护器 FR 的触点处于常闭状态，当压缩机电机 MD 过载时电流增大，过载保护器 FR 内的双金属片因受热迅速变形，使触点断开，切断 MD 的供电回路，MD 停止转动。另外，因 FR 紧固在压缩机外壳上，当压缩机的壳体温度过高时，也会导致 FR 动作，切断压缩机供电电路。过几分钟后，随着温度下降，FR 内的触点闭合，又接通 MD 的供电回路，MD 继续运转。但故障未排除时，FR 会再次动作，直至故障排除。过载保护器 FR 接通、断开时，会发出“咔嗒”的响声。

2. 常见故障检修

（1）不加热

该故障的主要原因：1）供电线路异常，2）开关 K1 异常，3）温控器异常，4）熔断器异常，5）加热器异常。该故障的检修流程如图 7-3 所示。

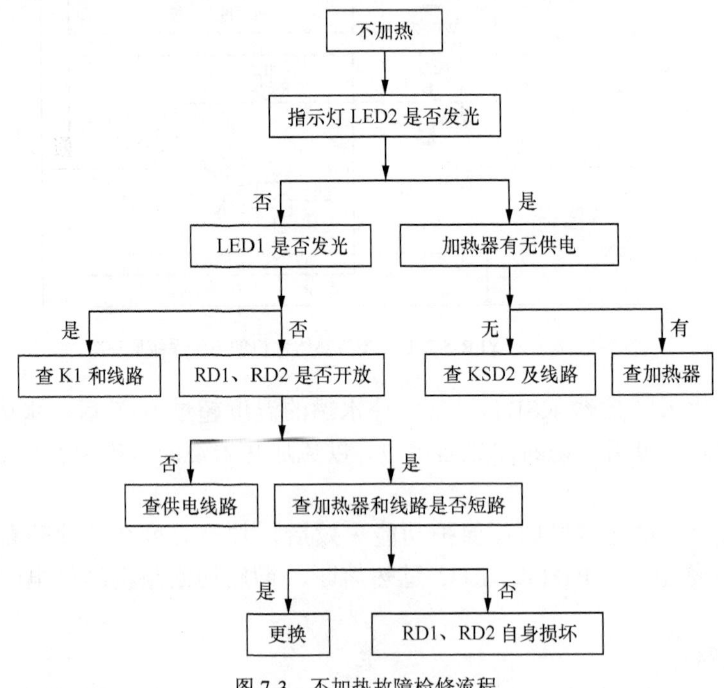

图 7-3　不加热故障检修流程

（2）加热不正常

加热不正常，说明温控器、加热器或线路接触不良。该故障的检修流程如图 7-4 所示。

（3）压缩机不转

该故障的主要原因：1）供电线路、温控器、过载保护器异常，使压缩机因无供电而不能工作；2）压缩机或其启动器异常，引起压缩机不能启动；3）制冷系统严重堵塞，导致压缩机过载，引起过载保护器动作。该故障检修流程如图 7-5 所示。

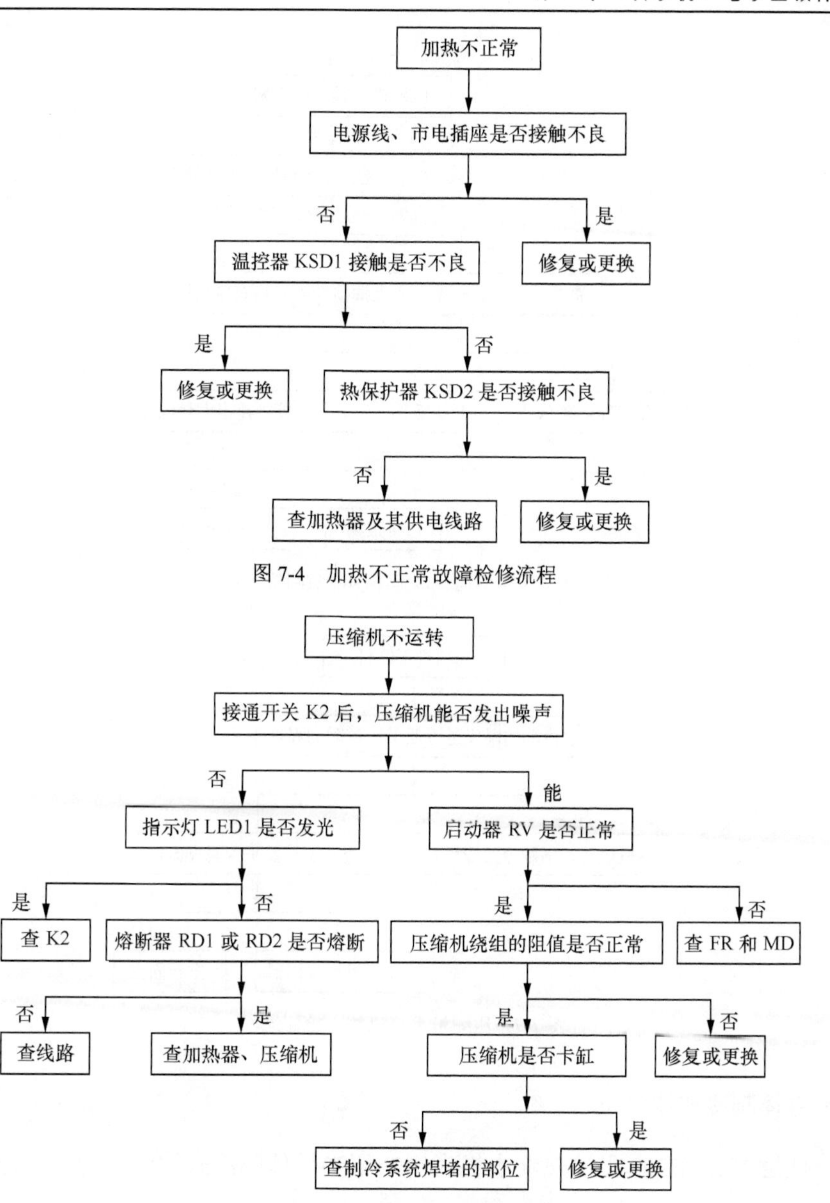

图 7-4　加热不正常故障检修流程

图 7-5　压缩机不运转故障检修流程

（4）压缩机运转，但不制冷

压缩机运转，但不制冷故障的原因主要有 3 个：压缩机异常或它与排气管、吸气管的接头漏或冷凝器漏或是蒸发器漏。该故障检修流程如图 7-6 所示。

（5）压缩机不停机

该故障的主要原因：1）制冷系统泄漏或压缩机排气性能差，使冷藏室的温度达不到要求，温控器不能切断压缩机的供电；2）温控器异常，导致压缩机总在工作；3）冷藏室内胆与蒸发器脱离，使温控器的感温管不能检测到正常的温度，导致压缩机始终运转。该故障检修流程如图 7-7 所示。

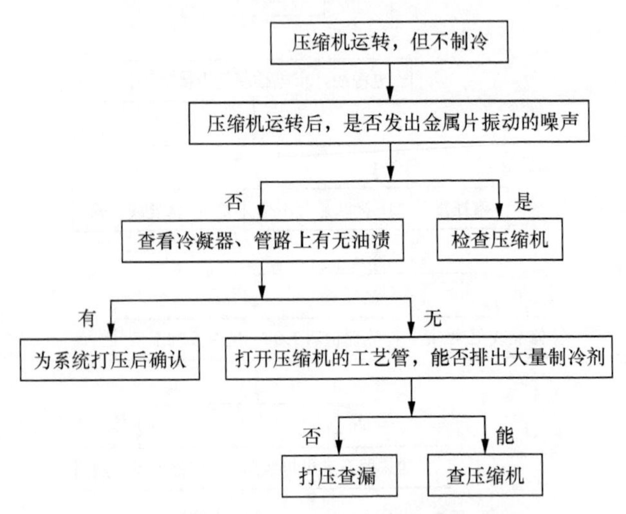

图 7-6　压缩机运转，但不制冷故障检修流程

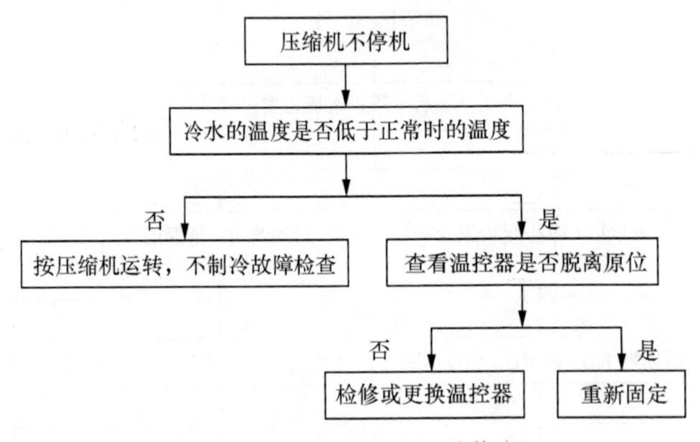

图 7-7　压缩机不停机故障检修流程

二、半导体制冷式饮水机

下面以佳意 YSX-B202 型冷热饮水机为例介绍半导体制冷式饮水机的工作原理和故障检修方法。

1. 工作原理

佳意 YSX-B202 型冷热饮水机的电气系统由加热控制和制冷控制两部分构成，如图 7-8 所示。

（1）加热电路

该饮水机的加热电路与安吉尔 YLR-5-28L-B 型冷热饮水机基本相同，不再介绍，请读者自行分析。

（2）制冷电路

参见图 7-8，制冷电路由开关 S1、双电压比较器 LM393P、温度传感器（负温度系数热敏电阻）RT、场效应管 VT、半导体制冷片 PN 以及电源电路构成。

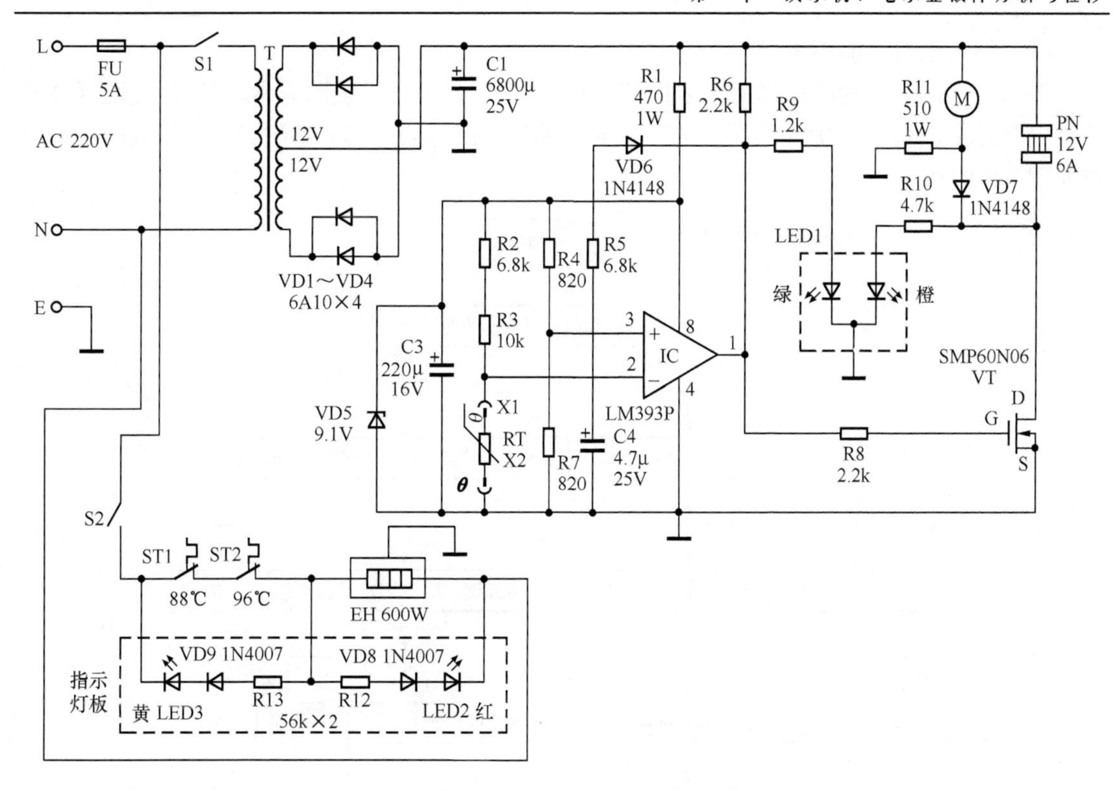

图 7-8　佳意 YSX-B202 型冷热饮水机的电气系统

接通制冷开关 S1 后，220V 市电电压通过 S1 加到电源变压器 T 的初级绕组，从它的次级绕组输出 12V 交流电压，再通过 VD1～VD4 全波式整流、C1 滤波产生 12.5V 左右的直流电压。该电压不仅为散热风扇电机 M 和半导体制冷片 PN 供电，而且通过 R1 限流、C3 滤波、VD5 稳压产生 9V 电压。该电压不仅加到 IC（LM393P）的供电端⑧脚，为它供电，而且通过 R4、R7 取样后，为 IC 的同相输入端③脚提供 4.5V 的参考电压。因开机初期，冷水罐内的水温超过 15℃，所以温度传感器 RT 的阻值较小，9V 电压通过 R2、R3、RT 取样后的电压低于 4.5V，通过比较器比较后使 IC 的①脚输出高电平电压。该电压一路通过 R9 限流使 LED1 内的绿色指示灯发光，表明该机处于制冷状态；另一路经 R8 限流使场效应管 VT 导通，接通 PN 的供电回路，使它开始为冷水罐制冷。该路电压同时通过 VD7 接通 M 的回路，使 M 开始运转，为 PN 散热。此时，LED1 内的橙色指示灯因 VD7 导通而熄灭。随着制冷的不断进行，冷水罐的温度在逐步下降。当冷水的温度达到 7℃时，RT 的阻值增大，为 IC 的②脚提供的电压超过 4.5V，IC 的①脚输出低电平电压，不仅使 LED1 内的绿色指示灯熄灭，而且使 VT 截止。VT 截止后，PN 停止制冷，而且风扇 M 不再高速运转。此时，12.5V 电压通过 M 和 R11 构成的回路使 M 低速运转，继续为 PN 散热，并且 R11 两端产生的压降通过 VD7、R10 使 LED1 内的橙色指示灯发光，表明该机处于保温状态。随着保温时间的延长，冷水罐内的温度逐步升高，当冷水的温度升高到 15℃，如上所述，饮水机再次进入制冷状态。

2. 常见故障检修

该机不加热或加热不正常故障与机械控制单热型饮水机相同，不再赘述。下面介绍不制冷、制冷不正常故障的检修流程。

（1）加热正常，但不制冷

加热正常，但不制冷故障的主要原因：1）开关 S1 或电源电路异常，2）温度取样及其控制电路异常，3）场效应管异常，4）半导体制冷片 PN 异常，5）风扇异常。该故障检修流程如图 7-9 所示。

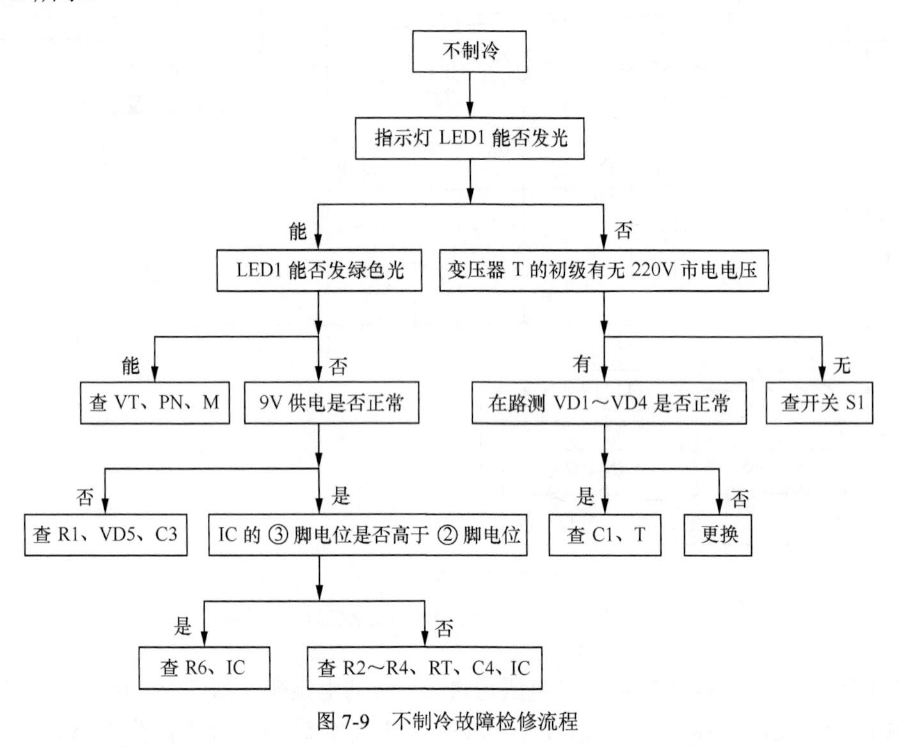

图 7-9　不制冷故障检修流程

提示　若风扇损坏，不能将 PN 产生的热量吹出机外，反而为冷水罐加温，从而导致冷水罐内水的温度高于室温。而半导体制冷片贴反了或其供电接反后，导致它的冷端变为热端，也会导致水温升高。

（2）冷水温度过低

冷水温度过低的原因：1）场效应管 VT 击穿，2）温度检测电路异常。该故障检修流程如图 7-10 所示。

三、电脑控制单热型饮水机

典型的电脑控制单热型饮水机由电源电路、微处理器电路、加热电路构成。下面以家乐仕饮水机为例进行介绍，电路如图 7-11 所示。

1. 电源电路

220V 市电经电阻 R1、电容 CV1 降压限流，通过 D1～D4 桥式整流，再经 C1、C5 滤波，稳压二极管 DZ1 稳压后形成 12V 直流电压。该电压不仅为继电器供电，而且通过 BG1、DZ2、R4 组成的 5V 稳压器稳压输出 5V 电压。该 5V 电压除了为微处理器等电路供电，还通过 R17 限流使电源指示灯 LED-P 发光，表明电源电路已工作。

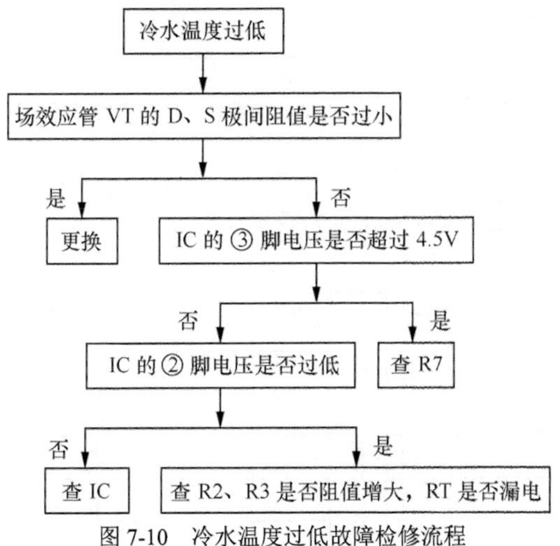

图 7-10　冷水温度过低故障检修流程

2. 微处理器电路

该机的微处理器电路主要由微处理器 IC1（CF745-04/P）及其外围元器件组成。

（1）CF745-04/P 的引脚功能

CF745-04/P 的引脚功能如表 7-1 所示。

表 7-1　CF745-04/P 的引脚功能

脚　号	功　能	脚　号	功　能
①	温控信号输入	⑩	加热指示灯控制信号输出
②	加热控制信号输出	⑪	定时控制信号输入
③	接地	⑫	开关机控制信号输入
④	5V 供电	⑬	蜂鸣器驱动信号输出
⑤	接地	⑭	5V 供电
⑥	再沸腾控制信号输入	⑮	外接振荡器
⑦	2h 定时指示灯控制信号输出	⑯	外接振荡器
⑧	保温指示灯控制信号输出	⑰	4h 定时指示灯控制信号输出
⑨	再沸腾指示灯控制信号输出	⑱	外接上拉电阻

（2）CPU 工作条件电路

插好饮水机的电源线，待电源电路工作后，由其输出的 5V 电压经电容 C2、C6 滤波后，加到微处理器 IC1（CF745-04/P）的供电端④、⑭脚，为 IC1 供电。IC1 得到供电后，它内部的振荡器与⑮、⑯脚外接的晶振 XT1 通过振荡产生 4MHz 的时钟信号。该信号经分频后协调各部位的工作，并作为 IC1 输出各种控制信号的基准脉冲源。IC1 在获得供电并产生时钟信号后，它内部设置的复位电路使存储器、寄存器等电路清零复位，待复位结束后 IC1 开始工作。

（3）定时控制电路

该机具有定时功能，按下定时开关 K2 可在 2h、4h 两个时间段内选择定时时间，待达到所定的时间后自动关机，使饮水机处于待机状态。

（4）蜂鸣器电路

该机的蜂鸣器电路由蜂鸣器 BE1、三极管 BG3、微处理器 IC1 等元器件构成。每次进行操作时，微处理器 IC1 的⑬脚输出蜂鸣器驱动信号。该信号通过 R8 限流、BG3 倒相放大，

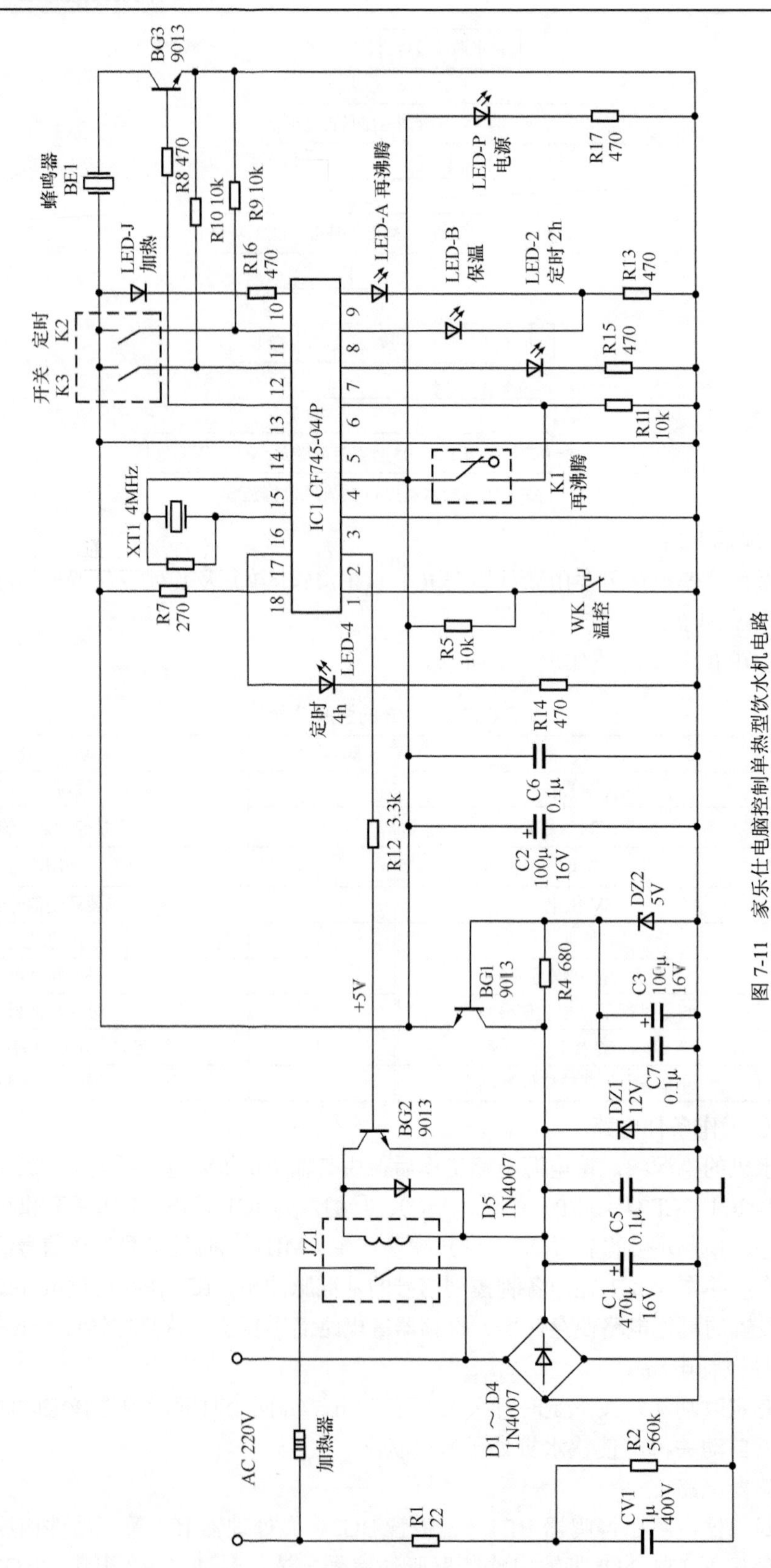

图 7-11　家乐仕电脑控制单热型饮水机电路

驱动蜂鸣器 BE1 鸣叫，提醒用户饮水机已收到操作信号，并且此次控制有效。

3．加热控制电路

当饮水机加水并通电后，按一下开关 K3，IC1 ⑫脚的电位发生变化，该变化被微处理器 IC1 识别后，IC1 从⑩脚输出低电平控制信号，从②脚输出高电平控制信号。⑩脚输出的低电平控制电压通过 R16 使加热指示灯 LED-J 发光，表明该机处于加热状态；②脚输出的高电平控制信号通过 R12 限流使驱动管 BG2 导通，为继电器 JZ1 的线圈提供导通电流，使它的触点吸合，加热器获得供电开始加热。罐内的水温随着加热器的不断加热而升高，当水烧开后，温控器 WK 的触点断开，使 IC1 的①脚输入高电平信号，IC1 识别后判断水已烧开，控制⑩、⑧脚输出高电平电压，控制②脚输出低电平电压。②脚输出的低电平电压使 BG2 截止，JZ1 的线圈无导通电流，它内部的触点释放，加热器停止加热；⑩脚输出高电平后，加热指示灯 LED-J 熄灭；⑧脚输出的高电平电压通过 R13 限流使保温指示灯 LED-B 发光，表明该机进入保温状态。随着保温时间的延长，水的温度逐渐下降，当温度下降到一定值后，WK 的触点再次吸合，使 IC1 的①脚电位再次变为低电平，IC1 的②脚输出高电平，使加热器再次加热。重复以上过程，饮水机就可以为用户提供一定温度的热水。

保温期间，若按下再沸腾开关 K1，⑥脚变成高电平，此信号被微处理器 IC1 识别后，IC1 从⑨脚和②脚输出高电平控制信号，如上所述，②脚输出高电平控制信号时加热器开始加热。⑨脚输出的高电平通过 R13 限流使再沸腾指示灯 LED-A 发光，表明该机处于再沸腾状态。再沸腾的时间通常为 1min，1min 后加热器停止加热。

4．常见故障检修

（1）不加热，电源指示灯也不亮

不加热，电源指示灯也不亮，说明该机没有市电输入或电源电路异常。该故障的检修流程如图 7-12 所示。

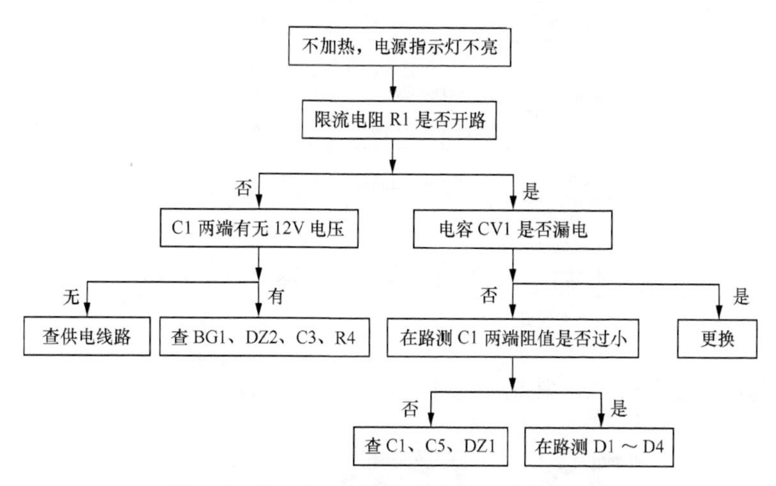

图 7-12 不加热，电源指示灯不亮故障检修流程

（2）电源指示灯亮，但不加热

电源指示灯亮，但不加热，说明加热器或其供电系统异常。该故障的检修流程如图 7-13 所示。

（3）加热不正常

加热不正常，说明温控器、加热器或供电电路异常。该故障的检修流程如图 7-14 所示。

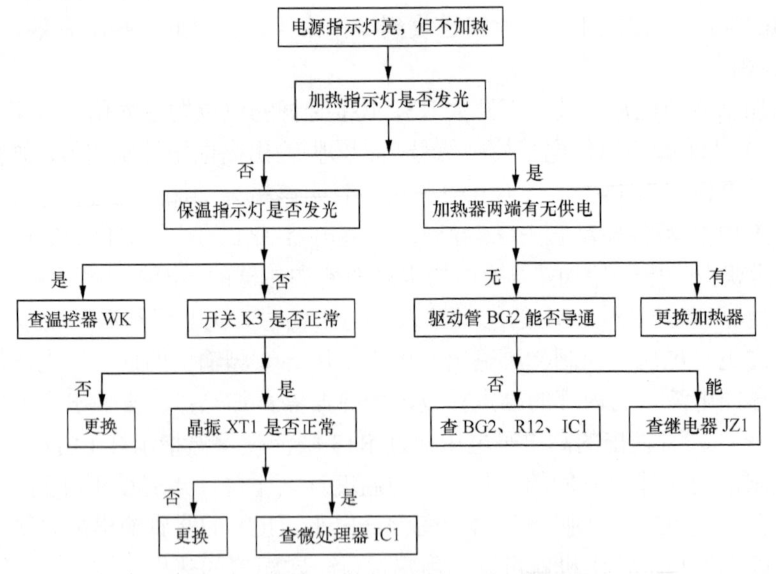

图 7-13　电源指示灯亮，但不加热故障检修流程

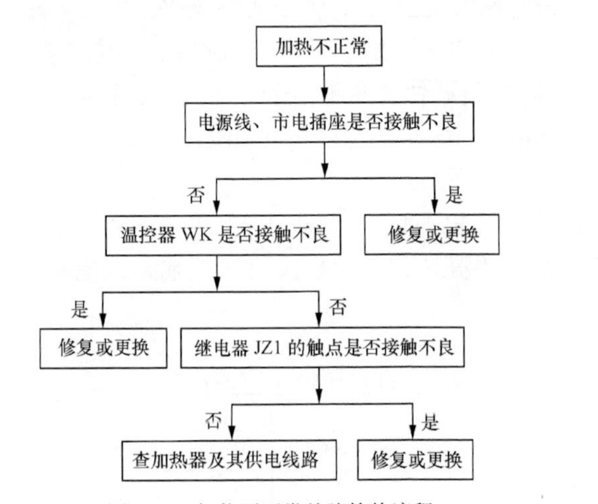

图 7-14　加热不正常故障检修流程

第 2 节　电水壶故障分析与检修

电水壶的基本功能是烧水。常见的电水壶如图 7-15 所示。

图 7-15　常见的普通电水壶

一、分体式电水壶的构成

分体式电水壶由壶体部分、底座两部分构成。而底座由电源线、供电插座、升降保护环等构成；壶体的供电部分由安全插头和 L、N 接触环等构成，如图 7-16 所示。

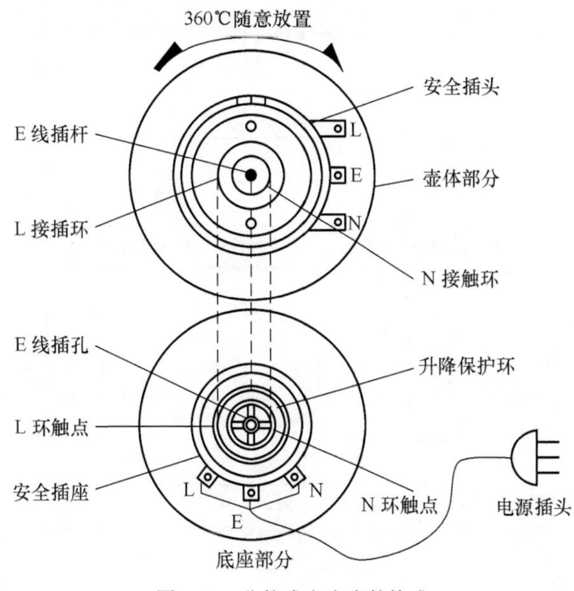

图 7-16　分体式电水壶的构成

二、典型电水壶分析与检修

下面以格来德 WEF-115S 电水壶为例介绍分体式电水壶电路的故障检修方法。该电路由加热管 EH、电源开关 K、热保护器 ST1/ST2、指示灯等构成，如图 7-17 所示。

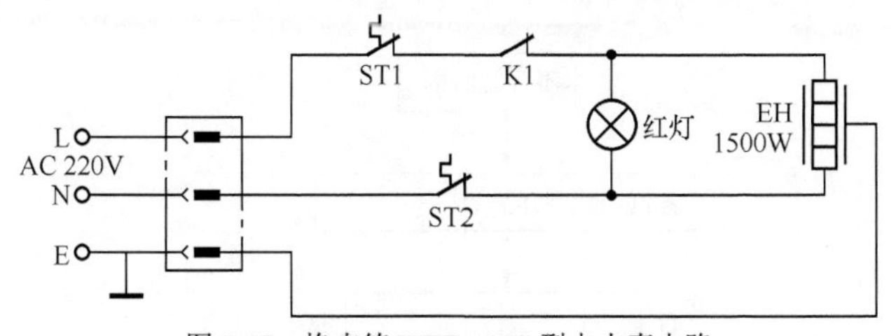

图 7-17　格来德 WEF-115S 型电水壶电路

1. 电路分析

需要烧水时，装入适量水的壶体安放在底座上，接通蒸汽控制型电源开关 K1 后，此时 220V 市电电压经热保护器 ST1、ST2、K1 的触点两路输出：一路为红色指示灯（氖泡）供电，使其发光，表明该壶工作在加热状态；另一路为加热管 EH 供电，使它开始发热烧水。当水烧开后，水蒸气使 K1 的簧片变形，将其触点断开，切断 EH 的供电回路，烧水结束。

热保护器 ST1、ST2 采用的是 KSD201/EC 型温控器。当电源开关 K1 异常使 EH 加热时间过长，导致壶底的温度达到 125℃时，ST1、ST2 的触点断开，切断市电输入回路，实现过热断电保护。

2. 常见故障检修

（1）不加热

该故障的主要原因：1）供电线路异常，2）开关K1异常，3）温控器ST1、ST2异常，4）加热管EH异常。该故障的检修流程如图7-18所示。

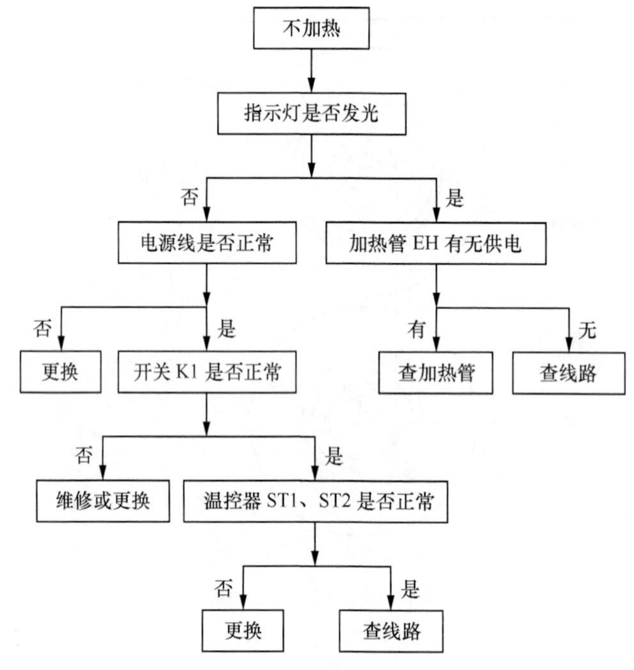

图7-18 不加热故障检修流程

（2）水不开就断电

该故障的主要原因：1）开关K1异常，2）温控器ST1、ST2异常。该故障的检修流程如图7-19所示。

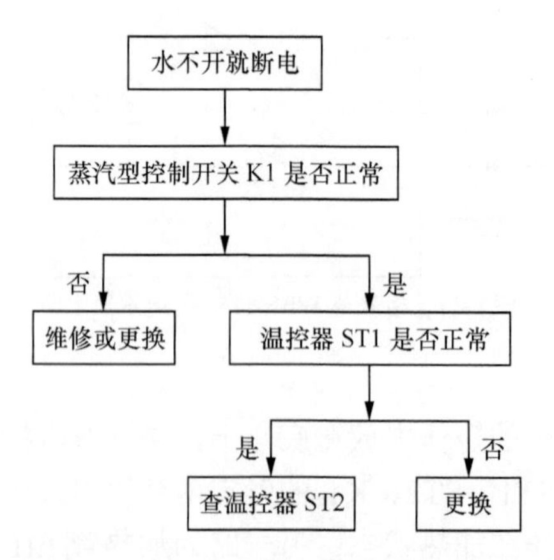

图7-19 水不开就断电故障检修流程

（3）水烧开后，开关K1不能自动断电

该故障的主要原因：1）开关K1的簧片粘连，2）蒸汽通道有杂物。

维修时，通过察看和万用表检测就可以确认故障部位，处理就可以排除故障。

三、分体式电水壶的拆装方法

1. 底座的拆卸

分体式电水壶底座的拆卸方法基本相同，下面以格来德 WEF-115S 型电水壶为例介绍此类电水壶的拆卸方法，如图 7-20 所示。

用三角螺丝刀拆掉固定压线板上的 3 颗螺丝钉，如图 7-20（a）所示；取下压线板，如图 7-20（b）所示；翻转压线板，就会露出接线的连接器，如图 7-20（c）所示；用力就可以从连接器上拔下电源线，如图 7-20（d）所示。

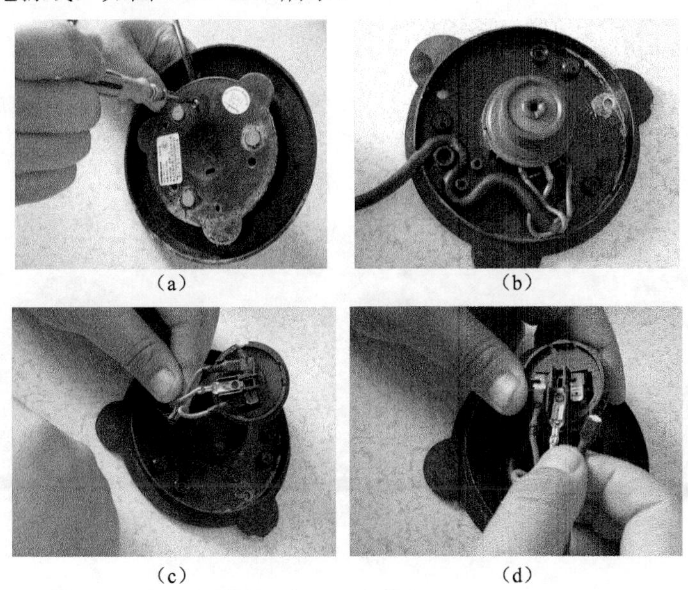

图 7-20　底座压线板的拆卸

2. 壶体的拆装

分离式电水壶壶体的拆卸方法基本相同，下面以格来德 WEF-115S 电水壶为例介绍此类电水壶的拆卸方法。

（1）温控器固定板的拆卸

第一步，用十字螺丝刀拆掉底座的 3 颗螺丝钉，如图 7-21（a）所示；第二步，用十字螺丝刀拆掉把手上的 1 颗螺丝钉，如图 7-21（b）所示；第三步，拿掉底盖，就可以看到热保护器、加热管，如图 7-21（c）所示；拆掉固定温控器（热保护器）板的 3 颗螺丝钉，就可以取下温控器板，如图 7-21（d）所示。

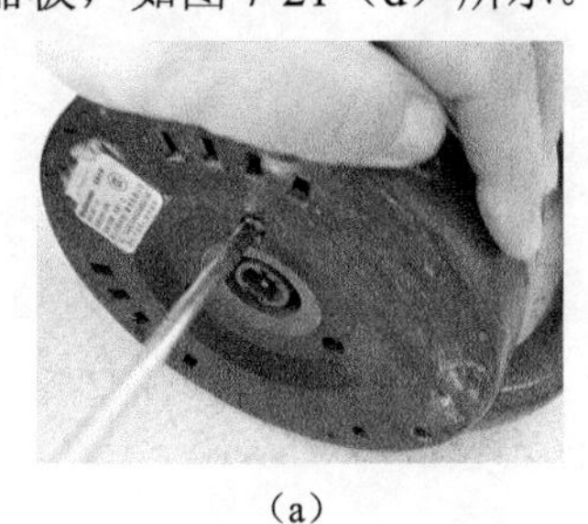

（a）

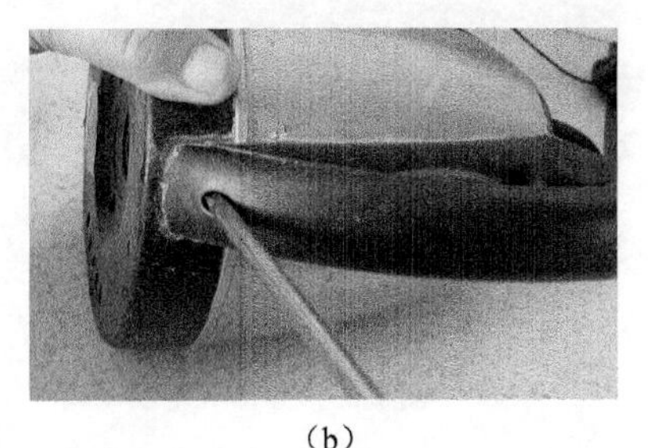

（b）

图 7-21　分体式电水壶底盖的拆卸

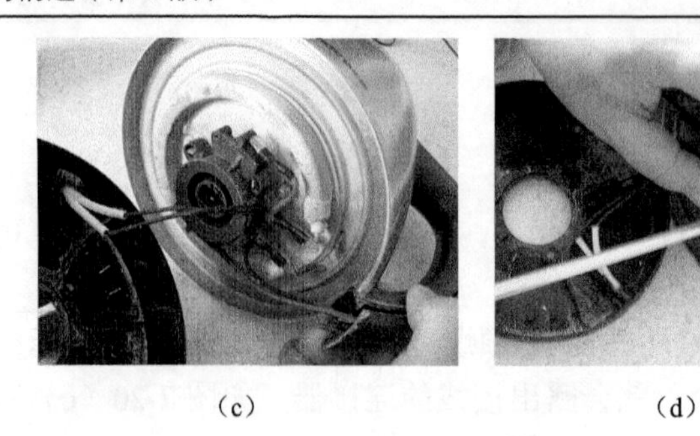

（c）　　（d）

图 7-21　分体式电水壶底盖的拆卸（续）

（2）把手外壳的拆卸

第一步，用十字螺丝刀拆掉手上的 1 颗螺丝钉；第二步，用镊子轻轻掰上盖的一侧，取下上盖，如图 7-22（a）所示；第三步，拆掉把手上端的 2 颗固定螺丝钉，如图 7-22（b）所示；第四步，拿掉把手的外壳，如图 7-22（c）所示。

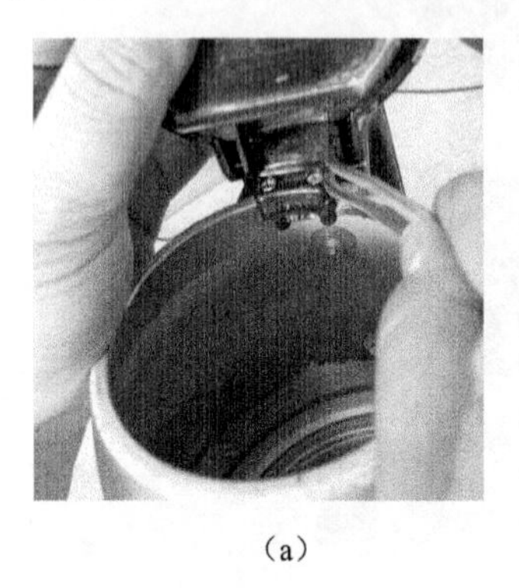

（a）　　（b）　　（c）

图 7-22　分体式电水壶把手的拆卸

（3）蒸汽断电开关拆卸

拆掉把手的外壳就可以看到蒸汽开关，第一步用十字螺丝刀拆掉固定蒸汽断电开关的 1 颗螺丝钉，如图 7-23（a）所示；第二步，取出蒸汽断电开关并拔掉它的供电端子上的连线，如图 7-23（b）所示。

（a）　　（b）

图 7-23　分体式电水壶蒸汽断电式电源开关的拆卸

第 8 章　加湿器、空气净化器故障分析与检修

第 1 节　加湿器故障分析与检修

加湿器也叫空气加湿器，它的功能就是为空气增加湿度。常见的加湿器如图 8-1 所示。

图 8-1　常见的加湿器实物外形

一、加湿器的构成

加湿器由水箱、出雾口、底盖、电路板、出水盖等构成，如图 8-2 所示。

二、加湿器的分类和基本原理

1. 分类

加湿器按工作原理分为电极加湿器、纯净加湿器和超声波加湿器 3 种，按外形可分为立式和卧式 2 种，按功率可分为大功率、中功率和小功率 3 种。

2. 基本原理

（1）电极加湿器

该加湿器就是利用电加热的方式产生水蒸气，实现增加空气湿度的目的。

（2）纯净加湿器

该加湿器也叫虹吸冷雾式加湿器，就是利用虹吸原理为空气加湿。

（3）超声波加湿器

由于目前大部分加湿器都采用该加湿方式，所以下面介绍它的加湿原理。

如图 8-3 所示，超声波加湿器工作时，控制阀将水箱内的水通过净水器净化后，注入雾化池。换能器将高频电能转换为机械振动，把雾化池内的水雾化成超微粒子的雾气，风机（风扇电机）产生的气流将该雾气吹入室内，就可实现为空气加湿的目的。

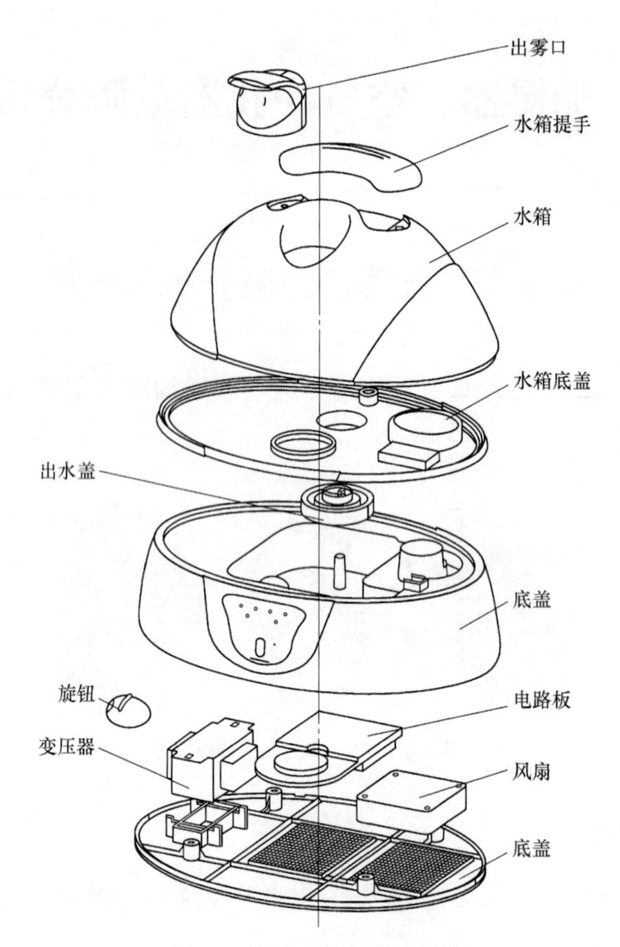

图 8-2　典型加湿器构成示意图

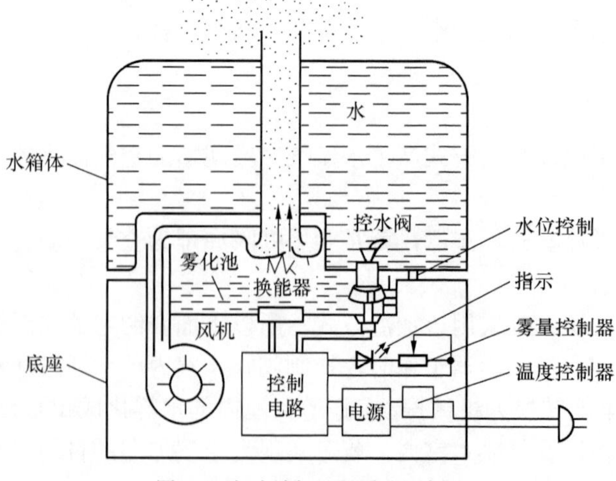

图 8-3　超声波加湿器原理示意图

三、典型超声波加湿器故障分析与检修

典型的超声波加湿器电路以振荡器、换能器、干簧管、变压器、电机为核心构成，如图 8-4 所示。

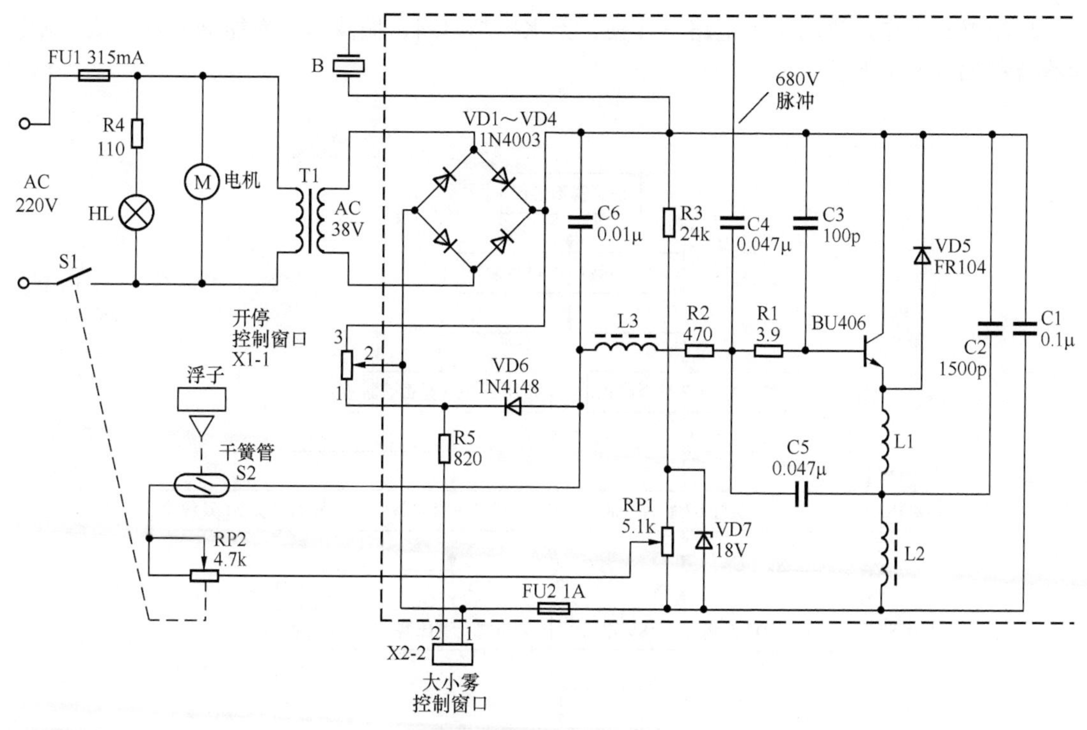

图 8-4　典型超声波加湿器电路

1. 喷雾控制电路

接通开关 S1 后，市电电压通过熔断器 FU1 和 S1 输入后，第一路通过 R4 限流，使电源指示灯 HL 发光，表明该机已输入市电电压；第二路为风扇电机 M 供电，使它开始运转；第三路通过变压器 T1 降压输出 38V 交流电压，再经 VD1～VD4 整流、C1 滤波产生 38V 直流电压。该电压不仅为换能器 B 和振荡管 BU406 供电，而且通过 R3 限流、VD7 稳压产生 18V 电压，该电压经 RP1、RP2、S2、L3、R2、R1 加到 BU406 的 b 极，使 BU406 导通。在 L2、C3、R1、C2、C5 帮助下，BU406 工作在 1.6MHz 的高频振荡状态。该振荡脉冲使换能器 B 产生高频振动，最终使水雾化，实现加湿的目的。

调节 RP2 可改变 BU406 的 b 极电流，也就可以改变振荡器输入信号的放大倍数，控制了换能器的振荡幅度，实现加湿强弱的控制。

RP1 是可调电阻，用于设置最大雾量和整机功率。

2. 无水保护电路

无水保护由干簧管和带磁铁的浮子完成。干簧管 S2 置于水池中的一个竖直的空心立柱

内，立柱上套有一个环形浮子（浮漂），它内部有磁铁。加水后，浮子在水的浮力作用下，上升到干簧管位置，使干簧管的触点闭合，BU406 的 b 极有导通电压输入，加湿器正常使用。如水过少，浮子落下，干簧管的触点断开，BU406 没有导通电压输入，电路停振，避免了 BU406、换能器等元器件损坏，实现无水保护。

3. 常见故障检修

（1）加湿器不工作

加湿器不工作，说明供电电路、开关、无水控制电路、振荡器、换能器异常。该故障的检修流程如图 8-5 所示。

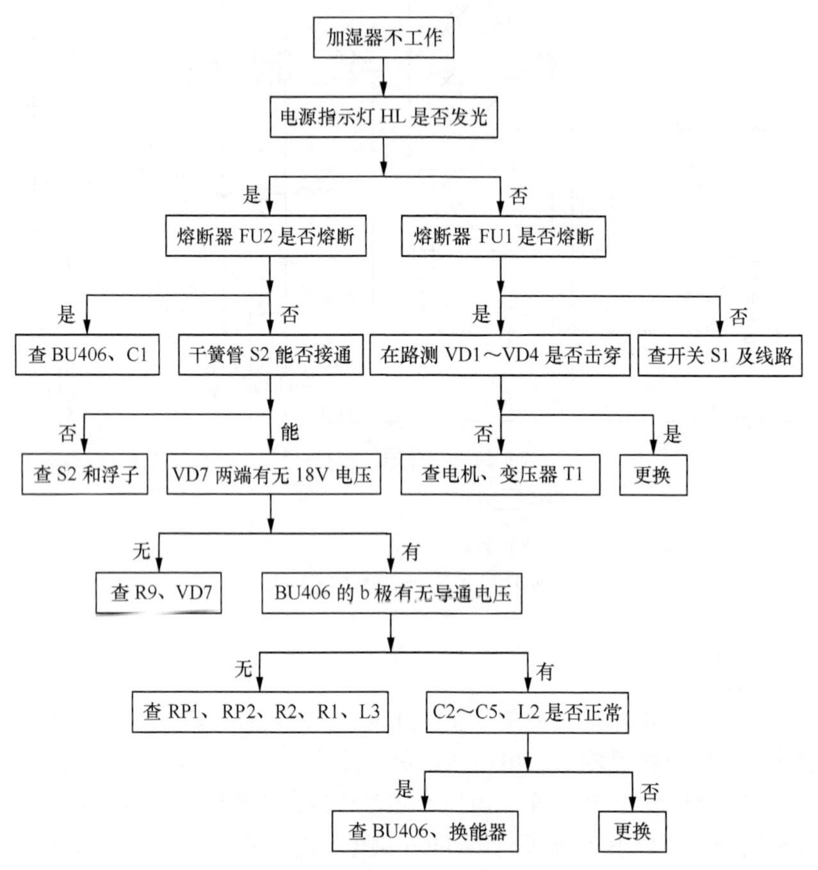

图 8-5 加湿器不工作故障检修流程

（2）雾量不足

雾量不足，说明供电电路、电位器、振荡器、换能器异常。该故障的检修流程如图 8-6 所示。

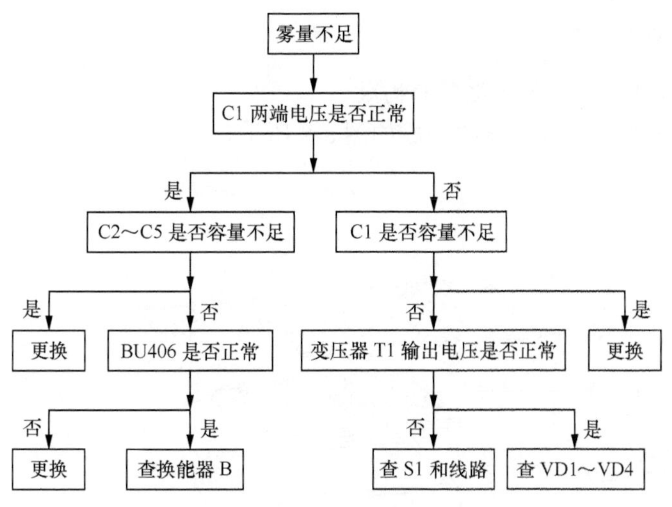

图 8-6　雾量不足故障检修流程

第 2 节　空气净化器故障分析与检修

空气净化器又称空气清洁器、空气清新机、净化器，是指能够吸附、分解或转化各种空气污染物（一般包括细菌、过敏源、PM2.5、粉尘、花粉、异味、甲醛之类的装修污染等），有效提高空气清洁度的电子产品，不仅广泛应用在家庭内，还广泛应用在医院、写字楼、宾馆等单位。

空气净化器采用多种不同的技术和材料，使它能够向用户提供清洁和安全的空气。常用的空气净化技术有：吸附技术、负（正）离子技术、催化技术、光触媒技术、超结构光矿化技术、HEPA 高效过滤技术、静电集尘技术等；材料（器件）主要有：负离子发生器、光触媒、活性炭、合成纤维、HEAP 高效材料等。目前的空气净化器多为复合型，即同时采用了多种净化技术和材料。常见的空气净化器如图 8-7 所示。

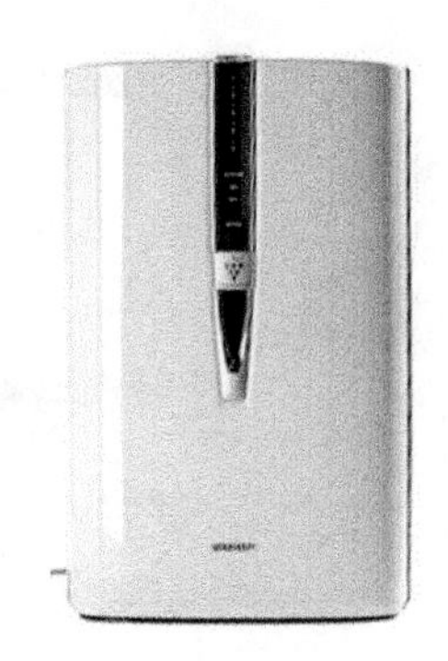
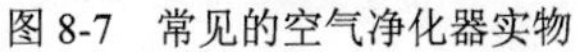

图 8-7　常见的空气净化器实物

一、空气净化器的构成

1. 负离子、HEPA 型空气净化器的构成

负离子、HEPA 型空气净化器的构成如图 8-8 所示。

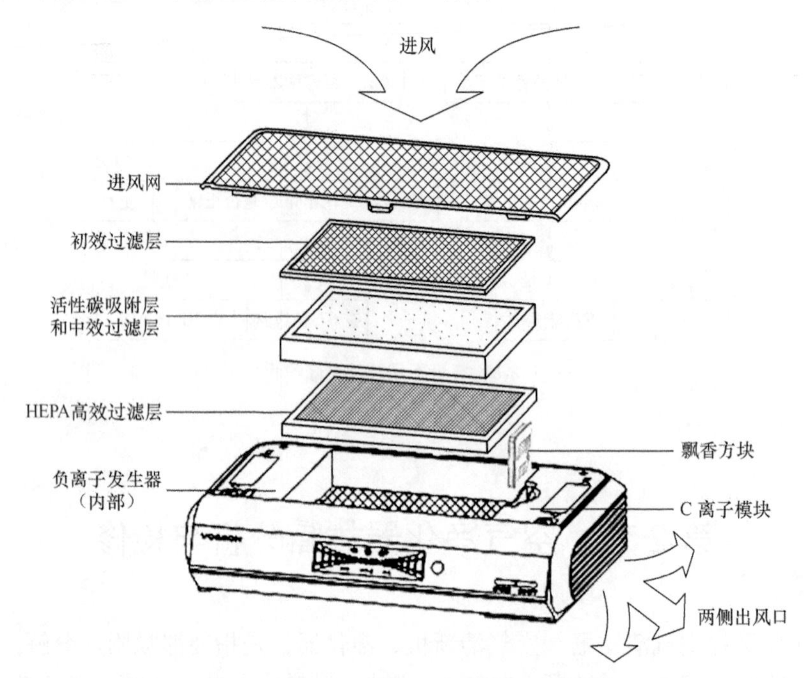

图 8-8　负离子、HEPA 型空气净化器的构成

2. 紫外灯、HEPA 型空气净化器的构成

紫外灯、HEPA 型空气净化器的构成如图 8-9 所示。

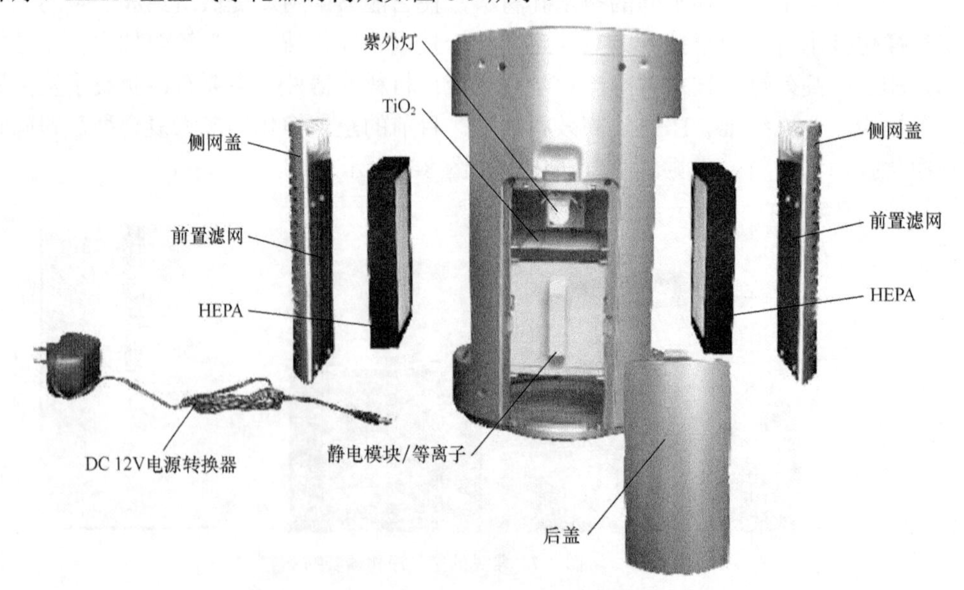

图 8-9　紫外灯、HEPA 型空气净化器的构成

二、典型空气净化器分析与检修

下面以 DF-3 空气净化器为例介绍室内用空气消毒电路原理与故障检修方法。该电路由电源电路、高压发生器构成，如图 8-10 所示。

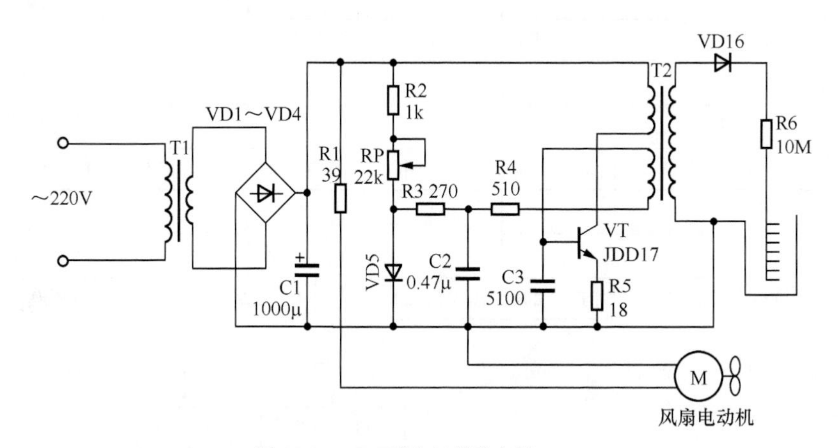

图 8-10　DF-3 型空气消毒电路

1. 电路分析

接通电源后，220V 市电电压经变压器 T1 降压，利用 VD1～VD4 桥式整流，由 C1 滤波后产生 35V 左右的直流电压。该电压第一路通过 R1 限流，为风扇电动机供电，使其运转，以便实现室内空气的快速流动，提高净化空气的效果；第二路不仅通过高压变压器 T2 的初级绕组加到开关管 VT 的 c 极为它供电，而且经 R2、RP、R3、R4 和 T2 的正反馈绕组对 C3 充电。当 C3 两端电压超过 0.6V 后 VT 导通，它的 c 极电流使 T2 的初级绕组产生上正、下负的电动势，于是它的正反馈绕组产生上正、下负的电动势。该电动势经 VT 的 be 结、R5、C2、R4 使 VT 进入饱和导通状态，随后，使 VT 进入振荡状态。在 VT 导通期间，T2 存储能量；在 VT 截止期间，T2 释放能量。此时，T2 次级绕组输出高压脉冲电压经 VD16 整流，R6 限流，为臭氧放电电极提供负高压，使它吸收了空气中的正离子，从而分离出大量的负离子，被风扇吹出，达到净化室内空气的目的。

调整 RP 可以调整输入到开关管 VT 的 b 极电压，也就可以改变振荡器输入信号的放大倍数，控制了高压变压器 T2 输出电压的幅度，也就实现了放电强弱的控制。

2. 常见故障检修

（1）不能臭氧消毒

该故障的主要原因：1）电源电路异常，2）振荡器异常，3）高压变压器 T2 异常，4）臭氧放电电极异常。该故障的检修流程如图 8-11 所示。

提示

以上元件异常，还会产生臭氧量不足的故障。

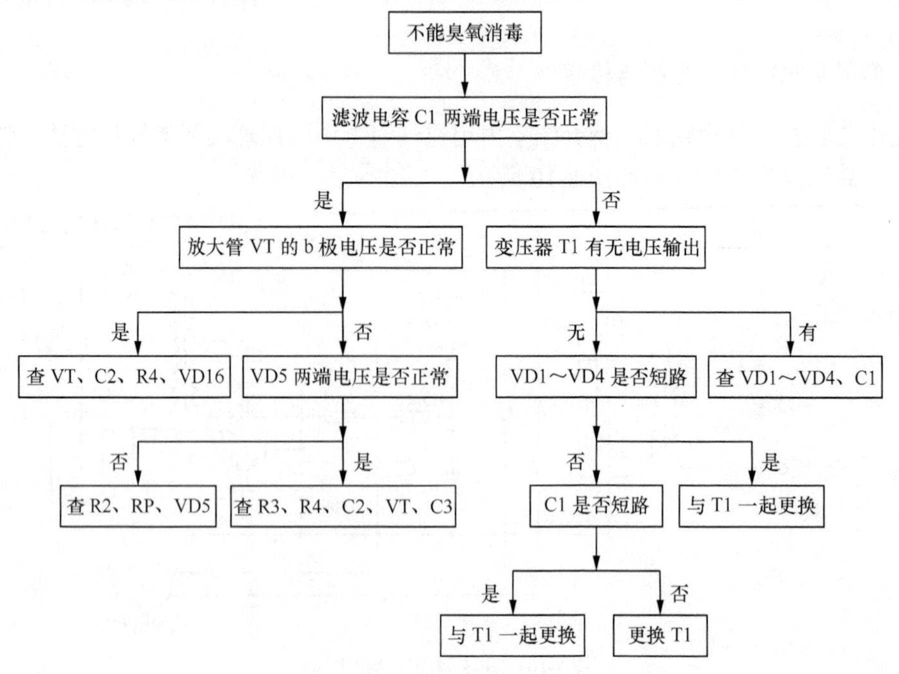

图 8-11　不能臭氧消毒故障检修流程

（2）净化器吹出的风较弱

该故障的主要原因：1）空气过滤系统异常，2）风扇电动机异常。该故障的检修流程如图 8-12 所示。

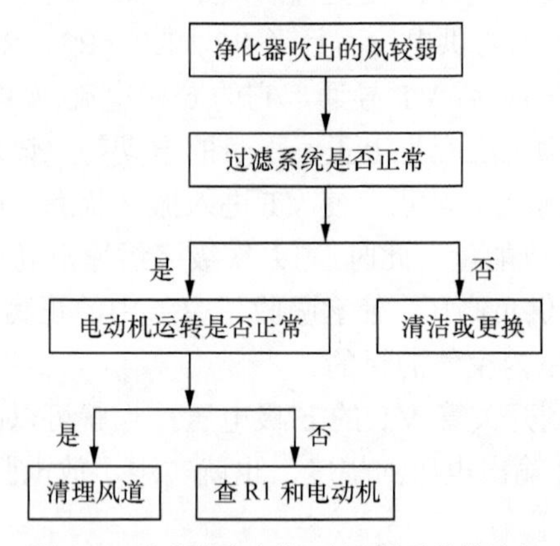

图 8-12　净化器吹出的风较弱故障检修流程

第 9 章　电热水器（电淋浴器）故障分析与检修

电热水器的主要功能就是烧水和保温。常见的电热水器如图 9-1 所示。

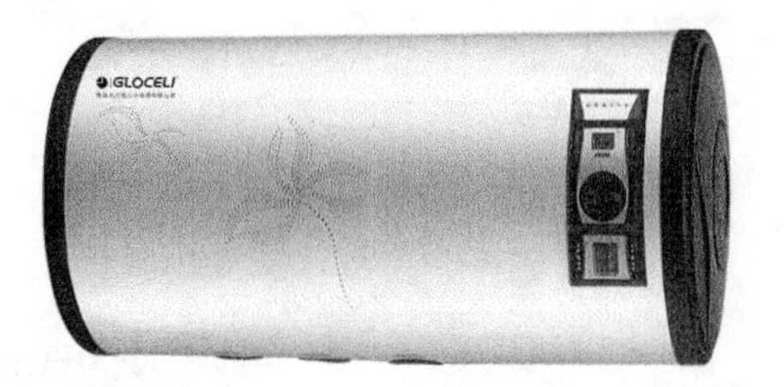

图 9-1　常见的电热水器实物外形

第 1 节　电热水器的基础知识

一、电热水器的分类

电热水器有 KCD 和 FCD 两种。KCD 热水器属于敞口式热水器，内胆不受混水阀控制，直接与出水管、混水阀、淋浴软管、淋浴喷头相通，出水口始终保持敞开，内胆无压力。FCD 热水器属于闭口式热水器，内胆受混水阀控制，与外界隔离，而自来水与内胆保持常通，这样热水器的内胆至少要承受自来水的压力。

二、电热水器的构成

电热水器通常由箱体系统、控制系统、进出水系统、制热系统 4 个部分构成。常见电热水器内部构成如图 9-2 所示。

1. 箱体系统

箱体系统主要由内胆、保温层、外壳等构成。其中，储水式内胆多采用锰钛钢金属制成，其表面有搪瓷或环氧粉末高温绝缘涂层，以免内胆带电。同时，为了防止内胆被腐蚀，还设置了防腐蚀装置。

2. 控制系统

控制系统的功能主要是对进水系统、制热系统进行控制。

3. 进出水系统

进出水系统的功能就是为内胆加水和控制喷头出水。该系统主要由加水管、安全阀、混水阀、淋浴软管、淋浴喷头构成。

4. 制热系统

制热系统的功能就是为内胆中的水加热，主要由加热管、温控器、漏电保护器构成。

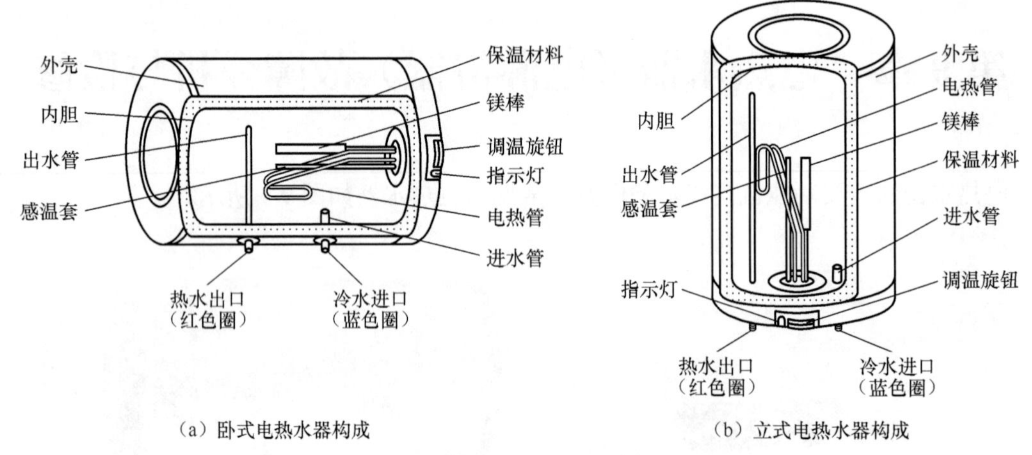

（a）卧式电热水器构成　　（b）立式电热水器构成

图 9-2　典型电热水器构成示意图

三、特殊器件简介

1．安全阀

（1）安全阀的作用

安全阀的作用主要有 3 个：反向截止作用，也就是冷水只能进入内胆，而不能从内胆回流到自来水管路内；达到一定压力后自动泄压；热水烧开后排空。

（2）原理

如图 9-3 所示，当内胆的压力小于自来水的压力时，反向截止阀弹簧在自来水水压的作用下被压缩，反向阀芯上移，自来水经进水口进入内胆。当停水等原因使自来水管路的压力低于内胆的压力时，截止阀弹簧推动阀芯将截止阀胶垫堵在进水口上，于是内胆的水就不能回流到自来水的管路内。

当内胆压力过高并超过安全阀的规定压力后，安全阀弹簧被压缩，使安全阀胶垫右移，过高的压力通过安全阀进行泄放，以免内胆被过高的压力损坏。

提示　安全阀上的压力调节盘就是调节泄压值的，该值在出厂时已调好，维修时轻易不要对其进行调整，以免发生危险。另外，通过掰动手柄也可以进行泄压。

2．混水阀

（1）种类

混水阀有 KCD 和 FCD 两种。KCD 混水阀适用于敞口式热水器，FCD 混水阀适用于闭口式热水器。

（2）工作原理

下面以 FCD 混水阀为例来介绍混水阀的工作原理。

混水阀内部采用陶瓷阀芯进行水温调节，混水阀有两个联动的阀门，一个控制内胆流出的热水量，另一个控制自来水冷水的流出量。通过调节混水阀的阀门加大喷头流出的热水量时，就会减小自来水冷水的通出量，水温就会升高；而加大自来水冷水的流出量，减小热水的流出量时，水温就会降低。

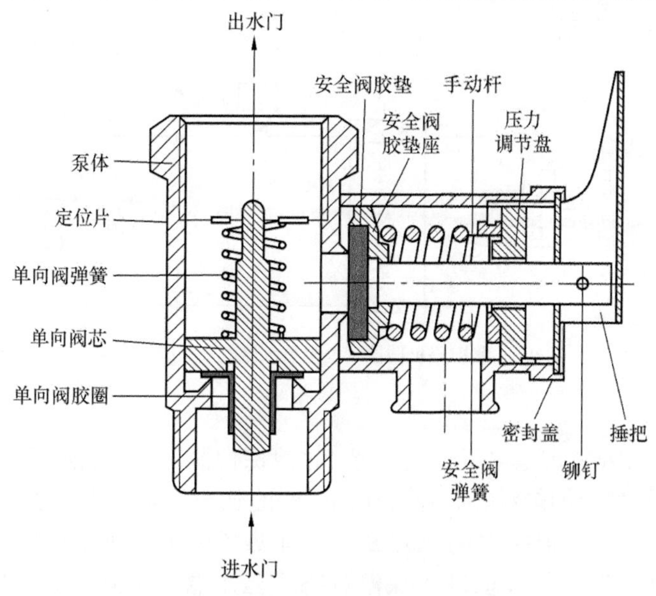

图 9-3　典型的 FCD 安全阀构成示意图

3．镁棒

镁棒是镁阳极、阳极镁块的简称。镁是一种化学性能较活泼的金属，能起到磁化水质的作用。镁棒不仅能够在恒温器内形成磁场，提高水的活性，可以让洗澡水也达到比较好的水质标准，而且可以修复内胆的陶瓷涂层裂痕。因此，镁棒需要定期更换。电热水器常用的镁棒如图 9-4 所示。

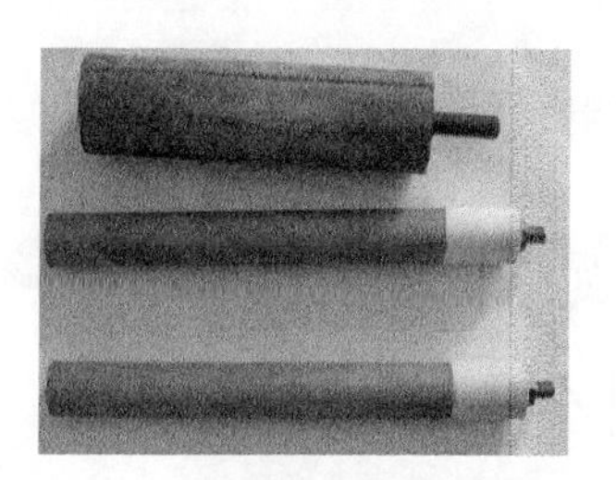

图 9-4　电热水器常用的镁棒

提示　镁棒长时间使用后，重量减轻，会变成“海绵棒”。当镁棒的重量不足原重量的 1/3 时，需要更换。一般情况下，镁棒可使用一年左右，属于易损件。

第 2 节　典型电热水器故障分析与检修

一、机械控制型电热水器

以澳柯玛机械控制型电热水器为例，其电气系统由温控器、加热器、过热保护器、加热指示灯构成，如图9-5所示。

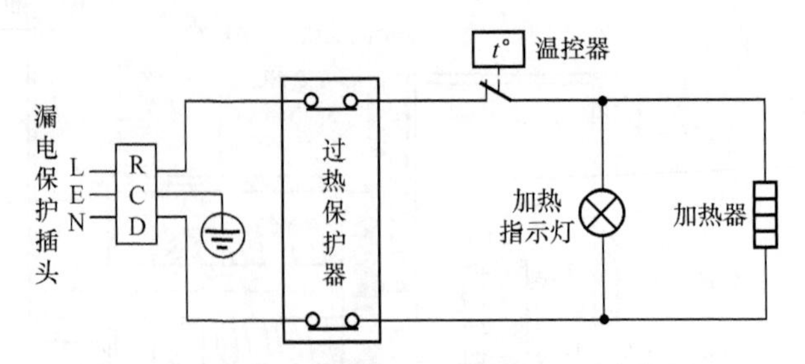

图9-5　澳柯玛机械控制型电热水器电气系统原理图

1. 加热控制

插好电源线后，220V市电电压经温控器、过热保护器不仅使加热器加热，而且使加热指示灯发光，表明该机处于加热状态。随着加热时间的延长，水的温度逐渐升高，当温度达到温控器设置的温度值后，温控器的触点断开，加热器因失去供电而停止加热，同时加热指示灯也因失去供电熄灭，该机进入保温状态。当水温下降到比设置的温度低5℃左右后，温控器的触点闭合，再次接通电源，加热器重新加热。如此反复，使电热水器的温度控制在设置的范围内。

2. 过热保护

当水罐内无水或温控器异常，使加热器的温度过高时，过热保护器的触点断开，切断整机供电，以免加热器烧断或产生其他故障，实现过热保护。

3. 常见故障检修

（1）不加热

不加热，说明加热器或其供电系统异常。该故障的检修流程如图9-6所示。

（2）加热不正常

加热不正常，说明温控器、加热器或线路接触不良。该故障的检修流程如图9-7所示。

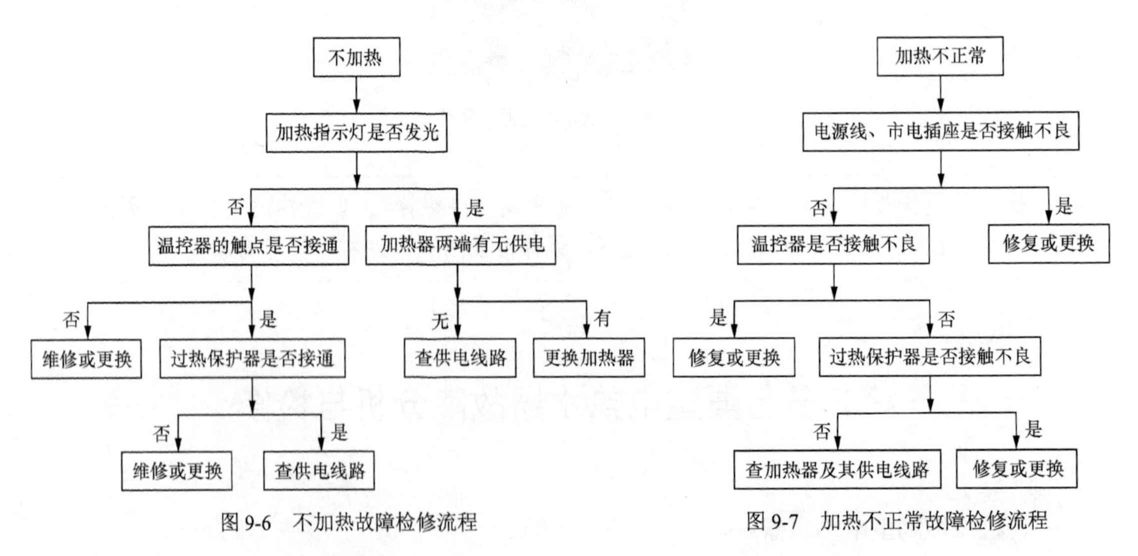

图9-6　不加热故障检修流程

图9-7　加热不正常故障检修流程

二、电脑控制型电热水器

以德国产的比德斯电脑控制型电热水器为例，这是全自动型电热水器，采用双胆结构，冷热水隔离，提高了热水使用率，电路上采用了电脑控制和液晶显示功能，具有防漏电、过热、干烧保护。该机的电源电路如图 9-8 所示，控制电路如图 9-9 所示。

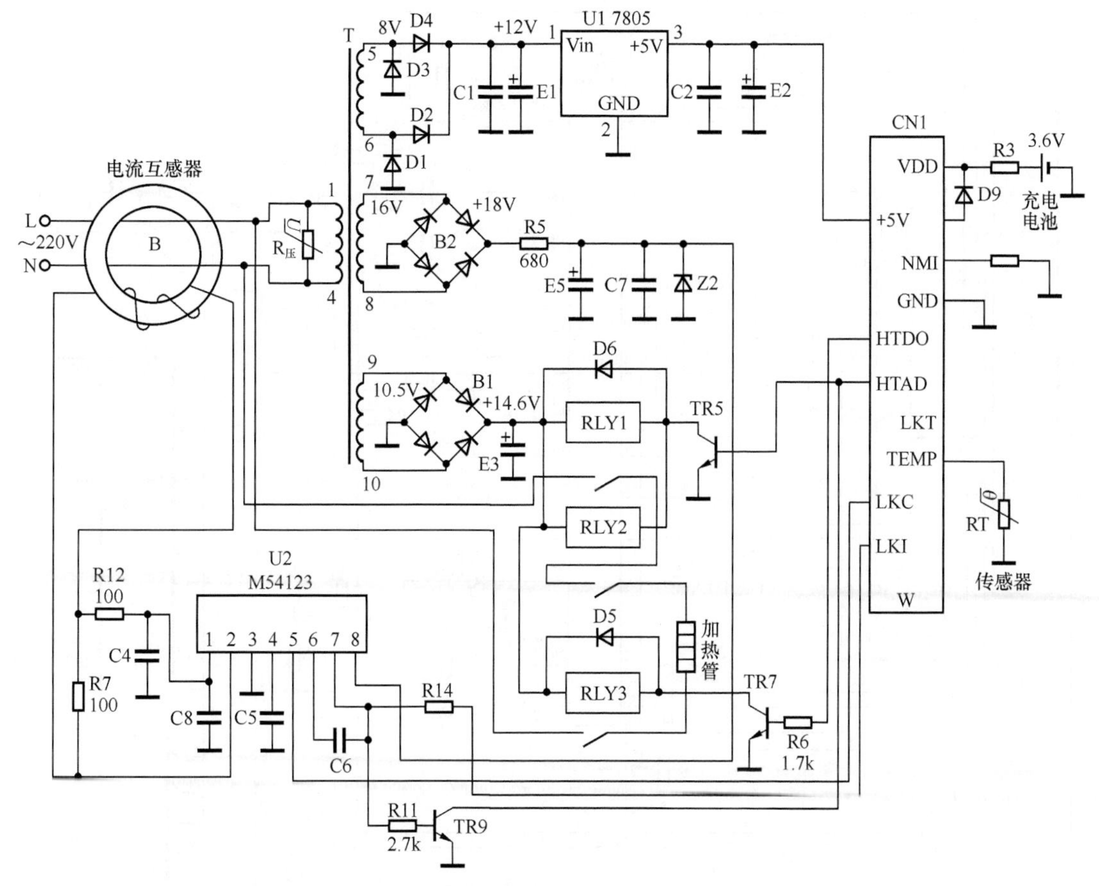

图 9-8　比德斯电脑控制型电热水器电源电路

1. 电源电路

如图 9-8 所示，该机通上市电电压后，220V 市电电压经变压器 T 降压，产生 8V、16V 和 10.5V（与市电高低成正比）3 种电压。其中，8V 交流电压通过 D1～D4 组成的整流桥堆整流，C1、E1 滤波产生 12V 直流电压，该电压再经 5V 稳压器 U1（7805）稳压输出 5V 电压。5V 电压一路通过隔离二极管 D9 产生 4.3V 电压，不仅为芯片 U51（GMS81504T）等供电，而且通过 R3 为 3.6V 电池充电；另一路通过连接器 CN1 为遥控接收等电路供电。16V 交流电压通过整流桥堆 B2 整流产生 18V 直流电压，再通过 R5 限流、Z2 稳压产生 12V 直流电压，该电压经 C7、E5 滤波后加到芯片 U2（M54123）的⑧脚，为它供电。10.5V 交流电压通过整流桥堆 B1 整流、E3 滤波产生 14.6V 直流电压，该电压为继电器 RLY1、RLY2、RLY3 的线圈供电。

市电输入回路的 R 压是压敏电阻，它的作用是防止市电电压过高损坏变压器 T 等元器件。

市电升高时，R 压击穿，使用户家的熔断器熔断或空气开关跳闸，切断市电输入，实现市电过压保护。

2. 控制电路

如图 9-9 所示，该机的控制电路主要由微处理器 U51（GMS81504T）及其外围元器件组成。

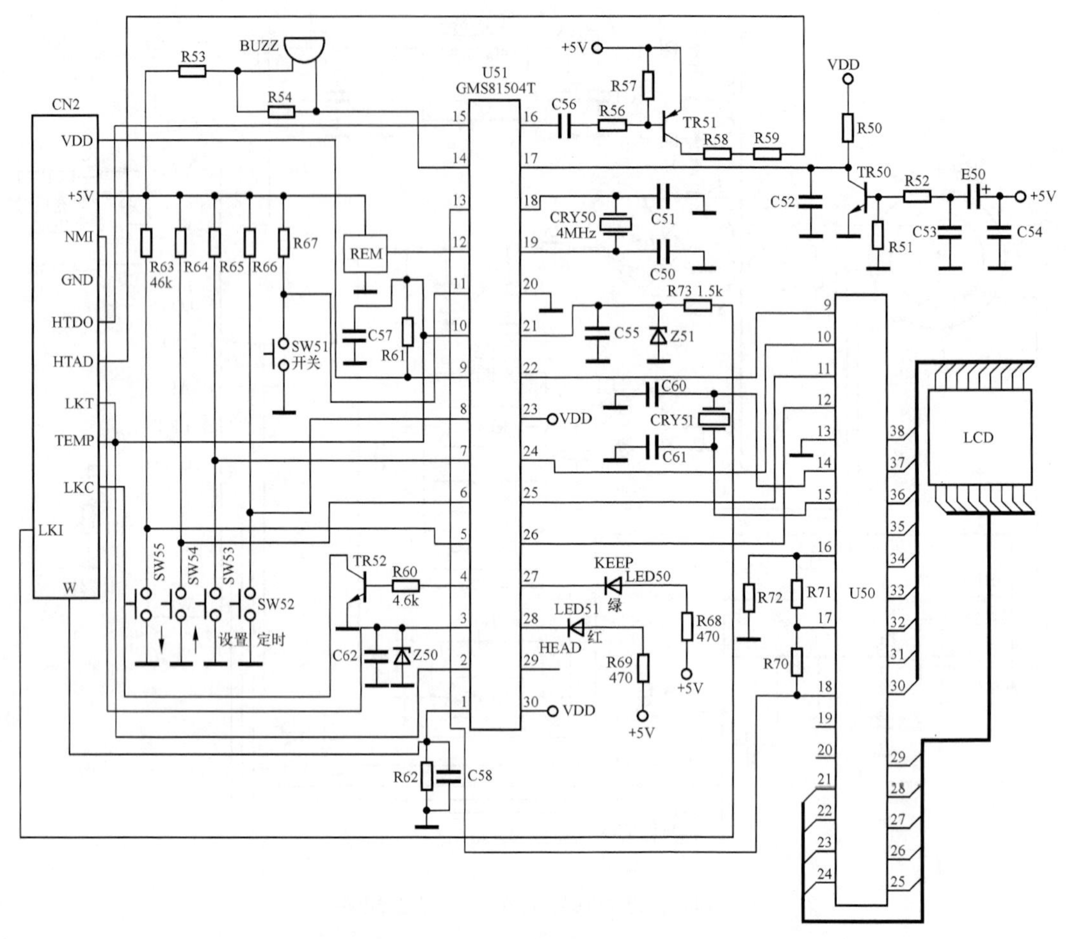

图 9-9　比德斯电脑控制型电热水器控制电路

（1）GMS81504T 的主要引脚功能

GMS81504T 的主要引脚功能如表 9-1 所示。

表 9-1　GMS81504T 的主要引脚功能

脚　号	功　能	脚　号	功　能
④	控制信号输出	⑰	复位信号输入
⑤～⑧、⑪	操作信号输入	⑱、⑲	外接振荡器
⑨、㉓、㉚	供电	⑳	接地
⑩	温度检测信号输入	㉑	漏电保护信号输入
⑫	遥控信号输入	㉒、㉔～㉖、⑬	显示屏驱动信号输出
⑭	蜂鸣器驱动信号输出	㉗	保温指示灯控制信号输出

续表

脚　号	功　能	脚　号	功　能
⑮	加热控制信号输出	㉘	加热指示灯控制信号输出
⑯	加热使能控制信号输出		

（2）微处理器 U51 基本工作条件电路

5V 供电：插好电热水器的电源线，待电源电路工作后，由其输出的 5V 电压经 D9 降压产生供电电压 VDD，该电压加到 U51 的供电端⑨、㉓、㉚脚，为 U51 供电。

复位：该机的复位电路由微处理器 U51 和三极管 TR50、电容 E50、R50～R52 等元器件构成。开机瞬间，由于 5V 电源通过 E50、R52、R51 构成充电回路，充电电流在 R51 两端建立的电压超过 0.6V，TR50 导通，为 U51 的⑰脚提供低电平复位信号，使 U51 内的存储器、寄存器等电路清零复位。随着 E50 两端电压的逐渐升高，充电电流逐渐消失，TR50 截止，5V 电压通过 R50 为 U51 的⑰脚提供高电平电压，使 U51 内部电路复位结束，开始工作。

时钟：U51 得到供电后，它内部的振荡器与⑱、⑲脚外接的晶振 CRY50 和移相电容 C50、C51 通过振荡产生 4MHz 的时钟信号。该信号经分频后协调各部位的工作，并作为 U51 输出各种控制信号的基准脉冲源。

（3）操作控制电路

微处理器 U51 的⑤～⑧脚及⑪脚外接操作键 SW51～SW55。其中，SW51 是开关键，用于控制电热水器的工作和关闭；SW52 是定时键，用来控制进入/退出定时状态，并选择定时时间；SW53 是设置键，用于选择及确认设置参数；SW54 是数据增加键；SW55 是数据减小键。

（4）液晶显示电路

该机采用了 LCD 和驱动芯片 U50、微处理器 U51 构成的液晶显示电路。进行操作时，U51 从⑬脚、㉒脚、㉔～㉖脚输出屏显驱动信号。这些信号加到 U50 的⑱脚、⑨～⑫脚，被 U50 解码、放大后，从 U50 的㉑～㊳脚输出驱动信号，驱动 LCD 显示时间、温度等数值。

（5）蜂鸣器驱动电路

该机的蜂鸣器驱动电路由蜂鸣器 BUZZ、微处理器 U51 等构成。每次进行操作时，U51 的⑭脚输出蜂鸣器驱动信号，驱动蜂鸣器 BUZZ 鸣叫，提醒用户电热水器已收到操作信号，并且此次控制有效。

3. 加热控制电路

如图 9-8、图 9-9 所示，当该机加水并需要加热时，微处理器 U51 从⑮脚输出高电平控制信号，从㉘脚输出低电平控制信号，从⑯脚输出脉冲控制信号。㉘脚输出的低电平控制信号使红色发光二极管 LED51 发光，表明该机处于加热状态；⑮脚输出的高电平控制信号经连接器 CN2/CN1 的 HTDO 端子输出到电源电路，再经 R6 限流使 TR7 导通，为继电器 RLY3 的线圈提供导通电流，使 RLY3 的触点吸合，接通加热管的一根供电线路；⑯脚输出的脉冲信号通过 C56、R56 耦合，使 TR5 导通，为继电器 RLY1、RLY2 的线圈提供导通电流，使它们的触点吸合，接通加热管的另一根供电线路，加热管获得供电开始加热。罐内的水温随着加热管的不断加热而升高，当水温达到设置的温度后，温度传感器（负温度系数热敏电阻）

RT的阻值减小，通过连接器CN1/CN2的TEMP端子进入控制电路，使U51的⑩脚电位下降，当U51的⑩脚输入的电压值与U51内部存储的某个电压值相同时，U51通过比较就可以算出温度传感器感应的实际温度，也就是内胆水的温度，控制⑮、㉗脚输出低电平控制信号，㉘脚输出高电平控制信号。㉘脚输出高电平控制信号后，LED51熄灭；⑮脚输出低电平控制信号，驱动管TR7截止，RLY3的线圈无导通电流，它内部的触点释放，加热管停止加热；㉗脚输出低电平控制信号使保温指示灯LED50发光，表明该机进入保温状态。随着保温时间的延长，水的温度逐渐下降，当温度下降到一定值后，RT的阻值增大，使U51的⑩脚电位升高，被U51识别后，控制该电热水器再次进入加热状态。重复以上过程，电热水器就可以为用户提供热水。

4. 漏电保护

如图9-8、图9-9所示，漏电保护电路由电流互感器B、芯片U2（M54123）、TR9、微处理器U51等构成。

当该机因加热管破裂等原因发生漏电时，B的初级电流矢量和不再为0，它的次级绕组中感应出电压，经R12、C4、R7整形后，加到U2的①、②脚，被U2处理后，⑦脚输出高电平控制信号。该信号一路通过R11使TR9导通，使TR5截止，继电器RLY1、RLY2的线圈无导通电流，它内部的触点释放，切断加热管的供电回路，加热管停止加热；另一路通过R14限流，再经连接器CN1/CN2的LKI端子进入控制电路，该信号通过R73限流，加到U51的㉑脚，被U51识别后，U51不仅控制⑮脚、⑯脚输出停止加热的信号，而且从⑭脚输出蜂鸣器驱动信号，使蜂鸣器发出12声的鸣叫报警，控制显示屏显示故障代码E3，提醒用户该机进入漏电保护状态。

5. 过热、干烧保护

如图9-8、图9-9所示，过热、干烧保护电路由传感器RT、微处理器U51等元器件构成。

当该机因内胆内的水不足，导致加热管的加热温度过高时，传感器RT的阻值大幅度减小，导致RT两端电压大幅降低，该电压通过连接器CN1/CN2的TEMP端子进入控制电路，加到微处理器U51的⑩脚，被U51识别后，不仅控制⑮脚、⑯脚输出停止加热的信号，而且从⑭脚输出蜂鸣器驱动信号，使蜂鸣器发出12声的鸣叫报警，而且控制显示屏显示E4或E5的故障代码，提醒用户该机进入干烧或过热保护状态。显示E4说明进入防干烧保护状态，显示E5说明进入过热保护状态，此时微处理器U51识别出加热温度为91℃。

提示 该机为了防止传感器异常导致加热不正常，还设置了传感器异常保护功能，当传感器RT异常时为微处理器U51的⑩脚提供的电压也异常，U51判断RT异常后，会控制该机进入传感器异常保护状态，通过显示屏显示故障代码E2，并通过蜂鸣器鸣叫12声，来提醒用户。

6. 常见故障检修

（1）不加热，显示屏不亮

该故障的主要原因：1）没有市电输入，2）电源电路异常，3）微处理器电路异常。该故障的检修流程如图9-10所示。

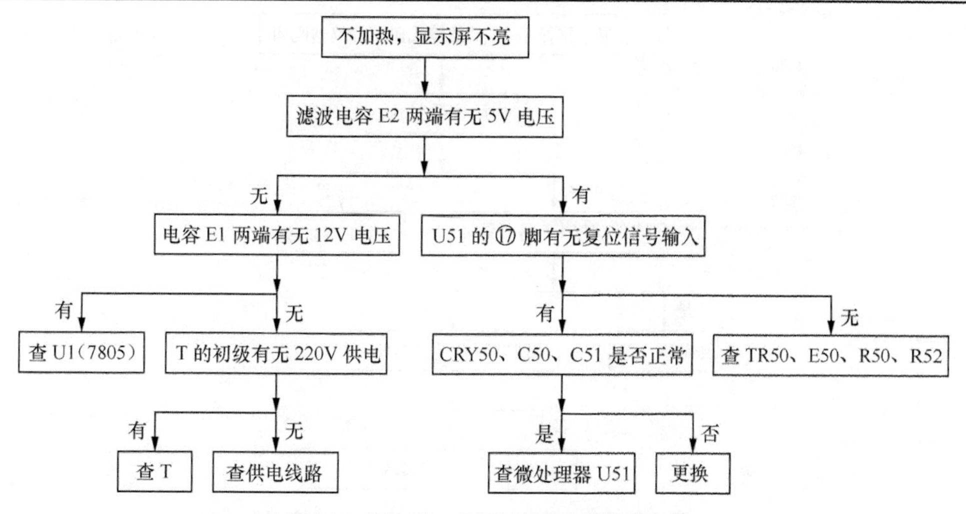

图 9-10 不加热，显示屏不亮故障检修流程

（2）加热指示灯亮，但不加热

该故障的主要原因：1）加热管或其供电系统，2）微处理器异常。该故障的检修流程如图 9-11 所示。

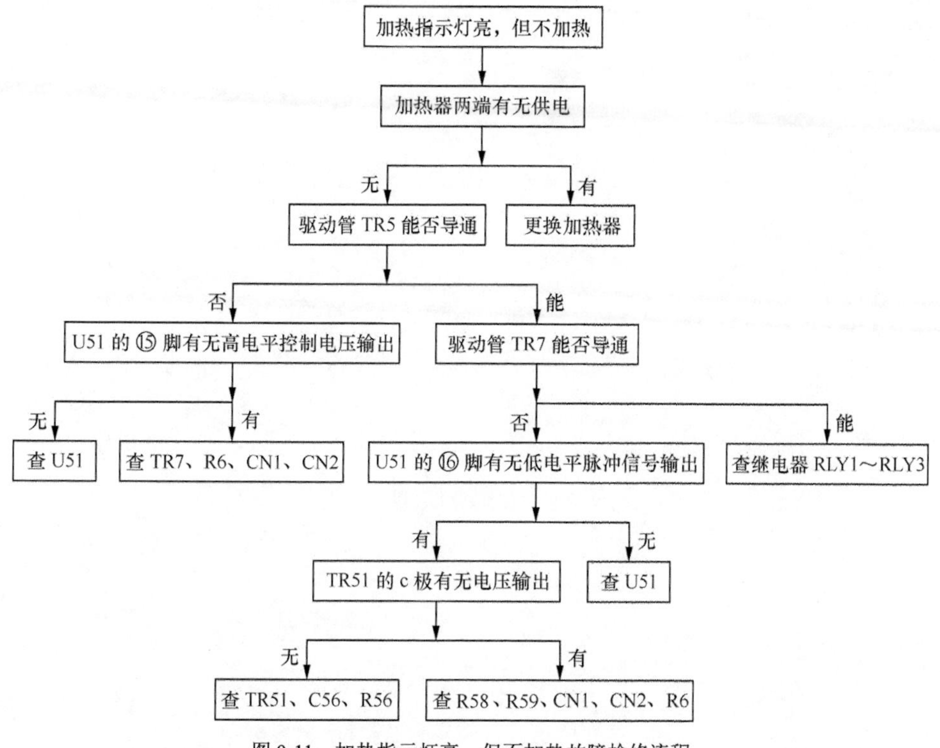

图 9-11 加热指示灯亮，但不加热故障检修流程

（3）显示屏显示故障代码 E4，蜂鸣器鸣叫

显示故障代码 E4 且蜂鸣器鸣叫，说明内胆的水不足或检测电路异常。该故障的检修流程如图 9-12 所示。

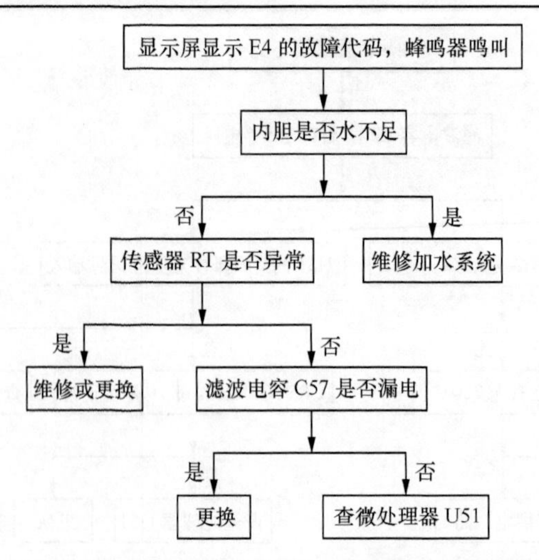

图9-12 显示屏显示E4的故障代码，蜂鸣器鸣叫故障检修流程

第 10 章　微波炉故障分析与检修

微波炉不仅能快速除霜、解冻食物，而且具有煲、蒸、煮、炆、炖、烤、炒、灭菌、消毒等功能。与传统炉具相比，微波炉有操作简便、烹调迅速、省时省力、耐用、寿命长、安全、节能、卫生、无污染等优点，所以微波炉作为现代厨具迅速走进千家万户。常见的微波炉实物外形如图 10-1 所示。

图 10-1　常见的微波炉实物外形

第 1 节　微波炉的基础知识

微波是频率在 300MHz～3 000GHz 或波长在 1m～0.1mm 范围内的电磁波。微波炉一般采用（2 450 ± 25）MHz 的微波。

一、微波的特点

微波的特点如下。

（1）微波能穿透食物达 5cm 深，并使食物中的水分子也随之做热运动，导致食物的温度升高，将食物“煮熟”。

（2）微波能穿透陶瓷、玻璃、木器、竹器、纸合等绝缘材料，而微波遇到金属就会反射，所以微波炉器皿采用绝缘材料构成，而微波炉炉腔采用钢板、不锈钢板等金属材料构成，以便于微波反复穿透食物，提高了热效率。

（3）2 450MHz 的微波过量后，容易损伤人的眼睛等部位，因此，使用时要注意安全。

二、微波炉的工作原理

如图 10-2 所示，220V 市电电压首先通过高压变压器进行升压，再通过高压整流电路产生 4 000V 左右的直流电压，该电压加到磁控管的阴极后，磁控管产生 2 450MHz 的微波。微波传入炉内，通过炉腔的反射，不断地穿透食物，最终将食物煮熟。

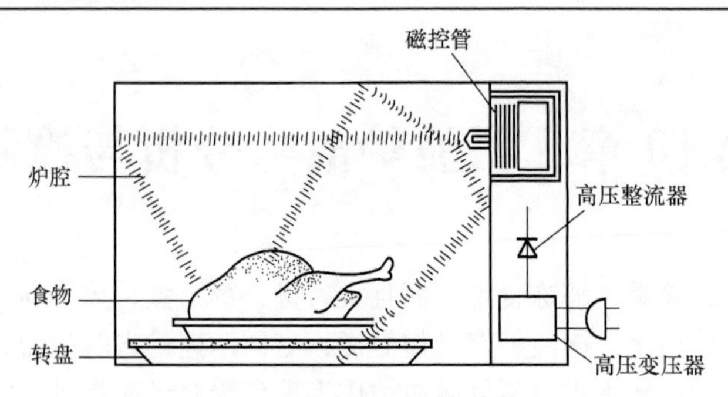

图 10-2　微波炉工作原理示意图

三、微波炉的构成及作用

1. 构成

微波炉由磁控管、波导管、搅动器、炉腔、炉门、炉门联锁开关、转盘、外壳、控制电路等构成，如图 10-3 所示。其中，炉门联锁开关、转盘未画出。

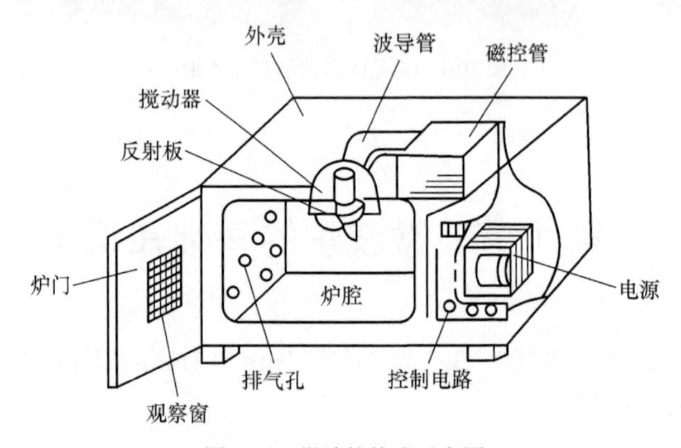

图 10-3　微波炉构成示意图

2. 作用

（1）磁控管

磁控管是微波炉的心脏，它主要由管芯和磁铁两大部分组成。从外观上看，它主要由微波能量输出器（微波发射器或天线）、散热器、磁铁、灯丝、插脚等构成，如图 10-4（a）所示。而它内部还有一个圆筒形的阴极，如图 10-4（b）所示。

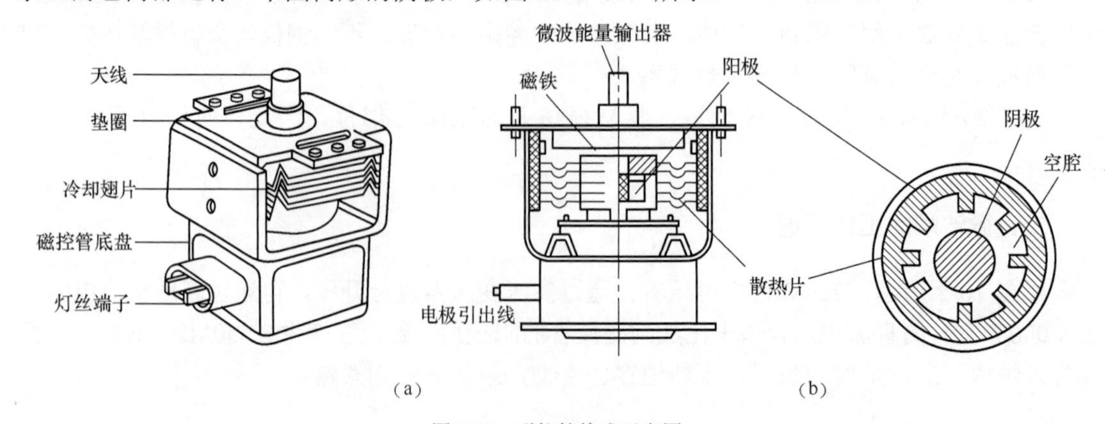

图 10-4　磁控管构成示意图

提示

第 1 章已经对磁控管的检测进行了介绍，此处不再介绍。

灯丝：灯丝采用钍钨丝或纯钨丝绕制成螺旋状，其作用是加热阴极使其发射电子。

阴极：阴极采用发射电子能力很强的材料制成。它分为直热式和间热式两种。直热式的阴极和灯丝组合在一体，采用此种方式的阴极只需 10～20s 的延时，就可以进行工作；间热式的阴极做成圆筒状，灯丝安装在圆筒内，加热灯丝间接地加热阴极而使其发射电子。阴极被加热后，就开始发射电子。

阳极：阳极由高电导率的无氧铜制成。阳极上有多个谐振腔，用以接收阴极发射的电子。谐振腔也是由无氧铜制成，一般采用孔槽式和扇形式，它们是产生高频振荡的选频谐振回路。而谐振频率的大小取决于空腔的尺寸。为了方便安装和使用安全，它的阳极接地，而阴极输入负高压，这样在阳极和阴极之间就形成了一个径向直流电场。

天线：天线也叫微波能量输出器或微波能量发射器，它的作用是将管芯产生的微波能量输送到负载上用来加热食物。

磁铁（磁路系统）：磁控管正常工作时要求有很强的恒定磁场，其磁感应强度一般为数千特斯拉。工作频率越高，所加磁场越强。

磁控管的磁铁（磁路系统）就是产生恒定磁场的装置。磁路系统分永磁和电磁两大类。永磁系统一般用于小功率管，磁钢与管芯牢固合为一体构成所谓包装式。大功率管多用电磁铁产生磁场，管芯和电磁铁配合使用，管芯内有上、下极靴，以固定磁隙的距离。磁控管工作时，可以很方便地靠改变磁场强度的大小，来调整输出功率和工作频率。另外，还可以将阳极电流馈入电磁线圈以提高管子工作的稳定性。

（2）波导管

波导管的作用就是保证磁控管输出的微波都能进入炉腔，不外泄。它多采用导电性能较好的金属制成，为矩形空心管。波导管一端接磁控管的微波输出口，另一端接炉腔。

（3）搅动器

搅动器的作用是使炉腔内的微波场均匀分布。它由导电性能好、机械强度高的硬质合金材料构成，多安装在炉腔顶部波导管输出口处。它之所以能够旋转，是因为小电机或发射气流带动的。

（4）炉腔

炉腔是盛放需要加热食物的空间。实际上，它是一个微波谐振腔，由钢板喷涂或不锈钢板冲压而成。

（5）炉门

炉门是取放食物和进行观察的部件，一般由不锈钢框架镶嵌玻璃构成，玻璃窗中夹着金属多丝孔网板，以防止微波泄漏。

（6）炉门联锁开关

为了确保使用安全，微波炉的炉门上安装了联锁开关。当炉门没有关闭或未关好时，联锁开关会切断供电回路，使微波炉不能工作，以免微波泄漏。

炉门联锁开关由初级门锁开关（又称为门锁第一级开关、主开关）、次级门锁开关（又称为门锁第二级开关、副开关）、监控开关、门钩等构成，如图 10-5 所示。

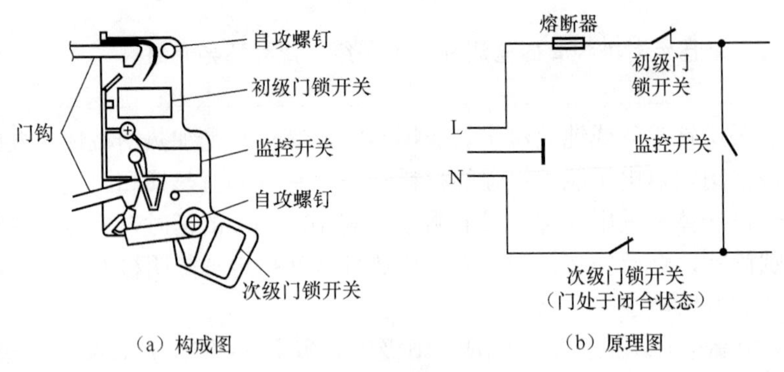

（a）构成图　　（b）原理图

图 10-5　炉门联锁开关

当炉门关闭时，联锁开关上的两个门钩插入炉腔的长方形孔内，按下微动开关，使门锁初、次级门锁开关闭合，而使监控开关断开，微波炉进入准备工作状态，如图 10-5（b）所示。当打开炉门时，初、次级门锁开关断开，而监控开关接通，使微波炉停止工作。

（7）转盘

转盘安装在炉腔底部，由一只微型电机带动，以 5～8r/min 的转速旋转，使转盘上的食物的各部位周期性不断处于微波场的不同位置，确保食物能够均匀地加热。

（8）电源电路

普通微波炉的电源电路仅为磁控管提供 3.3V 灯丝电压和为高压整流电路提供 2 000V 左右的交流电压，再通过高压电容 C 和高压二极管 VD 组成半波倍压整流电路，产生 4 000V 的负压，为磁控管的阴极供电。而电脑控制型微波炉的电源电路还为微处理器（CPU）电路提供 12V、5V 等直流工作电压。

（9）控制电路

控制电路由定时器、功率控制器、过热保护器等构成。

普通微波炉采用电机驱动型定时器，由定时器控制微波炉的工作时间，定时时间一到，定时器的触点就会断开，切断微波炉的电源。电脑控制型微波炉的定时时间由微处理器进行控制。

机械控制型微波炉的功率控制器多由定时器电机驱动，通过功率控制器选择旋钮带动凸轮机构来控制功率开关的闭合。为了满足烹调、加热食物的不同需要，微波炉一般可选择的功率有 5 挡。功率控制器采用百分率定时方式，也就是在一个固定循环周期为 30s 时，选择最大功率挡位，功率控制器的开关接通时间就是 30s；而选择最小功率挡位，功率控制器的开关接通时间就是 5s 左右。电脑控制型微波炉的功率由电脑进行控制。

无论机械控制型微波炉，还是电脑控制型微波炉，为了防止磁控管过热损坏，通常需要设置过热保护器。该保护器多采用双金属片型过热保护器。

第 2 节　机械控制型微波炉故障分析与检修

典型的机械控制型微波炉的控制系统采用了机械定时器，如图 10-6 所示。

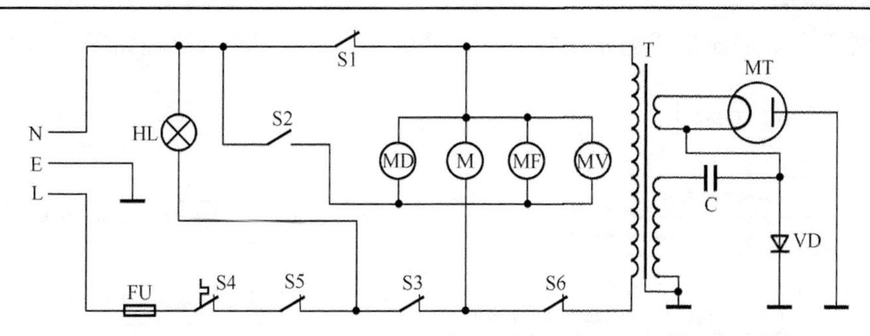

FU—熔断器；S1—副连锁开关；S2—连锁监控开关；S3—主连锁开关；S4—过热保护器；
S5—定时器开关；S6—功率调节器开关；MD—定时器电机；M—转盘电机；MF—风扇电机；
MV—功率调节器电机；T—高压变压器；MT—磁控管；C—电容；VD—高压二极管；HL—炉灯

图 10-6　机械控制型微波炉电气系统原理图（图中开关处于关门状态）

一、工作原理

关闭炉门时，联锁机构随之动作，使联锁监控开关 S2 断开，主联锁开关 S3 和副联锁开关 S1 闭合，此时微波炉处于准备工作状态。将定时器置于某一时间挡后，定时器开关 S5 即闭合，炉灯 HL 的供电回路被接通，HL 开始发光；再将功率调节器设定在某一挡上，此时 220V 市电电压不仅为定时器电机 MD、转盘电机 M、风扇电机 MF 供电，使它们开始运转，而且加到高压变压器 T 的初级绕组，使它的灯丝绕组和高压绕组输出交流电压。其中，灯丝绕组向磁控管的灯丝提供 3.3V 左右的工作电压，点亮灯丝为阴极加热，高压绕组输出的 2 000V 左右的交流电压，通过高压电容 C 和高压二极管 VD 组成的半波倍压整流电路，产生 4 000V 的负压，为磁控管的阴极供电，使阴极发射电子。磁控管形成的 2 450MHz 的微波能，经波导管传入炉腔，通过炉腔反射刺激食物的水分子，使其以每秒 24.5 亿次的高速振动，互相摩擦，从而产生高热，将食物煮熟。

二、常见故障检修

（1）熔断器 FU 熔断

熔断器 FU 熔断的主要故障原因：1）自身损坏，2）有元器件击穿或漏电，使其过流熔断，3）联锁监控开关 S2 的触点粘连，使它过流熔断。该故障检修流程如图 10-7 所示。

提示　目前，大部分微波炉的高压变压器 T 与高压电容 C 之间串联了一只高压保险管，当高压电容 C、高压二极管 VD 击穿或磁控管损坏时，导致该熔断器熔断，产生转盘转但不加热的故障。维修时，该熔断器不能用导线短接，否则 C、VD 击穿后可能会导致高压变压器 T 损坏。

（2）熔断器 FU 正常，炉灯不亮且不加热

熔断器 FU 正常，炉灯不亮且不加热故障的主要原因：1）过热保护器 S4 开路，2）定时器开关 S5 内的触点开路，3）线路开路。该故障检修流程如图 10-8 所示。

（3）炉灯亮，但不加热

炉灯亮，但不加热的故障有两种表现：一种是转盘能够旋转，另一种是转盘不能旋转。转盘不能旋转的故障主要是因联锁开关或供电线路异常所致；转盘旋转，但不加热的故障是

因功率调节器开关、高压形成电路或磁控管异常所致。该故障检修流程如图 10-9 所示。

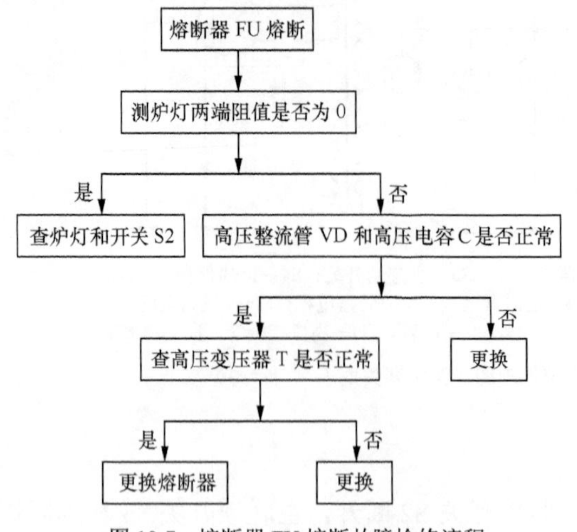

图 10-7　熔断器 FU 熔断故障检修流程

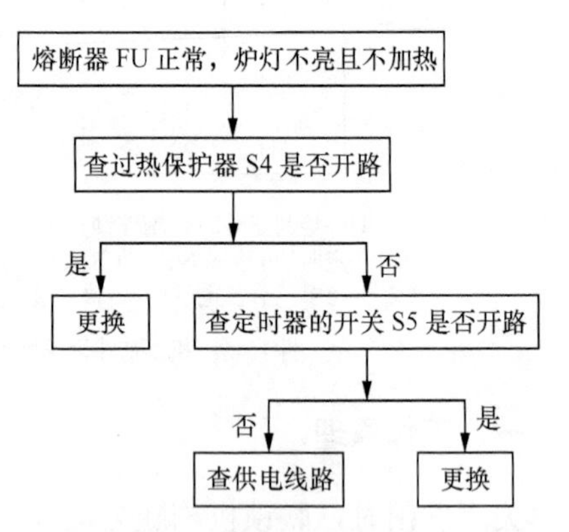

图 10-8　熔断器 FU 正常，但炉灯不亮且不加热故障检修流程

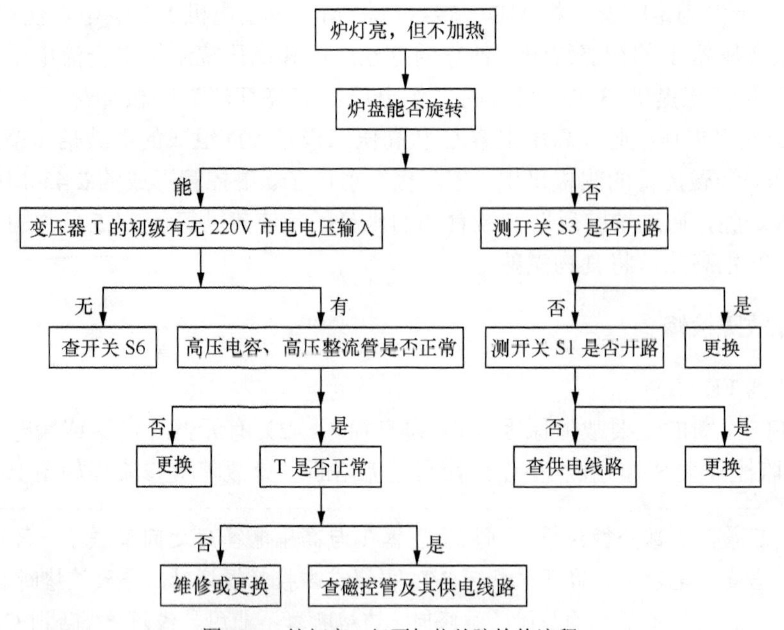

图 10-9　炉灯亮，但不加热故障检修流程

注意　由于高压变压器 T 的次级绕组、高压整流滤波电路输出的电压，以及磁控管输入的电压超过 2 000V，所以维修时最好不要直接测量电压，而采用测量电阻或拉弧等方法进行判断，以免被高压电击，发生危险，并且检查高压电容时，即使在断电的情况下，也要先对其放电，再进行测量，以免被它存储的电压电击。

拉弧的方法是：螺丝刀的金属部位接近变压器次级绕组输出端子时，若出现弧光，则说明变压器基本正常。

（4）能加热，但转盘不转

能加热，但转盘不转的故障主要原因是转盘电机或其供电线路开路。

检测该故障时，先用万用表的交流电压挡测转盘电机的接线端子上有无 220V 市电电压。若有，需要修复或更换电机；若没有，查供电线路即可。

提 示　能加热但不能排风或能加热但炉灯不亮的故障，和能加热但转盘不转的故障检修方法是一样的，不再介绍。

第 3 节　电脑控制型微波炉故障分析与检修

电脑控制型微波炉的控制系统采用了电脑控制电路，下面以格兰仕 WD700A/WD800B 和美的电脑控制型微波炉为例进行介绍。

一、格兰仕 WD700A/WD800B 型微波炉

格兰仕 WD700A/WD800B 型微波炉的电气原理图如图 10-10 所示，电路原理图如图 10-11 所示。

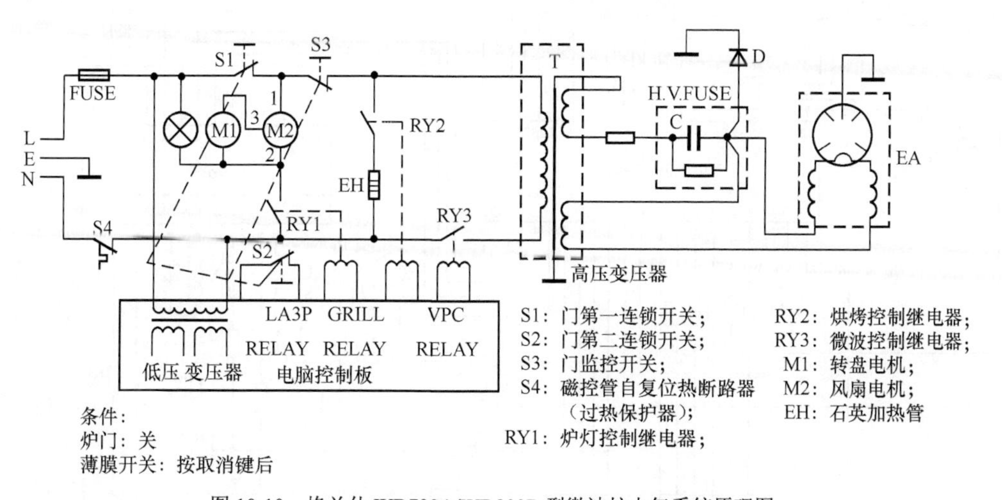

图 10-10　格兰仕 WD700A/WD800B 型微波炉电气系统原理图

1. 电源电路

如图 10-11 所示，为微波炉输入市电电压后，它通过变压器 T101 降压，输出 6V 和 16V 两种交流电压。其中，6V 交流电压经 D1、D2 全波整流、C1 滤波产生 6.6V 直流电压，为显示屏供电；16V 交流电压通过 D6 半波整流产生 19V 左右的直流电压。该电压一路通过限流电阻 R1、稳压管 DZ1、调整管 Q1 组成的 5V 稳压器稳压输出 5V 电压，为微处理器（CPU）等电路供电；另一路通过限流电阻 R2、稳压管 DZ2、调整管 Q2 组成的 12V 稳压器稳压输出 12V 电压，为继电器等供电。

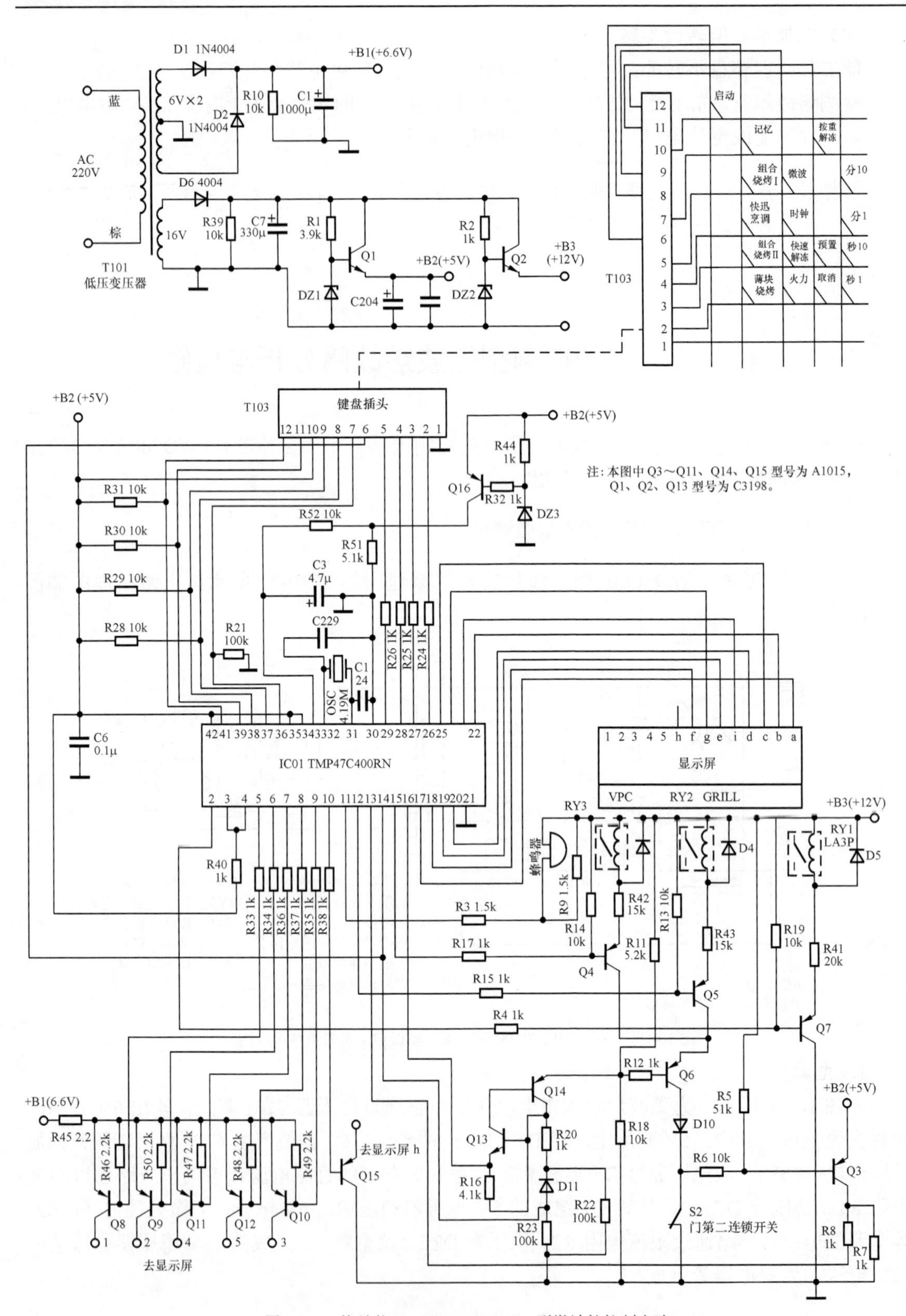

图 10-11　格兰仕 WD700A/WD800B 型微波炉控制电路

2. 微处理器电路

如图 10-11 所示，该机的微处理器电路以微处理器 TMP47C400RN（IC01）为核心构成。

（1）TMP47C400RN 的引脚功能

TMP47C400RN 的引脚功能如表 10-1 所示。

表 10-1　　TMP47C400RN 的引脚功能

脚　号	功　能	脚　号	功　能
①	空脚	㉑	接地
②	炉灯、转盘/风扇电机控制信号输出	㉒～㉕	显示屏驱动信号输出
③、④	外接上拉电阻	㉖～㉙	接操作键
⑤～⑨	显示屏驱动信号输出	㉚	接地
⑩	显示屏 h 驱动信号输出	㉛、㉜	外接时钟振荡器
⑪	蜂鸣器驱动信号输出	㉝	复位信号输入
⑫	烧烤加热器控制信号输出	㉞、㉟	5V 供电
⑬	炉门状态检测信号输入	㊱～㊴	接操作键
⑭	启动控制信号输入	㊵	—
⑮	微波或光波继电器控制信号输出	㊶	接操作键
⑯	检测信号输入	㊷	5V 供电
⑰～⑳	显示屏驱动信号输出		

（2）微处理器基本工作条件电路

5V 供电：插好微波炉的电源线，待电源电路工作后，由其输出的 5V 电压经电容滤波后，加到微处理器 IC01 的供电端㊷、㉞、㉟脚，为 IC01 供电。

复位：该机的复位电路由微处理器 IC01 和三极管 Q16、稳压管 DZ3 等元器件构成。开机瞬间，由于 5V 电源在滤波电容的作用下是逐渐升高，当该电压低于 4.8V 时，Q16 截止，Q16 的 c 极输出低电平电压，该电压经 R52 加到 IC01 的㉝脚，使 IC01 内的存储器、寄存器等电路清零复位。随着 5V 电源电压的逐渐升高，当其超过 4.8V 后，Q16 导通，由它的 c 极输出高电平电压，该电压经 R52、C3 积分后加到 IC01 的㉝脚，IC01 内部电路复位结束，开始工作。

时钟振荡：IC01 得到供电后，它内部的振荡器与㉛、㉜脚外接的晶振 OSC 和移相电容通过振荡产生 4.19MHz 的时钟信号。该信号经分频后协调各部位的工作，并作为 IC01 输出各种控制信号的基准脉冲源。

3. 炉门开关控制电路

如图 10-10、图 10-11 所示，关闭炉门时，联锁机构相应动作，使联锁开关 S1～S3 接通。S1、S3 接通后，接通变压器 T、石英加热管 EH 与熔断器 FUSE 的线路。S2 接通后，不仅将 Q6 的 c 极通过 D10 接地，而且通过 R6 使 Q3 导通。Q3 导通后，它的 c 极输出的电压通过 R8 限流，加到微处理器 IC01 的⑬脚，被 IC01 检测后识别出炉门已关闭，微波炉进入待机状态。反之，若打开炉门后，联锁开关 S1～S3 断开，切断市电到 T、EH 的回路。同时，IC01 的⑬脚没有高电平信号输入，IC01 判断炉门被打开，不再输出微波或烧烤的加热信号，而由②脚输出低电平信号，该信号通过 R4 限流，使 Q7 导通，为继电器 RY1 的线圈提供导通电流，线圈产生的磁场使它内部的触点吸合，为炉灯供电，使炉灯发光，以方便用户取、放食物。

4. 微波加热电路

（1）加热电路

首先，按下面板上的微波键，再选择好时间后，按下启动键，产生的高电平控制电压依次通过连接器T103进入电脑控制电路，送给微处理器IC01进行识别。其中，T103的⑥脚输入的控制电压不仅加到IC01的⑭脚，而且经D11使Q13、Q14组成的模拟晶闸管电路工作，为Q6的b极提供低电平的导通电压，使Q6始终处于导通状态。IC01的⑭脚输入启动信号后，IC01从内存调出烹饪程序并控制显示屏显示时间，同时控制②脚和⑮脚输出低电平控制信号。②脚输出的低电平控制信号通过R4限流，使Q7导通，为继电器RY1的线圈提供导通电流，线圈产生的磁场使它内部的触点吸合，为炉灯、转盘电机、风扇电机供电，使炉灯发光，并使转盘电机和风扇电机开始旋转。⑮脚输出的低电平信号通过R17限流，使Q4导通，为继电器RY3的线圈提供导通电流，RY3内的触点吸合，接通高压变压器T的初级回路，使它的灯丝绕组和高压绕组输出交流电压。其中，灯丝绕组向磁控管的灯丝提供3.4V左右的工作电压，点亮灯丝为阴极加热；高压绕组输出的2 000V左右的交流电压，通过高压电容C和高压二极管D组成的半波倍压整流电路，产生4 000V的负压，为磁控管EA的阴极供电，使阴极发射电子，磁控管产生的微波能经波导管传入炉腔，通过炉腔反射，最终产生高热，将食物煮熟。

（2）磁控管过热保护电路

若磁控管的供电电路或散热系统异常，导致磁控管的工作温度过高时，被磁控管过热保护器S4检测后，它的触点断开，切断整机供电线路，磁控管等电路停止工作，以免磁控管等元器件过热损坏，实现磁控管过热保护。

5. 烧烤加热控制电路

烧烤加热控制电路与微波加热控制电路的工作原理基本相同，不同的是使用该功能时需要按下面板上的烧烤键，被微处理器IC01识别后，IC01控制②脚和⑫脚输出低电平控制信号。如上所述，②脚输出的低电平控制信号使炉灯发光，并使转盘电机和风扇电机开始旋转。⑫脚输出的低电平信号通过R15限流，使Q5导通，为继电器RY2的线圈提供导通电流，RY2内的触点吸合，接通烧烤石英加热管EH的供电回路，使它开始发热，将食物烤熟。

6. 常见故障检修

（1）熔断器熔断

该故障的主要原因：1）自身损坏，2）高压变压器T、转盘电机、风扇电机或炉灯短路，使其过流熔断。检修方法与机械式微波炉相同。

（2）熔断器正常，但整机不工作

该故障的主要原因：1）过热保护器S4开路，2）电源电路异常，3）微处理器电路异常。该故障检修流程如图10-12所示。

提示 复位电路、振荡器异常有时会产生操作键失效，继电器连续吸合、释放，并且显示屏乱闪的故障。

（3）显示屏亮，但不加热且转盘不转

该故障的主要原因：1）联锁开关内的触点开路，2）15V供电异常，3）微处理器IC01异常。该故障检修流程如图10-13所示。

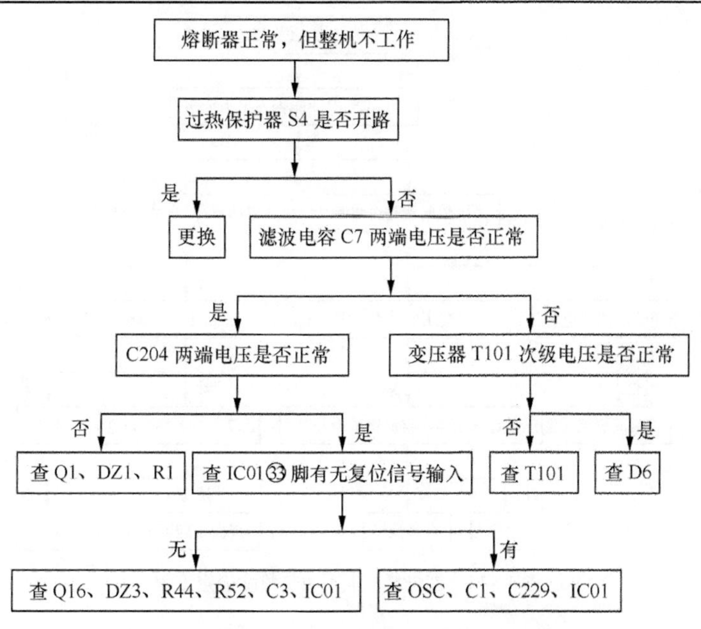

图 10-12　熔断器正常，但整机不工作故障检修流程

（4）炉灯亮，但不加热、不能烧烤

该故障的主要原因：1）监控开关 S3、门第二联锁开关开路，2）启动电路开路，3）门开关检测电路异常，4）微处理器 IC01 异常。该故障检修流程如图 10-14 所示。

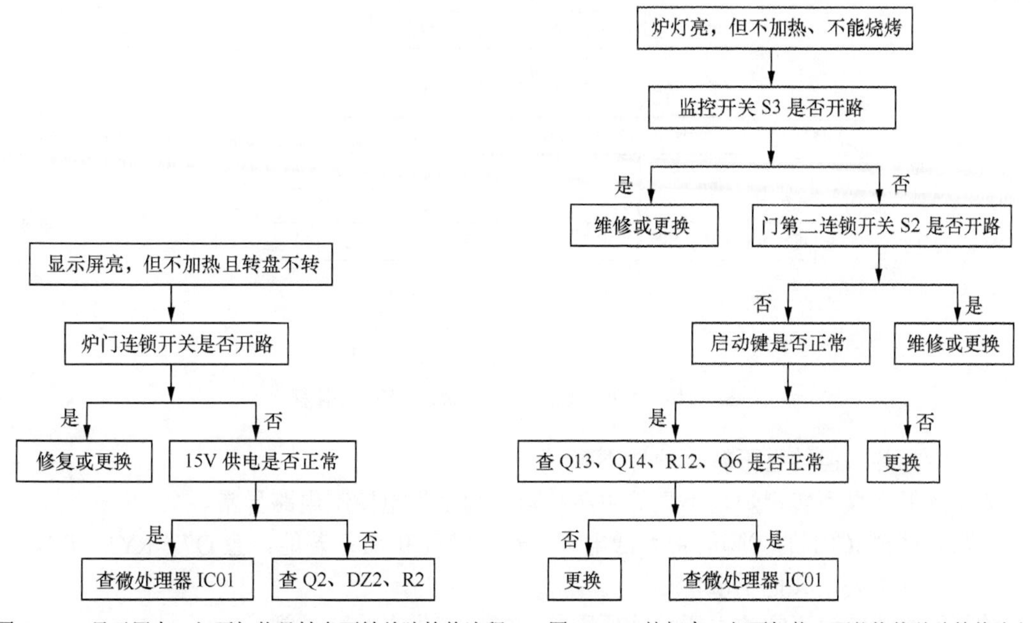

图 10-13　显示屏亮，但不加热且转盘不转故障检修流程　　图 10-14　炉灯亮，但不加热、不能烧烤故障检修流程

（5）能烧烤，但不加热

该故障的主要原因：1）加热供电电路异常，2）高压形成电路异常，3）磁控管异常，4）微处理器 IC01 异常。该故障检修流程如图 10-15 所示。

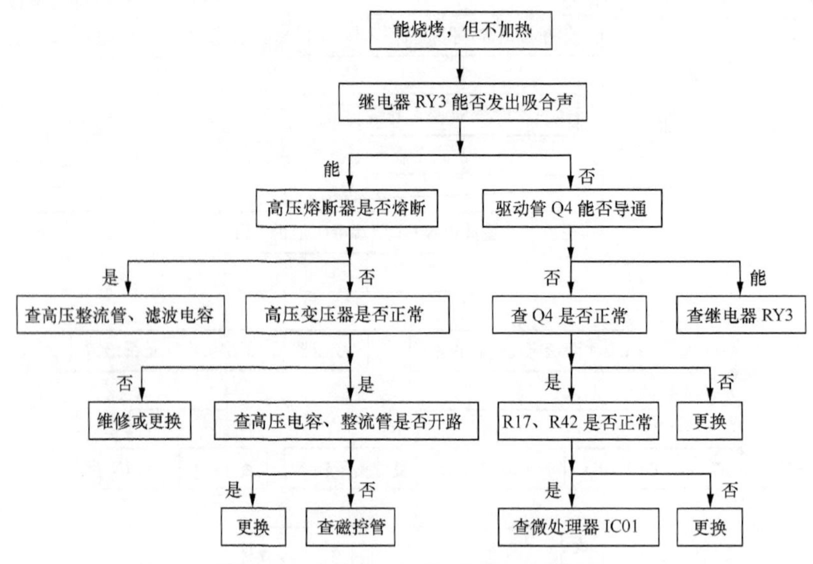

图 10-15　能烧烤，但不加热故障检修流程

（6）微波能加热，但不能烧烤

该故障的主要原因：1）石英加热管开路，2）石英加热管的供电电路异常，3）微处理器 IC01 异常。该故障检修流程如图 10-16 所示。

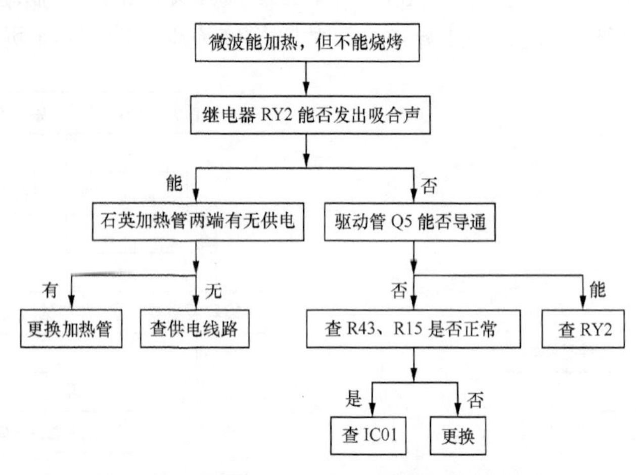

图 10-16　微波能加热，但不能烧烤故障检修流程

（7）能加热，但转盘不转、炉灯不亮

能加热但转盘不转、炉灯不亮的主要故障原因是供电控制电路异常。

测微处理器 IC01 的②脚能否为低电平，若不能查 IC01；若能，查 Q7、RY1、R4。

（8）炉灯不亮，其他正常

炉灯不亮，其他正常的主要故障原因是炉灯或其供电线路异常。

直观检查炉灯的灯丝是否开路或用万用表的电阻挡测量灯丝的阻值，就可以确认灯丝是否正常；若灯丝正常，查供电线路。

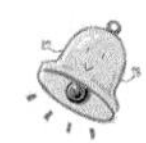

提示　能加热但不能排风或能加热但转盘不转的故障，和能加热但炉灯不亮的故障检修方法是一样的，不再介绍。

二、美的电脑控制型微波炉

美的电脑控制型微波炉的电气原理图大同小异，如图 10-17 所示。美的 A3 型微波炉电脑板电路如图 10-18 所示。

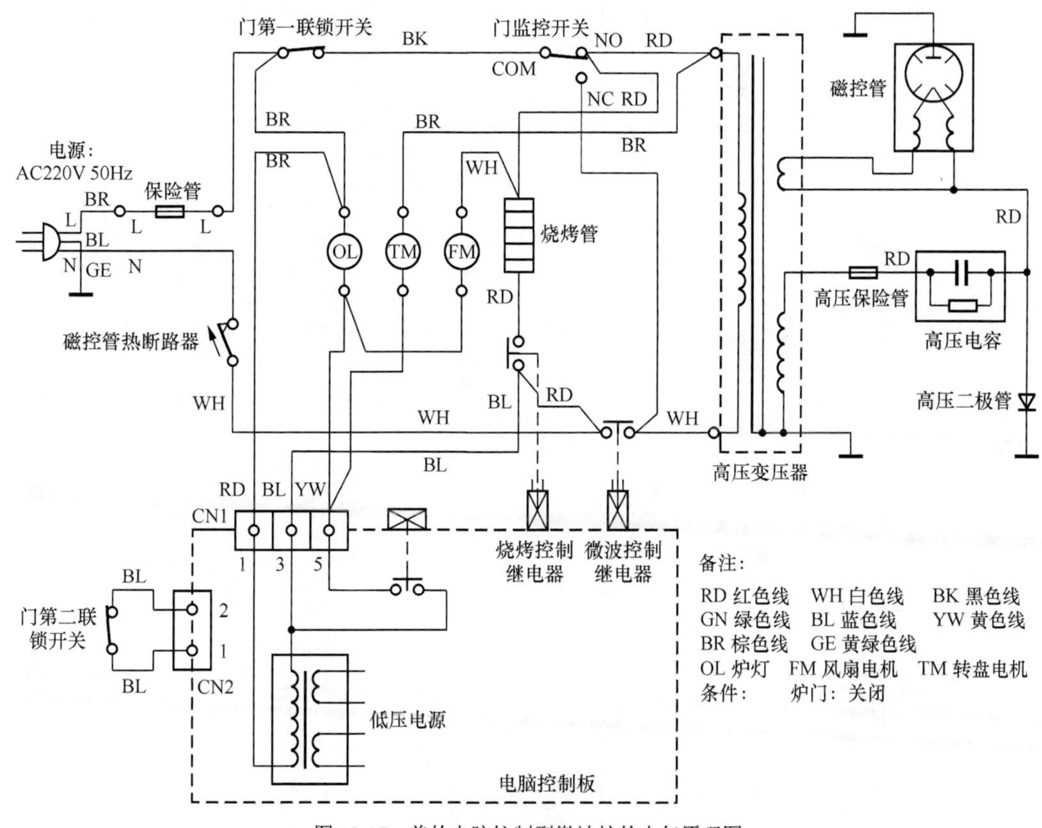

图 10-17　美的电脑控制型微波炉的电气原理图

1. 电源电路

该机的电源电路采用了由电源控制芯片 IC101（AP3700）、开关变压器 T100 为核心构成并联型开关电源。

（1）AP3700 简介

AP3700 采用 TO-92 封装，它的电源端 VCC 与反馈信号输入端共用一个引脚，采用抖频技术以降低系统的电磁干扰 E-MI，无须安装高频吸收电容仍可满足电磁兼容要求；采用跳频技术（Skip cycle）降低空载条件下的功耗，采用该芯片构成的开关电源电路主要有以下特点。

空载输入功耗低：轻载和空载时，控制器从正常的 PWM 方式自动切换到跳频模式，在输入电压为 AC85～AC230V 的情况下，空载时的功耗不足 0.15W，低于 CEC 标准规定的极限值（0.3W）。

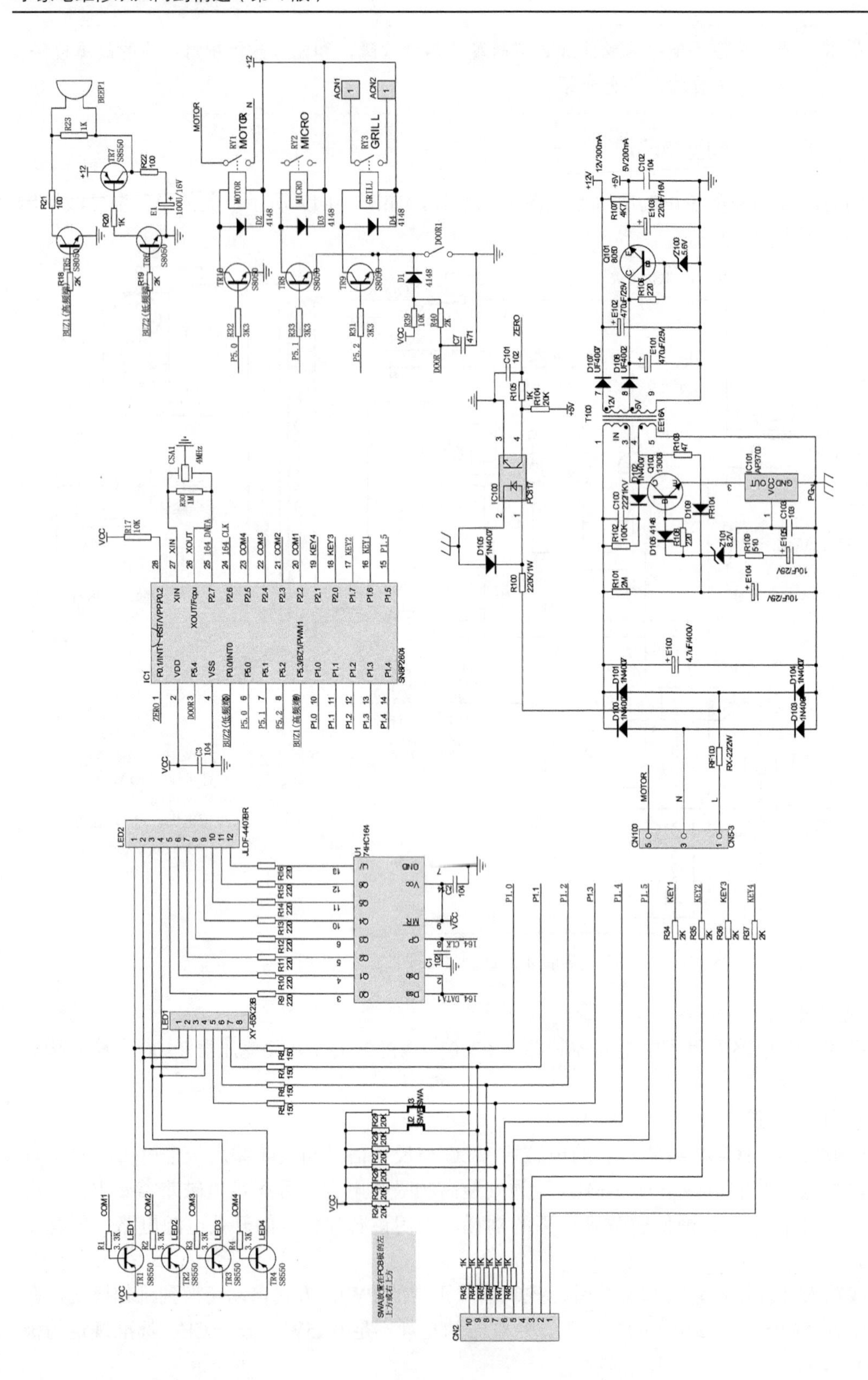

图 10-18　美的 A3 型微波炉电脑板电路

电源转换效率高：AP37002 的启动电流和工作电流均很低，分别是 0.22mA 和 0.45mA；工作电压 VCC 较低（3.65～5.25V），因此控制器的损耗较低，不足 0.1W。

瞬态特性好：AP37002 采用电流模式控制，且始终保持断续模式运行，这使得瞬态响应速度快、电压过冲小，仅为 350mV。

（2）功率变换

220V 市电电压经插座 CN100 输入到电脑板，通过限流电阻 RT100 输入到电源电路，一路送给过零检测电路；另一路利用 D100～D104 桥式整流，E100 滤波获得 300V 左右的直流电压。该电压一路经开关变压器 T100 的初级绕组（1-3 绕组）加到 Q100 的 c 极，为其供电；另一路经启动电阻 R101 限流降压，由 E104 滤波后，再经 R108 为开关管 Q100 的 b 极提供启动电压，使其导通。Q100 导通后，其 c 极电流在 T100 的初级绕组上形成①脚正、③脚负的电动势，它的 4-5 绕组通过自感产生④脚正、⑤脚负的电动势。该电动势经 R103、D109、R103 加到 Q100 的 b 极，使 Q100 因正反馈雪崩过程而饱和导通，其 c 极电流急速增大。当 c 极电流增大到一定时，T100 的 4-5 绕组产生的电动势经 D109 整流，使稳压管 Z101 导通，经 E105 滤波后，为 IC101 供电，使其工作，其③脚内阻增大，使 Q100 的 c 极电流减小，T100 经互感，使各个绕组的电流减小，于是 Q100 进入截止状态，T100 开始存储能量。当 T100 的各个绕组减小到一定时，T100 的各个绕组再次反相，Q100 再次进入饱和状态。重复以上过程，开关电源工作在开关状态。Q100 截止期间，T100 的 7-9 绕组输出的脉冲电压经 D107 整流，E102 滤波产生 12V 直流电压，为继电器和蜂鸣器电路供电；7-8 绕组输出的脉冲电压经 D108 整流，E101 滤波产生的直流电压，利用 Q101、Z100、R106 组成的稳压器稳压输出 5V 电压，经 E103、C102 滤波后为微处理器电路供电。

（3）稳压控制

当市电电压下降或负载变重引起开关电源输出电压下降时，T100 的 4-5 绕组输出的脉冲电压下降，使稳压管 Z101 导通程度减弱，被 IC101 处理后，它的③脚内阻减小，Q100 的 c 极电流增大，T100 存储的能量增大，开关电源输出电压升高到正常值。反之，稳压控制过程相反。

2. 微处理器电路

该机的微处理器电路由微处理器 SN8P2604（IC1）为核心构成。

（1）SN8P2604 的引脚功能

SN8P2604 的引脚功能如表 10-2 所示。

表 10-2　　SN8P2604 的引脚功能

脚位	脚名	功能	脚位	脚名	功能
①	ZERO	市电过零检测信号输入	⑮	P1.5	指示灯控制信号输出
②	VDD	供电	⑯	KEY1	操作键信号 1 输入
③	DOOR	炉门检测信号输入	⑰	KEY2	操作键信号 2 输入
④	VSS	接地	⑱	KEY3	操作键信号 3 输入
⑤	BUZ2	低频蜂鸣器驱动信号输出	⑲	KEY4	操作键信号 4 输入
⑥	P5.0	转盘/风扇电机、炉灯控制信号输出	⑳	COUM1	数码管共阳极控制信号 1 输出
⑦	P5.1	烧烤控制信号输出	㉑	COUM2	数码管共阳极控制信号 2 输出
⑧	P5.2	微波加热控制信号输出	㉒	COUM3	数码管共阳极控制信号 3 输出
⑨	BUZ1	高频蜂鸣器控制信号输出	㉓	COUM4	数码管共阳极控制信号 4 输出
⑩	P1.0	模式控制信号输入/指示灯控制信号输出	㉔	CLK	时钟信号输出
⑪	P1.1	模式控制信号输入/指示灯控制信号输出	㉕	DATA	数据信号输出
⑫	P1.2	数码管共阳极控制信号输出	㉖	XOUT	时钟振荡器输出

⑬	P1.3	数码管共阳极控制信号输出	㉗	XOM	时钟振荡器输入
⑭	P1.4	指示灯控制信号输出	㉘	RST	复位信号输入

（2）CPU 工作条件电路

5V 供电：当该机的电源电路工作后，由它输出的 5V 电压经电容 C3 滤波后，加到微处理器 IC1（SN8P2604）的供电端②脚，为它供电。

复位：开机瞬间，5V 供电经 R17 为 IC1 的㉘脚提供由低到高的复位信号，使 IC1 内的存储器、寄存器等电路清零复位后开始工作。

时钟振荡：IC1 得到供电后，它内部的振荡器与㉖、㉗脚外接的晶振 CSA1 通过振荡产生 4MHz 的时钟信号。该信号经分频后协调各部位的工作，并作为 IC1 输出各种控制信号的基准脉冲源。

（3）蜂鸣器电路

微处理器 IC1 的⑤、⑨脚分别是低频、高频蜂鸣器驱动信号输出端。每次进行操作或程序结束时，⑤脚输出的低频蜂鸣器驱动信号经 R18 限流，再经 TR5 倒相放大后，经 R21 加到蜂鸣器 BEEP1 的上端。同时，⑨脚输出的高频蜂鸣器驱动信号经 R19 限流，再经 TR5、TR7 两级直耦放大器放大后，经 R22、E1 滤波后，加到蜂鸣器 BEEP1 的下端。这样，就可以使其鸣叫，提醒用户该机已收到操作信号或设定的程序结束。

（4）市电过零检测电路

参见图 10-17，该机为了保证烧烤石英管、磁控管在工作瞬间产生大电流污染电网，设置了由光耦合器 IC100 等元件组成的市电（交流电）过零检测电路。

市电电压利用 R100 限流，再利用 IC100 耦合后，从它④脚输出的 50Hz 脉动信号就是同步控制信号。该信号经 105 限流，C101 滤波后作为基准信号加到微处理器 IC1 的①脚。IC1 对①脚输入的信号检测后，确保烧烤石英管、磁控管的供电继电器在市电的过零点处闭合，从而避免了烧烤石英管、磁控管在工作初期产生的大电流污染市电电网，影响其他用电设备的正常工作。

3. 炉门开关电路

参见图 10-17、图 10-18，关闭炉门时，门联锁机构动作，使门第一联锁开关、第二联锁开关接通，而使门监控开关的触点接 NO 的位置。门第一联锁开关的触点接通后，接通转盘电机、高压变压器、烧烤石英管的一根供电线路。而门第二联锁开关的触点接通后，不仅将驱动管 TR8、TR9 的 e 极接地，而且为微处理器 IC1 的③脚提供低电平信号，被 IC1 检测后识别出炉门已关闭，控制该机进入待机状态。若打开炉门后，门监控开关的触点接 NC 点，而门第一、第二联锁开关的触点断开，不仅切断转盘电机、加热器、高压变压器的供电线路，而且使 IC1 的③脚电位变为高电平，IC1 判断炉门被打开，不再输出微波或烧烤的加热信号，但⑥脚仍输出控制信号，使 TR10 导通，为继电器 RY1 的线圈供电，使 RY1 的触点仍闭合，为炉灯供电，使炉灯发光，以方便用户取、放食物。

若门第一联锁开关失效，在打开炉门后触点不能断开时，市电电压被门监控开关短路，使输入回路的保险管（熔丝管）熔断，使磁控管等器件停止工作，避免打开炉门后发生微波泄露的恶性事故。

4. 微波加热电路

在待机状态下，首先选择微波加热功能，再选择好时间后按下启动（开始）键，被微处理器 IC1 识别后，IC1 从内部存储器内调出烹饪程序并控制显示屏显示时间，同时控制⑥、⑧脚输出高电平控制信号。⑥脚输出的高电平控制电压通过 R32 使 TR10 导通，为继电器 RY1 的线圈供电，RY1 内的触点闭合，为风扇电机、炉盘电机和炉灯供电，炉盘电机带动炉盘旋转，便于食物均匀加热；风扇电机运转后为微波炉散热降温。⑧脚输出的高电平信号通过 R31 限流，使 TR9 导通，为继电器 RY3 的线圈供电，RY3 内的触点闭合，接通高压变压器初级绕组的供电回路，使高压变压器的灯丝绕组和高压绕组输出交流电压。其中，灯丝烧组为磁控管的灯丝提供 3.3V 左右的工作电压，点亮灯丝为阴极加热，高压绕组输出的 2000V 左右的交流电压，通过高压电容和高压二极管组成半波倍压整流电路，产生 4000V 的负电压，为磁控管的阴极供电，使阴极发射电子而形成微波能，它经波导管传入炉腔，通过炉腔反射到食物上，产生高热，为食物加热。

5. 烧烤加热电路

需要烧烤时，按下面板上的烧烤键，被微处理器 IC1 识别后，IC1 不仅控制⑥脚输出控制信号，而且控制⑦脚输出高电平控制信号，如上所述，不仅使风扇电机和转盘电机开始旋转，而且⑦脚输出的高电平控制信号通过 R33 限流，使 TR9 导通，为继电器 RY2 的线圈供电，RY2 内的触点闭合，接通烧烤加热器的供电回路，使它开始发热，将食物烤熟。

6. 过热保护

参见图 10-17，当磁控管工作异常使它表面的温度超过 115℃后，磁控管热断路器（温控开关）的触点断开，切断整机供电回路，以免磁控管过热损坏或产生其他故障，实现过热保护。

7. 常见故障检修

（1）整机不工作

该故障说明市电输入系统、电源电路、微处理器电路异常。该故障可根据熔断器是否熔断来检修。

整机不工作、熔断器熔断故障的主要原因：1）门监控开关的触点粘连到 NC 点，2）高压变压器异常，3）烧烤加热器异常，4）转盘电机、风扇电机或炉灯短路。该故障的检修流程如图 10-19 所示。

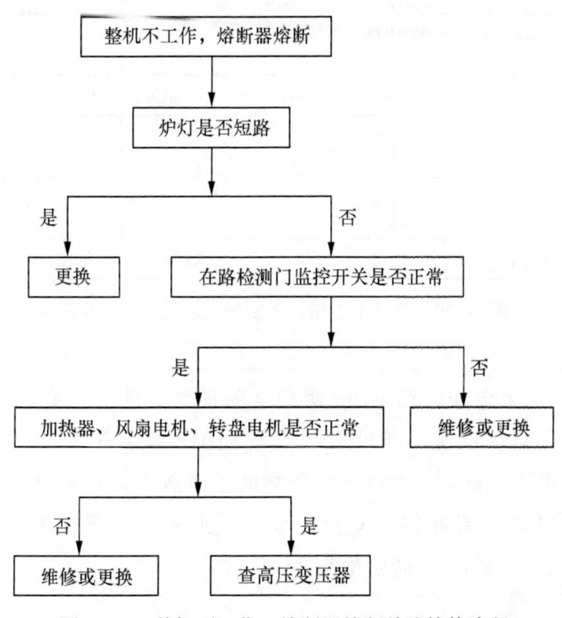

图 10-19　整机不工作，熔断器熔断故障检修流程

整机不工作，熔断器正常故障的原因：1）门第一联锁开关异常，2）磁控管热断路器开路，3）电源电路异常，4）市电过零检测电路异常，5）微处理器电路异常。该故障的检修流程如图10-20所示。

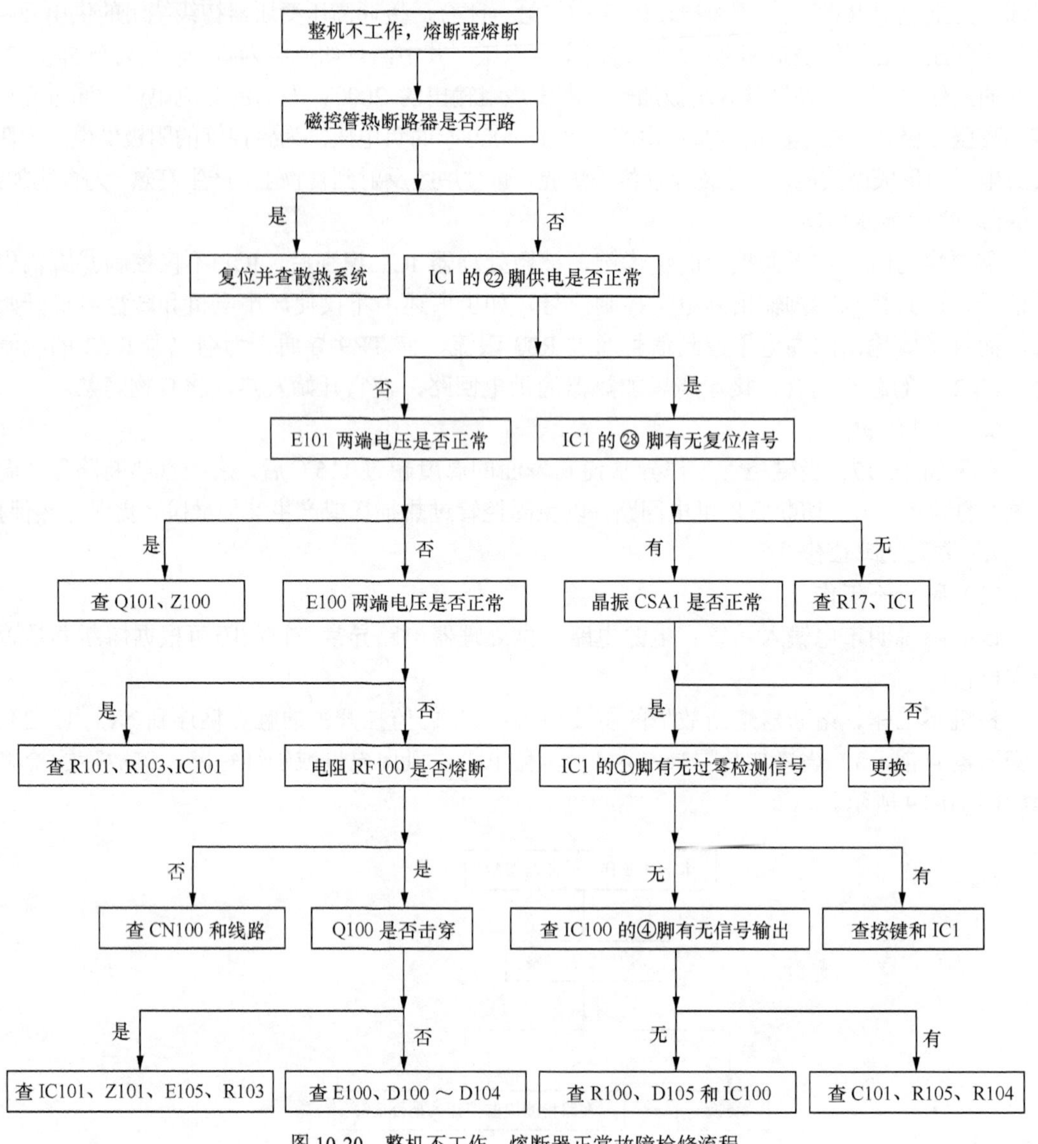

图10-20　整机不工作，熔断器正常故障检修流程

提示　若E101两端无电压，而E100两端电压正常，说明开关电源异常。此时，测Q100的b极有无启动电压，若没有，检查R1018是否开路、E104是否短路即可；若b极有启动电压，断电后将E100两端电压泄放后，检测R101、D102、D107～D109、Z101是否正常，若异常，更换即可；若正常，检查Q100、IC101和T100。另外，对屡损Q100的故障，也应检查T100。

（2）显示屏亮，炉灯不亮且不加热

该故障的主要原因：1）12V 供电异常；2）启动控制键电路异常。该故障的检修流程如图 10-21 所示。

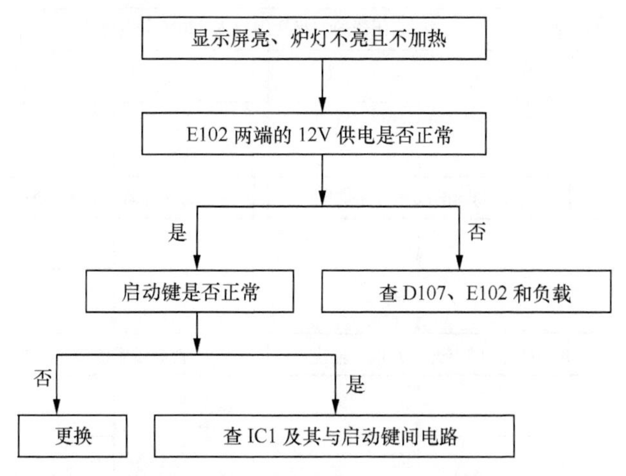

图 10-21　显示屏亮，炉灯不亮且不加热故障检修流程

（3）炉灯亮，但不加热、不烧烤

该故障的主要原因：1）门联锁开关异常，2）门监控开关异常，3）供电线路异常，4）微处理器电路异常。该故障的检修流程如图 10-22 所示。

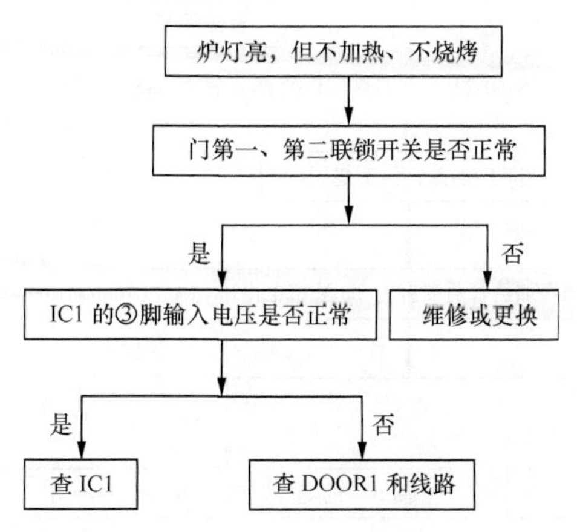

图 10-22　炉灯亮，不加热、不烧烤故障检修流程

（4）不加热，但烧烤正常

该故障的主要原因：1）高压形成电路或磁控管异常，2）微波加热供电控制电路异常。该故障的检修流程如图 10-23 所示。

（5）微波能加热，但不烧烤

该故障的主要原因：1）烧烤加热器异常，2）烧烤加热器的供电控制电路异常。该故障的检修流程如图 10-24 所示。

（6）能加热，但转盘不转、炉灯不亮

该故障的主要原因是供电控制电路异常。该故障的检修流程如图 10-25 所示。

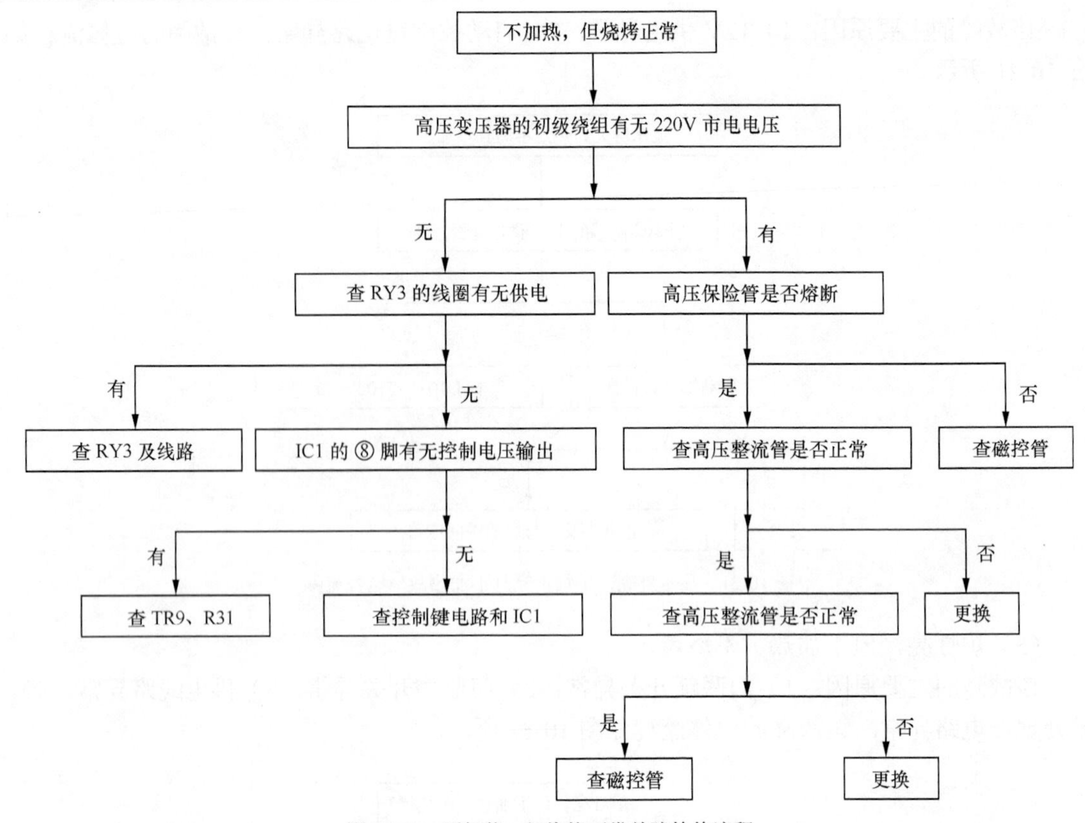

图 10-23　不加热，但烧烤正常故障检修流程

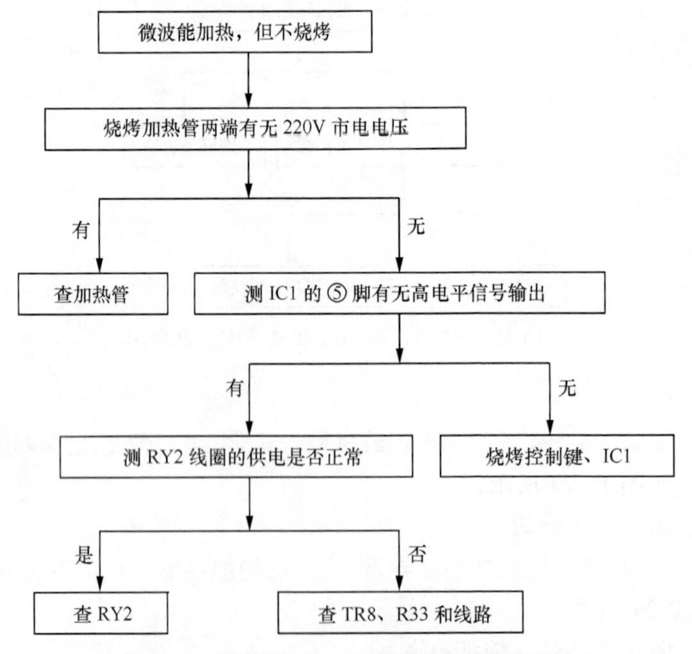

图 10-24　微波能加热，但不能烧烤故障检修流程

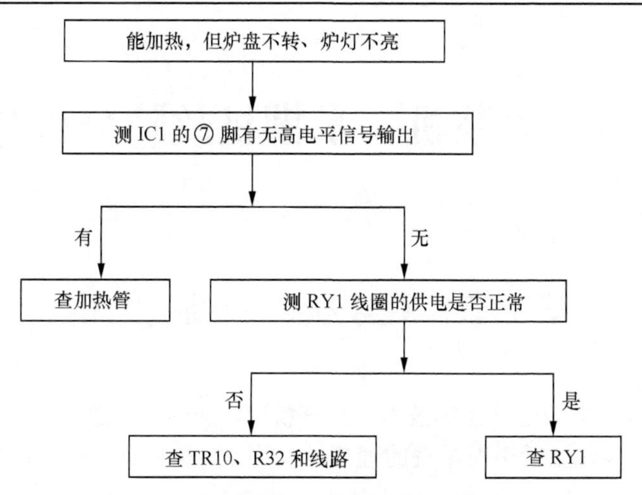

图 10-25　微波能加热，但不能烧烤故障检修流程

（7）蜂鸣器不鸣叫

蜂鸣器不能鸣叫故障的主要原因：1）蜂鸣器异常，2）蜂鸣器驱动电路异常。

采用数字式万用表二极管挡或指针式万用表 R×1 挡在路测放大管 TR1 和蜂鸣器是否正常，若异常，更换即可；若正常，检查 R、R2 是否正常，若正常，则检查相关线路和 IC1。

方法与技巧　若采用指针式万用表 R×1 挡在路检测蜂鸣器时，若蜂鸣器能发出声音，则说明蜂鸣器正常，否则，说明蜂鸣器异常。

（8）炉灯不亮，其他正常

炉灯不亮，其他正常故障的主要原因是炉灯或其供电线路异常。

察看炉灯的灯丝是否开路或用万用表的电阻挡测量灯丝的阻值，就可以确认灯丝是否正常；若灯丝正常，查供电线路。

（9）数码管显示的字迹不全

该故障的主要原因：1）数码管内的发光管异常，2）数码管的驱动电路异常。

采用数字式万用表二极管挡在路测不能显示的数码管时，若能发光，则说明微处理器 IC1 或相关线路异常；若不能发光，则说明数码管异常。

第 11 章　豆浆机、米糊机故障分析与检修

第 1 节　豆浆机、米糊机结构

豆浆机、米糊机采用微电脑控制技术，具有粉碎、加热、煮沸、防溢及缺水保护等功能，实现制浆自动化，是现代生活中做早餐的理想厨房用具。常见豆浆机、米糊机如图 11-1 所示。

图 11-1　常见豆浆机、米糊机实物外形

一、豆浆机、米糊机的构成

下面以九阳豆浆机为例介绍豆浆机、米糊机整机构成，如图 11-2 所示。

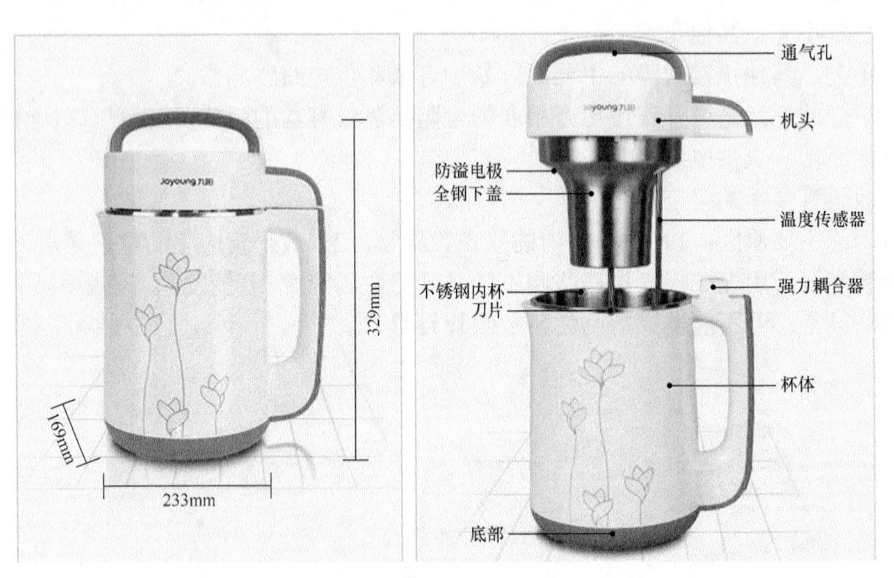

图 11-2　九阳豆浆机整机实物构成示意图

二、豆浆机、米糊机的机头构成

下面以某豆浆机的机头构成为例介绍豆浆机、米糊机机头的，如图 11-3 所示。

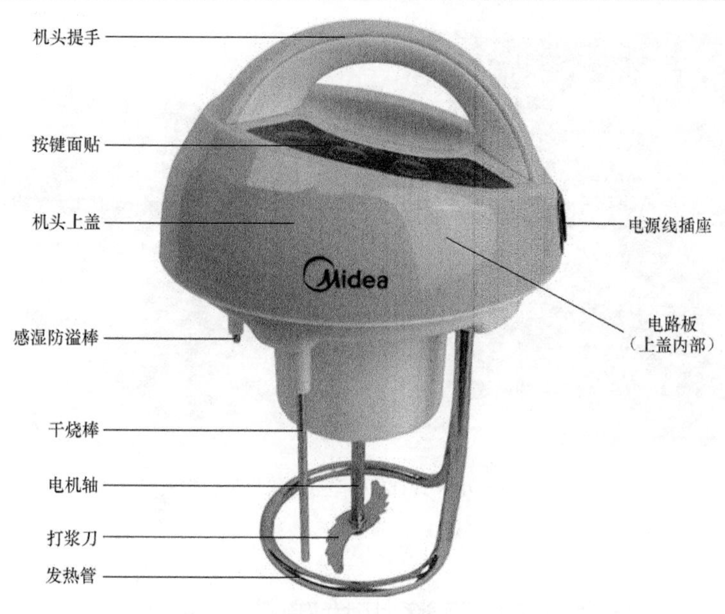

图 11-3　豆浆机机头实物构成示意图

三、豆浆机、米糊机的拉法尔网

拉法尔网（拉法尔滤网）设计是基于流体力学中著名的“拉法尔网”原理制成，这种先收缩后扩大的喷管也称为拉法尔管。典型的拉法尔网及其安装位置如图 11-4 所示。

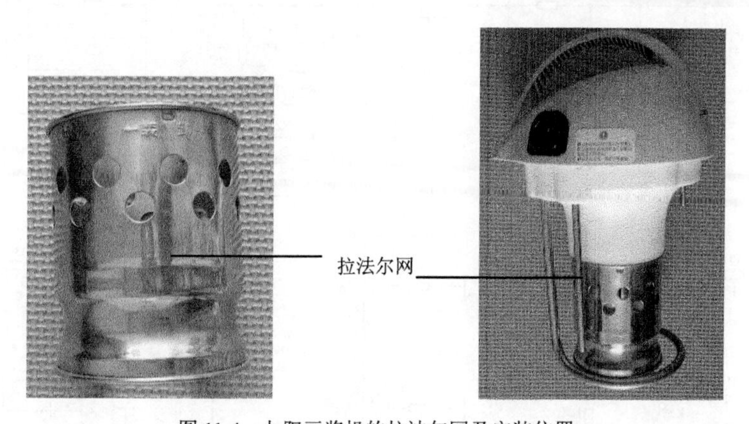

图 11-4　九阳豆浆机的拉法尔网及安装位置

豆浆机、米糊机的拉法尔网采用大网孔，并且没有底网，匹配 X 型强力旋风打浆刀（刀片），豆浆在经过拉法尔网收缩颈时，流速骤然增强加快，五谷配料在立体空间高速剪切、碰撞，经过上万次精细研磨，各种植物蛋白、碳水化合物、膳食纤维、维生素、微量元素等营养精华充分融入豆浆中，并且豆渣基本都能喝。

目前，豆浆机、米糊机采用的“拉法尔网”不仅容易清洗，而且安装方便、使用寿命长。

四、电动机机头结构

下面以九阳 JYDZ-22 型豆浆机为例介绍豆浆机、米糊机机头的构成，如图 11-5 所示。

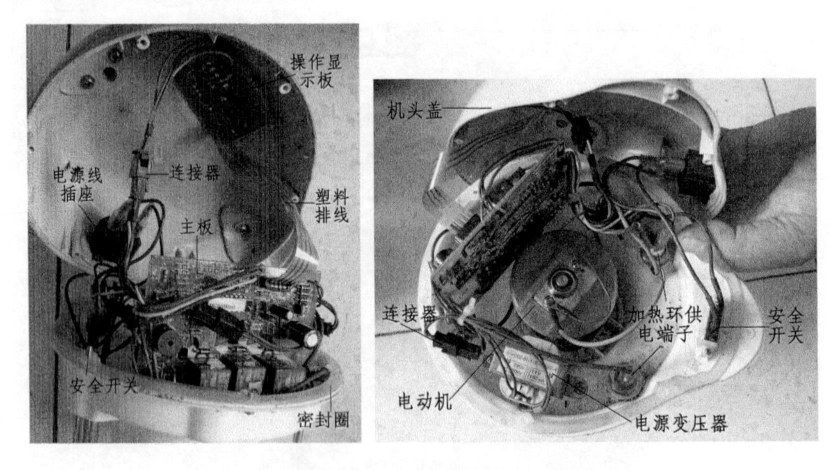

图 11-5　九阳 JYDZ-22 型豆浆机机头的构成

第 2 节　豆浆机故障分析与检修

下面以九阳 JYDZ-22 型豆浆机为例，介绍豆浆机故障的检修方法与技巧。该机电路由电源电路、微处理器电路、打浆电路、加热电路、保护电路等构成，如图 11-6 所示。

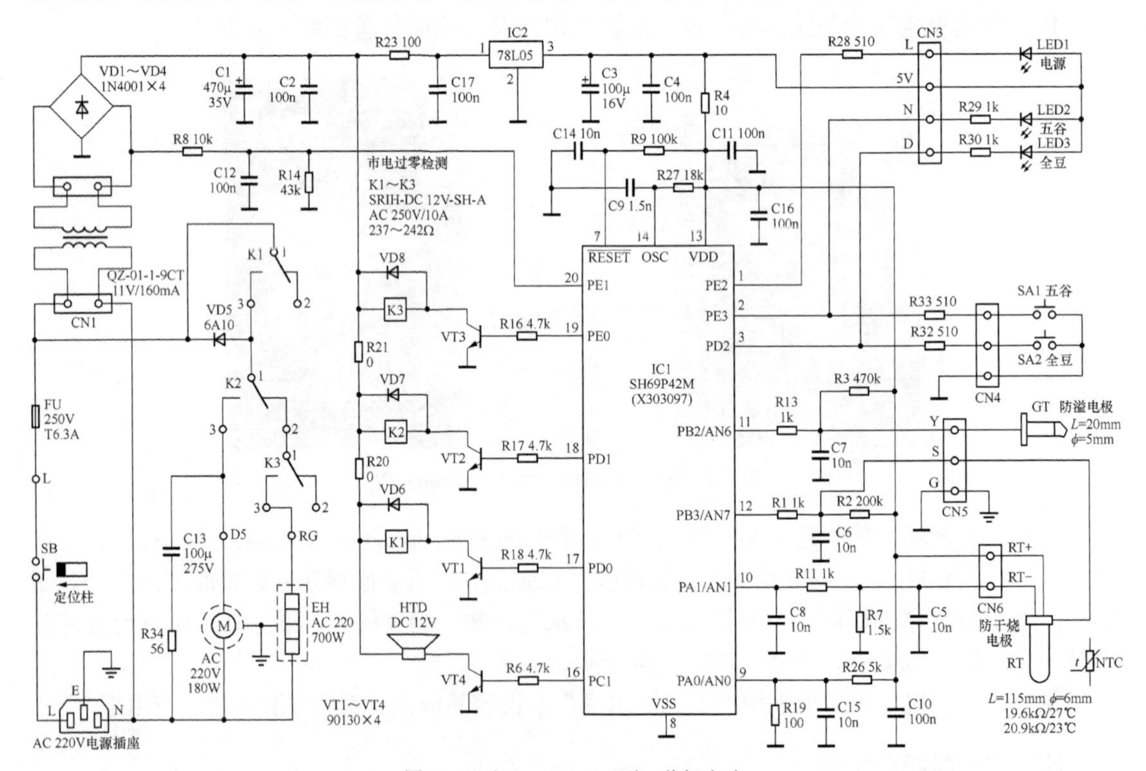

图 11-6　九阳 JYDZ-22 型豆浆机电路

提示 改变图中 R19 的阻值，该电路板就可以应用于多种机型。该电路的工作原理与故障检修方法还适用于九阳 JYZD-15(R19 为 100)、JYZD-17A(R19 为 750)、JYZD-20B、JYZD-20C、JYZD-22、JYZD-23（R19 为 8.2kΩ）等机型。

一、供电、市电过零检测电路

将机头装入桶体，通过定位柱使安全开关 SB 接通，再将电源插头插入市电插座，220V 市电电压经 SB 和熔丝管 FU 输入到机内电路，不仅输入到加热、打浆电路，而且经变压器 T 降压，从它的次级绕组输出 12V 左右（与市电电压高低有关）的交流电压。该电压一路经 R8、R14 分压限流，利用 C12 滤波产生市电过零检测信号，加到微处理器 IC1（SH69P42M）的⑳脚，被 IC1 识别后就可以在市电过零处控制对加热、打浆电路进行供电控制；另一路通过 VD1～VD4 桥式整流，再通过 C1、C2 滤波产生 12V 直流电压。12V 电压不仅为继电器、蜂鸣器供电，而且经三端稳压器 U2（78L05）输出 5V 电压。5V 电压经 C3、C4 滤波，为温度检测电路、微处理器电路供电。

提示 由于 12V 直流供电未采用稳压方式，所以待机期间 C1 两端电压可升高到 15V 左右。

二、微处理器电路

该机的微处理器电路由微处理器 SH69P42M 为核心构成。

1. SH69P42M 的实用资料

SH69P42M 的引脚功能和引脚维修参考数据如表 11-1 所示。

表 11-1　微处理器 SH69P42M 的引脚功能

引脚	脚名	功能	引脚	脚名	功能
①	PE2	电源指示灯控制信号输出	⑫	PB3/AN7	水位检测信号输入
②	PE3	AN1 操作信号输入/五谷指示灯控制信号输出	⑬	VDD	供电
③	PD2	AN2 操作信号输入/全豆指示灯控制信号输出	⑭	OSC1	振荡器外接定时元件
④～⑥		未用，悬空	⑮		未用，悬空
⑦	$\overline{RESET}$	复位信号输入	⑯	PC1	蜂鸣器驱动信号输出
⑧	VSS	接地	⑰	PD0	继电器 K1 控制信号输出
⑨	PA0/AN0	机型设置	⑱	PD1	继电器 K2 控制信号输出
⑩	PA1/AN1	温度检测信号输入接地	⑲	PE0	继电器 K3 控制信号输出
⑪	PB2/AN6	防溢检测信号输入	⑳	PE1	市电过零检测信号输入

2. 工作条件电路

（1）5V 供电

插好该机的电源线，待电源电路工作后，由其输出的 5V 电压经 R4 限流，再经 C11 滤波后，加到微处理器 IC1（SH69P42M）的供电端⑬脚为它供电。

（2）复位电路

复位电路由 IC1 和 R9、C14 构成。开机瞬间，5V 供电通过 R9、C14 组成的积分电路产生一个由低到高的复位信号。该信号从IC1的⑦脚输入，当复位信号为低电平时，IC1内的存储器、寄存器等电路清零复位；当复位信号为高电平后，IC1内部电路复位结束，开始工作。

（3）时钟振荡

时钟振荡电路由微处理器IC1和外接的R27、C9构成。IC1得到供电后，它内部的振荡器与⑭脚外接的定时元件R27、C9通过控制C9充、放电产生振荡脉冲。该信号经分频后协调各部位的工作，并作为IC1输出各种控制信号的基准脉冲源。

3. 待机控制电路

IC1获得供电后开始工作，它的①脚电位为低电平，通过R28为电源指示灯LED1提供导通回路，使它发光，同时，IC1⑯脚输出的驱动信号经R6加到VT4的b极，经它倒相放大后驱动蜂鸣器HTD发出“嘀”的声音，表明电路进入待机状态。

三、打浆、加热电路

杯内有水且在待机状态下，按下五谷或全豆键，微处理器IC1检测到②脚或③脚的电位由高电平变成低电平后，确认用户发出操作指令，不仅通过⑯脚输出驱动信号，驱动蜂鸣器HDT鸣叫一声，表明操作有效，而且从⑰、⑲脚输出高电平驱动信号。⑰脚输出的高电平控制信号通过R18限流，再经放大管VT1倒相放大，为继电器K1的线圈供电，使K1内的常开触点闭合，为继电器K2的动触点端子供电；⑲脚输出的高电平控制信号通过R16限流，再通过放大管VT3倒相放大，为继电器K3的线圈供电，使K3内的常开触点闭合，为加热管供电，它开始发热，使水温逐渐升高。当水温超过85℃，温度传感器RT的阻值减小到设置值，5V电压通过它与R7取样后电压升高到设置值，该电压加到IC1、⑩脚，IC1将该电压值与存储器存储的不同电压对应的温度值进行比较，判断加热温度达到要求，控制⑲脚输出低电平控制信号，控制⑱脚输出高电平控制电压。⑲脚输出的低电平电压使VT3截止，K3的常开触点断开，加热管停止加热；⑱脚输出的高电平电压经R17限流使驱动管VT2导通，为继电器K2的线圈供电，使它的常开触点闭合，为电机供电，使电机高速旋转，开始打浆，经过4次（每次时间为15秒）打浆后，IC1的⑱脚电位变为低电平，VT2截止，电机停转，打浆结束。此时，IC1的⑰脚又输出高电平电压，如上所述，加热器再次加热，直至五谷或豆浆沸腾，浆沫上溢到防溢电极，就会通过R13使IC1⑪脚电位变为低电平，被IC1检测后，就会判断豆浆已煮沸，控制⑰脚输出低电平电压，使加热管停止加热。当浆沫回落，离开防溢电极后，IC1⑪脚电位又变为高电平，IC1的⑰脚再次输出高电平电压，加热管又开始加热，经多次防溢延煮，累计15min后IC1的⑰脚输出低电平，停止加热。同时，⑯脚输出的驱动信号经VT4放大，驱动蜂鸣器报警，并且控制②脚或③脚输出脉冲信号使指示灯闪烁发光，提示用户自动打浆结束。

提示 若采用半功率加热或电机低速运转时，微处理器IC1⑯脚输出的控制信号为低电平，使放大管VT1截止，继电器K1的常闭触点接通，整流管VD5接入电路，市电通过它半波整流后为电机和加热管供电，不仅使电机降速运转，而且使加热器以半功率状态加热。

四、防干烧保护电路

当杯内无水或水位较低，使水位探针不能接触到水时，5V电压通过R2、R1为微处理器

IC1⑫脚提供高电平的检测信号，被 IC1 识别后，输出控制信号使加热管停止加热，以免加热管过热损坏，实现防干烧保护。同时，控制⑯脚输出报警信号，使蜂鸣器 HDT 长鸣报警，提醒用户该机加热防干烧保护状态，需要用户向杯内加水。

五、常见故障检修

1. 不工作，指示灯不亮

该故障的主要原因：1）供电线路异常，2）电源电路异常，3）市电过零检测电路异常，4）电机或加热管异常，5）微处理器电路异常。该故障的检修流程如图 11-7 所示。

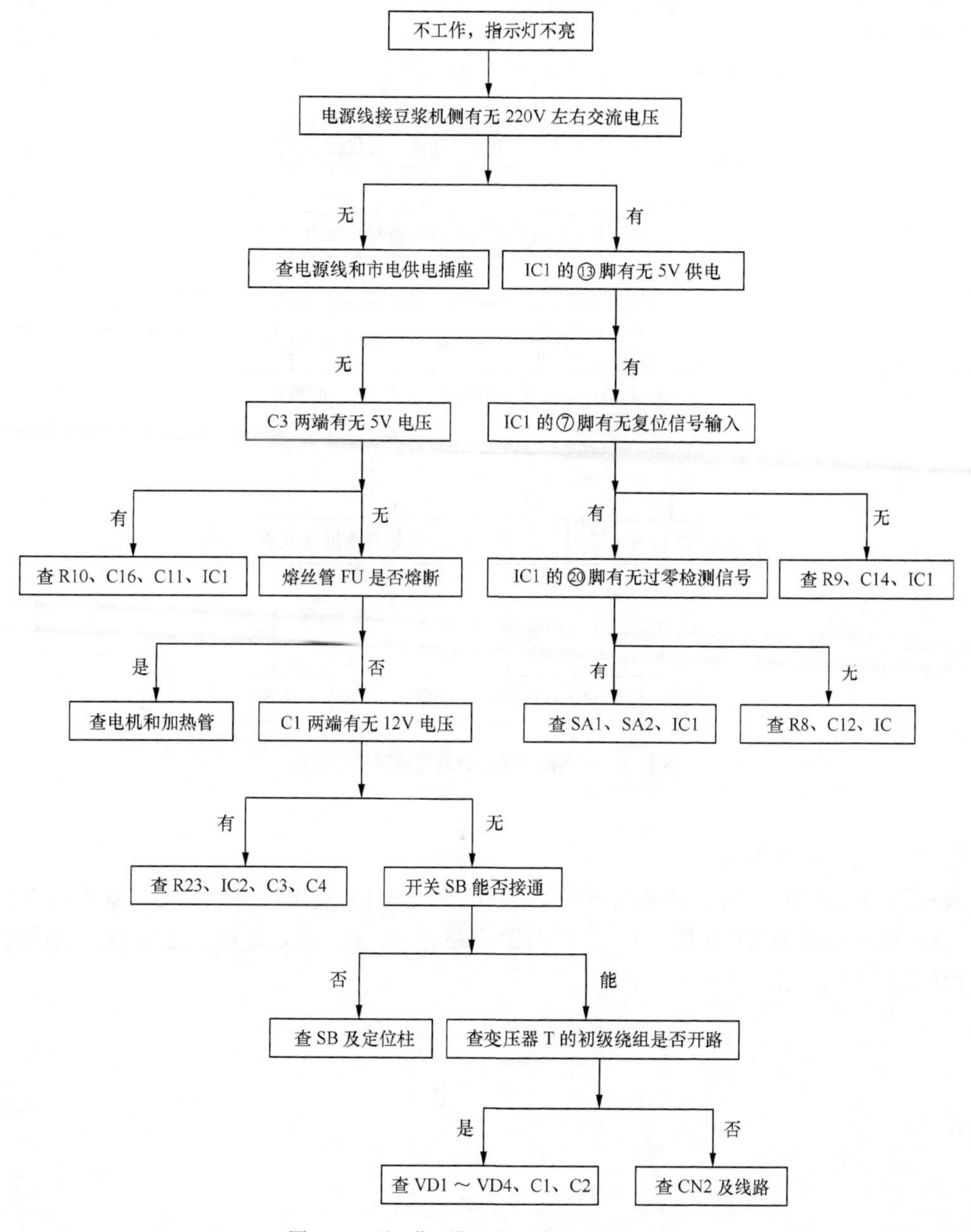

图 11-7　不工作，指示灯不亮故障检修流程

注意 加热管损坏时，必须要检查微处理器 IC1⑫脚电位在无水状态下是否为高电平，若不是，则检查水位电极、R2 是否开路，C6 是否漏电，否则还容易导致加热管再次损坏。

2. 加热温度低、打浆慢

该故障说明继电器 K1 不工作，导致电机的供电由整流管 VD5 提供所致。主要的原因：1）放大管 VT1 异常，2）K1 或其驱动电路异常，3）微处理器 IC1 异常。该故障的检修流程如图 11-8 所示。

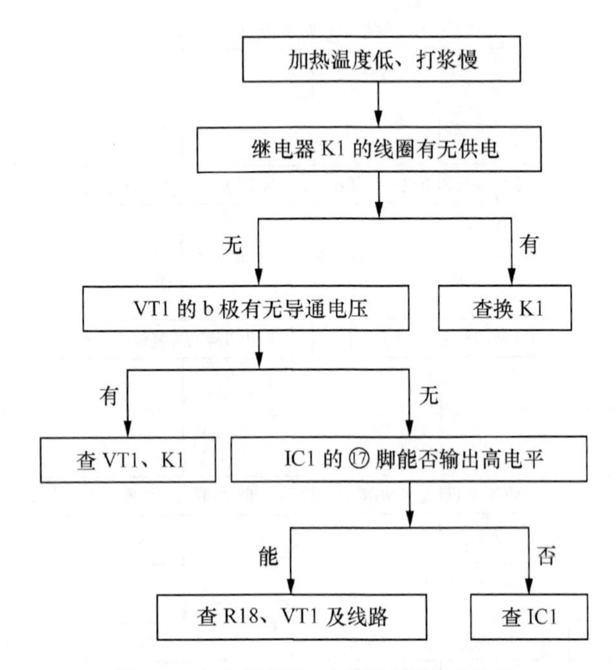

图 11-8 加热温度低，打浆慢故障检修流程

3. 能打浆，但不加热

该故障的主要原因：1）加热管开路，2）放大管 VT3 或 VT2 异常，3）继电器 K3、K2 异常，4）温度传感器 RT 异常，5）水位监测电路异常，6）微处理器 IC1 异常。该故障的检修流程如图 11-9 所示。

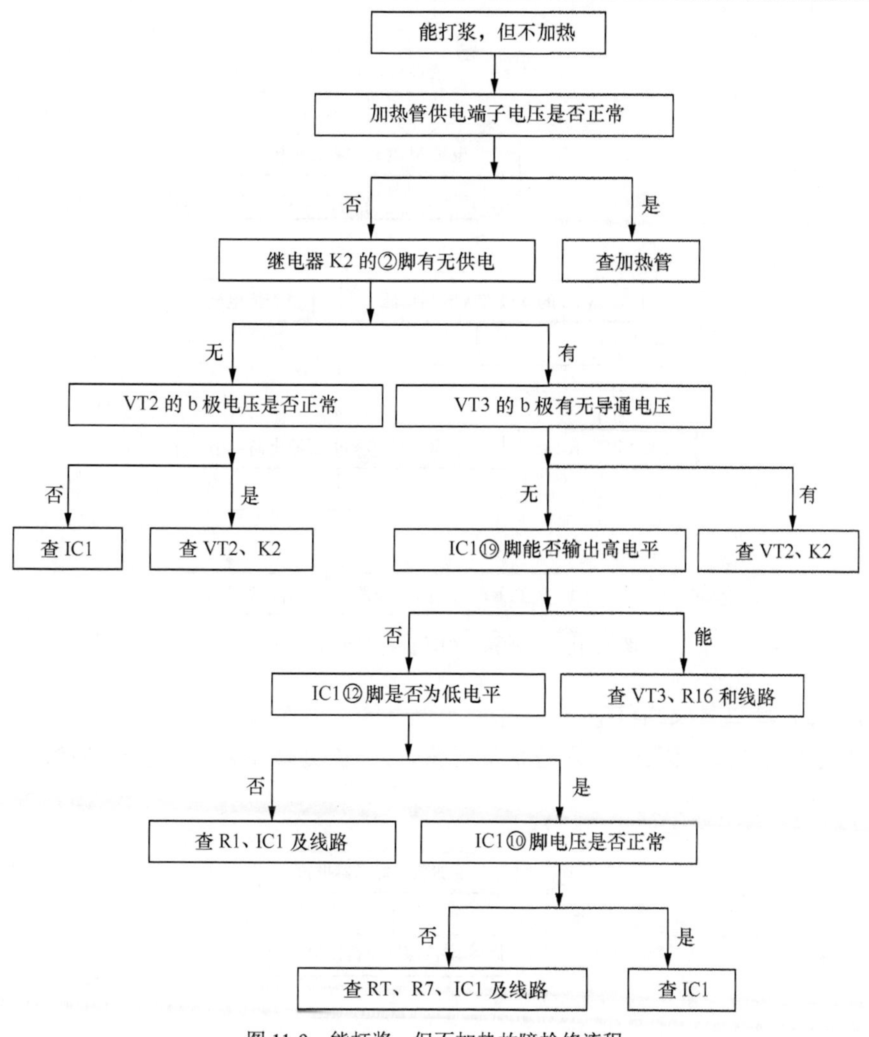

图 11-9　能打浆，但不加热故障检修流程

提 示　温度传感器 RT 的阻值在环境温度为 27℃时的阻值为 19.5kΩ左右，以上元件异常还会产生加热不正常的故障。另外，为了防止意外，检修该故障时也应确认过零检测电路是否正常。

4. 能加热，但不打浆

该故障的主要原因：1）电机 M 异常，2）放大管 VT2 异常，3）继电器 K2 异常，4）微处理器 IC1 异常。该故障的检修流程如图 11-10 所示。

提 示　为了防止意外，检修该故障时也应确认过零检测电路是否正常。

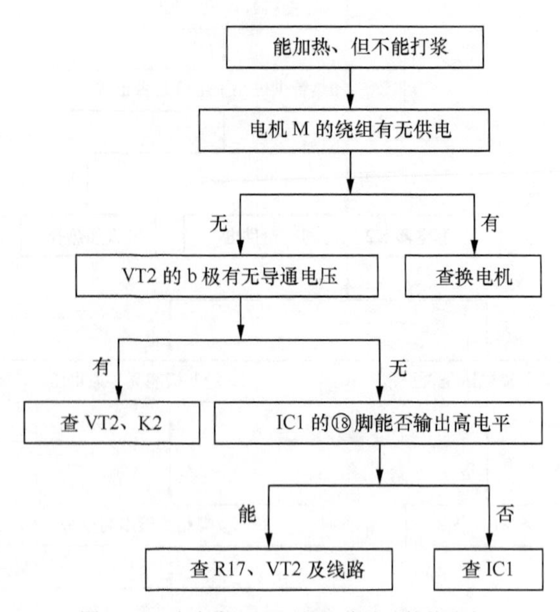

图 11-10 能加热，但不能打浆故障检修流程

5. 不加热，蜂鸣器长鸣报警

该故障的主要故障原因：1）水位探针异常，2）微处理器 IC1 异常。该故障的检修流程如图 11-11 所示。

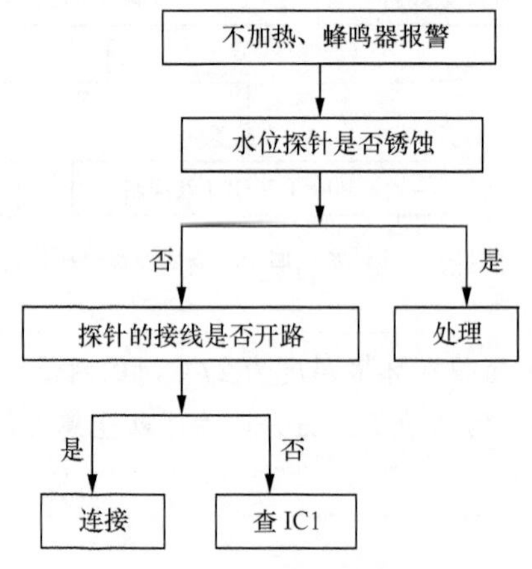

图 11-11 不加热，蜂鸣器报警故障检修流程

6. 加热时会溢出泡沫

该故障的主要故障原因：1）防溢电极异常，2）继电器 K3 或其驱动电路异常，3）微处理器 IC1 异常。该故障的检修流程如图 11-12 所示。

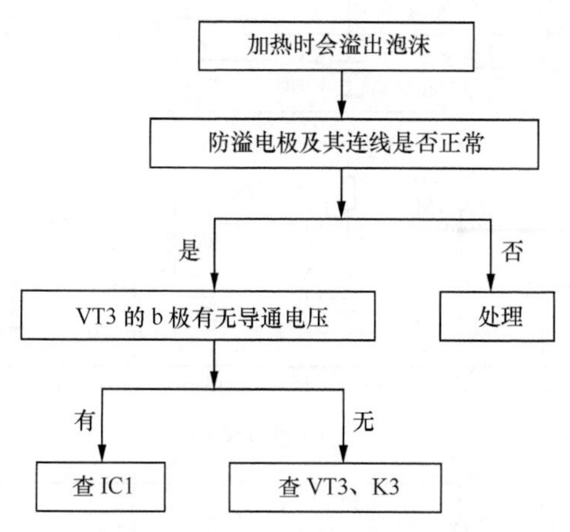

图 11-12 加热时会溢出泡沫故障检修流程

第 3 节 米糊机故障分析与检修

米糊机的外形和豆浆机相似，下面以糊来王牌米糊机为例介绍米糊机电路原理与故障检修方法。该机电路由电源电路、控制电路、电机、电加热管等构成，如图 11-13 所示。

一、供电电路

220V 市电电压不仅经熔断器 FU1、FU2 输入到粉碎、加热电路，而且通过变压器降压输出 9V 交流电压，通过 D1～D4 桥式整流，由 R12 限流，利用 C8、C3 滤波产生 11V 左右的直流电压。该电压不仅为继电器的驱动电路供电，而且经三端稳压器 IC2（7805）输出 5V 电压，通过 C2 滤波后，为微处理器 IC1、蜂鸣器和操作键电路供电。

二、微处理器电路

微处理器（CPU）电路以 IC1（PIC16C54C）为核心构成。

电源电路工作后，由它输出的 5V 电压加到 IC1 的③、④脚，为它供电。IC1 获得供电后开始工作，它内部的振荡器与⑮、⑯脚外接的晶振 X1 通过振荡产生 4MHz 的时钟信号，该信号经分频后协调各部位的工作，并作为 IC1 输出各种控制信号的基准脉冲源。同时，IC1 内部的复位电路输出复位信号使它内部的存储器、寄存器等电路复位后开始工作。

IC1 工作后，它的⑨脚输出的蜂鸣器驱动信号经 R9 限流，再通过 Q1 倒相放大后，驱动蜂鸣器鸣叫一声，同时 IC1 的⑫、⑬脚输出控制信号使红色指示灯发光，表明电路进入待机状态。

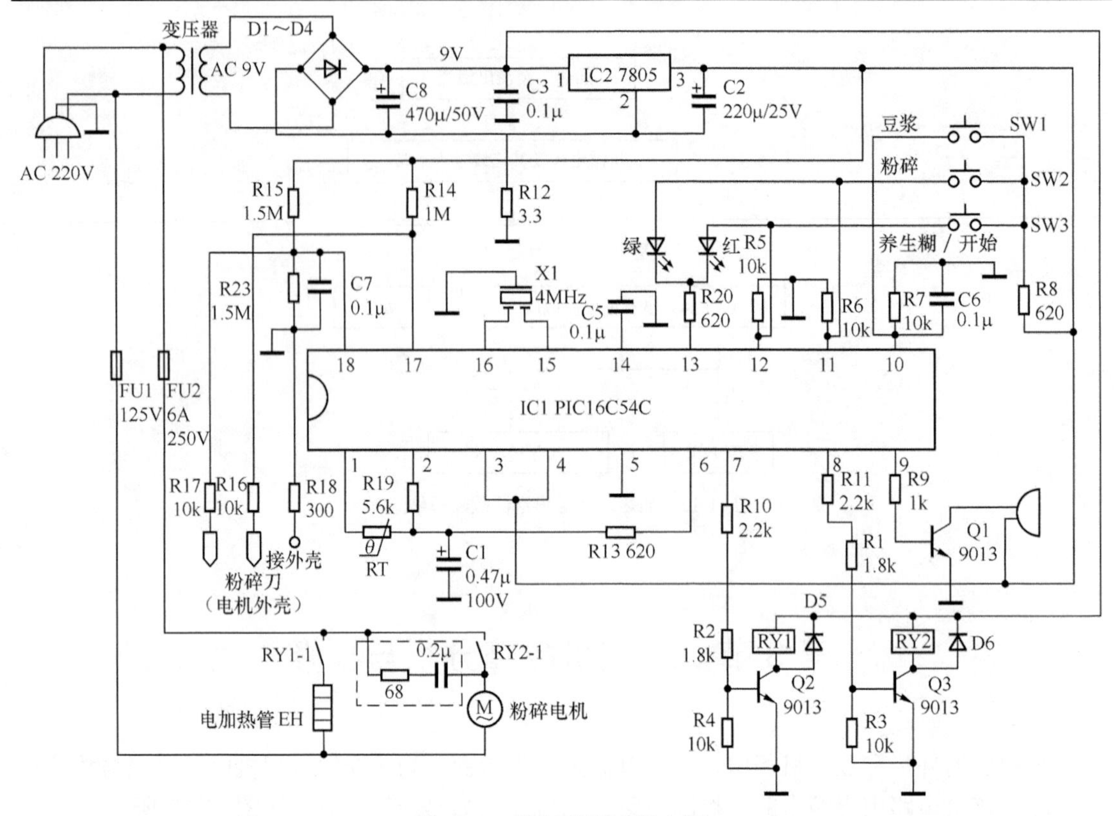

图 11-13　糊来王牌米糊机电路

三、水位检测电路

水位检测电路由粉碎的刀头（水位探针）、微处理器 IC1 等元器件构成。

当粉碎筛杯内无水或水位过低，粉碎刀的刀头不能接触到水，使 IC1 的⑰脚输入高电平信号，被 IC1 识别后，不仅控制⑦、⑧脚输出低电平控制信号，使粉碎电机、加热器不工作，以免加热器因干烧而损坏，同时 IC1 通过 Q1 驱动蜂鸣器鸣叫，提醒杯内无水或水位过低，需要加水。当杯内加入适量的水，被刀头检测到，使 IC1 的⑰脚电位变为低电平后，IC1 才能执行下一步程序。

四、自动粉碎、加热电路

自动粉碎、加热电路由微处理器 IC1、电加热管 EH、电机 M、温度传感器（负温度系数热敏电阻）RT、继电器（RY1、RY2）等构成。

当粉碎筛杯内装入适量的水和食物后，安装好刀头，接通电源，微处理器 IC1 不仅输出驱动信号驱动蜂鸣器鸣叫一声，而且控制红色指示灯发光，表明该机进入待机状态。待机时，按豆浆或养生糊键，IC1 不仅控制蜂鸣器再次鸣叫，表示接收到操作信息，而且从存储器内调出加热、粉碎程序后，控制⑦脚输出高电平控制信号。该信号通过 R10、R2、R4 分压限流后使 Q2 导通，为继电器 RY1 的线圈供电，它的触点 RY1-1 闭合，电加热管 EH 得到供电后开始加热。当加热使水温达到设置值后，温度传感器 RT 的阻值减小，使 IC1 的①脚输入的电压升高，IC1 将该电压值与内存存储的温度/电压数据进行比较，判断加热温度达到要求后，控制⑦脚输出低电平控制信号，控制⑧脚输出高电平控制信号。⑦脚输出低电平电压后 Q2 截止，RY1 的触点释放，EH 停止加热。⑧脚输出的高电平电压经 R11、R1 和 R3 分压限流使放大管 Q3 导通，为继电器 RY2 的线圈供电，它的触点 RY2-1 闭合，使电机高速旋转，开始粉碎食物。经过 4 次（每次工作 20s、停止 30s）粉碎后，IC1 的⑧脚电位变为低电平，Q3 截止，电机停转，打浆结束。打浆结束后，IC1 的⑦脚输出周期为 3s 的脉冲信号，控制电加热管 EH 周期性加热。当豆浆或养生糊沸腾的浆沫接触到防溢探针，使 IC1 的⑱脚电位变为低电平，IC1 判断到豆浆或养生糊已煮沸，IC1 的⑦脚就输出低电平电压，Q2 截止，停止加热。当浆沫回落，脱离防溢探针后，IC1 的⑱脚电位又变为高电平，IC1 的⑦脚又输出高电平，加热器又开始加热，如此反复多次防溢延煮后 IC1 的⑦脚输出低电平，停止加热。同时，IC1 的⑪脚输出高电平电压，使绿色指示灯发光，并且驱动蜂鸣器鸣叫，提醒用户养生糊或豆浆可以食用。

五、手动粉碎电路

手动粉碎电路由微处理器 IC1、电机 M、继电器 RY2、放大管 Q3 等构成。

当需要粉碎时，先按粉碎键，预置粉碎程序，再按一下养生糊/启动键，IC1 相继检测到⑪、⑫脚输入高电平信号后，控制⑧脚输出高电平控制信号，经 R11、R1 和 R3 分压限流后使 Q3 导通，使继电器 RY2 的触点闭合，为电机供电，电机开始旋转，对食物进行粉碎。

六、手动加热电路

手动加热电路由微处理器 IC1、电加热管 EH、温度传感器（负温度系数热敏电阻）RT、继电器 RY1 等构成。

当需要加热时，先按养生糊/启动键，预置加热程序，再次按养生糊/启动键，IC1 检测到⑫脚输入了两次高电平信号后，控制⑦脚输出高电平控制信号，该信号经 R10、R2 和 R4 分压限流后，使 Q2 导通，为继电器 RY1 的线圈供电，使它的触点闭合，为电加热管 EH 供电，使其开始加热，实现米糊的手动加热。

七、过热保护电路

过热保护电路由温度型熔断器 FU1 构成。当继电器 RY1 的触点 RY1-1 粘连等原因引起电加热管 EH 加热时间过长，电加热管温度升高，当温度达到 125℃时 FU1 熔断，切断供电回路，避免 EH 过热损坏，实现了过热保护。

八、常见故障检修

1. 不工作，指示灯不亮

该故障的主要原因：1）供电线路异常，2）电源电路异常，3）微处理器电路异常。该故障的检修流程如图 11-14 所示。

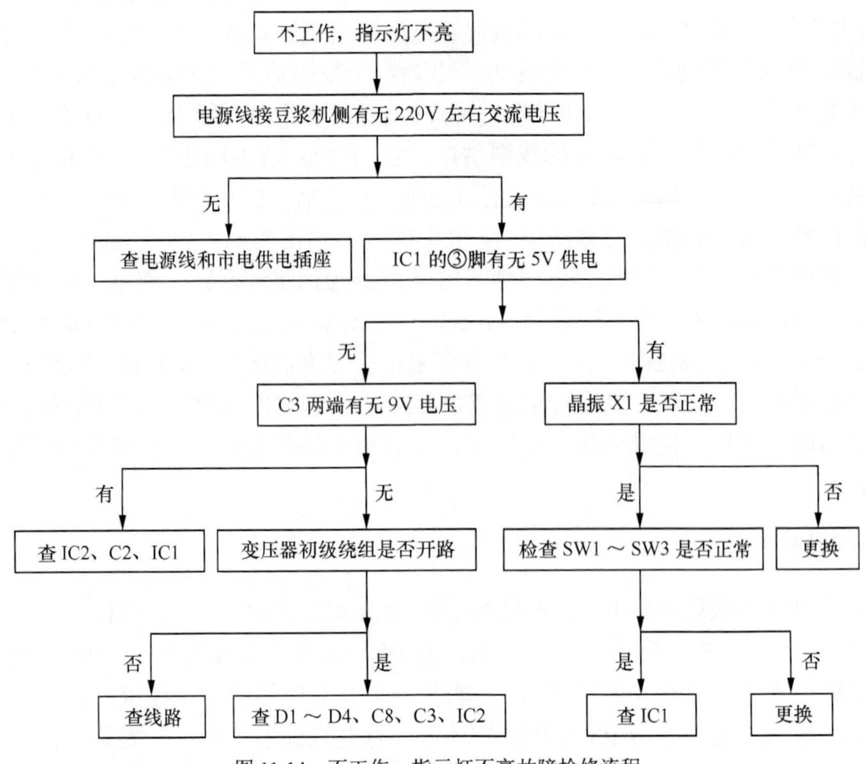

图 11-14　不工作，指示灯不亮故障检修流程

2. 指示灯正常，但不能粉碎、加热

该故障的主要原因：1）熔断器 FU1 或 FU2 熔断，2）供电线路异常，3）粉碎电机或加热管短路，4）加热供电电路异常，5）温度检测电路异常。该故障的检修流程如图 11-15 所示。

3. 能粉碎，但不加热

该故障的主要原因：1）加热管 EH 开路，2）继电器 RY1 或其驱动电路异常，3）温度检测电路异常，4）微处理器 IC1 异常。该故障的检修流程如图 11-16 所示。

4. 能加热，但不能粉碎

该故障的主要原因：1）粉碎电机异常，2）继电器 RY2 或其驱动电路异常，3）粉碎键 SW2，4）微处理器 IC1 异常。该故障的检修流程如图 11-17 所示。

5. 加热时会溢出泡沫

该故障的主要故障原因：1）防溢探针异常，2）继电器 RY1 或其驱动电路异常，3）微处理器 IC1 异常。该故障的检修流程如图 11-18 所示。

6. 不加热，报警水位低

该故障的主要原因：1）R16 异常，2）微处理器 IC1 异常。

首先，检查 R16 是否正常，线路是否开路；若异常，更换或处理即可；若正常，查 IC1。

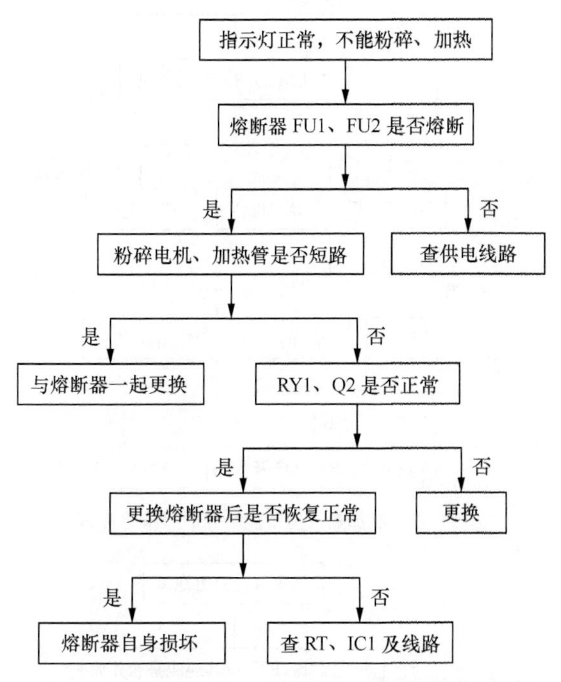

图 11-15　指示灯正常，不能粉碎、加热故障检修流程

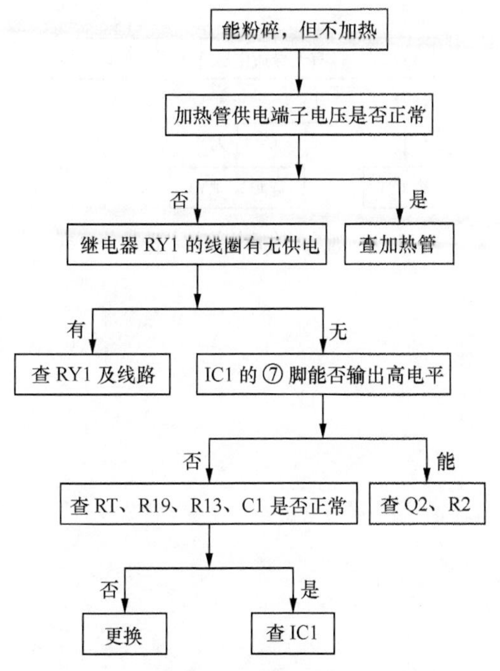

图 11-16　能粉碎，但不加热故障检修流程

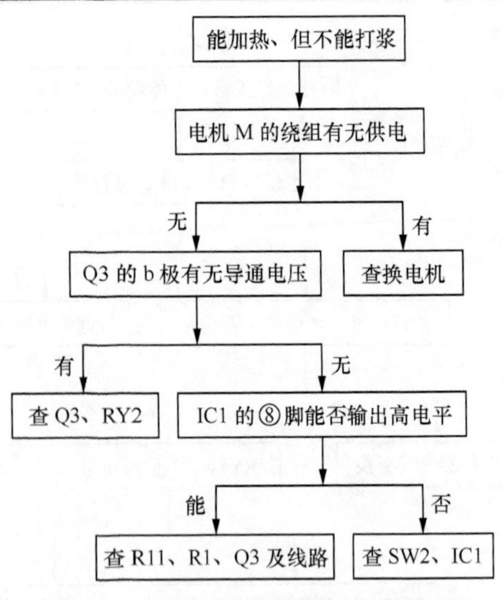

图 11-17　能加热，但不能粉碎故障检修流程

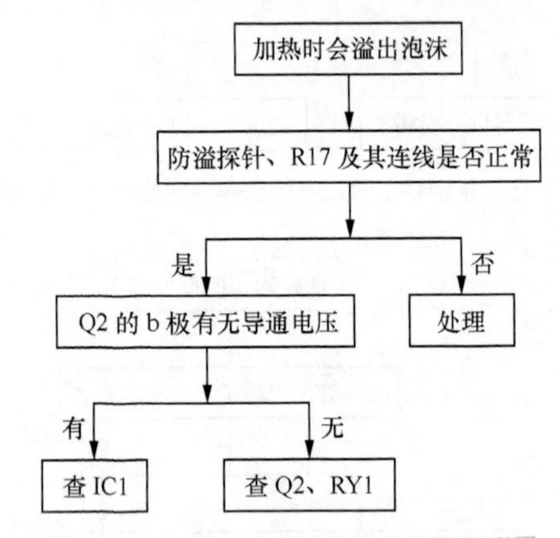

图 11-18　加热时会溢出泡沫故障检修流程

第 12 章　电磁炉故障分析与检修

电磁炉凭借外表美观、热效率高、体积小、重量轻、安全环保、操作简捷等优点，被许多人称为“烹饪之神”和“绿色炉具”。目前，电磁炉在发达国家的家庭普及率已超过 80%。随着我国人民生活水平的提高，以及对健康、环保的认识水平越来越高，电磁炉正走进千家万户。常见的电磁炉如图 12-1 所示。

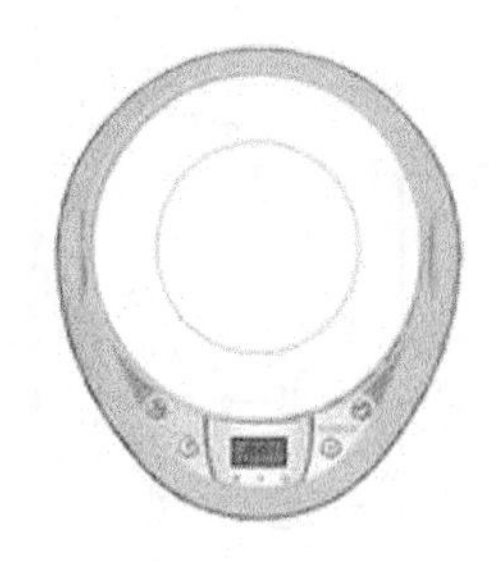

图 12-1　常见的电磁炉实物外形

第 1 节　美的电磁炉

本节以美的 SY191 型电磁炉为例介绍美的电磁炉的工作原理与故障检修方法。

一、电路分析

该机由 300V 供电电路、主回路（L、C 谐振回路）、驱动电路、电源电路、保护电路、操作与控制电路等构成，如图 12-2 所示。

1. 市电变换电路

如图 12-2 所示，该机输入的市电电压通过高频滤波电容 C1 抑制高频干扰脉冲后，一路利用整流桥堆 DB1 整流、L1 和 C2 滤波，在 C2 两端产生 300V 左右的直流电压，为功率变换器（主回路）供电；另一路送到低压电源电路。市电输入回路的压敏电阻 CNR1 用于市电过压保护，以免市电过压时导致 300V 电源和低压电源的元器件损坏。

送到低压电源电路的市电电压首先通过电源变压器降压后，从它的两个次级绕组分别输出 8V 和 16V（与市电电压高低有关）左右的交流电压。其中，8V 交流电压通过 D4～D7 桥式整流，EC1、C4 滤波产生 11.2V 左右的直流电压。该电压经三端稳压器 U3（7805）稳压，EC2、C5 滤波获得 5V 直流电压，为 CPU、操作键电路、指示灯等供电；16V 交流电压通过 D8～D11 桥式整流、EC7 滤波产生 23V 左右的直流电压。该电压通过调整管 Q5、18V 稳压管 Z2 和电阻 R32 组成的线性稳压电源产生 17.3V 左右的直流电压（图标为 18V），通过 EC8、C13 滤波后为功率管驱动电路、振荡器、风扇电机、保护电路等供电。

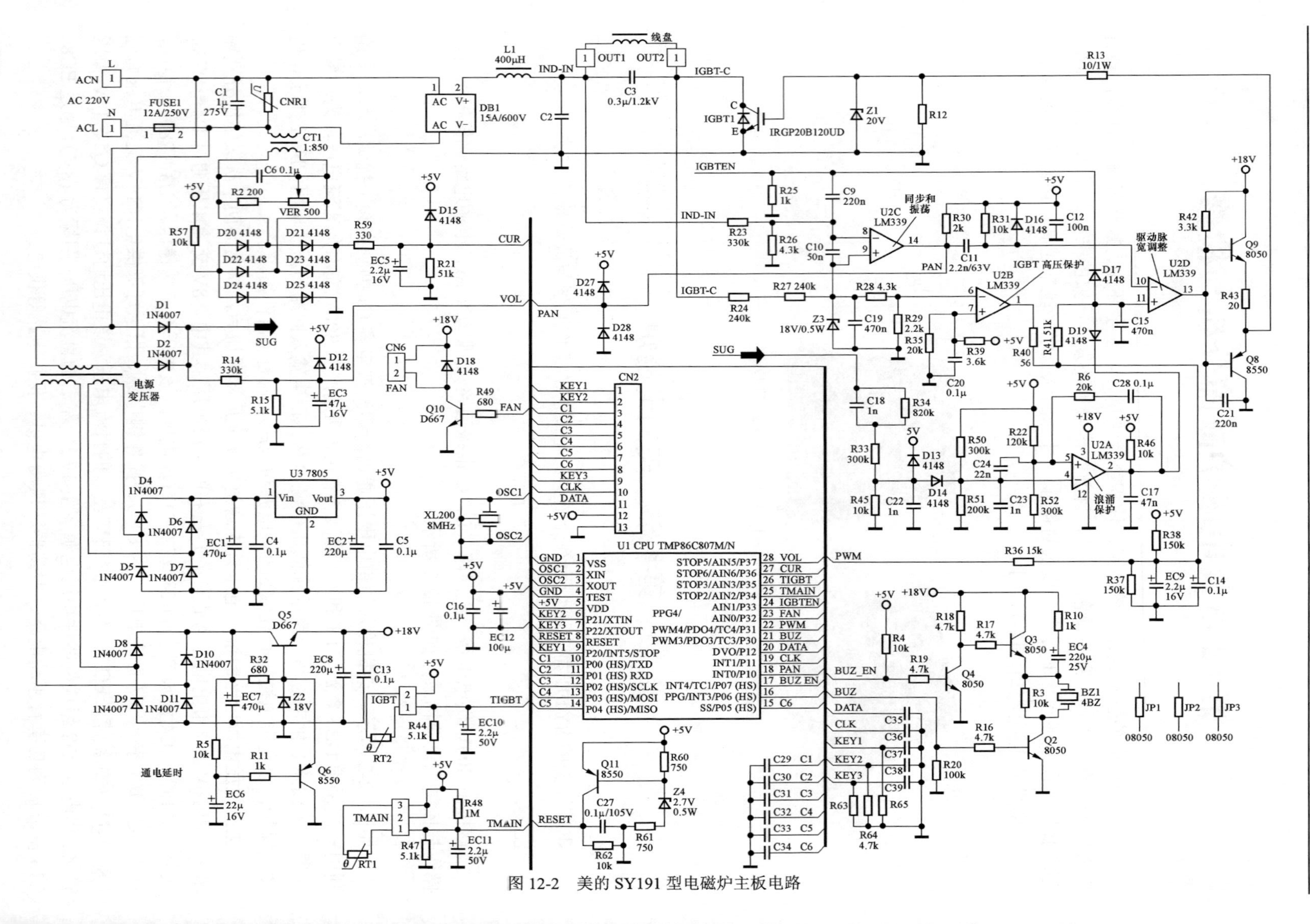

图 12-2 美的 SY191 型电磁炉主板电路

2. 开机延迟电路

Q5 的 b 极所接的 Q6 等元器件组成的电路是开机延迟（通电延迟）电路。开机瞬间因 EC6 需要充电，充电过程使 Q6 的 b 极电位由低到高逐渐上升，使 Q6 在 EC6 充电初期导通，充电结束后截止，从而使 Q6 的 e 极电位由低逐渐升高到正常，致使 Q5 的 e 极输出的 17.3V 电压滞后于稳压器 U3 输出的 5V 电压，使功率管驱动电路开始工作的时间滞后于微处理器电路，从而避免了微处理器等电路未工作时，功率管的驱动电路已开始工作可能导致功率管损坏的现象，实现了开机通电延迟功能（即软启动功能）。

3. 系统控制电路

如图 11-2 所示，该机的系统控制电路以微处理器 TMP86C807M/N 为核心构成。

（1）微处理器 TMP86C807M/N 的实用资料

微处理器 TM86C807MN 的引脚功能如表 12-1 所示。

表 12-1　　微处理器 TMP86C807M/N 的引脚功能

脚号	脚名	功　能	脚号	脚名	功　能
①	GND	接地	⑮	C6	键盘扫描信号 6 输出
②	OSC1	8MHz 晶振输入	⑯	空	空脚
③	OSC2	8MHz 晶振输出	⑰	BUZ EN	蜂鸣器控制输出
④	GND	测试端（接地）	⑱	PAN	启动脉冲输出/锅具检测脉冲输入
⑤	+5V	5V 供电	⑲	CLK	显示屏时钟信号输出
⑥	KEY2	键盘扫描信号 2 输入	⑳	DATA	显示屏控制数据信号输出
⑦	KEY3	键盘扫描信号 3 输入	㉑	BUZ	蜂鸣器控制输出
⑧	RESET	复位信号输入	㉒	PWM	功率调整信号输出
⑨	KEY1	键盘扫描信号 1 输入	㉓	FAN	风扇驱动信号输出
⑩	C1	键盘扫描信号 1 输出	㉔	IGBTEN	功率管使能信号输出
⑪	C2	键盘扫描信号 2 输出	㉕	TMAIN	炉面温度检测信号输入
⑫	C3	键盘扫描信号 3 输出	⑳	TIGBT	功率管温度检测信号输入
⑬	C4	键盘扫描信号 4 输出	㉗	CUR	电流检测信号输入
⑭	C5	键盘扫描信号 5 输出	㉘	VOL	市电电压检测信号输入

（2）微处理器基本工作条件电路

供电：低压电源输出的 5V 电压加到微处理器 U1（TMP86C807M/N）供电端⑤脚，为 U1 内部电路供电。

复位：开机瞬间 5V 电源电压在滤波电容的作用下是从 0 逐渐升高到 5V 的，当该电压低于 3.3V 时，Q11 截止，U1 的复位信号输入端⑧脚输入低电平复位信号，使 U1 内部的存储器、寄存器等电路开始复位；当 5V 电源超过 3.3V 后，Q11 导通，由它的 c 极输出高电平电压加到 U1⑧脚，U1 内部电路复位结束开始工作。

时钟信号：U1 获得供电后，它内部的振荡器开始工作，与②、③脚外接的晶振 XL200 通过振荡产生时钟信号。

（3）待机控制

U1 获得以上 3 个基本工作条件后输出自检脉冲，确认电路正常后进入待机状态，并且从⑰脚输出报警信号，该信号通过 Q2 放大后使蜂鸣器 BZ1 鸣叫，表明该机处于待机状态。待机期间，U1㉔脚输出的功率管使能控制信号为低电平，该低电平通过 D17 使比较器 U2D⑪脚为低电平，于是 U2D 的输出端⑬脚电位变为低电平，使驱动电路的 Q8 导通、Q9 截止，功率管 IGBT1 截止，该机处于待机状态。

4. 开机与锅具检测电路

电磁炉在待机期间，按下开/关键后，微处理器 U1 从存储器内调出软件设置的默认工作状态数据，控制面板上的显示屏、指示灯显示电磁炉的工作状态，由㉔脚输出的功率管使能控制信号变为高电平，使二极管 D17 截止，解除对功率管驱动电路的关闭控制，同时通过 C9 加到同步、振荡电路的比较器 U2C（LM339）的反相输入端⑧脚，使 U2C⑭脚为低电平，致使 C11 短时间放电。随后 U1 通过 PAN 端子⑱脚输出启动脉冲。该脉冲通过 C11 耦合到 U2D⑩脚，经 U2D 比较放大后从它的⑬脚输出，再通过 Q9、Q8 推挽放大，经 R13 限流后驱动功率管 IGBT1 导通。IGBT1 导通后，线盘和谐振电容 C3 进入电压谐振状态。主回路工作后，市电输入回路产生的电流被电流互感器 CT1 检测并耦合到次级绕组后，通过 C6 抑制干扰脉冲，再通过 R2 和可调电阻 VER 进行限压，利用 D20～D23 组成整流桥堆进行整流产生取样电压。该电压通过 R59 和 R21 取样，再通过 EC5 滤波产生直流取样电压 CUR，加到 U1㉗脚。同时，C3 左端产生的脉冲电压通过 R23、R26 取样后加到 U2C⑧脚，它右端产生的脉冲通过 R24、R27 加到 U2C⑨脚，于是 U2C⑭脚便可输出 PAN 脉冲，该脉冲加到 U1 的⑱脚。

当炉面上放置了合适的锅具时，因有负载，流过功率管的电流增大，取样电压 CUR 较高。该电压被 U1 检测后，U1 的 PWM 端子㉒脚输出的功率调整信号的占空比增大，使功率管导通时间延长，频率降低，此时 U2C 输出的 PAN 脉冲在单位时间内降低到 3～8 个，该频率变化被 U1 检测后判断炉面已放置了合适的锅具，于是控制 PWM 端输出可调整的功率调整信号，电磁炉进入加热状态。反之，U1 确认炉面未放置锅具或放置的锅具不合适时，不仅输出控制信号使该机停止加热，而且从⑰脚输出报警信号，使蜂鸣器 BZ1 鸣叫报警，同时还控制显示屏显示故障代码“E0”，提醒用户未放置锅具或放置的锅具不合适。

5. 同步控制、振荡电路

该机同步控制、振荡电路由主回路脉冲取样电路、比较器 U2C（LM339）、定时电容 C11 和定时电阻等构成。

线盘左端电压通过 R23、R26 取样产生的取样电压加到比较器 U2C 的反相输入端⑧脚，同时它右端产生的电压通过 R24、R27～R29 取样产生的取样电压加到 U2C 同相输入端⑨脚。开机后，CPU 输出的启动脉冲（检测脉冲）通过驱动电路放大，使功率管 IGBT1 导通，线盘产生左正、右负的电动势，使 U2C⑧脚电位高于它的⑨脚电位，经 U2C 比较后使它的⑭脚输出低电平，致使 U2D⑩脚输入的低电平电压低于 U2D⑪脚输入的直流电压（功率调整电压），于是 U2D⑬脚输出高电平电压，使 Q9 导通、Q8 截止，从 Q9 的 e 极输出的电压通过 R43、R13 限流使 IGBT1 继续导通，同时 5V 电压通过 R31、C11 和 U2C⑭脚内部电路构成的充电回路为 C11 充电。当 C11 右端电位高于 U2D⑪脚电位后，U2D⑬脚输出低电平电压，Q9 截止、Q8 导通，通过 R13 使 IGBT1 迅速截止，流过线盘的导通电流消失。于是线盘通过自感产生右正、左负的电动势，使 U2C⑨脚电位高于⑧脚电位，致使 U2C⑭脚输出高电平。该电平通过 C11 使 U2D⑩脚电位高于⑪脚电位，确保 IGBT1 截止。随后，无论线盘对谐振电容 C3 充电期间，还是 C3 对线盘放电期间，线盘的右端电位都会高于左端电位，IGBT1 都不会导通。因此，只有线盘通过 C2、IGBT1 内的阻尼管放电期间，U2C⑧脚电位高于⑨脚电位，使 U2C⑭脚电位变为低电平，由于电容两端电压不能突变，所以 C11 两端电压通过 D16、R30 构成的回路放电。当线盘通过阻尼管放电结束，并且 C11 通过 D16、R30 放电使 U2D⑩脚电位低于⑪脚电位后，U2D 的⑬脚再次输出高电平电压，通过驱动电路放大后使 IGBT1 再次导通，从而实现同步控制。因此，该电路不仅实现了功率管的零电压开关控制，而且为 PWM 电路提供了锯齿波脉冲。该脉冲由 C11 通过充放电产生。

提示　由于 C11 不仅充电需要采用 5V 电压通过电阻完成，而且放电也需要通过 5V 电源构成的回路，所以会对锯齿波产生一些不良影响，增加了功率管的故障率。

6. 功率调整电路

该机的功率调整电路由微处理器 U1 和 PWM 比较器 U2D（LM339）等构成。需要增大输出功率时，U1㉒脚输出的功率调整信号 PWM 的占空比增大，通过 R36、EC9 和 C14 平滑滤波产生的直流控制电压升高。该电压通过 R41 加到比较器 U2D 的同相输入端⑪脚，而 U2D 的反相输入端⑩脚输入的是锯齿波信号，于是 U2D⑬脚输出激励脉冲的高电平时间延长，通过 Q8、Q9 推挽放大后，使功率管 IGBT1 导通时间延长，为线盘提供的能量增加，功率增大，加热温度升高。当 U1㉒脚输出的功率调整信号占空比减小时，输出功率减小，加热温度低。

7. 风扇散热系统

开机后，微处理器 U1 的风扇控制端㉓脚输出的风扇控制信号为高电平，通过 R49 限流，再通过 Q10 放大，驱动风扇电机旋转，对散热片进行强制散热，以免功率管、整流桥堆过热损坏。

D18 是用于保护 Q10 的钳位二极管。Q10 截止后，电机绕组将在 Q10 的 c 极上产生较高的反峰电压，该电压通过 D18 泄放到 18V 电源电路中，避免了 Q10 过压损坏。

8. 保护电路

该机为了防止功率管因过压、过流、过热等原因损坏，设置了多种保护电路。保护电路通过两种方式来实现保护功能：一种是通过 PWM 电路切断激励脉冲输出，使功率管停止工作；另一种是通过 CPU 控制功率调整信号的占空比为 0，使功率管截止。

（1）浪涌保护电路

该保护电路以取样电路和比较器 U2A（LM339）为核心构成。5V 电压通过 R22、R52 构成的取样电路取样后产生 3.5V 左右的参考电压，加到 U2A 的同相输入端⑤脚，同时市电电压通过整流管 D1、D2 全波整流产生的电压通过 R34、R33、R45 分压后，再通过 D14 加到 U2A 的反相输入端④脚。当市电电压没有干扰脉冲时，U2A⑤脚电位高于④脚电位，于是 U2A②脚内部电路为开路状态，D19 截止，不影响 U2D⑪脚电位，电磁炉正常工作。一旦市电窜入干扰脉冲，D1、D2 整流后的电压内叠加了大量尖峰脉冲，通过取样使 U2A④脚电位超过⑤脚电位，于是 U2A②脚内部电路导通，通过 D19 将 U2D⑪脚电位钳位到低电平，于是 U2D⑬脚输出的激励电压占空比降为 0，功率管 IGBT1 截止，避免了过压损坏。待市电的干扰脉冲消失后，U2A②脚电位变为高电平，使 D19 截止，电路恢复正常工作。

D13 是防止取样电压过高而设置的钳位二极管，确保 C22 两端电压不超过 5.5V。C28 和 R6 是为了防止该电路在开机瞬间误动作而设置的加速电路，因 C28 在开机瞬间需要充电，充电电流使 U2A②脚电位为高电平，确保 PWM 电路在开机瞬间能够正常工作。

（2）功率管 c 极过压保护

该保护电路以取样电路和比较器 U2B（LM339）为核心构成。5V 电压通过 R39、R35

构成的取样电路取样后产生 4.1V 左右的参考电压加到 U2B 的同相输入端⑦脚，同时功率管 IGBT1 的 c 极产生的反峰电压通过 R24、R27～R29 分压后加到 U2B 的反相输入端⑥脚。当 IGBT1 的 c 极产生的反峰电压在正常范围内时，U2B⑥脚的电位低于⑦脚电位，于是 U2B①脚内部电路为开路状态，不影响 U2D 的⑪脚电位，该机正常工作。一旦 IGBT1 的 c 极产生的反峰电压过高时，通过取样使 U2B⑥脚电位超过⑦脚电位，于是 U2B①脚内部电路导通，通过 R40 将 U2D⑪脚电位钳位到低电平，于是 U2D⑬脚输出的激励电压占空比降为 0，IGBT1 截止，避免了过压损坏。待 IGBT1 的 c 极的反峰电压恢复正常后，U2B⑥脚电位低于⑦脚电位，U2B 的①脚内部恢复开路，IGBT1 又重新进入工作状态。

（3）市电异常保护

该保护电路由整流电路、取样电路和 U1 构成。220V 市电电压通过 D1、D2 全波整流产生脉动电压，再通过 R14、R15 取样，利用 EC3 滤波产生市电取样电压 VOL 并加到微处理器 U1㉘脚。当市电电压高于 260V 或低于 160V 时，相应升高或降低的 VOL 信号被 U1 检测后，判断市电异常，输出停止加热的控制信号，该机停止工作，避免了功率管等元器件因市电异常而损坏。同时，驱动蜂鸣器报警，控制显示屏显示故障代码，提醒用户该机进入市电异常保护状态。

市电低时显示的故障代码为“E7”，市电高时显示的故障代码为“E8”。

（4）炉面过热保护

负温度系数热敏电阻 RT1 紧贴在炉面下面，它通过连接器接到系统控制电路，一端接 5V 供电，另一端接到微处理器 U1 的 TMAIN 信号输入端㉕脚。U1 通过监测㉕脚电压的变化情况，对炉面温度进行判断。当炉面的温度高于 220℃时，RT1 的阻值急剧减小，5V 电压通过 RT1 与 R47 分压后产生的取样电压升高，通过 EC11 滤波后加到 U1㉕脚，被 U1 检测后判断炉面温度过高，输出停止加热信号，功率管停止工作，同时驱动蜂鸣器报警，并控制显示屏显示故障代码“E3”，提醒用户该机进入炉面温度过高保护状态。

提 示 由于热敏电阻 RT1 损坏后就不能实现炉面温度检测，这样容易扩大故障范围，为此该机还设置了 RT1 异常检测功能。

若连接器、RT1 开路或 EC11 击穿，使 U1㉕脚输入的电压为 0，U1 则判断 RT1 开路，不仅不发出加热指令，而且驱动蜂鸣器报警，并控制显示屏显示故障代码“E1”，提醒该机的炉面温度传感器开路；若 RT1 击穿，使 U1㉕脚输入的电压为高电平，U1 则判断 RT1 击穿，不仅不输出加热指令，而且驱动蜂鸣器报警，并控制显示屏显示故障代码“E2”，提醒该机的炉面温度传感器击穿。

（5）功率管过热保护

负温度系数热敏电阻 RT2 紧贴在 IGBT 的散热片上，它通过连接器接到微处理器 U1 的 TIGBT 信号输入端㉖脚。当功率管散热片的温度高于 85℃时，RT2 的阻值减小，产生的取样电压升高，经 EC10 滤波后加到 U1 的㉖脚，该电压被 U1 检测后判断散热片温度过高，U1 减小功率调整信号的占空比，使功率管导通时间缩短，电流下降，将功率管的工作温度限制在 85℃以内；当散热片的温度因风扇异常等原因而高于 95℃时，RT2 的阻值进一步减小，U1㉖脚输入的电压进一步升高。该电压被 U1 检测后判断功率管过热，U1 立即输出停止加热信号，使功率管停止工作，以免功率管过热损坏，同时驱动蜂鸣器发出警报声，并控制显示屏显示“E6”的故障代码，提醒用户该机进入功率管过热保护状态。

提示　由于热敏电阻 RT2 损坏后就不能实现功率管温度检测，这样容易扩大故障范围，为此该机还设置了 RT2 异常检测功能。

当热敏电阻 RT2 开路或滤波电容 EC10 短路时，U1㉖脚无电压输入，被 U1 识别后不仅不输出加热指令，而且驱动蜂鸣器报警，并控制显示屏显示故障代码“E4”，提醒该机的功率管温度检测电阻开路；当热敏电阻 RT2 击穿时，U1㉖脚输入高电平信号，该信号被 U1 识别后不仅不能输出加热指令，而且驱动蜂鸣器报警，并控制显示屏显示故障代码“E5”，提醒用户该机的功率管温度检测电阻击穿。当热敏电阻 RT2 失效被 U1 识别后，该机不能加热，并且显示屏显示故障代码“ED”，表明该机的功率管温度检测电阻失效。

二、常见故障检修

1. 整机不工作

该故障确认有正常的市电电压输入后，可根据熔断器是否熔断进行检修，熔断器熔断故障检修流程如图 12-3 所示，熔断器正常故障检修流程如图 12-4 所示。

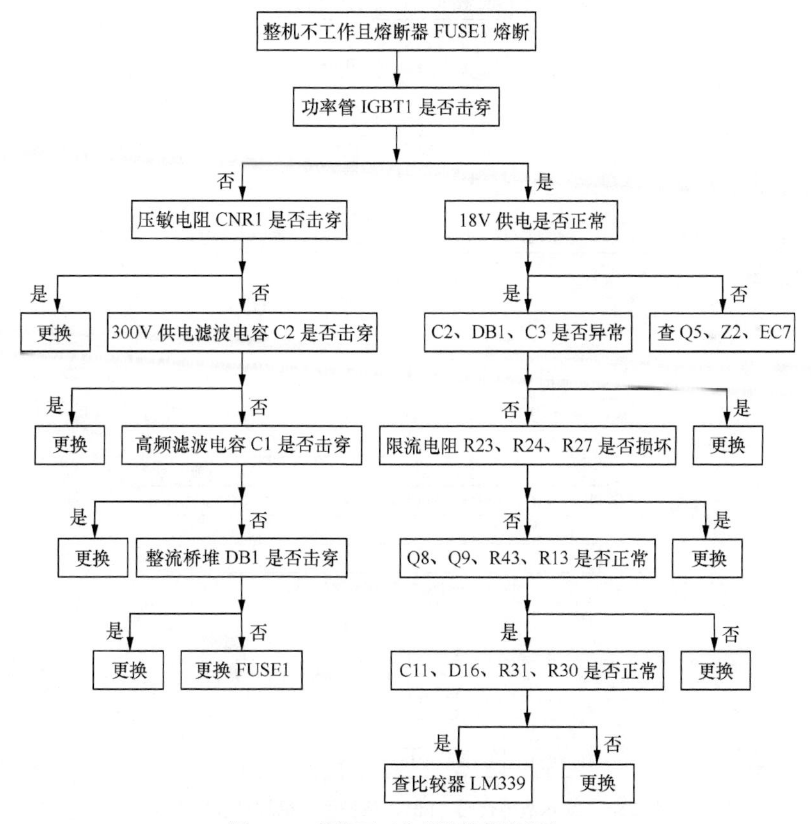

图 12-3　整机不工作故障检修流程之一

2. 显示故障代码“E0”，保护性关机

该故障主要是 300V 供电、低压电源、电流控制电路、驱动电路、浪涌保护电路等相关电路异常，不能形成锅具检测信号所致，检修流程如图 12-5 所示。

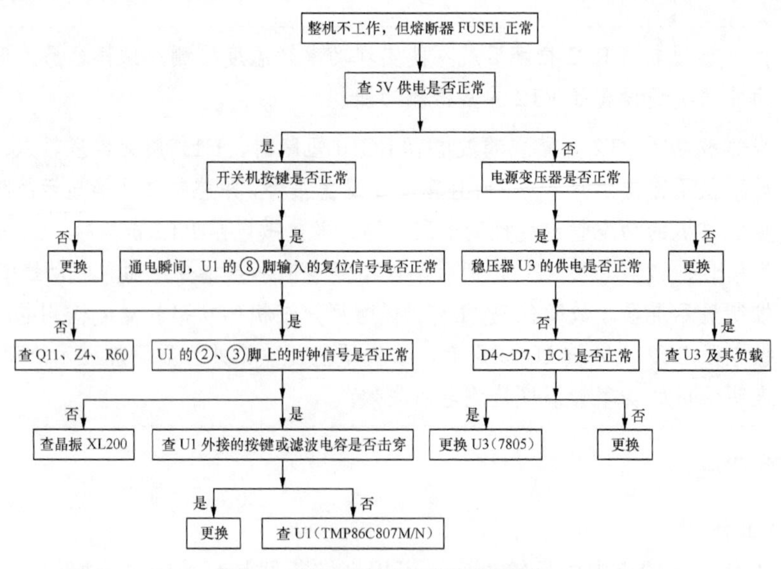

图12-4　整机不工作故障检修流程之二

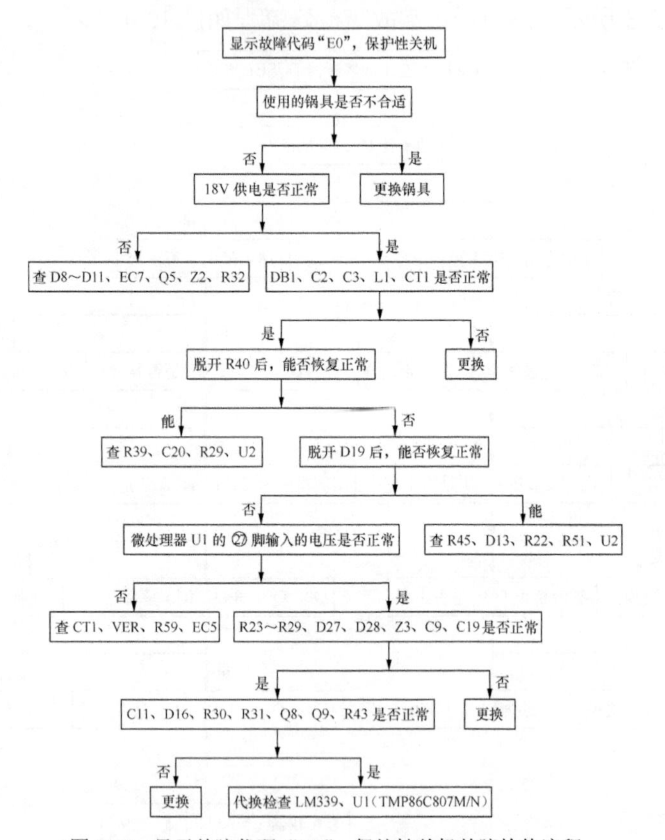

图12-5　显示故障代码"E0"，保护性关机故障检修流程

提示　许多资料中对保护性关机故障是按照开机复位来介绍的，这是错误的。因为开机复位是指微处理器电路在开机瞬间清零复位。

3. 显示故障代码“E1”、“E2”或“E3”，保护性关机

该故障说明锅具干烧、炉面温度检测电路异常或微处理器损坏，检修流程如图 12-6 所示。

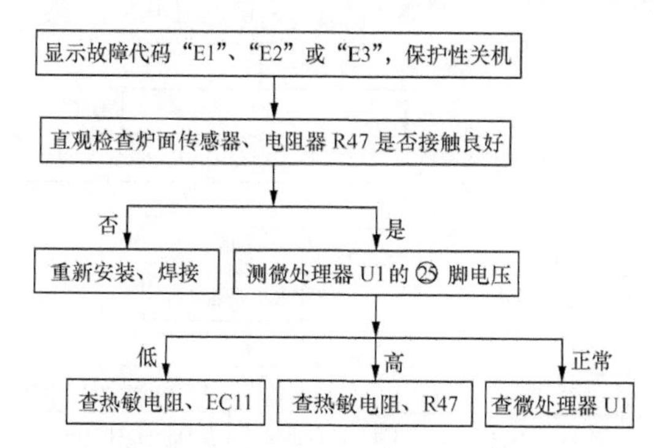

图 12-6　显示故障代码“E1”、“E2”或“E2”，保护性关机故障检修流程

4. 显示故障代码“E4”或“E5”，保护性关机

该故障说明功率管温度检测系统或微处理器异常使功率管温度异常保护电路动作，或功率管温度检测电路误动作，检修流程如图 12-7 所示。

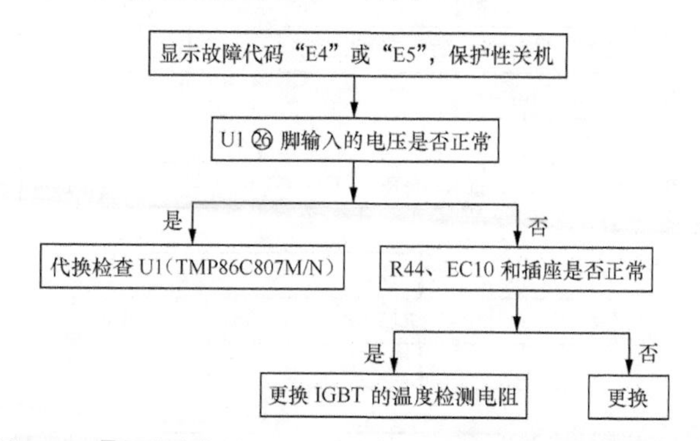

图 12-7　显示故障代码“E4”或“E5”，保护性关机故障检修流程

5. 显示故障代码“E6”，保护关机

该故障说明 300V 供电、低压电源、同步控制电路、电流控制电路、驱动电路等异常使功率管过热，引起功率管过热保护电路动作，或功率管温度检测电路异常使过热保护电路误动作，检修流程如图 12-8 所示。

6. 显示故障代码“E7”，保护性关机

该故障说明该机进入市电电压低保护状态。主要原因有两个：一个是市电电压低或供电线路、插座系统故障引起市电异常保护电路动作，第二个是市电取样电路故障引起保护电路误动作，检修流程如图 12-9 所示。

7. 显示故障代码“E8”，保护性关机

该故障说明市电电压高、市电检测电路或微处理器异常，检修流程如图 12-10 所示。

8. 加热温度低（功率不足）

该故障主要是由于 300V 供电电路、主回路、低压电源、电流控制电路、功率调整电路、驱动电路、保护电路等异常，导致线盘产生的磁场强度不足所致，检修流程如图 12-11 所示。

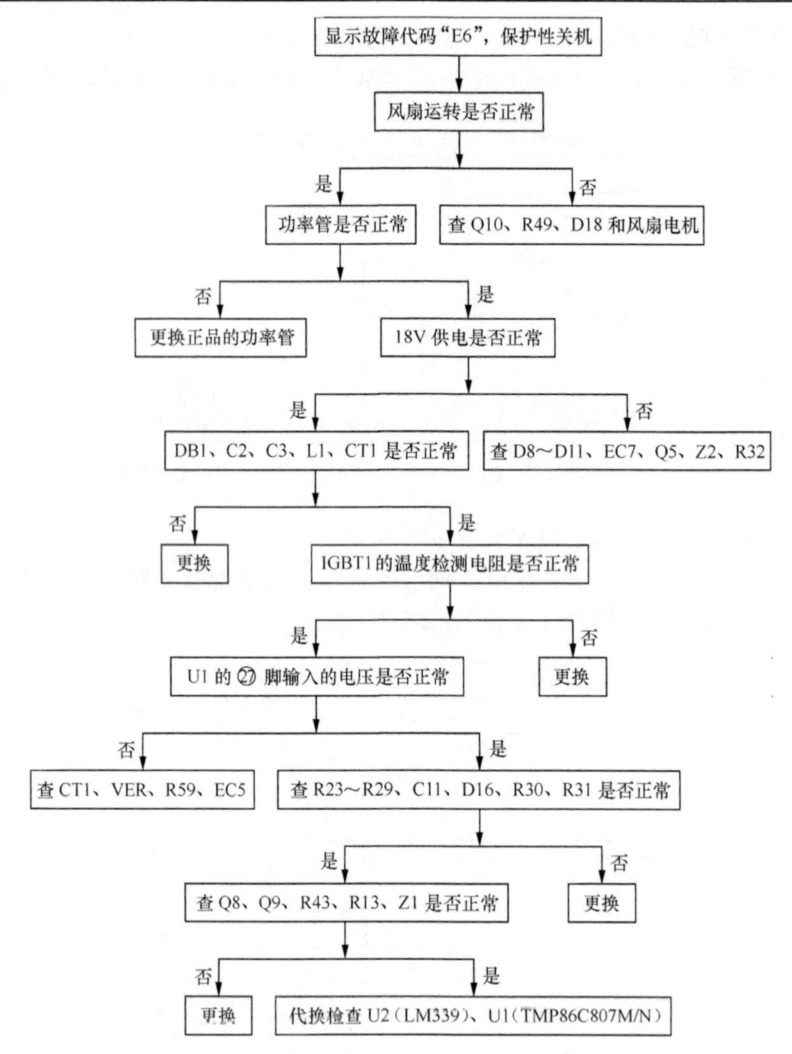

图 12-8　显示故障代码"E6"，保护性关机故障检修流程

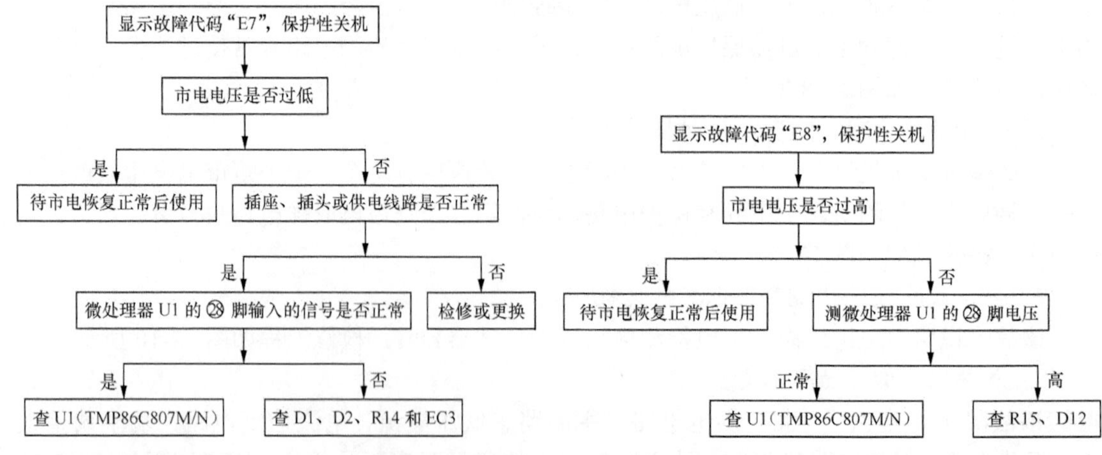

图 12-9　显示故障代码"E7"，保护性关机故障检修流程　　图 12-10　显示故障代码"E8"，保护性关机故障检修流程

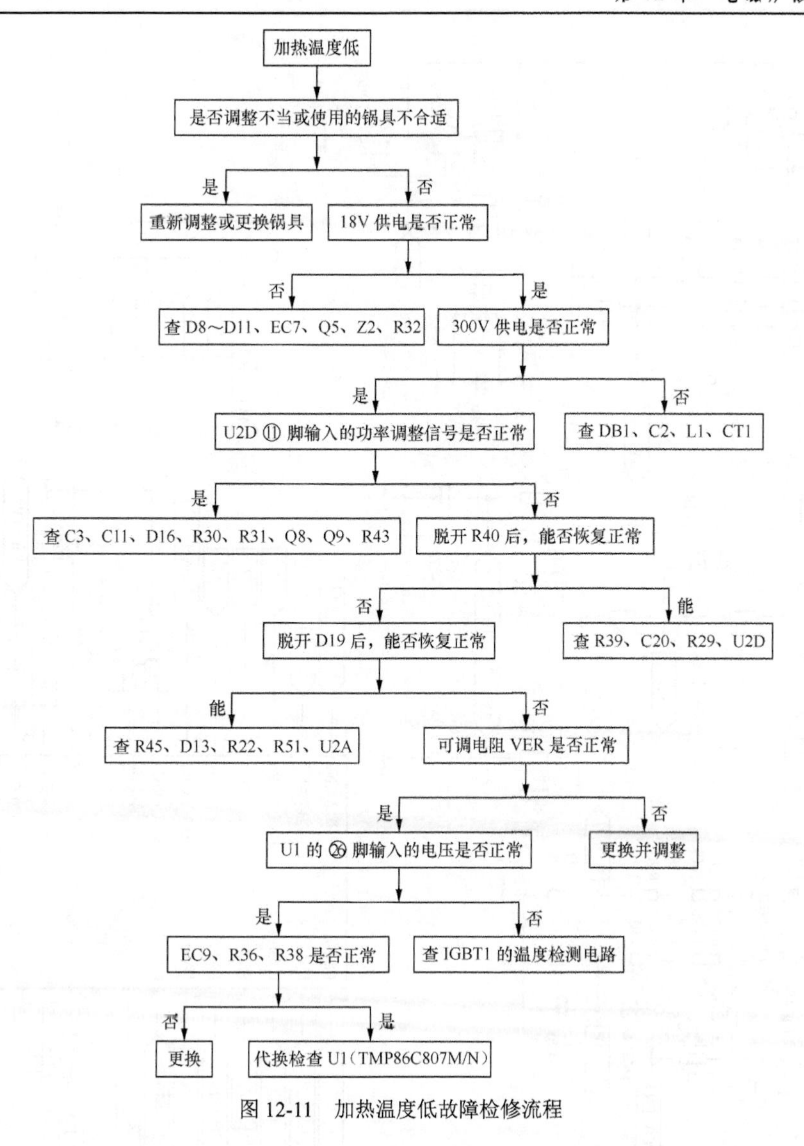

图 12-11　加热温度低故障检修流程

提示

能检测到锅，但不能加热的故障也可参考该流程进行检修。

第 2 节　奔腾电磁炉

以奔腾采用“迅磁”小板构成的电磁炉为例介绍奔腾电磁炉的工作原理与故障检修方法。

一、电路分析

该机由 300V 供电电路、主回路（L、C 谐振回路）、驱动电路、电源电路、保护电路、操作与控制电路等构成，如图 12-12 所示。

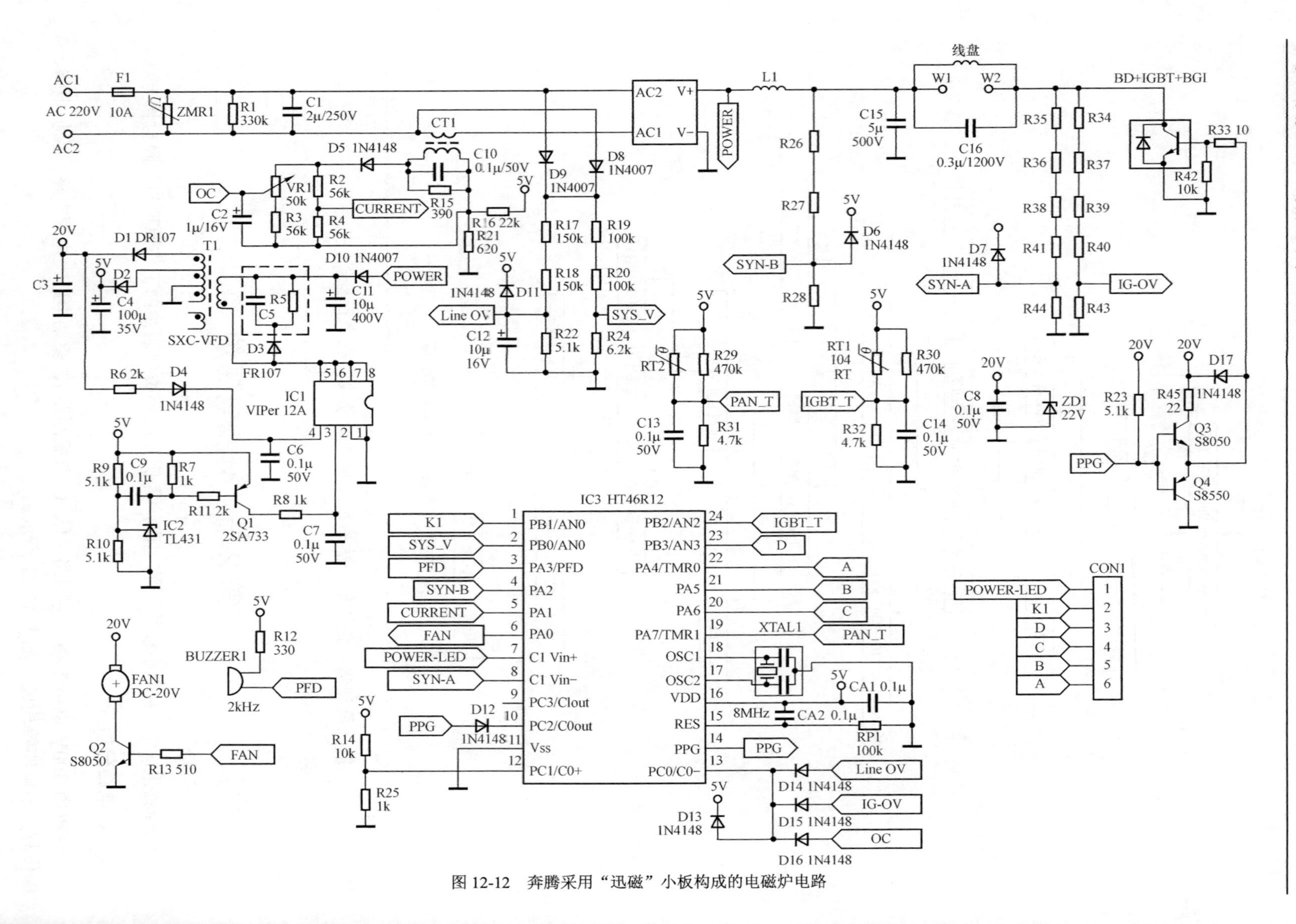

图 12-12　奔腾采用“迅磁”小板构成的电磁炉电路

1．电源电路

该机的电源电路是以新型绿色电源模块 VIPer12A（IC1）为核心构成的并联型开关电源。VIPer12A 的内部构成如图 12-13 所示，它的引脚功能和电压数据如表 12-2 所示。

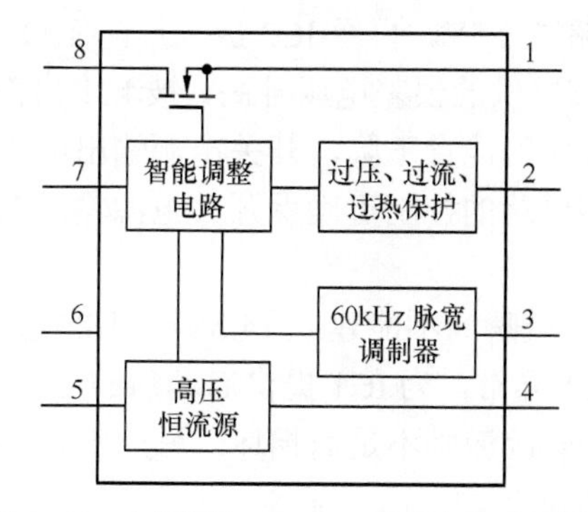

图 12-13　电源模块 VIPer12A 的内部构成方框图

表 12-2　**VIPer12A 的引脚功能和电压数据**

脚　　号	脚　　名	功　　能	电压/V
①、②	SOURCE	场效应型开关管的 S 极	0
③	FB	误差放大信号输入	0.5
④	VDD	供电/供电异常检测	16.5
⑤～⑧	DRAIN	开关管 D 极和高压恒流源供电	309

提示　部分电磁炉采用 VIPer12A 构成的是串联型开关电源，所以它的①、②脚并未直接接地，而是接在 18V 供电的续流二极管（整流管）的负极上，所以它的①、②脚电位为 18V，这样它的④脚电位为 40V 左右。

（1）300V 供电

该机通上市电电压后，市电电压经熔断器 F1 输入到主板，利用高频滤波电容 C1 滤除高频干扰脉冲，经整流桥堆整流产生的 300V 电压一路为开关电源供电；另一路通过扼流圈 L1、电容 C15 滤波后，为功率变换器（主回路）供电。市电输入回路的压敏电阻 ZMR1 用于市电过压保护，以免市电过压导致 300V 供电、电源电路和功率管等元器件过压损坏。

（2）功率变换

300V 电压通过 D10 输入到开关电源，由滤波电容 C11 滤后，通过开关变压器 T1 的初级绕组加到 IC1（VIPer12A）的⑤～⑧脚，不仅为它内部的开关管供电，而且通过高压电流源对④脚外接的滤波电容 C6 充电。当 C6 两端建立的电压达到 14.5V 后，IC1 内的 60kHz 调制控制器等电路开始工作，由该电路产生的激励脉冲使开关管工作在开关状态。

开关电源工作后，T1 的次级绕组输出的脉冲电压通过整流、滤波便获得直流电压：通过 D1 整流、C3 滤波产生 20V 电压，该电压不仅通过 R6、D4 加到 IC1④脚，取代启动电路为它供电，而且为功率管的驱动电路、风扇电机等电路供电；通过 D2 整流、C4 滤波产生 5V 电压，为芯片 IC3（HT46R12）、蜂鸣器、温度取样等电路供电。

为了防止 IC1 内的开关管在截止瞬间被过高的反峰电压击穿，本电路在开关变压器 T1

的初级绕组两端设置了 R5、D3 和 C5 组成的尖峰脉冲吸收回路。

（3）稳压控制

当市电电压升高或负载变轻引起开关电源输出电压升高时，滤波电容 C46 两端升高的电压通过 R9、R10 取样的电压超过 2.5V，再经 IC2 放大后，使 Q1 导通加强，从它 c 极输出的电压升高，通过 R8 为 IC1③脚提供的误差电压升高，被 IC1 内部电路处理后，使开关管导通时间缩短，开关变压器 T1 存储的能量下降，开关电源输出电压下降到正常值，反之，稳压控制过程相反。因此，通过该电路的控制可确保开关电源输出电压的稳定。

（4）欠压保护

当 C6 漏电使 IC1④脚在开机瞬间不能建立 14.5V 以上的电压时，IC1 内部的电路不能启动；若 R6、D4、D3 开路或 T1 异常，为 IC1 提供启动后的工作电压低于 8V 时，IC1 内的欠压保护电路动作，避免了开关管因激励不足而损坏。另外，IC1 还具有过压和过流保护电路。

2. 专用芯片 HT46R12 的简介

专用芯片 HT46R12 不仅具有完善的控制功能，还能产生功率管激励脉冲。

（1）HT46R12 的引脚功能

专用芯片 HT46R12 的引脚功能如表 12-3 所示。

表 12-3　　专用芯片 HT46R12 的引脚功能

脚号	功　能	脚号	功　能
①	操作键信号输入	⑬	过压/过流保护信号输入
②	市电检测信号输入	⑭	市电检测信号输入
③	蜂鸣器驱动信号输出	⑮	功率管激励信号输出
④	主回路脉冲取样信号 B 输入	⑯	供电
⑤	电流取样信号输入	⑰	振荡器外接晶振端子 2
⑥	风扇驱动信号输出	⑱	振荡器外接晶振端子 1
⑦	电源指示灯控制信号输出	⑲	炉面温度检测信号输入
⑧	主回路脉冲取样信号 A 输入	⑳	去操作、显示板
⑨	空脚	㉑	去操作、显示板
⑩	检测信号输入	㉒	去操作、显示板
⑪	接地	㉓	去操作、显示板
⑫	参考电压输入	㉔	功率管温度检测信号输入

（2）芯片启动

低压电源输出的 5V 电压加到芯片 IC3（HT46R12）⑯脚，为它供电。IC3 获得供电后，它内部的振荡器与外接的晶振 XTAL1 通过振荡产生 8MHz 时钟信号。随后 IC3 在内部复位电路的作用下开始工作，并输出自检脉冲，确认电路正常后进入待机状态。待机期间，IC3⑭脚输出功率管激励信号为低电平，使推挽放大器的 Q4 导通、Q3 截止，功率管 IGBT 截止。

3. 锅具检测电路

电磁炉在待机期间，按下开/关键后，IC3 内的 CPU 从存储器内调出软件设置的默认工作状态数据，控制操作显示屏显示电磁炉的工作状态，由⑭脚输出的启动脉冲通过 Q3、Q4 推挽放大，利用 R33 限流使功率管 IGBT 导通。IGBT 导通后，线盘和谐振电容 C16 产生电压谐振。主回路工作后，市电输入回路产生的电流被电流互感器 CT1 检测并耦合到次级绕组，利用 C10、R15 抑制干扰脉冲，通过 D5 半波整流，再通过 R2 和 R4 取样产生取样电压 CURRENT，加到 IC3 的⑤脚。当炉面上放置了合适的锅具时，因有负载使流过功率管的电流增大，电流检测电路产生的取样电压 CURRENT 较高。该电压被 IC3 检测后，判断炉面已放置了合适的锅具，控制电磁炉进入加热状态。反之，判断炉面未放置锅具或放置的锅具不合适，控制电磁炉停止加热，IC3③脚输出报警信号，驱动蜂鸣器 BUZZER1 鸣叫报警，提醒用户未放置锅具或放置的锅具不合适。

4. 同步控制电路

该机同步控制电路由主回路脉冲取样电路、芯片 IC3 和取样电路等构成。线盘右端电压通过 R35～R41、R43、R44 取样产生取样电压 SYN-A，加到 IC3（HT46R12）的⑧脚，它左端的电压通过 R26～R28 取样产生的取样电压 SYN-B，加到 IC3 的④脚。IC3 通过对④、⑧脚输入的脉冲进行判断，确保线盘对谐振电容 C16 充电期间，以及 C16 对线盘放电期间，⑭脚均输出低电平脉冲，使功率管 IGBT 截止。只有线盘通过 C15、功率管内的阻尼管放电结束后，IC3 的⑭脚才能输出高电平电压，该电压通过驱动电路放大后使功率管 IGBT 再次导通。因此，通过同步控制实现了功率管的零电压开关控制。

5. 电流自动调整电路

该机的电流自动调整电路以电流取样电路、IC3 内的 CPU 为核心构成。如上所述，主回路工作后，IC3⑤脚就会有取样电压 CURRENT 输入。若主回路的电流较大，CPU 就会检测到 CURRENT 增大，于是 IC3 输出的功率调整信号的占空比减小，功率管导通时间缩短，主回路的电流减小。反之控制过程相反，从而实现了电流的自动调整。

6. 风扇散热系统

开机后，IC3⑥脚输出的风扇控制信号 FAN 为高电平，通过 R13 限流使驱动管 Q2 导通，风扇电机的绕组得到供电，于是风扇电机开始旋转，对散热片进行强制散热，以免功率管、整流桥堆过热损坏。

7. 保护电路

该机为了防止功率管因过压、过流、过热等原因损坏，设置了多种保护电路。保护电路通过两种方式来实现保护功能：一种是通过 PWM 电路切断激励脉冲输出，使功率管停止工作；另一种是通过 CPU 控制功率调整信号的占空比，也同样使功率管截止。

（1）功率管 c 极过压保护电路

功率管 c 极电压通过 R34、R37、R39、R40、R43 取样后产生取样电压 IG-OV，该电压经隔离二极管 D15 加到芯片 IC3⑬脚。当功率管 c 极产生的反峰电压在正常范围内时，IC3⑬脚输入的电压也在正常范围内，IC3⑭脚就能输出正常的激励脉冲，该机可正常工作。一旦功率管 c 极产生的反峰电压过高，通过取样使 IC3⑬脚输入的电压达到保护电路动作的阈值时，IC3 内的保护电路动作，使它的⑭脚不再输出激励脉冲，功率管截止，避免了过压损坏。

（2）市电检测电路

市电电压通过 D8、D9 全波整流产生脉动电压，再通过 R19、R20、R24 取样产生市电取样电压 SYS_V，该电压加到微处理器 IC3②脚。当市电电压过高或过低时，相应升高或降低的 SYS_V 信号被 IC3 检测后，IC3 判断市电异常不再输出激励脉冲，功率管截止，避免了功率管等元器件因市电异常而损坏。同时，驱动蜂鸣器报警，并控制显示屏显示故障代码，提醒用户该机进入市电异常保护状态。

（3）浪涌保护电路

市电电压通过整流管 D8、D9 全波整流产生的电压通过 R17、R18、R22 取样，再通过 C12 滤波产生取样电压 Line OV，该电压通过 D14 加到 IC3⑬脚。当市电电压没有干扰脉冲时，IC3⑬脚输入的电压较低，不影响 IC3 输出的激励脉冲，电磁炉正常工作。一旦市电窜入干扰脉冲，IC3⑬脚输入的电压升高，该电压被 IC3 检测后判断浪涌电压过高，使⑭脚不再输出激励脉冲，功率管截止，避免了过压损坏。D11 是防止取样电压过高而设置的钳位二极管，确保 IC3⑬脚电位不超过 5.5V。

（4）过流保护电路

主回路产生的电流被电流互感器 CT1 检测并耦合到次级绕组后，通过 C10、R15 抑制干扰脉冲，D5 半波整流，再通过可调电阻 VR1 和 R3 取样产生取样电压 OC。OC 通过 D16 加到 IC3⑬脚。若主回路的电流较大，CT1 输出的电压升高，OC 电压增大，被 IC3 检测后判断主回路过流，切断⑭脚输出的激励脉冲，功率管截止，避免了过流损坏。

提示 VR1 是用于设置最大取样电流的可调电阻，调整它就可改变输入到 IC3⑬脚的取样电压 OC 的高低，实现过流保护启控点的设置。

（5）炉面过热保护电路

炉面温度传感器（负温度系数热敏电阻）RT2 紧贴在炉面下面，它与 R31 分压产生的检测信号 PAN_T 加到 IC3⑲脚，送给 IC3 内部的 CPU 进行检测。当炉面的温度高于 220℃时，RT2 的阻值急剧减小，5V 电压通过 RT2 与 R31 分压后使检测信号 PAN_T 的电压升高，被 IC3 检测后判断炉面温度过高，输出停止加热信号，同时驱动蜂鸣器 BUZZER1 报警，并控制显示屏显示故障代码“E7”，提醒用户该机进入炉面温度过热保护状态。

提示 由于炉面温度传感器 RT2 损坏后就不能实现炉面温度检测，这样容易扩大故障范围，因此该机还设置了 RT2 异常检测功能。

若 RT2 开路或 C13 击穿使检测信号 PAN_T 为低电平，IC3 则判断 RT2 开路，不仅不发出加热指令，而且驱动蜂鸣器报警，并控制显示屏显示故障代码“E1”，提醒该机的炉面温度传感器开路；若 RT2 击穿或 R31 开路，使 IC3 输入的 PAN_T 电压为高电平，IC3 则判断 RT2 击穿，不仅不发出加热指令，而且驱动蜂鸣器报警，并控制显示屏显示故障代码“E2”，提醒该机的炉面温度传感器击穿。

（6）功率管过热保护电路

功率管温度传感器（负温度系数热敏电阻）RT1 紧贴在功率管、整流桥堆的散热片上，它与 R32 取样后产生检测信号 IGBT_T 送到 IC3㉔脚，送给 IC3 内部的 CPU 进行检测。当散热片的温度高于 85℃时，RT1 的阻值急剧减小，5V 电压通过 RT1 和 R32 分压使检测信号 IGBT_T 的电压升高，被 CPU 检测后减小功率调整信号的占空比，使功率管导通时间缩短，电流下降，将功率管的工作温度限制在 85℃以内；当散热片的温度高于 95℃时，IGBT_T 电压进一步升高，被 CPU 检测后立即输出停止加热的控制信号，使功率管停止工作，同时驱动蜂鸣器发出警报声，并控制显示屏显示“E4”的故障代码，提醒用户该机进入功率管过热保护状态。

提示 由于功率管温度传感器 RT1 损坏后就不能实现功率管温度检测，这样容易扩大故障范围，因此该机还设置了 RT1 异常检测功能。

若 RT1 开路或 C14 击穿使检测信号 IGBT_T 为低电平，被 IC3 检测后判断 RT1 开路，不仅不发出加热指令，而且驱动蜂鸣器报警，并控制显示屏显示故障代码“E3”，提醒该机的功率管温度传感器开路；若 RT1 击穿或 R32 开路使 IGBT_T 电压为高电平，被 IC3 检测后判断 RT1 击穿，不仅不发出加热指令，而且驱动蜂鸣器报警，并控制显示屏显示故障代码“E4”，提醒用户该机的功率管温度传感器击穿。

二、常见故障检修

该机的电源电路检修方法可参考美的 SY191 型电磁炉。而其他故障由于电路元器件较少，比较好检修。在确认外接元器件正常后，可代换检查芯片 HT46R12。

第 13 章　照明、保健类小家电故障分析与检修

第 1 节　照明类小家电故障分析与检修

照明类小家电也就是利用照明灯工作的小家电，常见的普通照明类小家电产品有台灯、荧光灯、护眼灯、节能灯、应急灯等。

一、节能灯/荧光灯电子镇流器

典型的节能灯/荧光灯电子镇流器电路主要由 300V 供电电路、振荡器构成，如图 13-1 所示。

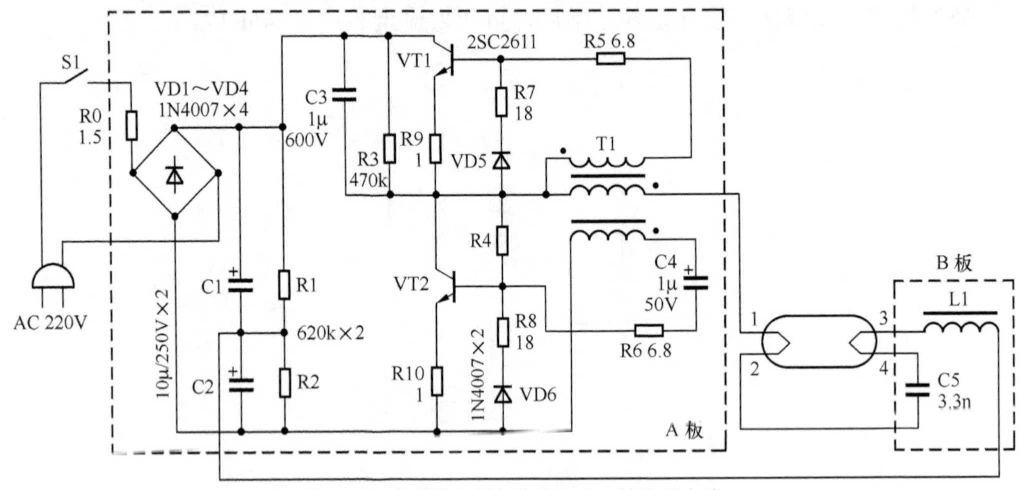

图 13-1　典型的节能灯荧光灯电子镇流器电路

1．电路分析

（1）300V 供电电路

接通电源开关 S1 后，220V 市电电压通过 R0 限流，再经 VD1～VD4 桥式整流，利用 C1、C2 滤波产生 300V 左右的直流电压。C1、C2 两端并联的 R1、R2 是均压电阻，确保 C1、C2 两端电压相等。

（2）振荡电路

300V 电压一路加到开关管 VT1 的 c 极，为它供电；另一路通过 C3、R3、R4 加到开关管 VT2 的 b 极，使 VT2 导通。VT2 导通后，C2 两端电压通过 L1、灯管的灯丝 2、谐振电容 C5、灯管的灯丝 1、开关变压器 T1 的初级绕组、VT2、R10 构成导通回路，使 T1 的初级绕组产生右正、左负的电动势，于是 T1 的上边次级绕组产生左正、右负的电动势，而它的下边次级绕组产生左负、右正的电动势。上边绕组产生的电动势使 VT1 反偏截止，下边绕组产生的电动势通过 C4、R6 加到 VT2 的 b 极，使 VT2 因正反馈迅速饱和导通。VT2 饱和导通后，流过 T1 初级绕组的电流不再增大，因电感的电流不能突变，所以 T1 的初级绕组通过自

感产生左正、右负的反相电动势，致使 T1 的两个次级绕组相应产生反相电动势。此时，下边绕组产生的右负、左正的电动势使 VT2 迅速反偏截止，而上边绕组产生的右正、左负电动势通过 R5 加到 VT1 的 b 极，使 VT1 饱和导通。VT1 饱和导通后，C1 两端电压通过 VT1、R9、T1 的初级绕组、灯管的两个灯丝、C5、L1 构成导通回路，使 T1 的初级绕组产生左正、右负的电动势。当 VT1 饱和导通后，导通电流不再增大，于是 T1 的初级绕组再次产生反相电动势，如上所述，VT1 截止、VT2 导通。重复以上过程，振荡器工作在振荡状态，为灯管供电，使它发光。

2. 常见故障检修

（1）灯管不亮

该故障的主要原因：一是灯管异常，二是电源开关 S1 异常，三是整流、滤波电路异常，四是振荡器异常，五是电感 L1 或电容 C5 开路。

首先，检查灯管是否正常，若不正常，更换即可排除故障；若正常，说明电路有故障。此时，检查电源开关 S1 是否正常，若不正常，更换即可排除故障；若正常，检查限流电阻 R0 是否开路。若 R0 开路，则在路检查 C1、C2、VD1～VD4 是否击穿；若它们正常，检查 VT1、VT2、C5 是否击穿。若 R0 正常，测 C1、C2 两端有无 300V 电压，若没有，检查线路；若有，测 VT2 的 b 极有无启动电压；若没有，检查 R3、R4 是否阻值增大，C3、C4 是否容量不足或开路；若 VT2 的 b 极有启动电压，则检查 VT2、R6～R10、VT1、T1 是否正常，若正常，则检查 C5、L1。

注意

VT1、VT2 击穿，必须要检查它们 b、e 极所接的电阻是否被连带损坏。

（2）灯管亮度低

该故障的主要原因：一是灯管老化，二是 C4、C5 容量不足，三是 VT1、VT2 性能下降。

首先，检测灯管的供电是否正常，若电压正常，检查灯管；若电压低，检查 C4、C5 是否正常；若异常，更换即可排除故障；若 C4、C5 正常，检查 VT1、VT2。

二、联创 DF-3021 型护眼台灯

联创 DF-3021 型护眼台灯电路主要由 300V 供电电路、振荡器构成，如图 13-2 所示。

1. 市电变换电路

通电后，220V 市电电压通过熔断器 F1 输入，经互感器 T1 滤波后，利用 D7 桥式整流，再通过 C1 滤波产生 300V 左右的直流电压。该电压不仅为振荡器供电，而且通过 R12 限流、C10 滤波、12V 稳压管 D6 稳压产生 12V 电压，为双 D 触发器 U1（TC4013）供电。

2. 灯管供电电路

灯管供电电路由开关管 Q1、Q2，启动电阻 R3、R4，正反馈电阻 R5、R6，正反馈电容 C2、C3，脉冲变压器 L1（包括 L1-1、L1-2、L1-3 共 3 个绕组）、灯管和 C4～C6 构成。

C1 两端的 300V 直流电压经 C4、R4、R6、脉冲变压器 L1 的 L1-2 绕组对 C3 充电，当 C3 两端充电电压达到 0.7V 后 Q2 导通。Q2 导通后，L1 的初级绕组 L1-1 产生电动势，通过互感使 L1-2、L1-3 产生电动势，经 C2、C3、R5、R6 使 Q1、Q2 交替导通，该电路进入高频振荡状态，由它产生的高频脉冲电压为两个灯管供电，使灯管发光。

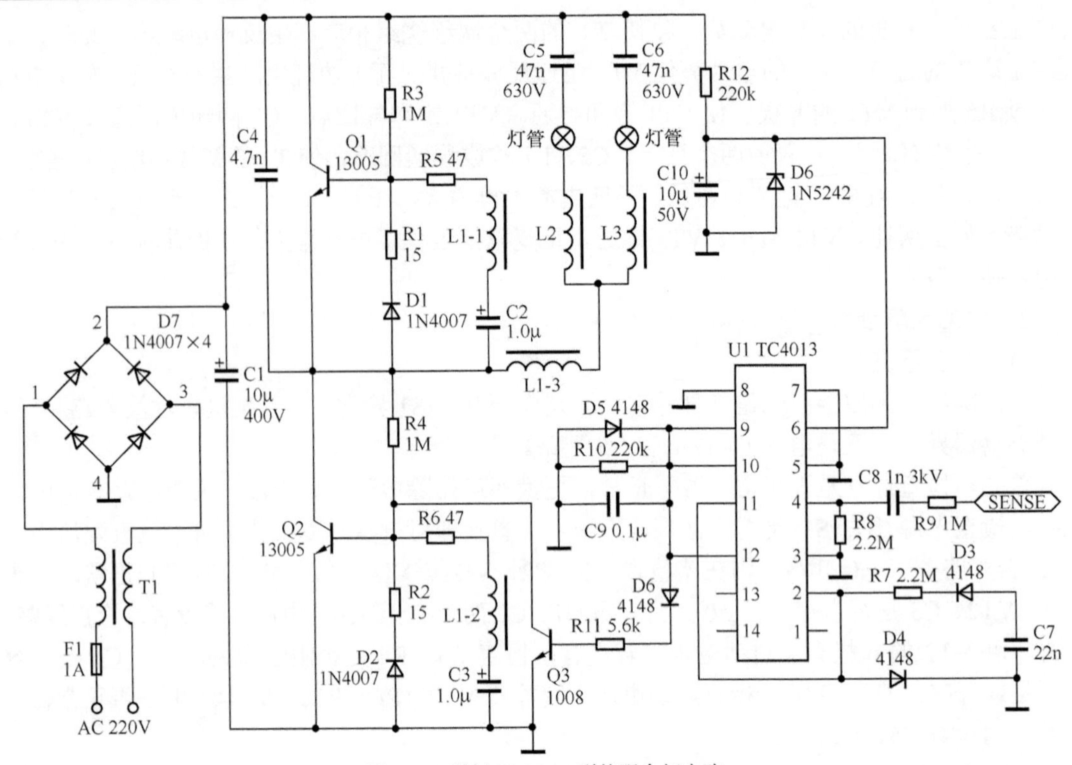

图 13-2　联创 DF-3021 型护眼台灯电路

3. 触摸式调光电路

触摸式调光电路由双 D 触发器 U（TC4013）、三极管 Q3、触摸端子等构成。

当用手触摸触发端子（感应端子）时，人体产生的感应信号通过 R9、C8 加到 U1 的④脚，使 U1 内的触发器翻转，从⑨、⑩、⑫脚输出控制信号。该信号通过 D5、R11 使 Q3 饱和导通时，将 Q2 的 be 结短接，Q2 停止工作，振荡器无脉冲电压输出，灯管熄灭。当 Q3 截止，使 Q2 输入的正反馈电压达到最大时，灯管发光最亮。而灯光的强弱与 Q3 的导通程度成反比。

4. 常见故障检修

（1）灯管不亮

该故障的主要原因：1）整流、滤波电路异常，2）振荡器异常，3）谐振电路异常，四是灯管异常。

首先，检查灯管是否正常，若不正常，更换即可排除故障；若正常，拆开外壳后，检查 F1 是否熔断，若 F1 熔断，则在路检查 T1、D7、C1 是否击穿；若它们正常，检查 Q1、Q2、C4 是否击穿。若 F1 正常，测 C1 两端有无 300V 电压，若没有，查市电供电线路；若有，说明振荡电路或灯管异常。此时，测 Q1、Q2 的 b 极有无启动电压，若没有，查 R3、R4 和 Q3；若有，查 Q2、Q1、R1～R4、L1、C4～C6 是否正常，若正常，则检查灯管。

注意

Q1、Q2 击穿，必须要检查它 b、e 极所接的电阻是否被连带损坏。

（2）灯管亮度低

该故障的主要原因：1）灯管老化，2）C1、C4 容量不足，3）Q1、Q2 性能下降，4）调光电路异常，5）C1 两端电压不足。

首先，查看是否一个灯管亮度低，若是，检查灯管和串联的电容即可。若两个灯管都亮度低，断开 Q3 的 c 极后，看能否恢复正常，若能，查调光电路；若不能，查 C1 两端电压是否正常，若低，查 D7、C1；若正常，查 C2～C4 是否正常，若不正常，更换即可；若正常，检查 Q1、Q2。

（3）不能调光

该故障的主要原因：1）控制管 Q3 异常，2）U1 组成的控制电路异常。

首先，调光时，测 Q3 的 b 极有无变化的电压输入，若有，查 Q3；若没有，检查 U1 外接元器件是否正常，若不正常，更换即可；若正常，更换 U1。

三、幸福牌调光台灯

幸福牌调光台灯电路主要由照明灯（白炽灯）、单向晶闸管、六反相器 IC1、触发器 IC2、蜂鸣器 HA 等构成，如图 13-3 所示。

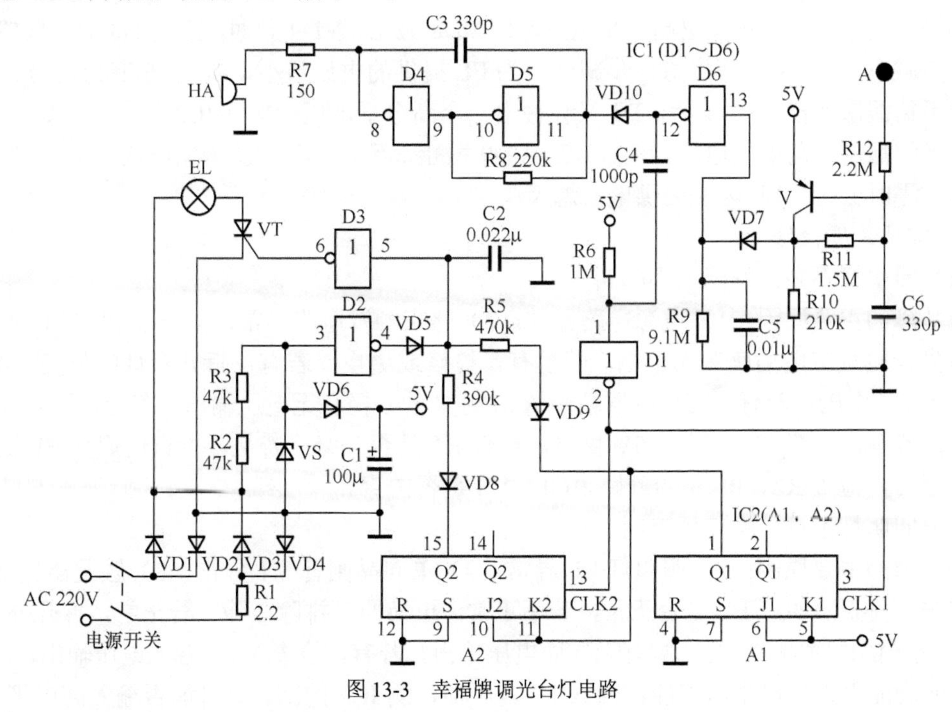

图 13-3　幸福牌调光台灯电路

1. 电源电路

接通电源开关后，220V 市电电压通过 R1 限流，利用 VD1～VD4 全波整流产生脉动直流电压，该电压一路经单向晶闸管 VT 为白炽灯供电；另一路经 R2、R3 限流，VS 稳压，再利用 VD6 输出 5V 电压。5V 电压经 C1 滤波后为芯片 IC1、IC2 和三极管 V 等电路供电。

2. 照明灯供电电路

接通电源开关后，电路就会工作，但由于没有感应触发信号输入，所以三极管 V 截止，致使 IC2 的③脚没有触发信号输入，所以 IC2 的 Q1、Q2 端都输出高电平电压，使单向晶闸管 VT 截止，照明灯 EL 不发光，处于待机状态。

当人手触摸感应端子 A 时，产生的感应信号经 R12 限流、C6 滤波后使 V 导通，从它 c 极输出的电压，经过 VD7 半波整流，利用 C5 滤波，再通过 IC1 的 D6 倒相放大后产生低电平电压从⑫脚输出。⑫脚输出的信号第一路使VD10截止，此时IC1的D4、D5和R8、C3组成的多谐振荡器产生脉冲信号，该信号通过R7驱动蜂鸣器HA鸣叫，提醒用户已收到触发信号；第二路通过C4耦合，再通过IC1的D1倒相产生高电平电压，该电压加到IC2的③、⑬脚后，IC2的①、⑮脚输出低电平电压，使VD8、VD9导通，使IC1的⑤脚输入的电压最低，经D5倒相后从⑥脚输出的电压为最大，触发单向晶闸管VT导通，接通EL的供电回路，EL发光。

3. 照明灯调光电路

当人手第一次触摸感应端子A时，由于D3的⑥脚输出的电压最大，所以VT导通最强，EL发光最亮。

当手第二次触摸A端子后，D1又会输出一个高电平电压，加到IC2的③、⑬脚后，IC1的①脚输出高电平，⑮脚仍输出低电平电压，使VD8导通、VD9截止，致使D3的⑥脚输出电压减小，VT导通减弱，为EL提供的电压减小，EL发光变暗。

当手第三次触摸A端子后，D1又会输出一个高电平电压，加到IC2的③、⑬脚后，IC1的①脚输出低电平，⑮脚输出高电平电压，使VD8截止、VD9导通，致使D3的⑥脚输出电压进一步减小，VT导通程度进一步减小，为EL提供的电压最小，EL发光变为最暗。

当手第四次触摸A端子后，D1又会输出一个高电平电压，加到IC2的③、⑬脚后，IC1的①、⑮脚都输出高电平电压，使VD8、VD9截止，致使D3的⑥脚输出低电平，VT在市电电压过零时截止，EL因失去供电而熄灭。

4. 常见故障检修

（1）照明灯不亮，蜂鸣器不鸣叫

该故障的主要原因：1）电源电路异常，2）感应触发电路异常，3）反相器IC1异常。

首先，检查市电插座有无市电，若没有，检修或更换；若有，拆开台灯的外壳，测C1两端有无5V电压；若有，在摸触发端子A时测V的c极有无电压输出，若无，检查V、C6和R12；若有，检查IC1。若无5V供电，检查R1是否开路；若是，检查白炽灯EL是否击穿；若正常，检查R2、R3是否开路，C1、VS是否击穿。

（2）照明灯不亮，蜂鸣器鸣叫

该故障的主要原因：1）照明灯EL异常，2）单向晶闸管VT异常，3）触发器异常。

首先，检查照明灯EL是否正常，若不正常，更换即可排除故障；若正常，拆开外壳后，在摸A端子的同时测D3的⑥脚有无导通电压输出，若有，检查VT；若无电压输出，测IC2的①、⑮脚能否为低电平，若能，查IC1；若不能，测IC2的③、⑬脚能否输入高电平电压；若能，查IC2；若不能，查C4、IC1。

（3）不能调光

该故障的主要原因：1）触发器IC2异常，2）U1组成的控制电路异常。

（4）照明灯亮，蜂鸣器不鸣叫

该故障的主要原因：1）IC1、C3、R8异常，2）蜂鸣器HA异常。

首先，用手摸A端子时，测IC1的⑧脚有无脉冲信号输出，若有，检查HA和R7；若没有，检查C3、R8和IC1。

四、安源DVJ-2型疏导应急灯

安源DVJ-2型疏导应急灯电路主要由充电电路、电源电路、振荡器、灯管构成，如图13-4

所示。

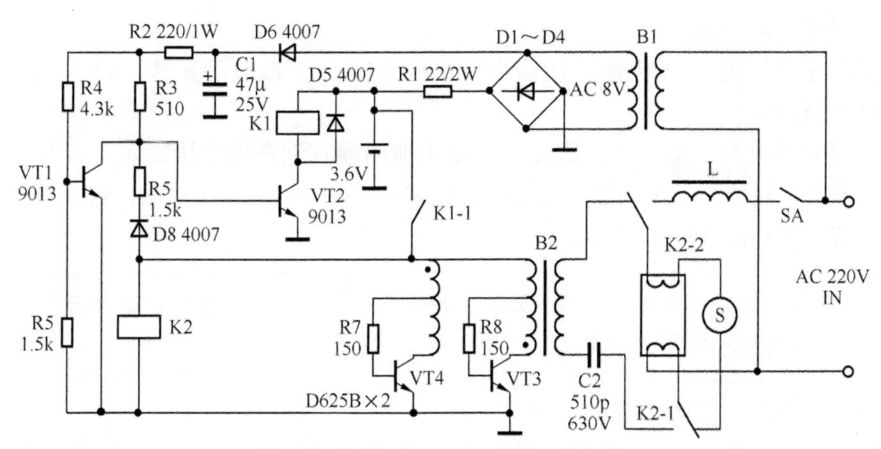

图 13-4　安源 DVJ-2 型疏导应急灯电路

1．电路分析

市电电压正常时，市电电压经变压器 B1 降压产生 8V 交流电压。该电压一路通过 D1～D4 桥式整流，产生的脉动直流电压经 R1 限流，为 3.6V 蓄电池充电；另一路通过 D6 整流、C1 滤波产生的直流电压通过 R2 限流后，不仅经 R3 为 VT2 供电，而且通过 R4、R5 分压产生偏置电压使 VT1 导通，致使 VT2 截止，继电器 K1 的线圈无导通电流，K1 的触点不能吸合，蓄电池不能接入电路。此时，若接通电源开关 SA，220V 市电电压通过 SA、L 为灯管供电，灯管发光；若断开 SA，则灯管不发光。

停电时，变压器 B1 无 8V 交流电压输出，不仅停止对蓄电池的充电，而且 C1 两端电压随着放电不能维持 VT1 导通时，则通过 R3 使 VT2 导通，为继电器 K1 的线圈供电，它的触点 K1-1 闭合，将 3.6V 蓄电池接入电路。此时，3.6V 蓄电池存储的电压第一路通过 D8、R6 加到 VT2 的 b 极，维持它的导通，确保触点 K1-1 继续闭合；第二路为继电器 K2 的线圈供电，使它的触点 K2-1、K2-2 闭合，将灯管与逆变器接通；第三路为逆变器供电，于是振荡管 VT3、VT4 与启动电阻 R7、R8 和脉冲变压器 B2 通过振荡产生脉冲电压，脉冲电压通过 C2 耦合给灯管，灯管就会发光，实现疏导照明功能。

2．常见故障检修

（1）灯管始终不亮

如果停电时灯管不亮，并且在市电正常时，接通开关 SA 后灯管也不亮的故障原因：1）继电器 K2 的触点异常，2）灯管或灯管插座异常。

（2）停电时灯管不亮，有电时正常

故障的主要原因：1）蓄电池异常，2）振荡器异常，3）电源电路异常，4）继电器 K1、K2 或其供电电路异常。

首先，测 3.6V 蓄电池两端电压是否正常。若电压不正常，检查蓄电池及其充电电路；若电压正常，测继电器 K2 的线圈两端有无供电，若正常，说明 VT7、VT8、B2、R6、R8 或 K2 异常；若供电不正常，说明 K1 或其驱动电路异常。此时，将电源插头插入市电插座，测 C1 两端电压是否正常，若电压不正常，检查 D6、C1；若电压正常，拔掉电源插头，测 VT2 的 b 极有无 0.7V 导通电压，若有，检查 VT2 和 K1；若没有，在路检查 VT1 的 c、e 极，VT2

的be结是否击穿，R3是否开路。

（3）蓄电池不能充电

该故障的主要原因：1）电源变压器损坏，2）整流、滤波电路异常，3）限流电阻R1开路，4）蓄电池损坏。

首先，将它的电源线插入市电插座，测蓄电池两端有无充电电压输入，若有，说明蓄电池损坏；若没有，测变压器B1的次级绕组有无8V左右的交流电压输出，若没有，检查B1；若有，在路检查R1和D1～D4即可。

注意 变压器的初级绕组开路，必须要检查D1～D4、C1和蓄电池是否击穿，以免更换后的变压器再次损坏。

（4）市电正常时，灯管点亮

该故障的主要原因：1）电源变压器损坏，2）控制管VT1异常，3）放大管VT2异常，4）继电器K1异常。

首先，测变压器B1的次级绕组有无8V左右的交流电压输出，若没有，检查B1及其供电；若有，测VT2的b极有无0.7V电压，若没有，检查VT2的c、e极是否漏电，K1的触点是否粘连；若有，测VT1的b极有无0.7V电压，若没有，检查C1是否漏电、R4是否阻值增大；若有，说明VT1异常。

五、希宝HEPO立体混色LED潜水龙鱼灯

该灯采用遥控方式控制三色LED灯串工作状态，具有OFF/ON、亮度调整、W、FLASH、STROBE、FADE、SMOOTH等多种显示方式，很具观赏性。它主要由开关电源、遥控、显示模式控制、LED灯管等组成，如图13-5所示。

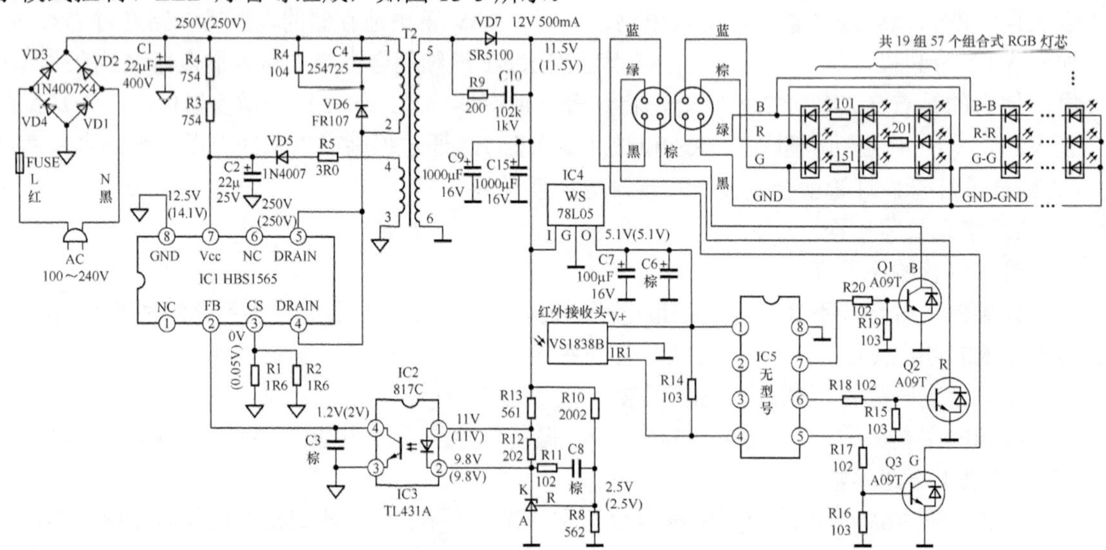

图13-5　希宝HEPO立体混色LED潜水龙鱼灯电路

1. 开关电源

此电源芯片IC1型号已被打磨掉，实际型号是HBS1565。

（1）HBS1565 的引脚功能

HBS1565 为深圳市惠博升公司产品。它是一款高集成度、高性能的 PWM＋MOSFET 二合一的电流型离线式开关电源控制器，具有过载、过压、过流、欠压、开环、过热（135℃）、输出短路保护、固定振荡频率（67kHz、抖频等功能。在待机时进入跳周期模式，待机功耗不足 0.3W，符合“能源之星”标准要求。引脚功能见表 13-1。

表 13-1　　HBS1565 引脚功能

脚号	符号	功能
①⑥	NC	空脚
②	FB	电压反馈信号输入。外接光耦合器，调整激励脉冲的占空比，0～5.5V，FB 开路电压阀值为 4.7V，FB 过载电压阀值为 3.7V，过载延时时间为 50ms，进入跳周期模式电压为 1.4V，跳周期振荡频率为 20kHz。
③	CS	电流检测（MOS 管的源极）。外接电阻检测 MOS 电流，极限值－0.3～5V。电流限流值（最大占空比）为 1V，电流限流值（最小占空比）为 0.8V。前沿尖峰消隐时间 350ns，延时输出时间 60ns。
④⑤	DRAIN	场效应型开关管的漏极。最大占空比为 80%，漏源击穿电压为 650V，漏源漏电流为 100μA，导通电阻为 2.1Ω，导通电流为 5.5A，功率为 28W。
⑦	VCC	供电端。启动电压为 14.5V，工作电压为 10～23V，关闭电压为 9V，过压保护值为 24V，钳位电压为 27V，极限值为 30V，启动电流为 5μA，工作电流为 2.5mA，跳周期模式电压为 10V。
⑧	GND	接地

（2）功率变换

市电电压经熔丝管 FUSE1 输入后，利用 D1～D4 整流，C2 滤波后获得 300V 左右直流电压。该电压一路通过开关变压器 T2 的初级绕组（1-2 绕组）加到 IC1 的④、⑤脚，为它开关管的 D 极供电；另一路经启动电阻 R4、R3 对 IC1⑦脚外接的 C2 充电。当⑦脚电压达到启动电压 14.5V 时，IC1 开始工作后，其内部开关管工作在开关状态，开关电源进入工作状态。

开关电源工作后，T2 的辅助绕组（4-3 绕组）输出的脉冲电压经 D5（1N4007）整流，C2 滤波获得 14V 电压，取代启动电路为 IC1 的⑦脚供电。同时，T2 的 5-6 绕组输出的脉冲电压经整流 D7 整流，C9、C16 滤波后得到 12V 电压。该电压第一路为 LED 灯组供电；第二路通过三端稳压器 IC5 输出 5V 电压，为灯串组合控制芯片和遥控接收头供电；第三路送给稳压控制电路。

（3）稳压控制电路

该机的稳压控制电路采用的是直接取样方式。当市电电压升高或负载变轻引起开关电源输出电压升高时，滤波电容 C9 两端升高的电压不仅经 R13 限流，为光耦合器 IC2 的①脚提供的电压升高，而且经 R10、R8 取样后的电压超过 2.5V，该电压经三端误差放大器 IC3 放大后，使 IC2 的②脚电位下降，IC2 内的发光管因供电电压升高而发光加强，致使 IC2 内的光敏管因受光加强而导通加强，为 IC1 的②脚提供的误差电压减小，被 IC1 内的误差放大器、PWM 电路处理后使开关管导通时间缩短，开关变压器 T2 存储能量减小，开关电源输出电压下降到正常值，达到稳定开关电源输出电压的目的。反之，控制过程相反。

（4）软启动控制电路

IC1 内部具有软启动电路，当⑦脚供电超过 14.5V 时，电路开始启动，开关管驱动信号的占空比会逐渐展宽，使峰值电流逐渐增加到限制值，以降低电源启动期间电压、电流应力，减少过冲。IC1 每次重启动，软启动功能都会被激活。

（5）过、欠压保护

当 IC1 的⑦脚供电超过 24V 时，内部的过压保护电路启动，振荡器停止振荡，此状态会锁存直到⑦脚电压小于 9V（关闭电压）后再复位重启。重启后，会再次检测⑦脚电压，直到它低于 24V 后，才能进入正常工作状态。另外，⑦脚内还设置了 27V 钳位电路，防止芯片过压损坏。

（6）过流保护

开关管导通期间，IC1 会实时监测 R1、R2 上的压降，当压降超过电流限流值时，IC1 会马上关闭本周期的输出，确保流过开关管的峰值电流不超过限定值。

（7）过载或系统开环、短路保护

当发生稳压控制电路、过功率、输出短路等异常时，IC1②脚的电压会升高，最大输出功率将恒定，如果②脚的电压大于 3.7V（过载电压阀值）且维持 50ms 以上，IC1 会关闭输出，直到⑦脚供电低于 9V 后复位重启。如果故障持续，IC1 将会循环重启直到故障解除。设置 50ms 的延迟时间可防止触发信号误动作。

（8）过热保护

当 IC1 内部结点温度超过 135°C 时，IC1 会停止振荡，关闭输出，直到结点温度降低到回滞温度以下重新输出脉冲。

（9）轻载跳周期工作模式

在空载或轻载状态下，输出电压会升高，通过稳压控制电路使 IC1 的②脚 FB 的电压会降低。当②脚电压低于 1.4V 且供电超过 10V 时，电路进入低频的间歇振荡状态，振荡输出将停止一段时间；当②脚电压低于 0.9V 时，说明电路已处于最轻负载状态，此时振荡输出停止，负载供电由 C9、C15（1000μF/16V）放电提供，随着放电的进行，输出电压逐渐下降，②脚电压逐渐上升；当②脚电压升到 1.4V 且电路还处于空载或轻载状态时，电路再次进入间歇振荡状态，反之则进入正常工作状态。设置轻载跳周期模式，可减少开关次数，降低开关损耗，提高轻负载的转换效率。芯片跳周期振荡频率为 20kHz，待机功耗小于 0.3W。

（10）振荡频率和抖频电路

IC1 内置工作频率为 67kHz，频率抖动范围为 6%，电路工作时，开关频率变化范围约 63～71kHz。设置频率抖动功能，可减少某一个频率点对外的辐射，降低 EMI、成本及设计难度等。

（11）前沿消隐

在 IC1 内 MOS 管导通瞬间，由于寄生电容和次级整流二极管 D7（SR5100）的反向恢复等原因，在 IC1 的③脚外接电流检测电阻 R1、R2 上将会产生一个尖峰电压。IC1 内部设置 350ns 的前沿尖峰消隐时间，可屏蔽导通初期的尖峰电压，避免此时取样引起的电路误动作，同时也可省去此脚的 RC 滤波器。

2. 遥控发射与接收

发射部分采用 3V 纽扣电池供电，共 24 个控制按键，其中 15 个为 R、G、B 不同颜色等级选择按键，余下为开/关、亮度调节、显示模式控制按键等，以实现多种显示方式。红外接收头 BS1838B 内置有 PIN 光敏二极管和前置放大器 IC，负责红外遥控信号的拾取、放大和解调。

3. 显示模式控制

红外接收头 IR1 将信号解调后，送入贴片集成块 IC5（无型号）的④脚，经其内部处理后从⑦～⑤脚输出驱动电压，依次控制贴片三极管 Q1～Q3（A09T）导通、截止和导通程度，最终实现红绿蓝灯串不同颜色等级发光组合。通电初始状态灯串显示为白色。显示模式有：W（白色）；FLASH（间断显示所选颜色）；STROBE（以渐变方式从亮→灭循环显示白色）；FADE（依次缓慢循环显示 15 种颜色）；SMOOTH（间断显示 R、G、B 色）。

4. LED 灯管

灯管中的单个 LED 发光灯芯，内含 R、G、B 三种颜色发光二极管，整个灯管由 19 组共 57 个 LED 灯芯组成，每组由三个 LED 灯芯经各自的 R（201）、G（151）、B（101）限流电阻串联后组成。

5. 常见故障检修

（1）开关电源无电压输出

该故障的原因：1）熔断器 FUSE1 熔断，2）启动电阻开路，3）电源模块 IC1 异常，4）开关变压器异常，5）稳压控制电路异常。

首先，检查 FUSE1 是否熔断，若是，检查在路检查 C1、D1～D4 是否击穿，若是，更换即可；若正常，检查 IC1 的④、⑤脚间阻值是的过小，若是，说明内部的开关管击穿，同时还应检查 R1、R2 是否烧断。若 FUSE1 正常，测 C1 两端有无 300V 左右的直流电压，若没有，检查线路；若有，IC1 的⑦脚电压是否正常，若不正常，检查启动电阻 R3、R4 是否阻值增大，C2、D5 是否异常；若是，更换即可排除故障。若⑦脚有无启动电压，但检查 D5、D7 和 C3、IC2 的光敏管是否击穿，若是，更换即可；若正常，检查 IC1 即可。

（2）开关电源有电压输出，但不正常

该故障的原因：1）芯片供电电路异常，2）过流保护电路异常，3）稳压控制电路异常，4）电源模块 IC1 异常，5）开关变压器异常。

首先，在路检查 D5、D7、R5、R1、R2 是否正常，若异常，更换即可；若正常，检查 C2 是否容量不足，若是，更换即可；若正常，检查 R10、R8、R13 是否正常，若异常，更换即可；若正常，检查 IC3、IC2 是否正常，若异常，更换即可；若正常，检查 IC1。

（3）开关电源输出电压正常，但 LED 灯管不亮。

该故障的原因：1）遥控器异常，2）5V 供电异常，3）遥控接收头异常，4）显示模式控制电路异常。

首先，检查遥控器是否正常，若异常，维修或更换；若遥控器正常，说明故障发生在机内。此时，先测 C9 两端有无 5V 电压，如没有，检查 IC4、C7 和 IC5、遥控接收头；若 5V 供电正常，可以代换检查 IR1，若恢复正常，说明 IF1 异常；若正常，可以采用在路阻值检测法判断 IC5 是否正常。HBS1565 各脚在路阻值见表 13-2。（数值由 500 型万用表 R×1k 挡测得，单位为 kΩ）。

表 13-2　　IC5 各脚在路电阻值

测量方式 ＼ 脚号	①	②	③	④	⑤	⑥	⑦	⑧
黑笔接⑧脚，红笔测	3.4	6	6	4.7	5.6	5.6	5.6	0
红笔接⑧脚，黑笔测	3.5	11.5	11.5	11.5	8.3	8.3	8.3	0

（4）LED 能发光，但显示的模式少

该故障的原因：1）显示模式控制电路异常,2）放大管 Q1～Q3 异常，3）灯芯异常。

首先，在路检查Q1～Q3是否正常，若异常，更换即可；如正常，检查灯芯是否正常，若异常，更换即可；若正常，检查相关的电阻和IC5（HBS1565）。

第2节　保健类小家电故障分析与检修

一、足浴盆

下面以兄弟牌WL-572型多功能足浴盆为例进行介绍。该电路由电源电路、控制电路、加热电路、振动电路、冲浪电路等构成，如图13-6所示。

1．振动电路

当功能控制开关K1接1的位置时，该机进入振荡状态。此时，220V市电电压通过K1的触点K1-2输入到振动电路，利用C1、R1、R2降压后，通过D1～D4桥式整流，再经C2滤波产生14V左右的直流电压。该电压通过R3、R4限流，C3、C4滤波后为振动电机M1供电，使其旋转，带动机械系统开始振动。

2．冲浪、加热电路

（1）冲浪加热原理

当功能控制开关K1接2的位置时，该机进入冲浪、加热状态。此时，220V市电电压通过K1的触点K1-1分3路输出：第一路为冲浪水泵的电机M2供电，使其旋转，带动水泵实现冲浪功能；第二路通过继电器J的触点为加热器供电；第三路为加热器的控制电路供电。进入加热器控制电路的市电电压通过熔断器BX2输入到电源变压器B的初级绕组上，从它的次级绕组输出12V交流电压。该电压经D5～D8桥式整流，C6、C5滤波产生12V直流电压，不仅为继电器J的线圈供电，而且通过IC1稳压输出5V电压。5V电压经C7、C8滤波，加到芯片IC2（HS153P）的④、⑦脚为它供电，当水盆内的水未加热时温度较低，被温度传感器（负温度系数热敏电阻）Rt检测后，它的阻值较大，经取样后为IC2的⑧、⑨脚提供的电压较大，经IC2内部电路处理，使IC2的⑤脚输出高电平控制信号。该控制电压经R6限流，再经放大管BG倒相放大，为继电器J的线圈供电，使它的触点闭合。J的触点闭合后，市电电压一路为加热指示灯ZD供电，使它发光，表明该机工作在加热状态；另一路为加热器供电，它开始发热，使盆内的水温逐渐升高。当水温达到42℃时，Rt的阻值减小到设置值，使IC2的⑧、⑨脚输入的电压减小到设置值，被IC2内部电路处理后，使⑤脚输出低电平控制信号，BG截止，J的触点断开，加热器停止加热。

（2）过热保护电路

K2是过热保护器，它是双金属片型保护器。当水温在正常温度范围内时，K2不动作，它的触点接通，电路正常工作。当继电器J的触点粘连，BG的c、e极击穿或IC2异常等原因导致加热器加热温度异常升高，当温度达到85℃时，K2的触点断开，切断了加热器的供电回路，以免加热器损坏，实现过热保护。

3．常见故障检修

（1）整机不工作

该故障的主要原因：1）没有市电电压输入，2）熔断器BX1熔断，3）控制开关K1异常。

首先，检查电源插座有无 220V 市电电压，若没有，检查插座和线路；若有，说明足浴盆电路异常。首先，检查熔断器 BX1 是否熔断，若未熔断，检查控制开关 K1；若 BX1 熔断，应检查加热指示灯、加热器、水泵电机是否正常。

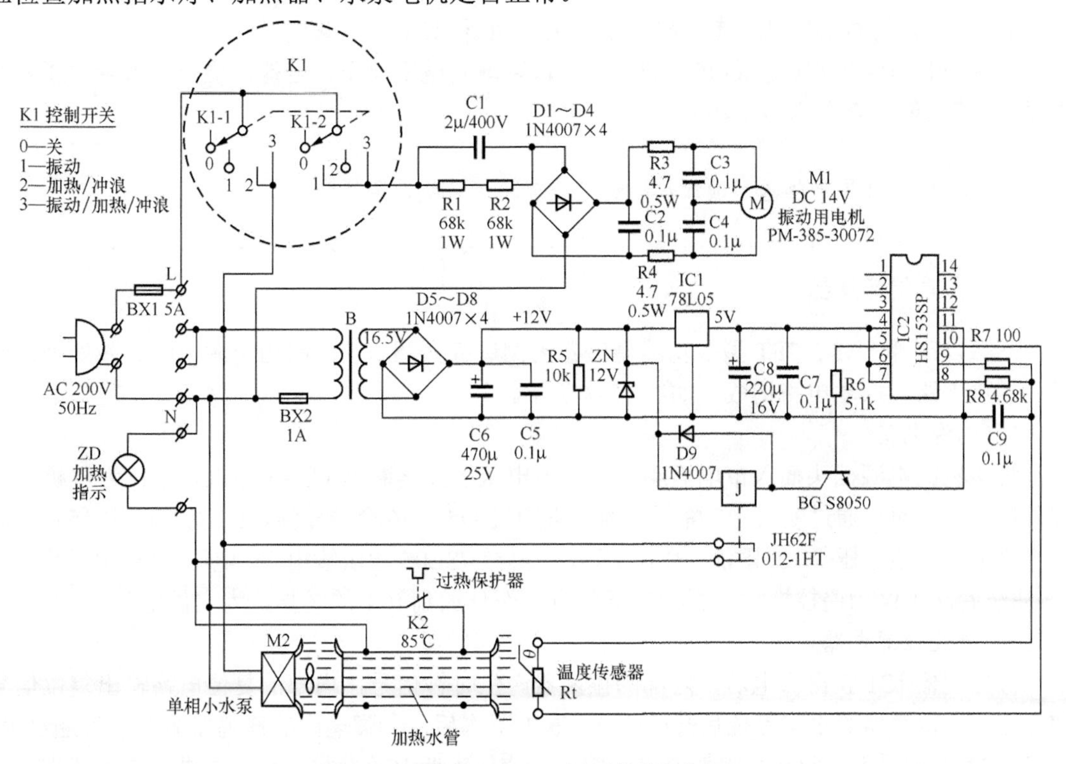

图 13-6　兄弟牌 WL-572 型多功能足浴盆电路

（2）没有振动功能，其他正常

该故障的主要原因：1）控制开关 K1 异常，2）C4 容量不足，3）R1 或 R2 阻值增大，4）电机 M1 异常。

首先，测电机 M1 的供电端有无 14V 左右直流电压输入，若有，检修或更换电机；若没有，测 D1～D4 输入的交流电压是否正常；若不正常，检查 K1、C1、R1、R2；若正常，检查 C2、D1～D4。

（3）无冲浪功能

该故障的主要原因：1）水泵电机 M2 的供电线路异常，2）水泵的扇叶被异物缠住，3）M2 异常。

首先，测水泵电机 M2 有无市电电压输入，若没有，查供电线路；若有，检查水泵的扇叶是否被异物缠住，若是，清理异物；若正常，检修或更换水泵电机。

（4）不能加热

该故障的主要原因：1）加热器异常，2）电源电路异常，3）加热器供电电路异常，4）温度检测电路异常。

首先，查看加热指示灯 ZD 是否发光，若是，检查加热器及其供电线路；若不是，说明供电电路异常。首先，测 IC2 的④脚有无供电，若没有，说明电源电路异常；若有，说明控制电路异常。

确认电源电路异常后，首先，检查熔断器 BX2 是否熔断，若熔断，检查变压器 B 的绕组是否短路，整流管 D5～D8、稳压管 ZN 是否击穿，C5、C6 是否漏电；若 BX2 正常，测 C6 两端电压是否正常，若正常，检查三端稳压器 IC1 和 C8；若 C6 两端无电压，检查变压器 B；若电压低，检查 D5～D8 是否导通电阻大，C6 和 IC1 是否漏电。

确认控制电路异常后，测 IC2 的⑤脚能否输出高电平电压，若能，检查放大管 BG 和继电器 J；若不能，查温度传感器 Rt 和芯片 IC2。

提示

如果加热器间歇加热，还应检查冲浪系统是否正常。

二、多功能健康器

下面以康胜 YM-747FT 型多功能健康器为例进行介绍。该电路由电源电路、微处理器电路、加热电路、振动电路构成，如图 13-7 所示。

1. 电源电路

将该机的电源插头插入市电插座后，市电电压通过熔断器 FUSE 输入，不仅为电机、远红外灯供电，而且通过 C4、R7 降压限流，再通过 D5、D6 全波整流，E2 滤波产生 15V 左右的直流电压，该电压经 R6 限流、DW1 稳压，再经 78L05 稳压输出 5V 电压。5V 电压经 E3、C5 滤波后，不仅为遥控接收头、蜂鸣器供电，而且加到 IC1 的⑦脚，为它供电。

2. 微处理器电路

微处理器 IC1 获得供电后，内部的振荡器产生时钟信号，内部的复位电路输出复位信号使存储器、寄存器等电路复位后开始工作。IC1 工作后，⑧脚输出的蜂鸣器驱动信号通过 R8 限流、Q3 倒相放大，驱动蜂鸣器 BELL 鸣叫一声，表明 IC1 开始工作，并进入待机状态。待机期间，若按开关键为 IC1 的①脚输入开机信号时，IC1 控制相关电路进入开机状态。在开机状态时，若按开关键，IC1 会输出控制信号使该机进入待机状态。

3. 振动电路

振动电路由振动电机及其供电电路、微处理器 IC1 构成。

（1）供电

需要振动电机运转时，微处理器 IC1⑩脚输出的过零触发信号经 R5 限流，触发双向晶闸管 Q1 导通。Q1 导通后，从 T2 极输出的电压经 D1～D4 桥式整流、R12 限流、C1 滤波产生的直流电压为电机 M 供电，电机获得供电后开始旋转。

（2）调速

需要加强振动感，按加速键被 IC1 识别后，IC1⑩脚输出的触发信号占空比增大，使 Q1 的导通程度加大，为电机提供的电压升高，电机转速变快，振动感增强。按减速键，使 IC1⑩脚输出的触发信号占空比减小时，Q1 导通程度小，为电机提供的电压减小，振动感减弱。

提示

调整加速、减速键可使 C1 两端电压在 90～230V 之间变化。

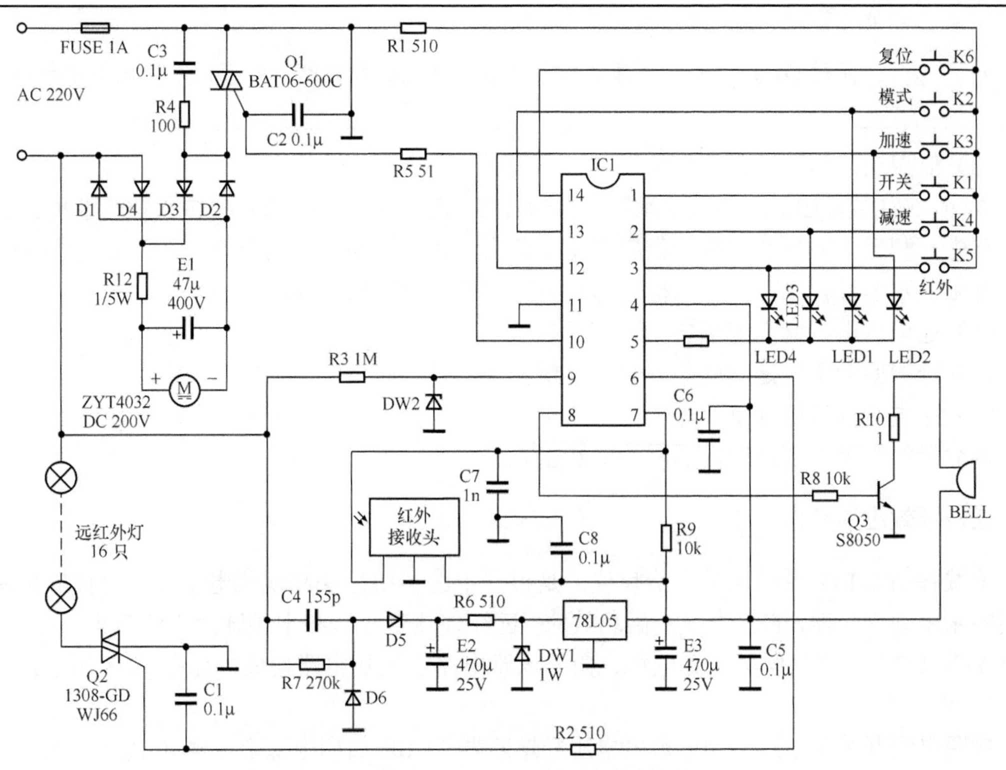

图 13-7　康胜 YM-747FT 型多功能健康器电路

4. 远红外电路

远红外电路由远红外灯及其供电电路、微处理器 IC1 构成。需要使用远红外治疗功能时，微处理器 IC1 的⑥脚输出触发信号，该信号经 R2 限流后触发双向晶闸管 Q2 导通，为远红外灯供电使其发光，实现远红外治疗功能。

5. 常见故障检修

（1）整机不工作

该故障的主要原因：1）没有市电电压输入，2）电源电路异常，3）微处理器 IC1 异常。

首先，检查电源插座有无 220V 市电电压，若没有，检查插座和线路；若有，说明该机电路异常。拆开外壳后，检查熔断器 FUSE 是否熔断，若是，应检查远红外灯、电机是否正常；若 FUSE 正常，检查 E3 两端电压是否正常，若正常，检查微处理器 IC1 和外接的操作开关；若不正常，说明电源电路异常。此时，测 E2 两端电压是否正常，若不正常，检查 C4、E2；若正常，检查 DW1、R6 是否正常，若不正常，更换即可；若正常，检查稳压器 78L05 和滤波电容 E3、C5、IC1。

（2）远红外正常，但不能振动

该故障的主要原因：1）双向晶闸管 Q1 异常，2）整流管 D1～D4 异常，3）R5、R12 异常，4）电机异常，5）微处理器 IC1 异常。

首先，测电机的供电端子有无 90～230V 的直流电压输入，若有，检修或更换电机；若没有，测 D1～D4 输入的交流电压是否正常；若正常，检查 R12、E1；若不正常，测 Q1 的 G 极有无触发信号输入，若有，检查 Q1；若没有，检查 R5 和 IC1。

提 示

怀疑Q1异常时，可通过检测其触发性能进行判断，也可以采用代换法判断。

（3）能振动，但没有远红外

该故障的主要原因：1）双向晶闸管Q2异常，2）远红外灯异常，3）R2或微处理器IC1异常。

首先，测远红外灯两端有无供电电压，若有，检修或更换远红外灯；若没有，测Q2的G极有无触发信号输入，若有，检查Q2；若没有，检查R2和IC1。

（4）通电后电机就高速运转

该故障的原因主要是双向晶闸管Q1击穿。

（5）通电后远红外灯就发光

该故障的原因主要是双向晶闸管Q2击穿。

三、场效应治疗仪

羊城牌YC-EO系列场效应治疗仪，是根据中医传统疗法和现代电子医学科技成果研制发明的家用理疗仪器。它具有交变磁场效应、远红外热敷疗法和中频脉冲治疗三大治疗性能。羊城YC-EO2B型治疗仪由电源电路、微处理器电路、加热电路构成，如图13-8所示。

1. 电源电路

接通电源开关K后，220V市电电压经熔断器FUSE加到电源变压器T初级绕组，经T变压后，在T的次级绕组输出降压后的AC40V和AC9V交流电压。其中，双AC40V电压通过连接器CN2、CN3和双向晶闸管SCR1、SCR2为场效应带供电。AC9V电压经连接器CN1①、②脚输出到电源电路，经D9～D12桥式整流，利用C1和C2滤波后，再经三端稳压块U2（78L05）稳压后，从③脚输出5V电压。该电压经C3、C4、C6滤波后，为CPU电路、显示电路及蜂鸣器电路等供电。

2. 微处理器电路

微处理器电路由微处理器U1（16C54）、晶体X1、轻触按键K1～K3、指示灯、三极管Q1及蜂鸣器B1等构成。

（1）CPU工作条件电路

电源工作后，由其输出的5V电压不仅加到微处理器U1的⑭脚，为它供电，而且经R9、C5积分产生低电平的复位信号，该信号加到U1的④脚后，U1内的存储器、寄存器等电路清零复位，待U1的④脚输入高电平信号后，U1内部电路复位结束，开始工作。同时，U1内的振荡器与⑮、⑯脚外接晶体X1通过振荡，产生4MHz时钟信号。该信号经分频后协调各部位的工作，并作为U1输出各种控制信号的基准脉冲源。

（2）操作显示电路

微处理器U1的⑥～⑧脚为键盘信号输入端，U1内部电路与外部轻触按键K1～K3、R13、R14、R18等组成按键电路，通过K1～K3对三种操作模式（开关、定时、强度）进行选择，同时作为指示灯（发光二极管）D3、QQ、QR的驱动电压输出端，高电平时对应指示灯发光；⑪脚为指示灯M15的驱动电压输出端，高电平时M15发光；⑩脚为指示灯M30的驱动电压输出端，高电平时M30发光；⑤脚为指示灯M45的驱动电压输出端，高电平时M45发光；⑫脚为指示灯M60的驱动电压输出端，高电平时M60发光。

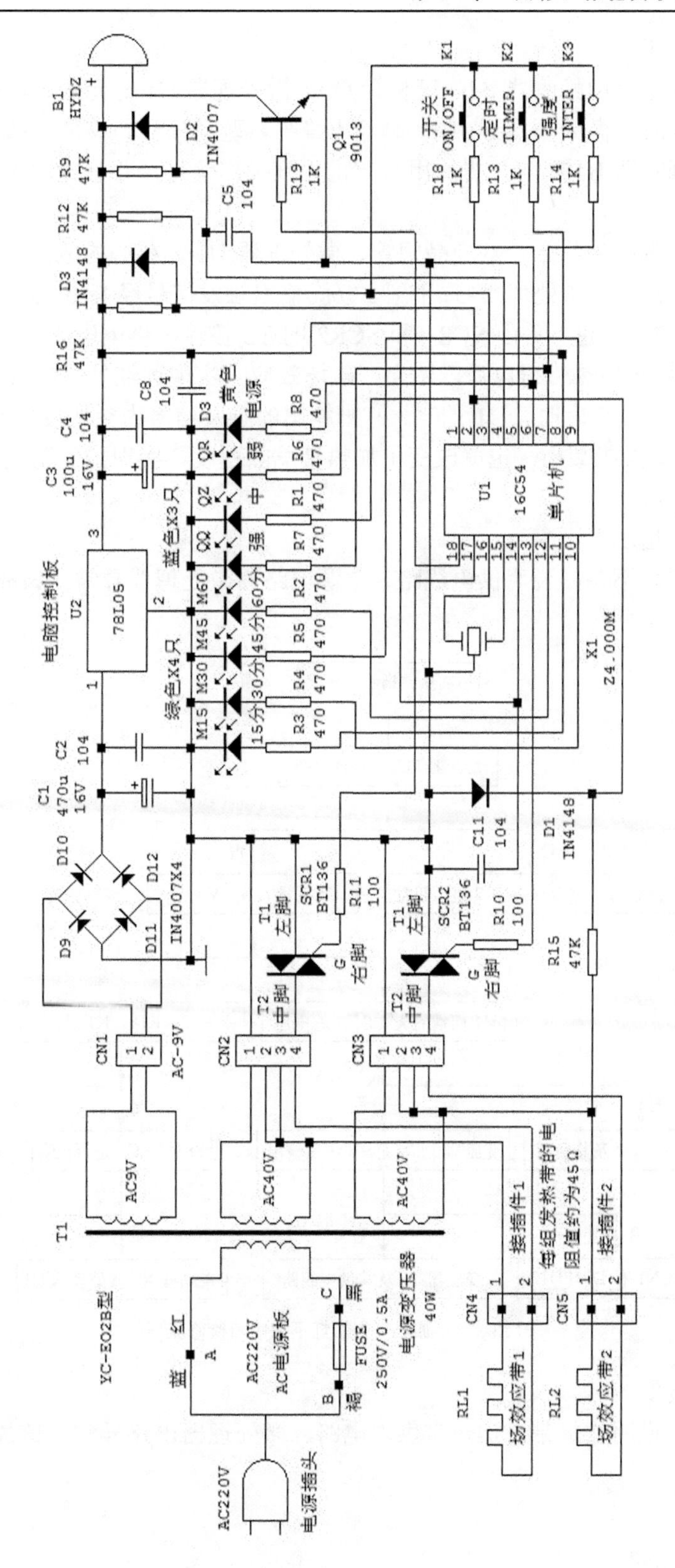

图 13-8　羊城牌 YC-EO2B 型场效应治疗仪电路

（3）蜂鸣器电路

该机的蜂鸣器电路由蜂鸣器B1、三极管Q1、微处理器U1等元器件构成。

每次进行操作时，微处理器U1的⑱脚输出蜂鸣器驱动信号。该信号通过R19限流、Q1倒相放大，驱动蜂鸣器B1鸣叫，提醒用户它已收到操作信号，并且此次控制有效。

3. 加热电路

加热电路由场效应加热带、双向晶闸管、微处理器U1为核心构成。

需要加热带加热时，微处理器U1的⑬、⑰脚输出触发信号经R10、R11限流，触发双向晶闸管SCR1、SCR2导通，再由SCR1和SCR2的T2极输出供电电压，分别为场效应加热带1、2供电，场效应加热带得电后产生交变磁场效应，实现远红外热敷效果。

通过K3改变加热强度时，U1的⑬、⑰脚输出的触发信号占空比发生变化，使SCR1、SCR2输出的电压增大或减小，也就改变了加热带发热程度，实现加热温度的调节。

4. 常见故障检修

（1）不加热、指示灯不亮

不加热，指示灯不亮，说明供电线路、电源电路、微处理器异常。该故障的检修流程如图13-9所示。

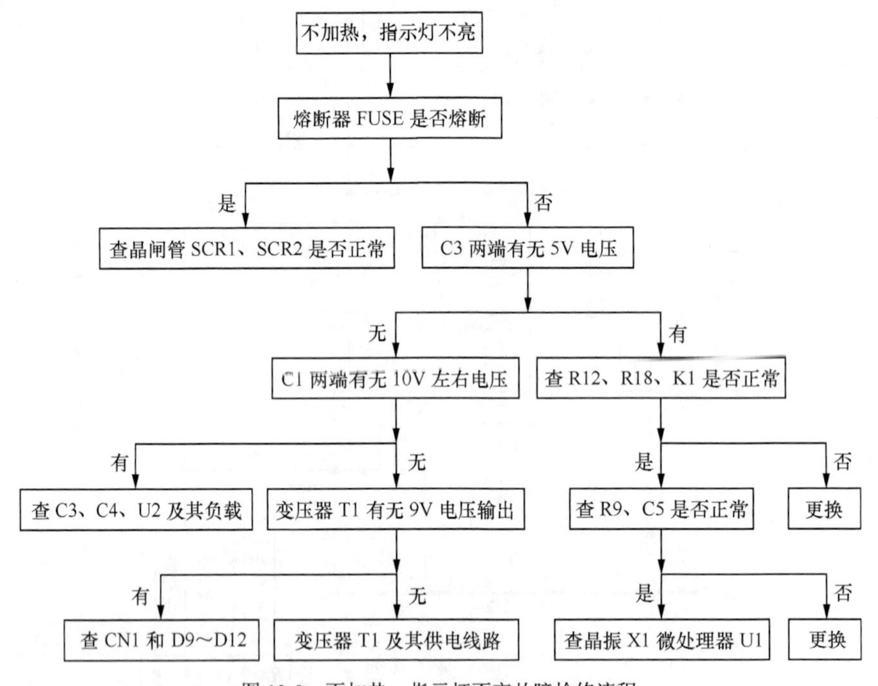

图13-9 不加热、指示灯不亮故障检修流程

（2）加热温度低

加热温度低，说明加热带、加热带供电电路、微处理器电路异常。该故障的检修流程如图13-10所示。

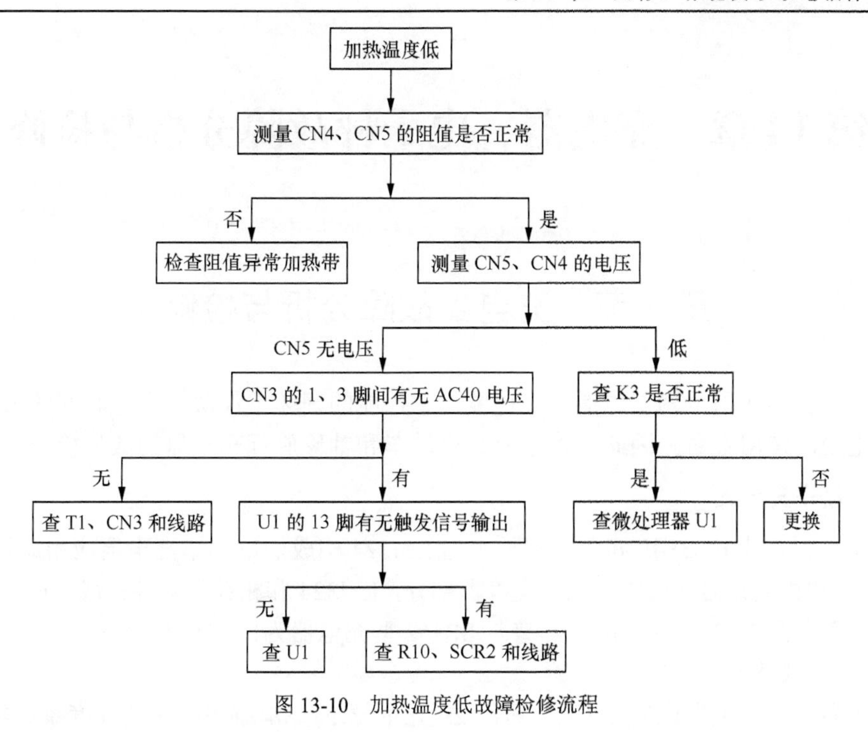

图 13-10　加热温度低故障检修流程

提示

CN4 无电压使加热带 1 不能加热引起的加热温度低故障和 CN5 无电压的检修方法相同。

第14章　充电器、电子秤故障分析与检修

第1节　充电器故障分析与检修

充电器主要的作用是为蓄电池补充电能。它性能的好坏不仅决定充电时间的长短，而且还决定蓄电池的使用寿命。因此，本节介绍电动车和袖珍旅行充电器的故障检修方法。

一、电动车充电器

由电源控制芯片UC3842和四运算放大器LM324构成的电动车充电器应用比较广泛。其中，UC3842和相关元器件构成了功率变换器部分，LM324和相关元器件构成了电压检测和控制部分。下面以图14-1所示的南京西普尔SP362型充电器为例进行介绍。

1. *市电滤波及变换*

该充电器通上市电电压后，市电电压经2A熔断器F1和限流电阻（负温度系数热敏电阻）RT1送到差模电容C1、C2和互感线圈LE1组成的滤波电路，由其滤除市电电网中的高频干扰脉冲后，通过D1～D4桥式整流，在滤波电容C3两端建立300V左右的直流电压。300V电压不仅通过开关变压器T1的初级绕组（N1绕组）加到开关管V1的D极为它供电，而且经启动电阻R5对电源控制芯片IC1（UC3842）供电端⑦脚外接的滤波电容C10充电。

2. *启动与功率变换*

当C10两端电压达到16V时IC1内部的启动电路开始工作，由基准电压发生器产生的5V电压不仅为内部的振荡器等电路供电，而且从⑧脚输出。该5V电压经C5滤波后通过定时元件R9、C6和IC1④脚内的振荡器振荡产生振荡脉冲信号，使IC1的⑥脚有激励脉冲输出。当激励脉冲为高电平时，通过R4驱动开关管V1导通，300V电压经T1的N1绕组、V1的D/S极和R6到地构成回路，回路中的电流在绕组N1上产生上正、下负的电动势，此时T1的N2、N3、N4绕组所接的整流管反偏截止，能量被存储在T1内部。当激励脉冲为低电平时，V1迅速截止。V1截止后，流过T1初级绕组的导通电流消失，T1初级绕组产生反相的电动势，所接的整流管导通，于是T1的次级绕组产生的反相脉冲电压经整流、滤波后产生直流电压为相应的负载供电。其中，N3绕组输出的脉冲电压通过D6整流，C10滤波获得的电压不仅取代启动电路为IC1供电，而且为光电耦合器PC1内的光敏三极管供电。N2绕组输出的脉冲电压经D7、D8整流，C16滤波产生的直流电压第一路通过防反向充电的隔离二极管D11为蓄电池充电；第二路通过R15～R18取样后加到误差放大器IC2的取样端。N4绕组输出的脉冲电压通过D10整流、C12滤波产生12V左右的直流电压，该电压第一路通过R13加到光电耦合器PC1的①脚，为它内部的发光二极管供电；第二路为芯片LM324供电；第三路通过R23限流、稳压管稳压产生5V基准电压。该电压第一路加到IC3A③脚，为它提供参考信号；第二路经R42限流加到A点。

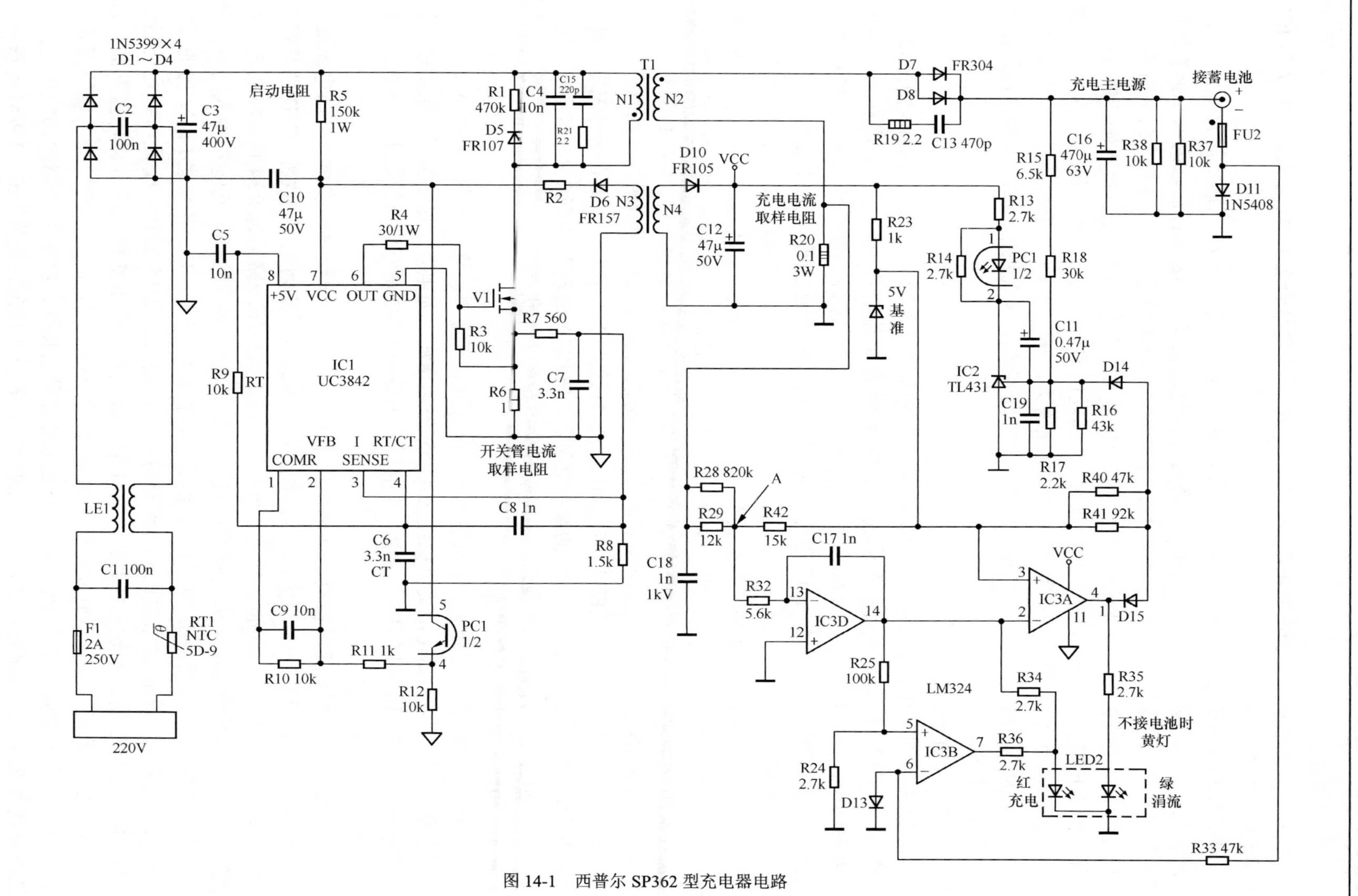

图 14-1　西普尔 SP362 型充电器电路

3．稳压控制

该开关电源的稳压控制电路由电源控制芯片IC1、光电耦合器PC1、三端误差放大器IC2和误差取样电路构成。

当市电电压降低或负载较重引起开关电源输出电压下降时，C12两端降低的电压使PC1①脚输入的电压下降。同时C16两端下降的电压通过R15～R18取样后，为IC2提供的取样电压低于2.5V，经IC2内的误差放大器放大后，使PC1的②脚电位升高，PC1内的发光二极管因导通电流减小而发光变弱，而光敏三极管因受光变弱而导通程度下降，使PC1④脚输出的电压减小。该电压通过R11为IC1②脚提供的误差电压变小，经IC1内的误差放大器放大后，使IC1⑥脚输出的激励脉冲占空比增大，开关管V1导通时间延长，开关变压器T1存储的能量增大，开关电源输出电压升高到正常值，实现稳压控制。开关电源输出电压升高时，控制过程相反。

4．充电、显示控制

该充电器的充电、显示控制电路由四运算放大器LM324（IC3）、取样电阻R20、复合发光二极管LED2等元器件构成。其中R20是电流取样电阻，它串联在蓄电池的充电回路中，充电期间会在R20两端产生下正、上负的压降。这个压降通过R28、R29送到A点，同时5V电压经R42限流也加到A点，A点电压通过R32加到IC3D的反相输入端⑬脚。

使用过的蓄电池因能量释放而电压不足，导致开关电源的负载较重，在稳压控制电路的控制下，开关管V1导通时间较长，充电电流较大，为蓄电池快速充电。同时，较大的充电电流在R20两端建立的压降较高，使A点电压为负压，该电压通过R32为IC3D的⑬脚提供负电压，因IC3D的同相输入端⑫脚接地为0V，所以IC3D的输出端⑭脚输出高电平电压。该电压一路通过R34限流使LED2内的红色发光二极管发光，表明充电器在快速充电；另一路使IC3A②脚电位高于它③脚输入的参考电压，于是IC3A的输出端①脚输出低电平控制电压。该控制电压一方面使D14截止，不影响开关电源的工作状态；另一方面使LED2内的绿色发光二极管因无供电不能发光。

在恒流充电阶段，随着蓄电池两端电压不断升高，充电电流逐步减小，开关电源在稳压控制电路的作用下，为蓄电池提供稳定的44.5V充电电压，充电器工作在恒压充电阶段。虽然此时充电电流较小，但在R20两端产生的压降仍然使IC3D的⑬脚电位低于⑫脚电位，确保红色发光二极管发光。

在恒压充电阶段，随着蓄电池两端电压不断增加，充电电流进一步减小。当电流减小到转折电流后，在R20两端产生的压降减小到使A点电压变为正压，致使IC3D的⑬脚电位变为正电压，于是IC3D的⑭脚输出低电平电压。该电压一路通过R34使LED2内的红色发光二极管因导通电压消失而熄灭；另一路使IC3A②脚电位低于它③脚输入的参考电压，于是IC3A的①脚输出高电平控制电压。该电压不仅通过R35限流使LED2内的绿色发光二极管发光，表明蓄电池进入涓流充电状态，而且使D15截止，于是5V电压通过R40、R41加到三端误差放大器IC2的取样电压输入端，使IC2输入的取样电压升高。该电压经IC2内的误差放大器放大后使PC1的②脚电位下降，PC1内的发光二极管因导通电流增大而发光加强，于是PC1内的光敏三极管导通加强，PC1的④脚输出电压升高。该电压通过R11加到电源控制芯片IC1的②脚后，被IC1内的误差放大器、PWM处理后，使开关管 V1 导通时间缩短，开关电源输出电压下降，C16 两端电压下降到 42.5V，为蓄电池提供涓流充电的低电压。

5. 保护

（1）尖峰脉冲吸收

为了防止开关管 V1 在截止瞬间被过高的电压击穿，电路中设置了由 C15、R21、C4、D5、R1 组成的尖峰脉冲吸收回路对过高的尖峰脉冲进行吸收，以免 V1 过压损坏。

（2）开关管过流保护

当蓄电池或 D7、D8、D10、C12、C16 击穿等原因引起开关管 V1 过流，导致 R6 两端产生的取样电压升高时，该电压通过 R7 为 IC1③脚提供的电压达到 1V 后，IC1⑥脚停止激励脉冲输出，V1 截止，避免了 V1 过流损坏，实现开关管过流保护。

（3）欠压保护

当控制芯片的供电电压过低时，可能会引起芯片内的振荡器、推挽放大电路等电路工作异常，使芯片输出的开关管激励电压失真，容易导致开关管因功耗大（开启损耗大）而损坏。为此，需要设置欠压保护电路。

若启动电阻 R5 或 IC1 的⑦脚外电路异常，导致启动期间电路为 IC1⑦脚提供的电压低于 16V 时，芯片内的启动/关闭控制电路输出关闭信号，IC1 不能启动；当完成启动后，若 D6、R2、C10 异常，为 IC1 提供的工作电压（通常称该电压为自馈电电压）低于 10V 时，启动/关闭控制电路再次输出低电平信号，使 5V 基准电压消失，IC1 停止工作，实现欠压保护。因该保护电路未采用闭锁技术，所以保护动作后启动电压再次达到 16V 后 IC1 仍会启动。因此，进入欠压保护状态后，开关变压器会连续发出“吱吱”的高频叫声。

（4）软启动控制

该电源为了防止开机瞬间开关管 V1 过激励损坏，设置了由误差放大器 IC2、C11 等元器件构成的软启动控制电路。

C11 是软启动控制电容。开机瞬间因 C11 两端电压为 0，所以它充电使 IC2 的取样端输入的电压由高逐渐降低到正常，IC2 的输出端电压由低逐渐升高到正常，致使光电耦合器 PC1④脚输出的电压也由高逐渐到正常，被 IC1 内部的误差放大器、PWM 电路处理后，使 IC1 的⑥脚输出的激励脉冲占空比由小逐渐增大到正常，避免了开关管 V1 在开机瞬间过激励损坏，实现软启动控制。

6. 常见故障检修

（1）充电器无电压输出

充电器无电压输出，说明充电器未输入市电或开关电源未工作。该故障检修流程如图 14-2 所示。

方法与技巧　当电源控制芯片 IC1（UC3842）供电端⑦脚的启动电压异常时，可在路测 IC1⑦脚对地电阻的阻值，若阻值过小，说明 C10、D5 或 IC1 的⑦脚内部电路对地短路或漏电；若⑦脚对地阻值正常，检查启动电阻 R5 是否开路或阻值增大。

当 IC1 供电端⑦脚的电压达到 32V，或 IC1 的⑦脚有 16V 的启动电压，而它的⑧脚没有 5V 电压输出，都说明 IC1 损坏。

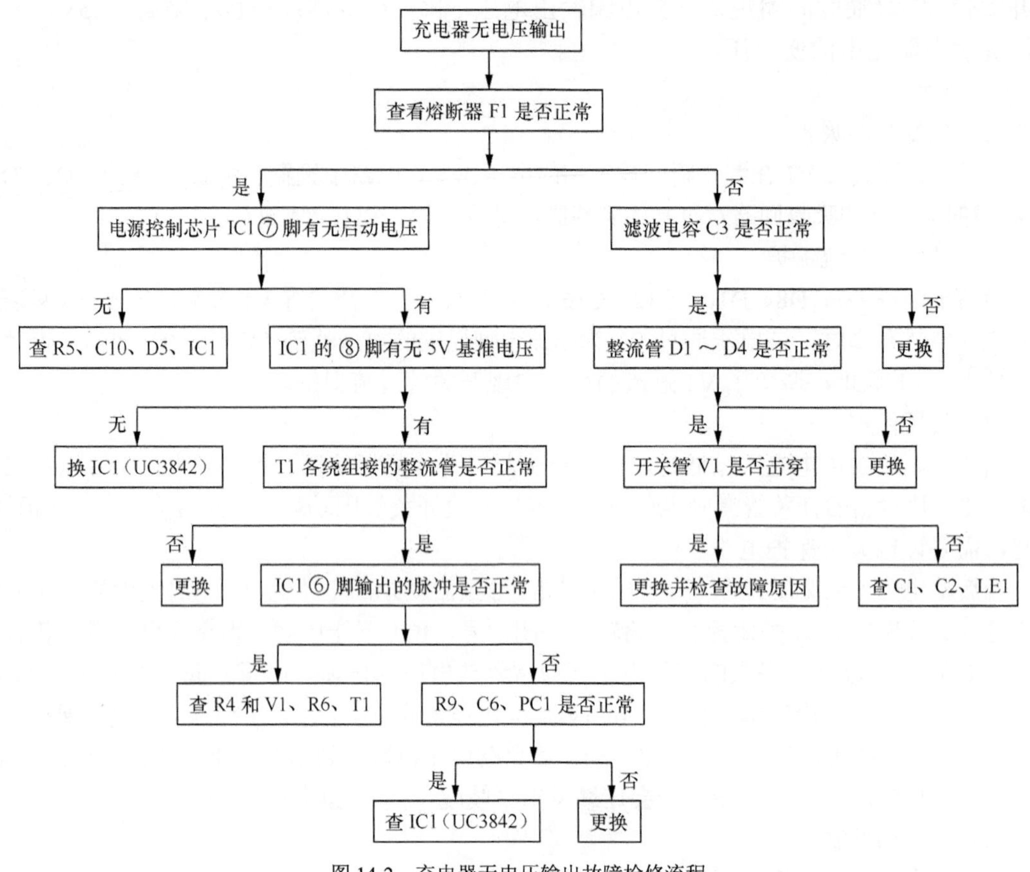

图 14-2　充电器无电压输出故障检修流程

注意　开关电源未工作时，滤波电容 C3 会在切断电源后仍存储一段时间的高电压，检修时需对该电容放电，以免发生危险。开关管 V1 损坏后，必须检查 R6、R7、R4 是否被连带损坏。为了防止更换的开关管再次击穿，必须检查 3 个电路：一是由 R1、D5、C4、C15、R21 组成的尖峰脉冲吸收回路的元器件，二是电源控制芯片 UC3842 是否损坏，三是必须检查稳压控制电路。稳压控制电路的检修见“输出电压过高”部分。

（2）充电器输出电压过高

充电器输出电压过高，说明充电器内的稳压控制电路异常。该故障检修流程如图 14-3 所示。

提示　输出电压高不仅会缩短蓄电池的使用寿命，而且容易导致充电器内部的开关管 V1 击穿，或滤波电容 C12、C16 击穿（有时会炸裂）等故障。

（3）充电器输出电压低

充电器输出电压低，说明稳压控制电路、负载电路、自馈电电路、充电控制电路异常。该故障检修流程如图 14-4 所示。

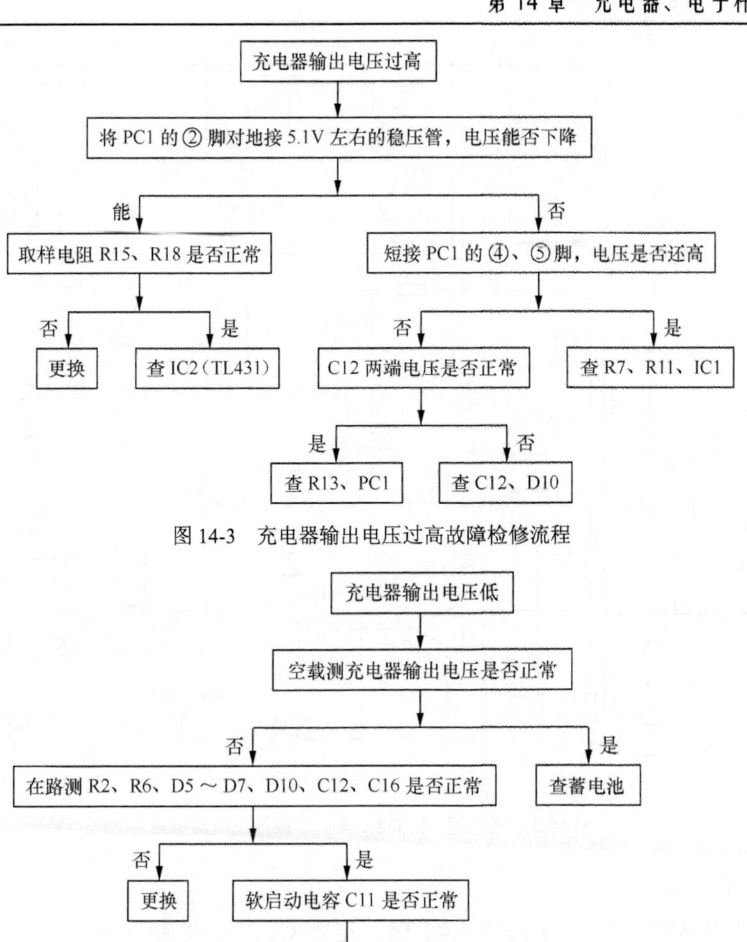

图 14-3　充电器输出电压过高故障检修流程

充电器输出电压低
空载测充电器输出电压是否正常
否
是
在路测 R2、R6、D5～D7、D10、C12、C16 是否正常
查蓄电池
否
是
更换
软启动电容 C11 是否正常
否
是
更换
断开 D14 电压是否恢复正常
否
是
查 IC2、PC1 是否正常
查 LM324 构成的充电控制电路
否
是
更换
更换 IC1（UC3842）

图 14-4　充电器输出电压低故障检修流程

提 示　输出电压低的同时开关变压器 T1 多会发出高频“吱吱”叫声。怀疑三端误差放大器 IC2、光电耦合器 PC1 异常时，也可采用代换法进行判断。另外，充电控制电路异常还会产生充电状态不能正常转换的故障。

二、旅行充电器

下面以飞毛腿 SC-538A 型袖珍旅行充电器为例进行介绍。该充电器电路由开关电源、稳压器、充电电流控制、指示灯电路等构成，如图 14-5 所示。

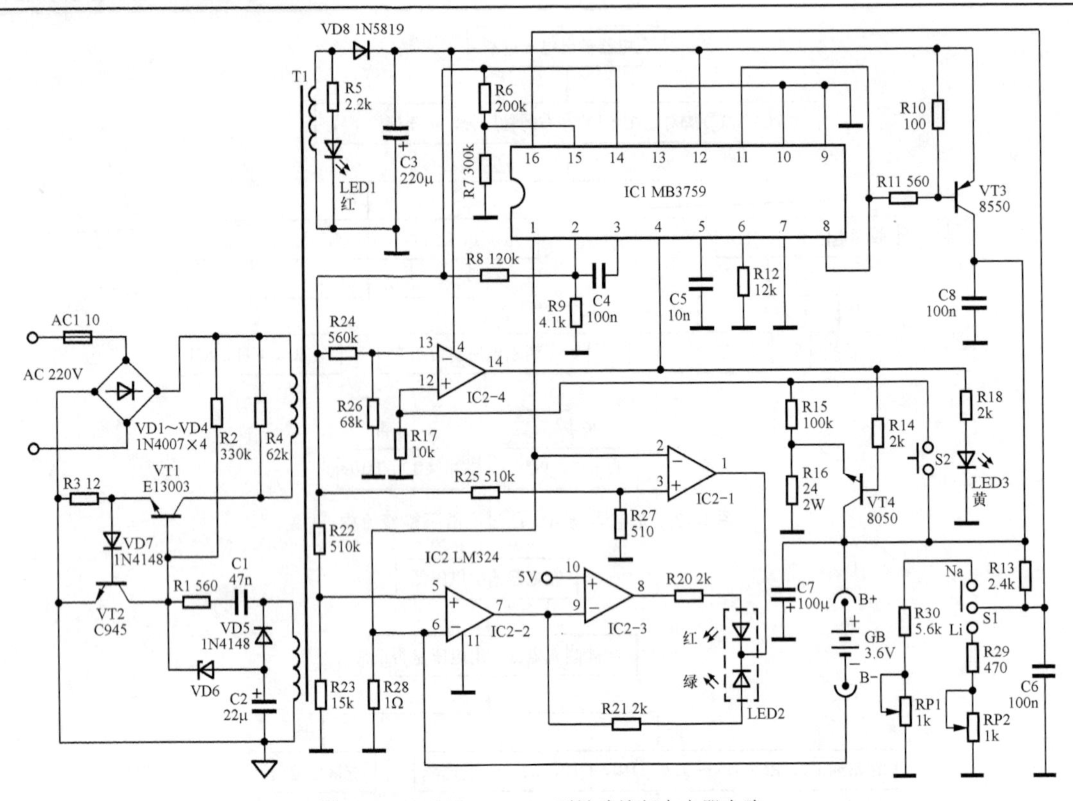

图 14-5　飞毛腿 SC-538A 型袖珍旅行充电器电路

1．开关电源

开关电源由开关管 VT1、开关变压器 T1、电容 C1、电阻 R1 等构成。

（1）功率变换

市电电压通过保险电阻 AC1 限流，利用 VD1～VD4 桥式整流产生脉动直流电压。该电压不仅通过开关变压器 T1 的初级绕组为开关管 VT1 的 c 极供电，而且通过 R2 限流，为 VT1 的 b 极提供导通电压，使 VT1 导通。VT1 导通后，它的 c 极导通电流使 T1 的初级绕组产生上正、下负的电动势，致使 T1 的正反馈绕组产生上正、下负的感应电动势，该电动势通过 C1、R1 和使 VT1 因正反馈雪崩过程而饱和导通。VT1 饱和导通后，它的 c 极电流不再增大，因电感中的电流不能突变，所以 T1 的初级绕组和正反馈绕组相继产生反相电动势，致使 VT1 迅速截止。VT1 截止后，T1 的次级绕组输出的脉冲电压一路经 R5 限流，使 LED1 点亮，表明开关电源已工作；另一路经 VD8 整流，C3 滤波后产生 12V 直流电压，为 IC1 和 VT3 供电。随着 T1 存储的能量不断释放，T1 的初级绕组、正反馈绕组再次产生反相电动势，使 VT1 再次导通，重复以上过程，VT1 工作在振荡状态，就可以为电池充电。

（2）稳压控制

当市电升高或负载变轻引起开关电源输出电压升高时，开关变压器 T1 的正反馈绕组输出的脉冲电压相应升高，通过 VD5 整流，在 C2 两端产生的负电压升高，使稳压管 VD6 导通加强，致使开关管 VT1 导通时间缩短，T1 存储能量下降，开关电源输出电压下降到正常值。开关电源输出电压下降时，控制过程相反。

（3）过流保护

开关管 VT1 因负载异常过流，在 R3 两端产生的电压增大时，通过 VD7 使 VT2 导通，致使 VT1 截止，避免了 VT1 过流损坏。该保护电路动作后，开关变压器 T1 会发出高频叫声。

2. 电池选择与放电电路

该机可以为锂电池、镍镉或镍氢电池充电。因镍镉、镍氢电池有一定的存储效应，为了提高它的使用寿命，需要放电后再充电。而锂电池则不需要放电。因此，该机设置了由芯片 IC1、IC2-4 和开关 S1、S2 为核心构成的电池选择与放电电路。

（1）镍镉、镍氢电池放电

需要为镍镉、镍氢电池充电时，将选择开关 S1 切换到 Na 的位置。此时，镍镉、镍氢电池所存储的电压经 R13、R30、RP1 取样后产生的电压较高。该电压加到 IC1 的⑯脚，与⑮脚的 3V 基准电压比较后，不仅控制⑧、⑪脚输出的电压最高，使 VT3 截止，不能对电池充电，而且使④脚为高阻状态，不影响放电电路正常工作。此时，按下放电开关 S2，使 IC2-4 的⑫脚输入的电压高于⑬脚的基准电压，于是 IC2-4 的⑭脚输出 11V 电压。此电压一路通过 R14 限流使 VT4 导通，将电池存储的电压经 VT4 的 ce 结、R16 到地快速放电；另一路经 R18 使指示灯 LED3 发光，表明该机处于放电状态。随着放电的不断进行，其两端电压逐渐消失，当其放电完毕后，使 IC1 的⑯脚、IC2-1 的⑬脚输入低电平电压后，IC1 的④脚和 IC2-4 的⑭脚电位变为低电平，使 LED3 熄灭，VT4 截止，放电结束。

（2）锂电池充电

需要为锂电池充电时，将选择开关 S1 切换到 Li 的位置。此时，锂电池所存储的电压经 R13、R29、RP2 取样后产生的电压较低。如上所述，IC1 的④脚电位为低电平，放电管 VT4 和指示灯 LED3 不起作用。

IC1②、⑮脚和 IC2⑤、⑬脚输入的基准电压，由 IC1 的⑭脚输出的 5V 电压经电阻取样后提供。

3. 充、放电电路

该机电池充电电路由芯片 IC1、LM324 内的 3 个比较器 IC2-1～IC2-3、充电管 VT3、取样电阻 R28 和指示灯为核心构成。

电池充电初期，因其两端电压较低，充电电流较大，在 R28 两端产生的取样电压较大（0.2V）。该电压分三路输出：第一路使 IC2-1 的②脚电位超过③脚电位，使 IC2-1 的①脚输出低电平，将指示灯 LED2 的负极接地；第二路使 IC2-2 的⑥脚电位超过⑤脚上的基准电压（0.16V），于是 IC2-2 的⑦脚输出低电平电压，不仅使 LED2 内的绿色发光管熄灭，而且使 IC2-3 的⑧脚输出高电平电压，经 R20 限流是 LED2 内的黄色发光管发光，表明该机处于快速充电状态；第三路使 IC1 的⑧、⑪脚输出的电压最低（7.1V），通过 R11 使 VT3 导通程度最大，VT3 的 c 极输出的电压最高，经 C7 滤波后为电池快速充电。随着充电地不断进行，电池两端电压逐渐升高，当电池两端电压达到 50%时，R28 两端电压低于 0.16V。该电压一路使 IC1 的①脚电位低于②脚的基准电压，于是 IC1 的⑧、⑪脚输出的电压升高到 8.3V，使 VT3 导通程度下降，对电池充电速度下降；另一路使 IC2-2 的⑦脚输出 3.3V 电压。该电压不仅经 R21 使 LED2 内的绿色发光管发光，而且使 IC2-3 的⑧脚仍输出高电平，LED2 内的红色发光管仍发光，于是 LED2 发出混合的橙色光，表明该机进入慢速充电状态。随着充电的继续进行，电池两端电压到达 75%时，R28 两端电压低于 0.16V。该电压一路使 IC1 的①脚电位低于②脚的基准电压，于是 IC1 的⑧、⑪脚输出的电压升高到 8.33V，使 VT3 导通程度进一步下降，对电池进行涓流充电状态；另一路使 IC2-2 的⑦脚输出 8.6V 电压。不仅使 LED2 内的绿色发光管继续发光，而且使 IC2-4 的⑧脚输出低电平电压，LED2 内的红色发光管熄灭，表明该机进入涓流充电状态。当电池充电结束后，R28 两端电压低于 0.01V。该电压一路使 IC1 的⑧、⑪脚输出的电压达到最大，使 VT3 截止；另一路使 IC2-1 的②脚电位低于③脚电位，于是 IC2-1 的①脚输出高电平电压，使 LED2 内的发光管熄灭，表明充电结束。

4. 常见故障检修

（1）不充电，指示灯 LED1 不亮

该故障的主要原因：1）充电器没有市电输入；2）开关电源不工作。该故障的检修流程如图 14-6 所示。

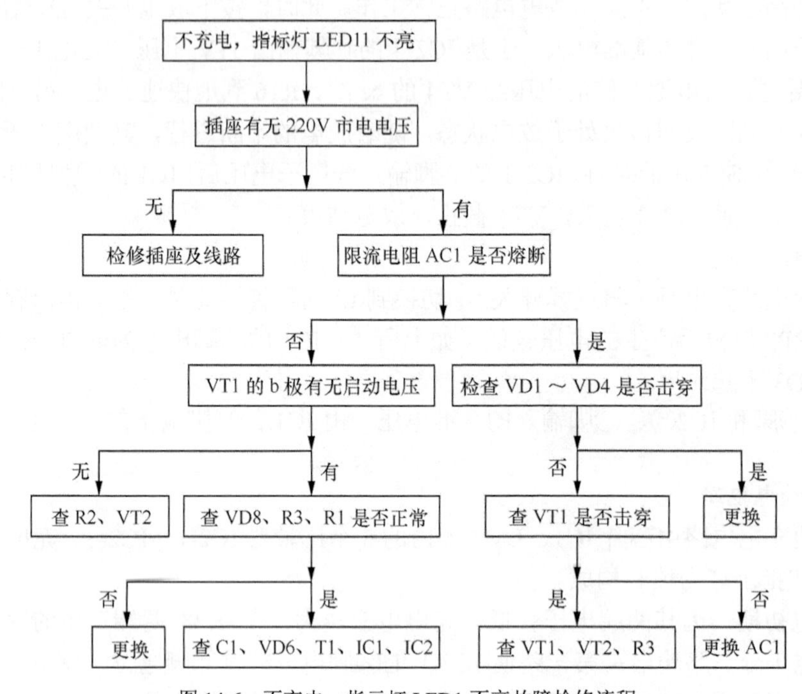

图 14-6　不充电，指示灯 LED1 不亮故障检修流程

注意　VT1 击穿，要检查 VD5、VD6、C2 是否正常，以免更换后的元器件再次损坏。

（2）电池不能充电，但 LED1 亮

该故障的主要原因：1）充电管 VT3 异常，2）芯片 IC1 工作异常，3）取样电阻 R28 开路，四是电池损坏。该故障的检修流程如图 14-7 所示。

（3）镍镉电池不能放电

该故障的主要原因：1）电压检测电路异常，2）开关 S1、S2 异常，3）比较器 IC2 异常，4）放电电路异常，5）芯片 IC1 异常。该故障的检修流程如图 14-8 所示。

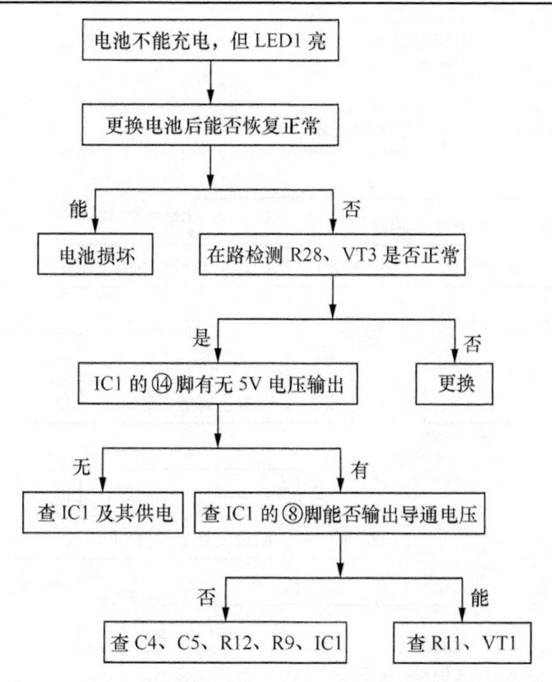

图 14-7　电池不能充电，但 LED1 亮故障检修流程

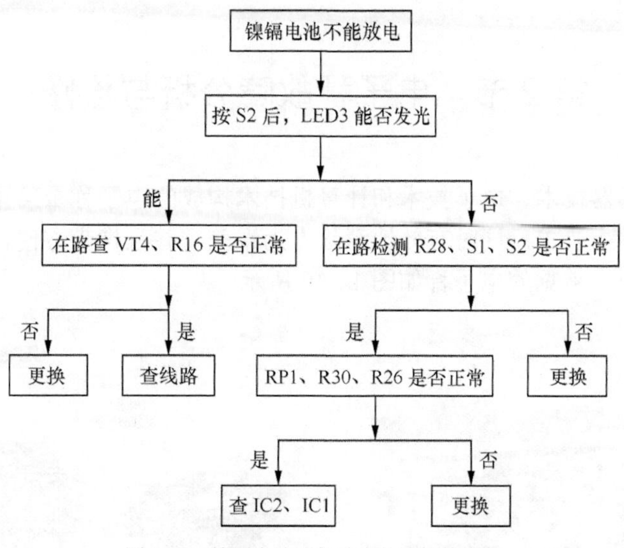

图 14-8　镍镉电池不能放电故障检修流程

（4）指示灯发光不正常

该故障的主要原因：1）电压检测电路异常，2）比较器 IC2 异常，3）指示灯异常。该故障的检修流程如图 14-9 所示。

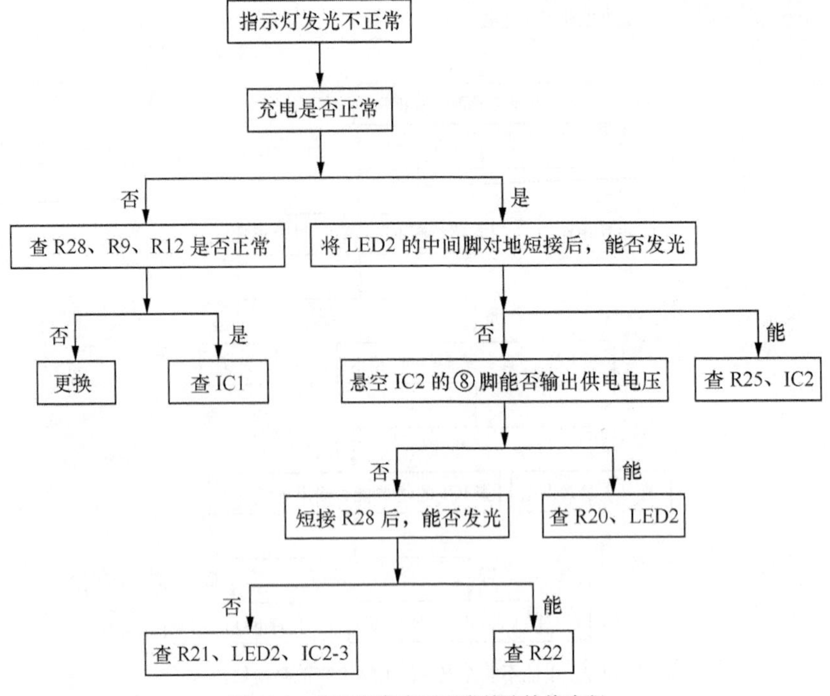

图14-9　指示灯发光不正常故障检修流程

第2节　电子秤故障分析与检修

电子秤采用传感器技术、电子技术和计算机技术构成的电子称量装置，满足了快速、准确、连续、自动的称量要求，同时有效地消除人为误差，并且携带方便，越来越广泛地应用在家庭和各行各业内。常见的电子秤如图14-10所示。

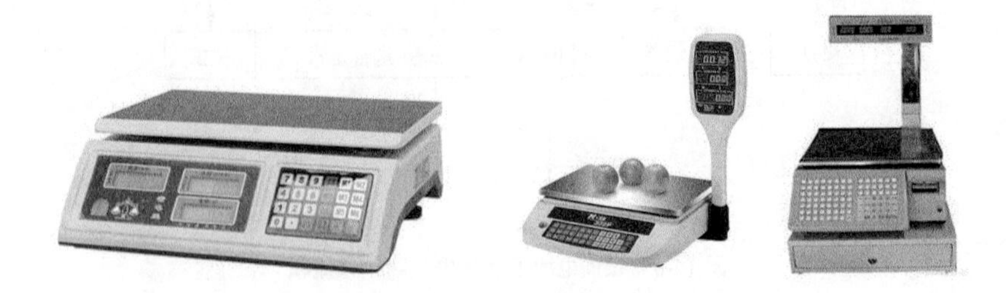

图14-10　常见的电子秤实物外形

一、电子秤的构成

1．整机构成

电子秤主要由承重系统（如秤盘、秤体）、称重检测系统（如称重传感器）和显示系统（如刻度盘、LCD 显示屏)、键盘、外壳等组成，如图 14-11 所示。

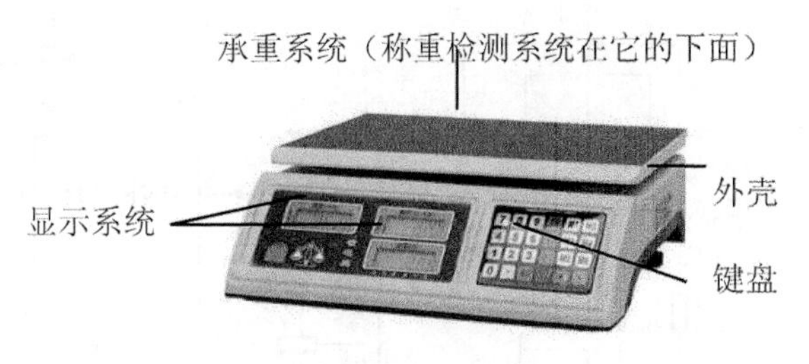

图 14-11　电子秤的整机构成

2. 电路构成

典型的电子秤由电源电路、称重传感器、A/D 转换电路、微处理器、键盘、显示屏、蜂鸣器电路、保护电路等构成，如图 14-12 所示。

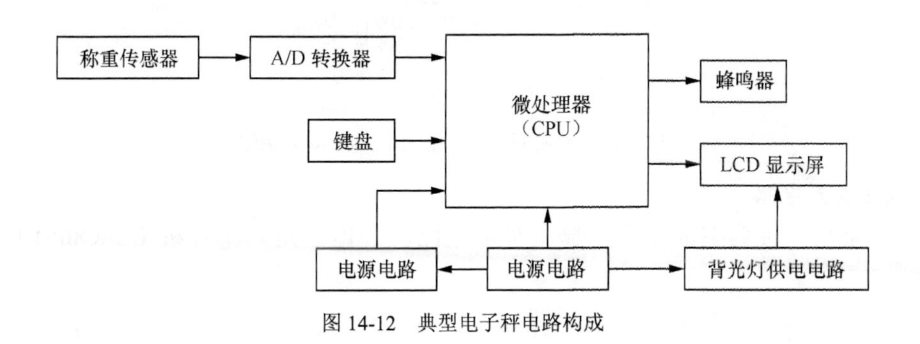

图 14-12　典型电子秤电路构成

二、典型电子秤电路

1. 称重检测信号放大与 A/D 转换

图 14-13 是一种典型电子秤的称重检测信号放大和 A/D 转换电路。其中，U201 负责传感器检测信号放大，U202 负责将模拟信号转换为数字信号。

称重时，称重传感器（图中未画出）检测的信号经连接器 CN201 输入后，利用 L201、R201 和 L202、R202 限流，C204、C203 滤波后，加到 U201（OPA2277）的两个放大器的同相输入端，因这两个放大器的输出端与反相输入端接了电阻 R204 和 R205，所以构成的是射随放大器。称重检测信号经射随放大器放大后，从①、⑦脚输出，利用 R206、R207 输入到 A/D 转换器 U202 的②、③脚，经其转换后得到数据信号 SDATA。该信号送给微处理器 U1 做计算处理。

U202 能否进行 A/D 转换，由④脚输入的片选信号 CS 和⑤脚输入的时钟信号 SCLK 的控制，只有该信号为低电平时，才能进行 A/D 转换。

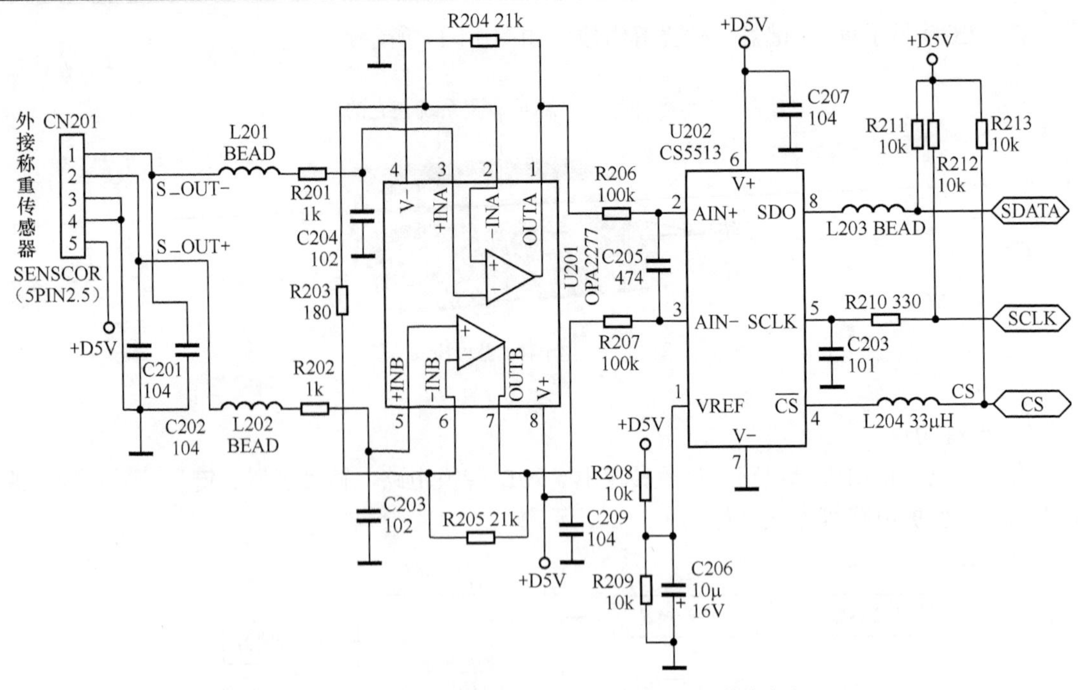

图 14-13　电子秤典型称重检测信号放大和 A/D 转换电路

2. 微处理器电路

图 14-14 是一种典型的电子秤微处理器电路。该电路是以单片机 U5（8051）为核心构成。

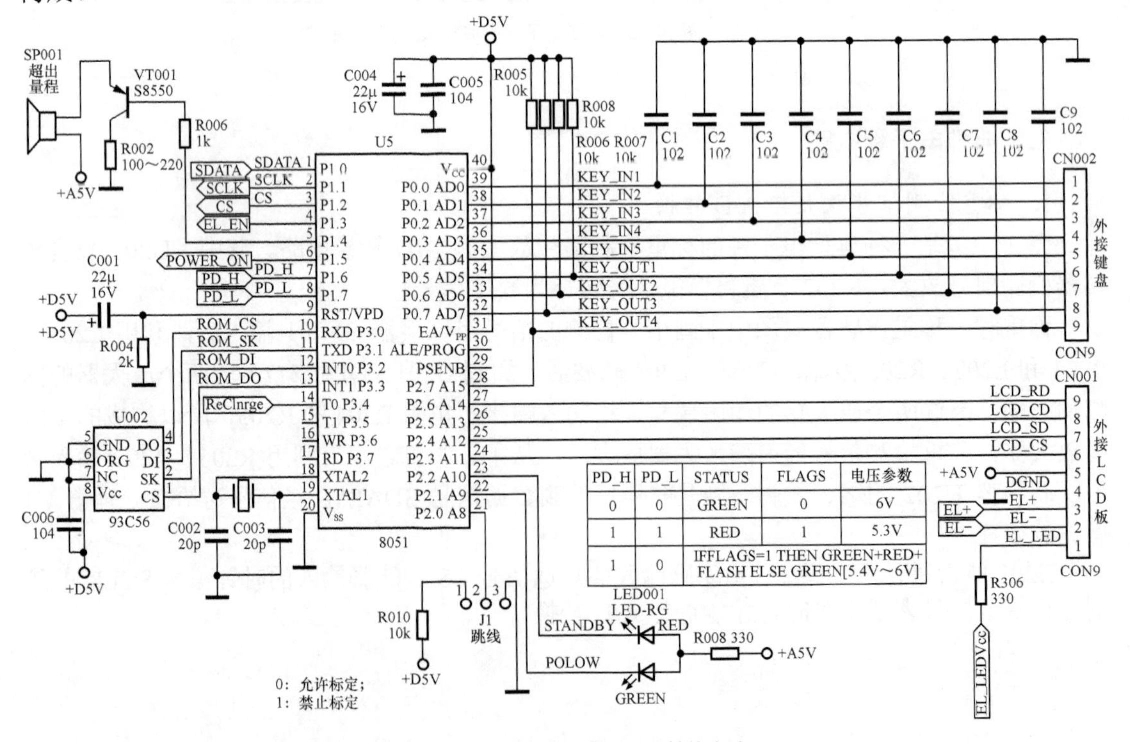

PD_H	PD_L	STATUS	FLAGS	电压参数
0	0	GREEN	0	6V
1	1	RED	1	5.3V
1	0	IFFLAGS=1 THEN GREEN+RED+FLASH ELSE GREEN[5.4V～6V]		

图 14-14　电子秤典型微处理器转换电路

（1）基本工作条件电路

该机的微处理器基本工作条件电路由供电电路、复位电路和时钟振荡电路构成。

由电源电路输出的 5V 电压不仅加到微处理器 U5（8051）的㉛、㊵脚，而且加到存储器 U002（93C56）的⑧脚，为它们供电。U5 得到供电后，它内部的振荡器与⑱、⑲脚外接的晶振和移相电容 C002、C003 通过振荡产生时钟信号。该信号经分频后协调各部位的工作，并作为 U5 输出各种控制信号的基准脉冲源。开机瞬间 U5 内部的复位电路产生复位信号使它内部存储器、寄存器等电路复位，当复位信号为高电平后复位结束，开始工作。

（2）蜂鸣器电路

该机的蜂鸣器电路由蜂鸣器 SP001、放大管 Q001、微处理器 U5 等构成。

当进行功能操作时，U5⑤脚输出的脉冲信号经 R006 限流，放大管 Q001 倒相放大后，驱动蜂鸣器 SP001 发出声音，表明该操作功能已被 U5 接受，并且控制有效。

3．键盘电路

电子秤典型的键盘电路由功能操作键 S1～S20 为核心构成，如图 14-15 所示。

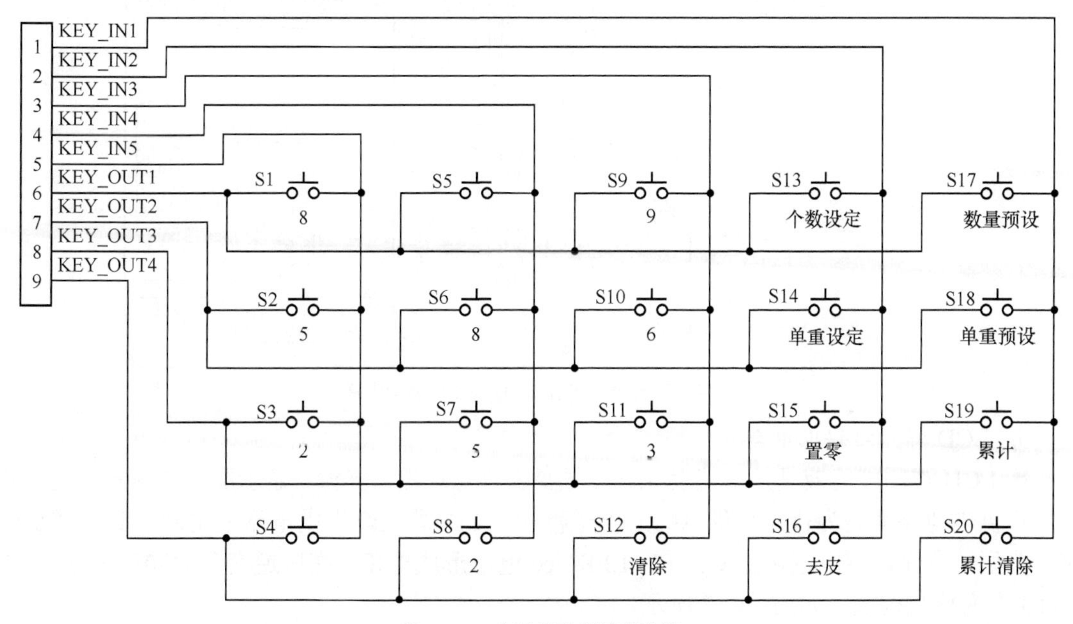

图 14-15　电子秤典型键盘电路

因电子秤的操作功能完善，所以多采用键控方式。微处理器 U5 从㉘、㉜～㉞脚输出的键扫描脉冲从连接器的⑥~⑨脚输入，当按某个按键后，产生的键扫描脉冲信号通过连接器的①～⑤脚输出给微处理器 U5 的㊴～㉟脚。U5 将键扫描信号与输入的称重数据计算后，输出驱动信号，驱动显示屏显示出计算值。

4．LCD 显示屏驱动电路

电子秤典型的 LCD 显示屏驱动电路由逻辑处理器、行列信号驱动电路构成，如图 14-16 所示。

微处理器 U5 的㉔～㉗脚输出的片选信号 CS 和数据信号 LCD_SD、LCD_CD、LCD_RD 信号，它们经连接器 CON9 输出给 LCD 驱动电路。经 U7（HT1622）进行逻辑处理，产生的驱动信号经 LCD1、LCD2、LCD3 放大后，就会控制 LCD 的液晶开关，从而在 LCD 上显示出计算结果。

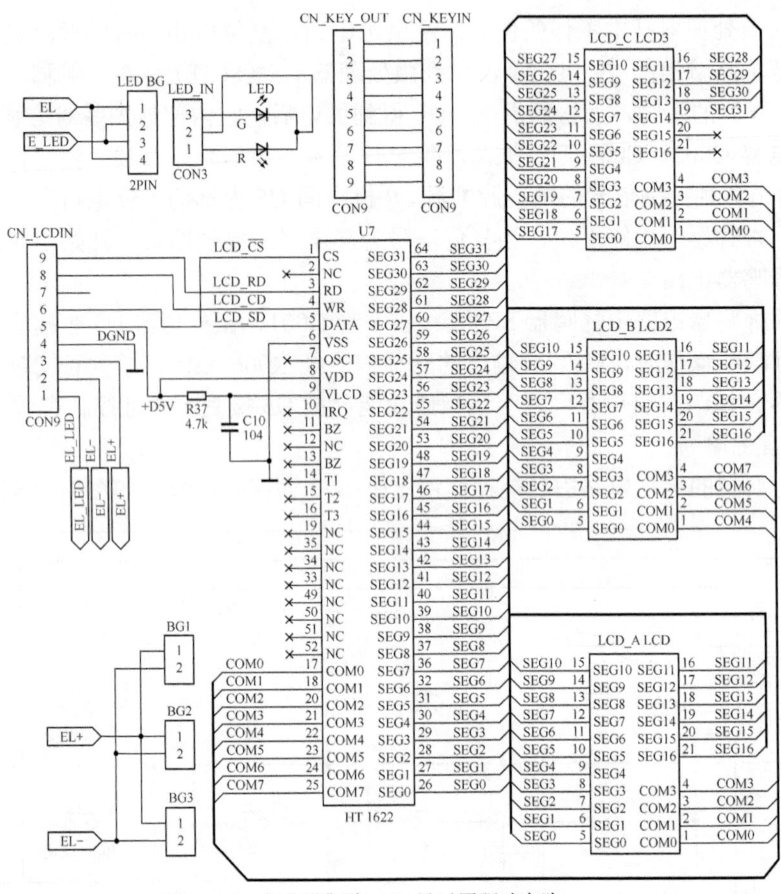

图 14-16　电子秤典型 LCD 显示屏驱动电路

5. LCD 背光灯供电电路

因 LCD 液晶屏的液晶是不能发光的，需要由背光灯提供光源，显示屏才能显示字符。而背光灯供电电路就是为背光灯供电的，电子秤的 LCD 背光灯供电电路采用的是高压逆变电路。典型的背光灯供电电路主要由 FL_LEDVcc 电压形成电路、高压逆变管 Q303、高压变压器 T301 为核心构成，如图 14-17 所示。

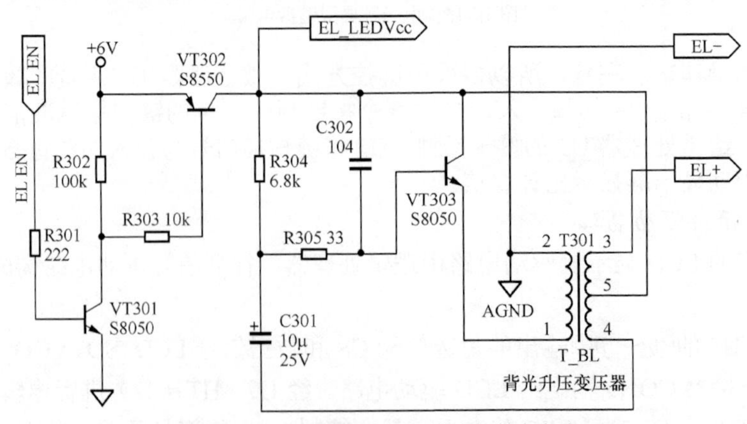

图 14-17　电子秤典型 LCD 背光灯供电电路

需要 LCD 显示屏显示时，微处理器 U5④脚输出的点灯信号 EL_EN 为高电平，该信号经 R301 使 Q301 导通，致使 Q302 导通。Q302 导通后，从它 c 极输出的电压不仅通过 CN01 为 LCD 电路供电，而且为逆变管 Q303 供电，同时通过 R304、R305 为 Q303 的 b 极提供导通电压，于是 Q303 在高压变压器 T301、正反馈电容 C302 的作用下，工作的振荡状态，于是 T301 可以为背光灯提供高压脉冲电压 EL+、EL-，背光灯得电后发光，LCD 显示屏才能显示数值。

6. 电源过压/欠压保护电路

电子秤典型的电源过压/欠压保护电路由 U102 及电压检测电路成，如图 14-18 所示。

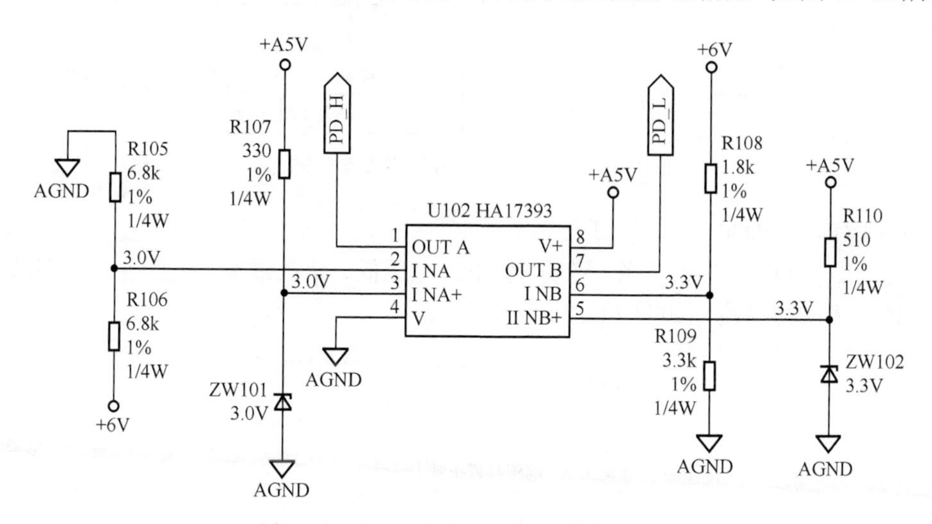

图 14-18　电子秤典型电源过压/欠压保护电路

（1）过压保护

当 6V 供电超过 6V，经 R106、R105 取样后，使 U102 的②脚输入的电压超过③脚上的 3V 基准电压，被 U102 内的一个比较器比较后，使 U102 的①脚输出的 PD_H 信号为低电平，参见图 14-14，该信号加到微处理器 U5 的⑦脚，U5 输出控制信号使电路不能启动或停止工作，以免负载过压损坏。

（2）欠压保护

当 6V 电源或负载异常使其两端电压低于 5.3V 时，经 R108、R109 取样后，为使 U102 的⑥脚提供的取样电压低于 3.3V。该电压与⑤脚上的 3.3V 基准电压被 U102 内的另一个比较器比较后，使 U102 的⑦脚输出的 PD_L 信号为高电平。参见图 14-14，该信号加到微处理器 U5 的⑧脚，U5 输出控制信号使电路停止工作，以免负载欠压损坏。同时，U5 从㉒脚输出低电平信号，使 LED001 内的绿色指示灯发光，提醒用户该机进入欠压保护状态，需要更换电池或维修。

当 6V 供电在正常范围（5.4~6V）时，PD_L、PD_H 都为低电平，被微处理器 U5 识别后，从㉓脚输出低电平信号，使 LED001 内的红色指示灯发光，表明该机可以进入待机状态。

7. 常见故障检修

（1）不工作，LED001 不亮

不工作，指示灯 LED001 不亮，说明供电线路、电源电路、微处理器异常。该故障的检修流程如图 14-19 所示。

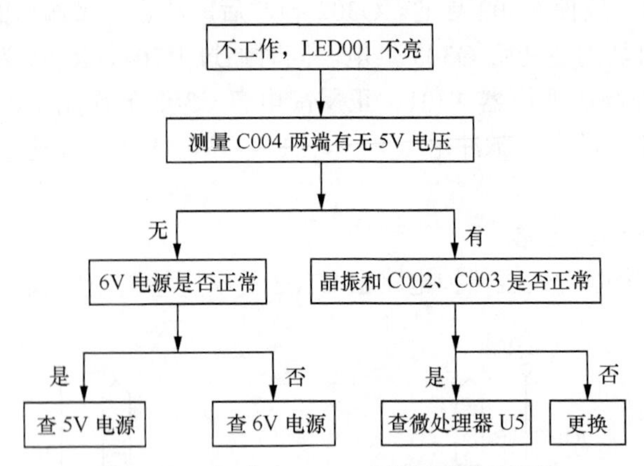

图 14-19　不工作、LED001 不亮故障检修流程

（2）不工作，LED001 内的绿灯亮

不工作，LED001 内的绿灯亮，说明 6V 电源电压低、负载过流、欠压保护电路或微处理器异常。该故障的检修流程如图 14-20 所示。

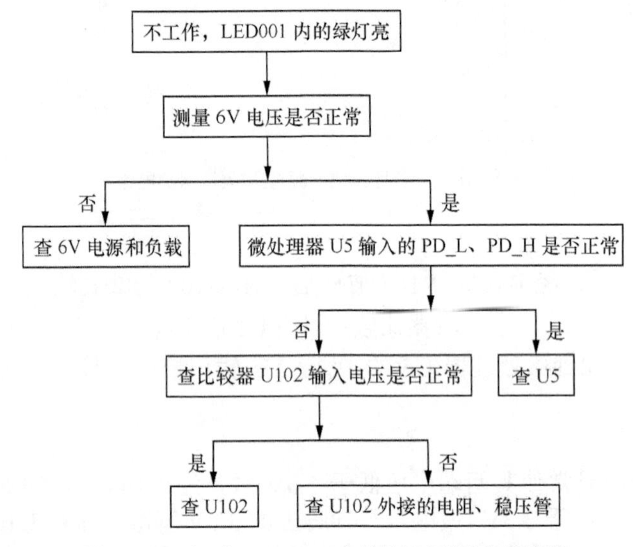

图 14-20　不工作、LED001 内的绿灯亮故障检修流程

（3）LCD 不亮，其他正常

该故障的主要原因：1）背光灯或其供电异常，2）液晶驱动电路异常，3）微处理器异常，4）LCD 异常。该故障的检修流程如图 14-21 所示。

（4）LCD 显示的字符异常

该故障的主要原因：1）键盘异常，2）液晶驱动电路异常，3）微处理器异常，4）LCD 异常。该故障的检修流程如图 14-22 所示。

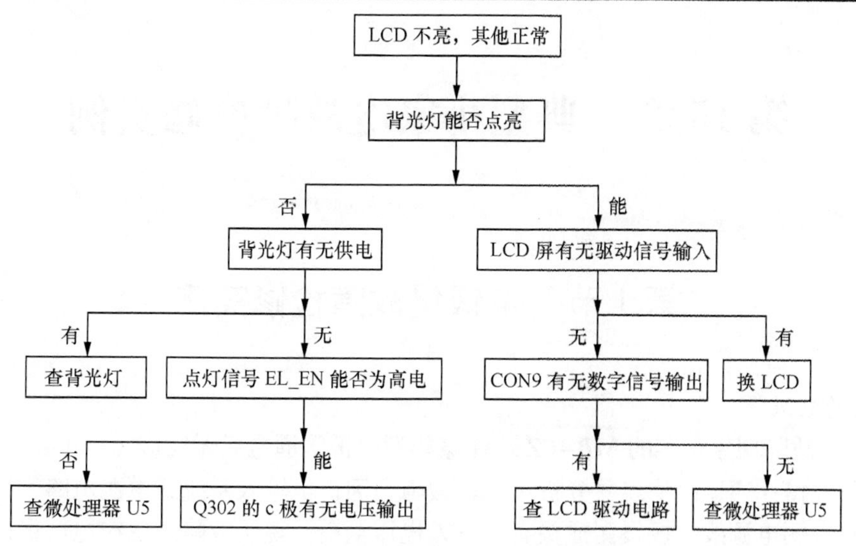

图 14-21　LCD 不亮，其他正常故障检修流程

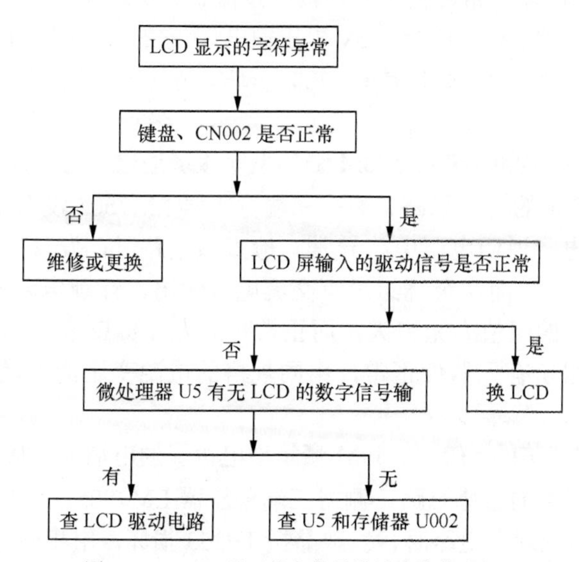

图 14-22　LCD 显示的字符异常故障检修流程

第 15 章　典型小家电故障检修实例

第 1 节　电饭煲故障检修实例

1. 美的电饭煲

【例 1】 故障现象：美的 MB-FZ50M 豪华型电饭煲通电后无反应（一）

分析与检修：通过故障现象分析可知，故障是因市电输入系统或电源电路、微处理器电路异常所致。测电源线电饭煲侧插头有 225V 电压输出，说明故障发生在电饭煲内部。拆开电饭煲，经检测温度熔断器正常，初步判断没有过流、过热现象，怀疑电源电路或微处理器电路异常。测得三端稳压器 LM7805 没有 5V 电压输出，而它的输入端有 15V 电压，说明 LM7805 或其负载异常。经检查负载正常，确认是 LM7805 异常。用 AN7805 更换后，5V 电压恢复正常，故障排除。

【例 2】 故障现象：美的 MB-FZ50M 豪华型电饭煲通电后无反应（二）

分析与检修：按例 1 的检修思路，测得三端稳压器 LM7805 没有 5V 电压输出，并且它的输入端有也没有供电，说明电源电路异常。检查该电路时，发现电源变压器的初级绕组有 219V 的市电电压输入，而次级绕组没有交流电压输出，怀疑电源变压器损坏。断电后，测得该变压器初级绕组的阻值为无穷大，而正常时应为 1.8kΩ 左右，说明变压器的初级绕组开路，检查次级绕组所有元器件正常，用同规格的电源变压器更换后，电源电路恢复正常，故障排除。

【例 3】 故障现象：美的 MB-FZ50M 豪华型电饭煲通电后无反应（三）

分析与检修：按例 1 的检修思路，测得三端稳压器 LM7805 有 5V 电压输出，说明微处理器电路异常。检查微处理器电路时，发现晶振 TP253 损坏，用相同的晶振更换后，微处理器电路恢复正常，故障排除。

【例 4】 故障现象：美的 MB-YCB30B 型电饭煲有时煮饭米饭不熟

分析与检修：通过故障现象分析可知，该故障多为内锅位置不正，温度检测电路、微处理器电路异常所致。首先，经检查内锅没有变形，并且内锅与加热盘之间没有异物，说明故障是由于温度检测电路或微处理器电路异常所致。检查温度检测电路时，发现锅底温度传感器 Rt1 的连接器 CN3 接触不良，重新连接后，故障排除。

【例 5】 故障现象：美的 MB-YCB30B 型电饭煲煮饭时米饭烧煳

分析与检修：通过故障现象分析可知，该故障多为温度检测电路、加热盘供电电路或微处理器电路异常所致。首先检查加热盘供电电路，发现继电器 K 的触点粘连，说明 K 损坏。更换同规格的继电器后，故障排除。

【例 6】 故障现象：美的 MB-YC50A 型电饭煲通电后无反应

分析与检修：通过故障现象分析可知，该故障是由于没有市电输入或电源电路、微处理器电路异常所致。拔出电源线电饭煲侧的插头，测插头有 220V 电压输出，说明故障发生在电饭煲内部。拆开电饭煲，经检测温度熔断器正常，初步判断没有过流、过热现象，怀疑电源电路或微处理器电路异常。经检查 5V 供电正常，说明微处理器电路异常。检查微处理器电路时，发现微处理器 U1 的复位端⑩脚电压为 0，正常时应为 3V 左右，说明 R3 开路或 C8 漏电。经检查发现 C8 漏电，用 0.1μF/16V 电容更换后，电饭煲恢复正常，故障排除。

2. 容声电饭煲

【例 7】 故障现象：容声 CFXB50-90DA 型机械控制电饭煲通电后无反应

分析与检修：通过故障现象分析可知，该故障是由于没有市电输入或温度熔断器开路所致。测电饭煲的电源线发现有 220V 电压，说明故障发生在电饭煲内部。拆开电饭煲，经检测温度熔断器 FU 的确熔断，而磁钢温控器 ST1 和保温温控器 ST2 都正常，因此怀疑 FU 属于自然损坏。更换后，故障排除。

【例 8】 故障现象：容声 CFXB50-90DA 型机械控制电饭煲有时煮饭米饭不熟

分析与检修：通过故障现象分析可知，故障多为内锅位置不正、磁钢温控器异常所致。首先，经检查内锅没有变形，并且内锅与加热盘之间没有异物，因此怀疑磁钢温控器 ST1 异常。更换新的磁钢温控器后，故障排除。

3. TCL 电饭煲

【例 9】 故障现象：TCL TB-YD30A 型电饭煲通电后无反应

分析与检修：通过故障现象分析可知，该故障是由于没有市电输入或电源电路、微处理器电路异常所致。测电饭煲的电源线发现有 220V 电压，说明故障发生在电饭煲内部。拆开电饭煲，经检测温度熔断器正常，初步判断没有过流、过热现象，因此怀疑电源电路或微处理器电路异常。测得三端稳压器 U1 没有 5V 电压输出，而它的输入端也没有电压，因此怀疑市电输入电路或电源变压器 T1 异常。测得 T1 的初级绕组有 224V 的交流电压，说明输入电路正常，而 T1 的次级绕组没有交流电压输出，说明 T1 损坏。将 T1 焊下后测得其初级绕组的阻值为无穷大，说明 T1 的初级绕组开路。用同规格变压器更换后，电压恢复正常，故障排除。

【例 10】 故障现象：TCL TB-YD30A 型电饭煲通电后所有指示灯都亮，不加热

分析与检修：通过故障现象分析可知，该故障是由于微处理器工作异常或温度检测电路异常，被微处理器检测后，进入保护控制状态所致。首先，检查温度检测电路时，发现锅盖温度传感器与控制电路之间开路，说明传感器或线路有故障。检查线路时，发现锅盖与锅体处折断。接好线路后，再测传感器插头的阻值达到 95kΩ，故障排除。

第 2 节　保温压力锅/蒸炖煲故障检修实例

1. 三角保温压力锅

【例 1】 故障现象：三角 YWS-65 型保温压力锅加热时间过长

分析与检修：通过对故障现象的分析，怀疑故障原因是温控器或主加热器异常。为压力锅通电后，发现加热指示灯 HL1 发光，说明温控器 ST 正常，故障多因主加热器 EH1 开路所致。断电后，测得主加热器的阻值为无穷大，正常时的阻值应为 55Ω 左右，说明主加热器内部已经开路。用同规格的加热器更换后，加热恢复正常，故障排除。

【例 2】 故障现象：三角 YWS-65 型保温压力锅不能保压

分析与检修：通过对故障现象的分析，怀疑故障原因是保压定时器 PT 或副加热器异常。为压力锅通电后，转动定时器，发现保压热指示灯 HL2 不发光，说明定时器或线路开路。断电后，测量阻值发现定时器开路。用同规格的定时器更换后，保压恢复正常，故障排除。

2. 万宝蒸炖煲

【例 3】 故障现象：万宝 DZ-15 型蒸炖煲通电后指示灯不亮，并且加热器不加热

分析与检修：通过故障现象分析可知，该机没有市电输入或电源电路有故障。检查市电正常，测量电容 C1 两端无 12V 直流电压，说明电源电路有故障。检查变压器 T 时，发现它的表面局部焦黄，而它的初级绕组阻值不足 150Ω，正常时为 2.5kΩ左右，说明 T 的初级绕组匝间短路。检查其他元件正常，更换同规格的变压器后，电源电路输出电压正常，故障排除。

【例 4】 故障现象：万宝 DZ-15 型蒸炖煲煲内有水，指示灯亮，但不加热

分析与检修：该故障现象说明加热电路不正常，多为加热器 EH 或其供电异常所致。断电后，用万用表 $R\times1$ 挡测得 EH 的阻值为无穷大，说明 EH 已烧断，更换同规格的加热器后，故障排除。

方法与技巧 拆装加热器的步骤是：第一步，拧下不锈钢排气盘上的自攻螺钉，拆出不锈钢排气盘；第二步，用小扳手拧下加热器引棒上的 M3 螺母；第三步，拧下温度熔断器固定片上的 M3 螺母，再依次拆卸引棒上的圆垫圈、弹簧垫圈、外固定片、温度熔断器、内固定片、密封胶环；第四步，将损坏的加热器从塑料盘上拆下来，插入新的加热器，逆拆卸顺序装好各零件；第五步，检查加热器引棒与管壁的绝缘电阻正常后，向煲内注水，检查引棒各安装孔无漏水，就可以投入使用。

注意 安装加热器时千万不要漏装密封胶环，以免安装后出现漏水等故障。

【例 5】 故障现象：万宝 DZ-15 型蒸炖煲通电后指示灯不亮，不加热，蜂鸣器报警

分析与检修：通过故障现象分析可知，该故障多因测水电路异常所致。首先经检查发现测水电极 P1、P2 的表面没有严重的水垢，并且电极连接导线没有脱落，说明测水控制电路异常。检查该电路时，发现三极管 VT2 的 c、e 极间阻值为 0，说明它的 c、e 极间击穿短路。该故障不仅造成继电器 K1 吸合，常闭触点 K1-1 断开，使指示灯 HL 不亮，加热器不能加热，而且使三极管 VT3 导通，使报警电路鸣叫报警。更换 VT2 后，故障排除。

【例 6】 故障现象：万宝 DZ-15 型蒸炖煲在煲内无水时不能报警

分析与检修：通过故障现象分析可知报警电路异常。检查报警电路时，发现 VT3 的 b、c 极间的阻值为 0，说明它的 b、e 极间击穿，从而导致了报警电路不能正常工作。更换 VT3 后，电子蒸炖煲正常报警，故障排除。

第 3 节　电炒锅/电烤炉故障检修实例

1. 电炒锅

【例 1】 故障现象：机械控制式电炒锅接通电源后，温度上升很慢

分析与检修：通过故障现象分析可知，该故障多因温度调节偏低、加热器接触不良或温度调节器异常所致。经检查，发现温度调节器损坏，更换同规格的温度调节器后，故障排除。

【例 2】 故障现象：电子控制式电炒锅通电并旋动旋钮后，锅内始终不热，指示灯不亮

分析与检修：通过故障现象分析，说明该机没有市电输入或晶闸管触发电路异常。检查电源线、电源接插件正常。检查触发电路时，发现触发二极管已开路损坏，使晶闸管得不到触发电压而始终截止，电热器不发热，指示灯也不能亮。用 0.5W/20V 的触发二极管更换后，电炒锅恢复正常。另外，如果指示灯断路、双向晶闸管 VS 损坏也会产生该故障。

【例 3】 故障现象：电子控制式电炒锅接通电源后，温度上升很慢

分析与检修：通过故障现象分析可知，该故障多因温度调节偏低、加热器或其供电电路异常所致。经检查，发现功率调节正常，但测得加热器的供电电压低，说明供电电路异常。检查供电电路时，发现滤波电容 C 漏电，导致双向晶闸管 VS 不能可靠地触发导通，从而产生该故障。用同规格电容更换后，故障排除。另外，功率调整电位器 RP 接触不良或 VS 性能差也会形成本故障。

2. 电烤炉

【例 4】 故障现象：中洲电烤炉通电后显示屏不亮，不加热

分析与检修：该故障现象说明市电供电电路、电源电路、微处理器电路异常。首先，测得市电供电正常。拆开电烤炉后，经检查发现熔断器 FU 熔断，说明有过流或过热现象。经检测加热器 EH1、EH2 没有短路，而检查它们的供电电路时，发现继电器 K1 的触点粘连，更换 FU 和 K1 后，故障排除。

【例 5】 故障现象：中洲电烤炉的功率选择开关 S1 置于第 3 挡（全热），加热指示灯 LED1、LED2 全亮，但只有上层发热

分析与检修：通过故障现象分析可知，该故障是由于下层加热电路异常所致。检查该电路时，发现加热器 EH2 与电源线连接部位氧化，导致了 EH2 与电源线虚接，清理氧化物并重新连接后，故障排除。

提示　清除加热器 EH2 的氧化物的同时，也应查看加热器 EH1 与电源线接触部位是否氧化，若是，也应清理一下。

【例 6】 故障现象：中洲电烤炉“手控”时加热正常，而“时控”时不加热

分析与检修：通过故障现象分析发现“手控”时主加热电路、温度控制均正常，说明故障在时控电路。检查该电路时，发现 VT2 的 b 极没有电压输入，而二极管 VD9、VD10 的负极有电压输出，说明限流电阻 R13 或线路板开路。经检查，发现 R13 开路，更换后恢复正常。

【例7】 故障现象：中洲电烤炉无论置“手控”挡还是“时控”挡均不加热

分析与检修：通过故障现象分析可知，该故障是由于温度检测电路、继电器驱动电路异常所致。检测温度检测电路时发现比较器IC2的②脚电位正常，并且调节可调电阻RP时IC2的③脚电位变化正常，而IC2的⑥脚输出电压不正常，说明IC2损坏。用正常的MC1741CP更换IC2后，故障排除。

注意　可调电阻RP用于电烤炉的温度设定，所以在调整前要记好原位置，调整无效后要将它复位。

第4节　吸油烟机故障检修实例

1. 拓力吸油烟机

【例1】 故障现象：拓力吸油烟机通电后没有任何反应

分析与检修：该故障现象说明该机没有市电电压输入或机内电源电路、微处理器异常。经检测电源插座有217V的市电电压，说明故障发生在吸油烟机内部。拆开吸油烟机后，检查发现熔断器FU已熔断，说明电机、照明灯或线路有漏电现象。询问用户得知，该机原来使用时有焦味，并且吸力小，由此可知电机异常。检测电机绕组阻值时，发现阻值较小，说明电机绕组的确短路，更换同规格电机和熔断器后，故障排除。

【例2】 故障现象：拓力吸油烟机指示灯亮，但电机在强风挡和弱风挡不转

分析与检修：该故障现象说明电机或其启动电容异常。检查电容时，发现它基本无容量，更换同规格电容后，电机运转恢复正常，故障排除。

【例3】 故障现象：拓力吸油烟机通电后，继电器的触点连续吸合/释放，指示灯闪烁

分析与检修：该故障现象说明电源电路、微处理器电路异常。检查电源电路时，发现三端稳压器7805输出的5V电压低，说明7805或其负载异常。经检查发现滤波电容C4漏电，用100μF/16V电容更换后，5V电压恢复正常，故障排除。

2. 方太吸油烟机

【例4】 故障现象：方太8X型吸油烟机通电后没有任何反应

分析与检修：该故障现象说明该机没有市电电压输入或机内电源电路、微处理器异常。经检测电源插座有217V的市电电压，因此怀疑故障发生在吸油烟机内部。拆开吸油烟机后，测得滤波电容C3两端无电压，接着测得滤波电容C1两端也无电压，说明市电输入电路或变压器异常。经检测变压器的初级绕组两端有220V电压，而它的次级绕组无电压输出，说明变压器损坏。断电后，测得变压器初级绕组的阻值为无穷大，说明绕组开路，更换同规格的变压器后，故障排除。

【例5】 故障现象：方太Q8X型吸油烟机电机不转，但显示屏显示正常

分析与检修：该故障现象说明电机或其启动器异常。检查启动器RN时，发现它已开路，用同规格的热敏电阻更换后，电机运转，故障排除。

【例 6】 故障现象：方太 Q8X 型吸油烟机通电后，继电器乱跳，指示灯闪烁

分析与检修：该故障现象说明电源电路、微处理器电路异常。经检查，电源电路输出电压正常，因此怀疑微处理器电路异常。检查微处理器时，发现晶振 XT 异常。用 4MHz 晶振更换后，微处理器电路恢复正常，故障排除。

【例 7】 故障现象：方太 Q8X 型吸油烟机通电后电机就高速运转

分析与检修：该故障现象说明电机的高速运转供电电路异常。经检查该电路时，发现驱动管 V4 的 c、e 极间阻值较小，说明 V4 的 c、e 极间击穿。用 8550 更换后，故障排除。

【例 8】 故障现象：方太 8X 型吸油烟机电机运转正常，但照明灯不亮

分析与检修：该故障现象说明照明灯或其供电电路异常。通电后，按照明灯开关 SW1，结果没有听到继电器触点的吸合声，说明故障发生在供电电路。按 SW1 时，N1 的①脚无电压输出，而它的③脚有 5V 电压输入，说明 N1 异常。用 CD4027 更换 N1 后，故障排除。

【例 9】 故障现象：方太 8X 型吸油烟机照明灯发光，但电机不转

分析与检修：该故障现象说明电机供电控制电路、运行电容、电机异常。通电后，按电机转速开关 SW2、SW3，结果没有听到继电器触点的吸合声，说明故障发生在供电控制电路。按 SW2 时，测得 N2 的⑭脚无电压输出，而它的⑩、⑬脚有高电平控制电压输入，因此怀疑 N2 异常。用 CD4027 更换 N2 后无效，说明故障在其外围电路上。检测 N2 的引脚电压时，发现它的④脚始终为高电平，说明停止键 SW4 的触点粘连或 N2 损坏，经检测发现 SW4 损坏，更换后，N2 的④脚恢复低电平，故障排除。

第 5 节　电风扇故障检修实例

1. 长城电风扇

【例 1】 故障现象：长城 KYT11–3 型电风扇通电后没有任何反应（一）

分析与检修：该故障现象说明该机没有市电电压输入或机内电源电路异常。经检测电源插座有 223V 的市电电压，因此怀疑故障发生在电风扇内部。拆开电风扇后，经检查发现熔断器 FUSE 已熔断，因此怀疑电源电路或负载异常。检查电源电路时，发现降压电容 C1 的表面有裂痕，说明 C1 损坏，检查其他器件正常，更换 C1 和 FUSE 后，故障排除。

【例 2】 故障现象：长城 KYT11–3 型电风扇通电后没有任何反应（二）

分析与检修：按上例检修思路检查，发现熔断器 FUSE 正常，因此怀疑电源电路异常。检查电源电路时，发现稳压管 DZ 击穿，而其他元器件正常。用 2.5V 稳压管更换 DZ 后，故障排除。

【例 3】 故障现象：长城 KYT11–3 型电风扇通电后，电源指示灯亮，但扇叶不转

分析与检修：通过故障现象分析，操作键、控制电路异常。经检查按键正常，因此怀疑控制电路异常。检查控制电路时，发现时钟电路异常。经检查发现晶振 XT 异常，更换同型号晶振后，故障排除。

2. 海尔电风扇

【例4】故障现象：海尔 FTD30–2 型电风扇无论高速还是低速电机都不转，但指示灯发光正常

分析与检修：该故障现象说明电机运行电容、电机或电机供电电路异常。经检测电机的运行绕组有 220V 的市电电压，说明供电电路正常，故障是由于运行电容或电机异常所致。焊下电容检测，发现已经无容量，用 1.2μF/400V 电容更换后，电机运转正常，故障排除。

【例 5】 故障现象：海尔 FTD30-2 型电风扇通电后就高速运转

分析与检修：该故障现象说明电机高速运转的供电电路异常，多为晶闸管 VS3 或微处理器 IC1 的⑭脚内部短路所致。用万用表的二极管挡在路测量发现 VS3 击穿，更换 VS3 后，故障排除。

【例 6】 故障现象：海尔 FTD30-2 型电风扇能够高速、中速运转，但不能模拟自然风运转

分析与检修：该故障现象说明电机、晶闸管 VS3、三极管 VT1 和 VT2 或模拟自然风控制电路异常。检查时，发现时基芯片 NE555 的③脚始终输出低电平电压，说明自然风电路的确异常。该机通过控制 NE555②脚外接的定时电容 C6 的充、放电时间，就可以实现自然风控制。测得 NE555 的⑧脚供电正常，并且 C6 两端也有电压，因此怀疑 NE555 异常。更换 NE555 后，故障排除。

3. 美的电风扇

【例 7】 故障现象：美的 FTS30-D1 型电风扇电机仅能低速运转，不能高速和中速运转，其他正常

分析与检修：该故障现象说明电机或电机供电电路异常。在高风速和中风速时，测得控制电路有 220V 电压输出，说明电机或线路异常。断电后，测控制电路中接电机绕组的 4 根线的阻值时，发现有 2 根线的阻值为无穷大，而测得 4 根线间的阻值正常，说明供电线路开路。经检查发现供电线路是在电机外壳处折断，将线适当加长并接好后，电机运转正常，故障排除。

【例 8】 故障现象：美的 FTS30-D1 型电风扇电机不转

分析与检修：该故障现象说明电机、运行电容异常。打开网罩，拨动扇叶，发现阻力较大，说明电机轴承的润滑油干涸或转子被卡死。拆开电机，检查转子没有被卡死，因此怀疑轴承异常。抽出转子后，发现轴承的润滑油已干涸。用汽油将轴承清洗干净，再为轴承的滚珠涂上适当的黄油，将电机复原后，用手旋转电机的轴杆时转动轻松自如，说明电机恢复正常，故障排除。

【例 9】 故障现象：美的 FTS30-D1 型电风扇电机有时不转，有时转，但转速低

分析与检修：该故障现象说明电机、运行电容异常。打开网罩，拨动扇叶，扇叶转动轻松自如，说明电机正常，怀疑运行电容异常。焊下运行电容测量，发现几乎没有容量，用 1μF/400V 电容更换后，故障排除。

【例 10】 故障现象：美的 FTS30-D1 型电风扇电机不能摇头，其他正常

分析与检修：通过故障现象分析，摇头电机或其供电电路异常。拆开电风扇外壳，找到转叶电机 SM1，通电让电风扇运转，并将其置于摇头状态，测得 SM1 的连接线上有 220V 市电电压，说明供电电路正常，故障是因电机异常所致。断电后，用同规格的同步电机更换 SM1，摇头恢复正常，故障排除。

第 6 节　微波炉故障检修实例

1. 格兰仕微波炉

【例 1】 故障现象：格兰仕 WP700 机械型微波炉转动定时器时，炉灯不亮，微波炉不工作

分析与检修：通过故障现象分析，该故障多因炉门连锁开关或定时开关 S4 损坏所致。

经检查，炉门连锁开关正常，而检测发现定时开关 S4 不通，说明该开关异常。拆出定时器火力选择开关组件，打开它的外壳，观察 S4 的动、静触点，发现触点有轻度烧蚀。首先，将触点用什锦锉打磨后，再用酒精擦洗干净。然后用尖镊子夹住动触点往静触点方向轻扭一下，以增加动、静触点的接触压力。此时用万用表检测触点间的阻值为 0，说明 S4 已修好。安装后，微波炉工作正常，故障排除。

【例 2】 故障现象：格兰仕 WD800 烧烤型微波炉接上电源后，关闭炉门，熔断器就会熔断

分析与检修：该故障现象说明故障是由于监控开关 S3 不能断开所致。首先，经检查开关杠杆正常，关上炉门，用万用表测量发现 S3 为接通状态，而正常时关上炉门后 S3 应处于断开状态，说明 S3 损坏。将 S3 用 LXW16-01 型 8A/250V 的微动开关更换后，故障排除。

【例 3】 故障现象：格兰仕 WP700 机械型微波炉转动定时器时，熔断器 FU1 立即熔断

分析与检修：该故障现象说明电路存在短路性故障。断电后，拆出微波炉机壳，经检测监控开关没有连接，照明灯两端阻值正常，因此判断故障发生在高压电路。先短路高压电容 C，将它放电后拨出高压变压器 T 的连接器，用万用表 $R\times1$ 挡测量变压器的初级绕组、高压绕组和灯丝绕组的阻值时，发现初级绕组阻值不足 0.5Ω，正常时应为 1.8Ω左右，因此判断初级绕组击穿短路，导致电流急剧增大引起所述故障。将 T 用型号为 GAL-700E-1S 的高压变压器更换后，并更换熔断器，故障排除。

【例 4】 故障现象：格兰仕 WP700 机械型微波炉的炉灯亮且转盘转动，但不加热

分析与检修：通过故障现象分析，该故障多为磁控管或其供电电路异常所致。拆开高压熔断器的塑料座，发现高压熔断器 HV.FU2 已熔断，说明高压电路存在短路故障。首先，检查高压电容 C 和高压整流管 VD，发现 VD 的表面有裂纹，因此怀疑 VD 损坏。用万用表 $R\times10k$ 挡测量发现 VD 的正、反向电阻的阻值都为 0，而正常时的正向阻值应为 130kΩ，反向电阻值为无穷大，说明 VD 已短路。更换同规格高压整流管和高压熔断器后，故障排除。

方法与技巧　更换高压整流管的方法：第一步，将高压电容放电；第二步，拧出高压电容的支架螺钉，再拧出高压整流管的螺钉，拔出高压绕组的接插件，取出倍压整流组件；第三步，打开高压熔断器塑料座，取出坏的高压熔断器，换入 0.8A/5kV 高压熔断器；第四步，剪掉铜压套，换入型号为 T3512（H37）的高压整流管，用铜压套压牢接头或焊牢接头；第五步，按照上述相反的过程将元器件装好即可。

注意　安装时，高压整流管的负极必须接地（底盘），不能接错；高压导线应悬空，不能接触底盘，以防止高压对地拉弧放电。

【例 5】 故障现象：格兰仕 WD800 烧烤型微波炉烧烤正常，不能微波烹调

分析与检修：该故障现象说明磁控管或其供电电路异常。首先，拔出高压变压器 Y 次级的两个接插件，接通电源，测得其次级电压分别为 3.5V、2 100V，均正常，说明 T 完好。断电后，分别检查发现高压熔断器 HV.FU2、高压电容 C、高压整流管 VD 都正常，用万用表 $R\times1$ 挡测磁控管 MT 的灯丝引脚间阻值为无穷大，而正常值为数十毫欧，说明 MT 的灯丝已断路。将 MT 用型号为 2M210-M1 的磁控管更换后，故障排除。

方法与技巧　拆装磁控管方法：第一步，拆下外壳，将高压电容放电；第二步，先拔出磁控管及温控开关接插件，然后拧出炉灯护板固定螺钉；第三步，用套筒扳手拧出磁控管4只固定螺钉，即可拿下磁控管；第四步，将磁控管天线底部的铜丝编织垫圈放正，然后将天线头对准能量输出器（波导管）盒孔，再将磁控管、炉灯护板的螺钉拧紧；第五步，将磁控管及温控开关接插件插入原位。

注意　安装时，若没有铜丝编织垫圈则不能安装，以免因磁控管与腔体接触不良造成微波泄漏。

【例6】 故障现象：格兰仕WP700机械型微波炉加热正常，炉灯不亮

分析与检修：该故障现象说明炉灯或其供电不正常。拆开外壳，取出灯泡，经检查发现灯泡正常，同时测得灯座上有220V市电电压，说明灯泡与灯座接触不良。断电后用钩形镊子夹住灯座中央的簧片，将它向上抬高一点儿，用什锦锉将灯泡顶部锡点上的氧化物清理干净，再拧上灯泡即可点亮。若是锡点熔蚀引起的接触不良，则需重新用锡条将锡点焊成圆滑的半球状。

【例7】 故障现象：格兰仕WP700机械型微波炉定时器不计时

分析与检修：通过故障现象分析可知，该故障多为定时器异常所致。断电，经检查定时器电机M1（黄、蓝导线）接插件接触正常，拔出接插件，用万用表$R\times1$k挡测量M1两端阻值，结果阻值为无穷大，而正常时阻值约1.9kΩ，说明M1的定子绕组断路造成电机不转。用型号为TM30MU01/8A/250V的一体化定时火力选择器更换后，故障排除。

【例8】 故障现象：格兰仕WP700机械型微波炉磁控管打火（一）

分析与检修：通过故障现象分析可知，故障原因：一是磁控管MT内的能量输出器（又称波导管）严重积污，二是倍压整流的高压导线与底盘间距离太近或碰壳。经检查，发现微波炉严重积污，微波炉工作时会将油污加热，温度过高时，形成打火。将炉腔、能量输出器、通风口清洁干净后故障排除。

【例9】 故障现象：格兰仕WP700机械型微波炉磁控管打火（二）

分析与检修：根据上例检修思路，经查看炉内比较干净，因此怀疑故障是由于倍压整流的高压导线与底盘间距离太近或碰壳引起的。将高压导线远离底盘，并加绝缘板后，打火现象消失，故障排除。

【例10】 故障现象：格兰仕WD800烧烤型微波炉微波烹调正常，不烧烤

分析与检修：该故障现象说明烧烤发热器EH或其供电电路异常。经检测EH的接头两端有220V交流电压，说明EH开路。断电后，用数字万用表的200Ω挡测EH两端的阻值为无穷大，而正常时应为50Ω左右，说明EH的确损坏。EH由两只550W石英加热管串联而成，拆下外壳，分别检查石英加热管1、石英加热管2，发现石英加热管2发黑，怀疑它异常，经测量发现它的阻值为无穷大，说明它已烧断，更换同规格加热管后，故障排除。

【例11】 故障现象：格兰仕WD800烧烤型微波炉工作几分钟后停止运行

分析与检修：通过故障现象分析，引起该故障的主要原因是微波炉接触不良或风扇电机M2烧坏，导致炉内温升过高，使温控开关S6保护性断开。首先，清除通风口的灰尘，无效。经检测M2有供电电压，因此怀疑它损坏。断电后，测得M2两端的阻值为无穷大，而正常电阻值为 230Ω，说明 M2 的绕组烧断。用型号为 SP-6309-230V 的电机更换后，故障排除。

2．安宝路微波炉

【例 12】 故障现象：安宝路 WD850ES 型微波炉接通电源后无反应

分析与检修：该故障现象说明该机没有市电输入或电源电路异常。首先，经检查市电电压正常，说明故障发生在微波炉内部。打开机壳，发现 8A 熔断器已熔断，说明有过流现象。经检查，发现压敏电阻 ZR 击穿，其他元器件正常。更换 ZR 和熔断器后，故障排除。

【例 13】 故障现象：安宝路 WD850ES 型微波炉接通电源后炉灯就亮且转盘旋转

分析与检修：该故障现象说明炉灯和转盘电机供电电路异常。打开机壳，经检测发现继电器 RY2 的触点间阻值正常，说明触点没有粘连。接着检测发现驱动管 Q12 的 c、e 极间阻值为 0，说明它的 c、e 极间击穿。经检查其他元器件正常，更换 Q12 后，故障排除。

【例 14】 故障现象：安宝路 WD850ES 型微波炉用自动感应功能煮食失灵

分析与检修：通过故障现象分析，该故障的一个原因是控制电路异常，另一个原因是气路异常。在炉内放一小杯水将其烧开后，用手在炉后板的自动感应出气口试探，发现热蒸气能够正常喷出，说明气路畅通，而故障是感应装置有问题所致。拔下 CNO 的插线，拆下电路板检查，发现插座的引脚霉蚀，刮净引脚表面的氧化物并焊牢，安装好后试机，故障排除。

第 7 节　豆浆机故障检修实例

1．九阳豆浆机

【例 1】 故障现象：九阳 JYDZ-8 型豆浆机整机不工作（一）

分析与检修：通过故障现象分析可知，该故障是由于市电输入电路、电源电路、微处理器电路异常所致。经检测，市电电压正常，检查电源电路时，发现滤波电容 C4 两端没有 5V 电压，并且 C1 两端也没有 14V 电压，说明故障的确发生在电源电路。经检测发现变压器 T1 的初级绕组有 220V 市电电压输入，而它的次级绕组没有 12V 交流电压输出，说明 T1 损坏。断电后，测得 T1 的初级绕组的阻值为无穷大，说明 T1 的确损坏。检查其他元器件正常，更换同规格变压器后，电源输出电压正常，故障排除。

【例 2】 故障现象：九阳 JYDZ-8 型豆浆机整机不工作（二）

分析与检修：通过故障现象分析，该故障是由于市电输入电路、电源电路、微处理器电路异常所致。经检测市电电压正常，滤波电容 C4 两端有 5V 供电，说明故障发生在单片机电路。经检查，单片机 U1 的外围主要元器件正常，因此怀疑单片机 U1 损坏，用正常的芯片更换后，故障排除。

【例 3】 故障现象：九阳 JYDZ-8 型豆浆机加热沸腾，泡沫溢出

分析与检修：该故障现象说明防溢检测电路、加热器供电电路或单片机电路异常。经检测，单片机 U1 的⑱脚电压为低电平，说明浆沫探针和防溢检测电路正常。测得驱动管 V3 的 b 极没有导通电压，说明 V3 的 c、e 极间击穿或继电器 K2 的触点粘连。断电后，用万用表的二极管挡在路测 K2、V3 时，发现 V3 的 c、e 极间阻值较小，说明它的 c、e 极间击穿。用 2SC1815 更换后，故障排除。

【例 4】 故障现象：九阳 JYDZ-8 型豆浆机不加热

分析与检修：该故障现象说明加热器或其供电电路异常。通电时，按加热键，听到继电器 K2 发出“咔嗒”声，说明 K2 的触点正常吸合，因此怀疑加热器损坏。断电后，测得加热器的阻值为无穷大，说明加热器开路。用同规格加热管更换后，加热恢复正常，故障排除。

【例 5】 故障现象：九阳 JYDZ-8 型豆浆机不打浆

分析与检修：该故障现象说明电机或其供电电路异常。通电后，按电机键、再按启动键时，没有听到继电器 K1 的触点发出吸合声，说明电机供电电路异常。经检测，驱动管 V1 的 b 极无 0.7V 电压，说明 V1 的 b、e 极间击穿，R9 开路或单片机 U1 的⑫脚没有驱动电压输出。经检测发现 U1 的⑫脚有电压输出，说明 R9 开路或 V1 的 b、e 极间击穿。在路测 V1 的 b、e 极间阻值为 0，说明 V1 的 b、e 极间击穿，用 2SC945 更换后，故障排除。

【例 6】 故障现象：九阳 JYDZ-8 型豆浆机能打浆但打不碎豆粒

分析与检修：该故障现象说明刀片磨损或打浆时间不足。检查刀片时，发现刀片磨损，更换后，故障排除。

提示

打浆时间不足，多为定时电容 C8 漏电所致。

【例 7】 故障现象：九阳 JYDZ-8 型豆浆机通电就报警

分析与检修：该故障现象说明水位检测电路异常、电路板进水、蜂鸣器电路或 CPU 异常。检查发现水位探针的接线端子生锈，处理后故障排除。

【例 8】 故障现象：九阳 JYDZ-8 型豆浆机水温超过 84℃后，电机仍不打浆

分析与检修：通过故障现象分析可知，该故障多因温度检测电路或单片机（CPU）U1 异常所致。在水温较高时，检测发现单片机 U1 的②脚电位不能为高电平，因此怀疑温度传感器异常。将其焊下后测量发现已开路，用同规格的负温度系数热敏电阻更换后，故障排除。

2. 狂牛豆浆机

【例 9】 故障现象：狂牛 MD-2108 型豆浆机通电后显示屏不亮

分析与检修：该故障现象说明该机没有市电输入或电源电路、微处理器电路异常。经检测，市电电压正常。拆开豆浆机后，通电测得滤波电容 C2 两端电压为 0，说明电源电路异常。接着，测得滤波电容 C1 两端电压约为 8V，说明 5V 串联稳压电路不正常。经检测发现调整管 VT1 的 b 极电位比 e 极电位低 0.7V，因此怀疑 VT1 的 c、e 极间开路。用正常的 8550 更换 VT1 后，测得 C2 两端有 5V 电压，故障排除。

【例 10】 故障现象：狂牛 MD-2108 型豆浆机按开/关键，不加热

分析与检修：该故障现象说明加热管或其供电电路异常。打开机壳，接通电源，按开/关键，听到继电器 J3 的触点发出“咔嗒”的吸合声，说明供电电路基本正常。用 275V 交流电压挡测得加热器两端有 216V 的交流电压，说明加热管烧断。断电后，测得加热管两端阻值为无穷大，而正常电阻值约 70Ω，说明加热管开路。更换加热管后，故障排除。

【例 11】故障现象：狂牛 MD-2108 型豆浆机全自动工作、单加热时，电机 M 始终旋转（一）

分析与检修：该故障现象说明电机 M 的供电电路异常。通电后，经检测，Q9 的 c 极有电压输出，说明继电器 J2 正常，故障是由于驱动电路或 CPU 异常所致。测得 Q9 的 b 极电位为高电平，说明 Q9 异常。断电后，测得 Q9 的 c、e 极间阻值为 0，说明 c、e 极间击穿。将 Q9 用 2SA733 更换后，故障排除。

【例 12】 故障现象：狂牛 MD–2108 型豆浆机全自动工作、单加热时，电机 M 始终旋转（二）

分析与检修：按上例的检修思路检查，发现 Q9 的 b 极电位比 e 极电位低 0.7V，说明 Q9 导通。接着测 CPU 的⑲脚电位发现该脚电位为低电平，而在加热期间它应为高电平，说明 CPU 损坏。更换 CPU 后，故障排除。

注意　由于 CPU 内固化了大量数据和指令，所以 CPU 损坏后，必须用贵友电器提供的备件更换，否则豆浆机不能正常工作，甚至不能工作。

【例 13】 故障现象：狂牛 MD–2108 型豆浆机通电后加热管就加热，显示正常

分析与检修：该故障现象说明加热器供电电路或 CPU 异常。通电检测发现 Q6 的 c 极没有电压输出，因此怀疑继电器 J3 的触点粘连。断电后，测得 J3 的触点 J3-1 两端阻值为 0，说明 J3-1 粘连。用同规格继电器更换后，故障排除。

3. 美的豆浆机

【例 14】 故障现象：美的 DG13–DSA 型豆浆机通电后就跳闸

分析与检修：通过故障现象分析可知，该故障是由于严重过流所致。断电测得电源线插头两端阻值为 0，说明电源线或豆浆机的市电输入电路异常。拆开豆浆机，发现压敏电阻的表面有裂痕，检查其他元器件正常。将压敏电阻用同规格的压敏电阻更换后，故障排除。

【例 15】 故障现象：美的 DG13–DSA 型豆浆机整机不工作

分析与检修：通过故障现象分析可知，该故障是由于市电输入电路、电源电路、微处理器电路异常所致。经检测，市电供电正常，滤波电容 C4 两端有 5V 供电，说明故障发生在微处理器电路。检查微处理器电路时，发现晶振 TX 不正常，用同规格的 4MHz 晶振更换后，故障排除。

第 8 节　饮水机故障检修实例

1. 安吉尔饮水机

【例 1】 故障现象：安吉尔 JD–12LHT 机械控制型饮水机不加热，并且指示灯不亮

分析与检修：该故障现象说明加热开关、温控器、过热保护器或熔断器 FU 异常。检查发现温控器 ST1 开路，其他元器件正常，用 88℃的温控器更换后，故障排除。

提示　由于加热指示灯并联在加热器两端，所以该机若出现不加热，但加热指示灯亮的故障时，多为加热器开路引起的。

【例 2】 故障现象：安吉尔 JD–12LHT 机械控制型饮水机不制冷，但制冷指示灯亮（一）

分析与检修：该故障现象说明制冷温控器 ST3 正常，故障多因压缩机没有运转或制冷系统异常所致。通电后，发现压缩机不能运转，说明压缩机或启动、过载保护系统异常。检查启动器、过载保护器时，发现启动器异常。更换同规格的重锤启动器后，故障排除。

【例 3】 故障现象：安吉尔 JD–12LHT 机械控制型饮水机不制冷，但制冷指示灯亮（二）

分析与检修：该故障现象说明制冷温控器 ST3 正常，故障多因压缩机没有运转或制冷系统异常所致。通电后，发现制冷时压缩机电机 M 能转动，说明故障是由压缩机排气性能差或制冷系统的制冷剂泄漏引起的。

不制冷故障的维修方法与家用电冰箱相似。首先，查看压缩机排气管、干燥过滤器与毛细管连接管接头是否泄漏，结果发现毛细管因弯曲半径过小而出现泄漏。找出漏点并将其补焊好，经抽真空，加入 R12/48g 制冷剂，再用肥皂水涂抹检漏，无泄漏后，通电开机，饮水机制冷正常，故障排除。

【例 4】 故障现象：安吉尔 JD-26T 电子控制型饮水机不加热，但加热指示灯亮

分析与检修：该故障现象说明加热器或其供电线路异常。拆开饮水机背板，用万用表 $R\times1$ 挡测量发现 EH 两端阻值为无穷大，而正常时 500W 加热管的阻值不足 100Ω，说明 EH 已烧坏。更换相同规格的加热管后，故障排除。

【例 5】 故障现象：安吉尔 JD-26T 电子控制型饮水机不制冷，制冷指示灯不亮，但风扇电机 M 慢转

分析与检修：该故障现象说明制冷电路的温度检测电路、高压供电电路异常。经检测，场效应管 VT（SUP60N06）的 G 极有导通电压输入，说明 VT 损坏。更换 VT 后，故障排除。

提示 场效应管 VT 损坏后，导致制冷片 PN 因无 12.5V 供电不能进入制冷状态，而工作在保温状态。若没有原型号 N 沟道场效应管更换，也可以采用 SMP60N06、MTP60N06、RFP60N06 场效应管代换。

2. 夏尔饮水机

【例 6】 故障现象：夏尔 TLR1-5LH-X 电子控制型饮水机不制冷，制冷指示灯不亮，但保温指示灯亮

分析与检修：该故障现象说明制冷电路的温度检测电路异常，使该机始终处于保温状态。经检测，双运算放大器 HA17393（与 LM393 相同）的②脚电位高于③脚电位，说明温度传感器 RT、R6 阻值增大或 C3 漏电。经检查发现 RT 阻值增大，用同规格的负温度系数热敏电阻更换后，HA17393 的②脚电压恢复正常，故障排除。

【例 7】 故障现象：夏尔 TLR1-5LH-X 电子控制型饮水机始终制冷，并且制冷指示灯亮

分析与检修：该故障现象说明制冷电路的温度检测电路异常。经检测，HA17393 的②脚电位低于③脚电位，说明温度传感器 RT 等正常，故障是由于 HA17393 损坏所致。将 HA17393 用 LM393 更换后，故障排除。

【例 8】 故障现象：夏尔 TLR1-5LH-X 电子控制型饮水机保温期间也制冷

分析与检修：通过故障现象分析，怀疑故障原因是制冷片 PN 供电电路的场效应管 VT1 击穿，导致制冷片始终工作在制冷状态。测量 PN 的 D、S 极间阻值接近于 0，说明它已击穿。更换 PN 后，故障排除。

【例 9】 故障现象：夏尔 TLR1-5LH-X 电子控制型饮水机的冷水龙头出热水

分析与检修：通过故障现象分析，该故障的原因主要有两种：一是更换制冷片时错接了电源（正确应红引线接电源正极），或安装制冷片时将它的冷/热面贴倒，使制冷片变成制热片；二是风扇电机 M 不转，不能把制冷片工作时所产生的热量排出机外，使热量通过制冷轴传入冷罐水中，随着通电时间延长，冷水温度逐渐上升变成热水。经检查发现，该机的风扇不转，经检测它两端有 12V 供电，说明风扇损坏。将原风扇用 AV-925H12S 型的 DC 12V 微型风扇更换后，故障排除。

【例 10】 故障现象：夏尔 TLR1–5TYR1–5L 电子控制型饮水机不制冷，指示灯不亮

分析与检修：该故障现象说明制冷电路的供电电路异常。经检测，滤波电容 C1、C2 两端都无电压，说明供电电路的确异常。检测发现变压器 T 的初级绕组有市电电压输入，而它的次级绕组无电压输出，说明变压器损坏。将 T 用同规格的变压器更换后，电压恢复正常，故障排除。

第 9 节　电磁炉故障检修实例

1. 美的电磁炉

【例 1】 故障现象：美的 SY191 型电磁炉整机不工作（一）

分析与检修：该故障的主要原因：一是电磁炉没有市电电压输入；二是机内低压电源异常，不能产生 5V 电压，导致系统控制电路、指示灯电路等不工作；三是机内的市电变换电路或主回路异常导致市电输入的熔断器熔断，引起低压电源不工作；四是系统控制电路异常。

经检测，市电插座有 226V 交流电压，接着测得电磁炉的市电插头两端阻值为无穷大，说明电磁炉内的市电输入回路已开路，因此怀疑熔断器熔断或线路板开路。拆开检查后，发现熔断器 FUSE1 熔断，而市电输入回路的压敏电阻 CNR1 已开裂，其他元器件正常，说明 CNR1 击穿导致 FUSE1 过流熔断。更换 CNR1、FUSE1 后，故障排除。

提 示　目前，彩电、彩显、DVD 机大部分家电产品不使用压敏电阻，所以维修时若手头没有压敏电阻，也可以不安装，达到应急修理的目的。

【例 2】 故障现象：美的 SY191 型电磁炉整机不工作（二）

分析与检修：按例 1 的检修思路检查，发现故障发生在电磁炉内部。直观检查发现熔断器 FUSE1 熔断，压敏电阻 CNR1 正常，经检查其他元器件正常，因此怀疑功率管 IGBT1 或整流桥堆 DB1 击穿。用二极管挡在路检测发现 DB1 正常，接着检测发现 IGBT1 的 3 个极间电阻的阻值均很小，怀疑 IGBT1 击穿，悬空它的引脚后测量发现果然击穿。在路测驱动电路正常，更换熔断器后测得 C1 两端电压正常，300V 供电和低压电源输出电压正常，断电后同步控制电路的限流电阻正常。但检查谐振电容 C3 时发现它容量不足，经检查其他元器件正常，更换 IGBT1 和 C3 后故障排除。

提 示　C3 损坏后，在炉面放上锅具时主回路的谐振频率会发生较大变化，从而导致功率管过压或功耗大损坏。

【例 3】 故障现象：美的 SY191 型电磁炉整机不工作（三）

分析与检修：按例 1 的检修思路检查，发现故障发生在电磁炉内部。直观检查发现熔断器 FUSE1 正常，初步判断整流桥堆、功率管正常，因此怀疑低压电源电路或微处理器电路异常。检测发现低压电源无5V和18V电压输出，因此怀疑电源变压器损坏，测量发现它的初级绕组的阻值为无穷大，说明其初级绕组开路。经检测，整流管D4～D11和滤波电容EC1、EC7、C4两端阻值正常，因此怀疑电源变压器属于自然损坏。更换同规格变压器后，低压电源输出电压正常，故障排除。

提示 由于该变压器初级绕组内安装了温度熔断器，所以初级绕组开路多因它损坏所致。维修时，若手头没有此类变压器，也可拆开变压器的初级绕组，更换该温度熔断器，再用胶布包好即可修复该变压器。

【例4】 故障现象：美的SY191型电磁炉小功率加热时正常，大功率加热时断续加热

分析与检修：该故障现象说明300V供电、主回路、低压电源、同步控制电路、电流检测电路、驱动电路、保护电路异常。检查300V供电时，发现C2两端的电压不足300V，说明整流、滤波电路异常。在路检查发现整流桥堆DB1的导通电阻正常，因此怀疑滤波电容C2容量不足。用同规格电容将C2代换后300V电压恢复正常，故障排除。

【例5】 故障现象：美的SY191型电磁炉加热温度极低，调整无效

分析与检修：该故障现象说明功率调整电路、电流检测电路、300V供电、主回路、低压电源、同步控制电路、振荡电路、保护电路异常。

检查发现300V供电和低压电源输出的电压正常，测得比较器U2D的同相输入端⑪脚电位远低于正常值，说明CPU输出的功率调整信号PWM及其低通滤波电路或保护电路异常。分别断开D19、R40后无效，说明浪涌保护电路和功率管C极过压保护电路正常，故障发生在功率管调整信号及其低通滤波电路。检测发现调整功率时CPU的PWM端子电压能够随功率增大而增大，说明CPU及其控制电路正常，故障只能发生在低通滤波电路。检查该电路时发现滤波电容EC9漏电，更换EC9后它两端电压恢复正常，故障排除。

另外，电流检测电路的R2、VER的引脚脱焊或异常时，也会产生该故障。

【例6】 故障现象：美的PSY19A型电磁炉有的锅能加热，有的锅不能加热且报警

分析与检修：该故障现象说明主回路、低压电源、同步控制电路、驱动电路、PAN脉冲形成电路异常。检查发现300V供电和低压电源输出电压正常，检查大功率电阻时发现R27阻值增大。将R27用240kΩ/2W电阻更换后故障排除。

2. *爱庭电磁炉*

【例7】 故障现象：爱庭DCL-1800D型电磁炉整机不工作

分析与检修：该故障的主要原因：一是电磁炉没有市电电压输入；二是机内低压电源异常，不能产生5V等电压，导致系统控制电路、指示灯电路等不工作；三是机内的市电变换电路或主回路异常导致市电输入回路中的熔断器熔断，引起低压电源不工作；四是系统控制电路异常。

经检测，市电插座有223V交流电压，而电磁炉的市电插头两端阻值为无穷大，说明电磁炉内的市电输入回路已开路，所以怀疑熔断器熔断或线路板开路。拆开检查后，发现熔断器FU熔断，用万用表的二极管挡在路检测发现整流桥堆正常，接着检测功率管IGBT时，发现它已击穿。随后，发现用于保护的稳压管W3击穿，检查其他元器件正常。更换IGBT、W3、FU后，故障排除。

【例 8】 故障现象：爱庭 DCL–1800D 型电磁炉通电后风扇旋转，但 5s 后蜂鸣器报警，不能加热（一）

分析与检修：该故障现象说明主回路、低压电源、电流检测电路、驱动电路、保护电路异常，不能形成锅具检测信号。

首先，经查看发现没有脱焊的元器件，同时测得 300V 供电和低压电源输出电压正常。经检测，主回路脉冲取样电路的 R2、R4、R8、R9 正常。检测芯片时，发现 U2（LM339）损坏，更换后，故障排除。

【例 9】 故障现象：爱庭 DCL–1800D 型电磁炉通电后风扇旋转，但 5s 后蜂鸣器报警，不能加热（二）

分析与检修：按上例检修思路检查，未发现异常，因此怀疑功率管异常。用一只正品的功率管将原管代换后，故障排除，说明原功率管性能变差，不能工作，无法形成锅具检测脉冲，从而产生了该故障。

3. 苏泊尔电磁炉

【例 10】 故障现象：苏泊尔 C16BS 型电磁炉整机不工作（一）

分析与检修：通过故障现象分析可知市电供电系统或电磁炉异常。经检测，市电插座有 225V 交流电压，说明市电供电系统正常，故障发生在电磁炉内部的市电变换电路、低压电源电路、主回路。测得电磁炉的市电插头两端阻值为无穷大，说明电磁炉内的市电输入回路已开路，因此怀疑熔断器熔断或线路板开路。拆开检查后，发现熔断器 FS1 熔断、压敏电阻 ZNR1 已开裂，其他元器件正常，说明 ZNR1 击穿导致 RS1 过流熔断。更换 ZNR1 和 FS1 后，故障排除。

【例 11】 故障现象：苏泊尔 C16BS 型电磁炉整机不工作（二）

分析与检修：按例 10 的检修思路查看发现熔断器 FS1 熔断，压敏电阻 ZNR1 正常，因此怀疑整流桥堆 DB01 或功率管 IGBT1 损坏。在路检测发现 IGBT1 正常，而 DB01 内的两只二极管击穿。将 FS1 和 DB01 用同规格的整流管和熔断器更换后，故障排除。

【例 12】 故障现象：苏泊尔 C16BS 型电磁炉开机后不加热、报警无锅具

分析与检修：该故障现象说明该机进入无锅具保护状态，该故障主要是由于主回路、电源电路、电流检测电路、驱动电路、保护电路异常不能形成锅具检测信号所致。

首先，经查看发现没有脱焊的元器件，同时测得 300V 供电和低压电源输出电压正常，但检查驱动电路时发现 Q605 的 b 极无电压，说明驱动电路未工作，因此怀疑开机延迟电路、浪涌保护电路异常。测得开机延迟电路中的 Q602 的 c 极电位为低电平，说明该电路正常。测得浪涌保护电路中的 IC2-1 的②脚电位为高电平，说明该电路异常。测得 IC2-1 的⑤脚电位高于④脚电位，说明取样电路或参考电压形成电路异常。经检查发现电容 C707 漏电，更换后故障排除。

提示　C707 漏电使 IC2-1 的反相输入端④脚电位低于⑤脚电位，于是 IC2-1 的输出端②脚电位为高电平，使 Q701 始终饱和导通，导致驱动电路不工作，不能将 CPU 在开机瞬间输出的启动脉冲放大，主回路不能工作，无法形成锅具检测信号，从而产生了该故障。

【例13】 故障现象：苏泊尔C16BS型电磁炉开机后不加热、报警炉面温度过高

分析与检修：该故障现象说明该机进入炉面过热或炉面传感器异常保护状态，说明炉面温度检测电路或CPU异常。检测发现CPU③脚电位超过正常值，说明热敏电阻RT2击穿或R421开路。经检查R421正常，接着检查RT2发现它已损坏，更换同型号的负温度系数热敏电阻后故障排除。

4. 富士宝电磁炉

【例14】 故障现象：富士宝IH-P10型电磁炉整机不工作

分析与检修：首先，确认电磁炉损坏，拆开外壳后查看熔断器FUSE正常，初步判断炉内没有过流现象，因此怀疑低压电源或CPU电路工作不正常。检测发现低压电源输出电压正常，说明故障发生在CPU电路。测得CPU的㉚脚有5V供电，而它的复位端⑦脚在通电瞬间无复位信号输入，说明复位电路异常。经检测，复位电路中的CB22正常，因此怀疑芯片KIA7033AP损坏，更换后故障排除。

方法与技巧

若手头没有KIA7033AP，也可以采用一只33kΩ的电阻和一只1μF/25V的电容构成复位电路进行代换。

【例15】 故障现象：富士宝IH-P260型电磁炉整机不工作，但指示灯发光

分析与检修：通过故障现象分析，怀疑故障原因是微处理器（CPU）电路不正常。经检测，微处理器U2（HT46R47）⑫脚的5V供电正常，按电源开关机键时其阻值不能正常变化，因此怀疑该开关异常。拆下开关键测试发现果然损坏，更换后故障排除。

【例16】 故障现象：富士宝IH-1000H型电磁炉整机不工作

分析与检修：按例14的检修思路查看，发现熔断器已熔断，压敏电阻等元件正常，因此怀疑功率管或整流桥堆击穿。用二极管挡在路检测发现整流桥堆正常，接着检测发现功率管的3个极间电阻的阻值均很小，因此怀疑功率管击穿。接着检查发现驱动块TA8316S损坏，其他元器件正常。更换熔断器后测得300V和低压电源输出的电压正常，谐振电容和同步控制电路的限流电阻也正常，更换TA8316S和同型号的功率管后故障排除。

【例17】 故障现象：富士宝IH-P90型电磁炉断续加热

分析与检修：该故障现象说明300V供电、主回路、低压电源、同步控制电路、电流检测电路、驱动电路、保护电路异常。经检测发现300V供电和低压电源输出电压正常。检查同步控制电路时，发现取样电阻R2的阻值增大，更换R2后故障排除。

另外，电流检测电路的电容C3异常也会产生该故障。

5. 奔腾电磁炉

【例18】 故障现象：奔腾PC20V型电磁炉整机不工作

分析与检修：经检测，市电插座有230V交流电压，电磁炉的市电插头两端阻值为无穷大，说明电磁炉内的熔断器FUSE熔断或线路板开路。拆开检查后，发现熔断器FUSE熔断，压敏电阻CNR1正常，其他元器件表面正常，因此怀疑功率管或整流桥堆击穿。用二极管挡在路检测功率管IGBT1时发现它的3个极间电阻的阻值均很小，因此怀疑IGBT1击穿，悬空它的引脚后进行测量，发现果然击穿。接着检查驱动电路时发现用于保护的18V稳压管

Z4 击穿，谐振电容等元器件正常。更换熔断器后测得 300V、18V 供电正常。断电后检查正常。更换 Z4、同型号的功率管后故障排除。

【例 19】 故障现象：奔腾 PC18 型电磁炉整机不工作

分析与检修：按例 18 的检修思路，查看发现熔断器 F101 正常，初步判断炉内没有过流现象，因此怀疑低压电源电路或微处理器电路异常。检查低压电源时，发现 5V 电压为 0，说明开关电源未工作。经检测，电源芯片 VIPer12A⑤脚有 300V 供电，而④脚无电压，说明④脚内外电路异常。经检查，④脚外接的 C114 和 D103 正常，因此怀疑 VIPer12A 异常，更换后故障排除。

【例 20】 故障现象：奔腾 PC19N-A 型电磁炉整机不工作（一）

分析与检修：按例 18 的检修思路，查看发现 FUSE1 正常，初步判断炉内没有过流现象，因此怀疑低压电源电路或微处理器电路异常。检查低压电源时，发现 5V 电压为 0，接着测得 C11、C34 两端都没有电压，说明开关电源未工作。测得电源芯片 IC4（VIPer12A）⑤脚没有 300V 供电，说明供电电路异常。检查供电电路时发现限流电阻 R65 开路，接着检查发现 IC4 内的开关管击穿，C21 等其他元器件正常。更换 IC4 和 R65 后，故障排除。

【例 21】 故障现象：奔腾 PC19N-A 型电磁炉整机不工作（二）

分析与检修：按例 18 的检修思路查看发现 FUSE1 正常，初步判断炉内没有过流现象，因此怀疑低压电源电路或微处理器电路异常。经检测发现低压电源输出电压正常，因此怀疑微处理器（CPU）电路异常。检查 CPU 电路时，首先测得 CPU 的⑤脚有 5V 供电，而⑬脚在开机瞬间没有复位信号输入，说明复位电路异常。检查复位电路时，发现三极管 Q3 损坏，更换后故障排除。

【例 22】 故障现象：奔腾 PC10N-N 型电磁炉开机后不加热、显示故障代码"E4"

分析与检修：该故障现象说明该机进入功率管过热或传感器开路保护状态。因开机就显示故障代码，说明功率管不会存在过热现象，故障是由于温度检测传感器或 CPU 异常所致。首先，查看发现温度检测传感器无开路、脱焊现象，测 CPU 的 IGBT_T 端口电压时发现电压几乎为 0，因此怀疑传感器开路或滤波电容 C05、IGBT_T 端口内部电路击穿。悬空 C05 的一个引脚后测得它两个引脚间阻值接近于 0，说明 C05 击穿。更换 C05 后 CPU 的 IGBT_T 端口输入的电压恢复正常，故障排除。

【例 23】 故障现象：奔腾 PC200N 型电磁炉开机后不加热、显示故障代码"E5"

分析与检修：该故障现象说明该机进入市电欠压保护状态，故障原因主要是市电供电系统、检测系统和 CPU 电路异常。经检测，为电磁炉供电的插座的市电电压为 220V，说明市电供电系统正常，故障发生在炉内的市电检测电路和 CPU 电路。经检测，检测信号 V-AD 高于正常值，说明 R10 开路或 D8 击穿，检查时发现 D8 击穿，更换后故障排除。

【例 24】 故障现象：奔腾 PC200N 型电磁炉开机后不加热、显示故障代码"E6"

分析与检修：该故障现象说明该机进入市电过压保护状态。故障原因主要是市电供电系统、检测系统和 CPU 电路异常。测得为电磁炉供电的插座的市电电压为 224V，说明市电供电系统正常，故障发生在炉内的市电检测电路和 CPU 电路。测得检测信号 V-AD 的电压几乎为 0，说明 R9 开路或 EC4 击穿，检查时发现 R9 开路，更换后故障排除。

第 10 节　面包机故障检修实例

【例 1】 美的 ASC1000 型面包机通电后，整机无反应

分析与检修：通过故障现象分析，判断电源电路或微控制器电路未工作。

首先，检查为面包机供电的市电插座有 223V 交流电压，说明故障发生在面包机内部。拆机后，测滤波电容 EC6 两端无电压，说明电源电路未工作。测稳压管 Z3 两端也无电压，进一步确定电源电路异常。断电后，在路检测热熔断器 FUSE1~FUSE3 时发现 FUSE1 熔断，怀疑有过流现象。在路检测时，发现压敏电阻 ZR1 两端阻值为 0，说明 ZR1 或 C23 击穿。悬空 ZR1 的一个引脚检测，发现 ZR1 击穿，焊下后发现它的侧面有裂痕，确认它已损坏，检查其他元件正常，说明 FUSE1 熔断的确是因 ZR1 短路所致。用同规格的压敏电阻和熔丝管更换后，电源电路输出电压正常，故障排除。

【例 2】 美的 ASC1000 型面包机通电后，整机无反应

分析与检修：通过故障现象分析，判断电源电路或微控制器电路未工作。

按例 1 的检修思路检查，发现热熔断器 FUSE2 熔断，怀疑它是过热损坏。检查加热电路时，发现继电器 REL1 的触点粘连，检查其他元件正常，更换 REL1、FUSE2 后，电源电路输出电压恢复正常，故障排除。

【例 3】 美的 ASC1000 型面包机通电后，整机无反应

分析与检修：按例 1 的检修思路检查，测滤波电容 EC4 两端无电压，确认电源电路未工作。在路检测 FUSE1~FUSE3 正常，说明无过流、过热现象，怀疑有器件开路。检查 R45 正常，怀疑 C25 容量减小，用数字万用表的 2μF 电容挡检测后，发现它几乎无容量。用相同的电容更换后，电源电路恢复正常，故障排除。

【例 4】 美的 ASC1000 型面包机通电后，整机无反应

分析与检修：按上例的检修思路检查，测滤波电容 EC4 两端电压正常，说明电源电路正常，怀疑微处理器电路异常。测微处理器 U1 的⑫脚供电正常，检测⑩脚有复位信号输入，怀疑时钟振荡电路异常。检测移相电容 C4、C5 正常，怀疑晶振 OSC1 异常。用相同的晶振代换后，故障排除。

【例 5】 美的 ASC1000 型面包机搅拌有时正常，有时不能搅拌

分析与检修：通过故障现象分析，说明搅拌系统异常。

在不能搅拌时发现电机不转，说明搅拌电机或其供电电路异常。故障出现时，测电机无供电，说明故障是电机供电电路异常所致。检查电机供电电路时，发现运行电容 C24 容量不足，用 3.5μF/400V 电容更换后，搅拌功能恢复正常，故障排除。

【例 6】 美的 ASC1000 型面包机搅拌功能差

分析与检修：通过故障现象分析，说明搅拌系统异常。

首先，检查桶底部的拨片和搅拌轴正常，怀疑电机及传送带异常。检查传送带时，发现它已老化松弛，用同型号的传送带更换后，搅拌功能恢复正常，故障排除。

【例 7】 美的 ASC1000 型面包机搅拌正常，但不能将面包烤熟

分析与检修：通过故障现象分析，说明加热电路、温度检测电路异常。

在加热时，测插座 H OUT 的①、③脚无 220V 交流电压，说明供电电路异常。测微处理器的 42 脚有驱动信号输出，说明继电器 REL1 及其驱动电路异常。在路检测该电路元件时，发现驱动管 Q4 的 be 结短路，更换后故障排除。

【例 8】 美的 ASC1000 型面包机加热有时不正常

分析与检修：通过故障现象分析，怀疑加热电路、温度检测电路有元件引脚脱焊或性能变差。

察看加热电路时，发现插座 H OUT 的①脚脱焊，补焊后加热恢复正常，故障排除。

第 11 节　电动车充电器故障检修实例

1. 南京西普尔 SHP362 型充电器

【例 1】 故障现象：西普尔 SP362 型充电器不能充电且指示灯不亮（一）

分析与检修：该故障现象说明充电器没有市电电压输入或充电器未工作。参见图 14-1。经查看发现熔断器 F1 熔断，说明市电输入及变换电路、功率变换电路有过流现象。将万用表置于二极管挡在路检测发现整流管 D1～D4 正常；检测发现滤波电容 C3（47μF/400V）两端阻值较小，因此怀疑 C3 击穿。焊下 C3 测量发现果然击穿，检查其他元器件正常。用 68μF/400V 电容更换 C3，并更换 F1 后通电，充电器指示灯发光，并且输出电压正常，故障排除。

【例 2】 故障现象：西普尔 SP362 型充电器不能充电且指示灯不亮（二）

分析与检修：该故障现象说明充电器没有市电电压输入或充电器未工作。参见图 14-1。按上例检修思路检查，发现熔断器 F1 熔断，说明市电输入及变换电路、功率变换电路有过流现象。将万用表置于二极管挡在路检测发现市电变换电路正常，接着检测发现开关管 V1 的 3 个极间电阻过小，说明 V1 击穿。接着检查发现 R6 开路，R4 开路，因此怀疑电源控制芯片 UC3842 ⑥脚内部电路击穿。检测发现 UC3842⑥脚对地电阻很小，说明 UC3842 损坏。更换 V1、R6、R4 和 UC3842 后，在 F1 的管座上接一只 60W 的灯泡，通电，灯泡短暂发光后熄灭，同时测得充电器输出电压正常，说明充电器故障排除。取下灯泡，安装 2A 熔断器后，一切正常。

【例 3】 故障现象：西普尔 SP362 型充电器不能充电且指示灯不亮（三）

分析与检修：该故障现象说明充电器没有市电电压输入或充电器未工作。参见图 14-1。按上例检修思路检查，发现 V1 击穿、R6 开路、R4 和 R7 正常。更换 V1、R6 后，在 F1 的管座上接一只 60W 的灯泡，通电，灯泡发光较强并且不熄灭，说明稳压控制电路异常引起开关管导通时间过长。将光电耦合器 PC1 的②脚对地接一只 5.6V 稳压管后，故障依旧，说明故障在 PC1 与 UC3842 之间。在 PC1 的④、⑤脚间接一只 2.2kΩ电阻后，灯泡能够熄灭，说明 PC1 或其供电电路异常。经检测，C12 滤波电压正常，并且 R13 也正常，说明供电正常，因此怀疑 PC1 异常。将 PC1 用 4N35 更换后，充电器输出电压正常，说明充电器故障排除。取下灯泡，安装 2A 熔断器后，一切正常。

【例 4】 故障现象：西普尔 SP362 型充电器不能充电且指示灯不亮（四）

分析与检修：该故障现象说明充电器没有市电电压输入或充电器未工作。参见图 14-1。

按上例检修思路检查熔断器 F1 正常，说明市电输入及变换电路、功率变换电路没有过流现象。通电后，测得滤波电容 C3 两端有 326V 电压，说明市电输入及变换电路正常。开机瞬间测得电源控制芯片 IC1（UC3842）供电端⑦脚电位低于 16V 较多，说明 IC1⑦脚内外电路异常。利用电烙铁的内阻将 C3 存储的电压放掉，测⑦脚对地阻值未发现短路，因此怀疑启动电阻 R5（150kΩ/1W）异常。焊下 R5 检查，发现 R5 已开路。怀疑 R5 损坏是由于功率小所致，用 120kΩ/3W 电阻更换原电阻后，充电器指示灯发光，并且输出电压正常，故障排除。

【例 5】 故障现象：西普尔 SP362 型充电器不能充电且指示灯不亮（五）

分析与检修：该故障现象说明充电器没有市电电压输入或充电器未工作。参见图 14-1。按上例检修思路检查发现熔断器 F1 正常，测得滤波电容 C3 两端电压正常，说明市电输入及变换电路正常。开机瞬间测得电源控制芯片 IC1（UC3842）供电端⑦脚输入电压正常，测得 IC1⑧脚无 5V 基准电压输出，说明 UC3842 内部电路异常。更换 UC3842 后故障排除。

【例 6】 故障现象：西普尔 SP362 型充电器不能充电但指示灯闪烁发光

分析与检修：该故障现象说明蓄电池漏电、击穿或充电器异常。参见图 14-1。不接蓄电池时发现充电器故障依旧，说明充电器异常，怀疑故障是由于 UC3842 的供电电路、稳压控制电路或输出电压异常所致。在路检测 UC3842 的供电电路元器件时，发现整流管 D5 导通电阻大，用 RU2 型快速整流管更换后，充电器指示灯发光，并且输出电压正常，故障排除。

【例 7】 故障现象：西普尔 SP362 型充电器不能正常充电，并且指示灯忽亮忽暗

分析与检修：该故障现象说明充电器的稳压控制电路或充电控制电路异常。参见图 14-1。断开 D8，测得开关电源输出电压仍然有时正常有时降低，说明充电控制电路正常，故障在开关电源的激励电路和稳压控制电路。检查稳压控制电路时，发现可调电阻 VR1 接触不良，更换并调整后，开关电源输出电压恢复正常，故障排除。

提示

为了防止 VR1 因氧化再次出现该故障，应用蜡或速溶胶将它进行封闭。

【例 8】 故障现象：西普尔 SP362 型充电器长时间充电指示灯不变色

分析与检修：该故障现象说明充电器已工作，但由于开关电源异常或控制电路异常，充电器不能正常工作。经检测，开关电源输出电压正常，说明充电控制电路异常。检查充电控制电路时，发现充电电流取样电阻 R20 阻值增大，更换 R20 后充电恢复正常，故障排除。

2. BMCH-36 型智能充电器

【例 9】 故障现象：BMCH-36 型智能充电器不能充电且指示灯不亮（一）

分析与检修：该故障现象说明充电器未输入市电或工作异常。经检查发现市电输入回路中的熔断器 FU 熔断，说明开关电源存在短路现象。在路检查发现市电变换电路的整流管 D1、D3 击穿，经检查其他元器件正常，将 D1、D3 用 1N5408 更换后故障排除。

【例 10】 故障现象：BMCH-36 型智能充电器不能充电且指示灯不亮（二）

分析与检修：该故障现象说明充电器未输入市电或工作异常。查看发现熔断器 FU 熔断，说明开关电源存在短路现象。直观检查发现市电变换电路的整流、滤波元器件正常，接着检查发现开关管 V1、V2 击穿，并且耦合电容 C9、C10 鼓包，R33、R31 开路，激励变压器 T2 的引脚脱焊，经检查其他元器件正常。更换故障元器件并补焊 T2 后故障排除。

提 示

V1、V2 要采用参数相近的三极管更换。

【例 11】 故障现象：BMCH-36 型智能充电器不能充电且指示灯不亮（三）

分析与检修：该故障现象说明充电器未输入市电或工作异常。查看发现熔断器 FU 熔断，但开关电源无电压输出，说明市电变换电路或开关电源的自激振荡电路异常。经检测，C15 两端有 315V 电压，说明市电变换电路正常，故障部位在自激振荡电路。首先，测得开关管 V1 的 b 极有启动电压，说明启动电路正常，因此怀疑开关变压器 B3 或其周围元器件异常。经检查发现整流管 D15 击穿，其他元器件正常，更换 D15 后故障排除。

【例 12】 故障现象：BMCH-36 型智能充电器有高频叫声，并且指示灯发光暗（一）

分析与检修：该故障现象说明开关电源工作在自激式振荡状态，未进入他激工作方式。首先，测得 C17、C18 节点处的电压较低，正常时应为 C15 两端电压的一半左右，因此怀疑 C17 异常。焊下 C17 检查发现果然容量减小。更换 C17 后，开关电源输出电压正常，故障排除。

由于 C17 容量减小，它两端电压较低，使半桥式功率变换器工作不平衡，输出电压较低，不能满足 TL494 工作的需要，导致开关电源不能进入他激工作方式，而工作在低频的自激工作方式，从而产生该故障。同样，C18 异常也会导致 C17 两端电压异常，从而产生该故障。

【例 13】 故障现象：BMCH-36 型智能充电器有高频叫声，并且指示灯发光暗（二）

分析与检修：该故障现象说明开关电源工作在自激式振荡状态，未进入他激工作方式。首先，测得 C17、C18 节点处的电压正常，测得 C1 和 C17 两端电压都比较低，说明故障在半桥功率变换电路。测电压时发现开关管 V1 的 b 极无电压，因此怀疑它的启动电路异常。经检查发现启动电阻 R32 开路，用 220kΩ/1W 电阻更换后，开关电源输出电压正常，故障排除。

由于 R32 开路，V1 不能工作，使半桥式功率变换器工作不平衡，输出电压较低，不能满足 TL494 工作的需要，导致开关电源不能进入他激工作方式，从而产生该故障。另外，R30 开路使开关管 V2 不工作时，也会产生该故障。

【例 14】 故障现象：BMCH-36 型智能充电器有高频叫声，并且指示灯发光暗（三）

分析与检修：该故障现象说明开关电源工作在自激式振荡状态，未进入他激工作方式。首先，测得 C17、C18 节点处的电压正常，C17 两端电压比较低，而 C1 两端电压相对较高，因此怀疑由 C17 组成的 24V 供电电路异常或它的负载异常。检查 24V 供电电路时，发现滤波电容 C17 漏电（顶部鼓包）。更换 C17 后，TL494 开始工作，开关电源输出电压正常，故障排除。

【例 15】 故障现象：BMCH-36 型智能充电器有高频叫声，并且指示灯发光暗（四）

分析与检修：该故障现象说明开关电源工作在自激式振荡状态，未进入他激工作方式。首先，测得 C17、C18 节点处的电压正常，测得 TL494 的供电端⑫脚有工作电压，说明 TL494 组成的 PWM 电路或激励电路未工作。经检测发现 TL494 的⑧脚、⑪脚无激励脉冲输出，说明 TL494 组成的 PWM 电路未工作。经检测，TL494⑭脚无 5V 基准电压输出，说明 TL494 损坏，更换 TL494 后故障排除。

第 12 节　电动车有刷控制器故障检修实例

1．新旭有刷控制器

【例 1】 故障现象：一辆新晨之光电动车接通电源锁后，整车无反应

分析与检修：车轮不转故障的故障原因，一是转把、刹把异常，二是蓄电池无电压输出，三是控制器异常，四是供电系统异常，五是电机异常。

经查发现熔断器熔断，因此怀疑负载异常使它过流损坏。将数字万用表置于二极管挡，测负载的对地阻值时，万用表的蜂鸣器发出叫声，说明负载的确有短路的现象。当脱开控制器的 36V 供电线后，万用表不再发出叫声，并且阻值恢复正常，说明故障部位在控制器中。控制器内部元器件引起 36V 供电对地短路多为场效应管型功率放大管损坏所致，检查场效应管时，发现其中一只击穿。更换场效应管和熔断器后故障排除。

【例 2】 故障现象：一辆新晨之光电动车接通电源锁后，有供电显示，但车轮不转

分析与检修：该故障现象说明电机、控制器异常或刹车、调速控制电路异常。经检测，控制器无电机驱动电压输出，说明故障是由于控制器等异常引起。检查发现刹把和转把输出的控制信号正常，说明故障发生在控制器。测得 LM339③脚供电正常，测得 LM339⑭脚有激励脉冲输出，说明故障部位发生在激励信号放大电路。在路检查发现激励管 Q2 的 c、e 极间阻值较小，说明它的 c、e 极间击穿短路。更换后，控制器输出电压正常，故障排除。

【例 3】 故障现象：一辆新旭电动车不能骑行（一）

分析与检修：按上例检修思路检查，发现控制器无电机驱动电压输出，说明故障是由于控制器等异常引起。检查发现刹把和转把输出的控制信号正常，说明故障发生在控制器。测得 LM339③脚供电正常，测得 LM339⑭脚无激励脉冲输出，测得 LM339⑥脚无锯齿波脉冲输出，说明故障发生在锯齿波脉冲形成电路。检查 LM339⑥脚外接元器件时，发现 C8 漏电，更换后控制器输出电压正常，故障排除。

【例 4】 故障现象：一辆新旭电动车不能骑行（二）

分析与检修：按上例检修思路检查，发现控制器无电机驱动电压输出，说明故障是由于控制器等异常引起。断开控制器与刹把的连线后，电机旋转，说明刹把的刹车开关异常导致控制器无电压输出，从而产生该故障，更换刹把后，故障排除。

【例 5】 故障现象：一辆采用新旭 WMB 型控制器的电动车调速范围窄

分析与检修：通过故障现象分析，该故障是转速调整电路、PWM 电路异常所致。旋转转把时，测得 LM339⑨脚输入的调速脉冲异常，说明调速控制电路异常，同时，测得转把霍尔 IC③脚输出的电压不正常，①脚的供电正常，说明霍尔 IC 或永久磁条异常。当更换霍尔 IC 后，故障排除。

2．12D 型有刷控制器

【例 6】 故障现象：一辆采用 12D 型控制器的健王牌电动车不能骑行，并且工作指示灯不亮

分析与检修：该故障现象说明蓄电池盒、供电系统或控制器内部的稳压电路异常。测得控制器无供电，说明蓄电池盒无电压输出或供电系统有部位开路。经检查发现蓄电池盒内的熔断器熔断，因此怀疑有过流现象。测得控制器的供电线与接地线之间的阻值接近于 0，说明控制器内部有元器件击穿短路。拆开控制器后，发现滤波电容 E1（470μF/63V）炸裂，接着检测发现功率管 T1（IRF3710）3 个极间在路阻值均为 0，怀疑 T1 击穿，焊下测量果然击穿，检查其他元器件正常。电机的绕组在功率管 T1 截止期间，会通过自感产生较高的电动势，该电动势通过泄放二极管对 E1 进行泄放。因功率管工作在高频状态，所以 E1 若采用了高频特性差的电容便容易损坏，它损坏后功率管容易被反相电动势内过高的反峰电压击穿。因此，维修时要采用高频性能好的电解电容更换 E1，也可以在 E1 两端焊一只耐压为 63V，容量为 2.2～4.7nF 的高频电容，通过该电容对高频脉冲进行抑制，从而避免 E1 再次损坏。

【例 7】 故障现象：一辆采用 12D 型控制器的健王牌电动车不能骑行，指示灯亮（一）

分析与检修：首先，脱开刹把后通电，结果电机能够旋转，说明由于刹把损坏始终输出刹车信号，导致电机不转，从而产生本例故障。更换刹把后，故障排除。

【例 8】 故障现象：一辆采用 12D 型控制器的健王牌电动车不能骑行，指示灯亮（二）

分析与检修：按上例检修思路检查，发现转把输出的刹车信号异常，说明转把损坏。由于该机的转把采用的是光敏元件，已淘汰，于是采用霍尔型代换后，故障排除。

【例 9】 故障现象：一辆采用 12D 型控制器的健王牌电动车不能骑行，指示灯亮（三）

分析与检修：按上例检修思路检查，发现转把输出的信号正常，说明控制器内部异常。检查控制器时发现驱动电路的 T3、T4 损坏，其他元器件正常。更换 T3、T4 后，故障排除。

【例 10】 故障现象：一辆采用 12D 型控制器的健王牌电动车车速过快

分析与检修：通过故障现象分析，故障多为转把或控制器异常所致。通电后车轮就快速旋转，用刹把刹车无效，说明控制器内的功率管 T1（IRF3710）或 PWM 控制芯片 IC1（TL494）异常，为电机提供的电压达到最大，从而产生该故障。断电后，测功率管 T1 的在路阻值，发现 3 个极间阻值较小，说明 T1 击穿，检查其他元器件正常。用 IRF3205 更换 T1 后，控制器输出电压正常，接好电机后车速受控，故障排除。

3. 天津追风鸟有刷控制器

【例 11】 故障现象：一辆天津追风鸟电动车车速过快（一）

分析与检修：该故障现象说明调速电路或控制器内部异常。通电后车轮就快速旋转，用刹把刹车无效，说明控制器内的功率管 Q3 或 PWM 控制芯片 IC3（TL494）异常，为电机提供的电压达到最大，从而产生该故障。断电后，测功率管的在路阻值，发现 3 个极间阻值较小，说明 Q3 击穿，接着检查发现驱动管 Q2 和限流电阻 R4 损坏，泄放二极管 D1 的引脚脱焊。更换故障元器件并对 D1 进行补焊后，控制器输出电压正常，接好电机后车速受控，故障排除。

注意　检修该故障时不能长时间通电，以免电机内的电刷、换向器因转子高速旋转而过热损坏。

【例 12】 故障现象：一辆天津追风鸟电动车车速过快（二）

分析与检修：按上例检修思路，首先，通电后车轮就快速旋转，用刹把刹车无效。断电后，测得功率管的在路阻值正常，因此怀疑 TL494 内的 PWM 异常。用正常的 TL494 代换后，控制器输出电压正常，接好电机后车速受控，故障排除。

【例 13】 故障现象：一辆天津追风鸟电动车车速过快（三）

分析与检修：按上例检修思路，首先，通电后车轮就快速旋转，用刹把刹车电机能够停转，说明电机调速电路或 PWM 控制芯片 IC3（TL494）内的误差放大器异常。断开转把与控制器的连接器后通电，电机不转，说明故障是由于转把输出的调速信号过大所致。检查调速把和连接器时，发现连接器的接地线接触不良，将其处理后与控制器重新连接，通电后车速受控，故障排除。

【例 14】 故障现象：一辆天津追风鸟电动车车速只能中速，不能调快也不能变慢

分析与检修：通过故障现象分析，该故障多为转把内的磁条脱落引起。拆开转把，发现磁条错位，重新安装好磁条后，故障排除。

第 13 节 电动车无刷控制器故障检修实例

1. WML36-180G 型控制器

【例 1】 故障现象：一辆采用 WML36–180G 型无刷控制器的电动车不能骑行（电机不转），并且指示灯不亮（一）

分析与检修：该故障现象说明蓄电池盒、供电系统、控制器异常。检查发现蓄电池盒的熔断器熔断，说明有过流现象。测得控制器的供电线与接地线短路，说明控制器内的滤波电容或功率管击穿。拆开控制器后，检查发现滤波电容 C2 正常，接着测功率管在路阻值时，发现功率管 V1、V2 击穿，并且驱动块 IC2（IR2103）损坏，检查其他元器件正常，更换故障元器件后故障排除。

【例 2】 故障现象：一辆采用 WML36–180G 型无刷控制器的电动车不能骑行（电机不转），并且指示灯不亮（二）

分析与检修：按上例检修思路，检查发现蓄电池盒的熔断器正常，接着测得控制器无供电输入。经检查发现控制器的供电线折断，重新连接并用防水胶布包扎后，故障排除。

【例 3】 故障现象：一辆采用 WML36–180G 型无刷控制器的电动车不能骑行（电机不转），指示灯亮（一）

分析与检修：按上例检修思路，首先，脱开刹把，故障依旧，说明刹把正常。脱开转把，将控制器侧的调速信号输入线与 5V 供电线短接后，电机仍不能旋转，说明故障发生在控制器内部。检测发现控制器内电源电路输出的电压全部正常，检测控制芯片 IC1（MC33033DW）的各个引脚电位时，发现它的⑨、⑲脚电位为低电平，说明刹车控制电路或蓄电池欠压保护电路异常。悬空 IC1 的①脚后，IC1 的⑨、⑲脚电位恢复正常，说明故障是由于 IC1 的①脚内部电路异常所致，更换 IC1 后故障排除。

【例 4】 故障现象：一辆采用 WML36–180G 型无刷控制器的电动车不能骑行（电机不转），指示灯亮（二）

分析与检修：按上例检修思路，确认故障发生在控制器内部。测得控制器内电源电路输出的电压全部正常，测控制芯片 IC1（MC33033DW）的各个引脚电位时，发现它的⑨、⑲脚电位为低电平，说明刹车控制电路或蓄电池欠压保护电路异常。悬空 IC1 的①脚后无效，悬空 IC1 的⑦脚后，IC1 的⑨、⑲脚电位恢复正常，说明故障出在蓄电池欠压保护电路。检查蓄电池欠压保护电路时，发现取样电阻 R19 开路，更换 R19 后，IC1 的⑦脚输出电压正常，故障排除。

【例 5】 故障现象：一辆采用 WML36-180G 型无刷控制器的电动车不能骑行（电机不转），指示灯亮（三）

分析与检修：按上例检修思路，发现故障出在控制器内部。测得控制器内电源电路输出的电压全部正常，测控制芯片 IC1（MC33033DW）的各个引脚电位时，发现它的⑨、⑲脚电位正常，检查发现 IC1 外围元器件正常，因此怀疑 IC1 损坏。用正常的 MC33033DW 更换 IC1 后故障排除。

【例 6】 故障现象：一辆采用 WML36-180G 型无刷控制器的电动车不能骑行，但通电后电机有抖动的现象

分析与检修：用无刷电机检测仪检测电机时，发现电机异常。实践证明，无刷缺相多因位置传感器——霍尔元件异常所致。拆开电机后，采用测在路阻值的方法测出一只霍尔元件的阻值和另外两个的区别较大，说明该霍尔元件异常。为了防止其他霍尔元件老化再次引起该故障，将 3 只霍尔元件一齐更换并固定后安装电机，接好控制器，通电，电机运转正常，故障排除。

【例 7】 故障现象：一辆采用 WML36-180G 型无刷控制器的电动车有时正常，有时不能骑行，但通电后电机有抖动的现象

分析与检修：用无刷电机检测仪检测发现电机正常，接着检查控制器时发现异常。由于有时能够骑行，因此怀疑控制器内部有元器件接触不良或性能下降。拆开控制器后，发现驱动块 IR2103 的引脚脱焊，补焊后接好电机，通电，电机运转正常，故障排除。

【例 8】 故障现象：一辆采用 WML36-180G 型无刷控制器的电动车车速慢

分析与检修：首先脱开转把，将控制器侧的调速信号输入线与 5V 供电线短接后，电机转速仍然较低，说明转把止常，故障发生在控制器内部。经检测控制器内电源电路输出的电压全部正常，测控制芯片 IC1（MC33033DW）的各个引脚电位时，发现它的⑨脚电位低于正常值，说明调速信号输入电路异常，检查发现滤波电容 C23 漏电，更换 C23 后 IC1 的⑨脚电位恢复正常，故障排除。

2. 宝鸟电动车控制器

【例 9】 故障现象：一辆宝鸟电动车不能骑行（电机不转），指示灯亮（一）

分析与检修：该故障现象说明蓄电池盒、供电系统正常，故障多发生在刹把、转把和控制器。首先，脱开刹把，故障依旧，说明刹把正常。脱开转把，将控制器侧的调速信号输入线与 5V 供电线短接后，电机仍不能旋转，说明故障发生在控制器内部。经检测控制器内电源电路输出的电压全部正常，测控制芯片 LB11820S 的各个引脚电位时，发现它的①脚电位为高电平，而正常时为低电平，说明过流保护电路动作。经检查发现 LM358 外围元器件正常，因此怀疑 LM358 损坏，更换 LM358 后 LB11820S 的①脚电位恢复正常，故障排除。

【例 10】 故障现象：一辆宝鸟电动车不能骑行（电机不转），指示灯亮（二）

分析与检修：按上例检修思路检查，确认故障发生在控制器内部。经检测控制器内电源电路输出的电压全部正常，测控制芯片 LB11820S 的各个引脚电位时，发现它的㉔脚电位为高电平，而正常时为低电平，说明欠压保护电路、刹车控制电路异常。经检测，LM358 的③脚电位低于②脚电位，说明蓄电池欠压保护电路动作。经检查发现取样电阻 R32 开路，更换 R32 后 LM358 的③脚电位恢复正常，故障排除。

【例 11】 故障现象：一辆宝鸟电动车不能骑行（电机不转），指示灯亮（三）

分析与检修：按上例检修思路检查，确认故障发生在控制器内部。经检测控制器内电源电路输出的电压全部正常，测控制芯片 LB11820S 的各个引脚电位时，发现它的多个引脚电位异常，经检查外围元器件都正常，因此怀疑 LB11820S 损坏，更换 LB11820S 后故障排除。

【例 12】 故障现象：一辆宝鸟电动车有时正常，有时不能骑行，但通电后电机有抖动的现象

分析与检修：用无刷电机检测仪检测发现电机正常，接着检查控制器时发现异常。拆开控制器后，在路检查发现功率管 STP75F75 损坏，接着检查发现它的驱动块 IR2103 损坏，其他元器件正常。更换 STP75F75 和 IR2103 后，用检测仪检测正常后接好电机，通电，电机运转正常，故障排除。

【例 13】 故障现象：一辆宝鸟电动车不能骑行，但通电后电机有抖动的现象

分析与检修：用无刷电机检测仪检测发现电机正常，接着检查控制器时发现异常。拆开控制器后，在路检查发现功率管正常。测控制芯片 LB11820S 的各脚电位时，发现部分引脚电位异常。经检查，外围元器件正常，因此怀疑 LB11820S 异常，更换后故障排除。

第 14 节　电水壶/电热水瓶故障检修实例

1．九阳电水壶

【例 1】 故障现象：九阳 JYK–311 型电水壶通电后没有任何反应

分析与检修：九阳 JYK-311 型电水壶的电路如图 15-1 所示，它的结构如图 15-2 所示。

通过故障现象分析可知，故障是由于市电供电系统异常或熔断器熔断所致。检查发现市电正常，而检查市电输入系统时，发现安全插头与底座上的触点不能正常接通，经查看发现触点上面有氧化物。清理氧化物后，故障排除。

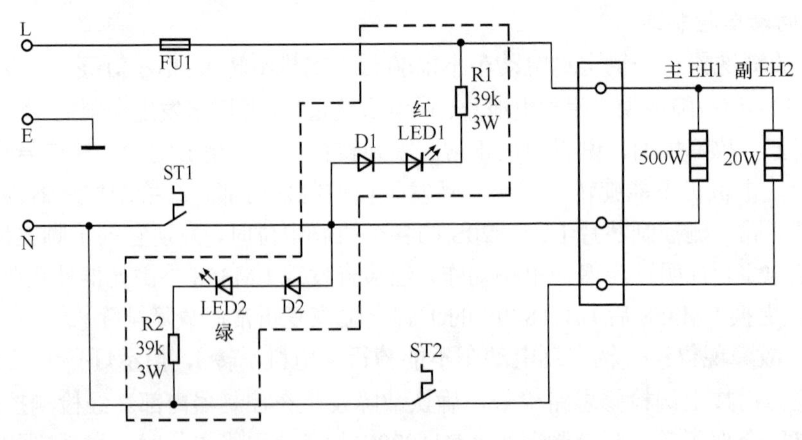

图 15-1　九阳 JYK-311 型电水壶电路

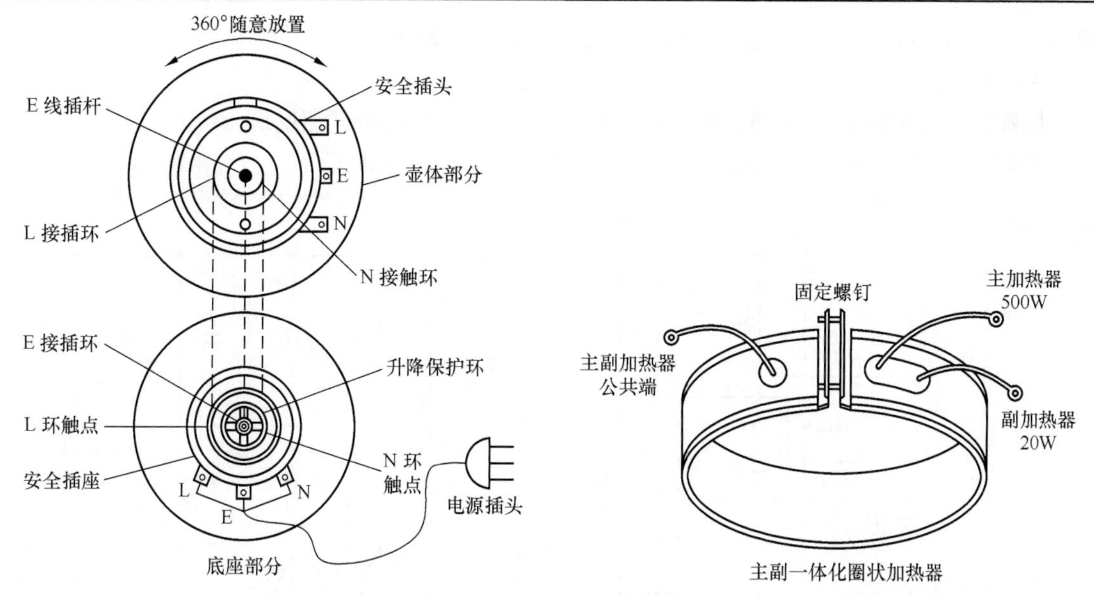

图 15-2 九阳 JYK-311 型电水壶构成示意图

【例 2】 故障现象：九阳 JYK–311 型电水壶通电后，指示灯亮，但主加热器不加热

分析与检修：通过故障现象分析可知，该故障是由于主加热器或加热温控器 ST1 异常所致。在路测量发现 ST1 正常，测得主加热器有供电，说明主加热器开路。断电后测得主加热器的阻值过大，说明它已开路。因主加热器采用一体化结构，不能单独更换，更换整体加热圈后，故障排除。

【例 3】 故障现象：九阳 JYK–311 型电水壶不能保温

分析与检修：通过故障现象分析可知，该故障是由于副加热器或保温温控器 ST2 异常所致。在路测量 ST2 时，发现它已开路，用同规格的温控器更换后，故障排除。

2. 瑞星电水壶

【例 4】 故障现象：瑞星 HM–12 型电水壶通电后没有任何反应

分析与检修：瑞星 HM-12 型电水壶的电路如图 15-3 所示。

通过故障现象分析可知，该故障是由于市电供电系统或熔断器熔断所致。经检查发现市电供电系统正常，确认故障发生在电水壶内部。拆开电水壶后，发现温度熔断器 FU 开路，检查发现其他元器件正常。更换 FU 后，故障排除。

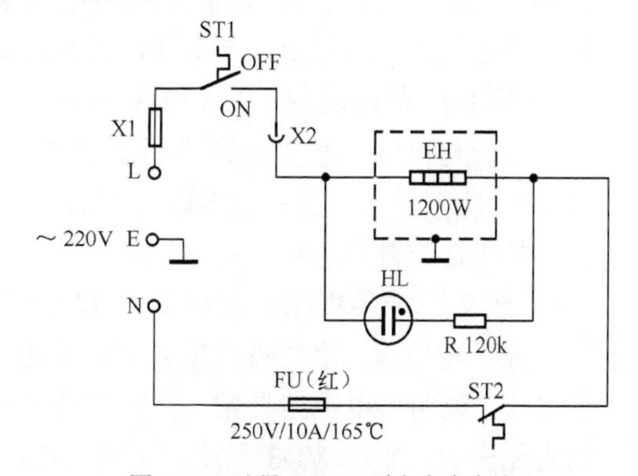

图 15-3 瑞星 HM-12 型电水壶电路

【例 5】 故障现象：瑞星 HM–12 型电水壶通电后指示灯亮，但不加热

分析与检修：通过故障现象分析可知，该故障是由于加热器异常所致。检测加热器后，发现它果然开路。更换同规格的加热器后，故障排除。

【例 6】 故障现象：瑞星 HM–12 型电水壶一通电就会引起漏电保护器跳闸

分析与检修：该故障现象说明加热器或供电线路漏电。检查加热器时，发现加热器的表面有裂痕，说明它已漏电。更换同规格的加热器后，故障排除。

3. 金利自动电热水瓶

【例 7】 故障现象：金利 DY-4.8C 型电热水瓶通电后没有任何反应

分析与检修：金利 DY-4.8C 型电热水瓶的电路如图 15-4 所示。

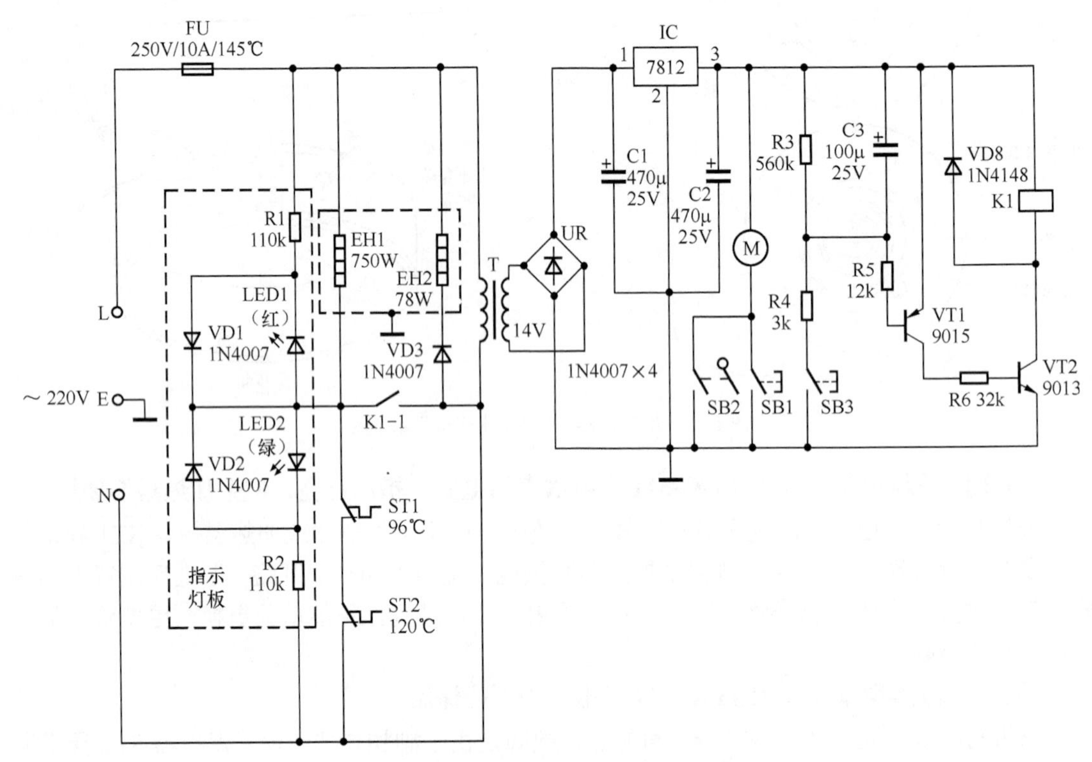

图 15-4　金利 DY-4.8C 型电热水瓶电路

通过故障现象分析可知，该故障是由于市电供电系统或温度熔断器 FU 熔断所致。经检查发现市电供电系统正常，确认故障发生在电热水瓶内部。拆开电热水瓶后，发现温度熔断器 FU 开路。检查发现再沸腾供电继电器 K1 的触点 K1-1 粘连，导致加热器 EH1 加热时间过长，引起加热温度过高，导致 FU 保护性熔断。更换 K1 和 FU 后，故障排除。

【例 8】 故障现象：金利 DY-4.8C 型电热水瓶水烧不开

分析与检修：水烧不开说明主加热器未工作。揭开底板，用万用表检测 EH1 电阻值为 64.5Ω，此值正常。再检测 ST1、ST2，发现 ST1 在常温下呈断开状态，正常时应导通。检查 ST1 发现它的触点烧坏，用 10A/96℃的 KSD301 型温控器更换后，故障排除。

【例 9】 故障现象：金利 DY-4.8C 型电热水瓶水烧开后不保温

分析与检修：该故障现象说明保温电路不正常。用万用表检测发现保温加热器 EH2 两端无电压，说明供电电路异常。在路检查发现供电电路中的整流二极管 VD3 正向、反向电阻值均为无穷大，说明 VD3 开路。更换 VD3 后，故障排除。

【例 10】 故障现象：金利 DY-4.8C 型电热水瓶操作两个出水开关均不出水

分析与检修：通过故障现象分析可知，该故障多因直流电源有故障或直流电机损坏所致。接通电源，检测发现 12V 三端稳压器 IC（7812）的③脚对地无 12V 直流电压，因此怀疑 12V

供电电路异常。测得 IC 的①脚对地有 14V 直流电压，说明 IC 或滤波电容 C2 异常。断电，检查发现电容 C2 正常，说明 IC 损坏，用常见的 AN7812 更换后，12V 供电恢复正常，故障排除。

【例 11】 故障现象：金利 DY-4.8C 型电热水瓶按压再沸腾开关，再沸腾功能失效

分析与检修：再沸腾功能失效故障出在再沸腾电路。引起该故障的原因有：一是再沸腾开关 SB3 触点氧化接触不良，二是 R3、R4、R5、R6、C3 异常，三是三极管 VT1、VT2 损坏，四是继电器 K1 线圈断路或常开触点 K1-1 损坏。首先，检测发现 VT2 不能导通，接着检测发现 VT1 也没有导通，因此怀疑开关 SB3 异常。断电后测 SB3 的电阻时发现它的触点接触不良，用同规格的开关更换后，故障排除。

第 15 节　调温电炉/暖风机故障检修实例

1. 半球调温电炉

【例 1】 故障现象：半球调温电炉通电后，不加热且指示灯不亮

分析与检修：半球调温电炉的电路主要由加热器、晶闸管及其触发电路构成，如图 15-5 所示。

由于指示灯不亮，说明晶闸管 VS 或其触发电路异常。测 VS 的 G 极电位发现没有触发电压输入，说明故障的确发生在触发电路。测量该电路关键点对 C 的下端之间电压时，发现电位器的③脚、②脚都有电压，而 R2 左端无电压，因此怀疑温度熔断器 FU 熔断。断电后，用电阻挡测 FU 的阻值时，发现它已开路。由于 FU 是过热性保护器，所以若温控器 ST 的触点粘连，导致加热器 EH 加热时间过长，就会导致 FU 保护性熔断。为 ST 加热后 ST 的触点也不能断开，说明 ST 的确损坏，更换同规格的温控器和温度熔断器后，故障排除。

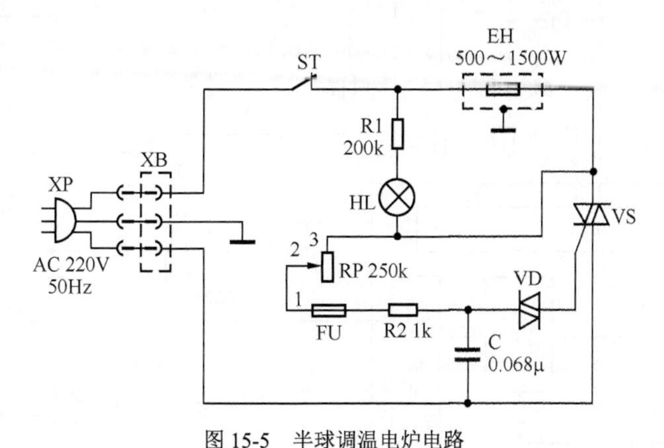

图 15-5　半球调温电炉电路

【例 2】 故障现象：半球调温电炉调温不正常，并且调温时还容易导致电炉停止加热

分析与检修：通过故障现象分析，故障多因电位器 RP 内部接触不良所致。将万用表置于电阻挡，再将两个表笔接在 RP 的②、③脚上，旋转旋钮时，发现阻值不稳定，说明 RP 的确异常。用同规格的电位器更换后，故障排除。

提示 若手头没有相同规格的电位器，也可以采用电子元器件清洗剂对电位器清洗等方法进行修复。

【例 3】 故障现象：半球调温电炉调温不正常，加热功率始终最大

分析与检修：通过故障现象分析，故障多因功率调整电路异常或双向晶闸管 VS 击穿所致。将万用表置于二极管挡在路检查，发现 VS 击穿，用同规格的双向晶闸管更换后，故障排除。

2. 格力暖风机

【例 4】 故障现象：格力 QG20B 型暖风机通电后，风扇不转且加热器也不加热，但电源指示灯亮

分析与检修：格力 QG20B 型暖风机的电路主要由电源电路、风扇电机驱动电路、加热器供电电路和微处理器电路构成，如图 15-6 所示。该故障现象说明微处理器电路异常。经检测微处理器 IC2（BA8206BA4K）的供电正常，晶振 B1 也正常，因此怀疑芯片 IC2 异常。代换后，故障排除。

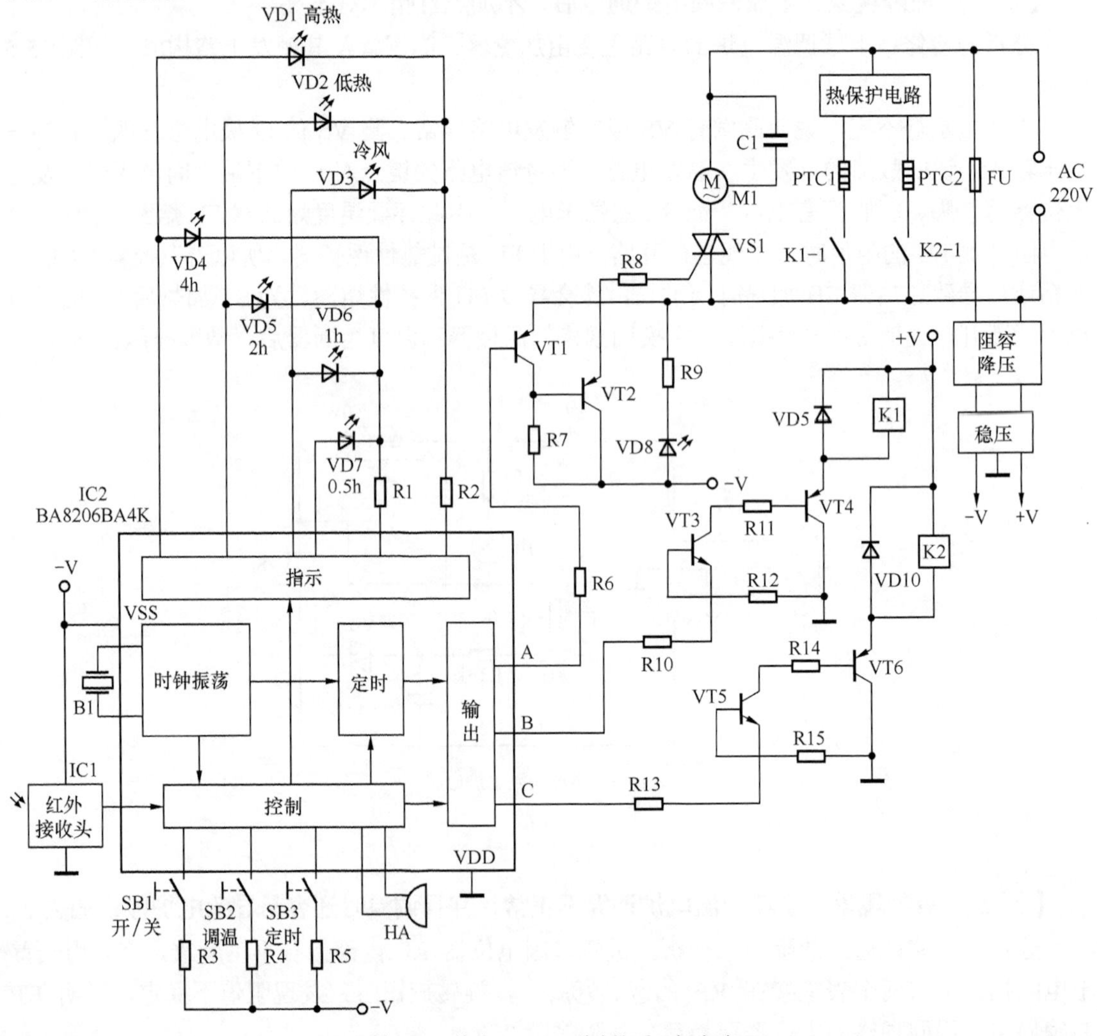

图 15-6 格力 QG20B 型壁挂暖风机电路

【例 5】 故障现象：格力 QG20B 型暖风机的风扇电机不转

分析与检修：该故障现象说明风扇电机或其供电电路异常。用 250V 交流电压挡测得电机两端无供电电压，说明供电电路异常。断电后，用万用表的二极管挡在路测量 VT1、VT2 和晶闸管 VS1 时，发现 VT1 的 b、e 极间数值为 0，说明它的 b、e 极间击穿短路，用 2SA733 更换后，风扇电机运转正常，故障排除。

【例 6】 故障现象：格力 QG20B 型暖风机能低温加热，而不能高温加热

分析与检修：该故障现象说明高温加热器异常或其供电电路异常。用数字万用表的 275V 交流电压挡测得高温加热器 PTC2 两端有 226V 的交流电压，说明供电电路正常，因此怀疑 PTC2 损坏。断电后，用万用表的电阻挡测量 PTC2 时，发现阻值为无穷大，正常时阻值应为 70Ω 左右，说明 PTC2 损坏。用同规格的加热器更换后，高温加热功能恢复正常，故障排除。

第 16 节　吸尘器/足浴盆故障检修实例

1. 吸尘器

【例 1】 故障现象：富达 ZL130-81 型吸尘器不能吸尘，并且电源指示灯不亮

分析与检修：通过故障现象分析，说明没有供电或电源电路异常。更换插座后，吸尘器也不工作，说明吸尘器也不工作，吸尘器内发生故障。用万用表 20kΩ电阻挡测量吸尘器的电源线插头，结果阻值为无穷大，说明电源线、开关 S、熔断器 FU 开路或变压器 T1 的初级绕组开路。拆开外壳并拆出电路板后，测量变压器 T1 的初级绕组有 226V 的市电电压，而它的次级绕组无 11V 左右的交流电压输出，说明 T1 的初级绕组开路。断电后测 T1 初级绕组的阻值果然为无穷大，检查整流滤波电路的元器件正常，怀疑它属于自然损坏。用同规格的变压器更换后，故障排除。

【例 2】 故障现象：富达 ZL130-81 型吸尘器不能吸尘，电源指示灯亮

分析与检修：通过故障现象分析，说明启动电容、电机或其供电电路异常。拆开外壳并拆出电路板后，用导线短接继电器 J1 的触点 K1-1 的两个引脚后为吸尘器通电，电机能运转，说明电机及启动电容正常，故障发生在供电电路。检查供电电路时，发现放大管 VT1 的 b 极有 0.7V 的导通电压，接着测量 J1 的线圈两端有 12V 电压，说明 J1 异常。更换同规格的继电器后，故障排除。

【例 3】 故障现象：富达 ZL130-81 型吸尘器电机有时运转，有时不能运转，不转时报警指示灯亮

分析与检修：通过故障现象分析，说明电机或其保护电路异常。电机不能运转时，摸电机外壳的温度不高，怀疑过热保护电路误动作。拔掉温度传感器 RT 的连接器 XB3 后，电机恢复正常，说明 RT 异常，测 RT 果然阻值过小。用同规格的负温度系数热敏电阻器更换后，故障排除。

2. 足浴盆

【例 4】 故障现象：康立达 KN-02ABC 型足浴盆其他正常，不能排水

分析与检修：通过故障现象分析，说明排水泵或其供电电路异常。按排水键时，未听到排水泵供电继电器的触点吸合声，说明供电电路异常。此时，测它的线圈有 12V 供电，说明该继电器损坏。用同型号的继电器更换后，排水恢复正常，故障排除。

【例 5】 故障现象：康立达 KN-02ABC 型足浴盆一按加热键指示灯就会熄灭

分析与检修：通过故障现象分析，说明加热电路、温度检测电路、微处理器电路异常。首先，拔掉温度传感器 RT 的插头，在它的位置上安一只 12kΩ左右的电阻后，按加热键指示灯不再熄灭，说明故障是由于温度传感器异常所致。更换同型号的负温度系数热敏电阻后，加热恢复正常，故障排除。

【例 6】故障现象： 兄弟牌足浴盆可以冲浪，但不能加热，并且加热指示灯不亮

分析与检修：通过故障现象分析，说明加热器或其供电电路异常。测加热管两端没有 220V 市电电压，说明供电电路异常。测继电器 RL 的线圈没有供电，说明电源电路或控制电路异常。测稳压器 78L05 的输出端没有电压，接着测它的输入端也无电压，说明电源电路异常，检查发现降压电容 C 容量不足。用相同的电容更换后，故障排除。

【例 7】 故障现象：精锐 PMF-Ⅲ型足浴盆没有臭氧消毒功能，其他正常

分析与检修：通过故障现象分析，说明臭氧模块或供电电路异常。检查臭氧模块没有供电，说明供电电路异常。检查供电电路时，发现晶闸管 Q4 开路。用同规格的双向晶闸管更换后，臭氧消毒功能恢复，故障排除。

第 17 节　照明灯故障检修实例

1. 节能灯

【例 1】 故障现象：上海绿源 45W 节能灯不亮

分析与检修：通过故障现象分析，说明灯管或其供电电路异常。检查灯管正常，拆出电路板后，检查发现滤波电容 C2 中有一个鼓包，说明该电容损坏。接着检查出熔断电阻 FUSE 开路，而其他元器件正常。用 10μF/400V 电容更换 C2，用 2Ω/1W 的熔断电阻更换 FUSE 后，故障排除。

【例 2】 故障现象：大象 30W 节能灯不亮

分析与检修：通过故障现象分析，说明灯管或其供电电路异常。检查灯管正常，测量开关管 T2 的 b 极无电压，说明启动电路异常。检查启动电路时，发现限流电阻 R6 开路，用同阻值电阻更换后，故障排除。

【例 3】 故障现象：大象 30W 节能灯仅灯丝微红

分析与检修：通过故障现象分析，说明电源电路、振荡电路、谐振电路异常。检查供电电路时，发现谐振电容 C2 的表面变色，怀疑 C2 异常。焊下测量，果然损坏。用耐压 1 200V 的同容量 CBB 电容更换后，故障排除。

【例 4】 故障现象：大象 30W 节能灯闪烁

分析与检修：通过故障现象分析，说明电源电路、振荡电路、谐振电路异常。检查电源电路时，发现滤波电容 C1 的引脚虚焊，并且开关管 T1、T2 等元器件的引脚也有不同程度的虚焊，补焊后，故障排除。

【例 5】 故障现象：NTA–Y21X 型节能灯不亮

分析与检修：通过故障现象分析，说明灯管或其供电电路异常。检查灯管正常，在路测量开关管 Q1、Q2 的阻值时，发现 Q1 的阻值异常，检查其他元器件正常。用同型号的三极管更换 Q1 后，故障排除。

2. 护眼台灯

【例 6】 故障现象：盈科 MT–627 型护眼台灯不亮（一）

分析与检修：盈科 MT-627 护眼台灯电路主要由灯管、振荡器、300V 供电电路构成，如图 15-7 所示。

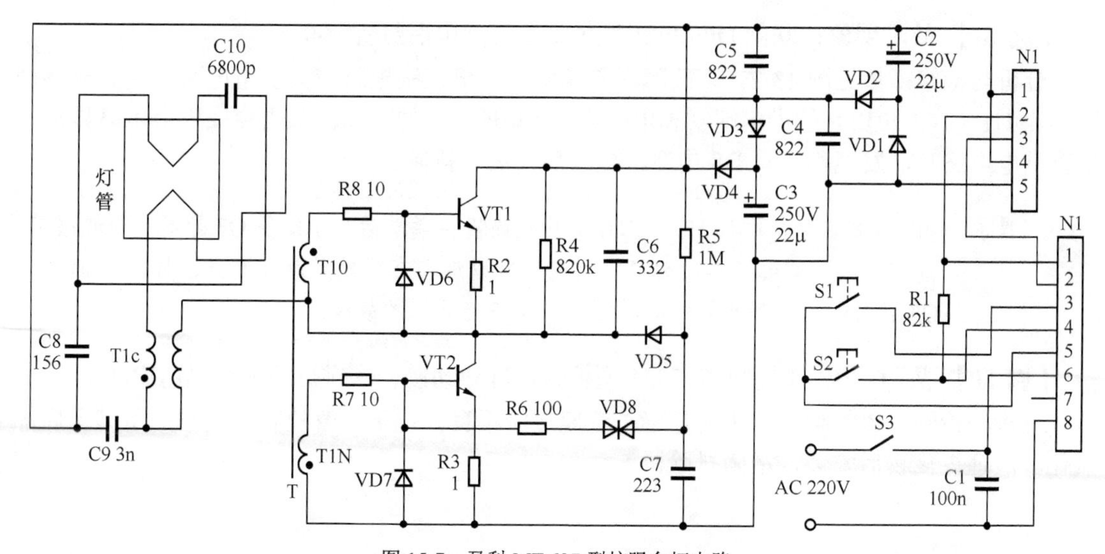

图 15-7 盈科 MT-627 型护眼台灯电路

灯不亮说明开关、振荡器、300V 供电电路异常。拆开后，发现开关管 VT1、VT2 有裂痕，说明它们已损坏。接着检查发现电阻 R3、R7 开路，检查其他元器件正常。将 VT1、VT2、R3、R7 更换成同规格的元器件后，故障排除。

提示 VT1、VT2 可采用 13003、13007 更换。另外，VT1、VT2 击穿后有时会导致 R2、R8 损坏。

【例 7】 故障现象：盈科 MT–627 型护眼台灯不亮（二）

分析与检修：灯不亮说明开关、振荡器、300V 供电电路异常。拆开后，检查发现开关管 VT1、VT2 和 R2、R3、R7、R8 正常。通电后检测发现 VT1、VT2 没有供电，说明 300V 供电电路异常。检查发现整流桥堆 N1 的输入端有 226V 的市电电压，而输出端无电压，说明 N1 开路。更换同规格的整流桥堆后，故障排除。

【例 8】 故障现象：盈科 MT–627 型护眼台灯不亮，灯管微红

分析与检修：该故障现象说明 300V 供电电路或振荡器异常。经检测 300V 供电正常，检查振荡器时，发现谐振电容 C10 击穿。用 4 700～8 200pF/630V 的电容更换 C10 后，灯管发光正常，故障排除。

【例 9】 故障现象：联创 DF-3021 型护眼台灯不亮

分析与检修：参见图 13-2。该故障现象说明开关机控制电路、振荡器、300V 供电电路异常。拆开后，检查发现开关管 Q1、Q2 正常。通电后，检测发现 Q1 的 b 极没有电压，而它的 c 极有电压，因此怀疑启动电阻 R3 异常。断电后，将 C1 放电，焊下 R3 检查，发现它已开路，检查其他元器件正常。更换 R3 后，故障排除。

提 示 启动电阻 R4 开路时不能为开关管 Q2 提供取样电压，也会产生该故障。

【例 10】 故障现象：联创 DF-3021 型护眼台灯通电后灯管就亮

分析与检修：参见图 13-2。该故障现象说明开关机控制电路或其供电电路异常。测得控制芯片 U1（TCL4013）的供电端⑥脚电位为 0，说明 U1 的⑥脚内部击穿或供电电路异常。检查供电电路时，发现稳压管 D8 击穿，更换后，故障排除。

提 示 由于 D8 击穿，芯片 U1 不工作，导致该机在通电后，不能使 Q3 导通，致使振荡器在通电后就会工作，为灯管供电，所以灯管在通电后就会发光。另外，U1 或 Q3 异常不仅会产生该故障，还会产生不能开机的故障。

【例 11】 故障现象：联创 DF-3021 型护眼台灯启动慢，一碰灯管就会迅速启动

分析与检修：该故障现象说明灯管与管座接触不良。拆下灯管检查发现它的引脚已局部氧化，清理氧化物后安装，故障排除。